MySQL

是怎样运行的

——从根儿上理解 MySQL

小孩子 4919　著

人民邮电出版社

北京

图书在版编目（CIP）数据

MySQL是怎样运行的：从根儿上理解MySQL / 小孩子
4919著. -- 北京：人民邮电出版社，2020.11
ISBN 978-7-115-54705-7

Ⅰ. ①M… Ⅱ. ①小… Ⅲ. ①SQL语言－程序设计
Ⅳ. ①TP311.132.3

中国版本图书馆CIP数据核字（2020）第156933号

内 容 提 要

本书采用诙谐幽默的表达方式，对 MySQL 的底层运行原理进行了介绍，内容涵盖了使用 MySQL 的同学在求职面试和工作中常见的一些核心概念。

本书总计 22 章，划分为 4 个部分。第 1 部分介绍了 MySQL 入门的一些知识，比如 MySQL 的服务器程序和客户端程序有哪些、MySQL 的启动选项和系统变量，以及使用的字符集等。第 2 部分是本书后续章节的基础，介绍了 MySQL 的一些基础知识，比如记录、页面、索引、表空间的结构和用法等。第 3 部分则与大家在工作中经常遇到的查询优化问题紧密相关，介绍了单表查询、连接查询的执行原理，MySQL 基于成本和规则的优化具体指什么，并详细分析了 EXPLAIN 语句的执行结果。第 4 部分则是与 MySQL 中的事务和锁相关，介绍了事务概念的来源，MySQL 是如何实现事务的，包括 redo 日志、undo 日志、MVCC、各种锁的细节等。

尽管本书在写作时参考的 MySQL 源代码版本是 5.7.22，但是大部分内容与具体的版本号并没有多大关系。无论是很早之前就已身居 MySQL 专家的人员，还是希望进一步提升技能的 DBA，甚至是三五年后才会入行的"萌新"，本书都是他们彻底了解 MySQL 运行原理的优秀图书。

◆ 著　　　　小孩子 4919
　责任编辑　傅道坤
　责任印制　王　郁　焦志炜

◆ 人民邮电出版社出版发行　　北京市丰台区成寿寺路 11 号
　邮编　100164　电子邮件　315@ptpress.com.cn
　网址　https://www.ptpress.com.cn
　固安县铭成印刷有限公司印刷

◆ 开本：787×1092　1/16
　印张：29.5　　　　　　　　　　2020 年 11 月第 1 版
　字数：715 千字　　　　　　　2024 年 11 月河北第 20 次印刷

定价：109.00元

读者服务热线：(010)81055410　印装质量热线：(010)81055316
反盗版热线：(010)81055315
广告经营许可证：京东市监广登字 20170147 号

序

1. 关于 MySQL，以及《MySQL 是怎样运行的》

MySQL 应该是国内互联网公司使用最为广泛的数据库。很多朋友在研究 MySQL、学习 MySQL 的过程中，或多或少都会遇到这样一些困难：

- 网上 MySQL 的资料不系统，多而杂；
- 有的书偏应用，比较浅，底层原理没有讲；
- 有的书语言比较晦涩，比较难懂。

如果你真的遇到过这些困难，我要推荐大家看一下这本《MySQL 是怎样运行的》。

这是一本关于 MySQL 的书，从底层到应用，从基础到进阶，总之关于 MySQL 的一切，都在本书中得以体现。这本书用最通俗易懂的文字，讲透了 MySQL 记录、索引、页面、表空间、查询优化、事务、锁等方方面面的知识。

2. 关于写作

我是一个架构师，一个技术人。我也写文章。

有朋友问我，为什么写文章？原因很简单，我喜欢总结，当别人从我的文字里学习到东西时，我会很开心。

科比问："你知道洛杉矶每天早上四点钟是什么样子吗？"我没见过。但我经常见北京朝阳区四点钟的样子。我写文字，我深知写文字的不容易。梳理结构、撰写文字、画图等工作的耗时远远超出常人的预期，有时候写一篇两三千字的文章需要 5～6 个小时。几年前，就有出版社找我约稿，我断断续续地在写。现在距离交稿时间已经过了 2 年多，每当想到这里，我都会对出版社的编辑"永恒的侠少"产生无比的内疚。我也想过休几个月假，把书写完，但我真的下不了这个决心。

在这一点上，我很是佩服《MySQL 是怎样运行的》作者。三四十万字，几百篇插图，这需要何等的恒心与毅力！辞了工作，没有收入，专心写作，这需要多大的决心，顶住何等的压力呀！

轻易不要写作，坚持写作的人，绝非常人。

3. 关于我和《MySQL 是怎样运行的》的作者

认识这本书的作者，是 2019 年初的事情。那个时候，他已经花了一年多的时间，坚持在写这本关于 MySQL 的图书。

专职写书就意味着很长一段时间内会没有收入，所以作者先把本书的初稿集结成册，决定将其作为课程在线上平台出售，以此回收一些成本。作者联系了一个愿意合作的线上平台，但流量渠道需要作者自己想办法解决。

正是这个机缘，作者找到了我，希望在我的公众号"架构师之路"上进行推广。

他和我说了写书的来龙去脉，说了他的心路历程、家人爱人的微词。他想让技术圈的朋友能够更好地学习 MySQL，尽管屡次想要放弃却最终坚持下来。他说他付不起推广费用，但他愿意把推广后收入的 50% 给我。他说他要是知道出版一本技术图书这么艰难，写作之时未必会选择辞职。他说……

你能感受到什么？我能感受到的是，一个热爱技术、热爱写作的技术人，对世界的失望。

我也是一个技术人，也是一个写文字的人。我不是一个商人，此时我能尽的绵薄之力又是什么？

- 帮他宣传一下，不收费；
- 联系出版社帮他出版；
- 话语上再鼓励他一下，让他坚持写作下去。

我似乎能做的也不多。但是我真的希望，技术社区能多一个有情怀、愿意分享的技术人。

4. 结尾

故事大概就是这样。

时隔一年，真的很高兴见到《MySQL 是怎样运行的》出版了。

我自认为是一个对 MySQL 内核比较了解的架构师，但是在通读了全稿后依然收获颇丰。

我相信，作为一个热爱技术、热爱 MySQL 的人，你也一定会很有收获的。希望你喜欢作者，也喜欢这本书。

天道酬勤。上天不会让善良的人吃亏。

沈剑

2020.06.12

前　言

为什么要写作本书

作为一名智商平平的程序员，在日常学习过程中经常会遇到两种贼尴尬的情况：

- 学习资料极其晦涩，看起来都是些高大上的知识，看着看着就困了；
- 很多通俗易懂的资料感觉就是小儿科，看完了跟没看差不多。

而广大的人民群众其实需要经历一个由浅入深的平缓学习曲线，并且这个学习的过程不至于特别地无聊。我灵机一动，这天底下和我一样的同学肯定有很多很多，如果我能把那些晦涩难懂的知识按照尊重学习者认知规律的方式表达出来，那岂不是一件极其有意义的事情吗？毕竟我一个人敲代码创造的价值和让成千上万的人快速、友好地学会一门专业知识所创造的价值是远远不能比的。当然，这是一个美好的想法，做这个事情是需要投入巨大的精力的。于是我辞掉了工作，放弃了周末，决心花上几年时间来干这件能让我"天天打鸡血"的工作。

写作本书的时间主要花在了下边这两个方面：

- 自己搞清楚 MySQL 到底是怎样运行的，这个过程就是不断地研究源码，参考各种书籍和资料；
- 思考如何把我已经知道的知识表达出来。这个过程就是我不停地在地上走过来走过去，梳理知识结构，斟酌用词用句，不停地将已经写好的文章推倒重来，只是想给大家一个不错的用户体验。

这两个方面用的时间基本上是各占一半。

本书有什么特色

这并不是一本传统意义上的技术图书，大致有以下特点。

- 全文用大白话写成，而且有的地方在"扯犊子"，就像是有个人在跟同学们唠嗑一样，希望各位看起来别犯困。
- 从初学者的角度出发，尝试避免用一个没学过的概念去介绍另一个新概念。
- 语言在图片面前一直都是很苍白的，所以我画了很多图，各位慢慢看。
- 魔鬼藏在细节中。以往很多同学在读书的时候感到困惑，是因为细节给出的不够多，导致大家伙瞎猜。
- 层层铺垫的结构划分。本书覆盖的内容形成了一个闭环，希望大家在读完书后能有一种看完了一个完整的故事的感觉。

- 等等等等，我一时想不起来了。

本书写了什么

虽然本书在某些方面看起来不是那么严肃，但是的确是一本专业技术图书，致力于覆盖大家工作和面试过程中最常遇到的一些关于 MySQL 的核心概念。本书共划分为 4 个部分，各部分简介如下。

- 第 1 部分（第 1 章～第 3 章）：以只会写增删改查语句的小白身份重新审视 MySQL 到底是个什么东西，介绍 MySQL 的服务器程序和客户端程序有哪些、启动选项和系统变量以及字符集的一些事情。
- 第 2 部分（第 4 章～第 9 章）：唠叨记录、页面、索引、表空间的结构和用法。第 2 部分是全篇的基础，后边的章节都依赖于这些结构。
- 第 3 部分（第 10 章～第 17 章）：介绍同学们工作中经常遇到的查询优化问题，比如单表查询是如何执行的，连接查询是怎么执行的，MySQL 基于成本和规则的优化是个什么东西。本部分还十分详细地介绍如何查看 EXPLAIN 语句的执行结果。
- 第 4 部分（第 18 章～第 22 章）：介绍为什么会有事务的概念，以及 MySQL 是如何实现事务的，其中包括 redo 日志、undo 日志、MVCC、各种锁的细节等。

写作本书时参考的 MySQL 源码版本是 5.7.22，不过书中的绝大部分知识和 MySQL 的版本没有什么特别大的关系，在某些与特定版本相关的地方我也有明显的强调。

本书读者对象

大家需要注意的是，本书并不是一本数据库入门图书，因此大家需要知道增删改查是啥意思，并且能用 SQL 语句写出来。当然并不要求各位知道得太多，甚至不知道连接的语法都可以。另外，读者应该掌握一些计算机基础知识，比方说什么是位、什么是字节、什么是进制转换等。本书大致适合下面的这些读者来阅读：

- 刚刚学完 SQL 基础的同学；
- 被数据库问题折磨的求职者；
- 天天被 DBA 逼着优化 SQL 的业务开发小伙伴；
- 菜鸟 DBA 和不是非常菜的 DBA 小伙伴；
- 对 MySQL 内核有强烈兴趣但一看源码就发懵的小伙伴。

一个很有用的工具

本书会涉及很多 InnoDB 的存储结构的知识，比如记录结构、页结构、索引结构、表空间结构等。这些知识是所有后续知识的基础，所以是重中之重，大家需要认真对待。Jeremy Cole 已经使用 Ruby 开发了一个解析这些存储结构的工具，在 GitHub 上的地址是 https://github.com/

jeremycole/innodb_ruby。大家可以按照说明安装这个工具，以便更好地理解 InnoDB 中的一些存储结构（此工具虽然是针对 MySQL 5.6 的，但是幸好 MySQL 的基础存储结构基本没有多大变化，所以这个 innodb_ruby 工具在大部分场景下还是可以使用的）。

关于书中的错误

由于这是一本专业的技术图书，而本人的技术水平实在有限，在写作本书时绝对可以用如履薄冰这个词来形容。虽然我尽了很大努力来保证各个知识点的正确性，但还是无法保证所有的观点都没有错误。如果有哪位同学发现了书中的错误，请及时到"我们都是小青蛙"公众号和我联系，谢谢各位。公众号二维码如下：

"我们都是小青蛙"公众号

本书的勘误情况将发表在公众号中，请及时关注。

致谢

首先特别感谢自己有勇气做出了辞职写作的这个决定。说实话，整天做自己喜欢的工作简直不能太开心，唯一的缺点就是不挣钱。

接着感谢我的家人。亲爱的女朋友对我做的事情一点都不干涉，没有这样的环境我想我是不能专心写东西的。

感谢曾经帮助过我的人。本书的初稿是以小册的形式发布在掘金平台上，在宣传推广过程中，得到了很多同学的帮助，尤其是"架构师之路"公众号的作者沈剑老师。一开始我抱着试试看的态度找到他，没想到他以极大的热情来帮助我宣传推广，这真的把我感动得不要不要的，也更坚定了我做既有深度又通俗易懂的图书的信心。我一直记得他跟我说过一句话——"我是技术人，不是商人"。与诸位共勉。

资源与支持

本书由异步社区出品，社区（https://www.epubit.com/）为您提供相关资源和后续服务。

配套资源

本书提供如下资源：

- 书中彩图文件。

要获得以上配套资源，请在异步社区本书页面中点击 配套资源 ，跳转到下载界面，按提示进行操作即可。注意：为保证购书读者的权益，该操作会给出相关提示，要求输入提取码进行验证。

如果您是教师，希望获得教学配套资源，请在社区本书页面中直接联系本书的责任编辑。

提交勘误

作者和编辑尽最大努力来确保书中内容的准确性，但难免会存在疏漏。欢迎您将发现的问题反馈给我们，帮助我们提升图书的质量。

当您发现错误时，请登录异步社区，按书名搜索，进入本书页面，单击"提交勘误"，输入勘误信息，单击"提交"按钮即可。本书的作者和编辑会对您提交的勘误进行审核，确认并接受后，您将获赠异步社区的 100 积分。积分可用于在异步社区兑换优惠券、样书或奖品。

扫码关注本书

扫描下方二维码，您将会在异步社区微信服务号中看到本书信息及相关的服务提示。

与我们联系

我们的联系邮箱是 contact@epubit.com.cn。

如果您对本书有任何疑问或建议，请您发邮件给我们，并请在邮件标题中注明本书书名，以便我们更高效地做出反馈。

如果您有兴趣出版图书、录制教学视频，或者参与图书翻译、技术审校等工作，可以发邮件给我们；有意出版图书的作者也可以到异步社区在线投稿（直接访问 www.epubit.com/selfpublish/submission 即可）。

如果您所在的学校、培训机构或企业，想批量购买本书或异步社区出版的其他图书，也可以发邮件给我们。

如果您在网上发现有针对异步社区出品图书的各种形式的盗版行为，包括对图书全部或部分内容的非授权传播，请您将怀疑有侵权行为的链接发邮件给我们。您的这一举动是对作者权益的保护，也是我们持续为您提供有价值的内容的动力之源。

关于异步社区和异步图书

"异步社区"是人民邮电出版社旗下 IT 专业图书社区，致力于出版精品 IT 技术图书和相关学习产品，为作译者提供优质出版服务。异步社区创办于 2015 年 8 月，提供大量精品 IT 技术图书和电子书，以及高品质技术文章和视频课程。更多详情请访问异步社区官网 https://www.epubit.com。

"异步图书"是由异步社区编辑团队策划出版的精品 IT 专业图书的品牌，依托于人民邮电出版社近 30 年的计算机图书出版积累和专业编辑团队，相关图书在封面上印有异步图书的 LOGO。异步图书的出版领域包括软件开发、大数据、AI、测试、前端、网络技术等。

异步社区

微信服务号

目　录

第0章 楔子——阅读前必看

尊敬的各位同学，本书是我花了相当长的时间写出来的，章节内容也都是经过精心编排的。为了尊重用户的认知规律，给各位同学一个良好的学习体验，我甚至推敲了很久各种概念的出场顺序对用户体验的影响。如果您对 MySQL 不熟，或者不是很熟，那么请暂时忘掉已经学到的一些关于 MySQL 的知识。就像是张无忌在学习太极剑法时那样，这样才能更好地跟着我设计好的套路走，从而达到事半功倍的效果。在学习过程中，大家千万千万千万要遵循下面这 3 个建议：

- 一定要逐章学习本书，千万不要跳着阅读！
- 一定要逐章学习本书，千万不要跳着阅读！
- 一定要逐章学习本书，千万不要跳着阅读！

因为从前期读者在本书电子版的测试过程中反馈的问题来看，绝大部分问题都是因为违反了上面这 3 个建议而产生的。

当然，尽管我尽了自己很大的努力来让进阶 MySQL 的这个过程变得更容易些，但终究不可能满足所有人的需求，有很多读者在阅读过程中肯定会产生这样那样的疑惑，我知道在自己阅读技术图书的过程中遇到了困惑而不得解是一种多么大的折磨，如果大家在阅读本书的过程中遇到了什么不得解的困惑，请使用微信扫描下方的二维码进入答疑群提问（人数较多的微信群只能通过个人手动拉入）。另外，请大家在答疑群中提问，而不是直接私信，一对一答疑对我来说负担是很大的。

小贴士

> 上面的二维码是使用我的个人域名生成的，所以在使用微信扫码时可能会提示非微信官方网页，大家继续访问就好了。如果扫码不成功，可以手动添加微信号：xiaohaizi4920。有可能个人微信已经加满，此时大家也可以到"我们都是小青蛙"公众号中获取答疑群的进入方式。另外，由于我比较忙，所以可能回复不及时，望见谅。

这里特别注意一下，需要提问的同学一定要先搞清楚自己到底哪里不清楚，然后用通顺的语句把它表达出来。以往很多同学的问题都是含糊不清，表达不通顺，这样的问题真的是让人看了要发疯。所以为了我们双方的方便，提问前请认真思考一下。另外，我只负责回答关于本书的问题，其他问题请和其他同学讨论吧（一是作者很可能也不会，二是作者精力实在有限，望理解）。

哇唔，看到这里，大家有没有觉得我好善良呢？买书还附赠答疑解惑服务。我当然不是这么单纯，建立答疑群其实有两个目的：

- 对于读者来说，可以解答在学习过程中的疑惑，读者由此受益；
- 对于作者来说，可以为我的图书营造一个好的口碑，以后再写别的图书也好卖一些，我也可以从中受益。

另外，本书的知识比较系统，需要大家花费较多的时间认真研读，不过受个人能力和篇幅所限，无法做到面面俱到，大家也并不能把本书当作 MySQL 百科全书。为此，我开设了一个名为"我们都是小青蛙"的微信公众号，里面会不定期地发布一些原创的技术文章，偶尔也会"扯扯犊子"，希望能对大家有帮助。

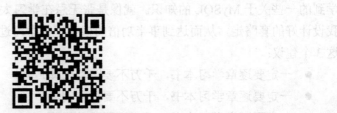

"我们都是小青蛙"公众号

第1章 装作自己是个小白——初识MySQL

1.1 MySQL 的客户端 / 服务器架构

以我们平时使用的微信为例，它其实是由客户端程序（可以简称为客户端）和服务器程序（可以简称为服务器）两部分组成的。微信客户端可能具有多种形式，比如手机 App、桌面端的软件或者网页版的微信。微信的每个客户端都有一个唯一的用户名，即微信号。另一方面，腾讯公司在它们的机房里运行着微信的服务器程序。我们平时在微信上的各种操作，其实就是使用微信客户端与微信服务器打交道。比如狗哥使用微信给猫爷发一条微信消息的过程大致如下所示。

1. 狗哥发出的微信消息被客户端进行包装，添加了发送者和接收者的信息，然后从客户端发送到微信服务器。
2. 微信服务器从收到的消息中获取发送者和接收者信息，并据此将消息发送到猫爷的微信客户端。然后，猫爷的微信客户端就会显示狗哥给他发的消息。

MySQL 的运行过程与之类似，即它的服务器程序直接与要存储的数据打交道，多个客户端程序可以连接到这个服务器程序，向服务器发送增删查改的请求，然后服务器程序根据这些请求，对存储的数据进行相应处理。与微信一样，MySQL 的每一个客户端都需要使用用户名和密码才能登录服务器，而且只有在登录之后才能向服务器发送某些请求来操作数据。MySQL 的日常使用场景是下面这样的。

1. 启动 MySQL 服务器程序。
2. 启动 MySQL 客户端程序，并连接到服务器程序。
3. 在客户端程序中输入命令语句，并将其作为请求发送给服务器程序。服务器程序在收到这些请求后，根据请求的内容来操作具体的数据，并将结果返回给客户端。

众所周知，现在计算机的功能都很强大，一台计算机上可以同时运行多个程序，比如微信、QQ、英雄联盟游戏、文本编辑器等。计算机上运行的每一个程序也称为一个进程。运行过程中的 MySQL 服务器程序和客户端程序在本质上来说都算是计算机中的进程，其中代表MySQL 服务器程序的进程称为 MySQL 数据库实例（instance）。

1.2 MySQL 的安装

在安装 MySQL 时，无论是通过下载源代码的方式自行编译安装，还是直接使用官方提供的安装包进行安装，MySQL 的服务器程序和客户端程序都会安装到机器上。无论采用上述哪种安装方式，一定要记住 MySQL 安装在哪里了。换句话说，一定一定一定要记住 MySQL 的安装目录。

小贴士　　　MySQL 的大部分安装包都包含了服务器程序和客户端程序，不过在 Linux 环境下可以使用不同的 RPM 包分别安装服务器程序和客户端程序。具体安装细节可以参阅 MySQL 文档。

另外，MySQL 可以运行在各种类型的操作系统上，本书后文会讨论 MySQL 在类 UNIX 操作系统和 Windows 操作系统上的一些使用差别。为了方便大家理解，我在 macOS 操作系统和 Windows 操作系统上都安装了 MySQL，它们的安装目录分别如下。

- macOS 操作系统上的安装目录：/usr/local/mysql/。
- Windows 操作系统上的安装目录：C:\Program Files\MySQL\MySQL Server 5.7\。

下面会以这两个安装目录为例来进一步引出更多的概念。大家一定要注意，上面这两个安装目录是在我的运行不同操作系统的机器上的安装目录，大家在后文的示例中一定要将安装目录替换为自己机器上的安装目录。

小贴士　　　类 UNIX 操作系统非常多，比如 FreeBSD、Linux、macOS、Solaris 等都属于 UNIX 操作系统的范畴。这里使用 macOS 操作系统代表类 UNIX 操作系统来运行 MySQL。

1.2.1　bin 目录下的可执行文件

在 MySQL 的安装目录下有一个特别重要的 bin 目录，这个目录存放着许多可执行文件。以 macOS 系统为例，这个 bin 目录的绝对路径（在我的机器上）就是 /usr/local/mysql/bin。

下面我们列出 macOS 系统中这个 bin 目录下的部分可执行文件，如下所示。需要说明的是，该目录下的文件太多，这里仅列出了部分。

```
.
├── mysql
├── mysql.server -> ../support-files/mysql.server
├── mysqladmin
├── mysqlbinlog
├── mysqlcheck
├── mysqld
├── mysqld_multi
├── mysqld_safe
├── mysqldump
├── mysqlimport
├── mysqlpump
...（省略其他文件）
0 directories, 40 files
```

Windows 中的可执行文件与 macOS 中的类似，不过都是以 .exe 为扩展名（不同的操作系统中，bin 目录下包含的可执行文件并不完全相同）。这些可执行文件中，有的是服务器程序，有的是客户端程序。后面会详细介绍一些比较重要的可执行文件，这里先看一下这些文件的执行方式。

在具有图形用户界面的操作系统中，可以通过鼠标点击的方式打开并运行某个可执行文件。但是我们现在要关注的是，如何在命令行解释器下运行这些可执行文件。

下面以 macOS 系统为例来看看如何执行这些可执行文件（Windows 中的操作与之类似，这里不再赘述）。

● 使用可执行文件的相对 / 绝对路径来执行。

假设命令行解释器中的当前工作目录是 MySQL 的安装目录，即 /usr/local/mysql，要想执行 bin 目录下的 mysqld 可执行文件，可以使用相对路径，如下所示：

```
./bin/mysqld
```

也可以通过直接输入 mysqld 的绝对路径的方式来执行，如下所示：

```
/usr/local/mysql/bin/mysqld
```

● 将 bin 目录的绝对路径加入到环境变量 PATH 中。

大家应该发现，若每次执行一个文件都需要输入一长串路径名，这未免太麻烦了。针对这种情况，可以把 bin 目录所对应的绝对路径添加到环境变量 PATH 中。环境变量 PATH 是一系列路径的集合，各个路径之间使用冒号（:）隔离开。

比如，在我的机器上，环境变量 PATH 的值为 /usr/local/bin:/usr/bin:/bin:/usr/sbin:/sbin。这个值表明，在我输入某个命令时，系统会在 /usr/local/bin、/usr/bin、/bin、/usr/sbin 和 /sbin 目录下按照顺序依次寻找输入的这个命令。如果寻找成功，则执行该命令。

也可以修改这个环境变量 PATH，把 MySQL 安装目录下的 bin 目录的绝对路径添加到 PATH 中。修改后的环境变量 PATH 的值为 /usr/local/bin:/usr/bin:/bin:/usr/sbin:/sbin:/usr/local/mysql/bin。这样一来，无论命令行解释器的当前工作目录是啥，都可以直接输入可执行文件的名字来启动，比如下面这样：

```
mysqld
```

可见，这样一来方便多了！

1.3　启动 MySQL 服务器程序

1.3.1　在类 UNIX 系统中启动服务器程序

在类 UNIX 系统中，用来启动 MySQL 服务器程序的可执行文件有很多，且大部分都位于 MySQL 安装目录的 bin 目录下。下面我们一探究竟。

1. mysqld

mysqld 可执行文件就表示 MySQL 服务器程序，运行这个可执行文件就可以直接启动一个 MySQL 服务器进程。但这个可执行文件并不常用，我们继续看其他的启动命令。

2. mysqld_safe

mysqld_safe 是一个启动脚本，它会间接调用 mysqld 并持续监控服务器的运行状态。当服务器进程出现错误时，它还可以帮助重启服务器程序。另外，使用 mysqld_safe 启动 MySQL 服务器程序时，它会将服务器程序的出错信息和其他诊断信息输出到错误日志，以方便后期查找发生错误的原因。

> 出错日志默认写到一个以 .err 为扩展名的文件中，该文件位于 MySQL 的数据目录中。后续章节会介绍 MySQL 的这个数据目录。

3. mysql.server

mysql.server 也是一个启动脚本，它会间接地调用 mysqld_safe。在执行 mysql.server 时，在后面添加 start 参数就可以启动服务器程序了，如下所示：

```
mysql.server start
```

需要注意的是，mysql.server 文件其实是一个链接文件，它对应的实际文件是 ../support-files/mysql.server。

> 通过源码安装 MySQL，或者使用一个没有自动安装 mysql.server 脚本的安装包来安装 MySQL 时，需要手动安装这个 mysql.server 脚本。具体安装方式可以参阅相关文档。

还可以使用 mysql.server 来关闭正在运行的服务器程序，此时只需把 start 参数换成 stop 即可，如下所示：

```
mysql.server stop
```

4. mysqld_multi

其实我们在一台计算机上也可以运行多个服务器实例，也就是运行多个 MySQL 服务器进程。mysqld_multi 可执行文件可以启动或停止多个服务器进程，也能报告它们的运行状态。这个命令的使用比较复杂，本书主要是为了讲清楚单个 MySQL 服务器的运行过程，不会对启动多个服务器程序进行过多唠叨。

> mysqld_safe、mysql.server 和 mysqld_multi 本质上是一个 Shell 脚本，大家可以直接把它们当作文本打开并进行浏览（前提是能看懂 Shell 脚本）。

1.3.2　在 Windows 系统中启动服务器程序

尽管在 Windows 中没有提供像 UNIX 中的那么多启动脚本，但是它也提供了两种启动方法，分别是手动启动和以服务的形式启动。

1. 手动启动

在 Windows 系统中安装完 MySQL 之后，MySQL 安装目录的 bin 目录下也会存在一个 mysqld 可执行文件。在命令行解释器中输入 mysqld，或者直接在 bin 目录下双击该文件，就可以启动 MySQL 服务器程序了。

小贴士

　　如果没有启动成功，可以尝试使用 mysqld --console 命令来启动服务器程序，这样可以把启动过程中生成的错误信息在黑框框中显示出来，以方便我们定位错误。

2. 以服务的方式启动

如果我们需要在计算机上长时间运行某个程序，并且无论是谁在使用这台计算机，这个程序的运行都不受影响，我们就可以把它注册为一个 Windows 服务，由操作系统来帮我们管理。把某个程序注册为 Windows 服务的方式挺简单，具体如下：

```
"完整的可执行文件路径" --install [-manual] [服务名]
```

如果我们添加了 -manual 选项，就表示在 Windows 系统启动的时候不自动启动该服务，否则会自动启动。服务名也可以省略，默认的服务名就是 MySQL。比如我的 Windows 计算机上 mysqld 的完整路径是：

```
C:\Program Files\MySQL\MySQL Server 5.7\bin\mysqld
```

所以如果我们想把它注册为 Windows 服务，可以在黑框框中这么写：

```
"C:\Program Files\MySQL\MySQL Server 5.7\bin\mysqld" --install
```

在把 mysqld 注册为 Windows 服务之后，就可以通过下面这个命令来启动 MySQL 服务器程序了：

```
net start MySQL
```

当然，如果你喜欢图形界面，可以通过 Windows 的服务管理器并用鼠标点击的方式来启动和停止服务。

关闭这个服务也非常简单，只要把上面的 start 换成 stop 就行了，就像下面这样：

```
net stop MySQL
```

1.4　启动 MySQL 客户端程序

在成功启动 MySQL 服务器程序后，就可以启动客户端程序来连接到这个服务器了。bin 目录下有许多客户端程序，比方说 mysqladmin、mysqldump、mysqlcheck 等。这里要重点关注的是可执行文件 mysql（指的是一个名称为 mysql 的可执行文件）。通过这个可执行文件，我们可以与服务器程序交互，也就是发送请求并接收服务器的处理结果。启动这个可执行文件时，一般需要一些参数，格式如下：

```
mysql -h主机名  -u用户名  -p密码
```

各个参数的意义如表 1-1 所示。

表 1-1   启动客户端程序时需要的参数及其含义

参数名	含义
-h	表示服务器进程所在计算机的域名或者 IP 地址。如果服务器进程就运行在本机的话，可以省略这个参数，或者填写 localhost 或 127.0.0.1；也可以写成 "--host= 主机名" 的形式
-u	表示用户名；也可以写成 "--user= 用户名" 的形式
-p	表示密码；也可以写成 "--password= 密码" 的形式

小贴士

像 h、u、p 这种名称只有一个英文字母的参数称为短形式的参数，使用时前面需要加单短划线；像 host、user、password 这种有多个字母组成的参数称为长形式的参数，使用时前面需要加双短划线。后文会详细讨论这些参数的使用方式，现在少安毋躁。

比如我们在黑框框中执行下面这个语句（用户名和密码按实际情况填写），就可以启动 MySQL 客户端，并且连接到服务器了。

```
mysql -hlocalhost -uroot -p123456
```

我们看一下连接成功后的界面：

```
Welcome to the MySQL monitor.  Commands end with ; or \g.
Your MySQL connection id is 3
Server version: 5.7.22-debug-log Source distribution

Copyright (c) 2000, 2018, Oracle and/or its affiliates. All rights reserved.

Oracle is a registered trademark of Oracle Corporation and/or its
affiliates. Other names may be trademarks of their respective
owners.

Type 'help;' or '\h' for help. Type '\c' to clear the current input statement.

mysql>
```

最后一行的 mysql> 是一个客户端的提示符，之后客户端发送给服务器的命令都需要写在这个提示符后边。

如果我们想断开客户端与服务器的连接并且关闭客户端的话，可以在 mysql> 提示符后输入下面任意一个命令：

- quit
- exit
- \q

比如输入 quit 试试：

```
mysql> quit
Bye
```

　　输出 Bye 说明客户端程序已经关掉了。大家一定要注意，这是关闭客户端程序的方式，而不是关闭服务器程序的方式。怎么关闭服务器程序已经在上一节唠叨过了。

　　如果愿意，可以多打开几个黑框框，并在每个黑框框都运行命令 mysql -hlocalhost -uroot -p123456，这样我们就启动了多个客户端程序，且每个客户端程序都是互不影响的。如果你有多台计算机，也可以试着把它们用局域网连起来，在一台计算机上启动 MySQL 服务器程序，在另一台计算机上执行 mysql 命令时使用 IP 地址作为主机名来连接到服务器。

1.4.1 连接注意事项

- 最好不要在一行命令中输入密码。

  在一些系统中，我们直接在黑框框中输入的密码可能会被同一台机器上的其他用户通过诸如 ps 之类的命令看到。也就是说这种方式并不安全，与你当着别人的面输入银行卡密码没啥区别。我们在执行 mysql 命令连接服务器的时候可以不显式地写出密码，就像下面这样：

  ```
  mysql -hlocalhost -uroot -p
  ```

  按回车键之后才会提示输入密码：

  ```
  Enter password:
  ```

  不过这次你输入的密码不会被显示出来，心怀不轨的人也就看不到了。输入完成后按回车键就成功连接到了服务器。

- 如果非要在一行命令中显式地输入密码，那么 -p 和密码值之间不能有空白字符（其他参数名和参数值之间可以有空白字符），就像下面这样：

  ```
  mysql -h localhost -u root -p123456
  ```

  如果在 -p 和密码值之间加上了空白字符就是错误的（下边的命令会导致服务器把 123456 当作数据库名称对待），比如这样：

  ```
  mysql -h localhost -u root -p 123456
  ```

- mysql 的各个参数的顺序没有硬性规定，也就是说我们也可以这么写：

  ```
  mysql -p  -u root -h localhost
  ```

- 如果你的服务器和客户端安装在同一台机器上，-h 参数可以省略，就像下面这样：

  ```
  mysql -u root -p
  ```

- 如果你使用的是类 UNIX 系统，在省略 -u 参数后，会把登录操作系统的用户名当作 MySQL 的用户名去处理。

  比如我用来登录操作系统的用户名是 xiaohaizi4919，那么下面这两条命令在我的机器上是等价的：

  ```
  mysql -u xiaohaizi4919 -p
  mysql -p
  ```

  对于 Windows 系统来说，默认的用户名是 ODBC，可以通过设置环境变量 USER 来添加一个默认用户名。

1.5　客户端与服务器连接的过程

我们现在已经知道如何启动 MySQL 的服务器程序，以及如何启动客户端程序来连接到这个服务器程序。运行中的服务器程序和客户端程序本质上都是计算机上的一个进程，所以客户端进程向服务器进程发送请求并得到响应的过程本质上是一个进程间通信的过程！MySQL 支持下面几种客户端进程和服务器进程的通信方式。

1.5.1　TCP/IP

在真实环境中，数据库服务器进程和客户端进程可能运行在不同的主机中，它们之间必须通过网络进行通信。MySQL 采用 TCP 作为服务器和客户端之间的网络通信协议。在网络环境下，每台计算机都有一个唯一的 IP 地址，如果某个进程需要采用 TCP 协议进行网络通信，就可以向操作系统申请一个端口号。端口号是一个整数值，它的取值范围是 0 ～ 65535。这样，网络中的其他进程就可以通过 IP 地址 + 端口号的方式与这个进程建立连接，这样进程之间就可以通过网络进行通信了。

MySQL 服务器在启动时会默认申请 3306 端口号，之后就在这个端口号上等待客户端进程进行连接。用书面一点的话来说，MySQL 服务器会默认监听 3306 端口。

> TCP/IP 是现在通用的一种网络体系结构，其中 TCP 和 IP 是两个非常重要的网络协议。如果你不知道协议是什么，或者不知道网络是什么，赶紧找本计算机网络的书瞅瞅吧。如果看得很吃力的话可以等我喔。

小贴士

如果 3306 端口号已经被别的进程占用，或者我们单纯地想自定义该服务器进程监听的端口号，就可以在启动服务器程序的命令行中添加 -P 参数来明确指定端口号，比如这样：

```
mysqld -P3307
```

这样 MySQL 服务器在启动时就会去监听指定的端口号 3307。

如果客户端进程想要使用 TCP/IP 网络与服务器进程进行通信，那么我们在使用 mysql 命令启动客户端程序时，在 -h 参数后必须跟随 IP 地址来作为需要连接的服务器进程所在主机的主机名。如果客户端进程和服务器进程位于同一台计算机中，则可以使用 127.0.0.1 来代表本机的 IP 地址。另外，如果服务器进程监听的端口号不是默认的 3306，我们也可以在使用 mysql 命令启动客户端程序时使用 -P 参数（注意是大写的 P，小写的 p 是用来指定密码的）指定需要连接的端口号。比如我们现在已经在本机启动了服务器，监听的端口号为 3307，我们在启动客户端程序时可以这样写：

```
mysql -h127.0.0.1 -uroot -P3307 -p
```

1.5.2　命名管道和共享内存

如果你是一位 Windows 用户，那么可以考虑在客户端进程和服务器进程之间使用命名管道或共享内存进行通信。不过在使用这些通信方式的时候，需要在启动服务器程序和客户端程序时添加一些参数。

- 使用命名管道进行进程间通信：需要在启动服务器程序的命令中加上 --enable-named-pipe 参数，然后在启动客户端程序的命令中加上 --pipe 或者 --protocol=pipe 参数。
- 使用共享内存进行进程间通信：需要在启动服务器程序的命令中加上 --shared-memory 参数。在成功启动服务器后，共享内存便成为本地客户端程序的默认连接方式。我们也可以在启动客户端程序的命令中加上 --protocol=memory 参数来显式指定使用共享内存进行通信。

需要注意的是，使用共享内存进行通信的服务器进程和客户端进程必须位于同一台 Windows 主机中。

小贴士　　命名管道和共享内存是 Windows 操作系统中的两种进程间通信方式，如果没听过也不用纠结，这并不妨碍我们学习 MySQL 的知识。

1.5.3　UNIX 域套接字

如果服务器进程和客户端进程都运行在操作系统为类 UNIX 的同一台机器上，则可以使用 UNIX 域套接字进行进程间通信。如果在启动客户端程序时没有指定主机名，或者指定的主机名为 localhost，又或者指定了 --protocol=socket 的启动参数，那么服务器程序和客户端程序之间就可以通过 UNIX 域套接字进行通信了。

MySQL 服务器程序默认监听的 UNIX 域套接字文件名称为 /tmp/mysql.sock，客户端程序也默认连接到这个 UNIX 域套接字文件名称。如果想改变这个默认的名称，可以在启动服务器程序时指定 socket 参数，就像下面这样：

```
mysqld --socket=/tmp/a.txt
```

这样服务器在启动后便会监听 /tmp/a.txt。在服务器改变了默认的 UNIX 域套接字文件名称后，如果客户端程序想通过 UNIX 域套接字进行通信，也需要显式地指定连接的 UNIX 域套接字文件名称，就像下面这样：

```
mysql -hlocalhost -uroot --socket=/tmp/a.txt -p
```

小贴士　　如果大家不了解啥是 UNIX 域套接字也不用深究了，这里只是为了内容的完整性才写的。大家只要知道有这么一种进程间通信的方式就好了，对我们理解后续的内容并没有影响。

1.6　服务器处理客户端请求

其实，无论客户端进程和服务器进程采用哪种方式进行通信，最后实现的效果都是客户端进程向服务器进程发送一段文本（MySQL 语句），服务器进程处理后再向客户端进程返回一段文本（处理结果）。那么，服务器进程对客户端进程发送的请求做了什么处理，才能产生最后的处理结果呢？客户端可以向服务器发送增删改查等各类请求，这里以比较复杂的查询请求为例来展示一下大致的过程，如图 1-1 所示。

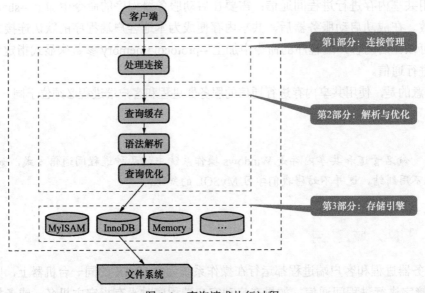

图 1-1　查询请求执行过程

从图 1-1 中可以看出，服务器程序在处理来自客户端的查询请求时，大致需要分为 3 部分：连接管理、解析与优化、存储引擎。下边来详细看一下这 3 部分都做了些什么。

1.6.1　连接管理

客户端进程可以采用前面介绍的 TCP/IP、命名管道或共享内存、UNIX 域套接字等几种方式与服务器进程建立连接。每当有一个客户端进程连接到服务器进程时，服务器进程都会创建一个线程专门处理与这个客户端的交互；当该客户端退出时会与服务器断开连接，服务器并不会立即把与该客户端交互的线程销毁，而是把它缓存起来，在另一个新的客户端再进行连接时，把这个缓存的线程分配给该新客户端。这样就不用频繁地创建和销毁线程，从而节省了开销。从这一点大家也能看出，MySQL 服务器会为每一个连接进来的客户端分配一个线程，但是线程分配得太多会严重影响系统性能，所以我们也需要限制可以同时连接到服务器的客户端数量，至于怎么限制我们后边再说。

在客户端程序发起连接时，需要携带主机信息、用户名、密码等信息，服务器程序会对客户端程序提供的这些信息进行认证。如果认证失败，服务器程序会拒绝连接。另外，如果客户端程序和服务器程序不运行在一台计算机上，我们还可以通过采用传输层安全性（Transport Layer Security，TLS）协议对连接进行加密，从而保证数据传输的安全性。

当连接建立后，与该客户端关联的服务器线程会一直等待客户端发送过来的请求。MySQL 服务器接收到的请求只是一个文本消息，该文本消息还要经过各种处理。欲知后事如何，请继续往下看。

1.6.2　解析与优化

到现在为止，MySQL 服务器已经获得了文本形式的请求，接着还要经过"九九八十一难"

的处理，其中几个比较重要的部分分别是查询缓存、语法解析和查询优化。下面我们详细来看。

1. 查询缓存

如果我问你 $9 + 8 \times 16 - 3 \times 2 \times 17$ 的值是多少，你可能会用计算器去算一下，或者再厉害一点直接用心算，最终得到了结果 35。如果我再问你一遍 $9 + 8 \times 16 - 3 \times 2 \times 17$ 的值是多少，你还用再傻呵呵地算一遍么？我们刚刚已经算过了，直接说答案就好了。

MySQL 服务器程序处理查询请求的过程也是这样，会把刚刚处理过的查询请求和结果缓存起来。如果下一次有同样的请求过来，直接从缓存中查找结果就好了，就不用再去底层的表中查找了。这个查询缓存可以在不同的客户端之间共享，也就是说，如果客户端 A 刚刚发送了一个查询请求，而客户端 B 之后发送了同样的查询请求，那么客户端 B 的这次查询就可以直接使用查询缓存中的数据了。

当然，MySQL 服务器并没有人那么聪明，如果两个查询请求有任何字符上的不同（例如，空格、注释、大小写），都会导致缓存不会命中。另外，如果查询请求中包含某些系统函数、用户自定义变量和函数、系统表，如 mysql、information_schema、performance_schema 数据库中的表，则这个请求就不会被缓存。以某些系统函数为例，同一个函数的两次调用可能会产生不一样的结果。比如函数 NOW，每次调用时都会产生最新的当前时间。如果在两个查询请求中调用了这个函数，即使查询请求的文本信息都一样，那么不同时间的两次查询也应该得到不同的结果。如果在第一次查询时就缓存了结果，在第二次查询时直接使用第一次查询的结果就是错误的！

不过既然是缓存，那就有缓存失效的时候。MySQL 的缓存系统会监测涉及的每张表，只要该表的结构或者数据被修改，比如对该表使用了 INSERT、UPDATE、DELETE、TRUNCATE TABLE、ALTER TABLE、DROP TABLE 或 DROP DATABASE 语句，则与该表有关的所有查询缓存都将变为无效并从查询缓存中删除！

> 虽然查询缓存有时可以提升系统性能，但也不得不因维护这块缓存而造成一些开销。比如每次都要去查询缓存中检索，查询请求处理完后需要更新查询缓存，需要维护该查询缓存对应的内存区域等。从 MySQL 5.7.20 开始，不推荐使用查询缓存，在 MySQL 8.0 中直接将其删除。

2. 语法解析

如果查询缓存没有命中，接下来就需要进入正式的查询阶段了。因为客户端程序发送过来的请求只是一段文本，所以 MySQL 服务器程序首先要对这段文本进行分析，判断请求的语法是否正确，然后从文本中将要查询的表、各种查询条件都提取出来放到 MySQL 服务器内部使用的一些数据结构上。

> 从本质上来说，这个从指定的文本中提取出需要的信息算是一个编译过程，涉及词法解析、语法分析、语义分析等阶段。这些问题不属于我们讨论的范畴，大家只要了解在处理请求的过程中需要这个步骤就好了。

3. 查询优化

在语法解析之后，服务器程序获得到了需要的信息，比如要查询的表和列是哪些、搜索条件是什么等。但光有这些是不够的，因为我们写的 MySQL 语句执行起来效率可能并不是很高，MySQL 的优化程序会对我们的语句做一些优化，如外连接转换为内连接、表达式简化、子查询转为连接等一堆东西。优化的结果就是生成一个执行计划，这个执行计划表明了应该使用哪些索引执行查询，以及表之间的连接顺序是啥样，等等。我们可以使用 EXPLAIN 语句来查看某个语句的执行计划。关于查询优化的详细内容我们后边会仔细唠叨，现在只需要知道在 MySQL 服务器程序处理请求的过程中有这么一个步骤就好了。

1.6.3　存储引擎

到服务器程序完成了查询优化为止，还没有真正地去访问真实的表中数据（在查询优化期间可能访问表中少量数据，在讨论查询优化的章节中我们会详细唠叨）。MySQL 服务器把数据的存储和提取操作都封装到了一个名为存储引擎的模块中。我们知道，表是由一行一行的记录组成的，但这只是一个逻辑上的概念。在物理上如何表示记录，怎么从表中读取数据，以及怎么把数据写入具体的物理存储器上，都是存储引擎负责的事情。为了实现不同的功能，MySQL 提供了各式各样的存储引擎，不同存储引擎管理的表可能有不同的存储结构，采用的存取算法也可能不同。

　　为什么叫引擎呢？可能这个名字更拉风吧。其实这个存储引擎以前叫作表处理器，后来可能人们觉得太土，就改成了存储引擎。它的功能就是接收上层传下来的指令，然后对表中的数据进行读取或写入操作。

为了方便管理，人们把 MySQL 服务器处理请求的过程简单地划分为 server 层和存储引擎层。连接管理、查询缓存、语法解析、查询优化这些并不涉及真实数据存取的功能划分为 server 层的功能，存取真实数据的功能划分为存储引擎层的功能。各种不同的存储引擎为 server 层提供统一的调用接口，其中包含了几十个不同用途的底层函数，比如"读取索引第一条记录""读取索引下一条记录""插入记录"等。

所以在 server 层完成了查询优化后，只需按照生成的执行计划调用底层存储引擎提供的接口获取到数据后返回给客户端就好了。不过需要注意的一点是，server 层和存储引擎层交互时，一般是以记录为单位的。以 SELECT 语句为例，server 层根据执行计划先向存储引擎层取一条记录，然后判断是否符合 WHERE 条件；如果符合，就发送给客户端，否则跳过该记录，然后继续向存储引擎索要下一条记录；依此类推。

　　server 层在判断某条记录符合要求之后，其实是先将其发送到一个缓冲区，待到该缓冲区满了，才向客户端发送真正的记录。该缓冲区大小由系统变量 net_buffer_length 控制，当然，你现在可能不知道啥是系统变量，不过下一章就会知道了。

1.7　常用存储引擎

MySQL 支持多种存储引擎，先来看看表 1-2 中列出的部分存储引擎。

表 1-2　MySQL 支持的存储引擎

存储引擎	描述
ARCHIVE	用于数据存档（记录插入后不能再修改）
BLACKHOLE	丢弃写操作，读操作会返回空内容
CSV	在存储数据时，以逗号分隔各个数据项
FEDERATED	用来访问远程表
InnoDB	支持事务、行级锁、外键
MEMORY	数据只存储在内存，不存储在磁盘；多用于临时表
MERGE	用来管理多个 MyISAM 表构成的表集合
MyISAM	主要的非事务处理存储引擎
NDB	MySQL 集群专用存储引擎

这么多存储引擎，看着都眼花了，我们怎么挑啊。其实大家多虑了，我们最常用的就是 InnoDB 和 MyISAM，偶尔还会提一下 MEMORY。其中 InnoDB 是 MySQL 默认的存储引擎，我们之后会详细唠叨这个存储引擎的各种功能，现在先看一下部分存储引擎对于某些功能的支持情况，如表 1-3 所示。

表 1-3　存储引擎对于某些功能的支持情况

功能	MyISAM	MEMORY	InnoDB	ARCHIVE	NDB
B-tree indexes	是	是	是	否	否
Backup/point-in-time recovery	是	是	是	是	是
Cluster database support	否	否	否	否	是
Clustered indexes	否	否	是	否	否
Compressed data	是	否	是	是	是
Data caches	否	N/A	是	否	是
Encrypted data	是	是	是	是	是
Foreign key support	否	否	是	否	是
Full-text search indexes	是	否	是	否	否
Geospatial data type support	是	否	是	是	是
Geospatial indexing support	是	否	是	否	否
Hash indexes	否	是	否	否	是
Index caches	是	N/A	是	否	是
Locking granularity	表	表	行	行	行
MVCC	否	否	是	否	否
Query cache support	是	是	是	是	是
Replication support	是	有限支持	是	是	是
Storage limits	256TB	RAM	64TB	无存储限制	384EB
T-tree indexes	否	否	否	否	是
Transactions	否	否	是	否	是
Update statistics for data dictionary	是	是	是	是	是

表 1-3 密密麻麻列了这么多，看得让人头皮发麻，目的就是想告诉你：这玩意儿很复杂（其实表 1-3 是我从 MySQL 文档中直接复制过来的）。其实这些东西大家没必要立即记住，这里主要是想让大家明白不同的存储引擎支持不同的功能。有些重要的功能我们会在后面的唠叨中慢慢让大家理解。

> InnoDB 从 MySQL 5.5.5 版本开始作为 MySQL 的默认存储引擎，之前版本的默认存储引擎为 MyISAM。

1.8   关于存储引擎的一些操作

1.8.1   查看当前服务器程序支持的存储引擎

我们可以用下面这个命令来查看当前服务器程序支持的存储引擎：

```
SHOW ENGINES;
```

来看一下调用效果：

```
mysql> SHOW ENGINES;

+--------------------+---------+----------------------------------------------------------------+--------------+------+------------+
| Engine             | Support | Comment                                                        | Transactions | XA   | Savepoints |
+--------------------+---------+----------------------------------------------------------------+--------------+------+------------+
| InnoDB             | DEFAULT | Supports transactions, row-level locking, and foreign keys     | YES          | YES  | YES        |
| MRG_MYISAM         | YES     | Collection of identical MyISAM tables                          | NO           | NO   | NO         |
| MEMORY             | YES     | Hash based, stored in memory, useful for temporary tables      | NO           | NO   | NO         |
| BLACKHOLE          | YES     | /dev/null storage engine (anything you write to it disappears) | NO           | NO   | NO         |
| MyISAM             | YES     | MyISAM storage engine                                          | NO           | NO   | NO         |
| CSV                | YES     | CSV storage engine                                             | NO           | NO   | NO         |
| ARCHIVE            | YES     | Archive storage engine                                         | NO           | NO   | NO         |
| PERFORMANCE_SCHEMA | YES     | Performance Schema                                             | NO           | NO   | NO         |
| FEDERATED          | NO      | Federated MySQL storage engine                                 | NULL         | NULL | NULL       |
+--------------------+---------+----------------------------------------------------------------+--------------+------+------------+
9 rows in set (0.00 sec)
```

其中，Support 列表示该存储引擎是否可用，DEFAULT 值代表当前服务器程序的默认存储引擎；Comment 列是对存储引擎的一个描述；Transactions 列代表该存储引擎是否支持事务处理；XA 列代表该存储引擎是否支持分布式事务；Savepoints 列代表该存储引擎是否支持事务的部分回滚。

> 好吧，也许你并不知道什么是事务，更别提分布式事务了。关于事务的详细情况后续章节会非常详细地唠叨，少安毋躁。

1.8.2   设置表的存储引擎

我们前边说过，存储引擎是负责对表中的数据进行读取和写入工作的，我们可以为不同的表设置不同的存储引擎。也就是说，不同的表可以有不同的物理存储结构、不同的读取和写入方式。

1. 创建表时指定存储引擎

如果我们在创建表的语句中没有指定表的存储引擎，那就会使用默认的存储引擎 InnoDB

（当然，这个默认的存储引擎也是可以修改的，下一章中再说怎么改）。如果我们想显式地指定表的存储引擎，可以这么写：

```
CREATE TABLE 表名(
    建表语句
) ENGINE = 存储引擎名称;
```

比如我们想创建一个存储引擎为 MyISAM 的表，可以这么写：

```
mysql> CREATE TABLE engine_demo_table(
    ->      i int
    -> ) ENGINE = MyISAM;
Query OK, 0 rows affected (0.02 sec)
```

2. 修改表的存储引擎

如果表已经建好了，我们也可以使用下面这个语句来修改表的存储引擎：

```
ALTER TABLE 表名 ENGINE = 存储引擎名称;
```

比如，我们修改 engine_demo_table 表的存储引擎：

```
mysql> ALTER TABLE engine_demo_table ENGINE = InnoDB;
Query OK, 0 rows affected (0.05 sec)
Records: 0  Duplicates: 0  Warnings: 0
```

这时我们再查看一下 engine_demo_table 的表结构：

```
mysql> SHOW CREATE TABLE engine_demo_table\G
*************************** 1. row ***************************
      Table: engine_demo_table
Create Table: CREATE TABLE 'engine_demo_table' (
  'i' int(11) DEFAULT NULL
) ENGINE=InnoDB DEFAULT CHARSET=utf8
1 row in set (0.01 sec)
```

可以看到该表的存储引擎已经改为 InnoDB 了。

1.9 总结

MySQL 采用客户端 / 服务器架构，用户通过客户端程序发送增删改查请求，服务器程序收到请求后处理，并且把处理结果返回给客户端。

MySQL 安装目录的 bin 目录下存放了许多可执行文件，其中有一些是服务器程序（比如 mysqld、mysqld_safe），有一些是客户端程序（比如 mysql、mysqladmin）。

在类 UNIX 系统上启动服务器程序的方式有下面这些：

- mysqld；
- mysqld_safe；
- mysql.server；
- mysqld_multi。

在 Windows 系统上启动服务器程序的方式有下面这些：

- mysqld；
- 将 mysqld 注册为 Windows 服务。

启动客户端程序时常用的语法如下：

```
mysql -h主机名  -u用户名 -p密码
```

客户端进程和服务器进程在通信时采用下面几种方式：

- TCP/IP；
- 命名管道或共享内存；
- UNIX 域套接字。

以查询请求为例，服务器程序在处理客户端发送过来的请求时，大致分为以下几个部分。

- 连接管理：主要负责连接的建立与信息的认证。
- 解析与优化：主要进行查询缓存、语法解析、查询优化。
- 存储引擎：主要负责读取和写入底层表中的数据。

MySQL 支持的存储引擎有好多种，它们的功能各有侧重，我们常用的就是 InnoDB 和 MyISAM，其中 InnoDB 是服务器程序的默认存储引擎。

存储引擎的一些常用用法如下所示：

- 查看当前服务器程序支持的存储引擎：

```
SHOW ENGINES;
```

- 创建表时指定表的存储引擎：

```
CREATE TABLE 表名(
    建表语句;
) ENGINE = 存储引擎名称;
```

- 修改表的存储引擎：

```
ALTER TABLE 表名 ENGINE = 存储引擎名称;
```

第2章 MySQL的调控按钮——启动选项和系统变量

2.1 启动选项和配置文件

大家应该都在手机中发现过一个"设置"功能，通过这个功能可以设置手机的来电铃声、音量大小、解锁密码等。假如没有这个设置功能，我们的生活将置于尴尬的境地。比如，在图书馆里无法把手机设置为静音，无法把流量开关关掉以节省流量，在别人得知解锁密码后无法更改密码。MySQL 的服务器程序和客户端程序也有很多设置项，比如对于 MySQL 服务器程序，我们可以指定允许同时连入的客户端数量、客户端和服务器的通信方式、表的默认存储引擎、查询缓存的大小等信息。对于 MySQL 客户端程序，我们之前已经见识过了，可以指定需要连接的服务器程序所在主机的主机名或 IP 地址、用户名及密码等信息。

这些设置项一般都有各自的默认值，比如服务器允许同时连入的客户端的默认数量是151，表的默认存储引擎是 InnoDB。我们可以在程序启动的时候修改这些默认值，对于这种在程序启动时指定的设置项也称之为启动选项（startup option），这些选项控制着程序启动后的行为。在 MySQL 安装目录的 bin 目录下的各种可执行文件，无论是服务器相关的程序（比如 mysqld、mysqld_safe）还是客户端相关的程序（比如 mysql、mysqladmin），在启动时基本都可以指定启动选项。这些启动选项可以在命令行中指定，也可以在配置文件中指定。

下面我们以 mysqld 为例，来详细唠叨一下指定启动选项的格式。

2.1.1 在命令行上使用选项

前文说过，服务器进程和客户端进程之间的通信有多种形式。如果我们想在启动服务器程序时就禁止各客户端使用 TCP/IP 网络进行通信，可以在启动服务器程序的命令行中添加 skip-networking 启动选项，就像下面这样：

```
mysqld --skip-networking
```

可以看到，在命令行中指定启动选项时需要在选项名前加上 -- 前缀。另外，如果选项名是由多个单词构成的，它们之间可以由短划线 - 连接，也可以使用下划线 _ 连接，也就是说 skip-networking 和 skip_networking 表示的含义是相同的。上面的写法与下面的写法是等价的：

```
mysqld --skip_networking
```

在按照上述命令启动服务器程序后，如果再使用 mysql 来启动客户端程序，把服务器主机名指定为 127.0.0.1（IP 地址的形式）的话会显示连接失败：

```
mysql -h127.0.0.1 -uroot -p
Enter password:

ERROR 2003 (HY000): Can't connect to MySQL server on '127.0.0.1' (61)
```

启动客户端程序时，在 -h 参数后边紧跟服务器的 IP 地址，这就意味着客户端要求和服务器之间通过 TCP/IP 网络进行通信。而此时连接失败的结果也就意味着我们在启动服务器时指定的启动选项 skip-networking 生效了。

再举一个例子，我们前边说过，如果在创建表的语句中没有显式指定表的存储引擎，那就会默认使用 InnoDB 作为表的存储引擎。如果我们想改变表的默认存储引擎，可以在黑框框中输入下面这样的启动服务器的命令：

```
mysqld --default-storage-engine=MyISAM
```

我们现在就已经把表的默认存储引擎改为 MyISAM 了。在客户端程序连接到服务器程序后试着创建一个表：

```
mysql> CREATE TABLE default_storage_engine_demo(
    ->     i INT
    -> );
Query OK, 0 rows affected (0.02 sec)
```

这个表定义语句中并没有明确指定表的存储引擎，在表创建成功后再看一下这个表的结构：

```
mysql> SHOW CREATE TABLE default_storage_engine_demo\G
*************************** 1. row ***************************
       Table: default_storage_engine_demo
Create Table: CREATE TABLE 'default_storage_engine_demo' (
  'i' int(11) DEFAULT NULL
) ENGINE=MyISAM DEFAULT CHARSET=utf8
1 row in set (0.01 sec)
```

可以看到该表的存储引擎已经是 MyISAM 了，这说明我们配置的启动选项 default-storage-engine 生效了。

总结一下，在启动服务器程序的命令行后边指定启动选项的通用格式就是这样的：

```
--启动选项1[=值1] --启动选项2[=值2] ... --启动选项n[=值n]
```

也就是说，我们可以将各个启动选项写到一行中，每一个启动选项名称前边添加 --，各个启动选项之间使用空白字符隔开。对于不需要值的启动选项，比如 skip-networking，它们就不需要指定对应的值。对于需要指定值的启动选项，比如 default-storage-engine，则在指定这个启动选项的时候需要显式指定它的值，比如 InnoDB、MyISAM 什么的。在命令行中指定有值的启动选项时需要注意，选项名、=、选项值之间不可以有空白字符，比如写成下面这样就是不正确的：

```
mysqld --default-storage-engine = MyISAM
```

每个 MySQL 程序都支持许多不同的选项。大多数程序提供了一个 --help 选项，可以用来查看该程序支持的全部启动选项以及它们的默认值。例如，使用 mysql --help 可以看到 mysql 程序支持的启动选项；使用 mysqld_safe --help 可以看到 mysqld_safe 程序支持的启动选项。不过查看 mysqld 支持的启动选项有些特别，需要使用 mysqld --verbose --help。

选项的长形式和短形式

我们前面提到的 skip-networking、default-storage-engine 这些启动选项都是长形式的选项（因为它们很长），设计 MySQL 的大叔为了方便我们使用，对于一些常用的选项提供了短形式。我们列举一些具有短形式的启动选项来瞅瞅（MySQL 支持的短形式选项太多了，篇幅所限，这里不全部列出），如表 2-1 所示。

表 2-1 选项的长形式、短形式及其含义

长形式	短形式	含义
--host	-h	主机名
--user	-u	用户名
--password	-p	密码
--port	-P	端口
--version	-V	版本信息

短形式的选项名只有一个字母，与使用长形式选项时需要在选项名前加两个短划线 -- 不同的是，使用短形式选项时在选项名前只加一个短划线 - 前缀。有一些短形式的选项之前已经接触过了，比如我们在启动服务器程序时通过添加短形式的选项 -P 来指定监听的端口号：

```
mysqld -P3307
```

使用短形式选项时，选项名和选项值之间可以没有间隙，也可以用空白字符隔开（-p 选项有些特殊，-p 和密码值之间不能有空白字符）。也就是说上面的命令和下面的是等价的：

```
mysqld -P 3307
```

另外，选项名是区分大小写的，比如 -p 和 -P 选项拥有完全不同的含义，大家需要注意。

2.1.2　配置文件中使用选项

在命令行中设置的启动选项只对当次启动生效，也就是说如果下一次重启程序的时候我们还想保留这些启动选项，还得重复把这些选项写到启动命令行中，这样真的神烦！于是设计 MySQL 的大叔提出了一个配置文件（也称为选项文件）的概念，我们把需要设置的启动选项都写在这个配置文件中，每次启动服务器时都从这个文件中加载相应的启动选项。由于这个配置文件可以长久地保存在计算机的硬盘中，所以我们只需配置一次，以后就不用显式地把启动选项都写在启动命令行中了。所以推荐使用配置文件的方式来设置启动选项。

1. 配置文件的路径

MySQL 程序在启动时会在多个路径下寻找配置文件，这些路径有的是固定的，有的可以在命令行中指定。根据操作系统的不同，寻找配置文件的路径也有所不同，我们分别看一下。

Windows 操作系统的配置文件

在 Windows 操作系统中，MySQL 会按照表 2-2 所示的路径依次寻找配置文件。

表 2-2　Windows 操作系统中配置文件的路径

路径名	备注
%WINDIR%\my.ini, %WINDIR%\my.cnf	
C:\my.ini, C:\my.cnf	
BASEDIR\my.ini, BASEDIR\my.cnf	
defaults-extra-file	命令行指定的额外配置文件路径
%APPDATA%\MySQL\.mylogin.cnf	登录路径选项（仅限客户端）

在阅读 Windows 操作系统下的这些配置文件路径时，需要注意下面这些事情。

- 在给定的前 3 个路径中，配置文件可以使用 .ini 的扩展名，也可以使用 .cnf 的扩展名。
- %WINDIR% 指的是你的机器上 Windows 目录的位置，通常是 C:\WINDOWS。如果不确定，可以使用 echo %WINDIR% 命令来查看。
- BASEDIR 指的是 MySQL 安装目录的路径，在我的 Windows 机器上，BASEDIR 的值是 C:\Program Files\MySQL\MySQL Server 5.7\。
- 第四个路径指的是在启动程序时可以通过指定 defaults-extra-file 启动选项的值来添加额外的配置文件路径。比如，我们在命令行中可以这么写：

```
mysqld --defaults-extra-file=C:\Users\xiaohaizi4919\my_extra_file.txt
```

这样 MySQL 服务器在启动时就可以额外在 C:\Users\xiaohaizi4919\my_extra_file.txt 路径下查找配置文件。

- %APPDATA% 表示 Windows 应用程序数据目录的值，可以使用 echo %APPDATA% 命令查看。
- 表 2-2 中最后一个名为 .mylogin.cnf 的配置文件有点儿特殊，它不是一个纯文本文件（其他的配置文件都是纯文本文件），而是使用 mysql_config_editor 实用程序创建的加密文件。这个文件只能包含一些在启动客户端程序时用于连接服务器的选项，包括 host、user、password、port 和 socket，而且它只能被客户端程序所使用。

小贴士　　　mysql_config_editor 实用程序其实是 MySQL 安装目录的 bin 目录下的一个可执行文件，这个实用程序有专用的语法来生成或修改 .mylogin.cnf 文件中的内容。如何使用这个程序不是我们讨论的主题，大家可以到 MySQL 的官方文档中查看。

类 UNIX 操作系统中的配置文件

在类 UNIX 操作系统中，MySQL 会按照表 2-3 所示的路径来依次寻找配置文件。

表 2-3　类 UNIX 操作系统中配置文件的路径

路径名	备注
/etc/my.cnf	
/etc/mysql/my.cnf	
SYSCONFDIR/my.cnf	

续表

路径名	备注
$MYSQL_HOME/my.cnf	特定于服务器的选项（仅限服务器）
defaults-extra-file	命令行指定的额外配置文件路径
~/.my.cnf	特定于用户的选项
~/.mylogin.cnf	特定于用户的登录路径选项（仅限客户端）

同样，在阅读类 UNIX 操作系统下的这些配置文件路径时，需要注意下面这些事情。

- SYSCONFDIR 表示在使用 CMake 构建 MySQL 时使用 SYSCONFDIR 选项指定的目录。

> 如果你不懂啥是 CMake，啥是编译，那就跳过吧，这对理解后续的文章没啥影响。

- MYSQL_HOME 是一个环境变量，该变量的值是我们自己设置的（想设置就设置，不想设置就不设置）。该变量的值代表一个路径，我们可以在该路径下创建一个 my.cnf 配置文件，这个配置文件中只能放置与启动服务器程序相关的选项（.mylogin.cnf 只能存放客户端相关的一些选项，除 .mylogin.cnf 以及 $MySQL_HOME/my.cnf 配置文件外，其余配置文件既可以存放服务器相关的选项，也可以存放客户端相关的选项）。

> 如果使用 mysqld_safe 启动服务器程序，而且我们也没有主动设置这个 MySQL_HOME 环境变量的值，那么这个环境变量的值将自动被设置为 MySQL 的安装目录，也就是 MySQL 服务器将会在安装目录下查找名为 my.cnf 的配置文件。

- 表 2-3 中最后两个以 ~ 开头的路径是用户相关的。类 UNIX 系统中都有一个当前登录用户的概念，每个用户都可以有一个用户目录，~ 就代表这个用户目录。大家可以查看 HOME 环境变量的值来确定当前用户的用户目录。比如，我的 macOS 机器上的用户目录就是 /Users/xiaohaizi4919。之所以说表 2-3 中最后两个配置文件是用户相关的，是因为不同的类 UNIX 系统的用户都可以在自己的用户目录下创建 .my.cnf 或者 .mylogin.cnf。换句话说，不同登录用户使用的 .my.cnf 或者 .mylogin.cnf 配置文件是不同的。
- defaults-extra-file 的含义与 Windows 中的一样，不再赘述。
- .mylogin.cnf 的含义也同 Windows 中的一样。再次强调一遍，它不是纯文本文件，只能使用 mysql_config_editor 实用程序去创建或修改，用于存放客户端登录服务器时的相关选项。

总之，在我的计算机中，这几个路径中的任意一个都可以当作配置文件来使用。如果它们不存在，可以手动创建一个。比如，在 ~/.my.cnf 路径下手动创建一个配置文件。

另外，我们在唠叨如何启动 MySQL 服务器程序的时候说过，使用 mysqld_safe 程序启动服务器时，会调用 mysqld。对于传递给 mysqld_safe 的启动选项来说，如果 mysqld_safe 程序不处理，则会传递给 mysqld 程序处理。比如，skip-networking 选项是由 mysqld 处理的，mysqld_safe 并不处理，但是如果我们在命令行上执行下面的命令：

```
mysqld_safe --skip-networking
```

则在 mysqld_safe 调用 mysqld 时，会把它处理不了的这个 skip-networking 选项交给 mysqld
处理。

2. 配置文件的内容

与在命令行中指定启动选项不同的是，配置文件中的启动选项被划分为若干个组，每个组
有一个组名，用中括号 [] 扩起来，像下面这样：

```
[server]
(具体的启动选项...)

[mysqld]
(具体的启动选项...)

[mysqld_safe]
(具体的启动选项...)

[client]
(具体的启动选项...)

[mysql]
(具体的启动选项...)

[mysqladmin]
(具体的启动选项...)
```

上面这个配置文件里就定义了许多个组，组名分别是 server、mysqld、mysqld_safe、client、
mysql、mysqladmin。每个组下边可以定义若干个启动选项。我们以 [server] 组为例来看一下填
写启动选项的形式（其他组中启动选项的形式是一样的）：

```
[server]
option1                 #这是option1，该选项不需要选项值
option2 = value2        #这是option2，该选项需要选项值
...
```

在配置文件中指定启动选项的语法类似于命令行语法，但是在配置文件中只能使用长形
式的选项，而且在配置文件中指定的启动选项不允许加 -- 前缀，并且每行只指定一个选项，
等号 = 周围可以有空白字符（在命令行中，选项名、=、选项值之间不允许有空白字符）。另
外，在配置文件中，我们可以使用 # 来添加注释，从 # 出现直到行尾的内容都属于注释内容，
MySQL 程序会忽略这些注释内容。

为了让大家更容易对比在命令行和配置文件中指定启动选项的区别，我们再把在命令行中
指定 option1 和 option2 两个选项的格式写一遍看看：

```
--option1 --option2=value2
```

在配置文件中，不同的选项组是给不同的程序使用的。如果选项组名称与程序名称相同，
则组中的选项将专门应用于该程序。例如，[mysqld] 和 [mysql] 组分别应用于 mysqld 服务器程
序和 mysql 客户端程序。不过有两个选项组比较特别：

- [server] 组下面的启动选项将作用于所有的服务器程序；
- [client] 组下面的启动选项将作用于所有的客户端程序。

需要注意的一点是，mysqld_safe 和 mysql.server 这两个程序在启动时都会读取 [mysqld] 选项组中的内容。为了直观感受一下，我们挑一些程序来看看它们能读取的选项组都有哪些（见表 2-4）。

表 2-4 程序的对应类别和能读取的组

程序名	类别	能读取的组
mysqld	启动服务器	[mysqld]、[server]
mysqld_safe	启动服务器	[mysqld]、[server]、[mysqld_safe]
mysql.server	启动服务器	[mysqld]、[server]、[mysql.server]
mysql	启动客户端	[mysql]、[client]
mysqladmin	启动客户端	[mysqladmin]、[client]
mysqldump	启动客户端	[mysqldump]、[client]

现在以 macOS 操作系统为例，在 /etc/mysql/my.cnf 配置文件中添加一些内容（如果大家使用的是 Windows 系统，请自行参考前文提到的配置文件路径）：

```
[server]
skip-networking
default-storage-engine=MyISAM
```

然后直接用 mysqld 启动服务器程序：

```
mysqld
```

虽然在命令行中没有添加启动选项，但是在程序启动时，会默认地到我们上面提到的配置文件路径下查找配置文件，其中就包括 /etc/mysql/my.cnf。又由于 mysqld 命令可以读取 [server] 选项组的内容，所以 skip-networking 和 default-storage-engine=MyISAM 这两个选项是生效的。大家可以把这些启动选项放在 [client] 组中，然后再试试用 mysqld 启动服务器程序，看看里面的启动选项是否生效（剧透一下，不生效）。

3. 特定 MySQL 版本的专用选项组

我们可以在选项组的名称后加上特定的 MySQL 版本号。比如对于 [mysqld] 选项组来说，我们可以定义一个 [mysqld-5.7] 的选项组。它的含义和 [mysqld] 一样，只不过只有版本号为 5.7 的 mysqld 程序才能使用这个选项组中的选项。

4. 配置文件的优先级

我们前面唠叨过，MySQL 将在某些固定的路径下搜索配置文件。我们也可以通过在命令行中指定 defaults-extra-file 启动选项来指定额外的配置文件路径。MySQL 将按照表 2-2 或表 2-3 中给定的顺序（具体取决于所用的操作系统）依次读取各个配置文件。如果该文件不存在，则忽略。值得注意的是，如果我们在多个配置文件中设置了相同的启动选项，则以最后一个配置文件中的为准。比如 /etc/my.cnf 文件的内容是这样的：

```
[server]
default-storage-engine=InnoDB
```

而 ~/.my.cnf 文件中的内容是这样的：

```
[server]
default-storage-engine=MyISAM
```

又因为 ~/.my.cnf 比 /etc/my.cnf 顺序靠后，因此，若两个配置文件中出现相同的启动选项，将以 ~/.my.cnf 中的为准。所以，在 MySQL 服务器程序启动之后，default-storage-engine 的值就是 MyISAM。

5. 同一个配置文件中多个组的优先级

我们说同一个程序可以访问配置文件中的多个组，比如 mysqld 可以访问 [mysqld]、[server] 组。如果在同一个配置文件中（比如 ~/.my.cnf），在 [mysqld]、[server] 组里出现了同样的启动选项，比如下面这样：

```
[server]
default-storage-engine=InnoDB

[mysqld]
default-storage-engine=MyISAM
```

那么，将以最后一个出现的组中的启动选项为准。比如，在上面的例子中，default-storage-engine 既出现在 [server] 组也出现在 [mysqld] 组，由于 [mysqld] 组在 [server] 组后边，所以将以 [mysqld] 组中的配置项为准。

6. defaults-file 的使用

如果我们不想让 MySQL 到默认的路径下搜索配置文件，则可以在命令行指定 defaults-file 选项，比如下面这样（以类 UNIX 系统为例）：

```
mysqld --defaults-file=/tmp/myconfig.txt
```

这样一来，在程序启动时将只在 /tmp/myconfig.txt 路径下搜索配置文件。如果文件不存在或无法访问，则会发生错误。

小贴士

> 注意 defaults-extra-file 和 defaults-file 的区别，使用 defaults-extra-file 可以指定额外的配置文件路径（也就是说那些固定的配置文件路径也会被搜索）。

2.1.3 在命令行和配置文件中启动选项的区别

在命令行中指定的绝大部分启动选项都可以放到配置文件中，但是有一些选项是专门为命令行设计的，比如 defaults-extra-file、defaults-file 这样的选项本身就是为了指定配置文件路径的，如果再放在配置文件中使用就没啥意义了。剩下的一些只能用到命令行中而不能用到配置文件中的启动选项就不一一列举了，等到用的时候再提（本书中用不到，有兴趣的读者请移步到官方文档）。

另外有一点需要特别注意：如果同一个启动选项既出现在命令行中，又出现在配置文件中，那么以命令行中的启动选项为准！比如我们在配置文件中写了：

```
[server]
default-storage-engine=InnoDB
```

而我们的启动命令是：

```
mysqld --default-storage-engine=MyISAM
```

那么，最后 default-storage-engine 的值就是 MyISAM！

2.2 系统变量

2.2.1 系统变量简介

MySQL 服务器程序在运行过程中会用到许多影响程序行为的变量，它们被称为系统变量。比如，允许同时连入的客户端数量用系统变量 max_connections 表示；表的默认存储引擎用系统变量 default_storage_engine 表示；查询缓存的大小用系统变量 query_cache_size 表示。MySQL 服务器程序的系统变量有好几百个，这里不再一一列举。每个系统变量都有一个默认值，我们可以使用命令行或者配置文件中的选项在启动服务器时改变一些系统变量的值。大多数系统变量的值也可以在程序运行过程中修改，而无须停止并重新启动服务器。

2.2.2 查看系统变量

我们可以使用下列命令查看 MySQL 服务器程序支持的系统变量以及它们的当前值：

```
SHOW VARIABLES [LIKE 匹配的模式];
```

由于系统变量实在太多了，如果我们直接使用 SHOW VARIABLES 查看的话，就直接在屏幕上刷屏了，所以通常都会使用一个 LIKE 表达式来指定过滤条件，比如这么写：

```
mysql> SHOW VARIABLES LIKE 'default_storage_engine';
+------------------------+--------+
| Variable_name          | Value  |
+------------------------+--------+
| default_storage_engine | InnoDB |
+------------------------+--------+
1 row in set (0.01 sec)

mysql> SHOW VARIABLES like 'max_connections';
+-----------------+-------+
| Variable_name   | Value |
```

```
+-----------------+-------+
| max_connections | 151   |
+-----------------+-------+
1 row in set (0.00 sec)
```

可以看到，现在服务器程序使用的默认存储引擎就是 InnoDB，允许同时连接的客户端数
量最多为 151。

小贴士　　　　更严谨地说，MySQL 服务器实际上允许 max_connections + 1 个客户端连接，额外
的 1 个是给超级用户准备的（很显然这是超级用户的一个特权）。

别忘了 LIKE 表达式中可以使用通配符来进行模糊查询，也就是说我们可以这么写：

```
mysql> SHOW VARIABLES LIKE 'default%';
+------------------------------+------------------------+
| Variable_name                | Value                  |
+------------------------------+------------------------+
| default_authentication_plugin | mysql_native_password |
| default_password_lifetime    | 0                      |
| default_storage_engine       | InnoDB                 |
| default_tmp_storage_engine   | InnoDB                 |
| default_week_format          | 0                      |
+------------------------------+------------------------+
5 rows in set (0.01 sec)
```

这样就查出了所有以 default 开头的系统变量的值。

2.2.3　设置系统变量

1. 通过启动选项设置

大部分系统变量都可以通过在启动服务器时传送启动选项的方式来设置。如何填写启动选
项我们在前面已经花了大量篇幅来唠叨了，其实就是下面这两种方式：

● 通过命令行添加启动选项。

比方说在启动服务器程序时用这个命令：

```
mysqld --default-storage-engine=MyISAM --max-connections=10
```

● 通过配置文件添加启动选项。

可以这样填写配置文件：

```
[server]
default-storage-engine=MyISAM
max-connections=10
```

当使用上面的任何一种方式启动服务器程序后，再来看一下系统变量的值：

```
mysql> SHOW VARIABLES LIKE 'default_storage_engine';
+------------------------+--------+
| Variable_name          | Value  |
```

```
+----------------------+--------+
| default_storage_engine | MyISAM |
+----------------------+--------+
1 row in set (0.00 sec)

mysql> SHOW VARIABLES LIKE 'max_connections';
+-----------------+-------+
| Variable_name   | Value |
+-----------------+-------+
| max_connections | 10    |
+-----------------+-------+
1 row in set (0.00 sec)
```

可以看到 default_storage_engine 和 max_connections 这两个系统变量的值已经被修改了。需要注意的一点是，对于启动选项来说，如果启动选项名由多个单词组成，各个单词之间用短划线（-）或者下划线（_）连接起来都可以；但是对于对应的系统变量来说，各个单词之间必须使用下划线（_）连接起来。

2. 服务器程序运行过程中设置

对于大部分系统变量来说，它们的值可以在服务器程序运行过程中进行动态修改而无须停止并重启服务器。不过系统变量有作用范围之分，下面详细唠叨一下。

（1）设置不同作用范围的系统变量

我们前面说过，多个客户端程序可以同时连接到一个服务器程序。对于同一个系统变量，我们有时想让不同的客户端有不同的值。比方说狗哥使用客户端 A，他想让当前客户端对应的默认存储引擎为 InnoDB，所以他可以把系统变量 default_storage_engine 的值设置为 InnoDB；猫爷使用客户端 B，他想让当前客户端对应的默认存储引擎为 MyISAM，所以他可以把系统变量 default_storage_engine 的值设置为 MyISAM。这样可以使狗哥和猫爷的的客户端拥有不同的默认存储引擎，且在使用时互不影响，十分方便。但是，这样一来各个客户端都私有一份系统变量，这会产生两个问题。

- 有一些系统变量并不是针对单个客户端的，比如允许同时连接到服务器的客户端数量 max_connections、查询缓存的大小 query_cache_size，这些公有的系统变量让某个客户端私有显然不合适。
- 一个新客户端连接到服务器时，与它对应的系统变量的值该怎么设置。

为了解决这两个问题，设计 MySQL 的大叔提出了系统变量的作用范围的概念。具体来说，作用范围分为下面两种。

- GLOBAL（全局范围）：影响服务器的整体操作。具有 GLOBAL 作用范围的系统变量可以称为全局变量。
- SESSION（会话范围）：影响某个客户端连接的操作。具有 SESSION 作用范围的系统变量可以称为会话变量。

服务器在启动时，会将每个全局变量初始化为其默认值（可以通过命令行或配置文件中指定的选项更改这些默认值）。服务器还为每个连接的客户端维护一组会话变量，客户端的会话变量在连接时使用相应全局变量的当前值进行初始化（也有一些会话变量不依据相应的全局变量值进行初始化，不过这里不展开唠叨了）。

这话有点儿绕，还是以 default_storage_engine 为例来解释。在服务器启动时会初始化一

个名为 default_storage_engine、作用范围为 GLOBAL 的系统变量。之后每当有一个客户端
连接到该服务器时，服务器都会单独为该客户端分配一个名为 default_storage_engine、作用
范围为 SESSION 的系统变量，这个作用范围为 SESSION 的系统变量值按照当前作用范围为
GLOBAL 的同名系统变量值进行初始化。

很显然，通过启动选项设置的系统变量的作用范围都是 GLOBAL 的，因为在服务器启动
的时候还没有客户端程序连接进来呢。了解了系统变量的 GLOBAL 和 SESSION 作用范围之
后，我们再看一下在服务器程序运行期间通过客户端程序设置系统变量的语法：

```
SET [GLOBAL|SESSION] 系统变量名 = 值;
```

或者写成这样也行：

```
SET [@@(GLOBAL|SESSION).]系统变量名 = 值;
```

比如，我们想在服务器的运行过程中把作用范围为 GLOBAL 的系统变量 default_storage_
engine 的值修改为 MyISAM，也就是想让之后新连接到服务器的客户端都用 MyISAM 作为默
认的存储引擎，则可以选择下面两条语句中的任意一条来设置。

- 语句 1：SET GLOBAL default_storage_engine = MyISAM;
- 语句 2：SET @@GLOBAL.default_storage_engine = MyISAM;

如果只想对本客户端生效，也可以选择下面 3 条语句中的任意一条来设置。

- 语句 1：SET SESSION default_storage_engine = MyISAM;
- 语句 2：SET @@SESSION.default_storage_engine = MyISAM;
- 语句 3：SET default_storage_engine = MyISAM;

从上面的语句 3 也可以看出，如果在设置系统变量的语句中省略了作用范围，默认的作用范
围就是 SESSION。也就是说"SET 系统变量名 = 值"和"SET SESSION 系统变量名 = 值"是等价的。

（2）查看不同作用范围的系统变量

我们可以在查看系统变量的语句中加上要查看哪个作用范围的系统变量的修饰符，就像下
面这样：

```
SHOW [GLOBAL|SESSION] VARIABLES [LIKE 匹配的模式];
```

- 如果使用 GLOBAL 修饰符，则显示全局系统变量的值。如果某个系统变量没有 GLOBAL
  作用范围，则不显示它。
- 如果使用 SESSION 修饰符，则显示针对当前连接有效的系统变量值。如果某个系统变量
  没有 SESSION 作用范围，则显示 GLOBAL 作用范围的值。
- 如果没写修饰符，则与使用 SESSION 修饰符效果一样。

下面演示一下完整地设置并查看系统变量的过程：

```
mysql> SHOW SESSION VARIABLES LIKE 'default_storage_engine';
+------------------------+--------+
| Variable_name          | Value  |
+------------------------+--------+
| default_storage_engine | InnoDB |
+------------------------+--------+
```

```
1 row in set (0.00 sec)

mysql> SHOW GLOBAL VARIABLES LIKE 'default_storage_engine';
+------------------------+--------+
| Variable_name          | Value  |
+------------------------+--------+
| default_storage_engine | InnoDB |
+------------------------+--------+
1 row in set (0.00 sec)

mysql> SET SESSION default_storage_engine = MyISAM;
Query OK, 0 rows affected (0.00 sec)

mysql> SHOW SESSION VARIABLES LIKE 'default_storage_engine';
+------------------------+--------+
| Variable_name          | Value  |
+------------------------+--------+
| default_storage_engine | MyISAM |
+------------------------+--------+
1 row in set (0.00 sec)

mysql> SHOW GLOBAL VARIABLES LIKE 'default_storage_engine';
+------------------------+--------+
| Variable_name          | Value  |
+------------------------+--------+
| default_storage_engine | InnoDB |
+------------------------+--------+
1 row in set (0.00 sec)
```

可以看到，最初 default_storage_engine 的系统变量无论是在 GLOBAL 作用范围还是在 SESSION 作用范围，值都是 InnoDB。我们把 SESSION 作用范围的系统变量值设置为 MyISAM 之后，可以看到 GLOBAL 作用范围的值并没有改变。

　　　　如果某个客户端改变了某个系统变量在 GLOBAL 作用范围的值，并不会影响该系统变量在当前已经连接的客户端作用范围为 SESSION 的值，只会影响后续连入的客户端作用范围为 SESSION 的值。

（3）注意事项
- 并不是所有的系统变量都具有 GLOBAL 和 SESSION 的作用范围。
  - 有一些系统变量只具有 GLOBAL 作用范围，比如 max_connections，它表示服务器程序支持同时最多有多少个客户端程序进行连接。
  - 有一些系统变量只具有 SESSION 作用范围，比如 insert_id，它表示在对某个包含 AUTO_INCREMENT 列的表进行插入时，该列初始的值。
  - 有一些系统变量的值既具有 GLOBAL 作用范围，也具有 SESSION 作用范围，比如前面用到的 default_storage_engine，而且其实大部分的系统变量都是这样的。
- 有些系统变量是只读的，并不能设置值。

  比如 version，它表示当前 MySQL 的版本。客户端不能设置它的值，只能在 SHOW VARIABLES 语句中查看。

3. 启动选项和系统变量的区别

启动选项是在程序启动时由用户传递的一些参数，而系统变量是影响服务器程序运行行为的变量。它们之间的关系如下。

- 大部分的系统变量都可以当作启动选项传入。
- 有些系统变量是在程序运行过程中自动生成的，不可以当作启动选项来设置，比如 character_set_client。
- 有些启动选项也不是系统变量，比如 defaults-file。

2.3 状态变量

为了让我们更好地了解服务器程序的运行情况，MySQL 服务器程序中维护了好多关于程序运行状态的变量，它们被称为状态变量。比如，Threads_connected 表示当前有多少客户端与服务器建立了连接；Innodb_rows_updated 表示更新了多少条以 InnoDB 为存储引擎的表中的记录。像这样显示服务器程序状态信息的状态变量还有好几百个，我们就不一一唠叨了，等遇到时再详细说明它们的作用。

由于状态变量是用来显示服务器程序运行状态的，所以它们的值只能由服务器程序自己来设置，不能人为设置。与系统变量类似，状态变量也有 GLOBAL 和 SESSION 两个作用范围，查看状态变量的语句可以这么写：

```
SHOW [GLOBAL|SESSION] STATUS [LIKE 匹配的模式];
```

类似地，如果不写修饰符，则与使用 SESSION 修饰符效果一样。

我们看一下所有以 Thread 开头的状态变量的值都是什么：

```
mysql> SHOW STATUS LIKE 'thread%';
+-------------------+-------+
| Variable_name     | Value |
+-------------------+-------+
| Threads_cached    | 0     |
| Threads_connected | 1     |
| Threads_created   | 1     |
| Threads_running   | 1     |
+-------------------+-------+
4 rows in set (0.00 sec)
```

2.4 总结

启动选项可以调整服务器启动后的一些行为。它们可以在命令行中指定，也可以将它们写入配置文件中。

在命令行中指定启动选项时，可以将各个启动选项写到一行中，每一个启动选项名称前面添加 --，而且各个启动选项之间使用空白字符隔开。有一些启动选项不需要指定选项值，有一些选项需要指定选项值。在命令行中指定有值的启动选项时需要注意，选项名、=、选项值之间不可以有空白字符。一些常用的启动选项具有短形式的选项名，使用短形式选项时在选项名前只加一个短划线 - 前缀。

服务器程序在启动时将会在一些给定的路径下搜索配置文件，不同操作系统的搜索路径是不同的。

配置文件中的启动选项被划分为若干个组，每个组有一个组名，用中括号 [] 扩起来。在配置文件中指定的启动选项不允许添加 -- 前缀，并且每行只指定一个选项，而且等号 = 周围可以有空白字符。我们可以使用 # 来添加注释。

系统变量是服务器程序中维护的一些变量，这些变量影响着服务器的行为。修改系统变量的方式如下。

- 在服务器启动时通过添加相应的启动选项进行修改。
- 在运行时使用 SET 语句修改，下面两种方式都可以：
  - SET [GLOBAL|SESSION] 系统变量名 = 值；
  - SET [@@(GLOBAL|SESSION).] 系统变量名 = 值；

查看系统变量的方式如下所示：

```
SHOW [GLOBAL|SESSION] VARIABLES [LIKE 匹配的模式];
```

状态变量是用来显示服务器程序运行状态的，我们可以使用下面的命令来查看，而且只能查看：

```
SHOW [GLOBAL|SESSION] STATUS [LIKE 匹配的模式];
```

第3章　字符集和比较规则

3.1　字符集和比较规则简介

3.1.1　字符集简介

我们知道，计算机中实际存储的是二进制数据，那它是怎么存储字符串呢？当然是建立字符与二进制数据的映射关系了。要建立这个关系，最起码要搞清楚下面这两件事儿。

- 要把哪些字符映射成二进制数据？也就是界定字符范围。
- 怎么映射？将字符映射成二进制数据的过程叫作编码，将二进制数据映射到字符的过程叫作解码。

人们抽象出一个字符集的概念来描述某个字符范围的编码规则。比如，我们自定义一个名称为 xiaohaizi4919 的字符集，它包含的字符范围和编码规则如下。

- 包含字符 'a'、'b'、'A'、'B'。
- 编码规则为一个字节编码一个字符的形式。字符和字节的映射关系如下。

```
'a' -> 00000001 （十六进制0x01）
'b' -> 00000010 （十六进制0x02）
'A' -> 00000011 （十六进制0x03）
'B' -> 00000100 （十六进制0x04）
```

　　xiaohaizi4919 字符集在现实生活中并没有，它是我自定义的字符集！是我自定义的字符集！是我自定义的字符集！（重要的事情讲三遍）

有了 xiaohaizi4919 字符集，我们就可以用二进制形式表示一些字符串了。下面是一些字符串用 xiaohaizi4919 字符集编码后的二进制表示：

- 'bA' -> 0000001000000011 （十六进制 0x0203）；
- 'baB' -> 000000100000000100000100 （十六进制 0x020104）；
- 'cd' 无法表示，因为字符集 xiaohaizi4919 不包含字符 'c' 和 'd'。

3.1.2　比较规则简介

在确定了 xiaohaizi4919 字符集表示的字符范围以及编码规则后，该怎么比较两个字符的大小呢？最容易想到的就是直接比较这两个字符对应的二进制编码的大小。比如字符 'a' 的编码为 0x01，字符 'b' 的编码为 0x02，所以 'a' 小于 'b'。这种简单的比较规则也可以称为二进制比较规则。

二进制比较规则尽管很简单，但有时候并不符合现实需求。比如，在很多场合下，英文字符都是不区分大小写的，也就是说 'a' 和 'A' 是相等的。此时就不能简单粗暴地使用二进制比较规则了，这时可以这样指定比较规则：

- 将两个大小写不同的字符全都转为大写或者小写；
- 再比较这两个字符对应的二进制数据。

这是一种稍微复杂一点儿的比较规则，但是实际生活中的字符不止英文字符这一种，还有中文字符、德文字符、法文字符等。对于某一种字符集来说，可以制定用来比较字符大小的多种规则，也就是说同一种字符集可以有多种比较规则。稍后将介绍现实生活中使用的各种字符集以及它们的一些比较规则。

3.1.3　一些重要的字符集

我们所在的世界实在太大了，不同的人制定出了不同的字符集，它们表示的字符范围和用到的编码规则可能都不一样。我们看一下一些常用字符集的情况。

- ASCII 字符集：共收录 128 个字符，包括空格、标点符号、数字、大小写字母和一些不可见字符。由于 ASCII 字符集总共才 128 个字符，所以可以使用一个字节来进行编码。我们来看几个字符的编码方式：

```
'L' -> 01001100 （十六进制0x4C，十进制76）
'M' -> 01001101 （十六进制0x4D，十进制77）
```

- ISO 8859-1 字符集：共收录 256 个字符，它在 ASCII 字符集的基础上又扩充了 128 个西欧常用字符（包括德法两国的字母）。ISO 8859-1 字符集也可以使用一个字节来进行编码（这个字符集也有一个别名 Latin1）。
- GB2312 字符集：收录了汉字以及拉丁字母、希腊字母、日文平假名及片假名字母、俄语西里尔字母，收录汉字 6763 个，收录其他文字符号 682 个。这种字符集同时又兼容 ASCII 字符集，所以在编码方式上显得有些奇怪：如果该字符在 ASCII 字符集中，则采用一字节编码；否则采用两字节编码。

这种使用不同字节数来表示一个字符的编码方式称为变长编码方式。比如字符串 "爱 u"，其中的 ' 爱 ' 需要用 2 字节进行编码，编码后的十六进制表示为 0xB0AE；'u' 需要用 1 字节进行编码，编码后的十六进制表示为 0x75，所以拼合起来就是 0xB0AE75。

小贴士
　　计算机在读取一个字节序列时，怎么区分某个字节代表的是一个单独的字符还是某个字符的一部分呢？别忘了 ASCII 字符集只收录 128 个字符，使用 0 ～ 127 就可以表示全部字符。所以，如果某个字节是在 0 ～ 127 之内（该字节的最高位为 0），就意味着一个字节代表一个单独的字符，否则（该字节的最高位为 1）就是两个字节代表一个单独的字符。

- GBK 字符集：GBK 字符集只是在收录的字符范围上对 GB2312 字符集进行了扩充，编码方式兼容 GB2312 字符集。
- UTF-8 字符集：几乎收录了当今世界各个国家 / 地区使用的字符，而且还在不断扩充。这种字符集兼容 ASCII 字符集，采用变长编码方式，编码一个字符时需要使用 1 ～ 4 字节，比如下面这样：

```
'L' ->  01001100 (1字节，十六进制0x4C)
'啊' -> 111001011001010110001010 (3字节，十六进制0xE5958A)
```

小贴士

> 　　其实准确地说，UTF-8 只是 Unicode 字符集的一种编码方案，Unicode 字符集可以
> 采用 UTF-8、UTF-16、UTF-32 这几种编码方案。UTF-8 使用 1 ～ 4 字节编码一个字符，
> UTF-16 使用 2 或 4 字节编码一个字符，UTF-32 使用 4 字节编码一个字符。更详细的
> Unicode 及其编码方案的知识不是本书的重点，大家可以自行查阅。

　　MySQL 并不区分字符集和编码方案的概念，所以后面唠叨的时候会把 UTF-8、UTF-16、
UTF-32 都当作一种字符集对待。

　　对于同一个字符，不同字符集可能采用不同的编码方式。比如对于汉字 ' 我 ' 来说，ASCII
字符集中根本没有收录这个字符，UTF-8 和 GB2312 字符集对汉字 ' 我 ' 的编码方式如下。

- UTF-8 编码：111001101000100010010001（3 字节，十六进制形式为 0xE68891）。
- GB2312 编码：1100111011010010（2 字节，十六进制形式为 0xCED2）。

3.2　MySQL 中支持的字符集和比较规则

3.2.1　MySQL 中的 utf8 和 utf8mb4

　　前文讲到，UTF-8 字符集在表示一个字符时需要使用 1 ～ 4 字节，但是我们常用的一些字
符使用 1 ～ 3 字节就可以表示了。而在 MySQL 中，字符集表示一个字符所用的最大字节长度
在某些方面会影响系统的存储和性能。设计 MySQL 的大叔"偷偷"地定义了下面两个概念。

- utf8mb3："阉割"过的 UTF-8 字符集，只使用 1 ～ 3 字节表示字符。
- utf8mb4：正宗的 UTF-8 字符集，使用 1 ～ 4 字节表示字符。

　　有一点需要注意：在 MySQL 中，utf8 是 utf8mb3 的别名，所以后文在 MySQL 中提到 utf8 时，
就意味着使用 1 ～ 3 字节来表示一个字符。如果大家有使用 4 字节编码一个字符的情况，比如
存储一些 emoji 表情，请使用 utf8mb4。

小贴士

> 　　在 MySQL 8.0 中，设计 MySQL 的大叔已经很大程度地优化了 utf8mb4 字符集的性
> 能，而且已经将其设置为默认的字符集。

3.2.2　字符集的查看

　　MySQL 支持非常多的字符集，可以用下面这个语句来查看当前 MySQL 中支持的字符集：

```
SHOW (CHARACTER SET|CHARSET) [LIKE 匹配的模式];
```

　　其中，CHARACTER SET 和 CHARSET 是同义词，用任意一个都可以。在后文中用到
CHARACTER SET 的地方都可以用 CHARSET 替换，我们就不强调了。我们执行一下上述语
句（由于支持的字符集太多，这里省略了一些）：

```
mysql> SHOW CHARSET;
+----------+---------------------------------+---------------------+--------+
| Charset  | Description                     | Default collation   | Maxlen |
```

```
+----------+-------------------------------+----------------------+--------+
| big5     | Big5 Traditional Chinese      | big5_chinese_ci      |   2    |
...
| latin1   | cp1252 West European          | latin1_swedish_ci    |   1    |
| latin2   | ISO 8859-2 Central European   | latin2_general_ci    |   1    |
...
| ascii    | US ASCII                      | ascii_general_ci     |   1    |
...
| gb2312   | GB2312 Simplified Chinese     | gb2312_chinese_ci    |   2    |
...
| gbk      | GBK Simplified Chinese        | gbk_chinese_ci       |   2    |
| latin5   | ISO 8859-9 Turkish            | latin5_turkish_ci    |   1    |
...
| utf8     | UTF-8 Unicode                 | utf8_general_ci      |   3    |
| ucs2     | UCS-2 Unicode                 | ucs2_general_ci      |   2    |
...
| latin7   | ISO 8859-13 Baltic            | latin7_general_ci    |   1    |
| utf8mb4  | UTF-8 Unicode                 | utf8mb4_general_ci   |   4    |
| utf16    | UTF-16 Unicode                | utf16_general_ci     |   4    |
| utf16le  | UTF-16LE Unicode              | utf16le_general_ci   |   4    |
...
| utf32    | UTF-32 Unicode                | utf32_general_ci     |   4    |
| binary   | Binary pseudo charset         | binary               |   1    |
...
| gb18030  | China National Standard GB18030 | gb18030_chinese_ci |   4    |
+----------+-------------------------------+----------------------+--------+
41 rows in set (0.01 sec)
```

从输出中可以看到，MySQL 中表示字符集的名称时使用小写形式。

小贴士

　　我使用的这个 MySQL 版本一共支持 41 种字符集，其中 Default collation 列表示这种字符集中一种默认的比较规则。大家注意返回结果中的最后一列 Maxlen，它代表这种字符集最多需要几个字节来表示一个字符。为了让大家的印象更深刻，我把几个常用字符集的 Maxlen 列摘抄下来（见表 3-1），大家务必记住。

表 3-1　字符集名称及其 Maxlen 列

字符集名称	Maxlen
ascii	1
latin1	1
gb2312	2
gbk	2
utf8	3
utf8mb4	4

3.2.3　比较规则的查看

可以使用如下命令来查看 MySQL 中支持的比较规则：

```
SHOW COLLATION [LIKE 匹配的模式];
```

前文说过，一种字符集可能对应着若干种比较规则。MySQL 支持的字符集已经非常多，所以支持的比较规则就更多了。我们先看一下 utf8 字符集下的比较规则：

```
mysql> SHOW COLLATION LIKE 'utf8\_%';
+-------------------------+---------+-----+---------+----------+---------+
| Collation               | Charset | Id  | Default | Compiled | Sortlen |
+-------------------------+---------+-----+---------+----------+---------+
| utf8_general_ci         | utf8    |  33 | Yes     | Yes      |       1 |
| utf8_bin                | utf8    |  83 |         | Yes      |       1 |
| utf8_unicode_ci         | utf8    | 192 |         | Yes      |       8 |
| utf8_icelandic_ci       | utf8    | 193 |         | Yes      |       8 |
| utf8_latvian_ci         | utf8    | 194 |         | Yes      |       8 |
| utf8_romanian_ci        | utf8    | 195 |         | Yes      |       8 |
| utf8_slovenian_ci       | utf8    | 196 |         | Yes      |       8 |
| utf8_polish_ci          | utf8    | 197 |         | Yes      |       8 |
| utf8_estonian_ci        | utf8    | 198 |         | Yes      |       8 |
| utf8_spanish_ci         | utf8    | 199 |         | Yes      |       8 |
| utf8_swedish_ci         | utf8    | 200 |         | Yes      |       8 |
| utf8_turkish_ci         | utf8    | 201 |         | Yes      |       8 |
| utf8_czech_ci           | utf8    | 202 |         | Yes      |       8 |
| utf8_danish_ci          | utf8    | 203 |         | Yes      |       8 |
| utf8_lithuanian_ci      | utf8    | 204 |         | Yes      |       8 |
| utf8_slovak_ci          | utf8    | 205 |         | Yes      |       8 |
| utf8_spanish2_ci        | utf8    | 206 |         | Yes      |       8 |
| utf8_roman_ci           | utf8    | 207 |         | Yes      |       8 |
| utf8_persian_ci         | utf8    | 208 |         | Yes      |       8 |
| utf8_esperanto_ci       | utf8    | 209 |         | Yes      |       8 |
| utf8_hungarian_ci       | utf8    | 210 |         | Yes      |       8 |
| utf8_sinhala_ci         | utf8    | 211 |         | Yes      |       8 |
| utf8_german2_ci         | utf8    | 212 |         | Yes      |       8 |
| utf8_croatian_ci        | utf8    | 213 |         | Yes      |       8 |
| utf8_unicode_520_ci     | utf8    | 214 |         | Yes      |       8 |
| utf8_vietnamese_ci      | utf8    | 215 |         | Yes      |       8 |
| utf8_general_mysql500_ci| utf8    | 223 |         | Yes      |       1 |
+-------------------------+---------+-----+---------+----------+---------+
27 ows in set (0.00 sec)
```

这些比较规则的命名还都挺有规律的，具体如下。

- 比较规则的名称以与其关联的字符集的名称开头。比如在上面的查询结果中，比较规则的名称都是以 utf8 开头的。
- 后面紧跟着该比较规则所应用的语言。比如，utf8_polish_ci 表示波兰语的比较规则；utf8_spanish_ci 表示西班牙语的比较规则；utf8_general_ci 是一种通用的比较规则。
- 名称后缀意味着该比较规则是否区分语言中的重音、大小写等，具体可用的值如表 3-2 所示。

表 3-2　比较规则名称后缀英文释义及描述

后缀	英文释义	描述
_ai	accent insensitive	不区分重音
_as	accent sensitive	区分重音
_ci	case insensitive	不区分大小写
_cs	case sensitive	区分大小写
_bin	binary	以二进制方式比较

比如比较规则 utf8_general_ci 是以 ci 结尾的，说明不区分大小写。

每种字符集对应若干种比较规则，且每种字符集都有一种默认的比较规则。在执行SHOW COLLATION 语句后返回的结果中，Default 列的值为 YES 的比较规则，就是该字符集的默认比较规则，比如 utf8 字符集默认的比较规则就是 utf8_general_ci。

3.3　字符集和比较规则的应用

3.3.1　各级别的字符集和比较规则

MySQL 有 4 个级别的字符集和比较规则，分别是服务器级别、数据库级别、表级别、列级别。

下面仔细看一下怎么设置和查看这几个级别的字符集和比较规则。

1. 服务器级别

MySQL 提供了两个系统变量来表示服务器级别的字符集和比较规则，如表 3-3 所示。

表 3-3　服务器级别的字符集和比较规则对应的系统变量及其描述

系统变量	描述
character_set_server	服务器级别的字符集
collation_server	服务器级别的比较规则

我们看一下这两个系统变量的值：

```
mysql> SHOW VARIABLES LIKE 'character_set_server';
+----------------------+-------+
| Variable_name        | Value |
+----------------------+-------+
| character_set_server | utf8  |
+----------------------+-------+
1 row in set (0.00 sec)

mysql> SHOW VARIABLES LIKE 'collation_server';
```

```
+------------------+------------------+
| Variable_name    | Value            |
+------------------+------------------+
| collation_server | utf8_general_ci  |
+------------------+------------------+
1 row in set (0.00 sec)
```

可以看到，在我的计算机中，MySQL 服务器级别默认的字符集是 utf8，默认的比较规则是 utf8_general_ci。

在启动服务器程序时，可以通过启动选项或者在服务器程序运行过程中使用 SET 语句来修改这两个变量的值。比如，我们可以在配置文件中这样写：

```
[server]
character_set_server=gb2312
collation_server=gb2312_chinese_ci
```

当服务器在启动时读取这个配置文件后，这两个系统变量的值便修改了。

2. 数据库级别

我们在创建和修改数据库时可以指定该数据库的字符集和比较规则，具体语法如下：

```
CREATE DATABASE 数据库名
    [[DEFAULT] CHARACTER SET 字符集名称]
    [[DEFAULT] COLLATE 比较规则名称];

ALTER DATABASE 数据库名
    [[DEFAULT] CHARACTER SET 字符集名称]
    [[DEFAULT] COLLATE 比较规则名称];
```

其中的 DEFAULT 可以省略，并不影响语句的语义。比如，我们新建一个名为 charset_demo_db 的数据库，在创建时指定它使用的字符集为 gb2312，比较规则为 gb2312_chinese_ci：

```
mysql> CREATE DATABASE charset_demo_db
    -> CHARACTER SET gb2312
    -> COLLATE gb2312_chinese_ci;
Query OK, 1 row affected (0.01 sec)
```

如果想查看当前数据库使用的字符集和比较规则，可以查看表 3-4 中的两个系统变量的值（前提是使用 USE 语句选择当前的默认数据库。如果没有默认数据库，则变量与服务器级别下相应的系统变量具有相同的值）。

表 3-4　数据库级别的字符集和比较规则对应的系统变量及描述

系统变量	描述
character_set_database	当前数据库的字符集
collation_database	当前数据库的比较规则

我们来看一下刚刚创建的 charset_demo_db 数据库的字符集和比较规则：

```
mysql> USE charset_demo_db;
Database changed

mysql> SHOW VARIABLES LIKE 'character_set_database';
```

```
+----------------------+--------+
| Variable_name        | Value  |
+----------------------+--------+
| character_set_database | gb2312 |
+----------------------+--------+
1 row in set (0.00 sec)

mysql> SHOW VARIABLES LIKE 'collation_database';
+-------------------+-------------------+
| Variable_name     | Value             |
+-------------------+-------------------+
| collation_database | gb2312_chinese_ci |
+-------------------+-------------------+
1 row in set (0.00 sec)
```

可以看到，这个 charset_demo_db 数据库的字符集和比较规则就是我们在创建数据库语句时指定的。需要注意的一点是，character_set_database 和 collation_database 这两个系统变量只是用来告诉用户当前数据库的字符集和比较规则是什么。我们不能通过修改这两个变量的值来改变当前数据库的字符集和比较规则。

在数据库的创建语句中也可以不指定字符集和比较规则，比如这样：

```
CREATE DATABASE 数据库名;
```

这将使用服务器级别的字符集和比较规则作为数据库的字符集和比较规则。

3. 表级别

我们也可以在创建和修改表的时候指定表的字符集和比较规则，语法如下：

```
CREATE TABLE 表名 （列的信息）
    [[DEFAULT] CHARACTER SET 字符集名称]
    [COLLATE 比较规则名称];

ALTER TABLE 表名
    [[DEFAULT] CHARACTER SET 字符集名称]
    [COLLATE 比较规则名称];
```

比如，我们在刚刚创建的 charset_demo_db 数据库中创建一个名为 t 的表，并指定这个表的字符集和比较规则：

```
mysql> USE charset_demo_db
Database changed

mysql> CREATE TABLE t(
    ->     col VARCHAR(10)
    -> ) CHARACTER SET utf8 COLLATE utf8_general_ci;
Query OK, 0 rows affected (0.03 sec)
```

如果创建表的语句中没有指明字符集和比较规则，则使用该表所在数据库的字符集和比较规则作为该表的字符集和比较规则。假设表 t 的建表语句是这么写的：

```
CREATE TABLE t(
    col VARCHAR(10)
);
```

因为表 t 的建表语句中并没有明确指定字符集和比较规则，所以表 t 的字符集和比较规则将继承所在数据库 charset_demo_db 的字符集和比较规则，也就是 gb2312 和 gb2312_chinese_ci。

4. 列级别

需要注意的是，对于存储字符串的列，同一个表中不同的列也可以有不同的字符集和比较规则。我们在创建和修改列的时候可以指定该列的字符集和比较规则，语法如下：

```
CREATE TABLE 表名(
    列名 字符串类型 [CHARACTER SET 字符集名称] [COLLATE 比较规则名称],
    其他列...
);

ALTER TABLE 表名 MODIFY 列名 字符串类型 [CHARACTER SET 字符集名称] [COLLATE 比较规则名称];
```

比如我们修改一下表 t 中列 col 的字符集和比较规则，可以这么写：

```
mysql> ALTER TABLE t MODIFY col VARCHAR(10) CHARACTER SET gbk COLLATE gbk_chinese_ci;
Query OK, 0 rows affected (0.04 sec)
Records: 0  Duplicates: 0  Warnings: 0
```

对于某个列来说，如果在创建和修改表的语句中没有指明字符集和比较规则，则使用该列所在表的字符集和比较规则作为其字符集和比较规则。比如，表 t 的字符集是 utf8，比较规则是 utf8_general_ci，修改列 col 的语句是这么写的：

```
ALTER TABLE t MODIFY col VARCHAR(10);
```

这样一来，列 col 的字符集和比较规则将使用表 t 的字符集和比较规则，也就是 utf8 和 utf8_general_ci。

小贴士

在修改列的字符集时需要注意，如果列中存储的数据不能用修改后的字符集进行表示，则会发生错误。比如，列最初使用的字符集是 utf8，列中存储了一些汉字，现在把列的字符集转换为 ascii 的话就会出错，因为 ascii 字符集并不能表示汉字字符。

5. 仅修改字符集或仅修改比较规则

由于字符集和比较规则之间相互关联，因此如果只修改字符集，比较规则也会跟着变化；如果只修改比较规则，字符集也会跟着变化。具体规则如下：

- 只修改字符集，则比较规则将变为修改后的字符集默认的比较规则；
- 只修改比较规则，则字符集将变为修改后的比较规则对应的字符集。

无论哪个级别的字符集和比较规则，这两条规则都适用。我们以服务器级别的字符集和比较规则为例来看一下详细过程。

- 只修改字符集，则比较规则将变为修改后的字符集默认的比较规则。

```
mysql> SET character_set_server = gb2312;
Query OK, 0 rows affected (0.00 sec)

mysql> SHOW VARIABLES LIKE 'character_set_server';
+----------------------+--------+
```

```
| Variable_name       | Value  |
+---------------------+--------+
| character_set_server | gb2312 |
+---------------------+--------+
1 row in set (0.00 sec)

mysql>  SHOW VARIABLES LIKE 'collation_server';
+------------------+-------------------+
| Variable_name    | Value             |
+------------------+-------------------+
| collation_server | gb2312_chinese_ci |
+------------------+-------------------+
1 row in set (0.00 sec)
```

我们只将 character_set_server 的值修改为 gb2312，collation_server 的值自动变为了 gb2312_
chinese_ci。

● 只修改比较规则，则字符集将变为修改后的比较规则对应的字符集。

```
mysql> SET collation_server = utf8_general_ci;
Query OK, 0 rows affected (0.00 sec)

mysql> SHOW VARIABLES LIKE 'character_set_server';
+---------------------+-------+
| Variable_name       | Value |
+---------------------+-------+
| character_set_server | utf8  |
+---------------------+-------+
1 row in set (0.00 sec)

mysql> SHOW VARIABLES LIKE 'collation_server';
+------------------+-----------------+
| Variable_name    | Value           |
+------------------+-----------------+
| collation_server | utf8_general_ci |
+------------------+-----------------+
1 row in set (0.00 sec)
```

我们只将 collation_server 的值修改为为 utf8_general_ci，character_set_server 的值自动
变为了 utf8。

6. 各级别字符集和比较规则小结

前文介绍的这 4 个级别的字符集和比较规则的联系如下：

● 如果创建或修改列时没有显式指定字符集和比较规则，则该列默认使用表的字符集和
比较规则；

● 如果创建表时没有显式指定字符集和比较规则，则该表默认使用数据库的字符集和比
较规则；

● 如果创建数据库时没有显式指定字符集和比较规则，则该数据库默认使用服务器的字
符集和比较规则。

知道了这些规则后，对于给定的表，我们应该知道它的各个列的字符集和比较规则是什
么，从而根据这个列的类型来确定每个列存储的实际数据所占用的存储空间大小。比如我们向

表 t 中插入一条记录：

```
mysql> INSERT INTO t(col) VALUES('我我');
Query OK, 1 row affected (0.00 sec)

mysql> SELECT * FROM t;
+--------+
| col    |
+--------+
| 我我   |
+--------+
1 row in set (0.00 sec)
```

如果列 col 使用的字符集是 gbk，一个字符 ' 我 ' 在 gbk 中的编码为 0xCED2，占用 2 字节，则两个字符就占用 4 字节。如果把该列的字符集修改为 utf8，这两个字符实际占用的存储空间就是 6 字节了。

3.3.2 客户端和服务器通信过程中使用的字符集

1. 编码和解码使用的字符集不一致

说到底，字符串在计算机上的体现就是一个字节序列。如果使用不同的字符集去解码这个字节序列，最后得到的结果可能让你挠头。

我们知道，字符串 ' 我 ' 在 UTF-8 字符集编码下的字节序列是 0xE68891。如果程序 A 把这个字节序列发送到程序 B，程序 B 使用不同的字符集解码这个字节序列（假设使用的是 GBK 字符集），解码过程如下所示。

1. 首先看第一个字节 0xE6，它的值大于 0x7F（十进制 127），说明待读取字符是两字节编码。继续读一字节后得到 0xE688，然后从 GBK 编码表中查找字节为 0xE688 对应的字符，发现是字符 ' 鎴 '。

2. 继续读一个字节 0x91，它的值也大于 0x7F，试图再读一个字节时发现后边没有了，所以这是半个字符。

3. 最终，0xE68891 被 GBK 字符集解释成一个字符 ' 鎴 ' 和半个字符。

假设使用 ISO-8859-1（也就是 Latin1 字符集）去解释这串字节，解码过程如下。

1. 先读第一个字节 0xE6，它对应的 Latin1 字符为 æ。

2. 再读第二个字节 0x88，它对应的 Latin1 字符为 ˆ。

3. 再读第三个字节 0x91，它对应的 Latin1 字符为 '。

4. 所以整串字节 0xE68891 被 Latin1 字符集解释后的字符串就是 "æˆ'"。

有上可见，对于同一个字符串，如果编码和解码使用的字符集不一样，会产生意想不到的结果。在我们看来就像是产生了乱码一样。

2. 字符集转换的概念

如果接收 0xE68891 这个字节序列的程序按照 UTF-8 字符集进行解码，然后又把它按照 GBK 字符集进行编码，则编码后的字节序列就是 0xCED2。我们把这个过程称为字符集的转换，也就是字符串 ' 我 ' 从 UTF-8 字符集转换为 GBK 字符集。

3. MySQL 中的字符集转换过程

如果我们仅仅把 MySQL 当作一个软件，那么从用户的角度来看，客户端发送的请求以及服务器返回的响应都是一个字符串。但是从机器的角度来看，客户端发送的请求和服务器返回的响应本质上就是一个字节序列。在这个"客户端发送请求，服务器返回响应"的过程中，其实经历了多次的字符集转换。下面详细分析一下。

客户端发送请求

MySQL 客户端发送给服务器的请求以及服务器返回给客户端的响应，其实都遵从了一定的格式（这个"格式"指明了请求和响应的每一个字节分别代表什么意思）。我们把 MySQL 客户端与服务器进行通信的过程中事先规定好的数据格式称为 MySQL 通信协议。由于 MySQL 本身是开源软件，因此可以直接分析代码来了解这个协议。即使不想查看源码，也可以简单地使用诸如 Wireshark 等抓包软件来分析这个协议。在了解了 MySQL 通信协议之后，我们甚至可以动手制作自己的客户端软件。

由于市面上的 MySQL 客户端软件种类繁多，我们只以 MySQL 安装目录的 bin 目录下自带的 mysql 客户端程序为例进行分析。一般情况下，客户端编码请求字符串时使用的字符集与操作系统当前使用的字符集一致。可以使用下述方法获取操作系统当前使用的字符集。

- 当使用类 UNIX 操作系统时

LC_ALL、LC_CTYPE、LANG 这 3 个环境变量的值决定了操作系统当前使用的是哪种字符集。其中，LC_ALL 的优先级比 LC_CTYPE 高，LC_CTYPE 的优先级比 LANG 高。也就是说，如果设置了 LC_ALL，则无论是否设置了 LC_CTYPE 或者 LANG，最终都以 LC_ALL 为准；如果没有设置 LC_ALL，就以 LC_CTYPE 为准；如果既没有设置 LC_ALL 也没有设置 LC_CTYPE，就以 LANG 为准。

下面看一下这 3 个变量的值在我的 macOS 操作系统上分别是什么：

```
shell> echo $LC_ALL
zh_CN.UTF-8
shell> echo $LC_CTYPE
shell> echo $LANG
```

很显然，只设置了 LC_ALL 的值：zh_CN.UTF-8（其中的 zh_CN 表示语言以及国家地区的代码，大家可以忽略）。这就意味着我的 macOS 操作系统当前使用的字符集是 UTF-8。

如果这 3 个环境变量都没有设置，那么操作系统当前使用的字符集就是其默认的字符集。比如在我的 macOS 10.15.3 操作系统中，默认的字符集为 US-ASCII。

　　　　获取类 UNIX 操作系统当前使用的字符集时，调用的是系统函数 nl_langinfo(CODESET)，该函数会分析上述 3 个系统变量的值。对源码感兴趣的读者可以进一步研究。

- 当使用 Windows 操作系统时

在 Windows 中，字符集称为代码页（code page），一个代码页与一个唯一的数字相关联。比如，936 代表 GBK 字符集，65001 代表 UTF-8 字符集。我们可以在 Windows 命令行窗口的标题栏上单击鼠标右键，在弹出的菜单中单击"属性"子菜单，从弹出的对话框中选择"选项"
选项卡，如图 3-1 所示。

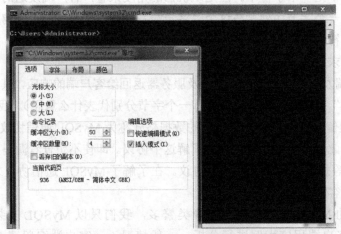

图 3-1   在 Windows 中用来查看代码页的选项卡

可以看到，当前代码页的值是 936，也就表示当前的命令行窗口使用的是 GBK 字符集。
更简单的方法则是直接运行 chcp 命令，查看当前代码页是什么，如图 3-2 所示。

图 3-2   通过执行命令查看 Windows 的当前代码页

小贴士   在 Windows 中获取当前代码页时，调用的系统函数为 GetConsoleCP。对源码感兴
趣的读者可以进一步研究。

在 Windows 操作系统中，如果在启动 MySQL 客户端程序时携带了 default-character-set 启
动选项，那么 MySQL 客户端将以该启动选项指定的字符集对请求的字符串进行编码（这一点
并不适用于类 UNIX 操作系统）。

比如，我们在 Windows 的命令行窗口中使用如下命令启动客户端（省略了用户名、密码
等其他启动选项）：

```
mysql --default-character-set=utf8
```

那么客户端将会以 UTF-8 字符集对请求的字符串进行编码。

服务器接收请求

从本质上来说，服务器接收到的请求就是一个字节序列。服务器将这个字节序列看作是使用系统变量 character_set_client 代表的字符集进行编码的字节序列（每个客户端与服务器建立连接后，服务器都会为该客户端维护一个单独的 character_set_client 变量，这个变量是 SESSION 级别的）。

大家在这里应该意识到一件事儿：客户端在编码请求字符串时实际使用的字符集，与服务器在收到一个字节序列后认为该字节序列所采用的编码字符集，是两个独立的字符集。一般情况下，我们应该尽量保证这两个字符集是一致的。就像我跟你说的是中文，你也要把听到的话当成中文来理解，如果你要把它当成英文来理解，那就把人整迷糊了。

当然，我们并不限制你非要把中文当成英文来理解的权利，就像在 MySQL 中可以通过 SET 命令来修改 character_set_client 的值一样。假如客户端实际使用 UTF-8 字符集来编码请求的字符串，我们还是可以通过下面的命令将 character_set_client 设置为 latin1 字符集：

```
SET character_set_client=latin1;
```

这样一来，就发生了"鸡同鸭讲"的事情。比如，客户端实际发送的是一个汉字字符 '我'（UTF-8 的编码为 0xE68891），但服务器却将其理解为 3 个字符：'æ'、'˜' 和 ''。

另外还需要注意的是，如果 character_set_client 对应的字符集不能解释请求的字节序列，那么服务器就会发出警告。比如，客户端实际使用 UTF-8 字符集来编码请求的字符串，我们现在把 character_set_client 设置成 ascii 字符集，而请求字符串中包含了一个汉字 '我'（对应的字节序列就是 0xE68891），那么将会发生这样的事情：

```
mysql> SET character_set_client=ascii;
Query OK, 0 rows affected (0.00 sec)

mysql> SELECT '我';
+-----+
| ??? |
+-----+
| ??? |
+-----+
1 row in set, 1 warning (0.00 sec)

mysql> SHOW WARNINGS\G
*************************** 1. row ***************************
  Level: Warning
   Code: 1300
Message: Invalid ascii character string: '\xE6\x88\x91'
1 row in set (0.00 sec)
```

从上面的输出结果中可以看到，0xE68891 并不是正确的 ascii 字符。

服务器处理请求

我们知道，服务器会将请求的字节序列当作采用 character_set_client 对应的字符集进行编码的字节序列，不过在真正处理请求时又会将其转换为使用 SESSION 级别的系统变量 character_set_connection 对应的字符集进行编码的字节序列。

我们也可以通过 SET 命令单独修改 character_set_connection 系统变量。比如，客户端发送给服务器的请求中包含字节序列 0xE68891，然后服务器针对该客户端的系统变量 character_set_client 为 utf8，此时服务器就知道该字节序列其实是代表汉字 ' 我 '。如果服务器针对该客户端的系统变量 character_set_connection 为 gbk，那么还要在计算机内部将该字符转换为采用 gbk 字符集编码的形式，也就是 0xCED2。

有的同学可能认为这一步骤多此一举了，但是请考虑下面这个查询语句：

```
mysql> SELECT 'a' = 'A';
```

这个查询语句的返回结果是 TRUE 还是 FALSE ？其实仅仅根据这个语句是不能确定结果的。这是因为我们并不知道这两个字符串到底采用了什么字符集进行编码，也不知道这里使用的比较规则是什么。

此时，character_set_connection 系统变量就发挥了作用，它表示这些字符串应该使用哪种字符集进行编码。当然，还有一个与之配套的系统变量 collation_connection，这个系统变量表示这些字符串应该使用哪种比较规则。现在通过 SET 命令将 character_set_connection 和 collation_connection 系统变量的值分别设置为 gbk 和 gbk_chinese_ci，然后再比较 'a' 和 'A'：

```
mysql> SET character_set_connection=gbk;
Query OK, 0 rows affected (0.00 sec)

mysql> SET collation_connection=gbk_chinese_ci;
Query OK, 0 rows affected (0.00 sec)

mysql> SELECT 'a' = 'A';
+-----------+
| 'a' = 'A' |
+-----------+
|         1 |
+-----------+
1 row in set (0.00 sec)
```

可以看到，在这种情况下这两个字符串是相等的。

现在通过 SET 命令修改 character_set_connection 和 collation_connection 的值，将它们分别设置为 gbk 和 gbk_bin，然后比较 'a' 和 'A'：

```
mysql> SET character_set_connection=gbk;
Query OK, 0 rows affected (0.00 sec)

mysql> SET collation_connection=gbk_bin;
Query OK, 0 rows affected (0.00 sec)

mysql> SELECT 'a' = 'A';
+-----------+
| 'a' = 'A' |
```

```
+-----------+
|         0 |
+-----------+
1 row in set (0.00 sec)
```

可以看到，在这种情况下这两个字符串就不相等了。

我们接下来考虑请求中的字符串和某个列进行比较的情况。比如我们有一个表 tt：

```
CREATE TABLE tt (
    c VARCHAR(100)
) ENGINE=INNODB CHARSET=utf8;
```

很显然，列 c 采用的字符集和表级别字符集 utf8 一致。这里采用默认的比较规则 utf8_general_ci。表 tt 中有一条记录：

```
mysql> SELECT * FROM tt;
+------+
| c    |
+------+
| 我   |
+------+
1 row in set (0.00 sec)
```

假设现在 character_set_connection 和 collation_connection 的值分别设置为 gbk 和 gbk_chinese_ci。然后我们有下面这样一条查询语句：

```
SELECT * FROM tt WHERE c = '我';
```

在执行这个语句前，面临一个很重要的问题：字符串 ' 我 ' 是使用 gbk 字符集进行编码的，比较规则是 gbk_chinese_ci；而列 c 是采用 utf8 字符集进行编码的，比较规则为 utf8_general_ci。这该怎么比较呢？设计 MySQL 的大叔规定，在这种情况下，列的字符集和排序规则的优先级更高。因此，这里需要将请求中的字符串 ' 我 ' 先从 gbk 字符集转换为 utf8 字符集，然后再使用列 c 的比较规则 utf8_general_ci 进行比较。

服务器生成响应

还是以前面创建的表 tt 为例。列 c 是使用 utf8 字符集进行编码的，所以字符串 ' 我 ' 在列 c 中的存放格式就是 0xE68891。当执行下面这个语句时：

```
SELECT * FROM tt;
```

是不是直接将 0xE68891 读出后发送到客户端呢？这可不一定，这取决于 SESSION 级别的系统变量 character_set_results 的值。服务器会先将字符串 ' 我 ' 从 utf8 字符集编码的 0xE68891 转换为 character_set_results 系统变量对应的字符集编码后的字节序列，之后再发送给客户端。

如果有特殊需要，也可以使用 SET 命令来修改 character_set_results 的值。比如我们执行下述语句：

```
SET character_set_results = gbk;
```

那么，如果再次执行 SELECT * FROM tt 语句，在服务器返回给客户端的响应中，字符串 ' 我 ' 对应的就是字节序列 0xCED2。

现在已经唠叨完了 character_set_client、character_set_connection 和 character_set_results 这 3 个系统变量，需要总结一下了。这 3 个系统变量的作用如表 3-5 所示。

表 3-5 character_set_client、character_set_connection 和 character_set_results 系统变量的作用

系统变量	描述
character_set_client	服务器认为请求是按照该系统变量指定的字符集进行编码的
character_set_connection	服务器在处理请求时，会把请求字节序列从 character_set_client 转换为 character_set_connection
character_set_results	服务器采用该系统变量指定的字符集对返回给客户端的字符串进行编码

这 3 个系统变量在服务器中的作用范围都是 SESSION 级别。每个客户端在与服务器建立连接后，服务器都会为这个连接维护这 3 个变量，如图 3-3 所示（假设连接 1 的这 3 个变量均为 utf8，连接 2 的这 3 个变量均为 gbk，连接 3 的这 3 个变量均为 latin1）。

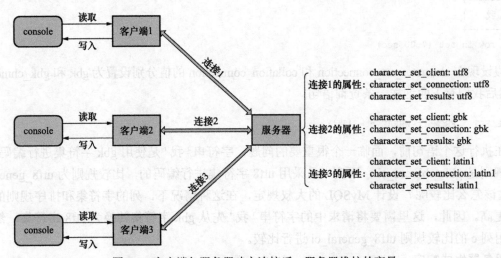

图 3-3 客户端与服务器建立连接后，服务器维护的变量

每个 MySQL 客户端都维护着一个客户端默认字符集，客户端在启动时会自动检测所在操作系统当前使用的字符集，并按照一定的规则映射成 MySQL 支持的字符集，然后将该字符集作为客户端默认的字符集。通常的情况是，操作系统当前使用什么字符集，就映射为什么字符集。但是总存在一些特殊情况。假如操作系统当前使用的是 ascii 字符集，则会被映射为 MySQL 支持的 latin1 字符集。如果 MySQL 不支持操作系统当前使用的字符集，则会将客户端默认的字符集设置为 MySQL 的默认字符集。

小贴士　　　在 MySQL 5.7 以及之前的版本中，MySQL 的默认字符集为 latin1。自 MySQL 8.0 版本开始，MySQL 的默认字符集改为 utf8mb4。

另外，如果在启动 MySQL 客户端时设置了 default-character-set 启动选项，那么客户端会忽视操作系统当前使用的字符集，直接将 default-character-set 启动选项中指定的值作为客户端

的默认字符集。

在连接服务器时，客户端将默认的字符集信息与用户名、密码等信息一起发送给服务器，服务器在收到后会将 character_set_client、character_set_connection 和 character_set_results 这 3 个系统变量的值初始化为客户端的默认字符集。

在客户端成功连接到服务器后，可以使用 SET 语句分别修改 character_set_client、character_set_connection 和 character_set_results 系统变量的值，也可以使用下面的语句一次性修改这几个系统变量的值：

```
SET NAMES charset_name;
```

上面这条语句与下面这 3 条语句的效果一样：

```
SET character_set_client = charset_name;
SET character_set_results = charset_name;
SET character_set_connection = charset_name;
```

不过需要特别注意的是，SET NAMES 语句并不会改变客户端在编码请求字符串时使用的字符集，也不会修改客户端的默认字符集。

客户端接收到响应

客户端收到的响应其实也是一个字节序列。对于类 UNIX 操作系统来说，收到的字节序列基本上相当于直接写到黑框框中（请注意这里的用词是"基本上相当于"，其实内部还会做一些工作，这里就不关注具体细节了），再由黑框框将这个字节序列解释为人类能看懂的字符（如果没有特殊设置的话，一般用操作系统当前使用的字符集来解释这个字节序列）。对于 Windows 操作系统来说，客户端会使用客户端的默认字符集来解释这个字节序列。

小贴士

　　　　对于类 UNIX 操作系统来说，在向黑框框中写入数据时，调用的是系统函数 fputs、putc 或者 fwrite。对于 Windows 操作系统来说，调用的是系统函数 WriteConsoleW。对源码感兴趣的读者可以进一步研究。

我们通过一个例子来理解这个过程。比如操作系统当前使用的字符集为 UTF-8，我们在启动 MySQL 客户端时使用了 --default-character-set=gbk 启动选项，那么客户端的默认字符集会被设置为 gbk，服务器的 character_set_results 系统变量的值也会被设置为 gbk。现在假设服务器的响应中包含字符 '我'，发送到客户端的字节序列就是 '我' 的 gbk 编码 0xCED2，针对不同的操作系统，会发生如下行为。

- 对于类 UNIX 操作系统来说，会把接收到的字节序列（也就是 0xCED2）直接写到黑框框中，并默认使用操作系统当前使用的字符集（UTF-8）来解释这个字符。很显然无法解释，所以我们在屏幕上看到的就是乱码。
- 对于类 Windows 操作系统来说，会使用客户端的默认字符集（gbk）来解释这个字符，很显然会成功地解释成字符 '我'。

上面唠叨了这么多东西，主要是想让大家明白 5 件事情：

- 客户端发送的请求字节序列是采用哪种字符集进行编码的；
- 服务器接收到请求字节序列后会认为它是采用哪种字符集进行编码的；

- 服务器在运行过程中会把请求的字节序列转换为以哪种字符集编码的字节序列；
- 服务器在向客户端返回字节序列时，是采用哪种字符集进行编码的；
- 客户端在收到响应字节序列后，是怎么把它们写到黑框框框中的。

3.3.3　比较规则的应用

结束了字符集的"漫游"，我们把视角再次聚焦到比较规则。比较规则通常用来比较字符串的大小以及对某些字符串进行排序，所以有时候也称为排序规则。比如表 t 的列 col 使用的字符集是 gbk，使用的比较规则是 gbk_chinese_ci，我们向里面插入几条记录：

```
mysql> INSERT INTO t(col) VALUES('a'), ('b'), ('A'), ('B');
Query OK, 4 rows affected (0.00 sec)
Records: 4  Duplicates: 0  Warnings: 0
```

我们在查询的时候按照 col 列排序一下：

```
mysql> SELECT * FROM t ORDER BY col;
+------+
| col  |
+------+
| a    |
| A    |
| b    |
| B    |
| 我   |
+------+
5 rows in set (0.00 sec)
```

可以看到在默认的比较规则 gbk_chinese_ci 中是不区分大小写的。我们现在把列 col 的比较规则修改为 gbk_bin：

```
mysql> ALTER TABLE t MODIFY col VARCHAR(10) COLLATE gbk_bin;
Query OK, 5 rows affected (0.02 sec)
Records: 5  Duplicates: 0  Warnings: 0
```

由于 gbk_bin 是直接比较字符的二进制编码，所以是区分大小写的。我们看一下排序后的查询结果：

```
mysql> SELECT * FROM t ORDER BY col;
+------+
| col  |
+------+
| A    |
| B    |
| a    |
| b    |
| 我   |
+------+
5 rows in set (0.00 sec)
```

大家在对字符串进行比较，或者对某个字符串列执行排序操作时，如果没有得到想象中的结果，需要思考一下是不是比较规则的问题。

小贴士

列 col 中各个字符在使用 gbk 字符集编码后对应的数字如下：

- 'A' -> 65（十进制）；
- 'B' -> 66（十进制）；
- 'a' -> 97（十进制）；
- 'b' -> 98（十进制）；
- ' 我 ' -> 52946（十进制）。

3.4 总结

字符集指的是某个字符范围的编码规则。

比较规则是对某个字符集中的字符比较大小的一种规则。

在 MySQL 中，一个字符集可以有若干种比较规则，其中有一个默认的比较规则。一个比较规则必须对应一个字符集。

在 MySQL 中查看支持的字符集和比较规则的语句如下：

- SHOW (CHARACTER SET|CHARSET) [LIKE 匹配的模式]；
- SHOW COLLATION [LIKE 匹配的模式]；

MySQL 有 4 个级别的字符集和比较规则，具体如下。

- 服务器级别

character_set_server 表示服务器级别的字符集，collation_server 表示服务器级别的比较规则。

- 数据库级别

创建和修改数据库时可以指定字符集和比较规则：

```
CREATE DATABASE 数据库名
    [[DEFAULT] CHARACTER SET 字符集名称]
    [[DEFAULT] COLLATE 比较规则名称];

ALTER DATABASE 数据库名
    [[DEFAULT] CHARACTER SET 字符集名称]
    [[DEFAULT] COLLATE 比较规则名称];
```

character_set_database 表示当前数据库的字符集，collation_database 表示当前数据库的比较规则。这两个系统变量只用来读取，修改它们并不会改变当前数据库的字符集和比较规则。如果没有指定当前数据库，则这两个系统变量与服务器级别相应的系统变量具有相同的值。

- 表级别

创建和修改表的时候指定表的字符集和比较规则：

```
CREATE TABLE 表名 (列的信息)
    [[DEFAULT] CHARACTER SET 字符集名称]
    [COLLATE 比较规则名称];

ALTER TABLE 表名
```

```
[[DEFAULT] CHARACTER SET 字符集名称]
[COLLATE 比较规则名称];
```

● 列级别

创建和修改列的时候指定该列的字符集和比较规则：

```
CREATE TABLE 表名(
    列名 字符串类型 [CHARACTER SET 字符集名称] [COLLATE 比较规则名称],
    其他列...
);
```

```
ALTER TABLE 表名 MODIFY 列名 字符串类型 [CHARACTER SET 字符集名称] [COLLATE 比较规则名称];
```

从发送请求到接收响应的过程中发生的字符集转换如下所示。

● 客户端发送的请求字节序列是采用哪种字符集进行编码的。

这一步骤主要取决于操作系统当前使用的字符集；对于 Windows 操作系统来说，还与客户端启动时设置的 default-character-set 启动选项有关。

● 服务器接收到请求字节序列后会认为它是采用哪种字符集进行编码的。

这一步骤取决于系统变量 character_set_client 的值。

● 服务器在运行过程中会把请求的字节序列转换为以哪种字符集编码的字节序列。

这一步骤取决于系统变量 character_set_connection 的值。

● 服务器在向客户端返回字节序列时，是采用哪种字符集进行编码的。

这一步骤取决于系统变量 character_set_results 的值。

● 客户端在收到响应字节序列后，是怎么把它们写到黑框框中的。

这一步骤主要取决于操作系统当前使用的字符集；对于 Windows 操作系统来说，还与客户端启动时设置的 default-character-set 启动选项有关。

在这个过程中，各个系统变量的含义如表 3-6 所示。

表 3-6 系统变量及其含义

系统变量	描述
character_set_client	服务器认为请求是按照该系统变量指定的字符集进行编码的
character_set_connection	服务器在处理请求时，会把请求字节序列从 character_set_client 转换为 character_set_connection
character_set_results	服务器采用该系统变量指定的字符集对返回给客户端的字符串进行编码

比较规则通常用来比较字符串的大小以及对某些字符串进行排列。

第4章 从一条记录说起——InnoDB记录存储结构

4.1 准备工作

到现在为止，MySQL 对于我们来说还是一个"黑盒"，我们只负责使用客户端发送请求并等待服务器返回结果。表中的数据到底存到了哪里？以什么格式存放的？ MySQL 以什么方式来访问这些数据？这些问题的答案我们统统不知道。

我们前面在唠叨请求处理过程的时候提到，MySQL 服务器中负责对表中的数据进行读取和写入工作的部分是存储引擎，而服务器又支持不同类型的存储引擎，比如 InnoDB、MyISAM、MEMORY 啥的。不同的存储引擎一般是由不同的人为实现不同的特性而开发的，真实数据在不同存储引擎中的存放格式一般是不同的，甚至有的存储引擎（比如 MEMORY）都不用磁盘来存储数据。也就是对于使用 MEMORY 存储引擎的表来说，关闭服务器后表中的数据就消失了。由于 InnoDB 是 MySQL 默认的存储引擎，也是我们最常用到的存储引擎，另外我们也没有那么多时间去把各个存储引擎的内部实现都看一遍，所以本章要唠叨的是使用 InnoDB 作为存储引擎的记录存储结构。在了解了一个存储引擎的记录存储结构之后，其他的存储引擎都是"依葫芦画瓢"，就不多唠叨了。

4.2 InnoDB 页简介

InnoDB 是一个将表中的数据存储到磁盘上的存储引擎，即使我们关闭并重启服务器，数据还是存在。而真正处理数据的过程发生在内存中，所以需要把磁盘中的数据加载到内存中。如果是处理写入或修改请求，还需要把内存中的内容刷新到磁盘上。而我们知道读写磁盘的速度非常慢，与读写内存差了几个数量级。当我们想从表中获取某些记录时，InnoDB 存储引擎需要一条一条地把记录从磁盘上读出来么？不，那样会慢死，InnoDB 采取的方式是，将数据划分为若干个页，以页作为磁盘和内存之间交互的基本单位。InnoDB 中页的大小一般为16KB。也就是在一般情况下，一次最少从磁盘中读取 16KB 的内容到内存中，一次最少把内存中的 16KB 内容刷新到磁盘中。

> 系统变量 innodb_page_size 表明了 InnoDB 存储引擎中的页大小，默认值为 16384（单位是字节），也就是 16KB。该变量只能在第一次初始化 MySQL 数据目录时指定，之后就再也不能更改了（通过命令 mysqld --initialize 来初始化数据目录。我们之前没有过多地唠叨初始化数据目录的过程，大家只要知道在服务器运行过程中不可以更改页面大小就好了）。

4.3   InnoDB 行格式

我们平时都是以记录为单位向表中插入数据的，这些记录在磁盘上的存放形式也被称为行格式或者记录格式。设计 InnoDB 存储引擎的大叔到现在为止设计了 4 种不同类型的行格式，分别是 COMPACT、REDUNDANT、DYNAMIC 和 COMPRESSED。随着时间的推移，他们可能会设计出更多的行格式，但是不管怎么变，这些行格式在原理上大体都是相同的。

4.3.1   指定行格式的语法

我们可以在创建或修改表的语句中指定记录所使用的行格式：

```
CREATE TABLE 表名 (列的信息) ROW_FORMAT=行格式名称;
```

```
ALTER TABLE 表名 ROW_FORMAT=行格式名称;
```

比如在 xiaohaizi 数据库中创建一个演示用的表 record_format_demo，可以这样指定它的行格式：

```
mysql> USE xiaohaizi;
Database changed

mysql> CREATE TABLE record_format_demo (
    ->     c1 VARCHAR(10),
    ->     c2 VARCHAR(10) NOT NULL,
    ->     c3 CHAR(10),
    ->     c4 VARCHAR(10)
    -> ) CHARSET=ascii ROW_FORMAT=COMPACT;
Query OK, 0 rows affected (0.03 sec)
```

可以看到，我们刚刚创建的这个表的行格式就是 COMPACT。另外，我们还显式指定了这个表的字符集为 ascii。因为 ascii 字符集只包括空格、标点符号、数字、大小写字母和一些不可见字符，所以汉字是不能存到这个表里的。向这个表中插入两条记录：

```
mysql> INSERT INTO record_format_demo(c1, c2, c3, c4) VALUES ('aaaa', 'bbb', 'cc', 'd'),
('eeee', 'fff', NULL, NULL);
Query OK, 2 rows affected (0.02 sec)
Records: 2  Duplicates: 0  Warnings: 0
```

现在，表中的记录就是这个样子的：

```
mysql> SELECT * FROM record_format_demo;
+------+-----+------+------+
| c1   | c2  | c3   | c4   |
+------+-----+------+------+
| aaaa | bbb | cc   | d    |
| eeee | fff | NULL | NULL |
+------+-----+------+------+
2 rows in set (0.00 sec)
```

演示表的内容也填充好了，现在来看看各个行格式下的存储结构到底有啥不同。

4.3.2   COMPACT 行格式

话不多说，直接看图 4-1。

图 4-1 COMPACT 行格式示意图

从图 4-1 中可以看出，一条完整的记录其实可以被分为记录的额外信息和记录的真实数据两大部分。下面我们分别看一下这两大部分的组成。

1. 记录的额外信息

这部分信息是服务器为了更好地管理记录而不得不额外添加的一些信息。这些额外信息分为 3 个部分，分别是变长字段长度列表、NULL 值列表和记录头信息。

（1）变长字段长度列表

我们知道，MySQL 支持一些变长的数据类型，比如 VARCHAR(M)、VARBINARY(M)、各种 TEXT 类型、各种 BLOB 类型。我们也可以把拥有这些数据类型的列称为变长字段。变长字段中存储多少字节的数据是不固定的，所以我们在存储真实数据的时候需要顺便把这些数据占用的字节数也存起来，这样才不至于把 MySQL 服务器搞懵。也就是说这些变长字段占用的存储空间分为两部分：

- 真正的数据内容；
- 该数据占用的字节数。

在 COMPACT 行格式中，所有变长字段的真实数据占用的字节数都存放在记录的开头位置，从而形成一个变长字段长度列表，各变长字段的真实数据占用的字节数按照列的顺序逆序存放。再次强调一遍，是逆序存放！

小贴士

关于为啥逆序存放会在下一章介绍，这里少安毋躁。

我们拿 record_format_demo 表中的第一条记录来举个例子。因为 record_format_demo 表的 c1、c2、c4 列都是 VARCHAR(10) 类型的，也就是变长的数据类型，所以这 3 个列的值占用的存储空间字节数都需要保存在记录开头处。record_format_demo 表中的各个列使用的都是 ascii 字符集，每个字符只需要一个字节来编码。来看一下第一条记录各变长字段内容的长度（见表 4-1）。

表 4-1 第一条记录中各变长字段内容的长度

列名	存储内容	内容长度（十进制表示）	内容长度（十六进制表示）
c1	'aaaa'	4	0x04
c2	'bbb'	3	0x03
c4	'd'	1	0x01

因为这些长度值需要按照列的顺序逆序存放，所以最后变长字段长度列表的字节串用十六

进制表示的效果就是：

```
01 03 04
```

需要说明的是，上述各个字节之间实际上没有空格，这里使用空格只是为了方便理解。把这个字节串组成的变长字段长度列表填入图 4-1 中的效果如图 4-2 所示。

图 4-2　第一条记录的存储格式

由于第一条记录中 c1、c2、c4 列中的字符串都比较短，也就是说占用的字节数比较小（c1 列内容是 'aaaa'，占用 4 字节；c2 列内容是 'bbb'，占用 3 字节；c4 列内容是 'd'，占用 1 字节），每个变长字段的内容占用的字节数用 1 字节就可以表示（也就是 4、3、1 这 3 个数字可以分别用字节 0x04、0x03、0x01 表示）。但是，如果变长字段的内容占用的字节数比较多，可能就需要用 2 字节来表示。至于用 1 字节还是 2 字节来表示变长字段的真实数据占用的字节数，InnoDB 有它的一套规则。为了更好地表述清楚这个规则，我们引入 W、M 和 L 这几个符号，先分别看看这些符号的意思。

- 假设某个字符集中最多需要 W 字节来表示一个字符（也就执行 SHOW CHARSET 语句后结果中的 Maxlen 列）。比如 utf8mb4 字符集中的 W 就是 4，utf8 字符集中的 W 就是 3，gbk 字符集中的 W 就是 2，ascii 字符集中的 W 就是 1。
- 对于变长类型 VARCHAR(M) 来说，这种类型表示能存储最多 M 个字符（注意是字符不是字节），所以这种类型能表示的字符串最多占用的字节数就是 $M \times W$。
- 假设该变长字段实际存储的字符串占用的字节数是 L。

确定使用 1 字节还是 2 字节来表示一个变长字段的真实数据占用的字节数的规则就是这样：

- 如果 $M \times W \leqslant 255$，那么使用 1 字节来表示真实数据占用的字节数。

小贴士　　InnoDB 在读取记录的变长字段长度列表时先查看表结构，先查看表结构，先查看表结构（重要的事情说三遍）。如果某个变长字段允许存储的最大字节数不大于 255，可以认为只使用 1 字节来表示真实数据占用的字节数。

- 如果 $M \times W > 255$，则分为下面两种情况：
  - 如果 $L \leqslant 127$，则用 1 字节来表示真实数据占用的字节数；
  - 如果 $L > 127$，则用 2 字节来表示真实数据占用的字节数。

小贴士　　InnoDB 在读取记录的变长字段长度列表时先查看表结构。如果某个变长字段允许存储的最大字节数大于 255，该怎么区分它正在读的某个字节是一个单独的字段长度还是半个字段长度呢？设计 InnoDB 的大叔使用该字节的第一个二进制位作为标志位：如果该字节的第一个位为 0，该字节就是一个单独的字段长度（在使用一个字节表示不大于 127 的数字时，第一个位都为 0）；如果该字节的第一个位为 1，该字节就是半个字段长度。这个规则特别像我们前面说过的 GBK 字符集的编码规则。

对于一条记录来说，如果某个字段占用的字节数特别多，InnoDB 有可能把该字段的值的一部分数据存放到所谓的溢出页中（我们后面会详细唠叨）。那么该字段在记录的变长字段长度列表处只存储留在本页面中的长度，所以使用 2 字节就可以表示这个留在本页面中的字节长度。尽管也是使用 2 字节，但对于溢出字段来说，采用的方案并不是单纯地将首字节的第一个二进制位置为 1，而是采用了一种特殊的表示方式。关于表示溢出字段占用字节数的特殊表示方式我们就不多唠叨了，这里就是提一下，大家也不用深究。

总结一下就是：如果该变长字段允许存储的最大字节数（M × W）超过 255 字节，并且真实数据占用的字节数（L）超过 127 字节，则使用 2 字节来表示真实数据占用的字节数，否则使用 1 字节。

另外需要注意的一点是，变长字段长度列表中只存储值为非 NULL 的列的内容长度，不存储值为 NULL 的列的内容长度。也就是说对于第二条记录，因为 c4 列的值为 NULL，所以第二条记录的变长字段长度列表只需要存储 c1 和 c2 列的内容长度即可。其中 c1 列存储的值为 'eeee'，占用的字节数为 4；c2 列存储的值为 'fff'，占用的字节数为 3。数字 4 可以用 1 字节（0x04）表示，3 也可以用 1 字节（0x03）表示，这样第二条记录的整个变长字段长度列表共需 2 字节。填充完变长字段长度列表的两条记录的对比如图 4-3 所示。

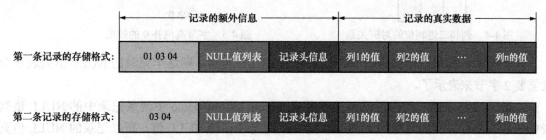

图 4-3　两条记录存储格式对比

并不是所有记录都有这个变长字段长度列表部分，如果表中所有的列都不是变长的数据类型或者所有列的值都是 NULL 的话，就不需要有变长字段长度列表。

（2）NULL 值列表

我们知道，一条记录中的某些列可能存储 NULL 值，如果把这些 NULL 值都放到记录的真实数据中存储会很占地方，所以 COMPACT 行格式把一条记录中值为 NULL 的列统一管理起来，存储到 NULL 值列表中。它的处理过程如下所示。

1. 首先统计表中允许存储 NULL 的列有哪些。

   主键列以及使用 NOT NULL 修饰的列都是不可以存储 NULL 值的，所以在统计的时候不会把这些列算进去。比如表 record_format_demo 的 3 个列 c1、c3、c4 都允许存储 NULL 值，而 c2 列使用 NOT NULL 进行了修饰，不允许存储 NULL 值。

2. 如果表中没有允许存储 NULL 的列，则 NULL 值列表也就不存在了，否则将每个允许存储 NULL 的列对应一个二进制位，二进制位按照列的顺序逆序排列。二进制位表示的意义如下：

   ● 二进制位的值为 1 时，代表该列的值为 NULL；

● 二进制位的值为 0 时，代表该列的值不为 NULL。

因为表 record_format_demo 有 3 个值允许为 NULL 的列，所以这 3 个列和二进制位的对应关系如图 4-4 所示。

再一次强调，二进制位按照列的顺序逆序排列，所以第一个列 c1 和最后一个二进制位对应。

3．MySQL 规定 NULL 值列表必须用整数个字节的位表示，如果使用的二进制位个数不是整数个字节，则在字节的高位补 0。

表 record_format_demo 只有 3 个值允许为 NULL 的列，对应 3 个二进制位，不足一个字节，所以在字节的高位补 0，效果如图 4-5 所示。

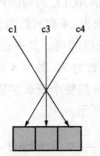
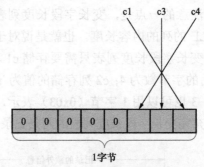

图 4-4　列和二进制位的对应关系　　　　　图 4-5　字节高位补 0 的效果

依此类推，如果一个表中有 9 个值允许为 NULL 的列，则这个记录的 NULL 值列表部分就需要 2 字节来表示了。

知道了规则之后，我们再返回头看看表 record_format_demo 中两条记录中的 NULL 值列表应该怎么储存。因为只有 c1、c3、c4 这 3 个列允许存储 NULL 值，所以记录的 NULL 值列表处只需要一个字节。

● 对于第一条记录来说，c1、c3、c4 这 3 个列的值都不为 NULL，所以它们对应的二进制位都是 0，如图 4-6 所示。

所以第一条记录的 NULL 值列表用十六进制表示就是 0x00。

● 对于第二条记录来说，c1、c3、c4 这 3 个列中 c3 和 c4 的值都为 NULL，所以这 3 个列对应的二进制位的情况如图 4-7 所示。

所以第二条记录的 NULL 值列表用十六进制表示就是 0x06。

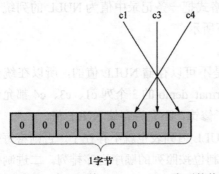
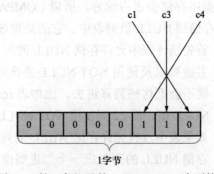

图 4-6　第一条记录的 c1、c3、c4 三个列的值　　　图 4-7　第二条记录的 c1、c3、c4 三个列的值

这两条记录在填充了 NULL 值列表后的示意图如图 4-8 所示。

图 4-8　两条记录在填充了 NULL 值列表后的示意图

（3）记录头信息

除了变长字段长度列表、NULL 值列表之外，还有一个称之为记录头信息的部分。记录头信息由固定的 5 字节组成，用于描述记录的一些属性。5 字节也就是 40 个二进制位，不同的位代表不同的意思，如图 4-9 所示。

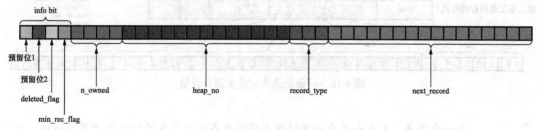

图 4-9　记录头信息示意图

这些二进制位代表的详细信息如表 4-2 所示。

表 4-2　记录头信息中各二进制位代表的详细信息

名称	大小（位）	描述
预留位 1	1	没有使用
预留位 2	1	没有使用
deleted_flag	1	标记该记录是否被删除
min_rec_flag	1	B+ 树的每层非叶子节点中最小的目录项记录都会添加该标记
n_owned	4	一个页面中的记录会被分成若干个组，每个组中有一个记录是"带头大哥"，其余的记录都是"小弟"。"带头大哥"记录的 n_owned 值代表该组中所有的记录条数，"小弟"记录的 n_owned 值都为 0
heap_no	13	表示当前记录在页面堆中的相对位置
record_type	3	表示当前记录的类型，0 表示普通记录，1 表示 B+ 树非叶子节点的目录项记录，2 表示 Infimum 记录，3 表示 Supremum 记录
next_record	16	表示下一条记录的相对位置

另外，记录头信息的前 4 个位也被称为 info bit。

大家千万不要被这么多属性和陌生的概念吓着，这里把这些位代表的意思都写出来只是为了内容的完整性。没必要把它们的意思都记住，记住也没啥用，现在只需要看一遍混个脸熟，等之后用到这些属性的时候再回过头来看就好了。

因为我们并不清楚这些属性的详细用法，所以这里就不分析各个属性值是怎么产生的了，之后我们会详细唠叨的，少安毋躁。现在直接看一下 record_format_demo 表中的两条记录的记录头信息分别是什么，如图 4-10 所示。

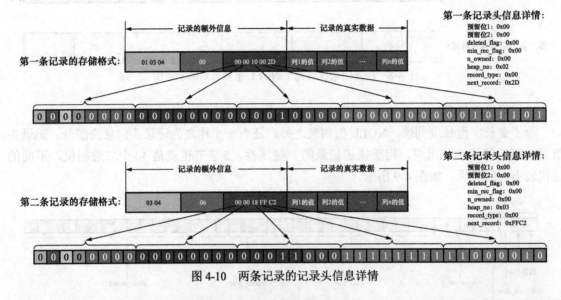

图 4-10　两条记录的记录头信息详情

2. 记录的真实数据

对于 record_format_demo 表来说，记录的真实数据除了 c1、c2、c3、c4 这几个我们自己定义的列的数据外，MySQL 会为每个记录默认地添加一些列（也称为隐藏列），具体的列如表 4-3 所示。

表 4-3　MySQL 为每个记录默认添加的列

列名	是否必需	占用空间	描述
row_id	否	6 字节	行 ID，唯一标识一条记录
trx_id	是	6 字节	事务 ID
roll_pointer	是	7 字节	回滚指针

这里需要提一下 InnoDB 表的主键生成策略：优先使用用户自定义的主键作为主键；如果用户没有定义主键，则选取一个不允许存储 NULL 值的 UNIQUE 键作为主键；如果表中连不允许存储 NULL 值的 UNIQUE 键都没有定义，则 InnoDB 会为表默认添加一个名为 row_id 的隐藏列作为主键。

所以从表 4-3 中可以看出，InnoDB 存储引擎会为每条记录都添加 trx_id 和 roll_pointer 这两个列，但是 row_id 是可选的（在没有自定义主键以及不允许存储 NULL 值的 UNIQUE 键的情况下才会添加该列）。这些隐藏列的值不用我们操心，InnoDB 存储引擎会自动帮我们生成。

因为表 record_format_demo 并没有定义主键，所以 MySQL 服务器会为每条记录增加上述的 3 个列。现在看一下加上记录的真实数据的两条记录长什么样子，如图 4-11 所示。

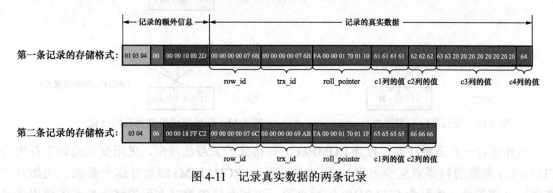

图 4-11　记录真实数据的两条记录

看图 4-11 时要注意以下几点。

- 表 record_format_demo 使用的是 ascii 字符集，所以 0x61616161 就表示字符串 'aaaa'，0x626262 就表示字符串 'bbb'；依此类推。
- 注意第一条记录中 c3 列是 CHAR(10) 类型的，它实际存储的字符串是 'cc'，使用 ascii 字符集来编码这个字符串得到的结果是 '0x6363'。虽然表示这个字符串只占用了 2 字节，但整个 c3 列仍然占用了 10 字节的空间，除真实数据以外的 8 字节统统都用空格字符填充，空格字符在 ascii 字符集中的编码就是 0x20。
- 注意第二条记录中 c3 和 c4 列的值都为 NULL，它们被存储在了前面的 NULL 值列表处，在记录的真实数据处就不再冗余存储，从而节省了存储空间。

3. CHAR(M) 列的存储格式

前面讲到，在 COMPACT 行格式下，变长字段长度列表只是用来存放一条记录中各个变长字段的值占用的字节长度的。record_format_demo 表的 c1、c2、c4 列的类型是 VARCHAR(10)，也就是说 c1、c2、c4 都是变长字段；而 c3 列的类型是 CHAR(10)，也就是说 c3 列不属于变长字段。所以会把一条记录的 c1、c2、c4 这 3 个列占用的字节长度逆序存到变长字段长度列表中，如图 4-12 所示。

但这只是建立在我们的 record_format_demo 表采用的是 ascii 字符集的情况下，这个字符集采用固定的一个字节来编码一个字符，是一个定长编码字符集。如果采用变长编码的字符集（也就是表示一个字符需要的字节数不确定，比如 gbk 表示一个字符要 1 ～ 2 字节、utf8 表示一个字符要 1 ～ 3 字节等），虽然 c3 列的类型是 CHAR(10)，但是设计 COMPACT 行格式的大叔规定，此时该列的值占用的字节数也会被存储到变长字段长度列表中。比如我们修改一下 c3 列的字符集：

```
mysql> ALTER TABLE record_format_demo MODIFY COLUMN c3 CHAR(10) CHARACTER SET utf8;
Query OK, 2 rows affected (0.02 sec)
Records: 2  Duplicates: 0  Warnings: 0
```

修改该列字符集后，记录的变长字段长度列表也发生了变化，如图 4-13 所示。

这就意味着，对于 CHAR(M) 类型的列来说，当列采用的是定长编码的字符集时，该列占用的字节数不会被加到变长字段长度列表；而如果采用变长编码的字符集时，该列占用的字节数就会被加到变长字段长度列表。

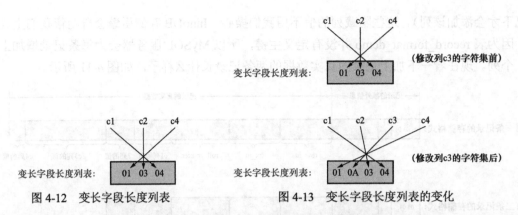

图 4-12   变长字段长度列表   图 4-13   变长字段长度列表的变化

另外还有一点需要注意，设计 COMPACT 行格式的大叔还规定，采用变长编码字符集的 CHAR(M) 类型的列要求至少占用 M 个字节，而 VARCHAR(M) 却没有这个要求。比如对于使用 utf8 字符集、类型为 CHAR(10) 的列来说，该列存储的数据占用的字节长度的范围就是 10 ～ 30 字节。即使我们向该列中存储一个空字符串也会占用 10 字节，这主要是希望在将来更新该列时，在新值的字节长度大于旧值的字节长度但不大于 10 个字节时，可以在该记录处直接更新。而不是在存储空间中再重新分配一个新的记录空间，导致原有的记录空间成为所谓的碎片（大家应该在这里感受到设计 COMPACT 行格式的大叔既想节省存储空间，又不想因为更新 CHAR(M) 类型的列而产生碎片的纠结心情了吧）。

4.3.3   REDUNDANT 行格式

其实知道了 COMPACT 行格式之后，其他的行格式就是"依葫芦画瓢"了。我们现在要介绍的 REDUNDANT 行格式是 MySQL 5.0 之前就在使用的一种行格式。也就是说它已经非常古老了，但是本着知识完整性还是要提一下，大家看一下就好。

REDUNDANT 行格式的全貌如图 4-14 所示。

图 4-14   REDUNDANT 行格式示意图

现在把表 record_format_demo 的行格式修改为 REDUNDANT：

```
mysql> ALTER TABLE record_format_demo ROW_FORMAT=REDUNDANT;
Query OK, 0 rows affected (0.05 sec)
Records: 0  Duplicates: 0  Warnings: 0
```

为了方便大家理解和节省篇幅，我们直接把表 record_format_demo 在 REDUNDANT 行格式下的两条记录的具体格式提供出来（见图 4-15），之后再着重分析两种行格式的不同即可。

下边我们从各个方面看一下 REDUNDANT 行格式与 COMPACT 行格式相比，有什么不同的地方。

1. 字段长度偏移列表

注意 COMPACT 行格式的开头是变长字段长度列表，而 REDUNDANT 行格式的开头是字段长度偏移列表，它与变长字段长度列表相比有两处不同：

- 没有了"变长"两个字，意味着 REDUNDANT 行格式会把该条记录中所有列（包括隐藏列）的长度信息都按照逆序存储到字段长度偏移列表；
- 多了个"偏移"两个字，这意味着计算列值长度的方式不像 COMPACT 行格式那么直观，它是采用两个相邻偏移量的差值来计算各个列值的长度。

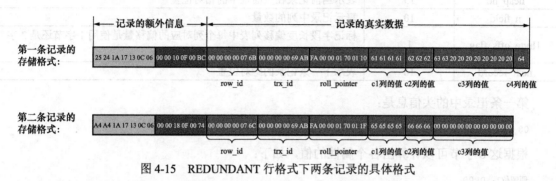

图 4-15　REDUNDANT 行格式下两条记录的具体格式

比如第一条记录的字段长度偏移列表就是：

```
25 24 1A 17 13 0C 06
```

因为它是逆序排放的，所以按照列的顺序排列就是：

```
06 0C 13 17 1A 24 25
```

按照两个相邻偏移量的差值来计算各个列值的长度的意思就是：

- 第一列（row_id）的长度就是 0x06 个字节，也就是 6 字节；
- 第二列（trx_id）的长度就是（0x0C - 0x06）个字节，也就是 6 字节；
- 第三列（roll_pointer）的长度就是（0x13 - 0x0C）个字节，也就是 7 字节；
- 第四列（c1）的长度就是（0x17 - 0x13）个字节，也就是 4 字节；
- 第五列（c2）的长度就是（0x1A - 0x17）个字节，也就是 3 字节；
- 第六列（c3）的长度就是（0x24 - 0x1A）个字节，也就是 10 字节；
- 第七列（c4）的长度就是（0x25 - 0x24）个字节，也就是 1 字节。

2. 记录头信息

REDUNDANT 行格式的记录头信息占用 6 字节，总计 48 个二进制位，这些二进制位代表的意思如表 4-4 所示。

表 4-4　REDUNDANT 行格式的记录头信息占用的 48 个二进制位及其描述

名称	大小（位）	描述
预留位 1	1	没有使用
预留位 2	1	没有使用
deleted_flag	1	标记该记录是否被删除
min_rec_flag	1	B+ 树的每层非叶子节点中的最小的目录项记录都会添加该标记

续表

名称	大小（位）	描述
n_owned	4	一个页面中的记录会被分成若干个组，每个组中有一个记录是"带头大哥"，其余的记录都是"小弟"。"带头大哥"记录的 n_owned 值代表该组中所有的记录条数，"小弟"记录的 n_owned 值都为 0
heap_no	13	表示当前记录在页面堆中的相对位置
n_field	10	表示记录中列的数量
1byte_offs_flag	1	标记字段长度偏移列表中每个列对应的偏移量是使用 1 字节还是 2 字节表示的
next_record	16	表示下一条记录的绝对位置

第一条记录中的头信息是：

```
00 00 10 0F 00 BC
```

根据这 6 字节可以计算出各个属性的值，如下：

```
预留位1: 0x00
预留位2: 0x00
deleted_flag: 0x00
min_rec_flag: 0x00
n_owned: 0x00
heap_no: 0x02
n_field: 0x07
1byte_offs_flag: 0x01
next_record:0xBC
```

与 COMPACT 行格式的记录头信息对比来看，有两处不同：

● REDUNDANT 行格式多了 n_field 和 1byte_offs_flag 这两个属性；

● REDUNDANT 行格式没有 record_type 这个属性。

3. 记录头信息中的 1byte_offs_flag 的值是怎么选择的

从本质上来说，字段长度偏移列表存储的偏移量指的是每个列的值占用的空间在记录的真实数据处结束的位置。这句话有点儿拗口，我们还是拿 record_format_demo 第一条记录为例来分析一下。0x06 代表第一个列在记录的真实数据第 6 字节处结束，0x0C 代表第二个列在记录的真实数据第 12 字节处结束，0x13 代表第三个列在记录的真实数据第 19 字节处结束……最后一个列对应的偏移量值为 0x25，也就意味着最后一个列在记录的真实数据第 37 字节处结束，也就意味着整条记录的真实数据实际上占用 37 字节。

在字段长度偏移列表中，每个列对应的偏移量可以使用 1 字节或者 2 字节来存储，那到底什么时候使用 1 字节、什么时候用 2 字节呢？这是根据该条 REDUNDANT 行格式记录的真实数据占用的总大小来判断的。

● 当记录的真实数据占用的字节数不大于 127（十六进制 0x7F，二进制 01111111）时，每个列对应的偏移量占用 1 字节。

　　如果整个记录的真实数据占用的存储空间都不大于 127 字节，那么每个列对应的偏移量值肯定也就不大于 127，也就可以使用 1 字节来表示偏移量。

- 当记录的真实数据占用的字节数大于 127，但不大于 32767（十六进制 0x7FFF，二进制 0111111111111111）时，每个列对应的偏移量占用 2 字节。
- 有没有记录的真实数据大于 32767 的情况呢？有，不过此时记录的一部分已经存放到了所谓的溢出页中（后面我们会详细讨论），在本页中只保留前 768 字节和 20 字节的溢出页面地址（当然这 20 字节中还记录了一些别的信息）。在这种情况下只使用 2 字节来存储每个列对应的偏移量就够了。

大家可以看出来，设计 REDUNDANT 行格式的大叔采用的策略还是比较简单粗暴的：直接使用整个记录的真实数据占用的字节长度来决定使用 1 字节还是 2 字节存储列对应的偏移量。只要整条记录的真实数据占用的存储空间长度大于 127 字节，即使某个列的值占用的存储空间不大于 127 字节，那对不起，也需要使用 2 字节来表示该列对应的偏移量。简单粗暴，就是这么简单粗暴（所以这种行格式有些过时了）。

> 不知大家是否有疑问，既然一个字节表示的范围是 0 ～ 255，为啥在记录的真实数据占用的存储空间大于 127 字节时就采用 2 字节表示各个列的偏移量，而不是大于 255 字节时再采用 2 字节表示各个列的偏移量呢？少安毋躁，后面唠叨 NULL 值处理的时候会解决这个疑惑。

为了在解析记录时知道每个列的偏移量是使用 1 字节还是 2 字节表示的，设计 REDUNDANT 行格式的大叔特意在记录头信息中放置了一个称为 1byte_offs_flag 的属性：

- 当它的值为 1 时，表明使用 1 字节存储偏移量。
- 当它的值为 0 时，表明使用 2 字节存储偏移量。

4. REDUNDANT 行格式中 NULL 值的处理

因为 REDUNDANT 行格式并没有 NULL 值列表，所以设计 REDUNDANT 行格式的大叔在字段长度偏移列表中对各列对应的偏移量处做了一些特殊处理——将列对应的偏移量值的第一个比特位作为是否为 NULL 的依据，该比特位也可以称之为 NULL 比特位。也就是说在解析一条记录的某个列时，首先看一下该列对应的偏移量的 NULL 比特位是否为 1。如果为 1，那么该列的值就是 NULL，否则就不是 NULL。

这也就解释了前文提到的"为什么只要记录的真实数据大于 127（十六进制 0x7F，二进制 01111111）时，就采用 2 字节来表示一个列对应的偏移量"。原因就是第一个比特位是所谓的 NULL 比特位，用来标记该列的值是否为 NULL。

但是还有一点需要注意，对于值为 NULL 的列来说，该列的类型是否为变长类型决定了该列在记录的真实数据处的存储方式。我们接下来分析 record_format_demo 表的第二条记录，它对应的字段长度偏移列表如下：

```
A4 A4 1A 17 13 0C 06
```

按照列的顺序排放就是：

```
06 0C 13 17 1A A4 A4
```

我们分情况看一下。

- 如果存储 NULL 值的字段是定长类型的，比如是 CHAR(M) 数据类型的，则 NULL 值也将占用记录的真实数据部分，并把该字段对应的数据使用 0x00 字节填充。

在图 4-15 所示的第二条记录中，c3 列的值是 NULL，而 c3 列的类型是 CHAR(10)，在记录的真实数据部分占用了 10 字节，所以我们看到在 REDUNDANT 行格式中使用 0x00000000000000000000 来表示 NULL 值。

另外，c3 列对应的偏移量为 0xA4，对应的二进制为 10100100，可以看到最高位为 1，意味着该列的值是 NULL。将最高位去掉后的值变成了 0100100，对应的十进制值为 36，而 c2 列对应的偏移量为 0x1A，也就是十进制的 26。36 − 26 = 10，也就是说最终 c3 列占用的存储空间为 10 字节。

- 如果存储 NULL 值的字段是变长数据类型的，则不在记录的真实数据部分占用任何存储空间。

比如 record_format_demo 表的 c4 列是 VARCHAR(10) 类型的，VARCHAR(10) 是一个变长数据类型。c4 列对应的偏移量为 0xA4，与 c3 列对应的偏移量相同。这也就意味着它的值也为 NULL，将 0xA4 的最高位去掉后对应的十进制值也是 36。36 − 36 = 0，也就意味着 c4 列本身不占用记录的真实数据处的空间。

除了上面几点之外，REDUNDANT 行格式和 COMPACT 行格式大致相同，但是能明显感觉到使用 COMPACT 行格式的记录占用的空间更少一点，所以显得更紧凑，这样就可以在一个页面中存放尽可能多的记录。

5. CHAR(M) 列的存储格式

我们知道，在使用 COMPACT 行格式时，CHAR(M) 类型的列所使用的字符集不同（具体分为定长编码的字符集和变长编码的字符集），该列的真实数据的具体存储方案也不同。

而 REDUNDANT 行格式则十分干脆，不管该列使用的字符集是啥，只要使用 CHAR(M) 类型，该列的真实数据占用的存储空间大小就是该字符集表示一个字符最多需要的字节数和 M 的乘积。比如，使用 utf8 字符集的 CHAR(10) 类型的列，其真实数据占用的存储空间大小始终为 30 字节；使用 gbk 字符集的 CHAR(10) 类型的列，其真实数据占用的存储空间大小始终为 20 字节。这样的话，将来在对该列进行更新时，可以直接在原位置更新，而不需要为记录申请新的存储空间。当然，这样的坏处就是可能会浪费一些存储空间。

4.3.4　溢出列

1. 溢出列

我们以使用 ascii 字符集的 off_page_demo 表为例，向该表中插入一条记录：

```
mysql> CREATE TABLE off_page_demo (
    ->        c VARCHAR(65532)
    -> ) CHARSET=ascii ROW_FORMAT=COMPACT;
Query OK, 0 rows affected (0.01 sec)

mysql> INSERT INTO off_page_demo (c) VALUES(REPEAT('a', 65532));
Query OK, 1 row affected (0.00 sec)
```

其中 REPEAT('a', 65532) 是一个函数调用，它表示生成一个把字符 'a' 重复 65532 次的字符串。

由于使用的是 ascii 字符集，所以这个字符串实际占用的字节数就是 65532。前文说过，InnoDB 中磁盘和内存交互的基本单位是页，也就是说 InnoDB 是以页为基本单位来管理存储空间的，我们的记录都会被分配到某个页中存储。而一个页的大小一般是 16KB，也就是 16384 字节，而本例中一个列的实际数据就需要占用 65532 字节，很显然一个页也存不了一条记录，这不是贼尴尬么。

在 COMPACT 和 REDUNDANT 行格式中，对于占用存储空间非常多的列，在记录的真实数据处只会存储该列的一部分数据，而把剩余的数据分散存储在几个其他的页中，然后在记录的真实数据处用 20 字节存储指向这些页的地址（当然，这 20 字节还包括分散在其他页面中的数据所占用的字节数），从而可以找到剩余数据所在的页，如图 4-16 所示。

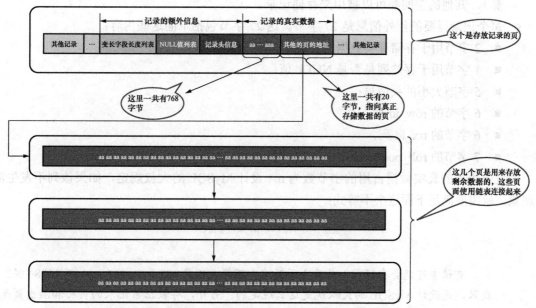

图 4-16　当列占用的存储空间相当大时，COMPACT 行格式的存储方式

从图 4-16 中可以看出，对于 COMPACT 和 REDUNDANT 行格式来说，如果某一列中的数据非常多，则在本记录的真实数据处只会存储该列前 768 字节的数据以及一个指向其他页的地址，然后把剩下的数据存放到其他页中。这些存储 768 字节之外的数据的页面也称为溢出页。图 4-17 是图 4-16 的简化示意图。

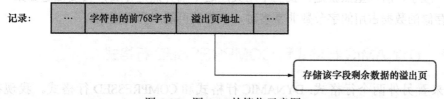

图 4-17　图 4-16 的简化示意图

off_page_demo 表的这条记录的列 c 的数据需要使用溢出页来存储，那么我们就把这个列称为溢出列（其实设计 InnoDB 的大叔把该列称之为 off-page 列）。最后需要注意的是，不只是 VARCHAR(M) 类型的列可能成为溢出列，像 TEXT、BLOB 这些类型的列在存储的数据相当多的时候也会成为溢出列。

2. 产生溢出页的临界点

一个列在存储了多少字节之后会变为溢出列呢？

MySQL 中规定一个页中至少存放两行记录。至于为什么这么规定后面再说，现在看一下这个规定造成的影响。以上面的 off_page_demo 表为例，它只有一个列 c。我们往这个表中插入两条记录，每条记录最少包含多少字节的数据才会需要溢出页呢？这得分析一下页中的空间都是如何利用的。

- 每个页除了存放我们的记录以外，也需要存储一些额外的信息。这些乱七八糟的额外信息加起来需要 132 字节的空间（现在只要知道这个数字就好了，下一章可以精确计算），其他的空间都可以被用来存储记录。
- 每个记录需要的额外信息是 27 字节。这 27 字节包括下面这些内容：
    - 2 字节用于存储真实数据的长度；
    - 1 字节用于存储列是否是 NULL 值；
    - 5 字节大小的头信息；
    - 6 字节的 row_id 列；
    - 6 字节的 trx_id 列；
    - 7 字节的 roll_pointer 列。

假设一个列的真实数据占用的字节数为 n，设计 MySQL 的大叔规定，如果该列不发生溢出现象，就需要满足下面这个不等式：

$$132 + 2×(27 + n) < 16384$$

> 有读者可能会有疑问，为啥上面的这个不等式不是 $132 + 2 × (27 + n) ⩽ 16384$ 呢？我只能说设计 MySQL 的大叔就是这么规定的。另外，存放正常记录的页面和溢出页是两种不同类型的页面（下一章会介绍页面类型）。对于溢出页来说，并没有规定一个页面中最少存放两条记录。

小贴士

通过求解这个不等式，得出的解是 n < 8099。也就是说，如果一个列中存储的数据小于 8099 字节，那么该列就不会成为溢出列，否则就会成为溢出列。不过，这个 8099 字节的限制只是针对只有一个列的 off_page_demo 表来说的。如果表中有多个列，则上面的不等式和结论就需要改一改了，所以重点就是：我们不用关注这个临界点是什么，只要知道如果一条记录的某个列中存储的数据占用的字节数非常多时，该列就可能成为溢出列。

4.3.5 DYNAMIC 行格式和 COMPRESSED 行格式

下面来看另外两个行格式：DYNAMIC 行格式和 COMPRESSED 行格式。我现在使用的 MySQL 版本是 5.7，它的默认行格式就是 DYNAMIC。这两个行格式与 COMPACT 行格式挺像，只不过在处理溢出列的数据时有点儿分歧：它们不会在记录的真实数据处存储该溢出列真实数据的前 768 字节，而是把该列的所有真实数据都存储到溢出页中，只在记录的真实数据处存储 20 字节大小的指向溢出页的地址（当然，这 20 字节还包括真实数据占用的字节数），如图 4-18 所示。

COMPRESSED 行格式不同于 DYNAMIC 行格式的一点是，COMPRESSED 行格式会采用压缩算法对页面进行压缩，以节省空间。这里就不多唠叨了。

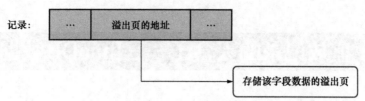

图 4-18　DYNAMIC 行格式和 COMPRESSED 行格式的溢出页

小贴士　REDUNDANT 是一种比较原始的行格式，它是非紧凑的。而 COMPACT、DYNAMIC 以及 COMPRESSED 行格式是较新的行格式，它们是紧凑的（占用的存储空间更少）。

4.4　总结

页是 InnoDB 中磁盘和内存交互的基本单位，也是 InnoDB 管理存储空间的基本单位，默认大小为 16KB。

指定和修改行格式的语法如下：

```
CREATE TABLE 表名 (列的信息) ROW_FORMAT=行格式名称;
ALTER TABLE 表名 ROW_FORMAT=行格式名称;
```

InnoDB 目前定义了 4 种行格式。

* COMPACT 行格式，如图 4-19 所示。

图 4-19　COMPACT 行格式示意图

* REDUNDANT 行格式，如图 4-20 所示。

图 4-20　REDUNDANT 行格式示意图

* DYNAMIC 和 COMPRESSED 行格式。

这两种行格式类似于 COMPACT 行格式，只不过在处理溢出列数据时有点儿分歧：它们不会在记录的真实数据处存储列真实数据的前 768 字节，而是把所有的数据都存储到所谓的溢出页中，只在记录的真实数据处存储指向这些溢出页的地址。另外，COMPRESSED 行格式会采用压缩算法对页面进行压缩。

第5章 盛放记录的大盒子——InnoDB数据页结构

5.1 不同类型的页简介

前面章节简单介绍了页的概念。页是 InnoDB 管理存储空间的基本单位，一个页的大小一般是 16KB。InnoDB 为了不同的目的而设计了多种不同类型的页，比如存放表空间头部信息的页、存放 Change Buffer 信息的页、存放 INODE 信息的页、存放 undo 日志信息的页；等等等等。当然，如果我说的这些名词你一个都没有听过，也没有关系。我们今天也不准备说这些类型的页，我们关心的是那些存放表中记录的那种类型的页，官方称这种存放记录的页为索引（INDEX）页。鉴于我们还没有介绍过索引是什么，而这些表中的记录就是我们日常所称的数据，所以目前还是将这种存放记录的页称为数据页吧。

> 别的数据库图书可能不把存放记录的页面称之为数据页，这里是为了表述方便才这么说的，大家在阅读其他图书的时候需要注意一下。

5.2 数据页结构快览

数据页代表的这块 16KB 大小的存储空间可以划分为多个部分，不同部分有不同的功能，如图 5-1 所示。

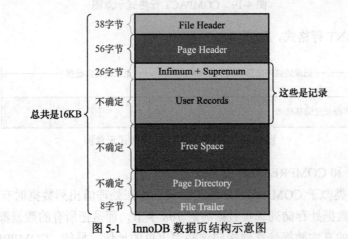

图 5-1 InnoDB 数据页结构示意图

从图 5-1 可以看出，一个 InnoDB 数据页的存储空间大致被划分成 7 个部分，有的部分占用的字节数是确定的，有的部分占用的字节数是不确定的。下面我们通过表 5-1 大致描述一下这 7 个部分都存储一些什么内容（快速地瞅一眼就行了，后面会详细唠叨的）。

表 5-1　InnoDB 数据页结构

名称	中文名	占用空间大小	简单描述
File Header	文件头部	38 字节	页的一些通用信息
Page Header	页面头部	56 字节	数据页专有的一些信息
Infimum + Supremum	页面中的最小记录和最大记录	26 字节	两个虚拟的记录
User Records	用户记录	不确定	用户存储的记录内容
Free Space	空闲空间	不确定	页中尚未使用的空间
Page Directory	页目录	不确定	页中某些记录的相对位置
File Trailer	文件尾部	8 字节	校验页是否完整

小贴士

我们接下来并不打算按照页中各个部分的出现顺序来依次介绍它们，因为按照顺序介绍的话会把大量陌生的概念一股脑儿地呈现在大家面前，严重打击各位的信心与兴趣。现在还是希望大家的学习曲线能够平缓一点儿，由浅入深一点儿，希望大家能接受这种写作手法。

5.3　记录在页中的存储

在页的 7 个组成部分中，我们自己存储的记录会按照指定的行格式存储到 User Records 部分。但是在一开始生成页的时候，其实并没有 User Records 部分，每当插入一条记录时，都会从 Free Space 部分（也就是尚未使用的存储空间）申请一个记录大小的空间，并将这个空间划分到 User Records 部分。当 Free Space 部分的空间全部被 User Records 部分替代掉之后，也就意味着这个页使用完了，此时如果还有新的记录插入，就需要去申请新的页了。这个过程如图 5-2 所示。

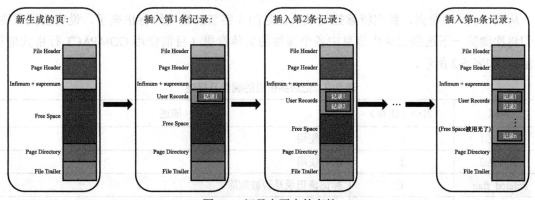

图 5-2　记录在页中的存储

为了更好地管理 User Records 中的这些记录，设计 InnoDB 的大叔可费了一番力气。他们将力气费在哪里了呢？不就是把记录按照指定的行格式一条一条摆在 User Records 部分么？其实这么说也没啥问题，但是"魔鬼藏在细节中"，我们还得从记录行格式的记录头信息说起。

5.3.1　记录头信息的秘密

为了故事的顺利发展，我们先创建一个表：

```
mysql> CREATE TABLE page_demo(
    ->     c1 INT,
    ->     c2 INT,
    ->     c3 VARCHAR(10000),
    ->     PRIMARY KEY (c1)
    -> ) CHARSET=ascii ROW_FORMAT=COMPACT;
Query OK, 0 rows affected (0.03 sec)
```

这个新创建的 **page_demo** 表有 3 列，其中 c1 和 c2 列用来存储整数，c3 列用来存储字符串。需要注意的是，我们把 c1 列指定为主键，所以 InnoDB 就没必要创建那个所谓的 row_id 隐藏列了。而且我们为这个表指定了 ascii 字符集以及 COMPACT 的行格式，所以这个表中记录的行格式示意图如图 5-3 所示。

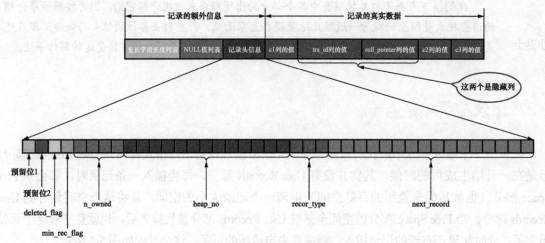

图 5-3　COMPACT 行格式示意图

从图 5-3 可以看到，我们特意把记录头信息的 5 字节的数据给标出来了，说明它很重要。我们再次浏览一下这些记录头信息中各个属性的大体意思（目前使用 COMPACT 行格式进行演示），如表 5-2 所示。

表 5-2　记录头信息的属性及描述

名称	大小（比特）	描述
预留位 1	1	没有使用
预留位 2	1	没有使用
deleted_flag	1	标记该记录是否被删除
min_rec_flag	1	B+ 树中每层非叶子节点中的最小的目录项记录都会添加该标记
n_owned	4	一个页面中的记录会被分成若干个组，每个组中有一个记录是"带头大哥"，其余的记录都是"小弟"。"带头大哥"记录的 n_owned 值代表该组中所有的记录条数，"小弟"记录的 n_owned 值都为 0

续表

名称	大小（比特）	描述
heap_no	13	表示当前记录在页面堆中的相对位置
record_type	3	表示当前记录的类型，0 表示普通记录，1 表示 B+ 树非叶节点的目录项记录，2 表示 Infimum 记录，3 表示 Supremum 记录
next_record	16	表示下一条记录的相对位置

由于我们现在主要在唠叨记录头信息的作用，所以为了方便大家理解，我们只在 page_demo 表的行格式演示图中（见图 5-4）画出有关的头信息属性以及 c1、c2、c3 列的信息（其他信息没画不代表它们不存在，只是为了理解上的方便而在图中省略了）。

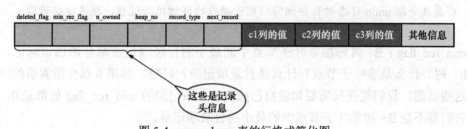

图 5-4　page_demo 表的行格式简化图

下面试着向 page_demo 表中插入几条记录：

```
mysql> INSERT INTO page_demo VALUES(1, 100, 'aaaa'), (2, 200, 'bbbb'), (3, 300, 'cccc'),
(4, 400, 'dddd');
Query OK, 4 rows affected (0.00 sec)
Records: 4  Duplicates: 0  Warnings: 0
```

为了方便大家分析这些记录在页的 User Records 部分是怎么表示的，这里把记录中的头信息和实际的列数据都用十进制表示出来了（其实是一堆二进制位）。这些记录的示意图如图 5-5 所示。

在查看图 5-5 时需要注意一下，各条记录在 User Records 中存储的时候并没有空隙，这里只是为了方便大家观看才把每条记录单独画在一行中。我们现在对照着图 5-5 来看看记录头信息中的各个属性是什么意思。

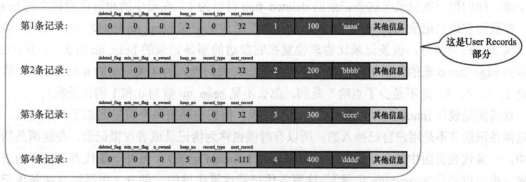

图 5-5　记录在页的 User Records 部分的存储结构

● deleted_flag：这个属性用来标记当前记录是否被删除，占用 1 比特。值为 0 时表示记录没有被删除，值为 1 时表示记录被删除了。

啊？被删除的记录还在页中么？是的，摆在台面上的和背地里做的可能大相径庭。你以为记录被删除了，可它还在真实的磁盘上。这些被删除的记录之所以不从磁盘上移除，是因为在移除它们之后，还需要在磁盘上重新排列其他的记录，这会带来性能消耗，所以只打一个删除标记就可以避免这个问题。所有被删除掉的记录会组成一个垃圾链表，记录在这个链表中占用的空间称为可重用空间（关于链表是怎么形成的，在介绍过 next_record 属性后大家就知道了）。之后若有新记录插入到表中，它们就可能覆盖掉被删除的这些记录占用的存储空间。

> 将 deleted_flag 属性设置为 1 和将被删除的记录加入到垃圾链表中其实是两个阶段，后面在介绍 undo 日志时会详细唠叨删除操作的详细执行过程，现在少安毋躁。

- min_rec_flag：B+ 树每层非叶子节点中的最小的目录项记录都会添加该标记。什么是 B+ 树？什么是非叶子节点？什么是目录项记录？好吧，等第 6 章介绍索引的时候再聊这些话题。我们现在只需要知道自己插入的 4 条记录的 min_rec_flag 值都是 0，意味着它们都不是 B+ 树非叶子节点中的最小的目录项记录。

- n_owned：这个暂时保密，稍后它是主角。

- heap_no：我们向表中插入的记录从本质上来说都是放到数据页的 User Records 部分，这些记录一条一条地亲密无间地排列着，如图 5-6 所示（这不是 page_demo 表中的记录，只是一个通用的示意图）。

图 5-6　记录在数据页的 User Records 中的排放方式

设计 InnoDB 的大叔把记录一条一条亲密无间排列的结构称之为堆（heap）。为了方便管理这个堆，他们把一条记录（这条记录的 deleted_flag 可以为 1）在堆中的相对位置称之为 heap_no。在页面前边的记录 heap_no 相对较小，在页面后边的记录 heap_no 相对较大，每新申请一条记录的存储空间时，该条记录比物理位置在它前边的那条记录的 heap_no 值大 1。从图 5-5 所示的 page_demo 表的各条记录示意图中可以看出，我们插入的 4 条记录的 heap_no 属性值分别是 2、3、4、5。是不是少了点啥？是的，怎么不见 heap_no 值为 0 和 1 的记录呢？

这其实是设计 InnoDB 的大叔玩的一个小把戏，他们自动给每个页里面加了两条记录，由于这两条记录并不是用户自己插入的，所以有时候也称为伪记录或者虚拟记录。在这两条伪记录中，一条代表页面中的最小记录（也可以写作 Infimum 记录），另外一条代表页面中的最大记录（也可以写作 Supremum 记录）。这两条伪记录也算作堆的一部分（很显然这两条伪记录的 heap_no 值最小，说明它们在页面中的相对位置最靠前）。

等一下，记录可以比大小么？

是的，记录也可以比大小。对于一条完整的记录来说，比较记录的大小就是比较主键的大小。比如，我们插入的 4 条记录的主键值分别是 1、2、3、4，这也就意味着这 4 条记录从小到大依次递增。

 请注意，前文强调的是对于"一条完整的记录"来说，比较记录的大小相当于比的是主键的大小。下一章还会介绍只存储一条记录的部分列的情况，敬请期待。

但是，无论我们向页中插入了多少条记录，设计 InnoDB 的大叔都规定，任何用户记录都比 Infimum 记录大，任何用户记录都比 Supremum 记录小。

 虽然 Infimum 记录和 Supremum 记录没有主键值，但是设计 InnoDB 的大叔规定：Infimum 记录是一个页面中最小的记录，Supremum 记录是一个页面中最大的记录。这是规定！规定！规定！

Infimum 和 Supremum 这两条记录的构造十分简单，都是由 5 字节大小的记录头信息和 8 字节大小的一个固定单词组成的，如图 5-7 所示。

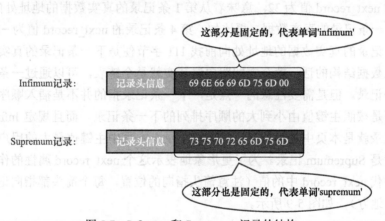

图 5-7 Infimum 和 Supremum 记录的结构

由于 Infimum 和 Supremum 这两条记录是设计 InnoDB 的大叔默认创建的记录，为了与用户自己插入的记录进行区分，我们就不把它们存放在页的 User Records 部分，而是单独放在一个称为 Infimum + Supremum 的部分，如图 5-8 所示。

从图 5-8 可以看出，Infimum 记录和 Supremum 记录的 heap_no 值分别是 0 和 1，也就是说它们在堆中的相对位置最靠前。另外还需要注意的一点是，堆中记录的 heap_no 值在分配之后就不会发生改动了，即使之后删除了堆中的某条记录，这条被删除记录的 heap_no 值也仍然保持不变。

- record_type：这个属性表示当前记录的类型。一共有 4 种类型的记录，其中 0 表示普通记录，1 表示 B+ 树非叶节点的目录项记录，2 表示 Infimum 记录，3 表示 Supremum 记录。从图 5-8 也可以看出，我们自己插入的记录就是普通记录，它们的 record_type 值都是 0，而 Infimum 记录和 Supremum 记录的 record_type 值分别为 2 和 3。至于 record_type 为 1 的情况，我们之后在唠叨索引的时候会重点介绍的。

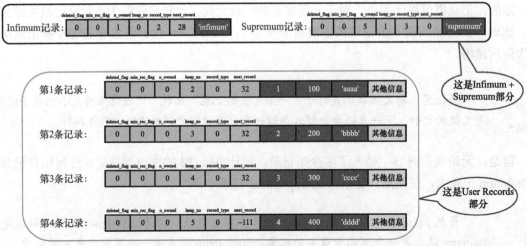

图 5-8   记录存放方式

- next_record：这个属性非常重要，它表示从当前记录的真实数据到下一条记录的真实
  数据的距离。如果该属性值为正数，说明当前记录的下一条记录在当前记录的后面；
  如果该属性值为负数，说明当前记录的下一条记录在当前记录的前面。比如，第 1 条
  记录的 next_record 值为 32，意味着从第 1 条记录的真实数据的地址处向后找 32 字节
  便是下一条记录的真实数据。再比如，第 4 条记录的 next_record 值为 -111，意味着从
  第 4 条记录的真实数据的地址处向前找 111 字节便是下一条记录的真实数据。如果大
  家熟悉数据结构的话，就会立即明白这其实就是个链表，可以通过一条记录找到它的
  下一条记录。但是需要注意的一点是，下一条记录指的并不是插入顺序中的下一条记
  录，而是按照主键值由小到大的顺序排列的下一条记录。而且规定 Infimum 记录的下
  一条记录就是本页中主键值最小的用户记录，本页中主键值最大的用户记录的下一条
  记录就是 Supremum 记录。为了更形象地表示这个 next_record 属性的作用，我们用箭
  头来替代 next_record 中的值（注意箭头指向的位置，每个箭头都指向记录的真实数据
  开始的地方），如图 5-9 所示。

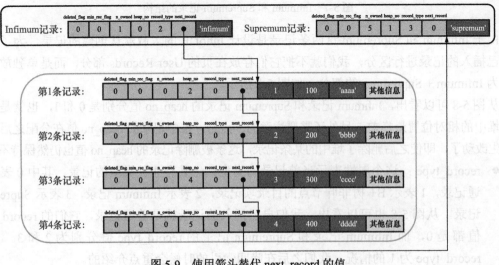

图 5-9   使用箭头替代 next_record 的值

从图 5-9 可以看出，记录按照主键从小到大的顺序形成了一个单向链表。Supremum 记录的 next_record 值为 0，也就是说 Supremum 记录之后就没有下一条记录了，这也意味着 Supremum 记录就是这个单向链表中的最后一个节点。如果从表中删除一条记录，这个由记录组成的单向链表也是会跟着变化，比如我们把第 2 条记录删掉：

```
mysql> DELETE FROM page_demo WHERE c1 = 2;
Query OK, 1 row affected (0.02 sec)
```

删掉第 2 条记录后的示意图如图 5-10 所示。

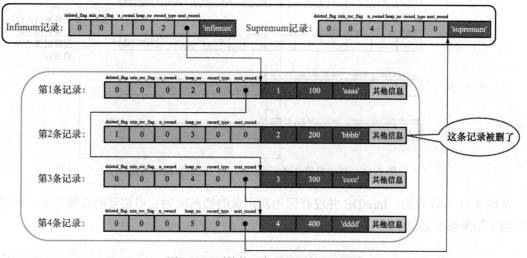

图 5-10　删掉第 2 条记录后的示意图

从图 5-10 可以看出，删除第 2 条记录后主要发生了下面这些变化：

- 第 2 条记录并没有从存储空间中移除，而是把该条记录的 deleted_flag 值设置为 1；
- 第 2 条记录的 next_record 值变为 0，意味着该记录没有下一条记录了；
- 第 1 条记录的 next_record 指向了第 3 条记录；
- 还有一点大家可能忽略了，那就是 Supremum 记录的 n_owned 值从 5 变成了 4。关于这一点变化稍后会详细介绍。

所以，无论怎么对页中的记录进行增删改操作，InnoDB 始终会维护记录的一个单向链表，链表中的各个节点是按照主键值由小到大的顺序链接起来的。

　　大家会不会觉得 next_record 这个指针有点儿奇怪，它为啥要指向记录头信息和真实数据之间的位置呢？为啥不干脆指向整条记录的开头位置，也就是记录的额外信息开头的位置呢？原因是这个位置刚刚好，向左读取就是记录头信息，向右读取就是真实数据。前文还说过，变长字段长度列表、NULL 值列表中的信息都是逆序存放的，这样可以使记录中位置靠前的字段和它们对应的字段长度信息在内存中的距离更近，这可能会提高高速缓存的命中率。

再来看一个有意思的事情：主键值为 2 的记录被删掉了，但是却没有回收存储空间（该记录的 heap_no 也未发生改变），如果我们再次把这条记录插入到表中，会发生什么呢？

```
mysql> INSERT INTO page_demo VALUES(2, 200, 'bbbb');
Query OK, 1 row affected (0.00 sec)
```

我们看一下记录的存储情况，如图 5-11 所示。

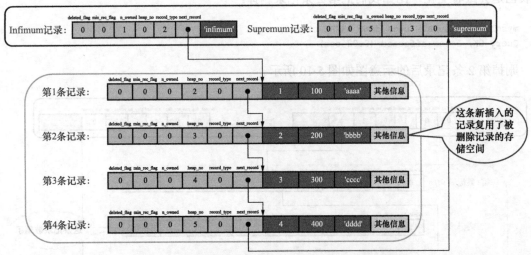

图 5-11   再次将第 2 条记录插入后，记录的存储情况

从图 5-11 可以看到，InnoDB 并没有因为新记录的插入而为它申请新的存储空间，而是直接复用了原来被删除记录的存储空间。

当数据页中存在多条被删除的记录时，可以使用这些记录的 next_record 属性将这些被删除的记录组成一个垃圾链表，以备之后重用这部分存储空间。关于垃圾链表的更多信息，第 20 章会进行超级详细的描述，现在先蜻蜓点水般地知道这些就好了，一口吃不成个胖子。

5.4   Page Directory（页目录）

现在，我们知道了记录在页中是按照主键值由小到大的顺序串联成一个单向链表，如果想根据主键值查找页中的某条记录，该咋办呢？比如说下面这样的查询语句：

```
SELECT * FROM page_demo WHERE c1 = 3;
```

最笨的办法是从 Infimum 记录开始，沿着单向链表一直往后找，总有一天会找到（或者找不到）。而且在找的时候还能投机取巧，因为链表中各个记录的值是按照从小到大的顺序排列的，所以当链表中某个节点代表的记录的主键值大于想要查找的主键值时，就可以停止查找了（因为该节点后边的节点的主键值依次递增）。

当页中存储的记录数量比较少时，这种方法用起来也没有啥问题。比如，我们的表中只插入了 4 条自己的记录，所以最多找 4 次就可以把所有记录都遍历一遍。但是，如果一个页中存储了非常多的记录，遍历操作对性能来说还是有损耗的，所以说这种遍历查找是一个笨办法。但是设计 InnoDB 的大叔是什么人，他们能用这么笨的办法么，当然是要设计一种更好的查找方式了。他们从图书的目录中找到了灵感。

我们平时在一本书中查找某个内容的时候，一般会先看目录，找到该内容对应的图书页码，然后再到对应的页码去查看内容。设计 InnoDB 的大叔也为我们的记录制作了一个类似的目录。制作过程如下所示。

1. 将所有正常的记录（包括 Infimum 和 Supremum 记录，但不包括已经移除到垃圾链表的记录）划分为几个组。
2. 每个组的最后一条记录（也就是组内最大的那条记录）相当于"带头大哥"，组内其余的记录相当于"小弟"。"带头大哥"记录的头信息中的 n_owned 属性表示该组内共有几条记录。
3. 将每个组中最后一条记录在页面中的地址偏移量（就是该记录的真实数据与页面中第 0 个字节之间的距离）单独提取出来，按顺序存储到靠近页尾部的地方。这个地方就是 Page Directory（页目录，见图 5-1）。页目录中的这些地址偏移量称为槽（Slot），每个槽占用 2 字节。页目录就是由多个槽组成的。

> 一个正常的页面也就是 16KB 大小，即 16384 字节，而 2 字节可以表示的地址偏移量范围是 0 ～ 65535，所以用 2 字节表示一个槽足够了。

比如，现在 page_demo 表中正常的记录共有 6 条。InnoDB 会把它们分成 2 个组，第一组只有一个 Infimum 记录，第二组是剩余的 5 条记录。2 个组就对应着 2 个槽，每个槽中存放每个组中最大的那条记录在页面中的地址偏移量，如图 5-12 所示。

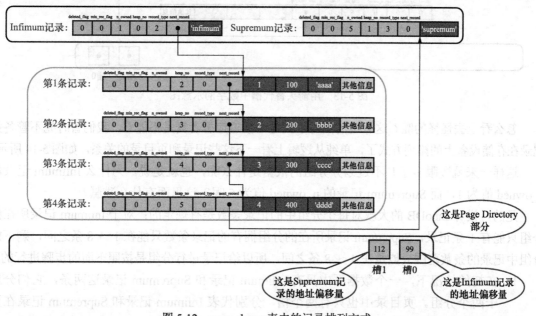

图 5-12　page_demo 表中的记录排列方式

在图 5-12 中需要注意下面几点。

- 页目录部分中有 2 个槽，也就意味着记录被分成了 2 个组。槽 1 中的值是 112，代表 Supremum 记录在页面中的地址偏移量（就是从页面的 0 字节开始数，数 112 字节）；

槽 0 中的值是 99，代表 Infimum 记录的地址偏移量。

- 注意 Infimum 记录和 Supremum 记录的头信息中的 n_owned 属性。
  - Infimum 记录的 n_owned 值为 1，这表示以 Infimum 记录为最后一个节点的这个分组中只有 1 条记录，也就是 Infimum 记录自身。
  - Supremum 记录的 n_owned 值为 5，这表示以 Supremum 记录为最后一个节点的这个分组中有 5 条记录，即除了 Supremum 记录自身之外，还有我们插入的 4 条记录。
- 每个槽占用 2 字节，按照对应记录的大小相邻分布。槽对应的记录越小，它的位置越靠近 File Trailer。

99 和 112 这样的地址偏移量很不直观，我们用箭头指向的方式替代数字，这样更容易理解。修改后的记录排列方式示意图如图 5-13 所示。

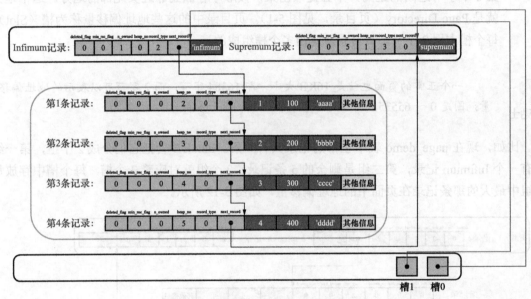

图 5-13　用箭头替代槽中数字的示意图

怎么看上去怪怪的呢？这么乱的图对于我这个强迫症患者真是不能忍，我们暂时先不管各条记录在存储设备上的排列方式了，单纯从逻辑上看一下这些记录和页目录的关系，如图 5-14 所示。

这样一来就顺眼多了！不过划分分组的依据是什么呢，也就是说，为什么 Infimum 记录的 n_owned 值为 1，而 Supremum 记录的 n_owned 值为 5 呢？这里面有什么猫腻？

是的，设计 InnoDB 的大叔对每个分组中的记录条数是有规定的：对于 Infimum 记录所在的分组只能有 1 条记录，Supremum 记录所在的分组拥有的记录条数只能在 1 ～ 8 之间，剩下的分组中记录的条数范围只能是在 4 ～ 8 之间。所以给记录进行分组是按照下面的步骤进行的。

1. 在初始情况下，一个数据页中只有 Infimum 记录和 Supremum 记录这两条，它们分属于两个分组。页目录中也只有两个槽，分别代表 Infimum 记录和 Supremum 记录在页面中的地址偏移量。
2. 之后每插入一条记录，都会从页目录中找到对应记录的主键值比待插入记录的主键值大并且差值最小的槽（从本质上来说，槽是一个组内最大的那条记录在页面中的地址偏移量，通过槽可以快速找到对应的记录的主键值），然后把该槽对应的记录的 n_owned 值加 1，表示本组内又添加了一条记录，直到该组中的记录数等于 8 个。

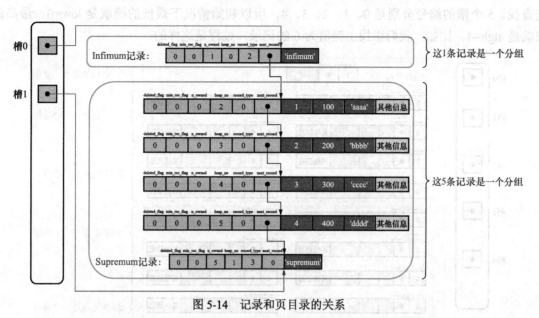

图 5-14　记录和页目录的关系

　　　再次强调，对于 Infimum 记录和 Supremum 记录来说，它们虽然没有主键值，但是
小贴士　人为规定它们是一个页面中最小和最大的记录。

3. 当一个组中的记录数等于 8 后，再插入一条记录，会将组中的记录拆分成两个组，其
   中一个组中 4 条记录，另一个 5 条记录。这个拆分过程会在页目录中新增一个槽，记
   录这个新增分组中最大的那条记录的偏移量。

由于现在 page_demo 表中的记录太少，无法演示在添加页目录之后是如何加快查找速度
的，所以我们再往 page_demo 表中添加一些记录：

```
mysql> INSERT INTO page_demo VALUES(5, 500, 'eeee'), (6, 600, 'ffff'), (7, 700, 'gggg'),
(8, 800, 'hhhh'), (9, 900, 'iiii'), (10, 1000, 'jjjj'), (11, 1100, 'kkkk'), (12, 1200, 'llll'),
(13, 1300, 'mmmm'), (14, 1400, 'nnnn'), (15, 1500, 'oooo'), (16, 1600, 'pppp');
Query OK, 12 rows affected (0.00 sec)
Records: 12  Duplicates: 0  Warnings: 0
```

我们一口气往表中添加了 12 条记录，现在页中就一共有 18 条记录了（包括 Infimum 和
Supremum 记录）。这些记录被分成了 5 个组，如图 5-15 所示。

　　　我们这里在插入记录时是按照主键值从小到大的顺序依次插入的。如果插入的记
录的主键值没有顺序，你可以试试按照我们刚才唠叨过的给记录进行分组的步骤推演一
小贴士　下，页目录将会变成什么样子。

因为把 16 条记录的全部信息都画在一张图中太占地方，也容易让人眼花，所以这里也省
略了各个记录之间的箭头（图里没画不代表没有！），只保留了用户记录头信息中的 n_owned
和 next_record 属性。现在看看怎么在这个页目录中查找记录。因为一个槽占用 2 字节，各个

槽之间是挨着的，而且它们代表的记录的主键值都是从小到大排序的，所以可以使用二分法快速查找。5 个槽的编号分别是 0、1、2、3、4，所以初始情况下最低的槽就是 low=0，最高的槽就是 high=4。比如，我们想找主键值为 6 的记录，过程是这样的。

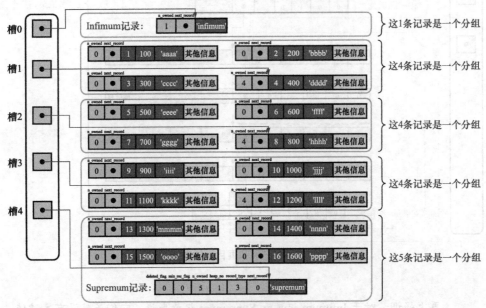

图 5-15　向 page_demo 表中添加记录

1. 计算中间槽的位置：(0+4)/2=2，查看槽 2 对应记录的主键值为 8；又因为 8 > 6，所以设置 high=2，low 保持不变。
2. 重新计算中间槽的位置：(0+2)/2=1，查看槽 1 对应记录的主键值为 4；又因为 4 < 6，所以设置 low=1，high 保持不变。
3. 因为 high − low 的值为 1，所以确定主键值为 6 的记录在槽 2 对应的组中。此时需要找到槽 2 所在分组中主键值最小的那条记录，然后沿着单向链表遍历槽 2 中的记录。但是前文又说过，每个槽对应的记录都是该组中主键值最大的记录，这里槽 2 对应的记录是主键值为 8 的记录，怎么定位一个组中最小的记录呢？别忘了各个槽都是挨着的，我们可以很轻易地找到槽 1 对应的记录（主键值为 4），这条记录的下一条记录就是槽 2 所在分组中主键值最小的记录，其主键值为 5。所以，我们可以从这条主键值为 5 的记录出发，遍历槽 2 中的各条记录，直到找到主键值为 6 的那条记录即可。由于一个组中包含的记录条数最多是 8 条，所以遍历一个组中的记录的代价是很小的。

综上所述，在一个数据页中查找指定主键值的记录时，过程分为两步。

1. 通过二分法确定该记录所在分组对应的槽，然后找到该槽所在分组中主键值最小的那条记录。
2. 通过记录的 next_record 属性遍历该槽所在的组中的各个记录。

如果你不知道二分法是什么，找本基础算法书看看吧。

小贴士

5.5 Page Header（页面头部）

设计 InnoDB 的大叔为了能得到存储在数据页中的记录的状态信息，比如数据页中已经存储了多少条记录、Free Space 在页面中的地址偏移量、页目录中存储了多少个槽等，特意在数据页中定义了一个名为 Page Header 的部分，它是页结构的第 2 部分（见图 5-1），占用固定的56 字节，专门存储各种状态信息。Page Header 中各个字节的具体用途如表 5-3 所示。

表 5-3　Page Header 的结构及描述

状态名称	占用空间大小	描述
PAGE_N_DIR_SLOTS	2 字节	在页目录中的槽数量
PAGE_HEAP_TOP	2 字节	还未使用的空间最小地址，也就是说从该地址之后就是 Free Space
PAGE_N_HEAP	2 字节	第 1 位表示本记录是否为紧凑型的记录，剩余的 15 位表示本页的堆中记录的数量（包括 Infimum 和 Supremum 记录以及标记为"已删除"的记录）
PAGE_FREE	2 字节	各个已删除的记录通过 next_record 组成一个单向链表，这个单向链表中的记录所占用的存储空间可以被重新利用；PAGE_FREE 表示该链表头节点对应记录在页面中的偏移量
PAGE_GARBAGE	2 字节	已删除记录占用的字节数
PAGE_LAST_INSERT	2 字节	最后插入记录的位置
PAGE_DIRECTION	2 字节	记录插入的方向
PAGE_N_DIRECTION	2 字节	一个方向连续插入的记录数量
PAGE_N_RECS	2 字节	该页中用户记录的数量（不包括 Infimum 和 Supremum 记录以及被删除的记录）
PAGE_MAX_TRX_ID	8 字节	修改当前页的最大事务 id，该值仅在二级索引页面中定义
PAGE_LEVEL	2 字节	当前页在 B+ 树中所处的层级
PAGE_INDEX_ID	8 字节	索引 ID，表示当前页属于哪个索引
PAGE_BTR_SEG_LEAF	10 字节	B+ 树叶子节点段的头部信息，仅在 B+ 树的根页面中定义
PAGE_BTR_SEG_TOP	10 字节	B+ 树非叶子节点段的头部信息，仅在 B+ 树的根页面中定义

如果大家认真看过前文，一定会清楚从 PAGE_N_DIR_SLOTS 到 PAGE_LAST_INSERT 以及 PAGE_N_RECS 的意思。如果不清楚，你应该回头再看一遍前文。剩下的状态信息看不明白也不要着急，饭要一口一口吃，东西要一点一点学（一定要沉住气，不要被这些名词吓到）。

在这里我们先唠叨 PAGE_DIRECTION 和 PAGE_N_DIRECTION 的意思。

- PAGE_DIRECTION：假如新插入的一条记录的主键值比上一条记录的主键值大，我们说这条记录的插入方向是右边，反之则是左边。用来表示最后一条记录插入方向的状态就是 PAGE_DIRECTION。
- PAGE_N_DIRECTION：假设连续几次插入新记录的方向都是一致的，InnoDB 会把沿着同一个方向插入记录的条数记下来，这个条数就用 PAGE_N_DIRECTION 状态表示。当然，如果最后一条记录的插入方向发生了改变，这个状态的值会被清零后重新统计。

至于还没提到的那些状态，现在大家还不需要知道。不要着急，当我们学完了后面的内容后再回头来看，就会发现一切都是那么清晰。

5.6　File Header（文件头部）

前文唠叨的 Page Header 专门针对的是数据页记录的各种状态信息，比如页里有多少条记录，有多少个槽。现在介绍的 File Header 通用于各种类型的页，也就是说各种类型的页都会以 File Header 作为第一个组成部分，它描述了一些通用于各种页的信息，比如这个页的编号是多少，它的上一个页和下一个页是谁；等等等等。File Header 部分占用固定的 38 字节，由表 5-4 所示的内容组成。

表 5-4　File Header 的结构及描述

状态名称	占用空间大小	描述
FIL_PAGE_SPACE_OR_CHKSUM	4 字节	当 MySQL 的版本低于 4.0.14 时，该属性表示本页面所在的表空间 ID；在之后的版本中，该属性表示页的校验和（checksum）
FIL_PAGE_OFFSET	4 字节	页号
FIL_PAGE_PREV	4 字节	上一个页的页号
FIL_PAGE_NEXT	4 字节	下一个页的页号
FIL_PAGE_LSN	8 字节	页面被最后修改时对应的 LSN（Log Sequence Number，日志序列号）值
FIL_PAGE_TYPE	2 字节	该页的类型
FIL_PAGE_FILE_FLUSH_LSN	8 字节	仅在系统表空间的第一个页中定义，代表文件至少被刷新到了对应的 LSN 值
FIL_PAGE_ARCH_LOG_NO_OR_SPACE_ID	4 字节	页属于哪个表空间

对照着表 5-4，我们看几个目前比较重要的部分。

- FIL_PAGE_SPACE_OR_CHKSUM：MySQL 4.0.14 以下的版本应该没人用了吧，我们直接讨论高于 4.0.14 版本的情况。这个属性代表当前页面的校验和（checksum）。啥是校验和？就是对于一个很长的字节串来说，我们会通过某种算法计算出一个比较短的值来代表这个很长的字节串，这个比较短的值就称为校验和。这样在比较两个很长的字节串之前，先比较这两个长字节串的校验和。如果校验和都不一样，则两个长字节串肯定是不同的，这样就省去了直接比较两个长字节串的时间损耗。

- FIL_PAGE_OFFSET：每一个页都有一个单独的页号，如同我们的身份证号码一样。InnoDB 通过页号来唯一定位一个页。
- FIL_PAGE_TYPE：表示当前页的类型。前文说过，InnoDB 为了不同的目的而把页分为不同的类型，我们前面介绍的都是存储记录的数据页，其实还有很多其他类型的页，如表 5-5 所示。

表 5-5　其他类型的页

类型名称	十六进制	描述
FIL_PAGE_TYPE_ALLOCATED	0x0000	最新分配，还未使用
FIL_PAGE_UNDO_LOG	0x0002	undo 日志页
FIL_PAGE_INODE	0x0003	存储段的信息
FIL_PAGE_IBUF_FREE_LIST	0x0004	Change Buffer 空闲列表
FIL_PAGE_IBUF_BITMAP	0x0005	Change Buffer 的一些属性
FIL_PAGE_TYPE_SYS	0x0006	存储一些系统数据
FIL_PAGE_TYPE_TRX_SYS	0x0007	事务系统数据
FIL_PAGE_TYPE_FSP_HDR	0x0008	表空间头部信息
FIL_PAGE_TYPE_XDES	0x0009	存储区的一些属性
FIL_PAGE_TYPE_BLOB	0x000A	溢出页
FIL_PAGE_INDEX	0x45BF	索引页，也就是我们所说的数据页

用来存放记录的数据页的类型其实是 FIL_PAGE_INDEX，也就是索引页。至于啥是索引，且听下回分解。

　　我们在前面唠叨记录的存储结构时，所说的溢出页的类型是 FIL_PAGE_TYPE_BLOB，而存放正常记录的页面类型是 FIL_PAGE_INDEX，两者是不一样的。

- FIL_PAGE_PREV 和 FIL_PAGE_NEXT：前文强调过，InnoDB 是以页为单位存放数据的，有时在存放某种类型的数据时，占用的空间非常大（比如一张表中可以有成千上万条记录）。InnoDB 可能无法一次性为这么多数据分配一个非常大的存储空间，而如果分散到多个不连续的页中进行存储，则需要把这些页关联起来，FIL_PAGE_PREV 和 FIL_PAGE_NEXT 就分别代表本数据页的上一个页和下一个页的页号。这样通过建立一个双向链表就把许许多多的页串联起来了，而无须这些页在物理上真正连着。需要注意的是，并不是所有类型的页都有上一个页和下一个页的属性，不过我们这里唠叨的数据页（也就是类型为 FIL_PAGE_INDEX 的页）是有这两个属性的。所以，存储记录的数据页其实可以组成一个双向链表，如图 5-16 所示。

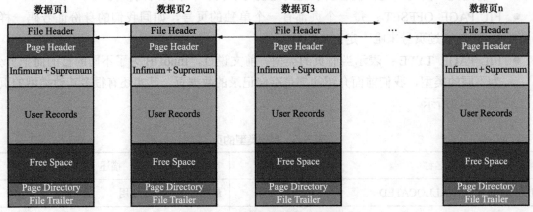

图 5-16　数据页组成的双向链表

关于 File Header 的其他属性暂时用不到，等后面用到的时候再提。

5.7　File Trailer（文件尾部）

我们知道，InnoDB 存储引擎会把数据存储到磁盘上，但是磁盘速度太慢，需要以页为单位把数据加载到内存中处理。如果该页中的数据在内存中被修改了，那么在修改后的某个时间还需要把数据刷新到磁盘中。但是，如果在刷新还没有结束的时候断电了该咋办，这不是相当尴尬么？为了检测一个页是否完整（也就是在刷新时有没有发生只刷新了一部分的尴尬情况），设计 InnoDB 的大叔在每个页的尾部都加了一个 File Trailer 部分，这个部分由 8 字节组成，可以分成 2 个小部分。

- 前 4 字节代表页的校验和。这个部分与 File Header 中的校验和相对应。每当一个页面在内存中发生修改时，在刷新之前就要把页面的校验和算出来。因为 File Header 在页面的前边，所以 File Header 中的校验和会被首先刷新到磁盘，当完全写完后，校验和也会被写到页的尾部。如果页面刷新成功，则页首和页尾的校验和应该是一致的。如果刷新了一部分后断电了，那么 File Header 中的校验和就代表着已经修改过的页，而 File Trailer 中的校验和代表着原先的页，二者不同则意味着刷新期间发生了错误。
- 后 4 字节代表页面被最后修改时对应的 LSN 的后 4 字节，正常情况下应该与 File Header 部分的 FIL_PAGE_LSN 的后 4 字节相同。这个部分也是用于校验页的完整性，不过我们目前还没说 LSN 是什么意思，所以大家可以先不用管这个属性。

这个 File Trailer 与 File Header 类似，都通用于所有类型的页。

5.8　总结

InnoDB 为了不同的目的而设计了不同类型的页，我们把用于存放记录的页称为数据页。

一个数据页可以被大致划分为 7 个部分，分别如下。

- File Header ：表示页的一些通用信息，占固定的 38 字节。
- Page Header ：表示数据页专有的一些信息，占固定的 56 字节。
- Infimum + Supremum ：两个虚拟的伪记录，分别表示页中的最小记录和最大记录，占固定的 26 字节。
- User Records ：真正存储我们插入的记录，大小不固定。
- Free Space ：页中尚未使用的部分，大小不固定。
- Page Directory ：页中某些记录的相对位置，也就是各个槽对应的记录在页面中的地址偏移量；大小不固定，插入的记录越多，这个部分占用的空间就越多。
- File Trailer ：用于检验页是否完整，占固定的 8 字节。

每个记录的头信息中都有一个 next_record 属性，从而可以使页中的所有记录串联成一个单向链表。

InnoDB 会把页中的记录划分为若干个组，每个组的最后一个记录的地址偏移量作为一个槽，存放在 Page Directory 中，一个槽占用 2 字节。在一个页中根据主键查找记录是非常快的，分为两步。

1. 通过二分法确定该记录所在分组对应的槽，并找到该槽所在分组中主键值最小的那条记录。
2. 通过记录的 next_record 属性遍历该槽所在的组中的各个记录。

每个数据页的 File Header 部分都有上一个页和下一个页的编号，所以所有的数据页会组成一个双向链表。

在将页从内存刷新到磁盘时，为了保证页的完整性，页首和页尾都会存储页中数据的校验和，以及页面最后修改时对应的 LSN 值（页尾只会存储 LSN 值的后 4 字节）。如果页首和页尾的校验和以及 LSN 值校验不成功，就说明刷新期间出现了问题。

第6章 快速查询的秘籍——B+树索引

前文详细唠叨了 InnoDB 数据页的 7 个组成部分，我们知道了各个数据页可以组成一个双向链表，而每个数据页中的记录会按照主键值从小到大的顺序组成一个单向链表。每个数据页都会为存储在它里面的记录生成一个页目录，在通过主键查找某条记录的时候可以在页目录中使用二分法快速定位到对应的槽，然后再遍历该槽对应分组中的记录即可快速找到指定的记录（如果你对这段话有一丁点儿疑惑，那么接下来的部分不适合你，返回去看一下数据页结构吧）。页和记录的关系示意图如图 6-1 所示。

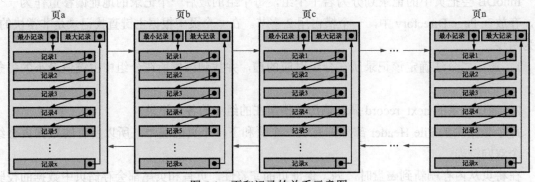

图 6-1　页和记录的关系示意图

其中，页 a、页 b、页 c……页 n 这些页可以不在物理结构上相连，只要通过双向链表相关联即可。

6.1 没有索引时进行查找

本章的主题是索引。在正式介绍索引之前，我们需要了解一下在没有索引时是怎么查找记录的。为了方便大家理解，我们先只唠叨搜索条件为某个列等于某个常数的情况，比如下面这样：

```
SELECT [查询列表] FROM 表名 WHERE 列名 = xxx;
```

6.1.1 在一个页中查找

假设目前表中的记录比较少，所有的记录都可以存放到一个页中。在查找记录时，可以根据搜索条件的不同分为两种情况。

- 以主键为搜索条件：这个查找过程我们已经很熟悉了，可以在页目录中使用二分法快速定位到对应的槽；然后再遍历该槽对应分组中的记录，即可快速找到指定的记录。
- 以其他列作为搜索条件：对非主键列的查找可就不这么幸运了，因为在数据页中并没有为非主键列建立所谓的页目录,所以无法通过二分法快速定位相应的槽。在这种情况下,只能从 Infimum 记录开始依次遍历单向链表中的每条记录,然后对比每条记录是否符合搜索条件。很显然,这种查找的效率非常低。

6.1.2 在很多页中查找

在很多时候,表中存放的记录都是非常多的,需要用到好多的数据页来存储这些记录。在很多页中查找记录可以分为两个步骤:

- 定位到记录所在的页;
- 从所在的页内查找相应的记录。

在没有索引的情况下,无论是根据主键列还是其他列的值进行查找,由于我们不能快速地定位到记录所在的页,所以只能从第一页沿着双向链表一直往下找。在每一页中我们根据刚刚唠叨过的查找方式去查找指定的记录。因为要遍历所有的数据页,所以这种方式显然是超级耗时的。如果一个表有 1 亿条记录,使用这种方式去查找记录,估计要等到猴年马月才能查找到结果。所以人们都在期盼一种能高效完成搜索的方法,索引"同志"就要亮相登台了。

6.2 索引

为了故事的顺利发展,我们先建一个表:

```
mysql> CREATE TABLE index_demo(
    ->     c1 INT,
    ->     c2 INT,
    ->     c3 CHAR(1),
    ->     PRIMARY KEY(c1)
    -> ) ROW_FORMAT = COMPACT;
Query OK, 0 rows affected (0.03 sec)
```

这个新建的 index_demo 表中有 2 个 INT 类型的列、1 个 CHAR(1) 类型的列,而且我们规定 c1 列为主键。这个表使用 COMPACT 行格式来实际存储记录。为了理解上的方便,我们简化了 index_demo 表的行格式示意图,如图 6-2 所示。

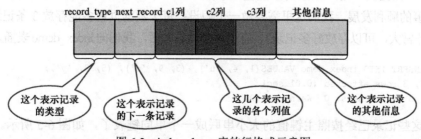

图 6-2 index_demo 表的行格式示意图

下面只讲解图 6-2 中展示的这几个部分。

- record_type:记录头信息的一项属性,表示记录的类型。其中,0 表示普通记录;2 表示 Infimum 记录;3 表示 Supremum 记录;1 还没用过,等会再说。

- next_record：记录头信息的一项属性，表示从当前记录的真实数据到下一条记录的真实数据的距离。为了方便大家理解，我们会用箭头来表明下一条记录是谁。
- 各个列的值：这里只展示在 index_demo 表中的 3 个列，分别是 c1、c2 和 c3。
- 其他信息：除了上述 3 种信息以外的所有信息，包括其他隐藏列的值以及记录的额外信息。

为了节省篇幅，后文的示意图会把记录中的"其他信息"部分省略掉，因为它占地方，并且也没有什么观赏效果。另外，我觉得把记录竖着看感觉更好，所以，记录格式示意图的"其他信息"去掉后并竖起来的效果如图 6-3 所示。

把一些记录放到页里边的示意图如图 6-4 所示。

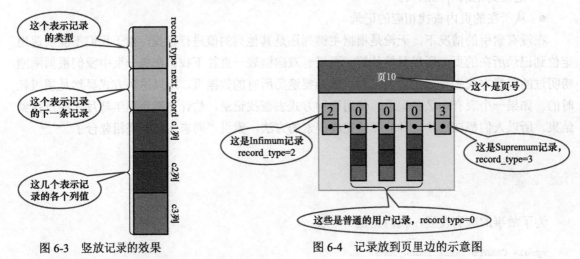

图 6-3　竖放记录的效果　　　　　　　图 6-4　记录放到页里边的示意图

6.2.1　一个简单的索引方案

回到正题，我们在根据某个搜索条件查找一些记录时，为什么要遍历所有的数据页呢？原因是各个页中的记录并没有规律，我们并不知道搜索条件会匹配哪些页中的记录，所以不得不依次遍历所有的数据页。如果想快速定位到需要查找的记录在哪些数据页中，该咋办？还记得我们为了根据主键值快速定位一条记录在页中的位置而设立的页目录么？我们也可以想办法为快速定位记录所在的数据页而建立一个别的目录，在建这个目录的过程中必须完成两件事儿。

1. 下一个数据页中用户记录的主键值必须大于上一个页中用户记录的主键值。

为了故事的顺利发展，我们这里需要做一个假设：每个数据页最多能存放 3 条记录（实际上一个数据页非常大，可以存放好多记录）。有了这个假设之后，我们向 index_demo 表插入 3 条记录：

```
mysql> INSERT INTO index_demo VALUES(1, 4, 'u'), (3, 9, 'd'), (5, 3, 'y');
Query OK, 3 rows affected (0.01 sec)
Records: 3  Duplicates: 0  Warnings: 0
```

那么，这些记录已经按照主键值的大小串联成一个单向链表了，如图 6-5 所示。

从图 6-5 可以看出，index_demo 表中的 3 条记录都被插入到编号为 10 的数据页中。此时再插入一条记录：

```
mysql> INSERT INTO index_demo VALUES(4, 4, 'a');
Query OK, 1 row affected (0.00 sec)
```

因为页 10 最多只能放 3 条记录，所以我们不得不再分配一个新页，如图 6-6 所示。

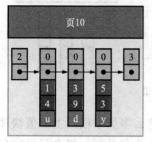

图 6-5 记录组成的单向链表

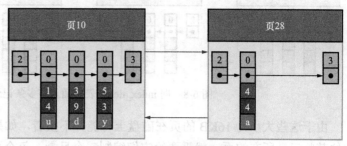

图 6-6 为记录分配新页

咦？怎么分配的页号是 28 呀，不应该是 11 么？再强调一遍，新分配的数据页编号可能并不是连续的，也就是说我们使用的这些页在磁盘上可能并不挨着（不过设计 InnoDB 的大叔会尽量让这些页面相邻，这个问题我们会在表空间的章节中详细唠叨）。它们只是通过维护上一页和下一页的编号而建立了链表关系。另外，页 10 中用户记录最大的主键值是 5，而页 28 中有一条记录的主键值是 4，因为 5 > 4，所以这就不符合"下一个数据页中用户记录的主键值必须大于上一个页中用户记录的主键值"的要求，所以在插入主键值为 4 的记录时需要伴随着一次记录移动，也就是把主键值为 5 的记录移动到页 28 中，再把主键值为 4 的记录插入到页 10 中。这个过程的示意图如图 6-7 所示。

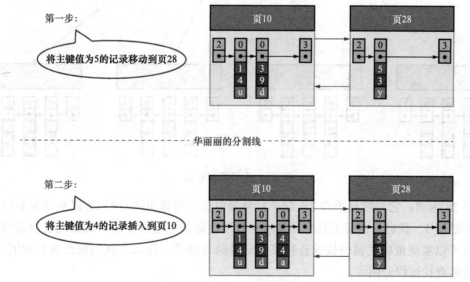

图 6-7 为记录分配新页的过程

这个过程表明，在对页中的记录进行增删改操作的过程中，我们必须通过一些诸如记录移动的操作来始终保证这个状态一直成立：下一个数据页中用户记录的主键值必须大于上一个页中用户记录的主键值。这个过程也可以称为页分裂。

2．给所有的页建立一个目录项。

由于数据页的编号可能并不是连续的，所以在向 index_demo 表中插入许多条记录后，可能会形成如图 6-8 所示的效果。

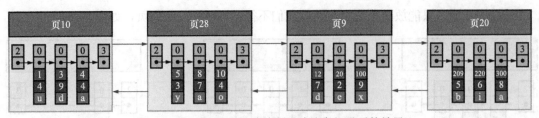

图 6-8   向 index_demo 表中插入许多条记录后的效果

由于这些大小为 16KB 的页在磁盘上可能并不挨着，如果想从这么多页中根据主键值快速定位某些记录所在的页，就需要给它们编制一个目录，每个页对应一个目录项，每个目录项包括下面两个部分：

- 页的用户记录中最小的主键值，用 key 来表示；
- 页号，用 page_no 表示。

所以我们为上面几个页编制的目录如图 6-9 所示。

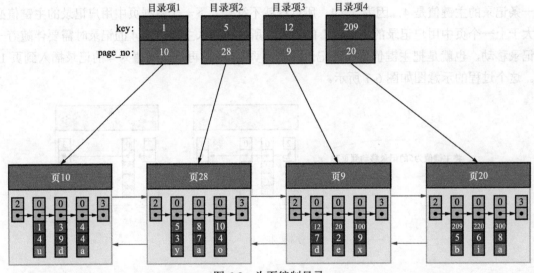

图 6-9   为页编制目录

以页 28 为例，它对应目录项 2，这个目录项中包含着该页的页号 28 以及该页中用户记录的最小主键值 5。我们只需要把几个目录项在物理存储器上连续存储，比如把它们放到一个数组中，就可以实现根据主键值快速查找某条记录的功能了。比如，我们想查找主键值为 20 的记录，具体查找过程分两步。

1. 先从目录项中根据二分法快速确定出主键值为 20 的记录在目录项 3 中（因为 12 < 20 < 209），它对应的页是页 9。
2. 再根据前文讲的在页中查找记录的方式去页 9 中定位具体的记录。

至此，针对数据页编制的简易目录就搞定了。刚才忘记说了，这个目录有一个别名，称为索引。

6.2.2   InnoDB 中的索引方案

之所以说刚才为每个数据页制作目录项的过程是一个简易的索引方案，是因为我们在根据主键值进行查找时，为了使用二分法快速定位具体的目录项，而假设所有目录项都可以在物理存储器上连续存储。但是这样做有下面几个问题。

- InnoDB 使用页作为管理存储空间的基本单位，也就是最多只能保证 16KB 的连续存储空间。虽然一个目录项占用不了多大的存储空间，但是架不住表中记录越来越多。此时需要非常大的连续的存储空间才能把所有的目录项都放下，这对记录数量非常多的表来说是不现实的。

- 我们时常会对记录执行增删改操作，假设我们把页 28 中的记录都删除，页 28 也就没有了存在的必要。这也就意味着目录项 2 也没有了存在的必要，这就需要把目录项 2 后的目录项都向前移动一下。这种牵一发而动全身的设计不是什么好主意。又或者不移动目录项 2，而是将其作为冗余放在目录项列表中，从而浪费了很多存储空间。

所以，设计 InnoDB 的大叔需要一种可以灵活管理所有目录项的方式。他们发现这些目录项其实与用户记录长得很像，只不过目录项中的两个列是主键和页号而已，所以他们灵光乍现，复用了之前存储用户记录的数据页来存储目录项。为了与用户记录进行区分，我们把这些用来表示目录项的记录称为目录项记录。那么，InnoDB 是怎么区分一条记录是普通的用户记录还是目录项记录呢？大家别忘了记录头信息中的 record_type 属性，它的各个取值代表的意思如下。

- 0：普通的用户记录。
- 1：目录项记录。
- 2：Infimum 记录。
- 3：Supremum 记录。

原来这个值为 1 的 record_type 是这个意思。我们把前面使用到的目录项放到数据页中，如图 6-10 所示。

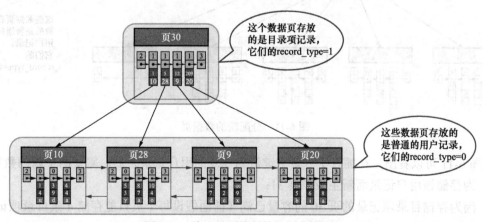

图 6-10 将目录项放到数据页中的效果

从图 6-10 可以看出，我们新分配了一个编号为 30 的页来专门存储目录项记录。这里再次强调一下目录项记录和普通的用户记录的不同点。

- 目录项记录的 record_type 值是 1，普通用户记录的 record_type 值是 0。
- 目录项记录只有主键值和页的编号两个列，而普通用户记录的列是用户自己定义的，可能包含很多列，另外还有 InnoDB 自己添加的隐藏列。
- 我们在前面唠叨记录头信息时说过一个名为 min_rec_flag 的属性，只有目录项记录的

min_rec_flag 属性才可能为 1，普通用户记录的 min_rec_flag 属性都是 0。

除了上述几点外，这两者就没啥差别了：它们用的是一样的数据页（页面类型都是 0x45BF，这个属性在 File Header 中）；页的组成结构也是一样的（就是我们前面介绍过的 7 个部分）；都会为主键值生成 Page Directory（页目录），从而在按照主键值进行查找时可以使用二分法来加快查询速度。

现在以查找主键为 20 的记录为例，根据某个主键值去查找记录的步骤可以大致拆分为两步。

1. 先到存储目录项记录的页（也就是页 30）中通过二分法快速定位到对应的目录项记录，因为 12 < 20 < 209，所以定位到对应的用户记录所在的页就是页 9。

2. 再到存储用户记录的页 9 中根据二分法快速定位到主键值为 20 的用户记录。

虽然说目录项记录中只存储主键值和对应的页号，比用户记录需要的存储空间小多了，但是毕竟一个页只有 16KB 大小，能存放的目录项记录也是有限的。如果表中的数据太多，以至于一个数据页不足以存放所有的目录项记录，该咋办呢？

当然是再多整一个存储目录项记录的页了。为了让大家更好地理解新分配一个存储目录项记录的页的过程，我们假设一个存储目录项记录的页最多只能存放 4 条目录项记录（请注意这是假设，真实情况下可以存放好多条）。如果此时再向图 6-10 中插入一条主键值为 320 的用户记录，那就需要分配一个新的存储目录项记录的页了，如图 6-11 所示。

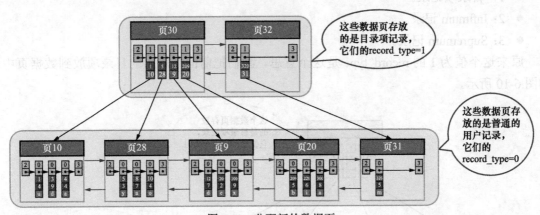

图 6-11 分配新的数据页

从图 6-11 可以看出，在插入了一条主键值为 320 的用户记录之后，需要两个新的数据页：

● 为存储该用户记录而新生成了页 31；

● 因为存储目录项记录的页 30 的容量已满（前面假设每个页只能存储 4 条目录项记录），所以不得不需要一个新的页 32 来存放页 31 对应的目录项目录。

现在因为存储目录项记录的页不止一个，此时如果想根据主键值查找一条用户记录，则大致需要 3 个步骤。以查找主键值为 20 的记录为例，具体如下。

步骤 1. 确定存储目录项记录的页。

现在存储目录项记录的页有两个，即页 30 和页 32。又因为页 30 表示的目录项记录主键值的范围是 [1, 320)，页 32 表示的目录项记录主键值不小于 320，所以主键值为 20 的记录对应的目录项记录在页 30 中。

步骤 2. 通过存储目录项记录的页确定用户记录真正所在的页。

前文已经讲过如何在一个存储目录项记录的页中通过主键值定位一条目录项记录，因此这里不再赘述。

步骤 3. 在真正存储用户记录的页中定位到具体的记录。

在一个存储用户记录的页中通过主键值定位一条用户记录的方式已经说过好多遍了。你要是还不会，我就……我就求你翻到上一章多看几遍有关数据页结构的内容了。

那么问题来了，在这个查询步骤的步骤 1 中，我们需要定位存储目录项记录的页，但是这些页在存储空间中也可能不挨着。如果表中的数据非常多，则会产生很多存储目录项记录的页，那我们怎么根据主键值快速定位一个存储目录项记录的页呢？其实也简单，为这些存储目录项记录的页再生成一个更高级的目录，就像是一个多级目录一样，大目录里嵌套小目录，小目录里才是实际的数据。所以，现在各个页的示意图如图 6-12 所示。

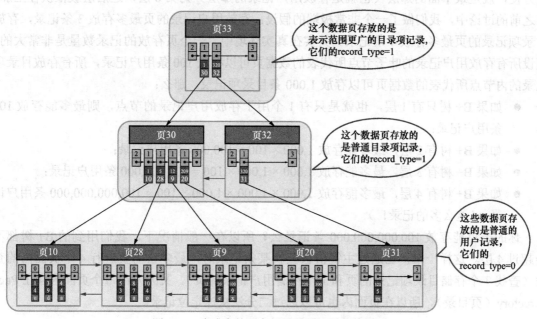

图 6-12 生成存储更高级目录项记录的数据页

在图 6-12 中，我们生成了一个存储更高级目录项记录的页 33。这个页中的两条记录分别代表页 30 和页 32。如果用户记录的主键值在 [1, 320) 之间，则到页 30 中查找更详细的目录项记录；如果主键值不小于 320，就到页 32 中查找更详细的目录项记录。随着表中记录的增加，这个目录的层级会继续增加，如果简化一下，那么可以用图 6-13 来描述它。

大家看，这玩意儿像不像一棵倒过来的树呢——上面是树根，下面是树叶！其实这是一种组织数据的形式，或者说是一种数据结构，它的名称是 B+ 树。

无论是存放用户记录的数据页，还是存放目录项记录的数据页，我们都把它们存放到 B+ 树这个数据结构中。我们也将这些数据页称为 B+ 树的节点。从图 6-12 可以看出，我们真正的用户记录其实都存放在 B+ 树最底层的节点上，这些节点也称为叶子节点或叶节点。其余用来存放目录项记录的节点称为非叶子节点或者内节点，其中 B+ 树最上边的那个节点也称为根节点。

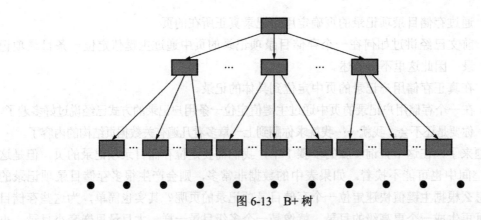

图 6-13   B+ 树

从图 6-13 可以看出，一个 B+ 树的节点其实可以分成好多层。设计 InnoDB 的大叔为了讨论方便，规定最下面的那层（也就是存放用户记录的那层）为第 0 层，之后层级依次往上加。在之前的讨论中，我们做了一个非常极端的假设：存放用户记录的页最多存放 3 条记录，存放目录项记录的页最多存放 4 条记录。其实在真实环境中，一个页存放的记录数量是非常大的。假设所有存放用户记录的叶子节点所代表的数据页可以存放 100 条用户记录，所有存放目录项记录的内节点所代表的数据页可以存放 1,000 条目录项记录，那么：

- 如果 B+ 树只有 1 层，也就是只有 1 个用于存放用户记录的节点，则最多能存放 100 条用户记录；
- 如果 B+ 树有 2 层，最多能存放 1,000 × 100 = 100,000 条用户记录；
- 如果 B+ 树有 3 层，最多能存放 1,000 × 1,000 × 100 = 100,000,000 条用户记录；
- 如果 B+ 树有 4 层，最多能存放 1,000 × 1,000 × 1,000 × 100 = 100,000,000,000 条用户记录。（这么多的记录！）

你的表里能存放 100,000,000,000 条记录么？所以在一般情况下，我们用到的 B+ 树都不会超过 4 层。这样一来，在通过主键值去查找某条记录时，最多只需要进行 4 个页面内的查找（查找 3 个存储目录项记录的页和 1 个存储用户记录的页）。又因为在每个页面内存在 Page Directory（页目录），所以在页面内也可以通过二分法快速定位记录。

小贴士

> 我们在唠叨数据页的 Page Header 部分时介绍过一个名为 PAGE_LEVEL 的属性，它就代表着这个数据页作为节点在 B+ 树中的层级。

1. 聚簇索引

前面介绍的 B+ 树本身就是一个目录，或者说本身就是一个索引，它有下面两个特点。

- 使用记录主键值的大小进行记录和页的排序，这包括 3 方面的含义。
  - 页（包括叶子节点和内节点）内的记录按照主键的大小顺序排成一个单向链表，页内的记录被划分成若干个组，每个组中主键值最大的记录在页内的偏移量会被当作槽依次存放在页目录中（当然 Supremum 记录比任何用户记录都大），我们可以在页目录中通过二分法快速定位到主键列等于某个值的记录。
  - 各个存放用户记录的页也是根据页中用户记录的主键大小顺序排成一个双向链表。

- 存放目录项记录的页分为不同的层级，在同一层级中的页也是根据页中目录项记录的主键大小顺序排成一个双向链表。
- B+ 树的叶子节点存储的是完整的用户记录。所谓完整的用户记录，就是指这个记录中存储了所有列的值（包括隐藏列）。

我们把具有这两个特点的 B+ 树称为聚簇索引，所有完整的用户记录都存放在这个聚簇索引的叶子节点处。这种聚簇索引并不需要我们在 MySQL 语句中显式地使用 INDEX 语句去创建（后边会介绍索引相关的语句），InnoDB 存储引擎会自动为我们创建聚簇索引。另外有趣的一点是，在 InnoDB 存储引擎中，聚簇索引就是数据的存储方式（所有的用户记录都存储在了叶子节点），也就是所谓的"索引即数据，数据即索引"。

2. 二级索引

大家是否发现，聚簇索引只能在搜索条件是主键值时才能发挥作用，原因是 B+ 树中的数据都是按照主键进行排序的。如果我们想以别的列作为搜索条件该咋办呢？难道只能从头到尾沿着链表依次遍历记录么？

不！我们可以多建几棵 B+ 树，并且不同 B+ 树中的数据采用不同的排序规则。比如，我们用 c2 列的大小作为数据页、页中记录的排序规则，然后再建一棵 B+ 树，如图 6-14 所示。

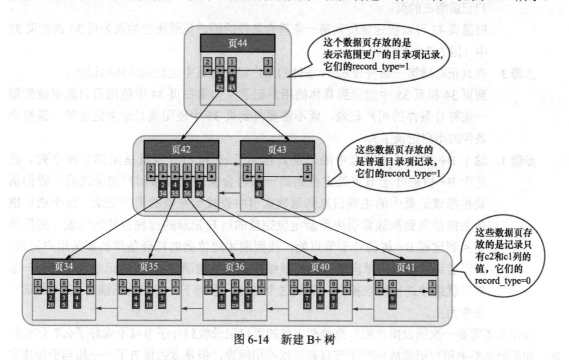

图 6-14　新建 B+ 树

这个 B+ 树与前文介绍的聚簇索引有几处不同。

- 使用记录 c2 列的大小进行记录和页的排序，这包括 3 方面的含义。
- 页（包括叶子节点和内节点）内的记录是按照 c2 列的大小顺序排成一个单向链表，页内的记录被划分成若干个组，每个组中 c2 列值最大的记录在页内的偏移量会被当作槽依次存放在页目录中（当然规定 Supremum 记录比任何用户记录都大），我们可以在页目录中通过二分法快速定位到 c2 列等于某个值的记录。

- 各个存放用户记录的页也是根据页中记录的 c2 列大小顺序排成一个双向链表。
- 存放目录项记录的页分为不同的层级，在同一层级中的页也是根据页中目录项记录的 c2 列大小顺序排成一个双向链表。

- B+ 树的叶子节点存储的并不是完整的用户记录，而只是 c2 列 + 主键这两个列的值。
- 目录项记录中不再是主键 + 页号的搭配，而变成了 c2 列 + 页号的搭配。

现在，比方说我们想查找满足搜索条件 c2=4 的记录，就可以使用刚刚建好的这棵 B+ 树了。不过我们这里需要注意一下，因为 c2 列并没有唯一性约束，也就是说满足搜索条件 c2=4 的记录可能有很多条，其实我们只需要在该 B+ 树的叶子节点处定位到第一条满足搜索条件 c2=4 的那条记录，然后沿着由记录组成的单向链表一直向后扫描即可。另外，各个叶子节点组成了双向链表，搜索完了本页面的记录后可以很顺利地跳到下一个页面中的第一条记录，然后继续沿着记录组成的单向链表向后扫描。查找过程如下。

步骤 1. 确定第一条符合 c2=4 条件的目录项记录所在的页。

根据根页面（也就是页 44）可以快速定位到第一条符合 c2=4 条件的目录项记录所在的页为页 42（因为 2 < 4 < 9）。

步骤 2. 通过第一条符合 c2=4 条件的目录项记录所在的页面确定第一条符合 c2=4 条件的用户记录所在的页。

根据页 42 可以快速定位到第一条符合条件的用户记录所在的页为页 34 或者页 35 中（因为 2 < 4 ≤ 4）。

步骤 3. 在真正存储第一条符合 c2=4 条件的用户记录的页中定位到具体的记录。

到页 34 和页 35 中定位到具体的用户记录（如果在页 34 中使用页目录定位到第一条符合条件的用户记录，就不需要再到页 35 中使用页目录去定位第一条符合条件的用户记录了）。

步骤 4. 这个 B+ 树的叶子节点中的记录只存储了 c2 和 c1（也就是主键）两个列。在这个 B+ 树的叶子节点处定位到第一条符合条件的那条用户记录之后，我们需要根据该记录中的主键信息到聚簇索引中查找到完整的用户记录。这个通过携带主键信息到聚簇索引中重新定位完整的用户记录的过程也称为回表。然后再返回到这棵 B+ 树的叶子节点处，找到刚才定位到的符合条件的那条用户记录，并沿着记录组成的单向链表向后继续搜索其他也满足 c2=4 的记录，每找到一条的话就继续进行回表操作。重复这个过程，直到下一条记录不满足 c2=4 的这个条件为止。

为什么还需要一次回表操作呢？直接把完整的用户记录放到叶子节点不就好了么？你说得对，如果把完整的用户记录放到叶子节点是可以不用回表，但是太占地方了——相当于每建立一棵 B+ 树都需要把所有的用户记录复制一遍，这就太浪费存储空间了。

因为这种以非主键列的大小为排序规则而建立的 B+ 树需要执行回表操作才可以定位到完整的用户记录，所以这种 B+ 树也称为二级索引（Secondary Index）或辅助索引。由于我们是以 c2 列的大小作为 B+ 树的排序规则，所以我们也称这棵 B+ 树为为 c2 列建立的索引，把 c2 列称为索引列。二级索引记录和聚簇索引记录使用的是一样的记录行格式，只不过二级索引记录存储的列不像聚簇索引记录那么完整。

我们上面把聚簇索引或者二级索引的叶子节点中的记录称为用户记录。为了区分，也把聚簇索引叶子节点中的记录称为完整的用户记录，把二级索引叶子节点中的记录称为不完整的用户记录。

另外，c1、c2 列存储的都是数字，为这两个列建立索引的过程比较好理解。如果我们为一个存储字符串的列建立索引，比如为 c3 列建立索引，情况会和上述过程有啥不一样么？没啥不一样，别忘了我们前面唠叨过的字符集和比较规则，字符串也是可以比较大小的。

3. 联合索引

我们也可以同时以多个列的大小作为排序规则，也就是同时为多个列建立索引。比如，我们想让 B+ 树按照 c2 和 c3 列的大小进行排序，这里面包含两层含义：

- 先把各个记录和页按照 c2 列进行排序；
- 在记录的 c2 列相同的情况下，再采用 c3 列进行排序。

为 c2 和 c3 列建立索引，示意图如图 6-15 所示。

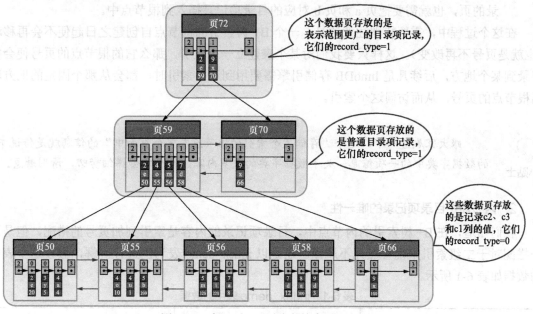

图 6-15　为 c2 和 c3 列建立的索引示意图

在图 6-15 中需要注意以下两点。

- 每条目录项记录都由 c2 列、c3 列、页号这 3 部分组成。各条记录先按照 c2 列的值进行排序，如果记录的 c2 列相同，则按照 c3 列的值进行排序。
- B+ 树叶子节点处的用户记录由 c2 列、c3 列和主键 c1 列组成。

千万要注意的是，以 c2 和 c3 列的大小为排序规则建立的 B+ 树称为联合索引，也称为复合索引或多列索引。它本质上也是一个二级索引，它的索引列包括 c2、c3。需要注意的是，"以 c2 和 c3 列的大小为排序规则建立联合索引"和"分别为 c2 和 c3 列建立索引"的表述是不同的，不同点如下。

- 建立联合索引只会建立如图 6-15 所示的一棵 B+ 树。
- 为 c2 和 c3 列分别建立索引时，则会分别以 c2 和 c3 列的大小为排序规则建立两棵 B+ 树。

6.2.3　InnoDB 中 B+ 树索引的注意事项

1. 根页面万年不动窝

前面在介绍 B+ 树索引的时候，为了方便理解，我们先把存储用户记录的叶子节点都画出来，然后再画出存储目录项记录的内节点。实际上 B+ 树的形成过程是下面这样的。

- 每当为某个表创建一个 B+ 树索引（聚簇索引不是人为创建的，它默认就存在）时，都会为这个索引创建一个根节点页面。最开始表中没有数据的时候，每个 B+ 树索引对应的根节点中既没有用户记录，也没有目录项记录。
- 随后向表中插入用户记录时，先把用户记录存储到这个根节点中。
- 在根节点中的可用空间用完时继续插入记录，此时会将根节点中的所有记录复制到一个新分配的页（比如页 a）中，然后对这个新页进行页分裂操作，得到另一个新页（比如页 b）。这时新插入的记录会根据键值（也就是聚簇索引中的主键值，或二级索引中对应的索引列的值）的大小分配到页 a 或页 b 中。根节点此时便升级为存储目录项记录的页，也就需要把页 a 和页 b 对应的目录项记录插入到根节点中。

在这个过程中，需要特别注意的是，一个 B+ 树索引的根节点自创建之日起便不会再移动（也就是页号不再改变）。这样只要我们对某个表建立一个索引，那么它的根节点的页号便会被记录到某个地方，后续凡是 InnoDB 存储引擎需要用到这个索引时，都会从那个固定的地方取出根节点的页号，从而访问这个索引。

> 　　跟大家剧透一下，这个"存储某个索引的根节点在哪个页面中"的信息就是传说中的数据字典中的一项信息。关于数据字典的更多内容，第 9 章会详细唠叨，请别着急。

小贴士

2. 内节点中目录项记录的唯一性

我们知道，在 B+ 树索引的内节点中，目录项记录的内容是索引列加页号的搭配，但是这个搭配对于二级索引来说有点儿不严谨。还是以 index_demo 表为例进行讲解，假设这个表中的数据如表 6-1 所示。

表 6-1　index_demo 表中的数据

c1	c2	c3
1	1	'u'
3	1	'd'
5	1	'y'
7	1	'a'

如果在二级索引中，目录项记录的内容只是索引列 + 页号的搭配，那么为 c2 列建立索引后的 B+ 树应该如图 6-16 所示。

如果我们想新插入一行记录，其中 c1、c2、c3 的值分别为 9、1、'c'，那么在修改为 c2 列建立的二级索引对应的 B+ 树时，便碰到了个大问题：由于页 3 中存储的目录项记录是由 c2 列 + 页号构成的，页 3 中的两条目录项记录对应的 c2 列的值都是 1，而新插入的这条记录中，c2 列的值也是 1，那么这条新插入的记录到底应该放到页 4 中，还是应该放到页 5 中呢？答案是：对不起，发懵了。

为了让新插入的记录能找到自己在哪个页中，就需要保证 B+ 树同一层内节点的目录项记录除页号这个字段以外是唯一的。所以二级索引的内节点的目录项记录的内容实际上是由 3 部分构成的：

- 索引列的值；
- 主键值；
- 页号。

也就是我们把主键值也添加到二级索引内节点中的目录项记录中，这样就能保证 B+ 树每一层节点中各条目录项记录除页号这个字段外是唯一的，所以我们为 c2 列建立二级索引后的示意图实际上应该如图 6-17 所示。

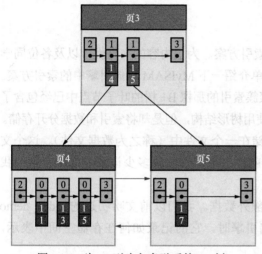

图 6-16 为 c2 列建立索引后的 B+ 树

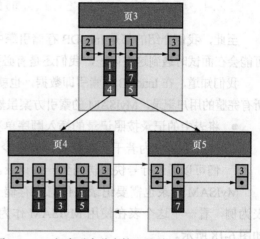

图 6-17 二级索引内节点的目录项记录实际包含主键值

这样我们再插入记录 (9, 1, 'c') 时，由于页 3 中存储的目录项记录是由 c2 列 + 主键 + 页号构成的，因此可以先把新记录的 c2 列的值和页 3 中各目录项记录的 c2 列的值进行比较；如果 c2 列的值相同，可以接着比较主键值。因为 B+ 树同一层中不同目录项记录的 c2 列 + 主键的值肯定是不一样的，所以最后肯定能定位到唯一的一条目录项记录。

在本例中，最后确定新记录应该插入到页 5 中。

小贴士

　　对于二级索引记录来说，是先按照二级索引列的值进行排序，在二级索引列值相同的情况下，再按照主键值进行排序。所以，为 c2 列建立索引其实相当于为 (c2, c1) 列建立了一个联合索引。另外，对于唯一二级索引（当我们为某个列或列组合声明 UNIQUE 属性时，便会为这个列或列组合建立唯一二级索引）来说，也可能会出现多条记录键值相同的情况（一是声明为 UNIQUE 属性的列可能存储多个 NULL 值，二是我们后面要讲的 MVCC 服务），唯一二级索引的内节点的目录项记录也会包含记录的主键值。

3. 一个页面至少容纳 2 条记录

前面说过，一棵 B+ 树只需要很少的层级就可以轻松存储数亿条记录，查询速度杠杠的！这是因为 B+ 树本质上就是一个大的多层级目录，每经过一个目录时都会过滤掉许多无效的子目录，直到最后访问到存储真正数据的目录。

如果一个大的目录中只存放一个子目录是啥效果呢？那就是目录层级会非常多，而且最后那个存放真正数据的目录中只能存放一条记录。费了半天劲只能存放一条真正的用户记录？逗我玩？所以 InnoDB 的一个数据页至少可以存放 2 条记录，这也是我们之前唠叨记录行格式的时候说过的一个结论（我们当时以这个结论为基础，推导了表中只有一个列且该列在不发生溢出的情况下，最多能存储多少字节。大家如果忘了的话请回过头去看看吧）。

小贴士　　　其实，让 B+ 树的叶子节点只存储一条记录，让内节点存储多条记录，也还是可以发挥 B+ 树作用的。但是，设计 InnoDB 的大叔还是为了避免 B+ 树的层级增长得过高，而要求所有数据页都至少可以容纳 2 条记录。

6.2.4　MyISAM 中的索引方案简介

至此，我们介绍的都是 InnoDB 存储引擎中的索引方案。为了内容的完整性，以及各位同学可能会在面试时遇到这类问题，我们还是有必要简单介绍一下 MyISAM 存储引擎中的索引方案。

我们知道，在 InnoDB 中索引即数据，也就是聚簇索引的那棵 B+ 树的叶子节点中已经包含了所有完整的用户记录。MyISAM 的索引方案虽然也使用树形结构，但是却将索引和数据分开存储。

● 将表中的记录按照记录的插入顺序单独存储在一个文件中（称之为数据文件）。这个文件并不划分为若干个数据页，有多少记录就往这个文件中塞多少记录。这样一来，我们可以通过行号快速访问到一条记录。

MyISAM 记录也需要记录头信息来存储一些额外数据。我们以前文唠叨过的 index_demo 表为例，看一下这个表在使用 MyISAM 作为存储引擎时，它的记录如何在存储空间中表示，如图 6-18 所示。

0	记录头	1	4	u
1	记录头	3	9	d
2	记录头	5	3	y
3	记录头	4	4	a
4	记录头	100	9	x
5	记录头	8	7	a
6	记录头	209	5	b
7	记录头	300	8	a
8	记录头	20	2	e
9	记录头	10	4	o
10	记录头	12	7	d
11	记录头	220	6	i
12	记录头	320	5	m

图 6-18　index_demo 表使用 MyISAM 作为存储引擎在存储空间中的表示

由于在插入数据时并没有刻意按照主键大小排序，所以我们不能在这些数据上使用二分法进行查找。

- 使用 MyISAM 存储引擎的表会把索引信息单独存储到另外一个文件中（称为索引文件）。MyISAM 会为表的主键单独创建一个索引，只不过在索引的叶子节点中存储的不是完整的用户记录，而是主键值与行号的组合。也就是先通过索引找到对应的行号，再通过行号去找对应的记录！

这一点与 InnoDB 是完全不相同的。在 InnoDB 存储引擎中，我们只需要根据主键值对聚簇索引进行一次查找就能找到对应的记录，而在 MyISAM 中却需要进行一次回表操作，这也意味着 MyISAM 中建立的索引相当于全部都是二级索引！

- 如果有必要，我们也可以为其他列分别建立索引或者建立联合索引，其原理与 InnoDB 中的索引差不多，只不过在叶子节点处存储的是相应的列＋行号。这些索引也全部都是二级索引。

小贴士　　MyISAM 的行格式有定长记录格式（Static）、变长记录格式（Dynamic）、压缩记录格式（Compressed）等。上文用到的 index_demo 表采用定长记录格式，也就是一条记录占用的存储空间是固定的，这样就可以使用行号轻松算出某条记录在数据文件中的地址偏移量了。但是变长记录格式就不行了，MyISAM 会直接在索引叶子节点处存储该条记录在数据文件中的地址偏移量。由此可以看出，MyISAM 的回表操作是十分快速的，因为它是拿着地址偏移量直接到文件中取数据，而 InnoDB 是通过获取主键之后再去聚簇索引中找记录，虽然说也不慢，但还是比不上直接用地址去访问。

这里只是非常简要地介绍了 MyISAM 的索引，要是将具体细节全部写出来就又可以独立成章了。这里只是希望大家理解 InnoDB 中的"索引即数据，数据即索引"，而在 MyISAM 中却是"索引是索引，数据是数据"。

6.2.5　MySQL 中创建和删除索引的语句

前文光顾着唠叨索引的原理了，我们如何使用 MySQL 语句建立这种索引呢？ InnoDB 和 MyISAM 会自动为主键或者带有 UNIQUE 属性的列建立索引。如果想为其他的列建立索引，就需要我们显式地指明了。为啥不自动为每个列都建立索引呢？别忘了，每建立一个索引都会建立一棵 B+ 树，而且每增、删、改一条记录都要维护各个记录、数据页的排序关系，这是很费性能和存储空间的。

我们可以在创建表的时候，指定需要建立索引的单个列或者建立联合索引的多个列：

```
CREATE TALBE 表名 (
    各个列的信息 ··· ,
    (KEY|INDEX) 索引名 (需要被索引的单个列或多个列)
)
```

其中，KEY 和 INDEX 是同义词，任意选用一个就可以。
我们也可以在修改表结构的时候添加索引：

```
ALTER TABLE 表名 ADD (INDEX|KEY) 索引名 (需要被索引的单个列或多个列);
```

还可以在修改表结构的时候删除索引：

```
ALTER TABLE 表名 DROP (INDEX|KEY) 索引名;
```

比如，我们想在创建 index_demo 表时就为 c2 和 c3 列添加一个联合索引，可以这么写建表语句：

```
CREATE TABLE index_demo(
    c1 INT,
    c2 INT,
    c3 CHAR(1),
    PRIMARY KEY(c1),
    INDEX idx_c2_c3 (c2, c3)
);
```

在这个建表语句中，创建的索引的名称是 **idx_c2_c3**。索引的名字尽管可以随意起，不过还是建议在命名时能以 **idx_** 为前缀，后面跟着需要建立索引的列名，且多个列名之间用下划线分隔开。

如果我们想删除这个索引，可以这么写：

```
ALTER TABLE index_demo DROP INDEX idx_c2_c3;
```

6.3 总结

InnoDB 存储引擎的索引是一棵 B+ 树，完整的用户记录都存储在 B+ 树第 0 层的叶子节点；其他层次的节点都属于内节点，内节点中存储的是目录项记录。

InnoDB 的索引分为两种。

- 聚簇索引：以主键值的大小作为页和记录的排序规则，在叶子节点处存储的记录包含了表中所有的列。
- 二级索引：以索引列的大小作为页和记录的排序规则，在叶子节点处存储的记录内容是索引列 + 主键。

InnoDB 存储引擎的 B+ 树根节点自创建之日起就不再移动。

在二级索引的 B+ 树内节点中，目录项记录由索引列的值、主键值和页号组成。

一个数据页至少可以容纳 2 条记录。

MyISAM 存储引擎的数据和索引分开存储，这种存储引擎的索引全部都是二级索引，在叶子节点处存储的是列 + 行号（对于定长记录格式的记录来说）。

第7章 B+树索引的使用

前面的章节非常详细地唠叨了 InnoDB 存储引擎的 B+ 树索引，我们必须熟悉下面这些结论。

- 每个索引都对应一棵 B+ 树。B+ 树分为好多层，最下边一层是叶子节点，其余的是内节点。所有用户记录都存储在 B+ 树的叶子节点，所有目录项记录都存储在内节点。

- InnoDB 存储引擎会自动为主键建立聚簇索引（如果没有显式指定主键或者没有声明不允许存储 NULL 的 UNIQUE 键，它会自动添加主键），聚簇索引的叶子节点包含完整的用户记录。

- 我们可以为感兴趣的列建立二级索引，二级索引的叶子节点包含的用户记录由索引列和主键组成。如果想通过二级索引查找完整的用户记录，需要执行回表操作，也就是在通过二级索引找到主键值之后，再到聚簇索引中查找完整的用户记录。

- B+ 树中的每层节点都按照索引列的值从小到大的顺序排序组成了双向链表，而且每个页内的记录（无论是用户记录还是目录项记录）都按照索引列的值从小到大的顺序形成了一个单向链表。如果是联合索引，则页面和记录先按照索引列中前面的列的值排序；如果该列的值相同，再按照索引列中后面的列的值排序。比如，我们对列 c2 和 c3 建立了联合索引 idx_c2_c3(c2, c3)，那么该索引中的页面和记录就先按照 c2 列的值进行排序；如果 c2 列的值相同，再按照 c3 列的值排序。

- 通过索引查找记录时，是从 B+ 树的根节点开始一层一层向下搜索的。由于每个页面（无论是内节点页面还是叶子节点页面）中的记录都划分成了若干个组，每个组中索引列值最大的记录在页内的偏移量会被当作槽依次存放在页目录中（当然，规定 Supremum 记录比任何用户记录都大），因此可以在页目录中通过二分法快速定位到索引列等于某个值的记录。

如果大家在阅读上述结论时哪怕有一点疑惑，那么下面的内容就不适合你，请回过头去反复阅读前面的章节。

7.1 B+ 树索引示意图的简化

为了故事的顺利发展，我们需要先建立一个表：

```
CREATE TABLE single_table (
    id INT NOT NULL AUTO_INCREMENT,
    key1 VARCHAR(100),
    key2 INT,
    key3 VARCHAR(100),
    key_part1 VARCHAR(100),
    key_part2 VARCHAR(100),
    key_part3 VARCHAR(100),
    common_field VARCHAR(100),
    PRIMARY KEY (id),
    KEY idx_key1 (key1),
```

```
    UNIQUE KEY uk_key2 (key2),
    KEY idx_key3 (key3),
    KEY idx_key_part(key_part1, key_part2, key_part3)
) Engine=InnoDB CHARSET=utf8;
```

我们为这个 single_table 表建立了 1 个聚簇索引和 4 个二级索引，分别是：

● 为 id 列建立的聚簇索引；

● 为 key1 列建立的 idx_key1 二级索引；

● 为 key2 列建立的 uk_key2 二级索引，而且该索引是唯一二级索引；

● 为 key3 列建立的 idx_key3 二级索引；

● 为 key_part1、key_part2、key_part3 列建立的 idx_key_part 二级索引，这也是一个联合索引。

然后需要为这个表插入 10,000 行记录。除 id 列外，其余的列插入随机值就好了。具体的插入语句这里就不写了，大家可以自己写个程序插入（id 列是自增主键列，不需要手动插入）。这个表会在后面章节中频繁用到，大家需要留意。

为了方便大家理解，第 6 章把 B+ 树的完整结构画了出来，包括它的内节点和叶子节点，以及各个节点中的记录。不过我们现在已经掌握了 B+ 树的基本原理，知道了 B+ 树其实是一个"矮矮的大胖子"，并且学习了如何利用 B+ 树快速地定位记录。所以，是时候简化一下 B+ 树的示意图了。比如我们可以把 single_table 表的聚簇索引示意图简化为如图 7-1 所示的样子。

在图 7-1 中，我们把聚簇索引对应的复杂的 B+ 树结构进行了极度精简。可以看到，图中忽略掉了页的结构，直接把所有的叶子节点中的记录都放在一起展示。方便起见，我们后面把聚簇索引叶子节点中的记录称为聚簇索引记录。虽然图 7-1 很简陋，但还是突出了聚簇索引的一个非常重要的特点：聚簇索引记录是按照主键值由小到大的顺序排序的。当然，为了追求视觉上的极致简洁，图 7-1 中的"其他列"也可以略去，只需要保留 id 列即可。再次简化后的 B+ 树示意图如图 7-2 所示。

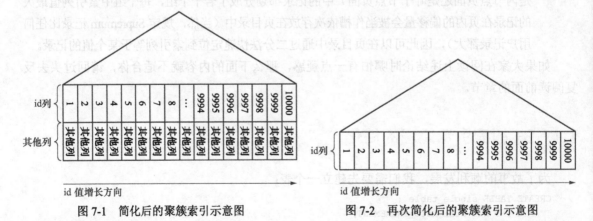

图 7-1　简化后的聚簇索引示意图　　　　　　　图 7-2　再次简化后的聚簇索引示意图

好了，不能再简化了，再简化就要把 id 列也删去了，这样就只剩一个三角形了，那就真尴尬了。

通过聚簇索引对应的 B+ 树，我们可以很容易地定位到主键值等于某个值的聚簇索引记录。比如我们想通过这个 B+ 树定位到 id 值为 1438 的记录，那么示意图就如图 7-3 所示。

下面以二级索引 idx_key1 为例，画出二级索引简化后的 B+ 树示意图，如图 7-4 所示。

在图 7-4 中，我们在二级索引 idx_key1 对应的 B+ 树中保留了叶子节点的记录，这些记录包括

key1 列以及 id 列。这些记录是按照 key1 列的值由小到大的顺序排序的。如果 key1 列的值相同，则按照 id 列的值进行排序。方便起见，我们之后就把二级索引叶子节点中的记录称为二级索引记录。

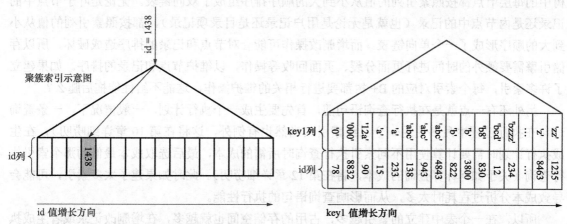

图 7-3　定位 id 值为 1438 的记录的示意图　　　图 7-4　二级索引 idx_key1 简化后的 B+ 树示意图

如果想查找 key1 值等于某个值的二级索引记录，那么通过 idx_key1 对应的 B+ 树，可以很容易地定位到第一条 key1 列的值等于某个值的二级索引记录，然后沿着记录所在的单向链表向后扫描即可。比如我们想通过这棵 B+ 树定位到 key1 值为 'abc' 的第一条记录，则示意图如图 7-5 所示。

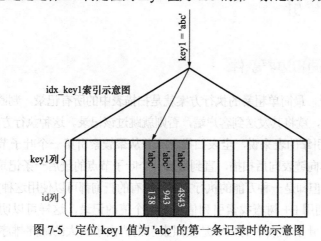

图 7-5　定位 key1 值为 'abc' 的第一条记录时的示意图

7.2　索引的代价

现在大家应该熟悉了 B+ 树索引的原理。本章的主题是唠叨如何更好地使用索引。虽然索引是个好东西，但不能肆意创建。在介绍如何更好地使用索引之前，有必要先了解一下使用索引的代价——它在空间和时间上都会"拖后腿"。

● 空间上的代价

这个是显而易见的，因为每建立一个索引，都要为它建立一棵 B+ 树。每一棵 B+ 树的每一个节点都是一个数据页。一个数据页默认会占用 16KB 的存储空间，而一棵很大的 B+ 树由许多数据页组成，这将占用很大的一片存储空间。

● 时间上的代价

每当对表中的数据进行增删改操作时，都需要修改各个 B+ 树索引。而且我们讲过，B+ 树中的每层节点都按照索引列的值从小到大的顺序排序组成了双向链表。无论是叶子节点中的记录还是内节点中的记录（也就是无论是用户记录还是目录项记录），都按照索引列的值从小到大的顺序形成了一个单向链表。而增删改操作可能会对节点和记录的排序造成破坏，所以存储引擎需要额外的时间进行页面分裂、页面回收等操作，以维护节点和记录的排序。如果建立了许多索引，每个索引对应的 B+ 树都要进行相关的维护操作，这能不给性能拖后腿么？

另外还有一点就是在执行查询语句前，首先要生成一个执行计划。一般情况下，一条查询语句在执行过程中最多使用一个二级索引（当然也有例外，这将在第 10 章详细唠叨），在生成执行计划时需要计算使用不同索引执行查询时所需的成本，最后选取成本最低的那个索引执行查询（关于如何计算查询的成本，将在第 12 章详细唠叨）。此时如果建了太多索引，可能会导致成本分析过程耗时太多，从而影响查询语句的执行性能。

所以，在一个表中建立的索引越多，占用的存储空间也就越多，在增删改记录或者生成执行计划时性能也就越差。为了建立又好又少的索引，我们得先了解索引在查询执行期间到底是如何发挥作用的。

7.3　应用 B+ 树索引

7.3.1　扫描区间和边界条件

对于某个查询来说，最简单粗暴的执行方案就是扫描表中的所有记录，判断每一条记录是否符合搜索条件。如果符合，就将其发送到客户端，否则就跳过该记录。这种执行方案也称为全表扫描。对于使用 InnoDB 存储引擎的表来说，全表扫描意味着从聚簇索引第一个叶子节点的第一条记录开始，沿着记录所在的单向链表向后扫描，直到最后一个叶子节点的最后一条记录。虽然全表扫描是一种很笨的执行方案，但却是一种万能的执行方案，所有的查询都可以使用这种方案来执行。

前文讲到，可以利用 B+ 树查找索引列值等于某个值的记录，这样可以明显减少需要扫描的记录数量。由于 B+ 树叶子节点中的记录是按照索引列值由小到大的顺序排序的，所以只扫描某个区间或者某些区间中的记录也可以明显减少需要扫描的记录数量。比如下面这个查询语句：

```
SELECT * FROM single_table WHERE id >= 2 AND id <= 100;
```

这个语句其实是想查找 id 值在 [2, 100] 区间中的所有聚簇索引记录。我们可以通过聚簇索引对应的 B+ 树快速地定位到 id 值为 2 的那条聚簇索引记录，然后沿着记录所在的单向链表向后扫描，直到某条聚簇索引记录的 id 值不在 [2, 100] 区间中为止（即 id 值不再符合 id<=100 条件）。

与扫描全部的聚簇索引记录相比，扫描 id 值在 [2, 100] 区间中的记录已经很大程度地减少了需要扫描的记录数量，所以提升了查询效率。简便起见，我们把这个例子中待扫描记录的 id 值所在的区间称为扫描区间，把形成这个扫描区间的搜索条件（也就是 id >= 2 AND id <= 100）称为形成这个扫描区间的边界条件。

其实对于全表扫描来说，相当于扫描 id 值在 $(-\infty, +\infty)$ 区间中的记录，也就是说全表扫描对应的扫描区间是 $(-\infty, +\infty)$。

对于下面这个查询语句：

```
SELECT * FROM single_table WHERE key2 IN (1438, 6328) OR (key2 >= 38 AND key2 <= 79);
```

当然可以直接使用全表扫描的方式执行该查询，但是我们发现该查询的搜索条件涉及 key2 列，而我们又正好为 key2 列建立了 uk_key2 索引。如果使用 uk_key2 索引执行这个查询，则相当于从下面的 3 个扫描区间中获取二级索引记录。

- [1438, 1438]：对应的边界条件就是 key2 IN (1438)。
- [6328, 6328]：对应的边界条件就是 key2 IN (6328)。
- [38, 79]：对应的边界条件就是 key2 >= 38 AND key2 <= 79。

这些扫描区间对应到数轴上时，如图 7-6 所示。

图 7-6　扫描区间在数轴上的显示

方便起见，我们把像 [1438, 1438]、[6328, 6328] 这样只包含一个值的扫描区间称为单点扫描区间，把 [38, 79] 这样包含多个值的扫描区间称为范围扫描区间。另外，由于我们的查询列表是 *，也就是需要读取完整的用户记录，所以从上述扫描区间中每获取一条二级索引记录，就需要根据该二级索引记录的 id 列的值执行回表操作，也就是到聚簇索引中找到相应的聚簇索引记录。

　　其实我们不仅仅可以使用 uk_key2 执行上述查询，还可以使用 idx_key1、idx_key3、idx_key_part 执行上述查询。以 idx_key1 为例，很显然无法通过搜索条件形成合适的扫描区间来减少需要扫描的 idx_key1 二级索引记录的数量，只能扫描 idx_key1 的全部二级索引记录。针对获取到的每一条二级索引记录，都需要执行回表操作来获取完整的用户记录。我们也可以说，使用 idx_key1 执行查询时对应的扫描区间就是 $(-\infty, +\infty)$。

　　这样虽然行得通，但我们图啥呢？最简单粗暴的全表扫描方式已经需要扫描全部的聚簇索引记录了，这里除了需要访问全部的聚簇索引记录，还要扫描全部的 idx_key1 二级索引记录，这不是费力不讨好么。可见，在这个过程中并没有减少需要扫描的记录数量，效率反而比全表扫描更差。所以如果想使用某个索引来执行查询，但是又无法通过搜索条件形成合适的扫描区间来减少需要扫描的记录数量时，则不考虑使用这个索引执行查询。

并不是所有的搜索条件都可以成为边界条件，比如这个查询语句：

```
SELECT * FROM single_table WHERE key1 < 'a' AND key3 > 'z' AND common_field = 'abc';
```

- 如果使用 idx_key1 执行查询，那么相应的扫描区间就是 $(-\infty, 'a')$，形成该扫描区间的边界条件就是 key1 < 'a'。而 key3 > 'z' AND common_field = 'abc' 就是普通的搜索条件，这些普通的搜索条件需要在获取到 idx_key1 的二级索引记录后，再执行回表操作，在获取到完整的用户记录后才能去判断它们是否成立。
- 如果使用 idx_key3 执行查询，那么相应的扫描区间就是 $('z', +\infty)$，形成该扫描区间的边界条件就是 key3 > 'z'。而 key1 < 'a' AND common_field = 'abc' 就是普通的搜索条件，

　　　　这些普通的搜索条件需要在获取到 idx_key3 的二级索引记录后，再执行回表操作，在
　　　　获取到完整的用户记录后才能去判断它们是否成立。

　　从上述描述中可以看到，在使用某个索引执行查询时，关键的问题就是通过搜索条件找出
合适的扫描区间，然后再到对应的 B+ 树中扫描索引列值在这些扫描区间的记录。对于每个扫
描区间来说，仅需要通过 B+ 树定位到该扫描区间中的第一条记录，然后就可以沿着记录所在
的单向链表向后扫描，直到某条记录不符合形成该扫描区间的边界条件为止。其实对于 B+ 树
索引来说，只要索引列和常数使用 =、<=>、IN、NOT IN、IS NULL、IS NOT NULL、>、<、
>=、<=、BETWEEN、!=（也可以写成 < >）或者 LIKE 操作符连接起来，就可以产生所谓的
扫描区间。不过有下面几点需要注意。

- IN 操作符的语义与若干个等值匹配操作符（=）之间用 OR 连接起来的语义是一样的，
  都会产生多个单点扫描区间。比如下面这两个语句的语义效果是一样的：

```
SELECT * FROM single_table WHERE key2 IN (1438, 6328);
SELECT * FROM single_table WHERE key2 = 1438 OR key2 = 6328;
```

- != 产生的扫描区间比较有趣，也容易被大家忽略，比如：

```
SELECT * FROM single_table WHERE key1 != 'a';
```

  此时使用 idx_key1 执行查询时对应的扫描区间就是（− ∞ , 'a'）和（'a', + ∞）。

- LIKE 操作符比较特殊，只有在匹配完整的字符串或者匹配字符串前缀时才产生合适的
  扫描区间。

比较字符串的大小其实就相当于依次比较每个字符的大小。字符串的比较过程如下所示。

- 先比较字符串的第一个字符；第一个字符小的那个字符串就比较小。
- 如果两个字符串的第一个字符相同，再比较第二个字符；第二个字符比较小的那个
  字符串就比较小；
- 如果两个字符串的前两个字符都相同，那就接着比较第三个字符；依此类推。

　　对于某个索引列来说，字符串前缀相同的记录在由记录组成的单向链表中肯定是相邻的。
比如我们有一个搜索条件是 key1 LIKE 'a%'，对于二级索引 idx_key1 来说，所有字符串前缀为 'a'
的二级索引记录肯定是相邻的。这也就意味着我们只要定位到 key1 值的字符串前缀为 'a' 的第
一条记录，就可以沿着记录所在的单向链表向后扫描，直到某条二级索引记录的字符串前缀不
为 'a' 为止，如图 7-7 所示。

　　很显然，key1 LIKE 'a%' 形成的扫描区间相当于 ['a', 'b')。

　　前面介绍的几个例子的搜索条件都比较简单，在使用某个索引执行查询时，我们可以很容
易识别出对应的扫描区间，以及形成该扫描区间的边界条件。在日常的工作中，一个查询语句
中的 WHERE 子句可能有很多个小的搜索条件，这些搜索条件使用 AND 或者 OR 操作符连接
起来。虽然大家都知道这两个操作符的作用，但这里还是要再强调一遍。

- cond1 AND cond2：只有当 cond1 和 cond2 都为 TRUE 时，整个表达式才为 TRUE。
- cond1 OR cond2：只要 cond1 或者 cond2 中有一个为 TRUE，整个表达式就为 TRUE。

　　在我们执行一个查询语句时，首先需要找出所有可用的索引以及使用它们时对应的扫描区
间。下面我们来看一下怎么从包含若干个 AND 或 OR 的复杂搜索条件中提取出正确的扫描区间。

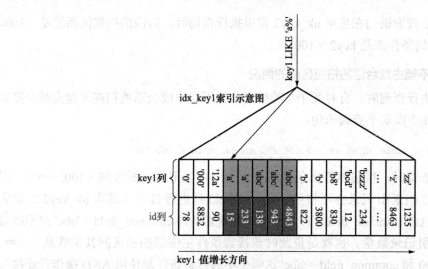

图 7-7 定位 key1 值的字符串前缀为 'a' 时的示意图

1. 所有搜索条件都可以生成合适的扫描区间的情况

在使用某个索引执行查询时，有时每个小的搜索条件都可以生成一个合适的扫描区间来减少需要扫描的记录数量。比如下面这个查询语句：

```
SELECT * FROM single_table WHERE key2 > 100 AND key2 > 200;
```

在使用 uk_key2 执行查询时，key2 > 100 和 key2 > 200 这两个小的搜索条件都可以形成一个扫描区间。由于这两个小的搜索条件是使用 AND 操作符连接的，所以最终的扫描区间就是对这两个小的搜索条件形成的扫描区间取交集后的结果。取交集的过程如图 7-8 所示。

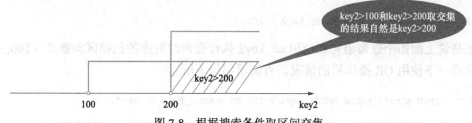

图 7-8 根据搜索条件取区间交集

key2 > 100 和 key2 > 200 的交集当然就是 key2 > 200 了，也就是说上面这个查询语句使用 uk_key2 索引执行查询时对应的扫描区间就是（200，+∞），形成该扫描区间的边界条件就是 key2 > 200。

我们再看一下使用 OR 操作符将多个搜索条件连接在一起的情况。来看下面这个查询语句：

```
SELECT * FROM single_table WHERE key2 > 100 OR key2 > 200;
```

OR 意味着需要取各个扫描区间的并集。取并集的过程如图 7-9 所示。

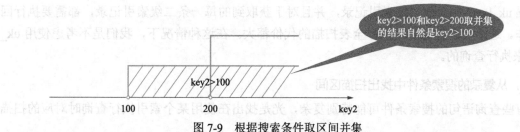

图 7-9 根据搜索条件取区间并集

也就是说上面这个查询语句在使用 uk_key2 索引执行查询时，对应的扫描区间就是（100，+∞），形成扫描区间的条件就是 key2 > 100。

2. 有的搜索条件不能生成合适的扫描区间的情况

在使用某个索引执行查询时，有时某个小的搜索条件不能生成合适的扫描区间来减少需要扫描的记录数量。比如下面这个查询语句：

```
SELECT * FROM single_table WHERE key2 > 100 AND common_field = 'abc';
```

在使用 uk_key2 执行查询时，很显然搜索条件 key2 > 100 可以形成扫描区间（100，+∞）。但是，由于 uk_key2 的二级索引记录并不按照 common_field 列进行排序（其实 uk_key2 二级索引记录中压根儿就不包含 common_field 列），所以仅凭搜索条件 common_field = 'abc' 并不能减少需要扫描的二级索引记录数量。也就是说此时该搜索条件生成的扫描区间其实就是（−∞，+∞）。由于 key2 > 100 和 common_field = 'abc' 这两个小的搜索条件是使用 AND 操作符连接起来的，所以对（100，+∞）和（−∞，+∞）这两个扫描区间取交集后得到的结果自然是（100，+∞）。也就是说在使用 uk_key2 执行上述查询时，最终对应的扫描区间就是（100，+∞），形成该扫描区间的条件就是 key2 > 100。

其实，在使用 uk_key2 执行查询时，在寻找对应的扫描区间的过程中，搜索条件 common_field = 'abc' 没起到任何作用，我们可以直接把 common_field = 'abc' 搜索条件替换为 TRUE（TRUE 对应的扫描区间也是（−∞，+∞）），如下所示：

```
SELECT * FROM single_table WHERE key2 > 100 AND TRUE;
```

在化简之后如下所示：

```
SELECT * FROM single_table WHERE key2 > 100;
```

也就是说上面那个查询语句在使用 uk_key2 执行查询时对应的扫描区间就是（100，+∞）。再来看一下使用 OR 操作符的情况。查询语句如下所示：

```
SELECT * FROM single_table WHERE key2 > 100 OR common_field = 'abc';
```

同理，我们把使用不到 uk_key2 索引的搜索条件替换为 TRUE，如下所示：

```
SELECT * FROM single_table WHERE key2 > 100 OR TRUE;
```

接着化简，结果如下所示：

```
SELECT * FROM single_table WHERE TRUE;
```

可见，如果强制使用 uk_key2 执行查询，对应的扫描区间就是（−∞，+∞），也就是需要扫描 uk_key2 的全部二级索引记录，并且对于获取到的每一条二级索引记录，都需要执行回表操作。这个代价肯定要比执行全表扫描的代价都大。在这种情况下，我们是不考虑使用 uk_key2 来执行查询的。

3. 从复杂的搜索条件中找出扫描区间

有些查询语句的搜索条件可能特别复杂，光是找出在使用某个索引执行查询时对应的扫描区间就挺麻烦的。比如下面这个查询语句：

```
SELECT * FROM single_table WHERE
        (key1 > 'xyz' AND key2 = 748 ) OR
        (key1 < 'abc' AND key1 > 'lmn') OR
        (key1 LIKE '%suf' AND key1 > 'zzz' AND (key2 < 8000 OR common_field = 'abc')) ;
```

额滴个神！这个搜索条件简直绝了，不过大家不要被复杂的表象迷住了双眼，我们按下面的套路分析一下。

- 首先查看 WHERE 子句中的搜索条件都涉及了哪些列，以及我们为哪些列建立了索引。

  这个查询语句的搜索条件涉及了 key1、key2、common_field 这 3 个列，其中 key1 列有普通的二级索引 idx_key1，key2 列有唯一二级索引 uk_key2。

- 对于那些可能用到的索引，分析它们的扫描区间。

  假设使用 idx_key1 执行查询

  我们需要把那些不能形成合适扫描区间的搜索条件暂时移除掉。移除方法也很简单，直接把它们替换为 TRUE 就好了。上面的查询中除了有关 key2 和 common_field 列的搜索条件不能形成合适的扫描区间外，key1 LIKE '%suf' 形成的扫描区间是（−∞，+∞），所以也需要将它替换为 TRUE。把这些不能形成合适扫描区间的搜索条件替换为 TRUE 之后，搜索条件如下所示：

```
(key1 > 'xyz' AND TRUE ) OR (key1 < 'abc' AND key1 > 'lmn') OR (TRUE AND key1 > 'zzz' AND
(TRUE OR TRUE))
```

对这个搜索条件进行化简，结果如下所示：

```
 (key1 > 'xyz') OR (key1 < 'abc' AND key1 > 'lmn') OR (key1 > 'zzz')
```

下面替换掉永远为 TRUE 或 FALSE 的条件。由于 key1 < 'abc' AND key1 > 'lmn' 永远为 FALSE，所以上面的搜索条件可以写成下面这样：

```
(key1 > 'xyz') OR (key1 > 'zzz')
```

继续化简。由于 key1 > 'xyz' 和 key1 > 'zzz' 之间是使用 OR 操作符连接起来的，这意味着要取并集，所以最终的化简结果就是 key1 > 'xyz'。也就是说，最初的查询语句如果使用 idx_key1 索引执行查询，则对应的扫描区间就是（'xyz'，+∞）。也就是需要把满足 key1 > 'xyz' 条件的所有二级索引记录都取出来，针对获取到的每一条二级索引记录，都要用它的主键值再执行回表操作，在得到完整的用户记录之后再使用其他的搜索条件进行过滤。

  假设使用 uk_key2 执行查询

  我们需要把那些不能形成合适扫描区间的搜索条件暂时使用 TRUE 替换掉，其中有关 key1 和 common_field 的搜索条件都需要被替换掉，替换后的结果如下所示：

```
(TRUE AND key2 = 748 ) OR (TRUE AND TRUE) OR (TRUE AND TRUE AND (key2 < 8000 OR TRUE))
```

哎呀呀！ key2 < 8000 OR TRUE 的结果肯定是 TRUE 呀，也就是说化简之后的搜索条件成下面这样了：

```
key2 = 748 OR TRUE
```

这个化简之后的结果就更简单了：

```
TRUE
```

这个结果也就意味着如果要使用 uk_key2 索引执行查询，则对应的扫描区间就是（－∞，
＋∞），也就是需要扫描 uk_key2 的全部二级索引记录，针对获取到的每一条二级索引记录还
要进行回表操作。这不是得不偿失么！所以在这种情况下是不会使用 uk_key2 索引的。

4. 使用联合索引执行查询时对应的扫描区间

联合索引的索引列包含多个列，B+ 树中的每一层页面以及每个页面中的记录采用的排序
规则较为复杂。以 single_table 表的 idx_key_part 联合索引为例，它采用的排序规则如下所示：

● 先按照 key_part1 列的值进行排序；

● 在 key_part1 列的值相同的情况下，再按照 key_part2 列的值进行排序；

● 在 key_part1 和 key_part2 列的值都相同的情况下，再按照 key_part3 列的值进行排序。

我们来画一下 idx_key_part 索引的示意图，如图 7-10 所示。

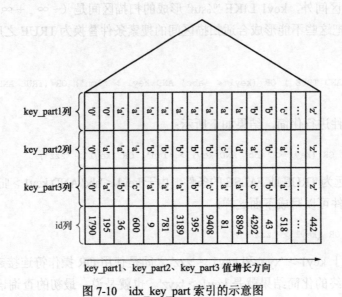

图 7-10　idx_key_part 索引的示意图

对于查询语句 Q1 来说：

```
Q1: SELECT * FROM single_table WHERE key_part1 = 'a';
```

由于二级索引记录是先按照 key_part1 列的值排序的，所以符合 key_part1 = 'a' 条件的所有记录
肯定是相邻的。我们可以定位到符合 key_part1 = 'a' 条件的第一条记录，然后沿着记录所在的
单向链表向后扫描（如果本页面中的记录扫描完了，就根据叶子节点的双向链表找到下一个页
面中的第一条记录，继续沿着记录所在的单向链表向后扫描。我们之后就不强调叶子节点的双
向链表了），直到某条记录不符合 key_part1 = 'a' 条件为止（当然，对于获取到的每一条二级索
引记录都要执行回表操作，这里就不展示了），如图 7-11 所示。

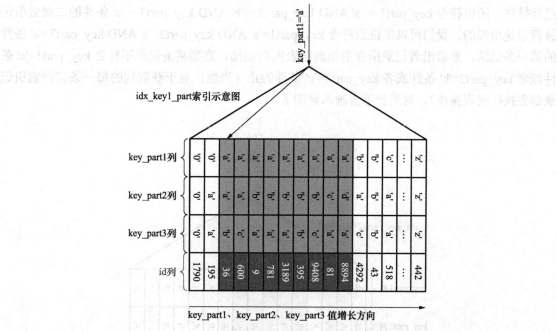

图 7-11　定位符合 key_part1 = 'a' 条件的记录的过程

也就是说，如果使用 idx_key_part 索引执行查询语句 Q1，对应的扫描区间就是 ['a', 'a']，形成这个扫描区间的边界条件就是 key_part1 = 'a'。

对于查询语句 Q2 来说：

```
Q2: SELECT * FROM single_table WHERE key_part1 = 'a' AND key_part2 = 'b';
```

由于二级索引记录是先按照 key_part1 列的值排序的，在 key_part1 列的值相等的情况下再按照 key_part2 列进行排序，所以符合 key_part1 = 'a' AND key_part2 = 'b' 条件的二级索引记录肯定是相邻的。我们可以定位到符合 key_part1='a' AND key_part2='b' 条件的第一条记录，然后沿着记录所在的单向链表向后扫描，直到某条记录不符合 key_part1='a' 条件或者 key_part2='b' 条件为止（当然，对于获取到的每一条二级索引记录都要执行回表操作，这里就不展示了），如图 7-12 所示。

也就是说，如果使用 idx_key_part 索引执行查询语句 Q2，可以形成扫描区间 [('a', 'b'), ('a', 'b')]，形成这个扫描区间的边界条件就是 key_part1 = 'a' AND key_part2 = 'b'。

小贴士
[('a','b'),('a','b')] 代表在 idx_key_part 索引中，从第一条符合 key_part1 = 'a' AND key_part2 = 'b' 条件的记录开始，到最后一条符合 key_part1 = 'a' AND key_part2 = 'b' 条件的记录为止的所有二级索引记录。

对于查询语句 Q3 来说：

```
Q3: SELECT * FROM single_table WHERE key_part1 = 'a' AND key_part2 = 'b' AND key_part3 = 'c';
```

由于二级索引记录是先按照 key_part1 列的值排序的，在 key_part1 列的值相等的情况下再按照 key_part2 列进行排序；在 key_part1 和 key_part2 列的值都相等的情况下，再按照 key_part3 列进行排序，所以符合 key_part1 = 'a' AND key_part2 = 'b' AND key_part3 = 'c' 条件的二级索引记录肯定是相邻的。我们可以定位到符合 key_part1='a' AND key_part2='b' AND key_part3='c' 条件的第一条记录，然后沿着记录所在的单向链表向后扫描，直到某条记录不符合 key_part1='a' 条件或者 key_part2='b' 条件或者 key_part3='c' 条件为止（当然，对于获取到的每一条二级索引记录都要执行回表操作）。这里就不再画示意图了。

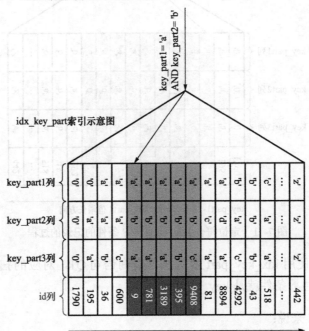

图 7-12　定位到符合 key_part1='a' AND key_part2='b' 条件的记录的过程

　　如果使用 idx_key_part 索引执行查询语句 Q3，可以形成扫描区间 [('a', 'b', 'c'), ('a', 'b', 'c')]，形成这个扫描区间的边界条件就是 key_part1 = 'a' AND key_part2 = 'b' AND key_part3 = 'c'。

　　对于查询语句 Q4 来说：

```
Q4: SELECT * FROM single_table WHERE key_part1 < 'a';
```

由于二级索引记录是先按照 key_part1 列的值进行排序的，所以符合 key_part1 < 'a' 条件的所有记录肯定是相邻的。我们可以定位到符合 key_part1 < 'a' 条件的第一条记录（其实就是 idx_key_part 索引第一个叶子节点的第一条记录），然后沿着记录所在的单向链表向后扫描，直到某条记录不符合 key_part1 < 'a' 条件为止（当然，对于获取到的每一条二级索引记录都要执行回表操作，这里就不展示了），如图 7-13 所示。

　　也就是说，如果使用 idx_key_part 索引执行查询语句 Q4，可以形成扫描区间 (- ∞ , 'a')，形成这个扫描区间的边界条件就是 key_part1 < 'a'。

　　对于查询语句 Q5 来说：

```
Q5: SELECT * FROM single_table WHERE key_part1 = 'a' AND key_part2 > 'a' AND key_part2 < 'd';
```

由于二级索引记录是先按照 key_part1 列的值进行排序的，在 key_part1 列的值相等的情况下再按照 key_part2 列进行排序。也就是说，在符合 key_part1 = 'a' 条件的二级索引记录中，这些记录是按照 key_part2 列的值排序的，那么此时符合 key_part1 = 'a' AND key_part2 > 'a' AND key_part2 < 'd' 条件的二级索引记录肯定是相邻的。我们可以定位到符合 key_part1='a' AND key_part2 > 'a' AND key_part2 < 'd' 条件的第一条记录，然后沿着记录所在的单向链表向后扫描，直到某条记录不符合 key_part1='a' 条件或者 key_part2 > 'a' 条件或者 key_part2 < 'd' 条件为止（当然，对于获取到的每一条二级索引记录都要执行回表操作，这里就不展示了），如图 7-14 所示。

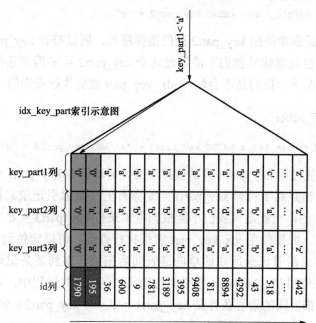

图 7-13　定位符合 key_part1 < 'a' 条件的记录的过程

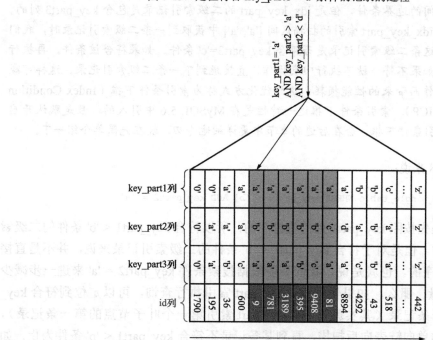

图 7-14　定位符合 key_part1='a' AND key_part2 > 'a' AND key_part2 < 'd' 条件的记录的过程

也就是说，如果使用 idx_key_part 索引执行查询语句 Q5，可以形成扫描区间 (('a', 'a'), ('a', 'd'))，形成这个扫描区间的边界条件就是 key_part1 = 'a' AND key_part2 > 'a' AND key_part2 < 'd'。

对于查询语句 Q6 来说：

```
Q6: SELECT * FROM single_table WHERE key_part2 = 'a';
```

由于二级索引记录不是直接按照 key_part2 列的值排序的，所以符合 key_part2 = 'a' 的二级索引记录可能并不相邻，也就意味着我们不能通过这个 key_part2 = 'a' 搜索条件来减少需要扫描的记录数量。在这种情况下，我们是不会使用 idx_key_part 索引执行查询的。

对于查询语句 Q7 来说：

```
Q7: SELECT * FROM single_table WHERE key_part1 = 'a' AND key_part3 = 'c';
```

由于二级索引记录是先按照 key_part1 列的值排序的，所以符合 key_part1 = 'a' 条件的二级索引记录肯定是相邻的。但是对于符合 key_part1 = 'a' 条件的二级索引记录来说，并不是直接按照 key_part3 列进行排序的，也就是说我们不能根据搜索条件 key_part3 = 'c' 来进一步减少需要扫描的记录数量。那么，如果使用 idx_key_part 索引执行查询，可以定位到符合 key_part1='a' 条件的第一条记录，然后沿着记录所在的单向链表向后扫描，直到某条记录不符合 key_part1 = 'a' 条件为止。所以在使用 idx_key_part 索引执行查询语句 Q7 的过程中，对应的扫描区间其实是 ['a', 'a']，形成该扫描区间的边界条件是 key_part1 = 'a'，与 key_part3 = 'c' 无关。

小贴士

> 在使用 idx_key_part 索引执行查询 Q7 时，虽然搜索条件 key_part3='c' 不能作为形成扫描区间的边界条件，但是 idx_key_part 的二级索引记录是包含 key_part3 列的。因此每当从 idx_key_part 索引的扫描区间 ['a', 'a'] 中获取到一条二级索引记录时，我们可以先判断这条二级索引记录是否符合 key_part3='c' 条件。如果符合该条件，再执行回表操作；如果不符合就不执行回表操作，直接跳到下一条二级索引记录。这样可减少因回表操作而带来的性能损耗。这种优化方式称为索引条件下推（Index Condition Pushdown，ICP）。索引条件下推这一特性是在 MySQL 5.6 中引入的，且是默认开启的。关于索引条件下推，会在后边的章节中更详细地唠叨，现在先简单介绍一下。

对于查询语句 Q8 来说：

```
Q8: SELECT * FROM single_table WHERE key_part1 < 'b' AND key_part2 = 'a';
```

由于二级索引记录是先按照 key_part1 列的值排序的，所以符合 key_part1 < 'b' 条件的二级索引记录肯定是相邻的。但是对于符合 key_part1 < 'b' 条件的二级索引记录来说，并不是直接按照 key_part2 列排序的。也就是说，我们不能根据搜索条件 key_part2 = 'a' 来进一步减少需要扫描的记录数量。那么，如果使用 idx_key_part 索引执行查询，可以定位到符合 key_part1<'b' 条件的第一条记录（其实就是 idx_key_part 索引第一个叶子节点的第一条记录），然后沿着记录所在的单向链表向后扫描，直到某条记录不符合 key_part1 < 'b' 条件为止，如图 7-15 所示。

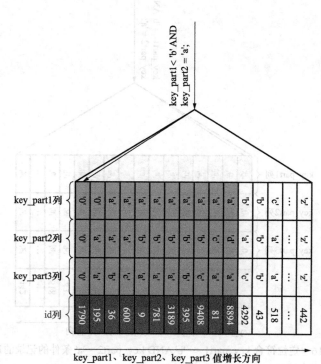

图 7-15　定位符合 key_part1<'b' AND key_part2 = 'a' 条件的记录的过程

所以在使用 idx_key_part 索引执行查询语句 Q8 的过程中，对应的扫描区间其实是 [- ∞ , 'b')，形成该扫描区间的边界条件是 key_part1 < 'b'，与 key_part2 = 'a' 无关。

对于查询语句 Q9 来说：

```
Q9: SELECT * FROM single_table WHERE key_part1 <= 'b' AND key_part2 = 'a';
```

很显然 Q8 和 Q9 非常像，但是在涉及 key_part1 的条件时，Q8 中的条件是 key_part1 < 'b'，Q9 中的条件是 key_part1 <= 'b'。很显然符合 key_part1 <= 'b' 条件的二级索引记录是相邻的。但是对于符合 key_part1 <= 'b' 条件的二级索引记录来说，并不是直接按照 key_part2 列排序的。但是（这里说的是"但是"），对于符合 key_part1 = 'b' 的二级索引记录来说，是按照 key_part2 列的值排序的。那么在确定需要扫描的二级索引记录的范围时，当二级索引记录的 key_part1 列值为'b'时，也可以通过 key_part2 = 'a' 条件减少需要扫描的二级索引记录范围。也就是说，当扫描到不符合 key_part1 = 'b' AND key_part2 = 'a' 条件的第一条记录时，就可以结束扫描，而不需要将所有 key_part1 列值为'b'的记录扫描完。这个过程的示意图如图 7-16 所示。

也就是说，如果使用 idx_key_part 索引执行查询语句 Q9，可以形成扫描区间 ((- ∞ , - ∞), ('b', 'a')]，形成这个扫描区间的边界条件就是 key_part1 <= 'b' AND key_part2 = 'a'。而在执行查询语句 Q8 时，我们必须将所有符合 key_part1 < 'b' 的记录都扫描完，key_part2 = 'a' 条件在查询语句 Q8 中并不能起到减少需要扫描的二级索引记录范围的作用。

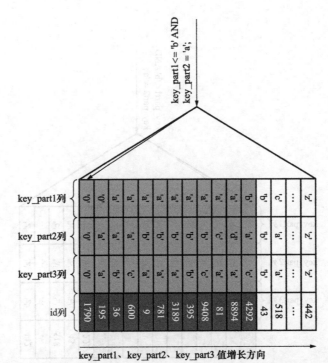

图 7-16　定位符合 key_part1 <= 'b' AND key_part2 = 'a' 条件的记录的过程

7.3.2　索引用于排序

我们在编写查询语句时，经常需要使用 ORDER BY 子句对查询出来的记录按照某种规则进行排序。在一般情况下，我们只能把记录加载到内存中，然后再用一些排序算法在内存中对这些记录进行排序。有时查询的结果集可能太大以至于无法在内存中进行排序，此时就需要暂时借助磁盘的空间来存放中间结果，在排序操作完成后再把排好序的结果集返回客户端。

在 MySQL 中，这种在内存或者磁盘中进行排序的方式统称为文件排序（filesort）。但是，如果 ORDER BY 子句中使用了索引列，就有可能省去在内存或磁盘中排序的步骤。

比如下面这个简单的查询语句：

```
SELECT * FROM single_table ORDER BY key_part1, key_part2, key_part3 LIMIT 10;
```

这个查询语句的结果集需要先按照 key_part1 值排序；如果记录的 key_part1 值相同，再按照 key_part2 值排序；如果记录的 key_part1 和 key_part2 值都相同，再按照 key_part3 值排序。大家可以回过头去看看图 7-10，该二级索引的记录本身就是按照上述规则排好序的，所以我们可以从第一条 idx_key_part 二级索引记录开始，沿着记录所在的单向链表向后扫描，取 10 条二级索引记录即可。当然，针对获取到的每一条二级索引记录都执行一次回表操作，在获取到完整的用户记录之后发送给客户端就好了。这样是不是就变得简单多了！还省去了我们给 10000 条记录排序的时间——索引就是这么厉害！

　　　　请注意，本例的查询语句中加了 LIMIT 子句，这是因为如果不限制需要获取的记录数量，会导致为大量二级索引记录执行回表操作，这样会影响整体的查询性能。关于回表操作造成的影响，我们稍后再详细唠叨。

1. 使用联合索引进行排序时的注意事项

在使用联合索引时，需要注意一点：ORDER BY 子句后面的列的顺序也必须按照索引列的顺序给出；如果给出 ORDER BY key_part3, key_part2, key_part1 的顺序，则无法使用 B+ 树索引。之所以颠倒排序列顺序就不能使用索引，原因还是联合索引中页面和记录的排序规则是固定的，也就是先按照 key_part1 值排序；如果记录的 key_part1 值相同，再按照 key_part2 值排序；如果记录的 key_part1 和 key_part2 值都相同，再按照 key_part3 值排序。如果 ORDER BY 子句的内容是 ORDER BY key_part3, key_part2, key_part1，那就要求先按照 key_part3 值排序；如果记录的 key_part3 值相同，再按照 key_part2 值排序；如果记录的 key_part3 和 key_part2 值都相同，再按照 key_part1 值排序。这显然是冲突的。

同理，ORDER BY key_part1 和 ORDER BY key_part1, key_part2 这些仅对联合索引的索引列中左边连续的列进行排序的形式，也是可以利用 B+ 树索引的。另外，当联合索引的索引列左边连续的列为常量时，也可以使用联合索引对右边的列进行排序。比如下面这个查询：

```
SELECT * FROM sinle_table WHERE key_part1 = 'a' AND key_part2 = 'b' ORDER BY key_part3 LIMIT 10;
```

这个查询语句能使用联合索引进行排序，原因是 key_part1 值为 'a'、key_part2 值为 'b' 的二级索引记录是按照 key_part3 列的值进行排序的。

2. 不可以使用索引进行排序的几种情况

（1）ASC、DESC 混用

对于使用联合索引进行排序的场景，我们要求各个排序列的排序规则是一致的，也就是要么各个列都是按照 ASC（升序）规则排序，要么都是按照 DESC（降序）规则排序。

小贴士

> 可能有同学会有疑问：尽管 B+ 树的每层页面之间是用双向链表连接起来的，但是在一个页内的记录却是按照记录从小到大的顺序，以单向链表的形式连接起来的。如果 ORDER BY 子句要求以升序排序，那么使用索引查询可以很好理解，但是如果 ORDER BY 子句要求以降序排序，还能使用索引进行查询么？
>
> 是的，完全可以！这还得得益于页目录中的槽。在查找当前记录的上一条记录时，找到该记录所在组的第一条记录（一直根据记录的 next_record 属性找下一条记录，直到某条记录的头信息的 n_owned 属性值不为 0，该记录就是本组中的"带头大哥"。然后再从页目录中找到"带头大哥"记录对应的槽的上一个槽，该槽对应记录的下一条记录就是本组中的第一条记录），从第一条记录开始遍历该组中的记录，直到找到当前记录的前一条记录。很显然，找某条记录的上一条记录要比找下一条记录复杂一些。

为啥会有这种规定呢？还得回头想想 idx_key_part 联合索引中的二级索引记录的排序规则：

- 先按照 key_part1 值升序排序；
- 如果记录的 key_part1 值相同，再按照 key_part2 值升序排序；
- 如果记录的 key_part1 和 key_part2 值都相同，再按照 key_part3 值升序排序。

如果查询语句中各个排序列的排序规则是一致的，比如下面这两种情况。

- ORDER BY key_part1, key_part2 LIMIT 10

我们可以直接从联合索引最左边的那条二级索引记录开始，向右读 10 条二级索引记录就可以了。

● ORDER BY key_part1 DESC, key_part2 DESC LIMIT 10

　　我们可以直接从联合索引最右边的那条二级索引记录开始，向左读 10 条二级索引记录
就可以了。

如果查询的需求是先按照 key_part1 列升序排序，再按照 key_part2 列降序排序，比如下面
这个查询语句：

```
SELECT * FROM single_table ORDER BY key_part1, key_part2 DESC LIMIT 10;
```

此时，如果使用联合索引执行具有排序需求的上述查询，过程就是下面这样。

● 先找到联合索引最左边的那条二级索引记录的 key_part1 值（将其称为 min_value），然
　　后向右找到 key_part1 值等于 min_value 的所有二级索引记录，然后再从 key_part1 值
　　等于 min_value 的最后一条二级索引记录开始，向左找 10 条二级索引记录。

可是我们怎么知道 key_part1 值等于 min_value 的二级索引记录有多少条呢？我们没有办
法知道，只能"傻傻地"一直向右扫描。

● 如果 key_part1 值等于 min_value 的二级索引记录共有 n 条（且 $n < 10$），那就得找到
　　key_part1 值为 min_value 的最后一条二级索引记录的下一条二级索引记录。假设该二
　　级索引记录的 key_part1 值为 min_value2，那就得再找到 key_part1 值为 min_value2 的
　　所有二级索引记录，然后再从 key_part1 值等于 min_value2 的最后一条二级索引记录
　　开始，向左找 10-n 条记录。

● 如果 key_part1 值为 min_value1 和 min_value2 的二级索引记录还不够 10 条，那就该怎
　　么办呢？我觉得你懂的……

这样查询累不累？累！这种需要较为复杂的算法从索引中读取记录的方式，不能高效地使
用索引。所以在这种情境下是不会使用联合索引执行排序操作的。

　　　　MySQL 8.0 引入了一种称为 Descending Index 的特性，可以支持 ORDER BY 子句
中 ASC、DESC 混用的情况。具体情况可以参考文档。

（2）排序列包含非同一个索引的列

有时用来排序的多个列不是同一个索引中的，这种情况也不能使用索引进行排序。比如下
面这个查询语句：

```
SELECT * FROM single_table ORDER BY key1, key2 LIMIT 10;
```

对于 idx_key1 的二级索引记录来说，只按照 key1 列的值进行排序。而且在 key1 值相同的情
况下是不按照 key2 列的值进行排序的，所以不能使用 idx_key1 索引执行上述查询。

（3）排序列是某个联合索引的索引列，但是这些排序列在联合索引中并不连续

比如下面这个查询语句：

```
SELECT * FROM single_table ORDER BY key_part1, key_part3 LIMIT 10;
```

key_part1 和 key_part3 在联合索引 idx_key_part 中并不连续，中间还有个 key_part2。对于 idx_key_part 的二级索引记录来说，key_part1 值相同的记录并不是按照 key_part3 排序的，所以不能使用 idx_key_part 执行上述查询。

（4）用来形成扫描区间的索引列与排序列不同

比如下面这个查询语句：

```
SELECT * FROM single_table WHERE key1 = 'a' ORDER BY key2 LIMIT 10;
```

在这个查询语句中，搜索条件 key1 = 'a' 用来形成扫描区间，也就是在使用 idx_key1 执行该查询时，仅需要扫描 key1 值为 'a' 的二级索引记录即可。此时无法使用 uk_key2 执行上述查询。

（5）排序列不是以单独列名的形式出现在 ORDER BY 子句中

要想使用索引进行排序操作，必须保证索引列是以单独列名的形式（而不是修饰过的形式）出现。比如下面这个查询语句：

```
SELECT * FROM single_table ORDER BY UPPER(key1) LIMIT 10;
```

因为 key1 列是以 UPPER(key1) 函数调用的形式出现在 ORDER BY 子句中的（UPPER 函数用于将字符串转为大写形式），所以不能使用 idx_key1 执行上述查询。

7.3.3　索引用于分组

有时为了方便统计表中的一些信息，会把表中的记录按照某些列进行分组。比如下面这个分组查询语句：

```
SELECT key_part1, key_part2, key_part3, COUNT(*) FROM single_table GROUP BY key_part1,
key_part2, key_part3;
```

这个查询语句相当于执行了 3 次分组操作。

● 先按照 key_part1 值把记录进行分组，key_part1 值相同的所有记录划分为一组。
● 将 key_part1 值相同的每个分组中的记录再按照 key_part2 的值进行分组，将 key_part2 值相同的记录放到一个小分组中；看起来像是在一个大分组中又细分了好多小分组。
● 再将上一步中产生的小分组按照 key_part3 的值分成更小的分组。所以整体上看起来就像是先把记录分成一个大分组，然后再把大分组分成若干个小分组，最后把若干个小分组再细分成更多的小小分组。

然后针对那些小小分组进行统计，上面这个查询语句就是统计每个小小分组包含的记录条数。如果没有 idx_key_part 索引，就得建立一个用于统计的临时表，在扫描聚簇索引的记录时将统计的中间结果填入这个临时表。当扫描完记录后，再把临时表中的结果作为结果集发送给客户端。如果有了索引 idx_key_part，恰巧这个分组顺序又与 idx_key_part 的索引列的顺序是一致的，而 idx_key_part 的二级索引记录又是按照索引列的值排好序的，这就正好了。所以可以直接使用 idx_key_part 索引进行分组，而不用再建立临时表了。

与使用 B+ 树索引进行排序差不多，分组列的顺序也需要与索引列的顺序一致；也可以只使用索引列中左边连续的列进行分组。

7.4　回表的代价

对于下面这个查询语句来说：

```
SELECT * FROM single_table WHERE key1 > 'a' AND key1 < 'c';
```

我们可以选择下面这两种方式来执行。

- 以全表扫描的方式执行该查询

也就是直接扫描全部的聚簇索引记录，针对每一条聚簇索引记录，都判断搜索条件是否成立，如果成立则发送到客户端，否则跳过该记录。

- 使用 idx_key1 执行该查询

可以根据搜索条件 key1 > 'a' AND key1 < 'c' 得到对应的扫描区间（'a', 'c'），然后扫描该扫描区间中的二级索引记录。由于 idx_key1 索引的叶子节点存储的是不完整的用户记录，仅包含 key1、id 这两个列，而查询列表是 *，这意味着我们需要获取每条二级索引记录对应的聚簇索引记录，也就是执行回表操作，在获取到完整的用户记录后再发送到客户端。

对于使用 InnoDB 存储引擎的表来说，索引中的数据页都必须存放在磁盘中，等到需要时再加载到内存中使用。这些数据页会被存放到磁盘中的一个或者多个文件中，页面的页号对应着该页在磁盘文件中的偏移量。以 16KB 大小的页面为例，页号为 0 的页面对应着这些文件中偏移量为 0 的位置，页号为 1 的页面对应着这些文件中偏移量为 16KB 的位置。

前面章节讲过，B+ 树的每层节点会使用双向链表连接起来，上一个节点和下一个节点的页号可以不必相邻。不过在实际实现中，设计 InnoDB 的大叔还是尽量让同一个索引的叶子节点的页号按照顺序排列，这一点会在稍后讨论表空间时再详细唠叨。

也就是说，idx_key1 在扫描区间（'a', 'c'）中的二级索引记录所在的页面的页号会尽可能相邻。即使这些页面的页号不相邻，但起码一个页面可以存放很多记录，也就是说在执行完一次页面 I/O 后，就可以把很多二级索引记录从磁盘加载到内存中。总而言之，就是读取在扫描区间（'a', 'c'）中的二级索引记录时，所付出的代价还是较小的。不过扫描区间（'a', 'c'）中的二级索引记录对应的 id 值的大小是毫无规律的，我们每读取一条二级索引记录，就需要根据该二级索引记录的 id 值到聚簇索引中执行回表操作。如果对应的聚簇索引记录所在的页面不在内存中，就需要将该页面从磁盘加载到内存中。由于要读取很多 id 值并不连续的聚簇索引记录，而且这些聚簇索引记录分布在不同的数据页中，这些数据页的页号也毫无规律，因此会造成大量的随机 I/O。

需要执行回表操作的记录越多，使用二级索引进行查询的性能也就越低，某些查询宁愿使用全表扫描也不使用二级索引。比如，假设 key1 值在 'a' ～ 'c' 之间的用户记录数量占全部记录数量的 99% 以上，如果使用 idx_key1 索引，则会有 99% 以上的 id 值需要执行回表操作。这不是吃力不讨好么，还不如直接执行全表扫描。

那么在执行查询时，什么时候采用全表扫描，什么时候使用二级索引 + 回表的方式呢？这就是查询优化器应该做的工作。查询优化器会事先针对表中的记录计算一些统计数据，然后再利用这些统计数据或者访问表中的少量记录来计算需要执行回表操作的记录数。如果需要执行回表操作的记录数越多，就越倾向于使用全表扫描，反之则倾向于使用二级索引 + 回表的方式。当然，查询优化器所做的分析工作没有这么简单，但大致上是这样一个过程。第 12 章会进行定量的分析。

一般情况下，可以给查询语句指定 LIMIT 子句来限制查询返回的记录数，这可能会让查询优化器倾向于选择使用二级索引 + 回表的方式进行查询，原因是回表的记录越少，性能提升就越高。比如，上面的查询语句可以改写成下面这样：

```
SELECT * FROM single_table WHERE key1 > 'a' AND key1 < 'c' LIMIT 10;
```

添加了 LIMIT 10 子句后的查询语句更容易让查询优化器采用二级索引 + 回表的方式来执行。

对于需要对结果进行排序的查询，如果在采用二级索引执行查询时需要执行回表操作的记录特别多，也倾向于使用全表扫描 + 文件排序的方式执行查询。比如下面这个查询语句：

```
SELECT * FROM single_table ORDER BY key1;
```

由于查询列表是 *，如果使用二级索引进行排序，则需要对所有二级索引记录执行回表操作。这样操作的成本还不如直接遍历聚簇索引然后再进行文件排序低，所以查询优化器会倾向于使用全表扫描的方式执行查询。如果添加了 LIMIT 子句，比如下面这个查询语句：

```
SELECT * FROM single_table ORDER BY key1 LIMIT 10;
```

这个查询语句需要执行回表操作的记录特别少，查询优化器就会倾向于使用二级索引 + 回表的方式来执行。

7.5　更好地创建和使用索引

7.5.1　只为用于搜索、排序或分组的列创建索引

我们只为出现在 WHERE 子句中的列、连接子句中的连接列，或者出现在 ORDER BY 或 GROUP BY 子句中的列创建索引。仅出现在查询列表中的列就没必要建立索引了。比如我们有这样一个查询语句：

```
SELECT common_field, key_part3 FROM single_table WHERE key1 = 'a';
```

查询列表中的 common_field、key_part3 这两个列就没有必要创建索引。我们只需要为出现在 WHERE 子句中的 key1 列创建索引就可以了。

7.5.2　考虑索引列中不重复值的个数

前文在唠叨回表的知识时提到，在通过二级索引 + 回表的方式执行查询时，某个扫描区间中包含的二级索引记录数量越多，就会导致回表操作的代价越大。我们在为某个列创建索引时，需要考虑该列中不重复值的个数占全部记录条数的比例。如果比例太低，则说明该列包含过多重复值，那么在通过二级索引 + 回表的方式执行查询时，就有可能执行太多次回表操作。

7.5.3　索引列的类型尽量小

在定义表结构时，要显式地指定列的类型。以整数类型为例，有 TINYINT、MEDIUMINT、

INT、BIGINT 这几种，它们占用的存储空间的大小依次递增。下面所说的类型大小指的就是
该类型占用的存储空间的大小。刚才提到的这几个整数类型，它们能表示的整数范围当然也是
依次递增。如果想要对某个整数类型的列建立索引，在表示的整数范围允许的情况下，尽量让
索引列使用较小的类型，比如能使用 INT 就不要使用 BIGINT，能使用 MEDIUMINT 就不要
使用 INT。因为数据类型越小，索引占用的存储空间就越少，在一个数据页内就可以存放更多
的记录，磁盘 I/O 带来的性能损耗也就越小（一次页面 I/O 可以将更多的记录加载到内存中），
读写效率也就越高。

这个建议对于表的主键来说更加适用，因为不仅聚簇索引会存储主键值，其他所有的二级
索引的节点都会存储一份记录的主键值。如果主键使用更小的数据类型，也就意味着能节省更
多的存储空间。

7.5.4　为列前缀建立索引

我们知道，一个字符串其实是由若干个字符组成的。如果在 MySQL 中使用 utf8 字符集
存储字符串，则需要 1 ～ 3 字节来编码一个字符。假如字符串很长，那么在存储这个字符串
时就需要占用很大的存储空间。在需要为这个字符串所在的列建立索引时，就意味着在对应
的 B+ 树中的记录中，需要把该列的完整字符串存储起来。字符串越长，在索引中占用的存
储空间越大。

前文说过，索引列的字符串前缀其实也是排好序的，所以索引的设计人员提出了一个方
案，即只将字符串的前几个字符存放到索引中，也就是说在二级索引的记录中只保留字符串的
前几个字符。比如我们可以这样修改 idx_key1 索引，让索引中只保留字符串的前 10 个字符：

```
ALTER TABLE single_table DROP INDEX idx_key1;
ALTER TABLE single_table ADD INDEX idx_key1(key1(10));
```

然后再执行下面这个查询语句：

```
SELECT * FROM single_table WHERE key1 = 'abcdefghijklmn';
```

由于在 idx_key1 的二级索引记录中只保留字符串的前 10 个字符，所以我们只能定位到
前缀为 'abcdefghij' 的二级索引记录，在扫描这些二级索引记录时再判断它们是否满足 key1 =
'abcdefghijklmn' 条件。当列中存储的字符串包含的字符较多时，这种为列前缀建立索引的方式
可以明显减少索引大小。

不过，在只对列前缀建立索引的情况下，下面这个查询语句就不能使用索引来完成排序需
求了：

```
SELECT * FROM single_table ORDER BY key1 LIMIT 10;
```

因为二级索引 idx_key1 中不包含完整的 key1 列信息，所以在仅使用 idx_key1 索引执行查
询时，无法对 key1 列前 10 个字符相同但其余字符不同的记录进行排序。也就是说，只为列前
缀建立索引的方式无法支持使用索引进行排序的需求。上述查询语句只好乖乖地使用全表扫描 +
文件排序的方式来执行了。

只为列前缀创建索引的过程我们就介绍完了，还是将 idx_key1 改回原来的样式：

```
ALTER TABLE single_table DROP INDEX idx_key1;
ALTER TABLE single_table ADD INDEX idx_key1(key1);
```

7.5.5 覆盖索引

为了彻底告别回表操作带来的性能损耗，建议最好在查询列表中只包含索引列，比如下面这个查询语句：

```
SELECT key1, id FROM single_table WHERE key1 > 'a' AND key1 < 'c';
```

由于我们只查询 key1 列和 id 列的值，所以在使用 idx_key1 索引来扫描（'a', 'c'）区间中的二级索引记录时，可以直接从获取到的二级索引记录中读出 key1 列和 id 列的值，而不需要再通过 id 值到聚簇索引中执行回表操作了，这样就省去了回表操作带来的性能损耗。我们把这种索引中已经包含所有需要读取的列的查询方式称为覆盖索引。排序操作也优先使用覆盖索引进行查询，比如下面这个查询语句：

```
SELECT key1 FROM single_table ORDER BY key1;
```

虽然这个查询语句中没有 LIMIT 子句，但是由于可以采用覆盖索引，所以查询优化器会直接使用 idx_key1 索引进行排序，而不需要执行回表操作。

当然，如果业务需要查询索引列以外的列，那还是以保证业务需求为重。如无必要，最好仅把业务中需要的列放在查询列表中，而不是简单地以 * 替代。

7.5.6 让索引列以列名的形式在搜索条件中单独出现

在下面这两个查询语句中，搜索条件的语义是一样的。

```
SELECT * FROM single_table WHERE key2 * 2 < 4;
SELECT * FROM single_table WHERE key2 < 4/2;
```

在第一个查询语句的搜索条件中，key2 列并不是以单独列名的形式出现的，而是以 key2 * 2 这样的表达式的形式出现的。MySQL 并不会尝试简化 key2 * 2 < 4 表达式，而是直接认为这个搜索条件不能形成合适的扫描区间来减少需要扫描的记录数量，所以该查询语句只能以全表扫描的方式来执行。

在第二个查询语句的搜索条件中，key2 列是以单独列名的形式出现的，MySQL 可以分析出：如果使用 uk_key2 执行查询，对应的扫描区间就是（−∞, 2），这可以减少需要扫描的记录数量。所以 MySQL 可能使用 uk_key2 来执行查询。

所以，如果想让某个查询使用索引来执行，请让索引列以列名的形式单独出现在搜索条件中。

7.5.7 新插入记录时主键大小对效率的影响

我们知道，对于一个使用 InnoDB 存储引擎的表来说，在没有显式创建索引时，表中的数据实际上存储在聚簇索引的叶子节点中，而且 B+ 树的每一层数据页以及页面中的记录都是按照主键值从小到大的顺序排序的。如果新插入记录的主键值是依次增大的话，则每插满一个数据页就换到下一个数据页继续插入。如果新插入记录的主键值忽大忽小，就比较麻烦了。

假设某个数据页存储的聚簇索引记录已经满了，它存储的主键值在 1～100 之间，如图 7-17 所示。

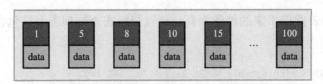

图 7-17　数据页存储的聚簇索引记录已满

此时，如果再插入一条主键值为 9 的记录，则它插入的位置就如图 7-18 所示。

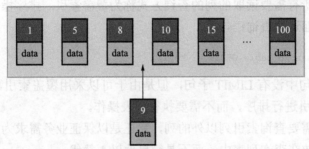

图 7-18　插入一条主键值为 9 的记录

可这个数据页已经满了啊，新记录该插入到哪里呢？我们需要把当前页面分裂成两个页面，把本页中的一些记录移动到新创建的页中。页面分裂意味着什么？意味着性能损耗！所以，如果想尽量避免这种无谓的性能损耗，最好让插入记录的主键值依次递增。就像 single_table 表的主键 id 列具有 AUTO_INCREMENT 属性那样，MySQL 会自动为新插入的记录生成递增的主键值。

7.5.8　冗余和重复索引

针对 single_table 表，可以单独针对 key_part1 列建立一个 idx_key_part1 索引：

```
ALTER TABLE single_table ADD INDEX idx_key_part1(key_part1);
```

其实现在我们已经有了一个针对 key_part1、key_part2、key_part3 列建立的联合索引 idx_key_part。idx_key_part 索引的二级索引记录本身就是按照 key_part1 列的值排序的，此时再单独为 key_part1 列建立一个索引其实是没有必要的。我们可以把这个新建的 idx_key_part1 索引看作一个冗余索引，该冗余索引是没有必要的。

有时，我们可能会对同一个列创建多个索引，比如下面这两个添加索引的语句：

```
ALTER TABLE single_table ADD UNIQUE KEY uk_id(id);
ALTER TABLE single_table ADD INDEX idx_id(id);
```

我们针对 id 列又建立了一个唯一二级索引 uk_id，还建立了一个普通二级索引 idx_id。可是 id 列本身就是 single_table 表的主键，InnoDB 自动为该列建立了聚簇索引，此时 uk_id 和 idx_id 就是重复的，这种重复索引应该避免。

7.6 总结

为了方便理解，我们简化了 B+ 树索引的示意图，在其中省略了页面结构，只保留了叶子节点中的记录。

B+ 树索引在空间和时间上都有代价，所以没事儿别瞎建索引。

索引可以用于减少需要扫描的记录数量，也可以用于排序和分组。

在使用索引来减少需要扫描的记录数量时，应该先找到使用该索引执行查询时对应的扫描区间和形成该扫描区间的边界条件，然后就可以扫描各个扫描区间中的记录。如果扫描的是二级索引记录，并且如果需要完整的用户记录，就需要根据获取到的每条二级索引记录的主键值执行回表操作。

在创建和使用索引时应注意下列事项：

- 只为用于搜索、排序或分组的列创建索引；
- 当列中不重复值的个数在总记录条数中的占比很大时，才为列建立索引；
- 索引列的类型尽量小；
- 可以只为索引列前缀创建索引，以减小索引占用的存储空间；
- 尽量使用覆盖索引进行查询，以避免回表操作带来的性能损耗；
- 让索引列以列名的形式单独出现在搜索条件中；
- 为了尽可能少地让聚簇索引发生页面分裂的情况，建议让主键拥有 AUTO_INCREMENT 属性；
- 定位并删除表中的冗余和重复索引。

第8章　数据的家——MySQL 的数据目录

8.1　数据库和文件系统的关系

我们知道，像 InnoDB、MyISAM 这样的存储引擎都是把表存储在磁盘上，而操作系统又是使用文件系统来管理磁盘，所以用专业一点的话来表述就是：像 InnoDB、MyISAM 这样的存储引擎都是把数据存储在文件系统上。当我们想读取数据的时候，这些存储引擎会从文件系统中把数据读出来返回给我们；当我们想写入数据的时候，这些存储引擎会把这些数据又写回文件系统。本章就是要唠叨一下 InnoDB 和 MyISAM 这两个存储引擎的数据是如何在文件系统中存储的。

小贴士　　本章以 MySQL 5.7.22 为例，因此某些内容在其他的 MySQL 版本中可能会有些出入，请大家注意。

8.2　MySQL 数据目录

MySQL 服务器程序在启动时，会到文件系统的某个目录下加载一些数据，之后在运行过程中产生的数据也会存储到这个目录下的某些文件中。这个目录就称为数据目录。本章的内容就要详细唠叨这个目录下具体都有哪些重要的东西。

8.2.1　数据目录和安装目录的区别

我们之前只接触过 MySQL 的安装目录（在安装 MySQL 时可以自己指定），而且前面的章节中已经重点强调过这个安装目录下非常重要的 bin 目录。它里边存储了许多用来控制客户端程序和服务器程序的命令（许多可执行文件，比如 mysql、mysqld、mysqld_safe 等，有好几十个）。而数据目录是用来存储 MySQL 在运行过程中产生的数据。大家一定要把安装目录与本章要讨论的数据目录区分开！一定要区分开！

8.2.2　如何确定 MySQL 中的数据目录

说了半天，MySQL 到底把数据存到哪个路径下呢？其实数据目录对应着一个系统变量 datadir。在使用客户端与服务器建立连接之后，查看这个系统变量的值就知道了：

```
mysql> SHOW VARIABLES LIKE 'datadir';
+---------------+----------------------+
| Variable_name | Value                |
+---------------+----------------------+
| datadir       | /usr/local/var/mysql/ |
+---------------+----------------------+
1 row in set (0.00 sec)
```

从上述结果可以看出，在我的计算机上，MySQL 的数据目录就是 /usr/local/var/mysql/。大家可以用自己的计算机试试看。

8.3 数据目录的结构

MySQL 在运行过程中都会产生哪些数据呢？当然会包含我们创建的数据库、表、视图和触发器等用户数据。除了这些用户数据，为了让程序更好地运行，MySQL 也会创建一些额外的数据。我们接下来细细地品味一下这个数据目录中的内容。

8.3.1 数据库在文件系统中的表示

每当使用"CREATE DATABASE 数据库名"语句创建一个数据库的时候，在文件系统中实际发生了什么呢？其实很简单，每个数据库都对应数据目录下的一个子目录，或者说对应一个文件夹。每当我们新建一个数据库时，MySQL 会帮我们做两件事：

- 在数据目录下创建一个与数据库名同名的子目录（或者说是文件夹）；
- 在与该数据库名同名的子目录下创建一个名为 **db.opt** 的文件。这个文件中包含了该数据库的一些属性，比如该数据库的字符集和比较规则。

下面查看一下在我的计算机上当前有哪些数据库：

```
mysql> SHOW DATABASES;
+--------------------+
| Database           |
+--------------------+
| information_schema |
| charset_demo_db    |
| dahaizi            |
| mysql              |
| performance_schema |
| sys                |
| xiaohaizi          |
+--------------------+
7 rows in set (0.00 sec)
```

可以看到，当前在我的计算机上有 7 个数据库，其中 charset_demo_db、dahaizi 和 xiaohaizi 数据库是我们自定义的，其余 4 个数据库是 MySQL 自带的系统数据库。再在我的计算机上看一下数据目录中的内容：

```
.
├── auto.cnf
├── ca-key.pem
```

```
├── ca.pem
├── charset_demo_db
├── client-cert.pem
├── client-key.pem
├── dahaizi
├── ib_buffer_pool
├── ib_logfile0
├── ib_logfile1
├── ibdata1
├── ibtmp1
├── mysql
├── performance_schema
├── private_key.pem
├── public_key.pem
├── server-cert.pem
├── server-key.pem
├── sys
├── xiaohaizideMacBook-Pro.local.err
├── xiaohaizideMacBook-Pro.local.pid
└── xiaohaizi

6 directories, 16 files
```

当然，这个数据目录中的文件和子目录比较多，但是如果仔细看的话可以发现，除了 information_schema 这个系统数据库外，其他的数据库在数据目录下都有对应的子目录。这个 information_schema 比较特殊，设计 MySQL 的大叔对它的实现进行了特殊对待，没有在数据目录下为其建立相应的子目录。

8.3.2   表在文件系统中的表示

我们的数据其实都是以记录的形式插入到表中的。每个表的信息可以分为两种：

● 表结构的定义；

● 表中的数据。

表结构指的是该表的名称是啥、表里面有多少列、每个列的数据类型是啥、有啥约束条件和索引、用的是啥字符集和比较规则等各种信息。这些信息都体现在了我们的建表语句中。为了保存这些信息，InnoDB 和 MyISAM 这两种存储引擎都在数据目录下对应的数据库子目录中创建了一个专门用于描述表结构的文件，文件名是下面这样：

表名.frm

比如，我们在 dahaizi 数据库下创建一个名为 test 的表：

```
mysql> USE dahaizi;
Database changed

mysql> CREATE TABLE test (
    ->     c1 INT
    -> );
Query OK, 0 rows affected (0.03 sec)
```

则在数据库 dahaizi 对应的子目录下就会创建一个名为 test.frm 文件，用来描述表结构。值得注意的是，这个后缀名为 .frm 的文件是以二进制格式存储的，若直接打开会显示乱码。大家还不赶紧在自己的计算机上创建个表试试，看看有没有生成对应的后缀名为 .frm 文件。

描述表结构的文件现在我们知道怎么存储了，那么表中的数据存到什么文件中了呢？在这个问题上，不同的存储引擎就产生了分歧。下面我们分别看一下 InnoDB 和 MyISAM 使用什么文件来保存表中的数据。

1. InnoDB 是如何存储表数据的

前面章节重点唠叨过 InnoDB 的一些实现原理，我们应该很熟悉下面这些内容。

- InnoDB 其实是使用页为基本单位来管理存储空间的，默认的页大小为 16KB。
- 对于 InnoDB 存储引擎来说，每个索引都对应着一棵 B+ 树，该 B+ 树的每个节点都是一个数据页。数据页之间没有必要是物理连续的，因为数据页之间有双向链表来维护这些页的顺序。
- InnoDB 的聚簇索引的叶子节点存储了完整的用户记录，也就是所谓的"索引即数据，数据即索引"。

为了更好地管理这些页，设计 InnoDB 的大叔提出了表空间（table space）或者文件空间（file space）的概念。这个表空间是一个抽象的概念，它可以对应文件系统上一个或多个真实文件（不同表空间对应的文件数量可能不同）。每一个表空间可以被划分为很多个页，表数据就存放在某个表空间下的某些页中。设计 InnoDB 的大叔将表空间划分为几种不同的类型，我们逐一细看。

（1）系统表空间（system tablespace）

这个系统表空间可以对应文件系统上一个或多个实际的文件。在默认情况下，InnoDB 会在数据目录下创建一个名为 ibdata1（在你的数据目录下找找看有没有）、大小为 12MB 的文件，这个文件就是对应的系统表空间在文件系统上的表示。怎么才 12MB？这么点儿还没插多少数据就用完了。这是因为这个文件是自扩展文件，也就是当不够用的时候它会自己增加文件大小。

当然，如果想让系统表空间对应文件系统上的多个实际文件，或者仅仅觉得原来的 ibdata1 这个文件名难听，那么可以在 MySQL 服务器启动时，配置对应的文件路径以及它们的大小。比如我们像下面这样修改配置文件：

```
[server]
innodb_data_file_path=data1:512M;data2:512M:autoextend
```

这样，在 MySQL 启动之后就会创建 data1 和 data2 这两个各自 512MB 大小的文件作为系统表空间。其中的 autoextend 表明，如果这两个文件不够用，则会自动扩展 data2 文件的大小。

我们也可以不把系统表空间对应的文件路径配置到数据目录下，甚至可以配置到单独的磁盘分区上，这时涉及的启动选项就是 innodb_data_file_path 和 innodb_data_home_dir。具体的配置逻辑挺绕的，这就不多唠叨了。知道通过修改哪个选项可以修改系统表空间对应的文件，然后在有需要的时候去查询官方文档就好了。

需要注意的一点是，在一个 MySQL 服务器中，系统表空间只有一份。从 MySQL 5.5.7 到 MySQL 5.6.5 之间的各个版本中，表中的数据都会被默认存储到这个系统表空间。

（2）独立表空间 (file-per-table tablespace)

在 MySQL 5.6.6 以及之后的版本中，InnoDB 不再默认把各个表的数据存储到系统表空间中，而是为每一个表建立一个独立表空间。也就是说，我们创建了多少个表，就有多少个独立表空间。在使用独立表空间来存储表数据时，会在该表所属数据库对应的子目录下创建一个表示该独立表空间的文件，其文件名和表名相同，只不过添加了一个 .ibd 扩展名。所以完整的文件名称长这样：

```
表名.ibd
```

假如我们使用独立表空间来存储 dahaizi 数据库下的 test 表，那么在该表所在数据库对应的 dahaizi 目录下会为 test 表创建下面这两个文件：

- test.frm；
- test.ibd。

其中，test.ibd 文件用来存储 test 表中的数据。当然也可以自己指定是使用系统表空间还是独立表空间来存储数据，这个功能由启动选项 innodb_file_per_table 控制。比如，我们想刻意将表数据都存储到系统表空间，则可以在启动 MySQL 服务器时这样配置：

```
[server]
innodb_file_per_table=0
```

当 innodb_file_per_table 的值为 0 时，表示使用系统表空间；当 innodb_file_per_table 的值为 1 时，表示使用独立表空间。不过 innodb_file_per_table 选项只对新建的表起作用，对于已经分配了表空间的表并不起作用。如果想把已经存储到系统表空间中的表转移到独立表空间，可以使用下面的语法：

```
ALTER TABLE 表名 TABLESPACE [=] innodb_file_per_table;
```

要把已经存储到独立表空间的表转移到系统表空间，可以使用下面的语法：

```
ALTER TABLE 表名 TABLESPACE [=] innodb_system;
```

其中，中括号扩起来的等号 = 可有可无。比如，我们想把 test 表从独立表空间移动到系统表空间，可以这么写：

```
ALTER TABLE test TABLESPACE innodb_system;
```

（3）其他类型的表空间

除了上述两种表空间之外，还有一些不同类型的表空间，比如通用表空间（general tablespace）、undo 表空间（undo tablespace）、临时表空间（temporary tablespace）等，具体情况就不详细唠叨了，等用到的时候再提。

2. MyISAM 是如何存储表数据的

唠叨完了 InnoDB 的系统表空间和独立表空间，现在轮到 MyISAM 了。我们知道，索引和数据在 InnoDB 中是同一回事，而 MyISAM 中的索引相当于全部都是二级索引，该存储引擎的数据和索引是分开存放的。所以在文件系统中也是使用不同的文件来存储数据文件和索引文件。而且与 InnoDB 不同的是，MyISAM 并没有什么表空间一说，表的数据和索引都存放到对应的数据库子目录下。假如 test 表使用的是 MyISAM 存储引擎，那么在它所在数据库对应的 dahaizi 目录下会为 test 表创建下面这 3 个文件：

- test.frm；
- test.MYD；
- test.MYI。

其中，test.MYD 表示表的数据文件，也就是插入的用户记录；test.MYI 表示表的索引文件，我们为该表创建的索引都会放到这个文件中。

8.3.3　其他的文件

除了上面说的这些用户自己存储的数据以外，数据目录下还包含了一些确保程序更好运行的额外文件，主要包括下面几种类型的文件。

- 服务器进程文件：每运行一个 MySQL 服务器程序，都意味着启动一个进程。MySQL 服务器会把自己的进程 ID 写入到这个文件中。
- 服务器日志文件：在服务器运行期间，会产生各种各样的日志，比如常规的查询日志、错误日志、二进制日志、redo 日志等。这些日志各有各的用途，我们之后会重点唠叨一些日志的用途，现在先了解一下就可以了。
- SSL 和 RSA 证书与密钥文件：主要是为了客户端和服务器安全通信而创建的一些文件，现在看不懂可以忽略。

8.4　文件系统对数据库的影响

因为 MySQL 的数据都是存储在文件系统中，因此就不得不受到文件系统的一些制约，这在数据库和表的命名、表的大小和性能等方面具有明显的体现。

- 数据库名称和表名称不得超过文件系统所允许的最大长度。

每个数据库都对应数据目录的一个子目录，数据库名称就是这个子目录的名称；每个表都会在数据目录的子目录下产生一个与表名同名的 .frm 文件。如果使用 InnoDB 的独立表空间或者使用 MyISAM 存储引擎，还会产生别的与表名同名的文件（扩展名不一样）。这些目录或文件名的长度都受限于文件系统所允许的长度。

- 特殊字符的问题。

为了避免因为数据库名和表名出现某些特殊字符而造成文件系统不支持的情况，MySQL 会把数据库名和表名中所有除数字和拉丁字母以外的任何字符在文件名中都映射成 @ + 编码值的形式，并将其作为文件名。比如，我们创建的表的名称为 'test?'，由于"？"不属于数字或者拉丁字母，因此会被映射成编码值，所以这个表对应的 .frm 文件的名称就变成了 test@003f.frm。

- 文件长度受文件系统最大长度的限制。

对于 InnoDB 的独立表空间来说，每个表的数据都会被存储到一个与表名同名的 .ibd 文件中；对于 MyISAM 存储引擎来说，数据和索引会分别存放到与表同名的 .MYD 和 .MYI 文件中。

这些文件会随着表中记录的增加而增大，它们的大小受限于文件系统支持的最大文件大小。

8.5　MySQL 系统数据库简介

前文提到了 MySQL 的几个系统数据库，这几个数据库包含了 MySQL 服务器运行过程中所需的一些信息以及一些运行状态信息，现在稍微了解一下。

- mysql：这个数据库相当重要，它存储了 MySQL 的用户账户和权限信息、一些存储过程和事件的定义信息、一些运行过程中产生的日志信息、一些帮助信息以及时区信息等。
- information_schema：这个数据库保存着 MySQL 服务器维护的所有其他数据库的信息，比如有哪些表、哪些视图、哪些触发器、哪些列、哪些索引等。这些信息并不是真实的用户数据，而是一些描述性信息，有时候也称之为元数据。
- performance_schema：这个数据库主要保存 MySQL 服务器运行过程中的一些状态信息，算是对 MySQL 服务器的一个性能监控。它包含的信息有统计最近执行了哪些语句，在执行过程的每个阶段都花费了多长时间，内存的使用情况等。
- sys：这个数据库主要是通过视图的形式把 information_schema 和 performance_schema 结合起来，让开发人员更方便地了解 MySQL 服务器的性能信息。

啥？这 4 个系统数据库就这样介绍完了？是的，我们这一节的标题中写的就是简介嘛！如果真的要唠叨一下这几个系统库的使用，恐怕又是一本书的篇幅了。这里只是因为在介绍数据目录时遇到了它们，为了内容的完整性而向大家提一下，具体如何使用还是要查询相关文档。

8.6　总结

像 InnoDB、MyISAM 这样的存储引擎都是把数据存储在文件系统上。

MySQL 服务器程序在启动时会到数据目录中加载数据，运行过程中产生的数据也会被存储到数据目录中。系统变量 datadir 表明了数据目录的路径。

每个数据库都对应着数据目录下的一个子目录，该子目录中包含一个名为 db.opt 的文件。这个文件包含了该数据库的一些属性，比如该数据库的字符集和比较规则等。

对于 InnoDB 存储引擎来说：

- 如果使用系统表空间存储表中的数据，那么只会在该表所在数据库对应的子目录下创建一个名为"表名 .frm"的文件，表中的数据会存储在系统表空间对应的文件中；
- 如果使用独立表空间存储表中的数据，那么会在该表所在数据库对应的子目录下创建一个名为"表名 .frm"的文件和一个名为"表名 .ibd"的文件，表中的数据会存储这个"表名 .ibd"文件中。

对于 MyISAM 存储引擎来说，会在该表所在数据库对应的子目录下创建 3 个文件。

- 表名 .frm：表示表的结构文件。
- 表名 .MYD：表示表的数据文件。

- 表名 .MYI：表示表的索引文件。

数据目录中除了存储用户数据外，还需要存储一些额外的文件，包括：

- 服务器进程文件；
- 服务器日志文件；
- SSL 和 RSA 证书与密钥文件。

特定的文件系统会对 MySQL 服务器程序的运行产生一些影响，比如：

- 数据库名称和表名称不得超过文件系统所允许的最大长度；
- 特殊字符的问题；
- 文件长度受文件系统最大长度的限制。

为了存储 MySQL 服务器运行过程中所需的信息以及运行状态信息，设计 MySQL 的大叔设计了下面这些系统数据库：

- mysql；
- information_schema；
- performance_schema；
- sys。

第9章 存放页面的大池子——InnoDB的表空间

通过前面的内容大家知道，表空间是一个抽象的概念，对于系统表空间来说，对应着文件系统中一个或多个实际文件；对于每个独立表空间来说，对应着文件系统中一个名为"表名 .ibd"的实际文件。大家可以把表空间想象成被切分为许多个页的池子，当想为某个表插入一条记录的时候，就从池子中捞出一个对应的页把数据写进去。本章内容会深入表空间的各个细节，带领大家在 InnoDB 表空间的池子中畅游。由于本章涉及比较多的概念，虽然这些概念都不难理解，但是由于相互依赖，奉劝大家千万别跳着阅读本章内容。

9.1 回忆一些旧知识

9.1.1 页面类型

再一次强调，InnoDB 是以页为单位管理存储空间的。我们的聚簇索引（也就是完整的表数据）和其他的二级索引都是以 B+ 树的形式保存到表空间中，而 B+ 树的节点就是数据页。前面章节说过，这个数据页的类型名其实是 FIL_PAGE_INDEX。除了这种存放索引数据的页面类型之外，InnoDB 也针对不同的目的设计了若干种不同类型的页面。为了唤醒大家的记忆，我们再一次把各种常用的页面类型拿出来，如表 9-1 所示。

表 9-1　常用的页面类型

类型名称	十六进制	描述
FIL_PAGE_TYPE_ALLOCATED	0x0000	最新分配，还未使用
FIL_PAGE_UNDO_LOG	0x0002	undo 日志页
FIL_PAGE_INODE	0x0003	存储段的信息
FIL_PAGE_IBUF_FREE_LIST	0x0004	Change Buffer 空闲列表
FIL_PAGE_IBUF_BITMAP	0x0005	Change Buffer 的一些属性
FIL_PAGE_TYPE_SYS	0x0006	存储一些系统数据
FIL_PAGE_TYPE_TRX_SYS	0x0007	事务系统数据
FIL_PAGE_TYPE_FSP_HDR	0x0008	表空间头部信息
FIL_PAGE_TYPE_XDES	0x0009	存储区的一些属性
FIL_PAGE_TYPE_BLOB	0x000A	溢出页
FIL_PAGE_INDEX	0x45BF	索引页，也就是我们说的数据页

由于页面类型的名称前面都有一个 FIL_PAGE 或 FIL_PAGE_TYPE 的前缀，简便起见，后

文在唠叨页面类型时将把这些前缀省略掉。比如将 FIL_PAGE_TYPE_ALLOCATED 类型称为 ALLOCATED 类型，将 FIL_PAGE_INDEX 类型称为 INDEX 类型。

9.1.2 页面通用部分

前面章节讲过，数据页（也就是 INDEX 类型的页）由 7 部分组成，其中有两个部分是所有类型的页面都通用的。考虑到大家应该不会记住前面章节中的每一句话，所以这里再强调一遍。所有类型的页面都有图 9-1 所示的这种通用结构。

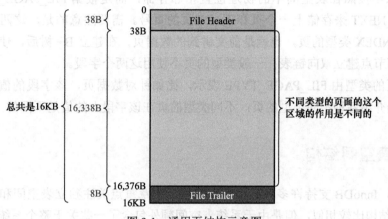

图 9-1　通用页结构示意图

从图 9-1 中可以看出，所有类型的页都会包含下面两个部分。

- File Header：记录页面的一些通用信息。
- File Trailer：校验页是否完整，保证页面在从内存刷新到磁盘后内容是相同的。

对于 File Trailer 不再做过多强调，如果大家不记得了，再自己复习一下第 5 章的内容。我们这里再强调一遍 File Header 的各个组成部分，如表 9-2 所示。

表 9-2　File Header 的各个组成部分

名称	占用空间大小	描述
FIL_PAGE_SPACE_OR_CHKSUM	4 字节	在 MySQL 的版本低于 4.0.14 时，该属性表示本页面所在的表空间 ID；在之后的版本中，该属性表示页的校验和（checksum 值）
FIL_PAGE_OFFSET	4 字节	页号
FIL_PAGE_PREV	4 字节	上一个页的页号
FIL_PAGE_NEXT	4 字节	下一个页的页号
FIL_PAGE_LSN	8 字节	页面被最后修改时对应的 LSN（Log Sequence Number，日志序列号）值
FIL_PAGE_TYPE	2 字节	该页的类型
FIL_PAGE_FILE_FLUSH_LSN	8 字节	仅在系统表空间的第一个页中定义，代表文件至少被刷新到了对应的 LSN 值
FIL_PAGE_ARCH_LOG_NO_OR_SPACE_ID	4 字节	页属于哪个表空间

现在除了名称中带有 LSN 的两个字段大家可能看不懂以外，其他字段肯定都相当熟悉了，不过我们仍要强调这么几点。

- 表空间中的每一个页都对应着一个页号，也就是 FIL_PAGE_OFFSET，我们可以通过这个页号在表空间中快速定位到指定的页面。这个页号由 4 字节组成，也就是 32 位，所以一个表空间最多可以拥有 2^{32} 个页。如果按照页的默认大小为 16KB 来算，一个表空间最多支持 64TB 的数据。表空间中第一个页的页号为 0，之后的页号分别是 1、2、3……，依此类推。
- 某些类型的页可以组成链表，链表中相邻的两个页面的页号可以不连续，也就是说它们可以不按照在表空间中的物理位置相邻存储，而是根据 FIL_PAGE_PREV 和 FIL_PAGE_NEXT 来存储上一个页和下一个页的页号。需要注意的是，这两个字段主要是用于 INDEX 类型的页，也就是前文讲到的数据页，在建立 B+ 树后，使用这两个字段为每层节点建立双向链表；一般类型的页不使用这两个字段。
- 每个页的类型由 FIL_PAGE_TYPE 表示，比如针对数据页，该字段的值就是 0x45BF。后文会介绍各种不同类型的页；不同类型的页在该字段上的值是不同的。

9.2 独立表空间结构

我们知道，InnoDB 支持许多种类型的表空间。本章重点关注独立表空间和系统表空间的结构。它们的结构比较相似，但是由于系统表空间额外包含了一些关于整个系统的信息，所以我们先挑简单一点儿的独立表空间来唠叨，稍后再说系统表空间的结构。

9.2.1 区的概念

表空间中的页实在是太多了，为了更好地管理这些页面，设计 InnoDB 的大叔提出了区（extent）的概念。对于 16KB 的页来说，连续的 64 个页就是一个区，也就是说一个区默认占用 1MB 空间大小。无论是系统表空间还是独立表空间，都可以看成是由若干个连续的区组成的，每 256 个区被划分成一组，如图 9-2 所示。

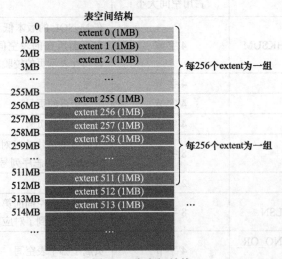

图 9-2 表空间结构

其中，extent 0~extent 255 这 256 个区算是第一个组，extent 256~extent 511 这 256 个区算是第二个组，extent 512~extent 767 这 256 个区算是第三个组（图9-2中并未画全第三个组中所有的区）；依此类推，可以划分更多的组。这些组的头几个页面的类型都是类似的，如图 9-3 所示。

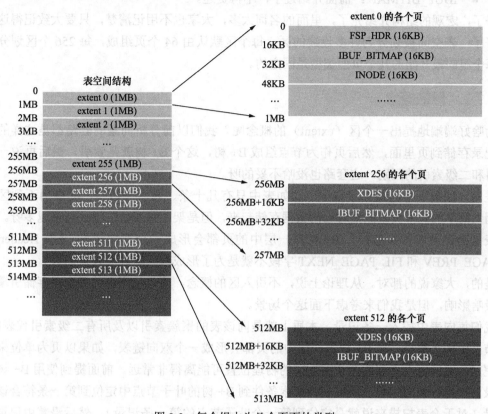

图 9-3　每个组中头几个页面的类型

从图 9-3 中能得到如下信息。

- 第一个组最开始的 3 个页面的类型是固定的。也就是说 extent 0 这个区最开始的 3 个页面的类型是固定的，分别如下。
  - FSP_HDR：这个类型的页面用来登记整个表空间的一些整体属性以及本组所有的区（也就是 extent 0~extent 255 这 256 个区）的属性，稍后详细唠叨。需要注意的一点是，整个表空间只有一个 FSP_HDR 类型的页面。
  - IBUF_BITMAP：这个类型的页面用来存储关于 Change Buffer 的一些信息。当然，大家现在不用知道啥是 Change Buffer。
  - INODE：这个类型的页面存储了许多称为 INODE Entry 的数据结构。现在大家不需要知道啥是 INODE Entry，后面会说到你吐。
- 其余各组最开始的 2 个页面的类型是固定的。也就是说 extent 256、extent 512······这些区最开始的 2 个页面的类型是固定的，分别如下。
  - XDES：全称是 extent descriptor，用来登记本组 256 个区的属性。也就是说，对于在 extent 256 区中的该类型的页面来说，存储的就是 extent 256~extent 511 这些区的属性；

对于在 extent 512 区中的该类型的页面来说，存储的就是 extent 512 ~ extent 767 这些区的属性。前面介绍的 FSP_HDR 类型的页面其实与 XDES 类型的页面的作用类似，只不过 FSP_HDR 类型的页面还会额外存储一些表空间的属性。

■ IBUF_BITMAP：前面介绍过了，不再赘述。

好了，宏观的结构介绍完了，里面的名词太多，大家也不用记清楚，只要大致记得这个结论就好了：表空间被划分为许多连续的区，每个区默认由 64 个页组成，每 256 个区划分为一组，每个组的最开始的几个页面类型是固定的。

9.2.2 段的概念

为啥好端端地提出一个区（extent）的概念呢？我们以前分析问题的套路都是这样的：表中的记录存储到页里面，然后页作为节点组成 B+ 树，这个 B+ 树就是索引，然后再说一堆聚簇索引和二级索引的区别。这套路也没啥不妥的呀。

是的，如果表中的数据量很少，比如表中只有几十条、几百条数据，的确用不到区的概念。因为简单的几个页就能把对应的数据存储起来，但是架不住表里的记录越来越多呀。

表里的记录多了又怎样？B+ 树每一层中的页都会形成一个双向链表，File Header 中的 FIL_PAGE_PREV 和 FIL_PAGE_NEXT 字段不就是为了形成双向链表而设置的么？

是的，大家说的都对。从理论上说，不引入区的概念，而只使用页的概念对存储引擎的运行并没啥影响，但是我们来考虑下面这个场景。

我们每向表中插入一条记录，本质上就是向该表的聚簇索引以及所有二级索引代表的 B+ 树的节点中插入数据。而 B+ 树每一层中的页都会形成一个双向链表，如果以页为单位来分配存储空间，双向链表相邻的两个页之间的物理位置可能离得非常远。前面提到使用 B+ 树来减少记录的扫描行数的过程是通过一些搜索条件到 B+ 树的叶子节点中定位到第一条符合该条件的记录（对于全表扫描来说就是定位到第一个叶子节点的第一条记录），然后沿着由记录组成的单向链表以及由数据页组成的双向链表一直向后扫描就可以了。如果双向链表中相邻的两个页的物理位置不连续，对于传统的机械硬盘来说，需要重新定位磁头位置，也就是会产生随机 I/O，这样会影响磁盘的性能。所以我们应该尽量让页面链表中相邻的页的物理位置也相邻，这样在扫描叶子节点中大量的记录时才可以使用顺序 I/O。

请注意，这里使用的是"尽量"这个词，其实页面链表中相邻的页的页号不连续也可以，并不会让程序无法运行，只是对性能有些影响罢了。

小贴士

所以才引入了区（extent）的概念。一个区就是在物理位置上连续的 64 个页（区里页面的页号都是连续的）。在表中的数据量很大时，为某个索引分配空间的时候就不再按照页为单位分配了，而是按照区为单位进行分配。甚至在表中的数据非常非常多的时候，可以一次性分配多个连续的区。虽然这可能造成一点点空间的浪费（数据不足以填充满整个区），但是从性能角度看，可以消除很多的随机 I/O——功大于过嘛！

事情到这里就结束了么？太天真了，我们在使用 B+ 树执行查询时只是在扫描叶子节点的记录，而如果不区分叶子节点和非叶子节点，统统把节点代表的页面放到申请到的区中，扫描效果就大打折扣了。所以，设计 InnoDB 的大叔对 B+ 树的叶子节点和非叶子节点进行了区别对待，也就是说叶子节点有自己独有的区，非叶子节点也有自己独有的区。存放叶子节点的区的集合就算是一个段（segment），存放非叶子节点的区的集合也算是一个段。也就是说一个索引会生成两个段：一个叶子节点段和一个非叶子节点段。

　　默认情况下，一个使用 InnoDB 存储引擎的表只有一个聚簇索引，一个索引会生成两个段。而段是以区为单位申请存储空间的，一个区默认占用 1MB 存储空间。所以，默认情况下一个只存放了几条记录的小表也需要 2MB 的存储空间么？以后每次添加一个索引都要多申请 2MB 的存储空间么？这对于存储记录比较少的表来说简直是天大的浪费。设计 InnoDB 的大叔都挺节俭的，当然也考虑到了这种情况。这个问题的症结在于现在为止我们介绍的区都是非常纯粹的，也就是一个区被整个分配给某一个段，或者说区中的所有页面都是为了存储同一个段的数据而存在的。即使段的数据填不满区中所有的页面，剩下的页面也不能挪作他用。现在为了考虑"以完整的区为单位分配给某个段时，对于数据量较小的表来说太浪费存储空间"这种情况，设计 InnoDB 的大叔提出了碎片（fragment）区的概念。也就是在一个碎片区中，并不是所有的页都是为了存储同一个段的数据而存在的，碎片区中的页可以用于不同的目的，比如有些页属于段 A，有些页属于段 B，有些页甚至不属于任何段。碎片区直属于表空间，并不属于任何一个段。所以此后为某个段分配存储空间的策略是这样的：

- 在刚开始向表中插入数据时，段是从某个碎片区以单个页面为单位来分配存储空间的；
- 当某个段已经占用了 32 个碎片区页面之后，就会以完整的区为单位来分配存储空间（原先占用的碎片区页面并不会被复制到新申请的完整的区中）。

　　所以，段现在不能仅定义为某些区的集合，更精确的来说，应该是某些零散的页面以及一些完整的区的集合。除了索引的叶子节点段和非叶子节点段之外，InnoDB 中还有为存储一些特殊的数据而定义的段，比如回滚段（后文在介绍 undo 日志时会详细唠叨）。当然我们现在并不关心别的类型的段，只需要知道段是一些零散的页面以及一些完整的区的集合就好了。

9.2.3　区的分类

我们知道表空间是由若干个区组成的。这些区大致可以分为 4 种类型。
- 空闲的区：现在还没有用到这个区中的任何页面。
- 有剩余空闲页面的碎片区：表示碎片区中还有可被分配的空闲页面。
- 没有剩余空闲页面的碎片区：表示碎片区中的所有页面都被分配使用，没有空闲页面。
- 附属于某个段的区：我们知道，每一个索引都可以分为叶子节点段和非叶子节点段。除此之外，InnoDB 还会另外定义一些特殊用途的段。当这些段中的数据量很大时，将使用区作为基本的分配单位，这些区中的页面完全用于存储该段中的数据（而碎片区可以存储属于不同段的数据）。

　　这 4 种类型的区也可以称为区的 4 种状态（State），设计 InnoDB 的大叔为这 4 种状态的区定义了特定的名词，如表 9-3 所示。

表 9-3　区的 4 种状态

状态名	含义
FREE	空闲的区
FREE_FRAG	有剩余空闲页面的碎片区
FULL_FRAG	没有剩余空闲页面的碎片区
FSEG	附属于某个段的区

需要强调的是，处于 FREE、FREE_FRAG 以及 FULL_FRAG 这 3 种状态的区都是独立的，算是直属于表空间；而处于 FSEG 状态的区是附属于某个段的。

小贴士

> 如果把表空间比作一个集团军，段就相当于师，区就相当于团。一般来说，团都是隶属于某个师，就像是处于 FSEG 的区全都隶属于某个段；而处于 FREE、FREE_FRAG 以及 FULL_FRAG 这 3 种状态的区却直接隶属于表空间，就像独立团直接听命于军部一样。说到独立团我就不得不说二营长，说到二营长，我就不得不说……好吧，停止扯犊子。

为了方便管理这些区，设计 InnoDB 的大叔设计了一个称为 XDES Entry（Extent Descriptor Entry）的结构。每一个区都对应着一个 XDES Entry 结构，这个结构记录了对应的区的一些属性。我们通过图 9-4 大致了解一下这个结构。

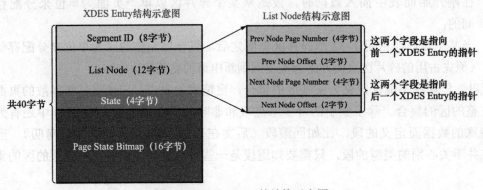

图 9-4　XDES Entry 的结构示意图

从图 9-4 可以看出，XDES Entry 结构有 40 字节，大致分为 4 个部分，各个部分的含义如下所示。

- Segment ID（8 字节）：每一个段都有一个唯一的编号，用 ID 表示。Segment ID 字段表示的就是该区所在的段，前提是该区已经被分配给某个段了，不然该字段的值没有意义。
- List Node（12 字节）：这个部分可以将若干个 XDES Entry 结构串连成一个链表。List Node 的结构如图 9-5 所示。

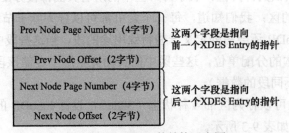

图 9-5　List Node 的结构示意图

如果我们想定位表空间内的某一个位置，只需指定页号以及该位置在指定页号中的页内偏移量即可。

- Pre Node Page Number 和 Pre Node Offset 的组合就是指向前一个 XDES Entry 的指针。
- Next Node Page Number 和 Next Node Offset 的组合就是指向后一个 XDES Entry 的指针。

把一些 XDES Entry 结构串连成一个链表有啥用？少安毋躁，我们稍后再唠叨 XDES Entry 结构组成的链表问题。

- State（4 字节）：这个字段表明区的状态。可选的值分别是 FREE、FREE_FRAG、FULL_FRAG 和 FSEG（也就是前文介绍的那 4 个）。具体含义请见前文，这里就不多唠叨了。
- Page State Bitmap（16 字节）：这个部分共占用 16 字节，也就是 128 位。一个区默认有 64 个页，这 128 位被划分为 64 个部分，每个部分有 2 位，对应区中的一个页。比如 Page State Bitmap 部分的第 1 位和第 2 位对应着区中的第 1 个页面，第 3 位和第 4 位对应着区中的第 2 个页面……第 127 位和 128 位对应着区中的第 64 个页面。这 2 个位中的第 1 位表示对应的页是否是空闲的，第 2 位还没有用到。

1. XDES Entry 链表

到现在为止，我们已经提出的概念五花八门——区、段、碎片区、附属于段的区、XDES Entry 结构。我们把事情搞得这么麻烦，初心仅仅是想减少随机 I/O，而又不至于让数据量少的表浪费空间。我们知道，向表中插入数据本质上就是向表中各个索引的叶子节点段、非叶子节点段插入数据。我们也知道了不同的区有不同的状态。现在再回到最初的起点，将一将向某个段中插入数据时，申请新页面的过程。

当段中数据较少时，首先会查看表空间中是否有状态为 FREE_FRAG 的区（也就是查找还有空闲页面的碎片区）。如果找到了，那么从该区中取一个零散页把数据插进去；否则到表空间中申请一个状态为 FREE 的区（也就是空闲的区），把该区的状态变为 FREE_FRAG，然后从该新申请的区中取一个零散页把数据插进去。之后，在不同的段使用零散页的时候都从该区中取，直到该区中没有空闲页面；然后该区的状态就变成了 FULL_FRAG。

现在的问题是我们怎么知道表空间中哪些区的状态是 FREE，哪些区的状态是 FREE_FRAG，哪些区的状态是 FULL_FRAG 呢？要知道表空间是可以不断增大的，当增长到 GB 级别的时候，区的数量也就上千了，我们总不能每次都遍历这些区对应的 XDES Entry 结构吧？这就到了 XDES Entry 中的 List Node 部分发挥奇效的时候了。我们可以通过 List Node 中的指针做下面 3 件事。

- 通过 List Node 把状态为 FREE 的区对应的 XDES Entry 结构连接成一个链表，这个链表称为 FREE 链表。
- 通过 List Node 把状态为 FREE_FRAG 的区对应的 XDES Entry 结构连接成一个链表，这个链表称为 FREE_FRAG 链表。
- 通过 List Node 把状态为 FULL_FRAG 的区对应的 XDES Entry 结构连接成一个链表，这个链表称为 FULL_FRAG 链表。

这样一来，每当想查找一个 FREE_FRAG 状态的区时，就直接把 FREE_FRAG 链表的头节点拿出来，从这个节点对应的区中取一些零散页来插入数据。当这个节点对应的区中没有空闲的页面时，就修改它的 State 字段的值，然后将其从 FREE_FRAG 链表中移到 FULL_FRAG 链表中。同理，如果 FREE_FRAG 链表中一个节点都没有，那么就直接从 FREE 链表中取一个节点移动到 FREE_FRAG 链表，并修改该节点的 STATE 字段值为 FREE_FRAG，然后再从这个节点对应的区中获取零散页就好了。

当段中的数据已经占满了 32 个零散的页后，就直接申请完整的区来插入数据了。

我们怎么知道哪些区属于哪个段呢？再遍历各个 XDES Entry 结构？遍历是不可能遍历的，这辈子都不可能遍历的，我们可以基于链表来快速查找只属于某个段的区呀。所以我们把状态为 FSEG 的区对应的 XDES Entry 结构都加入到一个链表中？不对呀，不同的段哪能共用一个区呢？你想把索引 a 的叶子节点段和索引 b 的叶子节点段都存储到一个区么？显然，我们想要每个段都有它独立的链表，所以可以根据段号（Segment ID）来建立链表。有多少个段就建多少个链表？好像也有点问题。因为一个段中可以有好多个区，有的区是完全空闲的，有的区还有一些空闲页面可以使用，有的区已经没有空闲页面可以使用了。所以我们有必要继续细分，设计 InnoDB 的大叔为每个段中的区对应的 XDES Entry 结构建立了 3 个链表。

- FREE 链表：同一个段中，所有页面都是空闲页面的区对应的 XDES Entry 结构会被加入到这个链表中。注意，这与直属于表空间的 FREE 链表区别开了，此处的 FREE 链表是附属于某个段的链表。
- NOT_FULL 链表：同一个段中，仍有空闲页面的区对应的 XDES Entry 结构会被加入到这个链表中。
- FULL 链表：同一个段中，已经没有空闲页面的区对应的 XDES Entry 结构会被加入到这个链表中。

再强调一遍，每一个索引都对应两个段，每个段都会维护上述 3 个链表。比如下面这个表：

```
CREATE TABLE t (
    c1 INT NOT NULL AUTO_INCREMENT,
    c2 VARCHAR(100),
    c3 VARCHAR(100),
    PRIMARY KEY (c1),
    KEY idx_c2 (c2)
)ENGINE=InnoDB;
```

表 t 共有两个索引：一个聚簇索引和一个二级索引 idx_c2。所以这个表共有 4 个段，每个段都会维护上述 3 个链表，总共是 12 个链表。再加上前文说过的直属于表空间的 3 个链表，整个独立表空间共需要维护 15 个链表。

小贴士　　当然，这里把 InnoDB 中申请新页面的过程进行了简化，目的是希望大家更容易理解。

2. 链表基节点

前面光介绍了一堆链表，可我们怎么找到这些链表呢，或者说怎么找到某个链表的头节点或者尾节点在表空间中的位置呢？设计 InnoDB 的大叔当然考虑到了这个问题，他们设计了一个名为 List Base Node（链表基节点）的结构。这个结构中包含了链表的头节点和尾节点的指针以及这个链表中包含了多少个节点的信息。链表基节点的示意图如图 9-6 所示。

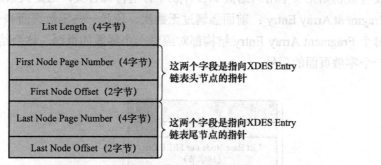

图 9-6　List Base Node 的结构示意图

前面介绍的每个链表都对应这么一个 List Base Node 结构，其中：

- List Length 表明该链表一共有多少个节点；
- First Node Page Number 和 First Node Offset 表明该链表的头节点在表空间中的位置；
- Last Node Page Number 和 Last Node Offset 表明该链表的尾节点在表空间中的位置。

我们一般把某个链表对应的 List Base Node 结构放置在表空间中的固定位置（具体位置会在后面介绍），这样就可以很容易地定位某个链表了。

3. 链表小结

综上所述，表空间是由若干个区组成的，每个区都对应一个 XDES Entry 结构。直属于表空间的区对应的 XDES Entry 结构可以分成 FREE、FREE_FRAG 和 FULL_FRAG 这 3 个链表。每个段可以拥有若干个区，每个段中的区对应的 XDES Entry 结构可以构成 FREE、NOT_FULL 和 FULL 这 3 个链表。每个链表都对应一个 List Base Node 结构，这个结构中记录了链表的头尾节点的位置以及该链表中包含的节点数。正是因为这些链表的存在，管理这些区才变成了一件相当容易的事情。

9.2.4　段的结构

我们前面说过，段其实不对应表空间中某一个连续的物理区域，而是一个逻辑上的概念，由若干个零散的页面以及一些完整的区组成。像每个区都有对应的 XDES Entry 来记录这个区中的属性一样，设计 InnoDB 的大叔为每个段都定义了一个 INODE Entry 结构（见图 9-7）来记录这个段中的属性。

INODE Entry 结构中各个部分的含义如下。

- Segment ID：这个 INODE Entry 结构对应的段的编号（ID）。
- NOT_FULL_N_USED：在 NOT_FULL 链表中已经使用了多少个页面。
- 3 个 List Base Node：分别为段的 FREE 链表、NOT_FULL 链表、FULL 链表定义了 List Base Node，这样当想查找某个段的某个链表的头节点和尾节点时，可以直接到这个部分找到对应链表的 List Base Node。

- Magic Number：用来标记这个 INODE Entry 是否已经被初始化（即把各个字段的值都填进去了）。如果这个数字的值是 97,937,874，表明该 INODE Entry 已经初始化，否则没有被初始化（不用纠结值 97,937,874 有啥特殊含义，这是人家规定的）。
- Fragment Array Entry：前面强调过无数次，段是一些零散页面和一些完整的区的集合，每个 Fragment Array Entry 结构都对应着一个零散的页面，这个结构一共 4 字节，表示一个零散页面的页号。

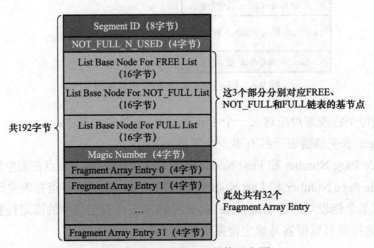

图 9-7　INODE Entry 结构示意图

结合这个 INODE Entry 结构，大家可能会对"段是一些零散页面和一些完整的区的集合"的理解更深刻一些。

9.2.5　各类型页面详细情况

现在为止，我们已经大致清楚了表空间、段、区、XDES Entry、INODE Entry、各种以 XDES Entry 为节点的链表的基本概念。可是总有一种不踏实的感觉。每个区对应的 XDES Entry 结构到底存储在表空间的什么地方？直属于表空间的 FREE、FREE_FRAG、FULL_FRAG 链表的基节点到底存储在表空间的什么地方？每个段对应的 INODE Entry 结构到底存在表空间的什么地方？我们在前文中讲到，每 256 个连续的区算是一个组，想解决前面这些个疑问，还得从每个组开头的一些类型相同的页面说起。接下来我们一个页面一个页面地分析，真相马上就要浮出水面了。

1．FSP_HDR 类型

首先来看第一个组的第一个页面，它当然也是表空间的第一个页面，页号为 0。这个页面的类型是 FSP_HDR，它存储了表空间的一些整体属性以及第一个组内 256 个区对应的 XDES Entry 结构。图 9-8 所示为这个类型的页面的示意图。

从图 9-8 可以看出，一个完整的 FSP_HDR 类型的页面大致由 5 部分组成，各个部分的具体含义如表 9-4 所示。

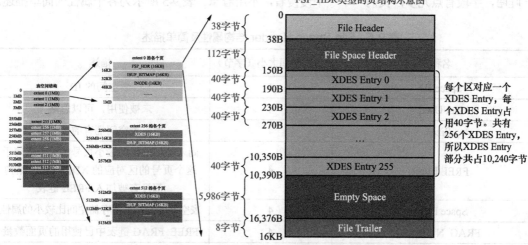

图 9-8　FSP_HDR 类型的页结构示意图

表 9-4　FSP_HDR 类型的页面的组成部分及含义

名称	中文名	占用空间大小（字节）	简单描述
File Header	文件头部	38	页的一些通用信息
File Space Header	表空间头部	112	表空间的一些整体属性信息
XDES Entry	区描述信息	10,240	存储本组 256 个区对应的属性信息
Empty Space	尚未使用空间	5,986	用于页结构的填充，没啥实际意义
File Trailer	文件尾部	8	校验页是否完整

File Header 和 File Trailer 就不再强调了。在另外几个部分中，Empty Space 是尚未使用的空间，我们不用管它。重点来看看 File Space Header 和 XDES Entry 这两个部分。

（1）File Space Header 部分

顾名思义，这个部分用来存储表空间的一些整体属性。废话少说，直接看图 9-9。

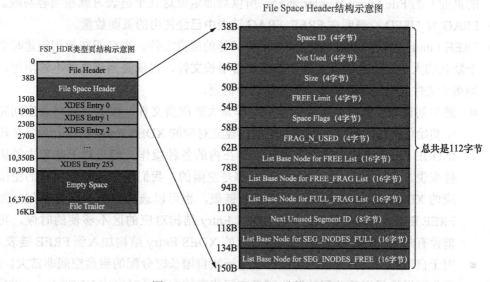

图 9-9　File Space Header 结构示意图

哇唔，字段有点儿多，我们一个一个慢慢看，不用着急。表 9-5 所示为各个属性的简单描述。

表 9-5　File Space Header 结构属性及简单描述

名称	占用空间大小（字节）	描述
Space ID	4	表空间的 ID
Not Used	4	未被使用，可以忽略
Size	4	当前表空间拥有的页面数
FREE Limit	4	尚未被初始化的最小页号，大于或等于这个页号的区对应的 XDES Entry 结构都没有被加入 FREE 链表
Space Flags	4	表空间的一些占用存储空间比较小的属性
FRAG_N_USED	4	FREE_FRAG 链表中已使用的页面数量
List Base Node for FREE List	16	FREE 链表的基节点
List Base Node for FREE_FRAG List	16	FREE_FRAG 链表的基节点
List Base Node for FULL_FRAG List	16	FULL_FRAG 链表的基节点
Next Unused Segment ID	8	当前表空间中下一个未使用的 Segment ID
List Base Node for SEG_INODES_FULL List	16	SEG_INODES_FULL 链表的基节点
List Base Node for SEG_INODES_FREE List	16	SEG_INODES_FREE 链表的基节点

表 9-5 中的 Space ID、Not Used、Size 这 3 个字段大家肯定一看就懂，我们详细瞅瞅其他字段。为了提升阅读体验，这里就不严格按照实际的字段顺序来解释了。

- List Base Node for FREE List、List Base Node for FREE_FRAG List、List Base Node for FULL_FRAG List：这 3 个字段看着太亲切了，分别是直属于表空间的 FREE 链表的基节点、FREE_FRAG 链表的基节点、FULL_FRAG 链表的基节点。这 3 个链表的基节点在表空间的位置是固定的，就是在表空间的第一个页面（也就是 FSP_HDR 类型的页面）的 File Space Header 部分。所以后面定位这几个链表时就相当容易啦。
- FRAG_N_USED：表明在 FREE_FRAG 链表中已经使用的页面数量。
- FREE Limit：我们知道，表空间对应着具体的磁盘文件。表空间在最初创建时会有一个默认的大小。而且磁盘文件一般都是自增长文件，也就是当该文件不够用时，会自动增大文件大小。这就带来了下面这两个问题。
  - 最初创建表空间时，可以指定一个非常大的磁盘文件；接着需要对表空间完成一个初始化操作，包括为表空间中的区建立对应的 XDES Entry 结构、为各个段建立 INODE Entry 结构、建立各种链表等在内的各种操作。但是对于非常大的磁盘文件来说，实际上有绝大部分的空间都是空闲的。我们可以选择把所有的空闲区对应的 XDES Entry 结构加入到 FREE 链表，也可以选择只把一部分空闲区加入到 FREE 链表，等空闲链表中的 XDES Entry 结构对应的区不够使的时候，再把之前没有加入 FREE 链表的空闲区对应的 XDES Entry 结构加入到 FREE 链表。
  - 对于自增长的文件来说，可能在发生一次自增长时分配的磁盘空间非常大。同样，我们可以选择把新分配的这些磁盘空间代表的空闲区对应的 XDES Entry 结构加入到 FREE 链表；也可以选择只把一部分空闲区加入到 FREE 链表，等空闲链表中的 XDES Entry 结构对应的区不够使的时候，再把之前没有加入 FREE 链表的空闲区对应的 XDES Entry 结构加入到 FREE 链表。

设计 InnoDB 的大叔采用的就是后者，中心思想就是等用的时候再把它们加入到 FREE 链表。他们为表空间定义了 FREE Limit 字段，在该字段表示的页号之后的区都未被使用，而且尚未被加入到 FREE 链表。

- Next Unused Segment ID：表中每个索引都对应两个段，每个段都有一个唯一的 ID。当我们为某个表新创建一个索引的时候，意味着需要创建两个新的段。那么，怎么为这个新创建的段分配一个唯一的 ID 呢？去遍历现在表空间中所有的段么？我们说过，遍历是不可能遍历的，这辈子都不可能遍历的。所以设计 InnoDB 的大叔提出了这个名为 Next Unused Segment ID 的字段，该字段表明当前表空间中最大的段 ID 的下一个 ID。这样在创建新段时为其赋予一个唯一的 ID 值就相当容易了——直接使用这个字段的值，然后把该字段的值递增一下就好了。

- Space Flags：表空间中与一些布尔类型相关的属性，或者只需要寥寥几个比特搞定的属性，都存放在这个 Space Flags 中。虽然这个字段只有 4 字节（32 比特），却储了表空间的好多属性，如表 9-6 所示。

表 9-6　Space Flags 中存储的属性及其描述

标志名称	占用的空间大小（比特）	描述
POST_ANTELOPE	1	表示文件格式是否在 ANTELOPE 格式之后
ZIP_SSIZE	4	表示压缩页面的大小
ATOMIC_BLOBS	1	表示是否自动把占用存储空间非常多的字段放到溢出页中
PAGE_SSIZE	4	页面大小
DATA_DIR	1	表示表空间是否是从数据目录中获取的
SHARED	1	是否为共享表空间
TEMPORARY	1	是否为临时表空间
ENCRYPTION	1	表空间是否加密
UNUSED	18	没有使用到的比特

小贴士　　在不同的 MySQL 版本中，SPACE_FLAGS 代表的属性可能有些差异，这里列举的是 MySQL 5.7.22 版本中的属性。大家现在不必深究它们的意思，我们还是先挑重要的看，把主要的表空间结构了解完，SPACE_FLAGS 中这些属性的细节就不深究了。

- List Base Node for SEG_INODES_FULL List 和 List Base Node for SEG_INODES_FREE List：每个段对应的 INODE Entry 结构会集中存放到一个类型为 INODE 的页中。如果表空间中的段特别多，则会有多个 INODE Entry 结构，此时可能一个页放不下，就需要多个 INODE 类型的页面。这些 INODE 类型的页会构成下面两种链表。
  - SEG_INODES_FULL 链表：在该链表中，INODE 类型的页面都已经被 INODE Entry 结构填充满，没有空闲空间存放额外的 INODE Entry。

　　■　SEG_INODES_FREE 链表：在该链表中，INODE 类型的页面仍有空闲空间来存放
　　　　INODE Entry 结构。

由于我们现在还没有详细唠叨 INODE 类型的页，所以在说过 INODE 类型的页之后再回
过头来看这两个链表。

（2）XDES Entry 部分

紧挨着 File Space Header 部分的就是 XDES Entry 部分了。我们唠叨过无数次但却一直未
见真身的 XDES Entry 就存储在表空间的第一个页面中。一个 XDES Entry 结构的大小是 40 字
节，由于一个页面的大小有限，只能存放数量有限的 XDES Entry 结构，所以我们才把 256 个
区划分成一组，在每组的第一个页面中存放 256 个 XDES Entry 结构。大家回过头去看看图 9-8
所示的示意图，其中 XDES Entry 0 对应着 extent 0，XDES Entry 1 对应着 extent 1……XDES
Entry255 对应着 extent 255。

因为每个区对应的 XDES Entry 结构的地址是固定的，因此我们可以很轻松地访问 extent
0 对应的 XDES Entry 结构（页面偏移量为 150 字节）、extent 1 对应的 XDES Entry 结构（页
面偏移量为 150 + 40 字节）、extent 2 对应的 XDES Entry 结构（页面偏移量为 150 + 80 字节）；
等等等等。至于该结构的详细使用情况已经唠叨得够明白了，这里就不赘述了。

2. XDES 类型

前文说过，每一个 XDES Entry 结构对应表空间的一个区。虽然一个 XDES Entry 结构只占用
40 字节，但是抵不住表空间中区的数量不断增多。在区的数量非常多时，一个单独的页可能无法
存放足够多的 XDES Entry 结构。所以我们把表空间的区分为若干个组，每组开头的一个页面记录
着本组内所有的区对应的 XDES Entry 结构。由于第一个组的第一个页面有些特殊（它也是整个表
空间的第一个页面），所以除了记录本组中所有区对应的 XDES Entry 结构外，还记录着表空间的
一些整体属性，这个页面的类型就是 FSP_HDR 类型，整个表空间里只有一个这种类型的页面。除
第一个分组以外，之后每个分组的第一个页面只需要记录本组内所有的区对应的 XDES Entry 结构
即可，不需要再记录表空间的属性。为了与 FSP_HDR 类型进行区别，我们把之后每个分组中第一
个页面的类型定义为 XDES，它的结构与 FSP_HDR 类型是非常相似的，如图 9-10 所示。

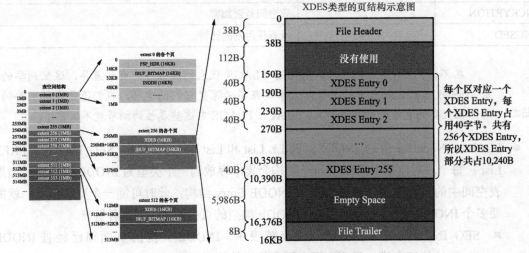

图 9-10　XDES 类型的页结构示意图

与 FSP_HDR 类型的页面对比，XDES 类型的页面除了没有 File Space Header 部分之外（也就是除了没有记录表空间整体属性的部分之外），其余的部分是一样的。由于前面在唠叨 FSP_HDR 类型的页面时已经够仔细了，这里也就不重复讲解 XDES 类型的页面了。

3. IBUF_BITMAP 类型

对比前文介绍的图 9-3，每个分组中第二个页面的类型都是 IBUF_BITMAP。这种类型的页中记录了一些有关 Change Buffer 的东西。

我们平时说向表中插入一条记录，其实本质上是向每个索引对应的 B+ 树中插入记录。该记录首先插入聚簇索引页面，然后再插入每个二级索引页面。这些页面在表空间中随机分布，将会产生大量的随机 I/O，严重影响性能。对于 UPDATE 和 DELETE 操作来说，也会带来许多的随机 I/O。所以设计 InnoDB 的大叔引入了一种称为 Change Buffer 的结构（本质上也是表空间中的一颗 B+ 树，它的根节点存储在系统表空间中，我们待会儿细说）。在修改非唯一二级索引页面时（修改唯一二级索引页面时是否利用 Change Buffer 取决于很多情况，我们这里就不展开讨论了），如果该页面尚未被加载到内存中（仍在磁盘上），那么该修改将先被暂时缓存到 Change Buffer 中，之后服务器空闲或者其他什么原因导致对应的页面从磁盘上加载到内存中时，再将修改合并到对应页面。另外，在很久之前的版本中只会缓存 INSERT 操作对二级索引页面所做的修改，所以 Change Buffer 以前被称作 Insert Buffer，所以在各种命名上延续了之前的叫法，比方说 IBUF 其实是 Insert Buffer 的缩写。本书不会再对 Change Buffer 的运行过程做更多详细介绍。

4. INODE 类型

再次对比前文介绍的图 9-3，第一个分组中第三个页面的类型是 INODE。前文讲过，设计 InnoDB 的大叔为每个索引定义了两个段，而且为某些特殊功能定义了特殊的段。为了方便管理，他们又为每个段设计了一个 INODE Entry 结构，这个结构记录了这个段的相关属性。我们即将介绍的这个 INODE 类型的页就是为了存储 INODE Entry 结构而存在的。话不多说，直接看图 9-11。

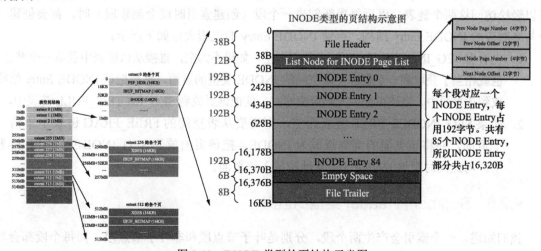

图 9-11　INODE 类型的页结构示意图

从图 9-11 可以看出，一个 INODE 类型的页面是由表 9-7 中的这几部分构成的。

表 9-7　INODE 类型的页面的构成部分及其描述

名称	中文名	占用空间大小（字节）	简单描述
File Header	文件头部	38	页的一些通用信息
List Node for INODE Page List	通用链表节点	12	存储上一个 INODE 页面和下一个 INODE 页面的指针
INODE Entry	段描述信息	16,320	具体的 INODE Entry 结构
Empty Space	尚未使用空间	6	用于页结构的填充，没啥实际意义
File Trailer	文件尾部	8	校验页是否完整

除了 File Header、Empty Space、File Trailer 这几个"老朋友"外，我们重点关注 List Node for INODE Page List 和 INODE Entry 这两个部分。

首先来看 INODE Entry 部分。前文已经详细介绍过这个结构的组成——主要包括对应的段内零散页面的地址以及附属于该段的 FREE、NOT_FULL 和 FULL 链表的基节点。每个 INODE Entry 结构占用 192 字节，一个页面中可以存储 85 个这样的结构。

现在重点看一下 List Node for INODE Page List。如果一个表空间中存在的段超过 85 个，那么一个 INODE 类型的页面不足以存储所有的段对应的 INODE Entry 结构，所以就需要额外的 INODE 类型的页面来存储这些结构。为了方便管理这些 INODE 类型的页面，设计 InnoDB 的大叔将这些 INODE 类型的页面串连成两个不同的链表。

- SEG_INODES_FULL 链表：在该链表中，INODE 类型的页面中已经没有空闲空间来存储额外的 INODE Entry 结构。

- SEG_INODES_FREE 链表：在该链表中，INODE 类型的页面中还有空闲空间来存储额外的 INODE Entry 结构。

想必大家已经认出这两个链表了。我们前面提到过，这两个链表的基节点就存储在 FSP_HDR 类型页面的 File Space Header 中。也就是说这两个链表的基节点的位置是固定的，从而可以轻松访问这两个链表。以后每当新创建一个段（创建索引时就会创建段）时，都会创建一个与之对应的 INODE Entry 结构。存储 INODE Entry 的过程大致如下所示。

1. 先看看 SEG_INODES_FREE 链表是否为空。如果不为空，直接从该链表中获取一个节点，也就相当于获取到一个仍有空闲空间的 INODE 类型的页面，然后把该 INODE Entry 结构放到该页面中。当该页面中无剩余空间时，就把该页放到 SEG_INODES_FULL 链表中。

2. 如果 SEG_INODES_FREE 链表为空，则需要从表空间的 FREE_FRAG 链表中申请一个页面，并将该页面的类型修改为 INODE，把该页面放到 SEG_INODES_FREE 链表中；与此同时把该 INODE Entry 结构放入该页面。

9.2.6　Segment Header 结构的运用

我们知道，一个索引会产生两个段，分别是叶子节点段和非叶子节点段，而每个段都会对应一个 INODE Entry 结构。我们怎么知道某个段对应哪个 INODE Entry 结构呢？所以得将这个对应关系记在某个地方。大家应该还记得，在唠叨数据页（也就是 INDEX 类型的页）时有一个 Page Header 部分。大家如果不记得了，请看表 9-8（需要注意的是，为了突出重点，表 9-8 省略了好多属性）。

表 9-8　Page Header 部分的结构及其描述

名称	占用空间大小（字节）	描述
PAGE_BTR_SEG_LEAF	10	B+ 树叶子节点段的头部信息，仅在 B+ 树的根页中定义
PAGE_BTR_SEG_TOP	10	B+ 树非叶子节点段的头部信息，仅在 B+ 树的根页中定义

其中的 PAGE_BTR_SEG_LEAF 和 PAGE_BTR_SEG_TOP 都占用 10 字节，它们其实对应一个名为 Segment Header 的结构，如图 9-12 所示。

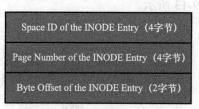

图 9-12　Segment Header 结构

Segment Header 结构中，各个部分的具体含义如表 9-9 所示。

表 9-9　Segment Header 结构及其描述

名称	占用空间大小（字节）	描述
Space ID of the INODE Entry	4	INODE Entry 结构所在的表空间 ID
Page Number of the INODE Entry	4	INODE Entry 结构所在的页面页号
Byte Offset of the INODE Entry	2	INODE Entry 结构在该页面中的偏移量

这样就很清晰了：PAGE_BTR_SEG_LEAF 记录着叶子节点段对应的 INODE Entry 结构的地址是哪个表空间中哪个页面的哪个偏移量；PAGE_BTR_SEG_TOP 记录着非叶子节点段对应的 INODE Entry 结构的地址是哪个表空间中哪个页面的哪个偏移量。这样，索引和对应的段的关系就建立起来了。不过需要注意的一点是，因为一个索引只对应两个段，所以只需要在索引的根页面中记录这两个结构即可。

9.2.7　真实表空间对应的文件大小

等会儿等会儿，上面这些概念已经压得快喘不过气来了。先提一个问题啊，独立表空间有那么大么么？我到数据目录中看了一下，一个新建的表对应的 .ibd 文件只占用了 96KB，才 6 个页面大小，上面的内容该不是在"扯犊子"吧？

刚开始时，表空间占用的空间自然是很小，因为表里面没有数据嘛！不过，请别忘了这些 .ibd 文件是自扩展的，随着表中数据的增多，表空间对应的文件也逐渐增大。

9.3   系统表空间

在了解了独立表空间的基本结构后，再来看系统表空间的结构也就好理解多了。系统表空间的结构与独立表空间基本类似，只不过由于整个 MySQL 进程只有一个系统表空间，系统表空间中需要记录一些与整个系统相关的信息，所以会比独立表空间多出一些用来记录这些信息的页面。因为这个系统表空间最重要，相当于所有表空间的"带头大哥"，所以它的表空间 ID（Space ID）是 0。

9.3.1   系统表空间的整体结构

与独立表空间相比，系统表空间有一个非常明显的不同之处，就是在表空间开头有许多记录整个系统属性的页面，如图 9-13 所示。

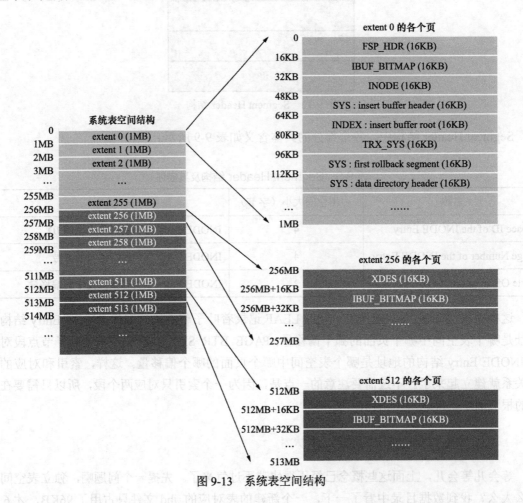

图 9-13   系统表空间结构

可以看到，系统表空间和独立表空间的前 3 个页面（页号分别为 0、1、2，类型分别是 FSP_HDR、IBUF_BITMAP、INODE）的类型是一致的，但是页号为 3 ～ 7 的页面是系统表空间特有的。我们来看一下这些多出来的页面都是干啥使的（见表 9-10）。

表 9-10　系统表空间特有的页面

页号	页面类型	英文描述	描述
3	SYS	Insert Buffer Header	存储 Change Buffer 的头部信息
4	INDEX	Insert Buffer Root	存储 Change Buffer 的根页面
5	TRX_SYS	Transaction System	事务系统的相关信息
6	SYS	First Rollback Segment	第一个回滚段的信息
7	SYS	Data Dictionary Header	数据字典头部信息

除了这几个记录系统属性的页面之外，系统表空间的 extent 1 和 extent 2 这两个区，也就是页号从 64~191 的这 128 个页面称为 Doublewrite Buffer（双写缓冲区）。上述大部分知识都涉及事务和多版本控制的问题，我们在后面的章节遇到时再说，现在只唠叨一下有关 InnoDB 数据字典的知识。

InnoDB 数据字典

我们平时使用 INSERT 语句向表中插入的那些记录称为用户数据。MySQL 只是作为一个软件来为我们来保管这些数据，提供方便的增删改查接口而已。但是每当向一个表中插入一条记录时，MySQL 先要校验插入语句所对应的表是否存在，以及插入的列和表中的列是否符合。如果语法没有问题，还需要知道该表的聚簇索引和所有二级索引对应的根页面是哪个表空间的哪个页面，然后把记录插入对应索引的 B+ 树中。所以，MySQL 除了保存着我们插入的用户数据之外，还需要保存许多额外的信息，比如：

- 某个表属于哪个表空间，表里面有多少列；
- 表对应的每一个列的类型是什么；
- 该表有多少个索引，每个索引对应哪几个字段，该索引对应的根页面在哪个表空间的哪个页面；
- 该表有哪些外键，外键对应哪个表的哪些列；
- 某个表空间对应的文件系统上的文件路径是什么。

上述信息并不是使用 INSERT 语句插入的用户数据，实际上是为了更好地管理用户数据而不得已引入的一些额外数据，这些数据也称为元数据。InnoDB 存储引擎特意定义了一系列的内部系统表（internal system table）来记录这些元数据（见表 9-11）。

表 9-11　记录元数据的内部系统表及其描述

表名	描述
SYS_TABLES	整个 InnoDB 存储引擎中所有表的信息
SYS_COLUMNS	整个 InnoDB 存储引擎中所有列的信息
SYS_INDEXES	整个 InnoDB 存储引擎中所有索引的信息
SYS_FIELDS	整个 InnoDB 存储引擎中所有索引对应的列的信息
SYS_FOREIGN	整个 InnoDB 存储引擎中所有外键的信息

续表

表名	描述
SYS_FOREIGN_COLS	整个 InnoDB 存储引擎中所有外键对应的列的信息
SYS_TABLESPACES	整个 InnoDB 存储引擎中所有的表空间信息
SYS_DATAFILES	整个 InnoDB 存储引擎中所有表空间对应的文件系统的文件路径信息
SYS_VIRTUAL	整个 InnoDB 存储引擎中所有虚拟生成的列的信息

这些系统表也被称为数据字典，它们都是以 B+ 树的形式保存在系统表空间的某些页面中。其中 SYS_TABLES、SYS_COLUMNS、SYS_INDEXES、SYS_FIELDS 这 4 个表尤其重要，称为基本系统表（basic system table）。我们先看看这 4 个表的结构。

（1）SYS_TABLES 表

表 9-12 所示为 SYS_TABLES 表的列。

表 9-12　SYS_TABLES 表的列

列名	描述
NAME	表的名称
ID	在 InnoDB 存储引擎中，每个表都有的一个唯一的 ID
N_COLS	该表拥有列的个数
TYPE	表的类型，记录了一些文件格式、行格式、压缩等信息
MIX_ID	已过时，忽略
MIX_LEN	表的一些额外属性
CLUSTER_ID	未使用，忽略
SPACE	该表所属表空间的 ID

SYS_TABLES 表有两个索引：

- 以 NAME 列为主键的聚簇索引；
- 以 ID 列建立的二级索引。

（2）SYS_COLUMNS 表

表 9-13 所示为 SYS_COLUMNS 表的列。

表 9-13　SYS_COLUMNS 表的列

列名	描述
TABLE_ID	该列所属表对应的 ID
POS	该列在表中是第几列
NAME	该列的名称
MTYPE	主数据类型（main data type），就是那堆 INT、CHAR、VARCHAR、FLOAT、DOUBLE 之类的东西

续表

列名	描述
PRTYPE	精确数据类型（precise type），就是修饰主数据类型的那堆东西，比如是否允许 NULL 值，是否允许负数
LEN	该列最多占用存储空间的字节数
PREC	该列的精度（不过这列貌似都没有使用），默认值都是 0

SYS_COLUMNS 表只有一个聚簇索引，即以（TABLE_ID，POS）列为主键的聚簇索引。

（3）SYS_INDEXES 表

表 9-14 所示为 SYS_INDEXES 表的列。

表 9-14　SYS_INDEXES 表的列

列名	描述
TABLE_ID	该索引所属表对应的 ID
ID	在 InnoDB 存储引擎中，每个索引都有的一个唯一的 ID
NAME	该索引的名称
N_FIELDS	该索引包含的列的个数
TYPE	该索引的类型，比如聚簇索引、唯一二级索引、更改缓冲区的索引、全文索引、普通的二级索引
SPACE	该索引根页面所在的表空间 ID
PAGE_NO	该索引根页面所在的页面号
MERGE_THRESHOLD	如果页面中的记录被删除到某个比例，就尝试把该页面和相邻页面合并；这个值就是这个比例

SYS_INDEXES 表只有一个聚簇索引，即以（TABLE_ID，ID）列为主键的聚簇索引。

（4）SYS_FIELDS 表

表 9-15 所示为 SYS_FIELDS 表的列。

表 9-15　SYS_FIELDS 表的列

列名	描述
INDEX_ID	该列所属索引的 ID
POS	该列在索引列中是第几列
COL_NAME	该列的名称

SYS_FIELDS 表只有一个聚簇索引，即以（INDEX_ID，POS）列为主键的聚簇索引。

（5）Data Dictionary Header 页面

只要有了上述 4 个基本系统表，也就意味着可以获取其他系统表以及用户定义的表的所有元数据。比如，我们想看一下 SYS_TABLESPACES 系统表中存储了哪些表空间以及表空间对应的属性，就可以执行下述操作。

- 根据表名到 SYS_TABLES 表中定位到具体的记录，从而获取到 SYS_TABLESPACES 表的 TABLE_ID。
- 使用获取的 TABLE_ID 到 SYS_COLUMNS 表中就可以获取到属于该表的所有列的信息。
- 使用获取的 TABLE_ID 还可以到 SYS_INDEXES 表中获取所有的索引的信息。索引的信息中包括对应的 INDEX_ID，还记录着该索引对应的 B+ 树根页面是哪个表空间的哪个页面。
- 使用获取的 INDEX_ID 就可以到 SYS_FIELDS 表中获取所有索引列的信息。

也就是说这 4 个表是表中之表。那么，这 4 个表的元数据去哪里获取呢？没法搞了，只能把这 4 个表的元数据（也就是它们有哪些列、哪些索引等信息）硬编码到代码中。然后设计 InnoDB 的大叔又拿出一个固定的页面来记录这 4 个表的聚簇索引和二级索引对应的 B+ 树位置。这个页面就是页号为 7 的页面，类型为 SYS，记录了 Data Dictionary Header（数据字典的头部信息）。除了这 4 个表的 5 个索引的根页面信息外，这个页号为 7 的页面还记录了整个 InnoDB 存储引擎的一些全局属性。"一图胜千言"，咱们直接看这个页面的示意图（见图 9-14）。

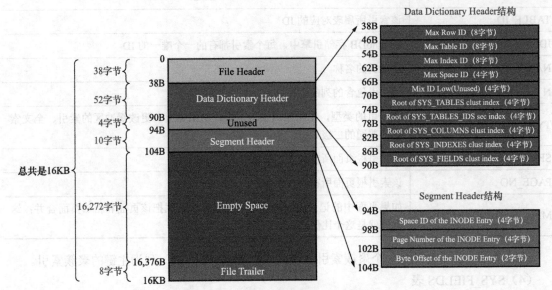

图 9-14　页号为 7 的页的结构示意图

可以看到，这个页面由表 9-16 中的几个部分组成。

表 9-16　页号为 7 的页的组成部分及其描述

名称	占用空间大小（字节）	简单描述
File Header（文件头部）	38	页的一些通用信息
Data Dictionary Header（数据字典头部）	52	记录一些基本系统表的根页面位置以及 InnoDB 存储引擎的一些全局信息
Unused	4	未使用
Segment Header（段头部）	10	记录本页面所在段对应的 INODE Entry 位置信息
Empty Space（尚未使用的空间）	16,272	用于页结构的填充，没啥实际意义
File Trailer（文件尾部）	8	校验页是否完整

这个页面中竟然有 Segment Header 部分，这意味着设计 InnoDB 的大叔把这些有关数据字典的信息当成一个段来分配存储空间，我们就姑且称之为数据字典段。由于目前需要记录的数据字典信息非常少（可以看到 Data Dictionary Header 部分仅占用了 52 字节），所以该段只有一个碎片页，也就是页号为 7 的这个页。

接下来需要详细介绍 Data Dictionary Header 部分的各个字段。

- Max Row ID：我们说过，如果不显式地为表定义主键，而且表中也没有不允许存储 NULL 值的 UNIQUE 键，那么 InnoDB 存储引擎会默认生成一个名为 row_id 的列作为主键。因为它是主键，所以每条记录的 row_id 列的值不能重复。原则上只要一个表中的 row_id 列不重复就可以了，也就是说表 a 和表 b 拥有一样的 row_id 列也没啥关系。不过设计 InnoDB 的大叔只提供了这个 Max Row ID 字段，无论哪个拥有 row_id 列的表插入一条记录，该记录的 row_id 列的值就是 Max Row ID 对应的值，然后再把 Max Row ID 对应的值加 1。也就是说这个 Max Row ID 是全局共享的。

当然并不是每分配一个 row_id 值都会将 Max Row ID 列刷新到磁盘一次，这样就太奢侈了，具体的策略请见第 19 章。

- Max Table ID：在 InnoDB 存储引擎中，所有的表都对应一个唯一的 ID，每次新建一个表时，就会把该字段的值加 1，然后将其作为该表的 ID。
- Max Index ID：在 InnoDB 存储引擎中，所有的索引都对应一个唯一的 ID，每次新建一个索引时，就会把该字段的值加 1，然后将其作为该索引的 ID。
- Max Space ID：在 InnoDB 存储引擎中，所有的表空间都对应一个唯一的 ID，每次新建一个表空间时，就会把本字段的值加 1，然后将其作为该表空间的 ID。
- Mix ID Low(Unused)：这个字段没啥用，直接跳过。
- Root of SYS_TABLES clust index：表示 SYS_TABLES 表聚簇索引的根页面的页号。
- Root of SYS_TABLE_IDS sec index：表示 SYS_TABLES 表为 ID 列建立的二级索引的根页面的页号。
- Root of SYS_COLUMNS clust index：表示 SYS_COLUMNS 表聚簇索引的根页面的页号。
- Root of SYS_INDEXES clust index：表示 SYS_INDEXES 表聚簇索引的根页面的页号。
- Root of SYS_FIELDS clust index：表示 SYS_FIELDS 表聚簇索引的根页面的页号。

以上就是页号为 7 的页面的全部内容，大家在初次查看时可能会发懵（因为有点儿绕），可以多看几次。

（6）information_schema 系统数据库

需要注意的一点是，用户不能直接访问 InnoDB 的这些内部系统表，除非直接去解析系统表空间对应的文件系统上的文件。不过设计 InnoDB 的大叔考虑到，查看这些表的内容可能有助于大家分析问题，所以在系统数据库 information_schema 中提供了一些以 INNODB_SYS 开头的表：

```
mysql> USE information_schema;
Database changed

mysql> SHOW TABLES LIKE 'INNODB_SYS%';
+-------------------------------------------+
| Tables_in_information_schema (innodb_sys%) |
+-------------------------------------------+
| INNODB_SYS_DATAFILES                       |
| INNODB_SYS_VIRTUAL                         |
| INNODB_SYS_INDEXES                         |
| INNODB_SYS_TABLES                          |
| INNODB_SYS_FIELDS                          |
| INNODB_SYS_TABLESPACES                     |
| INNODB_SYS_FOREIGN_COLS                    |
| INNODB_SYS_COLUMNS                         |
| INNODB_SYS_FOREIGN                         |
| INNODB_SYS_TABLESTATS                      |
+-------------------------------------------+
10 rows in set (0.00 sec)
```

在 information_schema 数据库中，这些以 INNODB_SYS 开头的表并不是真正的内部系统表（内部系统表就是前文唠叨的以 SYS 开头的那些表），而是在存储引擎启动时读取这些以 SYS 开头的系统表，然后填充到这些以 INNODB_SYS 开头的表中。以 INNODB_SYS 开头的表和以 SYS 开头的表中的字段并不完全一样，但供大家参考已经足矣。这些表太多了，这里就不唠叨了，大家自个儿动手试着查一查这些表中的数据吧。

9.4　总结

设计 InnoDB 的大叔出于不同的目的而设计了不同类型的页面。这些不同类型的页面基本都有 File Header 和 File Trailer 的通用结构。

表空间被划分为许多连续的区，对于大小为 16KB 的页面来说，每个区默认由 64 个页（也就是 1MB）组成，每 256 个区（也就是 256MB）划分为一组，每个组最开始的几个页面的类型是固定的。

段是一个逻辑上的概念，是某些零散的页面以及一些完整的区的集合。

每个区都对应一个 XDES Entry 结构，这个结构中存储了一些与这个区有关的属性。这些区可以被分为下面几种类型。

- 空闲的区：这些区会被加入到 FREE 链表。
- 有剩余空闲页面的碎片区：这些区会被加入到 FREE_FRAG 链表。
- 没有剩余空闲页面的碎片区：这些区会被加入到 FULL_FRAG 链表。
- 附属于某个段的区：每个段所属的区又会被组织成下面几种链表。
  - FREE 链表：在同一个段中，所有页面都是空闲页面的区对应的 XDES Entry 结构会被加入到这个链表。
  - NOT_FULL 链表：在同一个段中，仍有空闲页面的区对应的 XDES Entry 结构会被加入到这个链表。

- FULL 链表：在同一个段中，已经没有空闲页面的区对应的 XDES Entry 结构会被加入到这个链表。

每个段都会对应一个 INODE Entry 结构，该结构中存储了一些与这个段有关的属性。

表空间中第一个页面的类型为 FSP_HDR，它存储了表空间的一些整体属性以及第一个组内 256 个区对应的 XDES Entry 结构。

除了表空间的第一个组以外，其余组的第一个页面的类型为 XDES，这种页面的结构和 FSP_HDR 类型的页面对比，除了少了 File Space Header 部分之外（也就是除了少了记录表空间整体属性的部分之外），其余部分是一样的。

每个组的第二个页面的类型为 IBUF_BITMAP，存储了一些关于 Change Buffer 的信息。

表空间中第一个分组的第三个页面的类型是 INODE，它是为了存储 INODE Entry 结构而设计的，这种类型的页面会组织成下面两个链表。

- SEG_INODES_FULL 链表：在该链表中，INODE 类型的页面中已经没有空闲空间来存储额外的 INODE Entry 结构。
- SEG_INODES_FREE 链表：在该链表中，INODE 类型的页面中还有空闲空间来存储额外的 INODE Entry 结构。

Segment Header 结构占用 10 字节，是为了定位到具体的 INODE Entry 结构而设计的。

与独立表空间相比，系统表空间有一个非常明显的不同之处，就是在表空间开头有许多记录整个系统属性的页面。

InnoDB 提供了一系列系统表来描述元数据，其中 SYS_TABLES、SYS_COLUMNS、SYS_INDEXES、SYS_FIELDS 这 4 个表尤其重要，称为基本系统表（basic system table）。系统表空间的第 7 个页面记录了数据字典的头部信息。

第10章 条条大路通罗马——单表访问方法

对于 MySQL 用户来说，MySQL 其实就是一个软件，平时用的最多的就是查询功能。DBA 时不时丢过来一些慢查询语句让我们优化，如果我们连查询是怎么执行的都不清楚，优化也就无从谈起了。所以，是时候掌握真正的技术了。

第 1 章曾经讲过，MySQL Server 有一个称为优化器的模块。MySQL Server 在对一条查询语句进行语法解析之后，就会将其交给优化器来优化，优化的结果就是生成一个所谓的执行计划。这个执行计划表明了应该使用哪些索引进行查询、表之间的连接顺序是啥样的；等等。最后会按照执行计划中的步骤调用存储引擎提供的接口来真正地执行查询，并将查询结果返给客户端。

不过查询优化这个主题有点儿大，在学会跑之前得先学会走，所以本章先来瞅瞅 MySQL 怎么执行单表查询的（就是 FROM 子句后面只有一个表）。需要强调的一点是，在学习本章前大家一定要先仔细看过前面章节中关于记录结构、数据页结构以及索引的内容，并确保已经完全掌握了这些内容；反之，本章不合适你。

为了故事的顺利发展，我们还是得把老朋友 single_table 请出来。为了防止大家把这个老朋友忘掉了，我们再看一下它的表结构：

```
CREATE TABLE single_table (
    id INT NOT NULL AUTO_INCREMENT,
    key1 VARCHAR(100),
    key2 INT,
    key3 VARCHAR(100),
    key_part1 VARCHAR(100),
    key_part2 VARCHAR(100),
    key_part3 VARCHAR(100),
    common_field VARCHAR(100),
    PRIMARY KEY (id),
    KEY idx_key1 (key1),
    UNIQUE KEY uk_key2 (key2),
    KEY idx_key3 (key3),
    KEY idx_key_part(key_part1, key_part2, key_part3)
) Engine=InnoDB CHARSET=utf8;
```

我们为这个 single_table 表建立了 1 个聚簇索引和 4 个二级索引，分别是：

● 为 id 列建立的聚簇索引；
● 为 key1 列建立的 idx_key1 二级索引；
● 为 key2 列建立的 uk_key2 二级索引，而且该索引是唯一二级索引；
● 为 key3 列建立的 idx_key3 二级索引；
● 为 key_part1、key_part2、key_part3 列建立的 idx_key_part 二级索引，这也是一个联合索引。

接下来需要为这个表插入 10,000 行记录。除 id 列外，其余的列都插入随机值。具体的插入语句这里就不写了，大家自己写个程序插入吧（id 列是自增主键列，不需要手动插入）。

10.1 访问方法的概念

想必各位都用过各种地图 App 来查找到某个地方的路线吧。如果我们搜索从西安钟楼到大雁塔的路线，地图 App 会给出多种路线供我们选择。如果我们实在闲的没事儿干并且足够有钱，还可以用南辕北辙的方式绕地球一圈到达目的地。无论采用哪一种方式，我们最终的目标都是到达大雁塔这个地方。回到 MySQL 中来，我们平时所写的那些查询语句本质上只是一种声明式的语法，只是告诉 MySQL 要获取的数据符合哪些规则，至于 MySQL 背地里是如何把查询结果搞出来的则是 MySQL 自己的事儿。

设计 MySQL 的大叔把 MySQL 执行查询语句的方式称为访问方法（access method）或者访问类型。同一个查询语句可以使用多种不同的访问方法来执行，虽然最后的查询结果都是一样的，但是不同的执行方式花费的时间成本可能差距甚大。就像是从钟楼到大雁塔，你可以坐飞机去，坐公交车去，还可以骑共享单车去，当然也可以走着去。

下面将详细唠叨各种访问方法的具体内容。

10.2 const

有时可以通过主键列来定位一条记录，比如下面这个查询：

```
SELECT * FROM single_table WHERE id = 1438;
```

MySQL 会直接利用主键值在聚簇索引中定位对应的用户记录，如图 10-1 所示。

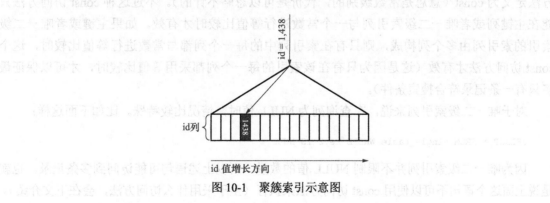

图 10-1 聚簇索引示意图

与之类似，我们根据唯一二级索引列来定位一条记录的速度也是贼快的。比如下面这个查询：

```
SELECT * FROM single_table WHERE key2 = 3841;
```

这个查询的执行过程的示意图如图 10-2 所示。

可以看到这个查询的执行分为下面两步。

步骤 1. 在 uk_key2 对应的 B+ 树索引中，根据 key2 列与常数的等值比较条件定位到一条二级索引记录。

步骤 2. 然后再根据该记录的 id 值到聚簇索引中获取到完整的用户记录。

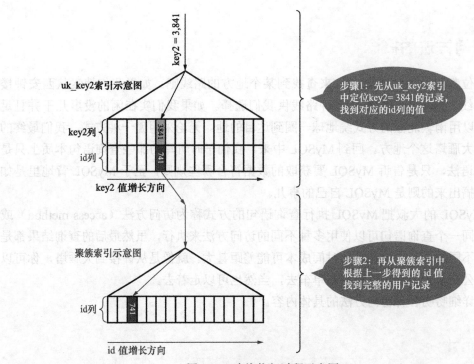

图 10-2   查询执行过程示意图

设计 MySQL 的大叔认为，通过主键或者唯一二级索引列与常数的等值比较来定位一条记录是像坐火箭一样快的，所以他们把这种通过主键或者唯一二级索引列来定位一条记录的访问方法定义为 const（意思是常数级别的，代价是可以忽略不计的）。不过这种 const 访问方法只能在主键列或者唯一二级索引列与一个常数进行等值比较时才有效。如果主键或者唯一二级索引的索引列由多个列构成，则只有在索引列中的每一个列都与常数进行等值比较时，这个 const 访问方法才有效（这是因为只有在该索引的每一个列都采用等值比较时，才可以保证最多只有一条记录符合搜索条件）。

对于唯一二级索引列来说，在查询列为 NULL 值时，情况比较特殊。比如下面这样：

```
SELECT * FROM single_table WHERE key2 IS NULL;
```

因为唯一二级索引列并不限制 NULL 值的数量，所以上述语句可能访问到多条记录。也就是说上面这个语句不可以使用 const 访问方法来执行（至于采用什么访问方法，会在下文介绍）。

10.3   ref

有时，我们需要将某个普通的二级索引列与常数进行等值比较，比如这样：

```
SELECT * FROM single_table WHERE key1 = 'abc';
```

对于这个查询，当然可以选择全表扫描的方式来执行。不过也可以使用 idx_key1 来执行，此时对应的扫描区间就是 ['abc', 'abc']，这也是一个单点扫描区间。我们可以定位到 key1 =

'abc' 条件的第一条记录，然后沿着记录所在的单向链表向后扫描，直到某条记录不符合 key1 = 'abc' 条件为止。由于查询列表是 *，因此针对获取到的每一条二级索引记录，都需要根据该记录的 id 值执行回表操作，到聚簇索引中获取到完整的用户记录后再发送给客户端。

由于普通二级索引并不限制索引列值的唯一性，所以位于扫描区间 ['abc', 'abc'] 中的二级索引记录可能有多条，此时使用二级索引执行查询的代价就取决于该扫描区间中的记录条数。如果该扫描区间中的记录较少，则回表操作的代价还是比较低的。设计 MySQL 的大叔把这种"搜索条件为二级索引列与常数进行等值比较，形成的扫描区间为单点扫描区间，采用二级索引来执行查询"的访问方法称为 ref。我们看一下如何采用 ref 访问方法执行查询，如图 10-3 所示。

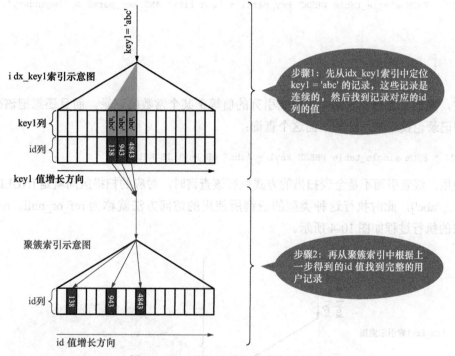

图 10-3　ref 访问方法执行查询示意图

采用二级索引来执行查询时，其实每获取到一条二级索引记录，就会立刻对其执行回表操作，而不是将所有二级索引记录的主键值都收集起来后再统一执行回表操作。图 10-3 中的步骤 1 和步骤 2 只是为了让大家更直观地区分扫描二级索引记录和回表操作，大家清楚执行的过程就好了。

从图 10-3 可以看出，对于普通的二级索引来说，通过索引列进行等值比较后可能会匹配到多条连续的二级索引记录，而不是像主键或者唯一二级索引那样最多只能匹配一条记录。所以这种 ref 访问方法比 const 差了那么一点。另外，这里大家需要注意下面两种情况。

- 在二级索引列允许存储 NULL 值时，无论是普通的二级索引，还是唯一二级索引，它们的索引列并不限制 NULL 值的数量，所以在执行包含 "key IS NULL" 形式的搜索条件的查询时，最多只能使用 ref 访问方法，而不能使用 const 访问方法。
- 对于索引列中包含多个列的二级索引来说，只要最左边连续的列是与常数进行等值比较，就可以采用 ref 访问方法。比如下面这几个查询都可以采用 ref 访问方法执行：

```
SELECT * FROM single_table WHERE key_part1 = 'god like';

SELECT * FROM single_table WHERE key_part1 = 'god like' AND key_part2 = 'legendary';

SELECT * FROM single_table WHERE key_part1 = 'god like' AND key_part2 = 'legendary' AND
key_part3 = 'penta kill';
```

如果索引列中最左边连续的列不全部是等值比较的话，它的访问方法就不能称为 ref 了。比如下面这条语句（其实该语句利用 idx_key_part 索引的访问方法就是后文要介绍的 range）：

```
SELECT * FROM single_table WHERE key_part1 = 'god like' AND key_part2 > 'legendary';
```

10.4 ref_or_null

有时，我们不仅想找出某个二级索引列的值等于某个常数的记录，而且还想把该列中值为 NULL 的记录也找出来。比如下面这个查询：

```
SELECT * FROM single_table WHERE key1 = 'abc' OR key1 IS NULL;
```

当使用二级索引而不是全表扫描的方式执行该查询时，对应的扫描区间就是 [NULL, NULL] 以及 ['abc', 'abc']，此时执行这种类型的查询所使用的访问方法就称为 ref_or_null。ref_or_null 访问方法的执行过程如图 10-4 所示。

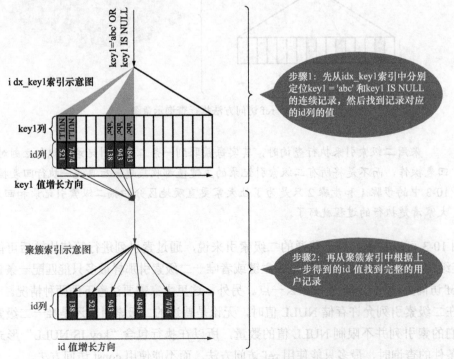

图 10-4 ref_or_null 访问方法的执行过程

可以看到，ref_or_null 访问方法只是比 ref 访问方法多扫描了一些值为 NULL 的二级索引记录。

小贴士

值为 NULL 的记录会被放在索引的最左边。

10.5 range

在对索引列与某一个常数进行等值比较时，才会使用到前文介绍的几种访问方法（ref_or_null 比较奇特，还计算了值为 NULL 的情况）。但是有时我们面对的搜索条件很复杂，比如下面这个查询：

```
SELECT * FROM single_table WHERE key2 IN (1438, 6328) OR (key2 >= 38 AND key2 <= 79);
```

如果使用 idx_key2 执行该查询，那么对应的扫描区间就是 [1438, 1438]、[6328, 6328] 以及 [38, 79]。设计 MySQL 的大叔把 "使用索引执行查询时，对应的扫描区间为若干个单点扫描区间或者范围扫描区间" 的访问方法称为 range（仅包含一个单点扫描区间的访问方法不能称为 range 访问方法，扫描区间为 $(-\infty, +\infty)$ 的访问方法也不能称为 range 访问方法）。

10.6 index

来看下面这个查询：

```
SELECT key_part1, key_part2, key_part3 FROM single_table WHERE key_part2 = 'abc';
```

由于 key_part2 并不是联合索引 idx_key_part 的索引列中最左边的列，所以无法形成合适的范围区间来减少需要扫描的记录数量，从而无法使用 ref 或者 range 访问方法来执行这个语句。但是这个查询符合下面这两个条件：

- 它的查询列表只有 key_part1、key_part2 和 key_part3 这 3 个列，而索引 idx_key_part 又恰好包含这 3 个列；
- 搜索条件中只有 key_part2 列，这个列也包含在索引 idx_key_part 中。

也就是说，我们可以直接遍历 idx_key_part 索引的所有二级索引记录，针对获取到的每一条二级索引记录，都判断 key_part2 = 'abc' 条件是否成立。如果成立，就从中读取出 key_part1、key_part2、key_part3 这 3 个列的值并将它们发送给客户端。很显然，在这种使用 idx_key_part 索引执行上述查询的情况下，对应的扫描区间就是 $(-\infty, +\infty)$。

由于二级索引记录比聚簇索引记录小得多（聚簇索引记录要存储用户定义的所有列以及隐藏列，而二级索引记录只需要存放索引列和主键），而且这个过程也不用执行回表操作，所以直接扫描全部的二级索引记录比直接扫描全部的聚簇索引记录的成本要小很多。设计 MySQL 的大叔就把这种扫描全部二级索引记录的访问方法称为 index 访问方法。

另外，当通过全表扫描对使用 InnoDB 存储引擎的表执行查询时，如果添加了 "ORDER BY 主键”的语句，那么该语句在执行时也会被人为地认定为使用的是 index 访问方法，如下面这个查询：

```
SELECT * FROM single_table ORDER BY id;
```

10.7　all

最直接的查询执行方式就是全表扫描（我们已经提了无数遍了），对于 InnoDB 表来说也就是直接扫描全部的聚簇索引记录。设计 MySQL 的大叔把这种使用全表扫描执行查询的访问方法称为 all 访问方法。

10.8　注意事项

10.8.1　重温二级索引 + 回表

在使用索引来减少需要扫描的记录数量时，一般情况下只会为单个索引生成扫描区间。比如下面这个查询：

```
SELECT * FROM single_table WHERE key1 = 'abc' AND key2 > 1000;
```

查询优化器会识别到这个查询中的两个搜索条件：

- key1 = 'abc'；
- key2 > 1000。

如果使用 idx_key1 执行查询，对应的扫描区间就是 ['abc', 'abc']；如果使用 uk_key2 执行查询，对应的扫描区间就是（1000, + ∞）。优化器会通过访问表中的少量数据或者直接根据事先生成的统计数据，来计算 ['abc','abc'] 扫描区间包含多少条记录，再计算（1000,+ ∞）扫描区间包含多少条记录，之后再通过一定算法来计算使用这两个扫描区间执行查询时的成本分别是多少，最后选择成本更小的那个扫描区间对应的索引执行查询（有关选择使用哪个索引执行查询的具体步骤，会在第 12 章中详细唠叨）。

一般来说，等值查找比范围查找需要扫描的记录数更少（也就是 ref 访问方法一般比 range 访问方法好；但这并不总是成立，也有可能在采用 ref 方法访问时，相应的索引列为特定值的行数特别多）。我们假设优化器决定使用 idx_key1 索引来执行查询，那么整个查询的执行过程如下所示。

步骤 1. 先通过 idx_key1 对应的 B+ 树定位到扫描区间 ['abc', 'abc'] 中的第一条二级索引记录。

步骤 2. 根据从步骤 1 中得到的二级索引记录的主键值执行回表操作，得到完整的用户记录，再检测该记录是否满足 key2>1000 条件。如果满足则将其发送给客户端，否则将其忽略。

步骤 3. 再根据该记录所在的单向链表找到下一条二级索引记录，重复步骤 2 中的操作，直到某条二级索引记录不满足 key1 = 'abc' 条件为止。

小贴士

> 　　从上文可以看出，每次从二级索引中读取到一条记录后，就会根据该记录的主键值执行回表操作。而在某个扫描区间中的二级索引记录的主键值是无序的，也就是说这些二级索引记录对应的聚簇索引记录所在的页面的页号是无序的。每次执行回表操作时都相当于要随机读取一个聚簇索引页面，而这些随机 I/O 带来的性能开销比较大。于是设计 MySQL 的大叔提出了一个名为 Disk-Sweep Multi-Range Read（MRR，多范围读取）的优化措施，即先读取一部分二级索引记录，将它们的主键值排好序之后再统一执行回表操作。相对于每读取一条二级索引记录就立即执行回表操作，这样会节省一些 I/O 开销。当然使用这个 MRR 优化措施的条件比较苛刻，我们之前的讨论中没有涉及 MRR，之后的讨论中也将忽略这项优化措施，直接认为每读取一条二级索引记录就立即执行回表操作。大家如果对 MRR 感兴趣，可以查询官方文档。

10.8.2 索引合并

　　前文说过，MySQL 在"一般情况下"只会为单个索引生成扫描区间，但还存在特殊情况。在这些特殊情况下，MySQL 也可能为多个索引生成扫描区间。设计 MySQL 的大叔把这种使用多个索引来完成一次查询的执行方法称为 index merge（索引合并）。具体的索引合并方法有下面 3 种。

1. Intersection 索引合并

比如现在有下面这个查询：

```
SELECT * FROM single_table WHERE key1 = 'a' AND key3 = 'b';
```

　　我们当然可以选择使用全表扫描的方式执行该查询，不过由于搜索条件涉及 key1 和 key3 列，因此也可以使用下面两种方案执行该查询。

- 方案 1：使用 idx_key1 索引执行该查询，此时对应的扫描区间就是 ['a', 'a']。对于获取到的每条二级索引记录，根据它的 id 值执行回表操作后获取到完整的用户记录，再判断 key3= 'b' 条件是否成立。这里需要注意，扫描区间 ['a', 'a'] 是一个单点扫描区间，也就是说位于该区间中的二级索引记录，其 key1 列的值都为 'a'。这也就意味着这些二级索引记录其实是按照主键值进行排序的。
- 方案 2：使用 idx_key3 索引执行该查询，此时对应的扫描区间就是 ['b', 'b']。对于获取到的每条二级索引记录，根据它的 id 值执行回表操作后获取到完整的用户记录，再判断 key1= 'a' 条件是否成立。这里需要注意，扫描区间 ['b', 'b'] 是一个单点扫描区间，也就是说位于该区间中的二级索引记录，其 key3 列的值都为 'b'。这也就意味着这些二级索引记录其实是按照主键值进行排序的。

其实除了全表扫描以及上面提到的方案 1 和方案 2 之外，还可以有方案 3，具体如下。

- 方案 3：同时使用 idx_key1 和 idx_key3 执行查询。也就是在 idx_key1 中扫描 key1 值在 ['a', 'a'] 区间中的二级索引记录，同时在 idx_key3 中扫描 key3 值在 ['b', 'b'] 区间中的二级索引记录，然后从两者的操作结果中找出 id 列值相同的记录（即找出它们共有的 id 值）。然后再根据这些共有的 id 值执行回表操作（那些仅在单个扫描区间中包含的 id 值就不需要执行回表操作了），这样可能省下很多回表操作带来的开销。

　　这里的方案 3 就是所谓的 Intersection 索引合并。Intersection 的中文含义就是"交集"，Intersection 索引合并指的就是对从不同索引中扫描到的记录的 id 值取交集，只为这些 id 值执行回表操作。如果使用 Intersection 索引合并的方式执行查询，并且每个使用到的索引都是二级索引的话，则要求从每个索引中获取到的二级索引记录都是按照主键值排序的。比如在上面的查询中，在 idx_key1 的 ['a', 'a'] 扫描区间中的二级索引记录都是按照主键值排序的，在 idx_key3 的 ['b', 'b'] 扫描区间中的二级索引记录也都是按照主键值排序的。

　　为什么会要求从不同二级索引中获取到的二级索引记录都按照主键值排好序呢？这主要出于两方面的考虑：

- 从两个有序集合中取交集比从两个无序集合中取交集要容易得多；
- 如果获取到的 id 值是有序排列的，则在根据这些 id 值执行回表操作时就不再是进行单纯的随机 I/O（这些 id 值是有序的），从而会提高效率。

　　假设 idx_key1 的扫描区间 ['a', 'a'] 中二级索引记录的 id 值是排好序的，且顺序为 1、3、5；idx_key3 的扫描区间 ['b', 'b'] 中二级索引记录的 id 值也是排好序的，且顺序为 2、3、4，那么这个查询在使用 Intersection 索引合并来执行时，过程如下所示。

步骤 1. 先从 idx_key1 索引的扫描区间 ['a', 'a'] 中取出第一条二级索引记录，该记录的主键值为 1。然后从 idx_key3 索引的扫描区间 ['b', 'b'] 中取出第一条二级索引记录，该记录的主键值为 2。因为 1<2，所以直接把从 idx_key1 索引中取出的那条主键值为 1 二级索引记录丢弃。

步骤 2. 接着继续从 idx_key1 索引的扫描区间 ['a', 'a'] 中取出下一条二级索引记录，该记录的主键值为 3。步骤 1 中从 idx_key3 索引的扫描区间 ['b', 'b'] 中取出的二级索引记录的主键值为 2。因为 3>2，所以直接把步骤 1 中从 idx_key3 索引的扫描区间 ['b', 'b'] 中取出的主键值为 2 的那条二级索引记录丢弃。

步骤 3. 接着继续从 idx_key3 索引的扫描区间 ['b', 'b'] 中取出下一条二级索引记录，该记录的主键值为 3。步骤 2 中从 idx_key1 索引的扫描区间 ['a', 'a'] 中取出的二级索引记录的主键值为 3。因为 3=3，也就意味着获取主键交集成功，然后根据该主键值执行回表操作，获取到完整的用户记录后将其发送给客户端。

步骤 4. 接着从 idx_key1 索引的扫描区间 ['a', 'a'] 中取出下一条二级索引记录，该记录的主键值为 5。然后从 idx_key3 索引的扫描区间 ['b', 'b'] 中取出下一条二级索引记录，该记录的主键值为 4。因为 5>4，所以直接把从 idx_key3 索引的扫描区间 ['b', 'b'] 中取出的那条主键值为 4 的二级索引记录丢弃。

步骤 5. 接着从 idx_key3 索引的扫描区间 ['b', 'b'] 中取出下一条符合条件的二级索引记录。发现没有了，然后结束查询。

　　别看这里写得啰嗦，其实这个执行过程可快了。

　　如果在使用某个二级索引执行查询时，从对应的扫描区间中读取出的二级索引记录不是按照主键值排序的，则不可以使用 Intersection 索引合并来执行查询。比如下面这个查询：

```
SELECT * FROM single_table WHERE key1 > 'a' AND key3 = 'b' ;
```

　　因为从 idx_key1 的扫描区间（'a', + ∞）获取到的记录并不是按照主键值排序的，所以上述查询不能使用 Intersection 索引合并的方式执行。

再看另一个例子：

```
SELECT * FROM single_table WHERE key1 = 'a' AND key_part1 = 'a';
```

对于 idx_key_part 索引来说，它的二级索引记录是先按照 key_part1 列的值进行排序的；在 key_part1 值相同的情况下，再按照 key_part2 值进行排序。那么在 idx_key_part 二级索引中，key_part1 值为 'a' 的二级索引记录并不是按照主键值进行排序的，所以上述查询也不能使用 Intersection 索引合并的方式执行。

另外，聚簇索引是比较特殊的存在，因为聚簇索引记录本身就是按照主键值进行排序的。比如对于下面这个查询：

```
SELECT * FROM single_table WHERE key1 = 'a' AND id > 9000;
```

从 idx_key1 的扫描区间 ['a', 'a'] 中获取的二级索引记录是按照主键值排序的，从聚簇索引的扫描区间（9000, + ∞）中获取的聚簇索引记录也是按照主键值排序的，所以上述查询可以使用 Intersection 索引合并的方式执行。不过实际在实现这种包含聚簇索引的 Intersection 索引合并方法时，并不会真正地扫描聚簇索引记录。那么它是怎么实现的呢？大家都知道，二级索引记录是包含索引列和主键列的，在索引列值相同的情况下，二级索引记录是按照主键值的大小排序的。所以上述查询在使用 Intersection 索引合并时，搜索条件 id > 9000 其实并不会为聚簇索引形成扫描区间(9000, + ∞)，而是与搜索条件key1 = 'a' 一起为idx_key1形成扫描区间(('a', 9000), ('a', + ∞))。也就是说我们可以直接使用 idx_key1 执行查询，定位到符合 key1 = 'a' AND id > 9000 条件的第一条二级索引记录，然后沿着记录所在的单向链表向后扫描，直到某条记录不符合 key1 = 'a' 条件或者 id > 9000 条件为止。当然，针对获取到的每一条二级索引记录，都需要执行回表操作。在这个过程中不需要扫描聚簇索引的扫描区间（9000, + ∞）中的聚簇索引记录。

2. Union 索引合并

比如现在有下面这个查询：

```
SELECT * FROM single_table WHERE key1 = 'a' OR key3 = 'b'
```

我们能仅使用 idx_key1 或者 idx_key3 执行上述查询吗？不行！以 idx_key1 为例，假如使用 idx_key1 执行上述查询，那么对应的扫描区间就是（- ∞ , + ∞），而且需要针对获取到的每一条二级索引记录，都执行回表操作。在这种情况下是不使用 idx_key1 执行该查询的。

那么，我们就只能使用全表扫描的方式执行上述查询了吗？也不是。我们可以同时使用 idx_key1 和 idx_key3 来执行查询。也就是在 idx_key1 中扫 key1 值位于 ['a', 'a'] 区间中的二级索引记录，同时在 idx_key3 中扫描 key3 值位于 ['b', 'b'] 区间中的二级索引记录，然后根据二级索引记录的 id 值在两者的结果中进行去重，再根据去重后的 id 值执行回表操作，这样重复的 id 值只需回表一次。这种方案就是所谓的 Union 索引合并。Union 的中文含义就是 "并集"，Union 索引合并指的就是对从不同索引中扫描到的记录的 id 值取并集，为这些 id 值执行回表操作。

如果使用 Union 索引合并的方式执行查询，并且每个使用到的索引都是二级索引的话，则要求从每个索引中获取到的二级索引记录都是按照主键值排序的。比如在上面的查询中，在 idx_key1 的 ['a', 'a'] 扫描区间中的二级索引记录都是按照主键值排序的，在 idx_key3 的 ['b', 'b'] 扫描区间中的二级索引记录也都是按照主键值排序的。这也是出于下面两个方面的考虑：

- 从两个有序集合执行去重操作比从两个无序集合中执行去重操作容易一些；
- 如果获取到的 id 值是有序的话，那么在根据这些 id 值执行回表操作时就不是进行单纯的随机 I/O（这些 id 值是有序的），从而会提高效率。

如果在使用某个二级索引执行查询时，从对应的扫描区间中读取出的二级索引记录不是按照主键值排序的，则不可以使用 Union 索引合并的方式执行查询。比如下面这个查询：

```
SELECT * FROM single_table WHERE key1 > 'a' OR key3 = 'b' ;
```

因为从 idx_key1 的扫描区间（'a', + ∞）中获取到的记录并不是按照主键值排序的，所以上述查询不能使用 Union 索引合并的方式执行。

再看另一个例子：

```
SELECT * FROM single_table WHERE key1 = 'a' OR key_part1 = 'a';
```

对于 idx_key_part 索引来说，它的二级索引记录先按照 key_part1 列的值进行排序，在 key_part1 值相同的情况下，再按照 key_part2 值进行排序。那么在 idx_key_part 二级索引中，key_part1 值为 'a' 的二级索引记录并不是按照主键值进行排序的，所以上述查询也不能使用 Union 索引合并的方式执行。

另外，聚簇索引是比较特殊的存在，因为聚簇索引记录本身就是按照主键值进行排序的。比如对于下面这个查询：

```
SELECT * FROM single_table WHERE key1 = 'a' OR id > 9000;
```

从 idx_key1 的扫描区间 ['a', 'a'] 中获取的二级索引记录是按照主键值排序的，从聚簇索引的扫描区间（9000, + ∞）中获取的聚簇索引记录也是按照主键值排序的，所以上述查询也可以使用 Union 索引合并的方式执行。

对于下面这个查询：

```
SELECT * FROM single_table WHERE (key_part1 = 'a' AND key_part2 = 'b' AND key_part3 = 'c') OR
(key1 = 'a' AND key3 = 'b');
```

我们可以先通过 idx_key1 和 idx_key3 执行 Intersection 索引合并，这样可以找到与搜索条件（key1 = 'a' AND key3 = 'b'）匹配的记录，然后再通过 idx_key_part 执行 Union 索引合并即可。

3. Sort-Union 索引合并

Union 索引合并的使用条件太苛刻，它必须保证从各个索引中扫描到的记录的主键值是有序的。比如下面这个查询就无法使用 Union 索引合并：

```
SELECT * FROM single_table WHERE key1 < 'a' OR key3 > 'z'
```

不过 key1<'a' 和 key3>'z' 这两个条件又特别让我们动心，所以我们可以这样操作：

- 先根据 key1<'a' 条件从 idx_key1 二级索引中获取二级索引记录，并将获取到的二级索

引记录的主键值进行排序;

- 再根据 key3 > 'z' 条件从 idx_key3 二级索引中获取二级索引记录,并将获取到的二级索引记录的主键值进行排序;
- 因为上述两个二级索引主键值都是排好序的,所以剩下的操作就与 Union 索引合并方式一样了。

我们把上面这种"先将从各个索引中扫描到的记录的主键值进行排序,再按照执行 Union 索引合并的方式执行查询"的方式称为 Sort-Union 索引合并。很显然,Sort-Union 索引合并比单纯的 Union 合并多了一步对二级索引记录的主键值进行排序的过程。

小贴士

为啥有 Sort-Union 索引合并,而没有 Sort-Intersection 索引合并呢?是的,在 MySQL 中确实没有 Sort-Intersection 索引合并这一说,不过在 MySQL 的近亲——MariaDB 数据库中实现了 Sort-Intersection 索引合并。

按照我的理解,Sort-Union 索引合并针对的是"单独根据搜索条件从某个二级索引中获取的记录数比较少"的使用场景,这样即使对这些二级索引记录按照主键值进行排序,成本也不会太高。而 Intersection 索引合并针对的是"单独根据搜索条件从某个二级索引中获取的记录数太多,导致回表成本太大"的使用场景,使用 Intersactions 索引合并后可以明显降低回表成本。但是,如果加入 Sort-Intersection 索引合并,就需要为大量的二级索引记录按照主键值进行排序,这个成本可能比使用单个二级索引执行查询的成本都要高,于是设计 MySQL 的大叔也就没有引入 Sort-Intersection 这个玩意儿。

10.9 总结

查询语句在本质上是一种声明式的语法,具体执行方式有很多种。设计 MySQL 的大叔根据不同的场景划分了很多种访问方法,比如:

- const;
- ref;
- ref_or_null;
- range;
- index;
- all;
- index_merge。

有的查询可以使用索引合并的方式利用多个索引完成查询,具体方法有下面 3 种:

- Intersection 索引合并;
- Union 索引合并;
- Sort-Union 索引合并。

第11章　两个表的亲密接触——连接的原理

关系型数据库一个至关重要的概念就是 Join（连接）。相信很多同学在初学连接的时候一脸懵懂，理解了连接的语义之后又可能不明白各个表中的记录到底是怎么连起来的，以至于在使用的时候常常陷入下面这两种误区：

● 业务至上，不管三七二十一，再复杂的查询也在一个连接语句中搞定；

● 敬而远之，DBA 上次报过来的慢查询就是因为使用了连接导致的，以后再也不敢用了。

本章就来唠叨一下连接的原理。考虑到有些读者可能忘了连接是啥，或者压根儿就不知道连接是啥，为了节省他们宝贵的时间以及为了给咱们这本书凑字数，咱们先来介绍一下 MySQL 中支持的连接语法。

11.1　连接简介

11.1.1　连接的本质

为了故事的顺利发展，我们先建立两个简单的表，并给它们填充一点数据：

```
mysql> CREATE TABLE t1 (m1 int, n1 char(1));
Query OK, 0 rows affected (0.02 sec)

mysql> CREATE TABLE t2 (m2 int, n2 char(1));
Query OK, 0 rows affected (0.02 sec)

mysql> INSERT INTO t1 VALUES(1, 'a'), (2, 'b'), (3, 'c');
Query OK, 3 rows affected (0.00 sec)
Records: 3  Duplicates: 0  Warnings: 0

mysql> INSERT INTO t2 VALUES(2, 'b'), (3, 'c'), (4, 'd');
Query OK, 3 rows affected (0.00 sec)
Records: 3  Duplicates: 0  Warnings: 0
```

我们成功建立了 t1、t2 两个表。这两个表都有两个列：一个是 INT 类型的；另外一个是 CHAR(1) 类型的。填充好数据的两个表看起来如下面这样：

```
mysql> SELECT * FROM t1;
+------+------+
| m1   | n1   |
+------+------+
|    1 | a    |
|    2 | b    |
|    3 | c    |
+------+------+
```

```
3 rows in set (0.00 sec)

mysql> SELECT * FROM t2;
+------+------+
| m2   | n2   |
+------+------+
|    2 | b    |
|    3 | c    |
|    4 | d    |
+------+------+
3 rows in set (0.00 sec)
```

从本质上来说，连接就是把各个表中的记录都取出来进行依次匹配，并把匹配后的组合发送给客户端。把 t1 和 t2 两个表连接起来的过程如图 11-1 所示。

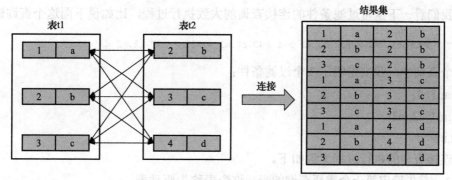

图 11-1　t1 和 t2 两个表的连接过程

这个过程看起来就是把 t1 表中的记录和 t2 表中的记录连起来组成一个新的更大的记录，所以这个查询过程称为连接查询。如果连接查询的结果集中包含一个表中的每一条记录与另一个表中的每一条记录相互匹配的组合，那么这样的结果集就可以称为笛卡儿积。因为表 t1 中有 3 条记录，表 t2 中也有 3 条记录，所以这两个表连接之后的笛卡儿积就有 3 × 3 = 9 条记录。在 MySQL 中，连接查询的语法也很随意，只要在 FROM 语句后边跟多个表名就好了。比如，我们把 t1 表和 t2 表连接起来的查询语句可以写成这样：

```
mysql> SELECT * FROM t1, t2;
+------+------+------+------+
| m1   | n1   | m2   | n2   |
+------+------+------+------+
|    1 | a    |    2 | b    |
|    2 | b    |    2 | b    |
|    3 | c    |    2 | b    |
|    1 | a    |    3 | c    |
|    2 | b    |    3 | c    |
|    3 | c    |    3 | c    |
|    1 | a    |    4 | d    |
|    2 | b    |    4 | d    |
|    3 | c    |    4 | d    |
+------+------+------+------+
9 rows in set (0.00 sec)
```

11.1.2　连接过程简介

如果乐意，我们可以连接任意数量的表。但是如果不附加任何限制条件，这些表连接起来产生的笛卡儿积可能是非常巨大的。比如，3 个 100 行记录的表连接起来产生的笛卡儿积就有 100 × 100 × 100 = 1,000,000 行记录！所以在连接时过滤掉特定的记录组合是有必要的。在连接查询中的过滤条件可以分成下面两种。

- 涉及单表的条件：这种只涉及单表的过滤条件已经在前文中提到过一万遍了，我们之前也一直称为搜索条件。比如 t1.m1>1 是只针对 t1 表的过滤条件，t2.n2<'d' 是只针对 t2 表的过滤条件。
- 涉及两表的条件：这种过滤条件我们之前没见过，比如 t1.m1=t2.m2、t1.n1>t2.n2 等。这些条件涉及了两个表，稍后会详细分析这种过滤条件是如何使用的。

下边我们看一下携带过滤条件的连接查询的大致执行过程，比如说下面这个查询语句：

```
SELECT * FROM t1, t2 WHERE t1.m1 > 1 AND t1.m1 = t2.m2 AND t2.n2 < 'd';
```

在这个查询中，我们指明了 3 个过滤条件：

- t1.m1>1；
- t1.m1=t2.m2；
- t2.n2<'d'。

这个连接查询的执行过程大致如下。

步骤 1. 首先确定第一个需要查询的表，这个表称为驱动表。

怎样在单表中执行查询语句已经在前一章中都唠叨过了：只需要选取代价最小的那种访问方法去执行单表查询语句就好了（就是说从 const、ref、ref_or_null、range、index merge、index、all 这些执行方法中选取代价最小的去执行查询即可）。这里假设使用 t1 作为驱动表，那么就需要到 t1 表中查找满足 t1.m1>1 的记录。因为表中的数据太少，我们也没在表上建立二级索引，所以我们将查询 t1 表所用的访问方法设定为 all，也就是采用全表扫描的方式执行单表查询。查询过程如图 11-2 所示。

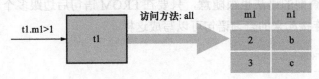

图 11-2　查询过程

可以看到，t1 表中符合 t1.m1>1 的记录有 2 条。

步骤 2. 步骤 1 中从驱动表每获取到一条记录，都需要到 t2 表中查找匹配的记录。

所谓匹配的记录，指的是符合过滤条件的记录。因为是根据 t1 表中的记录去找 t2 表中的记录，所以 t2 表也可以称为被驱动表。步骤 1 从驱动表中得到了 2 条记录，也就意味着需要查询 2 次 t2 表。此时涉及两个表的列的过滤条件 t1.m1 = t2.m2 就派上用场了。

对于从 t1 表中查询得到的第一条记录，也就是当 t1.m1=2 时，过滤条件 t1.m1=t2.m2 就相当于 t2.m2=2。所以此时 t2 表相当于有了 t2.m2=2、t2.n2<'d' 这两个过滤条件，然后到 t2 表中执行单表查询。

对于从 t1 表中查询得到的第二条记录，也就是当 t1.m1=3 时，过滤条件 t1.m1=t2.m2 就相当于 t2.m2=3。所以此时 t2 表相当于有了 t2.m2=3、t2.n2<'d' 这两个过滤条件，然后到 t2 表中

执行单表查询。

所以整个连接查询的执行过程如图 11-3 所示。

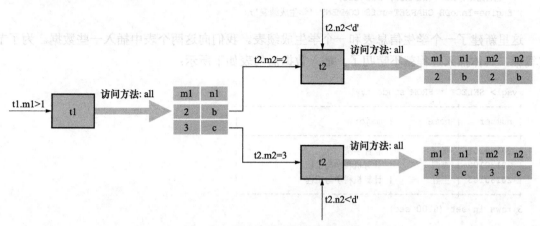

图 11-3 整个连接查询的执行过程

也就是说，整个连接查询最后的结果只有 2 条符合过滤条件的记录：

```
+------+------+------+------+
| m1   | n1   | m2   | n2   |
+------+------+------+------+
|    2 | b    |    2 | b    |
|    3 | c    |    3 | c    |
+------+------+------+------+
```

从上面的两个步骤可以看出，我们上边唠叨的这个两表连接查询共需要查询 1 次 t1 表、2 次 t2 表。当然这是特定过滤条件下的结果。如果把 t1.m1>1 这个条件去掉，那么从 t1 表中查出的记录就有 3 条，就需要查询 3 次 t2 表了。也就是说，在两表的连接查询中，驱动表只需要访问一次，被驱动表可能需要访问多次。

> 这里需要强调一下，并不是将所有满足条件的驱动表记录先查询出来放到一个地方，然后再去被驱动表中查询的（大家可以试想一下，如果满足条件的驱动表记录非常多，那得需要多大一片存储空间呀），而是每获得一条驱动表记录，就立即到被驱动表中寻找匹配的记录。

小贴士

11.1.3 内连接和外连接

为了大家更好地理解后面的内容，我们先创建两个有现实意义的表，

```sql
CREATE TABLE student (
    number INT NOT NULL AUTO_INCREMENT COMMENT '学号',
    name VARCHAR(5) COMMENT '姓名',
    major VARCHAR(30) COMMENT '专业',
    PRIMARY KEY (number)
) Engine=InnoDB CHARSET=utf8 COMMENT '学生信息表';

CREATE TABLE score (
    number INT COMMENT '学号',
```

```
    subject VARCHAR(30) COMMENT '科目',
    score TINYINT COMMENT '成绩',
    PRIMARY KEY (number, subject)
) Engine=InnoDB CHARSET=utf8 COMMENT '学生成绩表';
```

这里新建了一个学生信息表和一个学生成绩表。我们向这两个表中插入一些数据。为了节省篇幅，具体插入过程就不唠叨了。插入数据后的表如下所示：

```
mysql> SELECT * FROM student;
+----------+-----------+----------------------------+
| number   | name      | major                      |
+----------+-----------+----------------------------+
| 20180101 | 张三      | 软件学院                   |
| 20180102 | 李四      | 计算机科学与工程           |
| 20180103 | 王五      | 计算机科学与工程           |
+----------+-----------+----------------------------+
3 rows in set (0.00 sec)

mysql> SELECT * FROM score;
+----------+-----------------------------+-------+
| number   | subject                     | score |
+----------+-----------------------------+-------+
| 20180101 | MySQL是怎样运行的            |    78 |
| 20180101 | 深入浅出MySQL               |    88 |
| 20180102 | 深入浅出MySQL               |    98 |
| 20180102 | MySQL是怎样运行的            |   100 |
+----------+-----------------------------+-------+
4 rows in set (0.00 sec)
```

现在，要想把各位学生的考试成绩都查询出来，就需要进行两表连接了（因为 score 表中没有姓名信息，所以不能单纯只查询 score 表）。连接过程就是从 student 表中取出记录，然后在 score 表中查找 number 相同的成绩记录，所以过滤条件就是 student.number=socre.number，整个查询语句就是下面这样：

```
mysql> SELECT * FROM student, score WHERE student.number = score.number;
+----------+-----------+--------------------+----------+-----------------------+-------+
| number   | name      | major              | number   | subject               | score |
+----------+-----------+--------------------+----------+-----------------------+-------+
| 20180101 | 张三      | 软件学院           | 20180101 | MySQL是怎样运行的      |    78 |
| 20180101 | 张三      | 软件学院           | 20180101 | 深入浅出MySQL          |    88 |
| 20180102 | 李四      | 计算机科学与工程   | 20180102 | 深入浅出MySQL          |    98 |
| 20180102 | 李四      | 计算机科学与工程   | 20180102 | MySQL是怎样运行的      |   100 |
+----------+-----------+--------------------+----------+-----------------------+-------+
4 rows in set (0.00 sec)
```

字段有点多，我们少查询几个字段：

```
mysql> SELECT s1.number, s1.name, s2.subject, s2.score FROM student AS s1, score AS s2 WHERE
s1.number = s2.number;
+----------+-----------+---------------------+-------+
| number   | name      | subject             | score |
+----------+-----------+---------------------+-------+
| 20180101 | 张三      | MySQL是怎样运行的    |    78 |
| 20180101 | 张三      | 深入浅出MySQL        |    88 |
```

```
| 20180102 | 李四        | 深入浅出MySQL                 |   98 |
| 20180102 | 李四        | MySQL是怎样运行的              |  100 |
+----------+-------------+------------------------------+------+
4 rows in set (0.00 sec)
```

从上述查询结果中可以看到，各位学生对应的各科成绩都被查出来了。可是有个问题：王五同学（也就是学号为 20180103 的同学）因为某些原因没有参加考试，所以在 score 表中没有对应的成绩记录。如果老师想查看所有学生的考试成绩，即使是缺考的学生，他们的成绩也应该展示出来，但是到目前为止我们介绍的连接查询无法完成这样的需求。我们稍微思考一下这个需求，其本质是这样的：针对驱动表中的某条记录，即使在被驱动表中没有找到与之匹配的记录，也仍然需要把该驱动表记录加入到结果集。为了解决这个问题，就有了内连接和外连接的概念。

- 对于内连接的两个表，若驱动表中的记录在被驱动表中找不到匹配的记录，则该记录不会加入到最后的结果集。前面提到的连接都是内连接。
- 对于外连接的两个表，即使驱动表中的记录在被驱动表中没有匹配的记录，也仍然需要加入到结果集。

在 MySQL 中，根据选取的驱动表的不同，外连接可以细分为 2 种。

- 左外连接：选取左侧的表为驱动表。
- 右外连接：选取右侧的表为驱动表。

可这样仍然存在问题：即使对于外连接来说，有时候我们也不想把驱动表的全部记录都加入到最后的结果集。这就犯难了，有时候匹配失败要加入结果集，有时候又不要加入结果集。这咋办，有点儿犯难啊。把过滤条件分为两种不就解决这个问题了么，所以过滤条件在不同的地方是有不同的语义的。

- WHERE 子句中的过滤条件

WHERE 子句中的过滤条件就是我们平时见的那种。不论是内连接还是外连接，凡是不符合 WHERE 子句中过滤条件的记录都不会被加入到最后的结果集。

- ON 子句中的过滤条件

对于外连接的驱动表中的记录来说，如果无法在被驱动表中找到匹配 ON 子句中过滤条件的记录，那么该驱动表记录仍然会被加入到结果集中，对应的被驱动表记录的各个字段使用 NULL 值填充。

需要注意的是，这个 ON 子句是专门为"外连接驱动表中的记录在被驱动表找不到匹配记录时是否应该把该驱动表记录加入结果集中"这个场景提出的。所以，如果把 ON 子句放到内连接中，MySQL 会把它像 WHERE 子句一样对待。也就是说，内连接中的 WHERE 子句和 ON 子句是等价的。

   左外连接和右外连接分别简称为左连接和右连接，所以下面提到的左外连接和右外连接中的"外"字都用括号扩起来，表示这个字儿可有可无。

1. 左（外）连接的语法

左（外）连接的语法还是挺简单的。比如，我们要把 t1 表和 t2 表进行左外连接查询，可以这么写：

```
SELECT * FROM t1 LEFT [OUTER] JOIN t2 ON 连接条件 [WHERE 普通过滤条件];
```

其中，中括号里的 OUTER 单词是可以省略的。对于 LEFT JOIN 类型的连接来说，我们把放在左边的表称为外表或者驱动表，放在右边的表称为内表或者被驱动表。所以在上述查询语句中，t1 就是外表或者驱动表，t2 就是内表或者被驱动表。需要注意的是，对于左（外）连接和右（外）连接来说，必须使用 ON 子句来指出连接条件（内连接不必要包含 ON 子句）。了解了左（外）连接的基本语法之后，再次回到前面的那个现实问题中来，看看怎样写查询语句才能把所有学生（即使是缺考的学生）的成绩信息都查询出来，并放到结果集中：

```
mysql> SELECT s1.number, s1.name, s2.subject, s2.score FROM student AS s1 LEFT JOIN score AS
s2 ON s1.number = s2.number;
+----------+--------+----------------------------+-------+
| number   | name   | subject                    | score |
+----------+--------+----------------------------+-------+
| 20180101 | 张三   | MySQL是怎样运行的            |    78 |
| 20180101 | 张三   | 深入浅出MySQL               |    88 |
| 20180102 | 李四   | 深入浅出MySQL               |    98 |
| 20180102 | 李四   | MySQL是怎样运行的            |   100 |
| 20180103 | 王五   | NULL                       |  NULL |
+----------+--------+----------------------------+-------+
5 rows in set (0.04 sec)
```

从结果集中可以看出，虽然王五并没有对应的成绩记录，但是由于采用的连接类型为左（外）连接，所以仍然把他放到了结果集中，只不过在对应的成绩记录的各列使用了 NULL 值进行填充。

2. 右（外）连接的语法

右（外）连接和左（外）连接的原理是一样的，语法也只是把 LEFT 换成 RIGHT 而已：

```
SELECT * FROM t1 RIGHT [OUTER] JOIN t2 ON 连接条件 [WHERE 普通过滤条件];
```

在右（外）连接中，只不过驱动表是右边的表，被驱动表是左边的表，这里不再赘述。

3. 内连接的语法

内连接和外连接的根本区别就是在驱动表中的记录不符合 ON 子句中的连接条件时，内连接不会把该记录加入到最后的结果集中。我们最开始唠叨的那些连接查询的类型都是内连接。不过之前仅提到了一种最简单的内连接语法，就是直接把需要连接的多个表都放到 FROM 子句后面。其实 MySQL 针对内连接提供了好多不同的语法，我们以 t1 和 t2 表为例来看看：

```
SELECT * FROM t1 [INNER | CROSS] JOIN t2 [ON 连接条件] [WHERE 普通过滤条件];
```

也就是说在 MySQL 中，下面这几种内连接的写法都是等价的：

- SELECT * FROM t1 JOIN t2;
- SELECT * FROM t1 INNER JOIN t2;
- SELECT * FROM t1 CROSS JOIN t2;

上面这些写法等价于直接把需要连接的表名放到 FROM 语句之后，再用逗号分隔开的写法：

```
SELECT * FROM t1, t2;
```

尽管我们介绍了很多种内连接的书写方式，不过熟悉其中一种就好了，我个人比较推荐以 INNER JOIN 的形式书写内连接（因为 INNER JOIN 的语义很明确，可以与 LEFT JOIN 和

RIGHT JOIN 轻松地区分开）。这里需要注意的是，由于在内连接中 ON 子句和 WHERE 子句是等价的，所以内连接中不要求强制写明 ON 子句。

我们前面说过，连接就是把各个表中的记录都取出来依次进行匹配，并把匹配后的组合发送给客户端。无论哪个表作为驱动表，两表连接产生的笛卡儿积肯定是一样的。而对于内连接来说，凡是不符合 ON 子句或 WHERE 子句中条件的记录都会被过滤掉，也就相当于从两表连接的笛卡儿积中把不符合过滤条件的记录给踢出去（这里只是打个比方，并不是在真正执行查询时先获取笛卡儿尔积）。所以对于内连接来说，驱动表和被驱动表是可以互换的，并不会影响最后的查询结果。但是对于外连接来说，由于驱动表中的记录即使在被驱动表中找不到符合 ON 子句连接条件的记录，也会被加入到结果集，此时驱动表和被驱动表的关系就很重要了。也就是说，左外连接和右外连接的驱动表和被驱动表不能轻易互换。

4. 小结

上面说了这么多，给大家的感觉不是很直观，我们直接把表 t1 和 t2 的 3 种连接方式写在一起，这样大家理解起来就很容易了：

```
mysql> SELECT * FROM t1 INNER JOIN t2 ON t1.m1 = t2.m2;
+------+------+------+------+
| m1   | n1   | m2   | n2   |
+------+------+------+------+
|    2 | b    |    2 | b    |
|    3 | c    |    3 | c    |
+------+------+------+------+
2 rows in set (0.00 sec)

mysql> SELECT * FROM t1 LEFT JOIN t2 ON t1.m1 = t2.m2;
+------+------+------+------+
| m1   | n1   | m2   | n2   |
+------+------+------+------+
|    2 | b    |    2 | b    |
|    3 | c    |    3 | c    |
|    1 | a    | NULL | NULL |
+------+------+------+------+
3 rows in set (0.00 sec)

mysql> SELECT * FROM t1 RIGHT JOIN t2 ON t1.m1 = t2.m2;
+------+------+------+------+
| m1   | n1   | m2   | n2   |
+------+------+------+------+
|    2 | b    |    2 | b    |
|    3 | c    |    3 | c    |
| NULL | NULL |    4 | d    |
+------+------+------+------+
3 rows in set (0.00 sec)
```

11.2 连接的原理

上文那些啰嗦的介绍都只是为了唤醒大家对连接、内连接、外连接这些概念的回忆。这些基本概念是为了真正进入本章主题所做的铺垫。真正的重点是 MySQL 采用了什么样的算法来进行表与表之间的连接。了解了这个之后，大家才能明白为啥有的连接查询的运行速度快如闪电，有的却慢如蜗牛。

11.2.1　嵌套循环连接

前文说过，对于两表连接来说，驱动表只会被访问一遍，但被驱动表却要被访问好多遍；具体访问几遍取决于对驱动表执行单表查询后的结果集中有多少条记录。对于内连接来说，选取哪个表为驱动表都没关系；而外连接的驱动表是固定的，也就是说左（外）连接的驱动表就是左边的那个表，右（外）连接的驱动表就是右边的那个表。前文已经介绍过 t1 表和 t2 表执行内连接查询的大致过程，我们现在温习一下。

步骤 1. 选取驱动表，使用与驱动表相关的过滤条件，选取代价最低的单表访问方法来执行对驱动表的单表查询。

步骤 2. 对步骤 1 中查询驱动表得到的结果集中的每一条记录，都分别到被驱动表中查找匹配的记录。

通用的两表连接过程如图 11-4 所示。

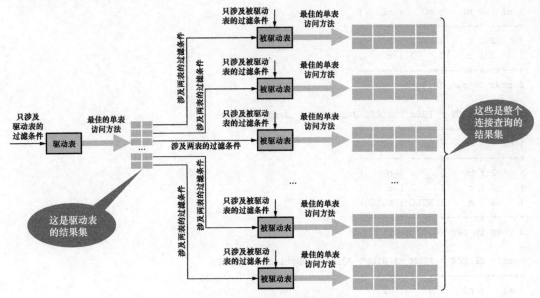

图 11-4　通用的两表连接过程

如果有 3 个表进行连接，那么步骤 2 中得到的结果集就像是新的驱动表，然后第 3 个表就成为了被驱动表，然后重复上面的过程。也就是针对步骤 2 中得到的结果集中的每一条记录，都需要到 t3 表中找一找有没有匹配的记录。用伪代码来表示这个过程就是下面这样：

```
for each row in t1 satisfying conditions about t1 {

    for each row in t2 satisfying conditions about t2 {

        for each row in t3 satisfying conditions about t3 {

            send to client;
```

```
        }
    }
}
```

这个过程就像是一个嵌套的循环，所以这种"驱动表只访问一次，但被驱动表却可能访问多次，且访问次数取决于对驱动表执行单表查询后的结果集中有多少条记录"的连接执行方式称为嵌套循环连接（Nested-Loop Join），这是最简单也是最笨拙的一种连接查询算法。

 小贴士

> 需要注意的是，对于嵌套循环连接算法来说，每当我们从驱动表中得到了一条记录时，就根据这条记录立即到被驱动表中查询一次。如果得到了匹配的记录，就把组合后的记录发送给客户端，然后再到驱动表中获取下一条记录；这个过程将重复进行。我们在图 11-4 中提到的"结果集"只是一个抽象的概念，大家不要错误地以为是把驱动表中所有的记录都先查出来放到某个地方（比如内存或者磁盘中），然后再遍历这些记录。

11.2.2 使用索引加快连接速度

我们知道，在嵌套循环连接中可能需要访问多次被驱动表。如果访问被驱动表的方式都是全表扫描，那得要扫描好多次！但是别忘了，查询 t2 表其实就相当于一次单表查询，我们可以利用索引来加快查询速度。回顾最开始介绍的使用 t1 表和 t2 表进行内连接的例子：

```
SELECT * FROM t1, t2 WHERE t1.m1 > 1 AND t1.m1 = t2.m2 AND t2.n2 < 'd';
```

这个连接查询使用的是其实是嵌套循环连接算法。把上面这个查询执行过程拿出来给大家看一下，如图 11-5 所示。

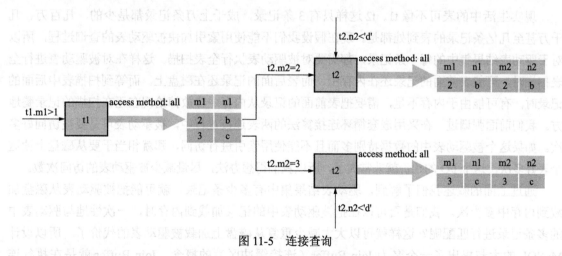

图 11-5　连接查询

查询驱动表 t1 后的结果集中有 2 条记录，嵌套循环连接算法需要查询被驱动表 2 次：

● 当 t1.m1=2 时，查询一遍 t2 表，对 t2 表的查询语句相当于：

```
SELECT * FROM t2 WHERE t2.m2 = 2 AND t2.n2 < 'd';
```

● 当 t1.m1=3 时，再去查询一遍 t2 表，此时对 t2 表的查询语句相当于：

```
SELECT * FROM t2 WHERE t2.m2 = 3 AND t2.n2 < 'd';
```

可以看到，原来的 t1.m1=t2.m2 这个涉及两个表的过滤条件在针对 t2 表进行查询时，关于 t1 表的条件就已经确定了，所以我们只需要单单优化针对 t2 表的查询即可。上述两个对 t2 表的查询语句中利用到的是 m2 和 n2 列，我们可以进行如下尝试。

- 在 m2 列上建立索引。因为针对 m2 列的条件是等值查找，比如 t2.m2=2、t2.m2=3 等，所以可能使用到 ref 访问方法。假设使用 ref 访问方法来执行对 t2 表的查询，需要在回表之后再判断 t2.n2 < 'd' 这个条件是否成立。

这里有一个比较特殊的情况，即假设 m2 列是 t2 表的主键，或者是不允许存储 NULL 值的唯一二级索引列，那么使用 "t2.m2 = 常数值" 这样的条件从 t2 表中查找记录时，代价就是常数级别的。我们知道，在单表中使用主键值或者唯一二级索引列的值进行等值查找的方式称为 const，而在连接查询中对被驱动表的主键或者不允许存储 NULL 值的唯一二级索引进行等值查找使用的访问方法就称为 eq_ref。

- 在 n2 列上建立索引，涉及的条件是 t2.n2 < 'd'，可能用到 range 访问方法。假设使用 range 访问方法对 t2 表进行查询，需要在回表之后再判断包含 m2 列的条件是否成立。

假设 m2 和 n2 列上都存在索引，那么就需要从这两个里面挑一个代价更低的索引来查询 t2 表。

另外，连接查询的查询列表和过滤条件中有时可能只涉及被驱动表的部分列，而这些列都是某个二级索引的一部分，在这种情况下即使不能使用 eq_ref、ref、ref_or_null 或者 range 等访问方法来查询被驱动表，也可以通过扫描全部二级索引记录（即使用 index 访问方法）来查询被驱动表。所以建议最好不要使用 * 作为查询列表，而是把真正用到的列作为查询列表。

11.2.3　基于块的嵌套循环连接

现实生活中的表可不像 t1、t2 这样只有 3 条记录，成千上万条记录都是少的，几百万、几千万甚至几亿条记录的表到处都是。现在假设我们不能使用索引加快被驱动表的查询过程，所以对于驱动表结果集中的每一条记录，都需要对被驱动表执行全表扫描。这样在对被驱动表进行全表扫描时，可能表前面的记录还在内存中，而表后面的记录还在磁盘上。而等到扫描表中后面的记录时，有可能由于内存不足，需要把表前面的记录从内存中释放掉给现在正在扫描的记录腾地方。我们前面强调过，在采用嵌套循环连接算法的两表连接过程中，被驱动表可是要被访问好多次。如果这个被驱动表中的数据特别多而且不能使用索引进行访问，那就相当于要从磁盘上读这个表好多次，这个 I/O 的代价就非常大了。所以我们得想办法，尽量减少被驱动表的访问次数。

通过上面的叙述我们了解到，驱动表结果集中有多少条记录，就可能把被驱动表从磁盘加载到内存中多少次。我们是否可以在把被驱动表中的记录加载到内存时，一次性地与驱动表中的多条记录进行匹配呢？这样就可以大大减少重复从磁盘上加载被驱动表的代价了。所以设计 MySQL 的大叔提出了一个名为 Join Buffer（连接缓冲区）的概念。Join Buffer 就是在执行连接查询前申请的一块固定大小的内存。先把若干条驱动表结果集中的记录装在这个 Join Buffer 中，然后开始扫描被驱动表，每一条被驱动表的记录一次性地与 Join Buffer 中的多条驱动表记录进行匹配。由于匹配的过程都是在内存中完成的，所以这样可以显著减少被驱动表的 I/O 代价。使用 Join Buffer 的过程如图 11-6 所示。

最好的情况是 Join Buffer 足够大，能容纳驱动表结果集中的所有记录，这样只需要访问一次被驱动表就可以完成连接操作了。设计 MySQL 的大叔把这种加入了 Join Buffer 的嵌套循环连接算法称为基于块的嵌套循环连接（Block Nested-Loop Join）算法。

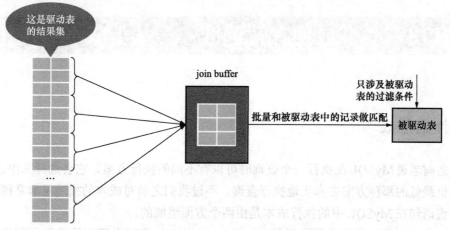

图 11-6 使用 Join Buffer 的过程示意图

这个 Join Buffer 的大小可以通过启动选项或者系统变量 join_buffer_size 进行配置，默认大小为 262,144 字节（也就是 256KB），最小可以设置为 128 字节。当然，在我们优化对被驱动表的查询时，最好是为被驱动表加上高效率的索引。如果实在不能使用索引，并且自己机器的内存也比较大，则可以尝试调大 join_buffer_size 的值来对连接查询进行优化。

另外需要注意的是，Join Buffer 中并不会存放驱动表记录的所有列，只有查询列表中的列和过滤条件中的列才会被放到 Join Buffer 中，所以这也再次提醒我们，最好不要把 * 作为查询列表，只需要把关心的列放到查询列表就好了；这样还可以在 Join Buffer 中放置更多的记录。

11.3 总结

从本质上来说，连接就是把各个表中的记录都取出来依次进行匹配，并把匹配后的组合发送给客户端。如果不加任何过滤条件，产生的结果集就是笛卡儿积。

在 MySQL 中，连接分为内连接和外连接，其中外连接又可以被细分为左（外）连接和右（外）连接。内连接和外连接的根本区别就是，在驱动表中的记录不符合 ON 子句中的连接条件时，内连接不会把该记录加入到最后的结果集中，而外连接会。

嵌套循环连接算法是指驱动表只访问一次，但被驱动表却可能会访问多次，访问次数取决于对驱动表执行单表查询后的结果集中有多少条记录。大致过程如下。

步骤 1. 选取驱动表，使用与驱动表相关的过滤条件，选取代价最低的单表访问方法来执行对驱动表的单表查询。

步骤 2. 对步骤 1 中查询驱动表得到的结果集中的每一条记录，都分别到被驱动表中查找匹配的记录。

由于被驱动表可能会访问多次，因此可以为被驱动表建立合适的索引以加快查询速度。

如果被驱动表非常大，多次访问被驱动表可能导致很多次的磁盘 I/O，此时可以使用基于块的嵌套循环连接算法来缓解由此造成的性能损耗。

第12章 谁最便宜就选谁——基于成本的优化

12.1 什么是成本

我们之前老说MySQL在执行一个查询时可以有不同的执行方案。它会选择其中成本最低，或者说代价最低的那种方案去真正地执行查询。不过我们之前对成本的描述是非常模糊的，其实一条查询语句在 MySQL 中的执行成本是由两个方面组成的。

- I/O 成本：我们的表经常使用的 MyISAM、InnoDB 存储引擎都是将数据和索引存储到磁盘上。当查询表中的记录时，需要先把数据或者索引加载到内存中，然后再进行操作。这个从磁盘到内存的加载过程损耗的时间称为 I/O 成本。
- CPU 成本：读取记录以及检测记录是否满足对应的搜索条件、对结果集进行排序等这些操作损耗的时间称为 CPU 成本。

对 InnoDB 存储引擎来说，页是磁盘和内存之间进行交互的基本单位。设计 MySQL 的大叔规定：读取一个页面花费的成本默认是 1.0；读取以及检测一条记录是否符合搜索条件的成本默认是 0.2。1.0、0.2 这些数字称为成本常数，这两个成本常数最常用到，其余的成本常数会在后面再说。

> 需要注意的是，在读取记录时，即使不需要检测记录是否符合搜索条件，其成本也算作 0.2。

12.2 单表查询的成本

12.2.1 准备工作

为了故事的顺利发展，我们还得把之前用到的 single_table 表搬出来。为了避免大家忘记这个表的模样，这里再给大家抄一遍：

```
CREATE TABLE single_table (
    id INT NOT NULL AUTO_INCREMENT,
    key1 VARCHAR(100),
    key2 INT,
    key3 VARCHAR(100),
    key_part1 VARCHAR(100),
```

```
        key_part2 VARCHAR(100),
        key_part3 VARCHAR(100),
        common_field VARCHAR(100),
        PRIMARY KEY (id),
        KEY idx_key1 (key1),
        UNIQUE KEY uk_key2 (key2),
        KEY idx_key3 (key3),
        KEY idx_key_part(key_part1, key_part2, key_part3)
    ) Engine=InnoDB CHARSET=utf8;
```

还是假设这个表中有 10,000 条记录，除 id 列外其余的列都插入随机值。下边正式开始我们的表演。

12.2.2　基于成本的优化步骤

在真正执行一条单表查询语句之前，MySQL 的优化器会找出所有可以用来执行该语句的方案，并在对比这些方案之后找出成本最低的方案。这个成本最低的方案就是所谓的执行计划。之后才会调用存储引擎提供的接口真正地执行查询。这个过程总结一下就是下面这样。

1．根据搜索条件，找出所有可能使用的索引。

2．计算全表扫描的代价。

3．计算使用不同索引执行查询的代价。

4．对比各种执行方案的代价，找出成本最低的那个方案。

下边以一个实例来分析一下这些步骤。单表查询语句如下：

```
SELECT * FROM single_table WHERE
    key1 IN ('a', 'b', 'c') AND
    key2 > 10 AND key2 < 1000 AND
    key3 > key2 AND
    key_part1 LIKE '%hello%' AND
    common_field = '123';
```

乍看上去有点儿复杂，我们逐步进行分析。

1．根据搜索条件，找出所有可能使用的索引

前文说过，对于 B+ 树索引来说，只要索引列和常数使用 =、<=>、IN、NOT IN、IS NULL、IS NOT NULL、>、<、>=、<=、BETWEEN、!=（不等于也可以写成 <>）或者 LIKE 操作符连接起来，就会产生一个扫描区间（用 LIKE 匹配字符串前缀时，也会产生一个扫描区间）。也就是说，这些搜索条件都可能使用到索引，设计 MySQL 的大叔把一个查询中可能使用到的索引称之为 possible keys。

我们分析一下上面的查询语句中涉及的几个搜索条件。

- key1 IN ('a', 'b', 'c')：这个搜索条件可以使用二级索引 idx_key1。
- key2>10 AND key2<1000：这个搜索条件可以使用二级索引 uk_key2。
- key3>key2：这个搜索条件的索引列由于没有与常数进行比较，因此不能产生合适的扫描区间。
- key_part1 LIKE '%hello%'：key_part1 通过 LIKE 操作符与以通配符开头的字符串进行

比较，不能产生合适的扫描区间。

- common_field='123'：由于压根儿没有在该列上建立索引，所以不会用到索引。

综上所述，上面的查询语句可能使用到的索引（也就是 possible keys）有 idx_key1 和 uk_key2。

2. 计算全表扫描的代价

对 InnoDB 存储引擎来说，全表扫描的意思就是把聚簇索引中的记录都依次与给定的搜索条件进行比较，并把符合搜索条件的记录加入到结果集中。所以需要将聚簇索引对应的页面加载到内存中，然后再检测记录是否符合搜索条件。由于查询成本 = I/O 成本 + CPU 成本，所以在计算全表扫描的代价时需要两个信息：

- 聚簇索引占用的页面数；
- 该表中的记录数。

这两个信息从哪里来呢？设计 MySQL 的大叔为每个表维护了一系列的统计信息。关于这些统计信息的收集方式，将会在下一章详细唠叨。现在先看一下怎么查看这些统计信息。设计 MySQL 的大叔提供了 SHOW TABLE STATUS 语句来查看表的统计信息。如果要看某个指定表的统计信息，在该语句后添加对应的 LIKE 语句就好了。比如，我们要查看 single_table 表的统计信息，可以这么写：

```
mysql> USE xiaohaizi;
Database changed

mysql> SHOW TABLE STATUS LIKE 'single_table'\G
*************************** 1. row ***************************
           Name: single_table
         Engine: InnoDB
        Version: 10
     Row_format: Dynamic
           Rows: 9693
 Avg_row_length: 163
    Data_length: 1589248
Max_data_length: 0
   Index_length: 2752512
      Data_free: 4194304
 Auto_increment: 10001
    Create_time: 2018-12-10 13:37:23
    Update_time: 2018-12-10 13:38:03
     Check_time: NULL
      Collation: utf8_general_ci
       Checksum: NULL
 Create_options:
        Comment:
1 row in set (0.01 sec)
```

虽然出现了很多统计选项，但我们目前只关心两个选项。

- Rows：表示表中的记录条数。对于使用 MyISAM 存储引擎的表来说，该值是准确的；对于使用 InnoDB 存储引擎的表来说，该值是一个估计值。从查询结果中也可以看出，由于 single_table 表使用的是 InnoDB 存储引擎，尽管表实际有 10,000 条记录，但是执行 SHOW TABLE STATUS 语句后显示的 Rows 值是 9,693，即只有 9,693 条记录。

- Data_length：表示表占用的存储空间字节数。对于使用 MyISAM 存储引擎的表来说，该值就是数据文件的大小；对于使用 InnoDB 存储引擎的表来说，该值就相当于聚簇索引占用的存储空间大小，也就是说，可以按照下面的公式来计算该值的大小：

$$Data\_length = 聚簇索引的页面数量 \times 每个页面的大小$$

我们的 single_table 表使用默认的 16KB 页面大小，而上面查询结果中显示 Data_length 的值是 1,589,248，所以可以反向推导出聚簇索引的页面数量：

$$聚簇索引的页面数量 = 1,589,248 \div 16 \div 1024 = 97$$

现在已经得到了聚簇索引占用的页面数量以及该表记录数的估计值，接下来就可以计算全表扫描成本了。但是，设计 MySQL 的大叔在真正计算成本时会进行一些微调，这些微调的值是直接硬编码到代码中的。由于没有注释，我也不知道这些微调值是个啥意思。但是由于这些微调的值十分小，并不影响我们分析，所以也就没有必要在这些微调值上纠结了。现在可以看一下全表扫描成本的计算过程。

- I/O 成本：$97 \times 1.0 + 1.1 = 98.1$

  97 指的是聚簇索引占用的页面数，1.0 指的是加载一个页面的成本常数，后边的 1.1 是一个微调值，我们不用在意。

- CPU 成本：$9,693 \times 0.2 + 1.0 = 1939.6$

  9,693 指的是统计数据中表的记录数，对于 InnoDB 存储引擎来说这是一个估计值；0.2 指的是访问一条记录所需的成本常数，后边的 1.0 是一个微调值，我们不用在意。

- 总成本：$98.1 + 1939.6 = 2037.7$

综上所述，针对 single_table 的全表扫描所需的总成本就是 2,037.7。

小贴士

> 前文说过，完整的用户记录其实都存储在聚簇索引对应的 B+ 树的叶子节点中，所以我们只要通过根节点获得了最左边的叶子节点，就可以沿着叶子节点组成的双向链表把所有记录都查看一遍。也就是说在全表扫描的过程中，其实有的 B+ 树内节点是不需要访问的，但是设计 MySQL 的大叔在计算全表扫描成本时，直接使用聚簇索引占用的页面数作为计算 I/O 成本的依据，并没有区分内节点和叶子节点。这有点儿"简单粗暴"，大家注意一下就好了。

3. 计算使用不同索引执行查询的代价

在前面的"根据搜索条件，找出所有可能使用的索引"小节中得知，前述查询可能使用到 idx_key1 和 uk_key2 这两个索引，我们需要分析单独使用这些索引执行查询的成本，最后还要分析是否可能使用到索引合并。这里需要注意的一点是，MySQL 查询优化器先分析使用唯一二级索引的成本，再分析使用普通索引的成本，所以我们也先分析 uk_key2 的成本，然后再看使用 idx_key1 的成本。

（1）使用 uk_key2 执行查询的成本分析

uk_key2 对应的搜索条件是 key2>10 AND key2<1000，也就是说对应的扫描区间就是 (10, 1000)。使用 uk_key2 执行查询的示意图如图 12-1 所示。

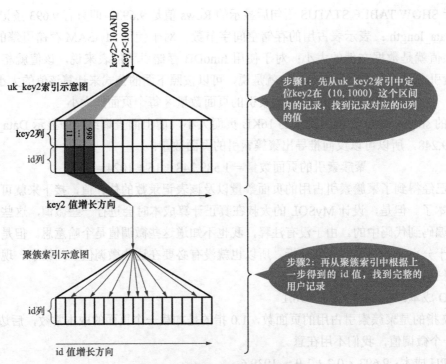

图 12-1　使用 uk_key2 执行查询

对于使用二级索引 + 回表方式执行的查询，设计 MySQL 的大叔在计算这种查询的成本时，依赖于两方面的数据：扫描区间数量和需要回表的记录数。

● 扫描区间数量

无论某个扫描区间的二级索引到底占用了多少页面，查询优化器粗暴地认为读取索引的一个扫描区间的 I/O 成本与读取一个页面的 I/O 成本是相同的。本例中使用 uk_key2 的扫描区间只有一个：(10, 1000)，所以相当于访问这个扫描区间的二级索引所付出的 I/O 成本就是 $1 \times 1.0 = 1.0$。

● 需要回表的记录数

查询优化器需要计算二级索引的某个扫描区间到底包含多少条记录，对于本例来说就是要计算 uk_key2 在 (10, 1000) 扫描区间中包含多少二级索引记录。计算过程是这样的。

步骤 1. 先根据 key2>10 条件访问 uk_key2 对应的 B+ 树索引，找到满足 key2>10 条件的第一条记录（我们把这条记录称为区间最左记录）。前文说过，在 B+ 树中定位一条记录的过程是贼快的，是常数级别的，所以这个过程的性能消耗可以忽略不计。

步骤 2. 然后再根据 key2<1000 条件继续从 uk_key2 对应的 B+ 树索引中找出最后一条满足这个条件的记录（我们把这条记录称为区间最右记录）。这个过程的性能消耗也可以忽略不计。

步骤 3. 如果区间最左记录和区间最右记录相隔不太远（在 MySQL 5.7.22 版本中，只要相隔不大于 10 个页面即可），就可以精确统计出满足 key2>10 AND key2<1000 条件的二级索引记录的条数。

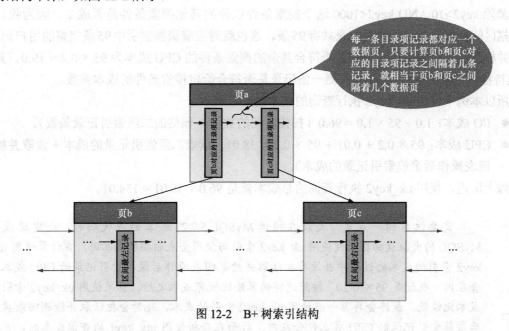

别忘了数据页有一个 Page Header 部分。Page Header 中有一个名为 PAGE_N_RECS 的属性，该属性代表了该页面中目前有多少条记录。所以，如果区间最左记录和区间最右记录所在的页面相隔不太远，我们可以直接遍历这些页面，把这些页面中的 PAGE_N_RECS 属性值加起来就好了。

否则只沿着区间最左记录向右读 10 个页面，计算每个页面平均包含多少记录，然后用这个平均值乘以区间最左记录和区间最右记录之间的页面数量就可以了。那么问题又来了：怎么估计区间最左记录和区间最右记录之间有多少个页面呢？要解决这个问题，还得回到 B+ 树索引的结构中来，如图 12-2 所示。

图 12-2 B+ 树索引结构

在图 12-2 中，假设区间最左记录在页 b 中，区间最右记录在页 c 中，那么要计算区间最左记录和区间最右记录之间的页面数量，就相当于计算页 b 和页 c 之间有多少页面。而每一条目录项记录都对应一个数据页，所以计算页 b 和页 c 之间有多少页面就相当于计算它们的父节点（也就是页 a）中对应的目录项记录之间隔着几条记录。在一个页面中统计两条记录之间有几条记录的成本就相当低了。

不过还有问题：如果页 b 和页 c 之间的页面实在太多，以至于页 b 和页 c 对应的目录项记录都不在一个页面中该咋办？继续递归啊，也就是再统计页 b 和页 c 对应的目录项记录所在页之间有多少个页面。我们之前说过，一个 B+ 树能有 4 层就已经比较高了，所以这个统计过程也不是很消耗性能。

知道了如何统计二级索引某个扫描区间的记录数之后，就回到现实问题中来。根据上述算法测得 uk_key2 在区间（10, 1000）中大约有 95 条记录。读取这 95 条二级索引记录需要付出的 CPU 成本就是 $95 \times 0.2 + 0.01 = 19.01$。其中 95 是需要读取的二级索引的记录条数，0.2 是读取一条记录的成本常数，0.01 是微调值。

在通过二级索引获取到记录之后，还需要干两件事儿。

● 根据这些记录的主键值到聚簇索引中执行回表操作。

这里需要大家使劲睁大自己的眼睛看仔细了，设计 MySQL 的大叔在评估回表操作的 I/O 成本时依旧很豪放：他们认为每次回表操作都相当于访问一个页面，也就是说二级索引扫描区间中有多少记录，就需要进行多少次回表操作，也就是需要进行多少次页面 I/O。前面在使用 uk_key2 二级索引执行查询时，预计有 95 条二级索引记录需要进行回表操作，所以回表操作带来的 I/O 成本就是 95 × 1.0 = 95.0。其中 95 是预计的二级索引记录数，1.0 是读取一个页面的 I/O 成本常数。

● 回表操作后得到完整的用户记录，然后再检测其他搜索条件是否成立。

回表操作的本质就是通过二级索引记录的主键值到聚簇索引中找到完整的用户记录，然后再检测除 key2>10 AND key2<1000 这个搜索条件以外的其他搜索条件是否成立。因为我们通过扫描区间获取到的二级索引记录共有 95 条，这也就对应着聚簇索引中 95 条完整的用户记录。读取并检测这些完整的用户记录是否符合其余的搜索条件的 CPU 成本为 95 × 0.2 = 19.0。其中 95 是待检测记录的条数，0.2 是检测一条记录是否符合给定搜索条件的成本常数。

所以本例中使用 uk_key2 执行查询的成本就如下所示。

● I/O 成本：1.0 + 95 × 1.0 = 96.0（扫描区间的数量 + 预估的二级索引记录条数）。
● CPU 成本：95 × 0.2 + 0.01 + 95 × 0.2 = 38.01（读取二级索引记录的成本 + 读取并检测回表操作后聚簇索引记录的成本）。

综上所述，使用 uk_key2 执行查询的总成本就是 96.0 + 38.01 = 134.01。

小贴士

　　需要注意的一点是，大家在阅读 MySQL 5.7.22 版本的源代码时，会发现设计 MySQL 的大叔最初在比较使用 uk_key2 索引与使用全表扫描的成本时，在计算使用 uk_key2 索引的成本的过程中并没有把读取并检测回表操作后聚簇索引记录的 CPU 成本包含在内（也就是 95 × 0.2）。按照这样的算法比较完成本之后，如果使用 uk_key2 索引的成本比较低，最终会再算一遍使用 uk_key2 索引的成本，此时会把读取并检测回表操作后聚簇索引记录的 CPU 成本包含在内。后面在分析使用 idx_key1 的查询成本时，也有这个问题。由于担心把里面的各种繁琐步骤都写出来会严重影响阅读体验，所以采用了更容易理解的成本计算方式来讲解。

（2）使用 idx_key1 执行查询的成本分析

idx_key1 对应的搜索条件是 key1 IN ('a', 'b', 'c')，也就是说相当于 3 个单点扫描区间：

● ['a', 'a']；
● ['b', 'b']；
● ['c', 'c']。

使用 idx_key1 执行查询的示意图如图 12-3 所示。

与使用 uk_key2 的情况类似，我们也需要计算使用 idx_key1 时需要访问的扫描区间的数量以及需要回表的记录数。

● 扫描区间的数量

在使用 idx_key1 执行查询时，很显然有 3 个单点扫描区间，所以访问这 3 个扫描区间的二级索引付出的 I/O 成本就是 3 × 1.0 = 3.0。

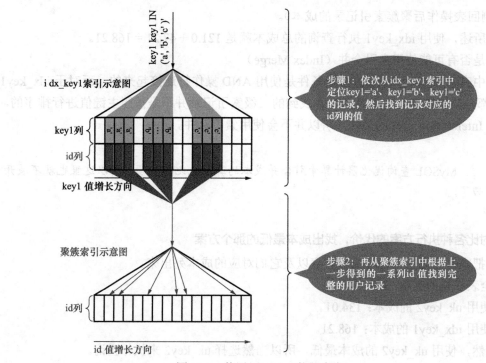

图 12-3 使用 idx_key1 执行查询

- 需要回表的记录数

由于在使用 idx_key1 时存在 3 个单点扫描区间,所以每个单点扫描区间都需要查找一遍对应的二级索引记录数。

- 查找单点扫描区间 ['a', 'a'] 对应的二级索引记录数:计算单点扫描区间对应的二级索引记录数与计算范围扫描区间对应的二级索引记录数是一样的,都是先找到区间最左记录和区间最右记录,然后再计算它们之间的记录数。具体算法已经在前面唠叨过了,就不赘述了。最后计算得到的单点扫描区间 ['a', 'a'] 对应的二级索引记录数是 35。
- 查找单点扫描区间 ['b', 'b'] 对应的二级索引记录数:与上同理,计算得到的本单点扫描区间对应的记录数是 44。
- 查找单点扫描区间 ['c', 'c'] 对应的二级索引记录数:与上同理,计算得到的本单点扫描区间对应的记录数是 39。

所以,这 3 个单点扫描区间总共需要回表的记录数就是 35 + 44 + 39 = 118。读取这些二级索引记录的 CPU 成本就是 118 × 0.2 + 0.01 = 23.61。

在得到总共需要回表的记录数之后,还要考虑下述事项。

- 根据这些记录中的主键值到聚簇索引中执行回表操作:所需的 I/O 成本就是 118 × 1.0 = 118.0。
- 针对回表操作后读取到的完整用户记录,比较其他搜索条件是否成立。这一步对应的 CPU 成本就是 118 × 0.2 = 23.6。

所以本例中使用 idx_key1 执行查询的成本如下所示。

- I/O 成本:3.0 + 118 × 1.0 = 121.0(扫描区间的数量+预估的二级索引记录条数)。
- CPU 成本:118 × 0.2 + 0.01 + 118 × 0.2 = 47.21(读取二级索引记录的成本+读取并检

测回表操作后聚簇索引记录的成本）。

综上所述，使用 idx_key1 执行查询的总成本就是 121.0 + 47.21 = 168.21。

（3）是否有可能使用索引合并（Index Merge）

本例中有关 key1 和 key2 的搜索条件是使用 AND 操作符连接起来的，而对于 idx_key1 和 uk_key2 都是范围查询。也就是说，查找到的二级索引记录并不是按照主键值进行排序的，不满足使用 Intersection 合并的条件，所以并不会使用索引合并。

　　MySQL 查询优化器计算索引合并成本的算法也比较麻烦，所以这里也就不展开唠叨了。

小贴士

4. 对比各种执行方案的代价，找出成本最低的那个方案

下面把本例查询的各种可执行方案以及它们对应的成本列出来。

- 全表扫描的成本：2037.7。
- 使用 uk_key2 的成本：134.01。
- 使用 idx_key1 的成本：168.21。

很显然，使用 uk_key2 的成本最低，所以当然选择 uk_key2 来执行查询。

　　再一次强调，为了提升大家的阅读体验，前文的成本计算方式其实与 MySQL 5.7.22 中的成本计算方式稍有不同，但是核心思路没变，我们把大致的精神传递正确就好了。对于自己阅读代码的读者，就需要更深层次地了解更多细节了。

　　另外，不论是采用 idx_key1 还是 uk_key2 执行查询，它们对应的都是 range 访问方法。在使用 range 访问方法执行查询时，扫描区间中包含多少条记录，优化器就认为需要进行多少次回表操作，也就相当于需要进行多少次页面 I/O。不过对于 ref 访问方法来说，设计 InnoDB 的大叔在计算因回表操作带来的 I/O 成本时设置了天花板，也就是 ref 访问方法因回表操作带来的 I/O 成本最多不能超过相当于访问全表记录数的 1/10 个页面的 I/O 成本或者全表扫描的 I/O 成本的 3 倍。之所以设置这样的天花板，我觉得是因为在使用 ref 访问方法时，需要扫描的二级索引记录的 id 值离得更近，一次回表操作可能将多条需要访问的聚簇索引记录都从磁盘加载到了内存。也就是说，即使在 range 访问方法中与在 ref 访问方法中需要扫描的记录数相同，ref 访问方法也更有优势。

12.2.3　基于索引统计数据的成本计算

有时在使用索引执行查询时会有许多单点扫描区间，使用 IN 语句就很容易产生非常多的单点扫描区间。比如下面这个查询（下面查询语句中的 ... 表示还有很多参数）：

```
SELECT * FROM single_table WHERE key1 IN ('aa1', 'aa2', 'aa3', ... , 'zzz');
```

很显然，这个查询可能使用到的索引就是 idx_key1。由于这个索引并不是唯一二级索引，所以并不能确定一个单点扫描区间内对应的二级索引记录的条数有多少，需要我们去算一下。计算方式已经在前文介绍过了，就是先获取索引对应的 B+ 树的区间最左记录和区间最右记录，

然后再计算这两条记录之间有多少记录（记录条数少的时候可以做到精确计算，记录条数多的时候只能估算）。设计 MySQL 的大叔把这种通过直接访问索引对应的 B+ 树来计算某个扫描区间内对应的索引记录条数的方式称为 index dive。

> dive 直译为"跳水"或者"俯冲"。原谅我英语水平不行，实在不知道该怎么翻译 index dive，这里也就保留了英文。大家只要知道 index dive 就是直接利用索引对应的 B+ 树来计算某个扫描区间对应的记录条数就好了（也就是说，在查询真正执行前的执行计划生成阶段，就可能少量地访问 B+ 树中的数据）。

有零星几个单点扫描区间的话，使用 index dive 来计算这些单点扫描区间对应的记录数也不是什么问题。但是架不住有人铆足了劲往 IN 语句里塞东西呀，我就见过有的 IN 语句中有 20,000 个参数。如果这 20,000 个参数的值都不一样，也就对应着 20,000 个单点扫描区间。这就意味着 MySQL 的优化器为了计算这些单点扫描区间对应的索引记录条数，要进行 20,000 次 index dive 操作。由此带来的性能损耗可就大了，搞不好计算这些单点扫描区间对应的索引记录条数的成本比直接全表扫描的成本都大。设计 MySQL 的大叔当然也考虑到了这种情况，所以提供了一个系统变量 eq_range_index_dive_limit。我们看一下这个系统变量在 MySQL 5.7.22 中的默认值：

```
mysql> SHOW VARIABLES LIKE '%dive%';
+---------------------------+-------+
| Variable_name             | Value |
+---------------------------+-------+
| eq_range_index_dive_limit | 200   |
+---------------------------+-------+
1 row in set (0.08 sec)
```

也就是说，如果通过 IN 语句生成的单点扫描区间的数量小于 200 个，将使用 index dive 来计算各个单点扫描区间对应的记录条数；如果大于或等于 200 个，就不能使用 index dive 了，而是要使用索引统计数据（index statistics）来进行估算。怎么进行估算呢？请继续往下看。

像会为每个表维护一份统计数据一样，MySQL 也会为表中的每一个索引维护一份统计数据。要查看某个表中索引的统计数据，可以使用"SHOW INDEX FROM 表名"的语法。比如我们要查看表 single_table 各个索引的统计数据，可以这么写：

```
mysql> SHOW INDEX FROM single_table;
+--------------+------------+--------------+--------------+-------------+-----------+-------------+----------+--------+------+------------+---------+---------------+
| Table        | Non_unique | Key_name     | Seq_in_index | Column_name | Collation | Cardinality | Sub_part | Packed | Null | Index_type | Comment | Index_comment |
+--------------+------------+--------------+--------------+-------------+-----------+-------------+----------+--------+------+------------+---------+---------------+
| single_table |          0 | PRIMARY      |            1 | id          | A         |        9693 |     NULL |   NULL |      | BTREE      |         |               |
| single_table |          0 | uk_key2      |            1 | key2        | A         |        9693 |     NULL |   NULL | YES  | BTREE      |         |               |
| single_table |          1 | idx_key1     |            1 | key1        | A         |         968 |     NULL |   NULL | YES  | BTREE      |         |               |
| single_table |          1 | idx_key3     |            1 | key3        | A         |         799 |     NULL |   NULL | YES  | BTREE      |         |               |
| single_table |          1 | idx_key_part |            1 | key_part1   | A         |        9673 |     NULL |   NULL | YES  | BTREE      |         |               |
| single_table |          1 | idx_key_part |            2 | key_part2   | A         |        9999 |     NULL |   NULL | YES  | BTREE      |         |               |
| single_table |          1 | idx_key_part |            3 | key_part3   | A         |       10000 |     NULL |   NULL | YES  | BTREE      |         |               |
+--------------+------------+--------------+--------------+-------------+-----------+-------------+----------+--------+------+------------+---------+---------------+
7 rows in set (0.01 sec)
```

可以看到，SHOW INDEX 语句的输出结果中的一条记录就代表某个索引中的一个列。每个列都有多个属性，我们看一下输出结果中的各个属性都代表什么意思（见表 12-1）。

表 12-1　列属性名及其含义

属性名	描述
Table	该列所属索引所在的表的名称
Non_unique	该列所属索引是否是唯一索引。对于聚簇索引和唯一二级索引来说，Non_unique 的值为 0；对于普通二级索引来说，Non_unique 的值为 1
Key_name	该列所属索引的名称。如果是聚簇索引的话，Key_name 为 PRIMARY
Seq_in_index	该列在索引包含的列中的位置，从 1 开始计数。比如对于联合索引 idx_key_part 来说，key_part1、key_part2 和 key_part3 对应的位置分别是 1、2、3
Column_name	该列的名称
Collation	该列中的值是按照哪种排序方式存放的。Collation 为 A 时代表升序存放；Collation 为 NULL 时代表不排序
Cardinality	该列中不重复值的数量。对于联合索引来说，Cardinality 表示从索引列的第一个列开始，到本列为止的列组合不重复的数量。比如对于联合索引 idx_key_part 来说，key_part2 列的 Cardinality 属性代表 key_part1、keypart2 的组合不重复的数量，key_part3 列的 Cardinality 属性代表 key_part1、keypart2、key_part3 的组合不重复的数量。后边我们会重点看这个属性的
Sub_part	对于存储字符串或者字节串的列来说，有时只想对这些串的前 n 个字符或字节建立索引，Sub_part 表示的就是这个 n。如果对完整的列建立索引，Sub_part 的值就是 NULL
Packed	该列如何被压缩，NULL 值表示未被压缩。这个属性我们目前不用了解，可以先忽略掉
Null	该列是否允许存储 NULL 值
Index_type	该列所属索引的类型，我们最常见的就是 BTREE，其实也就是 B+ 树索引
Comment	该列所属索引的一些额外信息
Index_comment	创建索引时，使用 COMMENT 语句为该索引添加的注释信息

　　在上述属性中，大家除了 Packed 可能看不懂以外，其他的应该都可以看懂。其实我们现在最在意的是 Cardinality 属性。Cardinality 在中文中是"基数"的意思，表示某个列中不重复的值的个数。比如对于一个有 10,000 行记录的表来说，某个列的 Cardinality 属性值是 10,000，就意味着该列中没有重复的值；如果 Cardinality 属性是 1，就意味着该列的值全部都是重复的。需要注意的是，对于 InnoDB 存储引擎来说，使用 SHOW INDEX 语句显示出来的某个列的 Cardinality 属性是一个估计值，并不精确。关于这个 Cardinality 属性的值的计算方法会在下一章介绍，我们先看看它有什么用途。

　　前面讲到，当 IN 语句中对应的单点区间数量大于或等于系统变量 eq_range_index_dive_limit 的值时，就不会使用 index dive 来计算各个单点区间对应的索引记录条数，而是使用索引统计数据（index statistics）。这里的索引统计数据指的是下面这两个值。

- 使用 SHOW TABLE STATUS 语句显示出来的 Rows 值：表示一个表中有多少条记录。这个统计数据在前面唠叨全表扫描的成本时已经说过很多遍，就不赘述了。
- 使用 SHOW INDEX 语句显示出来的 Cardinality 属性。

　　结合 Rows 统计数据，我们可以计算出在某一个列中一个值平均重复多少次。一个值的重复次数大约等于 Rows 除以 Cardinality 的值。

　　以 single_table 表的 idx_key1 索引为例，Rows 值是 9693，key1 列的 Cardinality 值是 968，所以可以计算 key1 列单个值的平均重复次数：$9,693 \div 968 \approx 10$ 条。

此时再看本节最开始的那条查询语句：

```
SELECT * FROM single_table WHERE key1 IN ('aa1', 'aa2', 'aa3', ... , 'zzz');
```

假设 IN 语句对应着 20,000 个单点扫描区间，就直接使用统计数据来估算这些单点扫描区间对应的记录条数了。每个单点扫描区间大约对应 10 条记录，所以总共需要回表的记录数就是 20,000 × 10 = 200,000。

使用统计数据来计算单点扫描区间对应的索引记录条数可比 index dive 方式简单多了，但是它的致命弱点就是不精确！使用统计数据算出来的查询成本与实际执行时的成本可能相差很大。

> 需要注意的是，在 MySQL 5.7.3 以及之前的版本中，eq_range_index_dive_limit 的默认值为 10，在之后的版本中默认值为 200。如果大家采用的是 MySQL 5.7.3 以及之前的版本，很容易采用索引统计数据（而不是 index dive）来计算查询成本。当查询中包含了 IN 子句，但是实际上没有使用索引执行查询时，就应该考虑一下是否是因为 eq_range_index_dive_limit 值太小而导致的。

12.3 连接查询的成本

12.3.1 准备工作

连接查询至少需要两个表参与，只有一个 single_table 表是不够的。为了故事的顺利发展，我们直接构造一个与 single_table 表一样的 single_table2 表。简便起见，在后面的查询语句中，我们把 single_table 写为 s1，把 single_table2 写为 s2。

12.3.2 条件过滤（Condition Filtering）

前文说过，在 MySQL 中连接查询采用的是嵌套循环连接算法，驱动表会被访问一次，被驱动表可能会被访问多次。所以，对于两表连接查询来说，它的查询成本由两部分构成：

- 单次查询驱动表的成本；
- 多次查询被驱动表的成本（具体查询多少次取决于针对驱动表查询后的结果集中有多少条记录）。

我们把查询驱动表后得到的记录条数称为驱动表的扇出（fanout）。显然，驱动表的扇出值越小，对被驱动表的查询次数也就越少，连接查询的总成本也就越低。当查询优化器想计算执行整个连接查询所需的成本时，就需要计算出驱动表的扇出值。有时扇出值的计算是很容易的，比如下面这两个查询。

- 查询 1：

```
SELECT * FROM s1 INNER JOIN s2;
```

假设使用 s1 表作为驱动表，很显然就只能使用全表扫描的方式对驱动表执行单表查询。

驱动表的扇出值也很明确，那就是驱动表中有多少记录，扇出值就是多少。前面说过，统计数据中 s1 表的记录行数是 9,693，也就是说优化器直接会把 9,693 当作 s1 表的扇出值。

- 查询 2：

```
SELECT * FROM s1 INNER JOIN s2
    WHERE s1.key2 >10 AND s1.key2 < 1000;
```

仍然假设 s1 表是驱动表，很显然可以使用 uk_key2 索引对驱动表执行单表查询。此时 uk_key2 的扫描区间（10，1000）中有多少条记录，那么扇出值就是多少。我们前面计算过，满足 uk_key2 的扫描区间（10，1000）的记录数是 95 条，也就是说在本查询中优化器会把 95 当作驱动表 s1 的扇出值。

事情不会总是一帆风顺的，要不然剧情就太平淡了。有时扇出值的计算会变得很棘手，比如下面这几个查询。

- 查询 3：

```
SELECT * FROM s1 INNER JOIN s2
    WHERE s1.common_field > 'xyz';
```

查询 3 和查询 1 类似，只不过在查询驱动表 s1 时多了一个 common_field>'xyz' 的搜索条件。优化器又不会真正地去执行查询，所以它只能猜这 9,693 条记录中有多少条记录满足 common_field>'xyz' 条件。

- 查询 4：

```
SELECT * FROM s1 INNER JOIN s2
    WHERE s1.key2 > 10 AND s1.key2 < 1000 AND
          s1.common_field > 'xyz';
```

查询 4 和查询 2 类似，只不过在查询驱动表 s1 时也多了一个 common_field>'xyz' 的搜索条件。不过因为查询 4 可以使用 uk_key2 索引，所以只需要在二级索引扫描区间的记录中猜测有多少条记录符合 common_field>'xyz' 条件，也就是只需要在 95 条记录中猜测有多少条记录符合 common_field>'xyz' 条件即可。

- 查询 5：

```
SELECT * FROM s1 INNER JOIN s2
    WHERE s1.key2 > 10 AND s1.key2 < 1000 AND
          s1.key1 IN ('a', 'b', 'c') AND
          s1.common_field > 'xyz';
```

查询 5 和查询 2 类似，不过在对驱动表 s1 选取 uk_key2 索引执行查询后，查询优化器需要在二级索引扫描区间的记录中猜测有多少条记录符合下面两个条件：

- ■ key1 IN ('a', 'b', 'c')
- ■ common_field > 'xyz'

也就是优化器需要在 95 条记录中猜测有多少条记录符合上述两个条件。

说了这么多，其实就是想表达在下面两种情况下计算驱动表扇出值时，需要靠猜测。

- 如果使用全表扫描的方式执行单表查询，那么计算驱动表扇出值时需要猜测满足全部搜索条件的记录到底有多少条。

- 如果使用索引来执行单表查询，那么计算驱动表扇出值时需要猜测除了满足形成索引扫描区间的搜索条件外，还满足其他搜索条件的记录有多少条。

设计 MySQL 的大叔把这个猜测过程称为 Condition Filtering（条件过滤）。当然，这个猜测过程可能会使用到索引，也可能会使用到统计数据，还有可能就是设计 MySQL 的大叔单纯地瞎猜。整个评估过程其实挺复杂的，再仔细地唠叨一遍可能会引起大家的不适，所以这里就跳过了。

> 在 MySQL 5.7 之前的版本中，查询优化器在计算驱动表扇出值时，如果使用全表扫描执行查询，就直接使用表中记录的数量作为扇出值；如果使用索引执行查询，就直接使用在扫描区间中的记录条数作为扇出值。在 MySQL 5.7 中，设计 MySQL 的大叔引入了这个条件过滤的功能，就是还要猜一猜剩余的那些搜索条件能把驱动表中的记录再过滤多少条，其实本质上就是为了让成本估算更精确。
>
> 我们所说的"单纯瞎猜"其实纯属调侃，设计 MySQL 的大叔们将其称为启发式（heuristic）规则，有兴趣的读者可以深入了解一下。

12.3.3 两表连接的成本分析

连接查询的成本计算公式是这样的：

连接查询总成本 = 单次访问驱动表的成本 + 驱动表扇出值 × 单次访问被驱动表的成本

对于左（外）连接和右（外）连接查询来说，它们的驱动表是固定的，所以只需要分别为驱动表和被驱动表选择成本最低的访问方法，就可以得到最优的查询方案。

可是对于内连接来说，驱动表和被驱动表的位置是可以互换的，因此需要考虑两个方面的问题：

- 当不同的表作为驱动表时，最终的查询成本可能不同，也就是需要考虑最优的表连接顺序；
- 然后分别为驱动表和被驱动表选择成本最低的访问方法。

很显然，计算内连接查询成本的方式更麻烦一些。下面就以内连接为例来看看如何计算出最优的连接查询方案。

> 左（外）连接和右（外）连接查询在某些特殊情况下可以被优化为内连接查询，我们在下一章中会仔细唠叨的，少安毋躁。

比如，对于下面这个查询来说：

```
SELECT * FROM s1 INNER JOIN s2
    ON s1.key1 = s2.common_field
    WHERE s1.key2 > 10 AND s1.key2 < 1000 AND
        s2.key2 > 1000 AND s2.key2 < 2000;
```

可以选择的连接顺序有两种：

- s1 连接 s2，即 s1 作为驱动表，s2 作为被驱动表；

- s2 连接 s1，即 s2 作为驱动表，s1 作为被驱动表。

优化器需要分别考虑这两种情况下的查询成本，然后选取成本更低的那个连接顺序，以及该连接顺序下各个表的最优访问方法作为最终的执行计划。我们分别来看一下（这里只是定性地分析，不再像分析单表查询那样进行定量分析了）。

1. 使用 s1 作为驱动表

分析针对驱动表的成本最低的执行方案，看一下涉及 s1 这一单表的搜索条件有哪些。

- s1.key2>10 AND s1.key2<1000

这个查询可能使用 uk_key2 索引。从全表扫描与使用 uk_key2 这两个方案中选出成本最低的那个。这个过程已经在前文都唠叨过了，很显然使用 uk_key2 执行查询的成本更低。

然后分析针对被驱动表的成本最低的执行方案，此时涉及被驱动表 s2 的搜索条件如下。

- s2.common_field ＝常数（这是因为针对驱动表 s1 结果集中的每一条记录，都需要访问一次被驱动表 s2，那些涉及两表的条件现在相当于只涉及被驱动表 s2）。
- s2.key2>1000 AND s2.key2<2000。

很显然，在第一个条件中，由于 common_field 没有用到索引，所以并没有什么用。此时用来访问 s2 表的可用方案也是使用全表扫描和使用 uk_key2 这两种，很显然使用 uk_key2 的成本更低。

所以，此时使用 s1 作为驱动表的成本如下（暂时不考虑使用 Join Buffer 对成本的影响）：

使用 uk_key2 访问 s1 的成本 + s1 的扇出值 × 使用 uk_key2 访问 s2 的成本

2. 使用 s2 作为驱动表

分析针对驱动表的成本最低的执行方案，看一下涉及 s2 这一单表的搜索条件有哪些。

- s2.key2>1000 AND s2.key2<2000

这个查询可能使用 uk_key2 索引。从全表扫描与使用 uk_key2 这两个方案中选出成本最低的那个。这个过程已经在前文都唠叨过了，很显然使用 uk_key2 执行查询的成本更低。

然后分析针对被驱动表的成本最低的执行方案，此时涉及被驱动表 s1 的搜索条件如下。

- s1.key1 ＝常数
- s1.key2>10 AND s1.key2<1000

这就很有趣了。使用 idx_key1 时可以使用 ref 访问方法，使用 uk_key2 时可以使用 range 访问方法。这时优化器需要从全表扫描、使用 idx_key1、使用 uk_key2 这几个方案中选出一个成本最低的方案。这里有个问题：因为 uk_key2 的扫描区间是确定的，即（10，1000），怎么计算使用 uk_key2 的成本也在前文中介绍过了，可是在没有真正执行查询之前，"s1.key1 ＝常数"中的常数值是不知道的，怎么衡量使用 idx_key1 执行查询的成本呢？其实很简单，直接使用索引统计数据就好了（指的是索引列一个值平均重复多少次的统计数据）。一般情况下，ref 访问方法要比 range 访问方法的成本低，这里假设使用 idx_key1 来访问 s1。

此时使用 s2 作为驱动表时的总成本如下（暂时不考虑使用 Join Buffer 对成本的影响）：

使用 uk_key2 访问 s2 的成本 + s2 的扇出值 × 使用 idx_key1 访问 s1 的成本

最后，优化器会从这两种连接顺序中选出成本最低的那种真正地执行查询。从上面的计算过程中也可以看出来，在连接查询的成本中"占大头"的其实是驱动表扇出数 × 单次访问被驱动表的成本，所以我们的优化重点就是下面这两点：

- 尽量减少驱动表的扇出；
- 访问被驱动表的成本要尽量低。

在我们实际书写连接查询语句时，第二点十分有用。我们需要尽量在被驱动表的连接列上建立索引，这样就可以使用 ref 访问方法来降低被驱动表的访问成本了。如果可以，被驱动表的连接列最好是该表的主键或者唯一二级索引列，这样就可以把访问被驱动表的成本降至更低了。

12.3.4 多表连接的成本分析

在分析多表连接的成本之前，首先要考虑多表连接可能会生成多少种连接顺序：

- 对于两表连接，比如表 A 和表 B 连接，只有 AB、BA 这两种连接顺序（其实相当于 $2 \times 1 = 2$ 种连接顺序）；
- 对于三表连接，比如表 A、表 B、表 C 进行连接，有 ABC、ACB、BAC、BCA、CAB、CBA 这 6 种连接顺序（其实相当于 $3 \times 2 \times 1 = 6$ 种连接顺序）；
- 对于四表连接，则会有 $4 \times 3 \times 2 \times 1 = 24$ 种连接顺序；
- 对于 n 表连接，则有 $n \times (n-1) \times (n-2) \times \cdots \cdots \times 1$ 种连接顺序，就是 n 的阶乘（n!）种连接顺序。

在有 n 个表进行连接时，MySQL 查询优化器需要计算每一种连接顺序的成本么？那可总计有 n! 种连接顺序呀。其实真的是要都计算一遍，只不过设计 MySQL 的大叔想了很多办法来减少因计算不同连接顺序下的查询成本而带来的性能损耗。

- 提前结束某种连接顺序的成本评估

MySQL 在计算各种连接顺序的成本之前，会维护一个全局变量，这个变量表示当前最小的连接查询成本。如果在分析某个连接顺序的成本时，该成本已经超过当前最小的连接查询成本，那压根儿就不对该连接顺序继续往下分析了。比如有 A、B、C 三个表进行连接，已经计算得到连接顺序 ABC 是当前的最小连接成本（假设为 10.0）。在计算连接顺序 BCA 的成本时，如果发现 B 和 C 的连接成本就已经大于 10.0，此时就不再继续进一步分析 BCA 连接顺序的成本了。

- 系统变量 optimizer_search_depth

为了防止无穷无尽地分析各种连接顺序的成本，设计 MySQL 的大叔提供了一个 optimizer_search_depth 系统变量。如果连接表的个数小于该值，那么就继续穷举分析每一种连接顺序的成本，否则只对数量与 optimizer_search_depth 值相同的表进行穷举分析。很显然，该值越大，成本分析越精确，也就越容易得到好的执行计划，但是消耗的时间也就越长；否则得到的就不是很好的执行计划，但是节省了连接成本的分析时间。

- 某些规则压根儿就不考虑某些连接顺序

即使存在上面两条规则的限制，但是在分析多个表的不同连接顺序所花费的成本时，用时还会很长，所以设计 MySQL 的大叔干脆提出了一些启发式规则（就是根据以往经验指定的一些规则）。凡是不满足这些规则的连接顺序压根儿就不分析，这样可以极大地降低需要分析的连接顺序的数量，但这样也可能错失最优的执行计划。他们提供了一个系统变量 optimizer_ prune_level 来控制是否使用这些启发式规则。

12.4　调节成本常数

前文曾经介绍了两个成本常数：

- 读取一个页面花费的成本默认是 1.0；
- 读取以及检测一条记录是否符合搜索条件的成本默认是 0.2。

其实除了这两个之外，MySQL 还支持好多成本常数，它们存储在 mysql 数据库（这是一个系统数据库）的两个表中：

```
mysql> SHOW TABLES FROM mysql LIKE '%cost%';
+--------------------------+
| Tables_in_mysql (%cost%) |
+--------------------------+
| engine_cost              |
| server_cost              |
+--------------------------+
2 rows in set (0.00 sec)
```

第 1 章讲到，一条语句在执行时，其实是分为在 server 层和存储引擎层这两层执行。在 server 层进行连接管理、查询缓存、语法解析、查询优化等操作，在存储引擎层执行具体的数据存取操作。也就是说，一条语句在 server 层进行操作的成本与它在操作表时使用的存储引擎没有任何关系，那些在 server 层进行的操作对应的成本常数存储在 server_cost 表中，而依赖于存储引擎的操作对应的成本常数存储在 engine_cost 表中。

12.4.1　mysql.server_cost 表

server_cost 表记录了在 server 层进行的一些操作所对应的成本常数，具体内容如下：

```
mysql> SELECT * FROM mysql.server_cost;
+------------------------------+------------+---------------------+---------+
| cost_name                    | cost_value | last_update         | comment |
+------------------------------+------------+---------------------+---------+
| disk_temptable_create_cost   |       NULL | 2018-01-20 12:03:21 | NULL    |
| disk_temptable_row_cost      |       NULL | 2018-01-20 12:03:21 | NULL    |
| key_compare_cost             |       NULL | 2018-01-20 12:03:21 | NULL    |
| memory_temptable_create_cost |       NULL | 2018-01-20 12:03:21 | NULL    |
| memory_temptable_row_cost    |       NULL | 2018-01-20 12:03:21 | NULL    |
| row_evaluate_cost            |       NULL | 2018-01-20 12:03:21 | NULL    |
+------------------------------+------------+---------------------+---------+
6 rows in set (0.05 sec)
```

先看一下 server_cost 表中的各个列分别是什么意思。

- cost_name：表示成本常数的名称。
- cost_value：表示成本常数对应的值。如果该列的值为 NULL，则意味着对应的成本常数会采用默认值。
- last_update：表示最后更新记录的时间。

- comment：注释。

从 server_cost 表中的内容可以看出，目前在 server 层的一些操作对应的成本常数有以下几种（见表 12-2）。

表 12-2　server 层的一些操作对应的成本常数

成本常数名称	默认值	描述
disk_temptable_create_cost	40.0	创建基于磁盘的临时表的成本。如果增大这个值，则会让查询优化器尽可能少地创建基于磁盘的临时表
disk_temptable_row_cost	1.0	向基于磁盘的临时表写入或读取一条记录的成本。如果增大这个值，则会让查询优化器尽可能少地创建基于磁盘的临时表
key_compare_cost	0.1	两条记录进行比较操作的成本，多用在排序操作中。如果增大这个值，则会提升 filesort 的成本，从而让查询优化器更倾向于使用索引（而不是 filesort）完成排序
memory_temptable_create_cost	2.0	创建基于内存的临时表的成本。如果增大这个值，则会让查询优化器尽可能少地创建基于内存的临时表
memory_temptable_row_cost	0.2	向基于内存的临时表写入或读取一条记录的成本。如果增大这个值，则会让查询优化器尽可能少地创建基于内存的临时表
row_evaluate_cost	0.2	读取并检测一条记录是否符合搜索条件的成本（我们在前面一直使用的就是它）。如果增大这个值，可能会让查询优化器更倾向于使用索引（而不是全表扫描）

小贴士　　　在执行诸如包含 DISTINCT 子句、GROUP BY 子句、UNION 子句的查询以及某些特殊条件下的排序查询时，MySQL 都可能在内部先创建一个临时表，使用这个临时表来辅助完成查询。比如针对包含 DISTINCT 子句的查询，可以建立一个内部临时表，这个临时表在需要去重的那些列上具有唯一性。这样直接把需要去重的记录插入到这个临时表中，插入完成之后的记录就是结果集了。在数据量大的情况下可能创建基于磁盘的临时表，也就是为该临时表使用 MyISAM、InnoDB 等存储引擎。在数据量不大时可能创建基于内存的临时表，也就是使用 MEMORY 存储引擎。关于临时表的更多细节我们并不打算展开唠叨，大家只要知道创建临时表以及对这个临时表进行写入和读取的操作代价还是很高的就足够了。

这些成本常数在 server_cost 表中的初始值都是 NULL，这意味着查询优化器会使用它们的默认值来计算某个操作的成本。如果想修改某个成本常数的值，需要执行两个步骤。

步骤 1. 对感兴趣的成本常数进行更新。比如，我们想把读取并检测一条记录是否符合搜索条件的成本增大到 0.4，就可以按照下面的方式来写更新语句：

```
UPDATE mysql.server_cost
    SET cost_value = 0.4
    WHERE cost_name = 'row_evaluate_cost';
```

步骤 2. 让系统重新加载这个表的值。为此可以使用下面这条语句：

```
FLUSH OPTIMIZER_COSTS;
```

当然，在修改完某个成本常数后想把它们再恢复成默认值，可以直接把 cost_value 的值设置为 NULL，然后再使用 FLUSH OPTIMIZER_COSTS 语句让系统重新加载就好了。

12.4.2 mysql.engine_cost 表

engine_cost 表中记录了在存储引擎层进行的一些操作所对应的成本常数，具体内容如下：

```
mysql> SELECT * FROM mysql.engine_cost;
+-------------+-------------+-----------------------+------------+---------------------+---------+
| engine_name | device_type | cost_name             | cost_value | last_update         | comment |
+-------------+-------------+-----------------------+------------+---------------------+---------+
| default     |           0 | io_block_read_cost    |       NULL | 2018-01-20 12:03:21 | NULL    |
| default     |           0 | memory_block_read_cost|       NULL | 2018-01-20 12:03:21 | NULL    |
+-------------+-------------+-----------------------+------------+---------------------+---------+
2 rows in set (0.05 sec)
```

与 server_cost 表相比，engine_cost 表多了下面这两个列。

● engine_name：成本常数适用的存储引擎的名称。如果该值为 default，则意味着对应的成本常数适用于所有的存储引擎。

● device_type：存储引擎使用的设备类型。这主要是为了区分常规的机械硬盘和固态硬盘。不过在 MySQL 5.7.22 版本中并没有对机械硬盘的成本和固态硬盘的成本进行区分，所以该值默认是 0。

从 engine_cost 表中的内容可以看出，目前支持的存储引擎成本常数只有两个，如表 12-3 所示。

表 12-3 engine_cost 支持的存储引擎成本常数

成本常数名称	默认值	描述
io_block_read_cost	1.0	从磁盘上读取一个块对应的成本。请注意这里使用的是"块"，而不是"页"。对于 InnoDB 存储引擎来说，一个页就是一个块，不过对于 MyISAM 存储引擎来说，默认以 4,096 字节作为一个块
memory_block_read_cost	1.0	与上一个成本常数类似，只不过衡量的是从内存中读取一个块对应的成本

大家看完这两个成本常数的默认值后是不是有些疑惑：怎么从内存中和从磁盘上读取一个块的默认成本是一样的？这可能是因为在 MySQL 目前的实现中，并不能准确预测某个查询需要访问的块中有哪些块已经加载到内存中，有哪些块还停留在磁盘上。所以设计 MySQL 的大叔们很粗暴地认为无论这个块是否已被加载到内存中，使用成本都是 1.0。不过随着 MySQL 的发展，等到可以准确预测哪些块在磁盘上，哪些块在内存中的那一天，这两个成本常数的默认值可能会发生改变吧。

与更新 server_cost 表中的记录一样，我们也可以通过更新 engine_cost 表中的记录来更改关于存储引擎的成本常数。也可以通过为 engine_cost 表插入新记录的方式来添加只针对某种存储引擎的成本常数。

- 插入针对某个存储引擎的成本常数。比如我们想增大 InnoDB 存储引擎的页面 I/O 的成本，书写正常的插入语句即可：

```
INSERT INTO mysql.engine_cost
    VALUES ('InnoDB', 0, 'io_block_read_cost', 2.0,
    CURRENT_TIMESTAMP, 'increase Innodb I/O cost');
```

- 让系统重新加载这个表的值。为此可使用下面的语句：

```
FLUSH OPTIMIZER_COSTS;
```

12.5 总结

在 MySQL 中，一个查询的执行成本是由 I/O 成本和 CPU 成本组成的。对于 InnoDB 存储引擎来说，读取一个页面的 I/O 成本默认是 1.0，读取以及检测一条记录是否符合搜索条件的成本默认是 0.2。

在单表查询中，优化器生成执行计划的步骤一般如下。

步骤1. 根据搜索条件，找出所有可能使用的索引。

步骤2. 计算全表扫描的代价。

步骤3. 计算使用不同索引执行查询的代价。

步骤4. 对比各种执行方案的代价，找出成本最低的那个方案。

在优化器生成执行计划的过程中，需要依赖一些数据。这些数据可能是使用下面两种方式得到的：

- index dive：通过直接访问索引对应的 B+ 树来获取数据。
- 索引统计数据：直接依赖对表或者索引的统计数据。

为了更准确地计算连接查询的成本，设计 MySQL 的大叔提出了条件过滤的概念，也就是采用某些规则来预测驱动表的扇出值。

对于内连接来说，为了生成成本最低的执行计划，需要考虑两方面的事情：

- 选择最优的表连接顺序；
- 为驱动表和被驱动表选择成本最低的访问方法。

我们可以通过手动修改 mysql 数据库下 engine_cost 表或者 server_cost 表中的某些成本常数，更精确地控制在生成执行计划时的成本计算过程。

第13章 兵马未动，粮草先行——InnoDB统计数据是如何收集的

我们前面在唠叨查询成本时经常用到一些统计数据，比如通过 SHOW TABLE STATUS 语句可以看到关于表的统计数据，通过 SHOW INDEX 语句可以看到关于索引的统计数据。那么，这些统计数据是怎么来的呢？它们是以什么方式收集的呢？本章将聚焦于 InnoDB 存储引擎的统计数据收集策略。看完本章后大家就会明白为啥前文老说 InnoDB 的统计信息是不精确的估计值了（言下之意就是我们不打算介绍 MyISAM 存储引擎的统计数据的收集和存储方式，有想了解的读者请自行查阅文档）。

13.1 统计数据的存储方式

InnoDB 提供了两种存储统计数据的方式，分别是永久性地存储统计数据和非永久性地存储统计数据。

- 永久性地存储统计数据：统计数据存储在磁盘上，在服务器重启之后这些统计数据依然存在。
- 非永久性地存储统计数据：统计数据存储在内存中，当服务器关闭时这些统计数据就被清除掉。等到服务器重启之后，在某些适当的场景下会重新收集这些统计数据。

设计 MySQL 的大叔提供了系统变量 innodb_stats_persistent，用来控制将统计数据存储在何处。在 MySQL 5.6.6 版本之前，innodb_stats_persistent 的值默认是 OFF，也就是说 InnoDB 的统计数据默认存储到内存中；自 MySQL 5.6.6 版本起，innodb_stats_persistent 的值默认是 ON，也就是统计数据默认被存储到磁盘上。

不过，InnoDB 默认以表为单位来收集和存储统计数据，也就是说我们可以把某些表的统计数据（以及该表的索引统计数据）存储在磁盘上，把另一些表的统计数据存储在内存中。这是怎么做到的呢？我们可以在创建和修改表的时候，通过指定 STATS_PERSISTENT 属性来指明该表的统计数据的存储方式：

```
CREATE TABLE 表名 (...) Engine=InnoDB, STATS_PERSISTENT = (1|0);

ALTER TABLE 表名 Engine=InnoDB, STATS_PERSISTENT = (1|0);
```

当 STATS_PERSISTENT=1 时，表明想把该表的统计数据永久存储到磁盘上；当 STATS_PERSISTENT=0 时，表明想把该表的统计数据临时存储到内存中。如果在创建表时未指定 STATS_PERSISTENT 属性，则默认采用系统变量 innodb_stats_persistent 的值作为该属性的值。

13.2　基于磁盘的永久性统计数据

当我们选择把某个表以及该表索引的统计数据存放到磁盘上时，实际上是把这些统计数据存储到了两个表中：

```
mysql> SHOW TABLES FROM mysql LIKE 'innodb%stats';
+-------------------------------+
| Tables_in_mysql (innodb%stats) |
+-------------------------------+
| innodb_index_stats            |
| innodb_table_stats            |
+-------------------------------+
2 rows in set (0.02 sec)
```

可以看到，这两个表都位于 mysql 系统数据库下面，其中：

- **innodb_table_stats** 存储了关于表的统计数据，每一条记录对应着一个表的统计数据；
- **innodb_index_stats** 存储了关于索引的统计数据，每一条记录对应着一个索引的一个统计项的统计数据。

我们下面的任务就是看看这两个表中都有什么字段，以及表中的数据是如何生成的。

13.2.1　innodb_table_stats

直接看一下 innodb_table_stats 表中的各个列都是干嘛的，如表 13-1 所示。

表 13-1　innodb_table_stats 表中各个列的用途

字段名	描述
database_name	数据库名
table_name	表名
last_update	本条记录最后更新的时间
n_rows	表中记录的条数
clustered_index_size	表的聚簇索引占用的页面数量
sum_of_other_index_sizes	表的其他索引占用的页面数量

注意这个表的主键是（database_name，table_name），也就是 innodb_table_stats 表的每条记录代表着一个表的统计信息。我们直接看一下这个表中的内容：

```
mysql> SELECT * FROM mysql.innodb_table_stats;
+---------------+---------------+---------------------+--------+----------------------+--------------------------+
| database_name | table_name    | last_update         | n_rows | clustered_index_size | sum_of_other_index_sizes |
+---------------+---------------+---------------------+--------+----------------------+--------------------------+
| mysql         | gtid_executed | 2018-07-10 23:51:36 |      0 |                    1 |                        0 |
| sys           | sys_config    | 2018-07-10 23:51:38 |      5 |                    1 |                        0 |
| xiaohaizi     | single_table  | 2018-12-10 17:03:13 |   9693 |                   97 |                      175 |
+---------------+---------------+---------------------+--------+----------------------+--------------------------+
2 rows in set (0.01 sec)
```

可以看到我们熟悉的 single_table 表的统计信息就对应着 mysql.innodb_table_stats 表的第 3

条记录。几个重要的统计项的值如下。

- n_rows 的值是 9,693，表明 single_table 表中大约有 9,693 条记录。注意这个数据是估计值。
- clustered_index_size 的值是 97，表明 single_table 表的聚簇索引占用 97 个页面。
- sum_of_other_index_sizes 的值是 175，表明 single_table 表的其他索引一共占用 175 个页面。

1. n_rows 统计项的收集

为啥老强调 n_rows 统计项的值是估计值呢？现在就来揭晓答案。InnoDB 在统计一个表中有多少行记录时，套路是这样的：按照一定算法（并不是纯粹随机的）从聚簇索引中选取几个叶子节点页面，统计每个页面中包含的记录数量，然后计算一个页面中平均包含的记录数量，并将其乘以全部叶子节点的数量，结果就是该表的 n_rows 值。

小贴士

真实的计算过程比这个稍微复杂一些，不过大致上就是这样的。

可以看出，这个 n_rows 值精确与否取决于统计时采样的页面数量。设计 MySQL 的大叔很贴心地为我们准备了一个名为 innodb_stats_persistent_sample_pages 的系统变量。在使用永久性的统计数据时，这个系统变量表示计算统计数据时采样的页面数量。该值设置得越大，统计出的 n_rows 值越精确，但是统计耗时也就最久；该值设置得越小，统计出的 n_rows 值越不精确，但是统计耗时就会越少。所以在实际使用时需要我们去权衡利弊。该系统变量的默认值是 20。

前文说过，InnoDB 默认以表为单位来收集和存储统计数据。我们也可以单独设置某个表的采样页面的数量。设置方式就是在创建或修改表时通过指定 STATS_SAMPLE_PAGES 属性，来指明统计该表的信息时使用的采样页面数量：

- CREATE TABLE 表名 (...) Engine=InnoDB, STATS_SAMPLE_PAGES ＝具体的采样页面数量；
- ALTER TABLE 表名 Engine=InnoDB, STATS_SAMPLE_PAGES ＝具体的采样页面数量。

如果在创建表的语句中并没有指定 STATS_SAMPLE_PAGES 属性，将默认使用系统变量 innodb_stats_persistent_sample_pages 的值作为该属性的值。

2. clustered_index_size 和 sum_of_other_index_sizes 统计项的收集

收集这两个统计项的数据时，需要用到之前唠叨的 InnoDB 表空间的大量知识。如果大家压根儿没有看第 9 章，下面的计算过程也就不要看了，看也看不懂。如果看过了那一章的内容，就会发现 InnoDB 表空间的知识真是有用啊！

我们知道一个索引占用 2 个段，每个段由一些零散的页面以及一些完整的区构成。clustered_index_size 代表聚簇索引占用的页面数量，sum_of_other_index_sizes 代表其他索引总共占用的页面数量，所以在收集这两个统计项的数据时，需要统计各个索引对应的叶子节点段和非叶子节点段分别占用的页面数量。而统计一个段占用的页面数量的步骤如下所示。

步骤 1. 从数据字典中找到表的各个索引对应的根页面位置。系统表 SYS_INDEXES 中存储了各个索引对应的根页面信息。

步骤 2. 从根页面的 Page Header 中找到叶子节点段和非叶子节点段对应的 Segment Header。在每个索引的根页面的 Page Header 部分都有两个字段。

- PAGE_BTR_SEG_LEAF：表示 B+ 树叶子节点段的 Segment Header 信息。
- PAGE_BTR_SEG_TOP：表示 B+ 树非叶子节点段的 Segment Header 信息。

Segment Header 的结构示意图如图 13-1 所示。

步骤 3. 从叶子节点段和非叶子节点段的 Segment Header 中找到这两个段对应的 INODE Entry 结构。

INODE Entry 的结构示意图如图 13-2 所示。

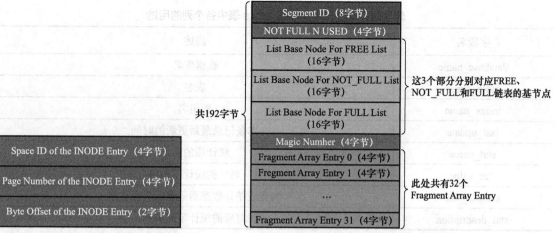

图 13-1 Segment Header 结构示意图   图 13-2 INODE Entry 结构示意图

步骤 4. 针对某个段对应的 INODE Entry 结构，从中找出该段对应的所有零散页面的地址以及 FREE、NOT_FULL 和 FULL 链表的基节点。

链表基节点的示意图如图 13-3 所示。

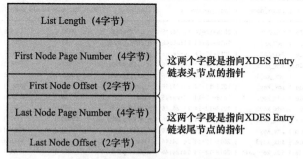

图 13-3 链表基节点的示意图

步骤 5. 直接统计零散的页面有多少个，然后从 FREE、NOT_FULL、FULL 这 3 个链表的 List Length 字段中读出该段占用的区的数量。每个区占用 64 个页，所以就可以统计出整个段占用的页面。

通过上面 5 个步骤，我们可以轻松地将索引的某个段占用的页面数量统计出来，然后分别计算聚簇索引的叶子节点段和非叶子节点段占用的页面数，它们的和就是 clustered_index_size 的值。按照同样的套路把其余索引占用的页面数都算出来，相加之后就是 sum_of_other_index_sizes 的值。

这里需要注意的是，当一个段的数据非常多时（超过 32 个页面），会以区为单位来申请空间。这里的问题是以区为单位申请空间后，有一些页可能并没有使用，但是在统计 clustered_index_size 和 sum_of_other_index_sizes 时都把它们算进去了，所以聚簇索引和其他索引实际占用的页面数可能比这两个统计项的值要小一些。

13.2.2 innodb_index_stats

直接看一下 innodb_index_stats 表中的各个列都是干嘛的，如表 13-2 所示。

表 13-2 innodb_index_stats 表中各个列的用途

字段名	描述
database_name	数据库名
table_name	表名
index_name	索引名
last_update	本条记录最后更新的时间
stat_name	统计项的名称
stat_value	对应的统计项的值
sample_size	为生成统计数据而采样的页面数量
stat_description	对应的统计项的描述

注意这个表的主键是（database_name，table_name，index_name，stat_name），其中 stat_name 是指统计项的名称，也就是说 innodb_index_stats 表中的每条记录代表着一个索引的一个统计项。可能大家现在不知道这个统计项到底指什么。别着急，我们直接看一下关于 single_table 表的索引统计数据都有些什么。

```
mysql> SELECT * FROM mysql.innodb_index_stats WHERE table_name = 'single_table';
+---------------+--------------+--------------+---------------------+--------------+------------+-------------+-----------------------------------+
| database_name | table_name   | index_name   | last_update         | stat_name    | stat_value | sample_size | stat_description                  |
+---------------+--------------+--------------+---------------------+--------------+------------+-------------+-----------------------------------+
| xiaohaizi     | single_table | PRIMARY      | 2018-12-14 14:24:46 | n_diff_pfx01 |       9693 |          20 | id                                |
| xiaohaizi     | single_table | PRIMARY      | 2018-12-14 14:24:46 | n_leaf_pages |         91 |        NULL | Number of leaf pages in the index |
| xiaohaizi     | single_table | PRIMARY      | 2018-12-14 14:24:46 | size         |         97 |        NULL | Number of pages in the index      |
| xiaohaizi     | single_table | idx_key1     | 2018-12-14 14:24:46 | n_diff_pfx01 |        968 |          28 | key1                              |
| xiaohaizi     | single_table | idx_key1     | 2018-12-14 14:24:46 | n_diff_pfx02 |      10000 |          28 | key1,id                           |
| xiaohaizi     | single_table | idx_key1     | 2018-12-14 14:24:46 | n_leaf_pages |         28 |        NULL | Number of leaf pages in the index |
| xiaohaizi     | single_table | idx_key1     | 2018-12-14 14:24:46 | size         |         29 |        NULL | Number of pages in the index      |
| xiaohaizi     | single_table | idx_key3     | 2018-12-14 14:24:46 | n_diff_pfx01 |        799 |          31 | key3                              |
| xiaohaizi     | single_table | idx_key3     | 2018-12-14 14:24:46 | n_diff_pfx02 |      10000 |          31 | key3,id                           |
| xiaohaizi     | single_table | idx_key3     | 2018-12-14 14:24:46 | n_leaf_pages |         31 |        NULL | Number of leaf pages in the index |
| xiaohaizi     | single_table | idx_key3     | 2018-12-14 14:24:46 | size         |         32 |        NULL | Number of pages in the index      |
| xiaohaizi     | single_table | idx_key_part | 2018-12-14 14:24:46 | n_diff_pfx01 |       9673 |          64 | key_part1                         |
| xiaohaizi     | single_table | idx_key_part | 2018-12-14 14:24:46 | n_diff_pfx02 |       9999 |          64 | key_part1,key_part2               |
| xiaohaizi     | single_table | idx_key_part | 2018-12-14 14:24:46 | n_diff_pfx03 |      10000 |          64 | key_part1,key_part2,key_part3     |
| xiaohaizi     | single_table | idx_key_part | 2018-12-14 14:24:46 | n_diff_pfx04 |      10000 |          64 | key_part1,key_part2,key_part3,id  |
| xiaohaizi     | single_table | idx_key_part | 2018-12-14 14:24:46 | n_leaf_pages |         64 |        NULL | Number of leaf pages in the index |
| xiaohaizi     | single_table | idx_key_part | 2018-12-14 14:24:46 | size         |         97 |        NULL | Number of pages in the index      |
| xiaohaizi     | single_table | uk_key2      | 2018-12-14 14:24:46 | n_diff_pfx01 |      10000 |          16 | key2                              |
| xiaohaizi     | single_table | uk_key2      | 2018-12-14 14:24:46 | n_leaf_pages |         16 |        NULL | Number of leaf pages in the index |
| xiaohaizi     | single_table | uk_key2      | 2018-12-14 14:24:46 | size         |         17 |        NULL | Number of pages in the index      |
+---------------+--------------+--------------+---------------------+--------------+------------+-------------+-----------------------------------+
20 rows in set (0.03 sec)
```

这个结果有点多，正确查看这个结果的方式是这样的。

步骤 1. 先查看 index_name 列，这个列用来说明该记录是哪个索引的统计信息。从结果中可以看出，PRIMARY 索引（也就是主键）占了 3 条记录，idx_key_part 索引占了 6 条记录。

步骤 2. 针对 index_name 列相同的记录，stat_name 表示针对该索引的统计项名称，stat_value 表示的是该索引在该统计项上的值，stat_description 用来描述该统计项的含义。

下面具体看看一个索引都有哪些统计项。

● n_leaf_pages：表示该索引的叶子节点实际占用多少页面。

● size：表示该索引共占用多少页面（包括已经分配给叶子节点段或者非叶子节点段但是尚未使用的页面）。

● n_diff_pfxNN：表示对应的索引列不重复的值有多少。其中的 NN 长得有点儿怪呀，它表示啥意思呢？其实 NN 可以被替换为 01、02、03…… 这样的数字。比如对于 idx_key_part 来说：

■ n_diff_pfx01 表示的是统计 key_part1 这一个列中不重复的值有多少；

■ n_diff_pfx02 表示的是统计 key_part1、key_part2 这两个列组合起来后不重复的值有多少；

■ n_diff_pfx03 表示的是统计 key_part1、key_part2、key_part3 这 3 个列组合起来后不重复的值有多少；

■ n_diff_pfx04 表示的是统计 key_part1、key_part2、key_part3、id 这 4 个列组合起来后不重复的值有多少。

　　这里需要注意的是，对于普通的二级索引，并不能保证它的索引列值是唯一的。比如对于 idx_key1 来说，key1 列就可能有很多值重复的记录。此时只有在索引列的基础上加上主键，才可以区分两条索引列值都一样的二级索引记录。对于主键和唯一二级索引则没有这个问题，它们本身就可以保证索引列的值是不重复的，所以也不需要再统计一遍在索引列后加上主键值后的不重复值有多少。比如前文的 idx_key1 有 n_diff_pfx01 和 n_diff_pfx02 两个统计项，其中的 n_diff_pfx02 表示的就是统计 key1 和 id 这两个列组合起来不重复的值有多少；而 uk_key2 却只有 n_diff_pfx01 一个统计项，该统计项表示的就是 key2 列不重复的值有多少。

步骤 3. 在计算某些索引列中包含多少个不重复的值时，需要对一些叶子节点页面进行采样。sample_size 列就表明了采样的页面数量是多少。

　　对于有多个列的联合索引来说，需要采样的页面数量是 innodb_stats_persistent_sample_pages × 索引中包含的列的个数。当需要采样的页面数量大于该索引的叶子节点的数量时，那么所有的叶子节点都需要被采样。大家可以在查询结果中看到，不同索引对应的 sample_size 列的值可能是不同的。

13.2.3 定期更新统计数据

随着我们不断对表进行增删改操作，表中的数据也一直在变化。innodb_table_stats 和 innodb_index_stats 表中的统计数据是不是也应该跟着变化呢？当然要变了，如果不变，MySQL 优化器计算出的成本可就很不准确了。设计 MySQL 的大叔提供了下面两种更新统计数据的方式。

● 开启 innodb_stats_auto_recalc

系统变量 innodb_stats_auto_recalc 决定了服务器是否自动重新计算统计数据。它的默认值是 ON，也就是该功能默认是开启的。每个表都维护了一个变量，该变量记录着对该表进行增删改的记录条数。如果发生变动的记录数量超过了表大小的 10%，并且自动重新计算统计数据的功能是打开的，那么服务器会重新计算一次统计数据，并且更新 innodb_table_stats 和 innodb_index_stats 表。不过自动重新计算统计数据的过程是异步发生的，也就是即使表中变动的记录数超过了 10%，可能也不会立即自动重新计算统计数据，因为存在一定的延迟。

再一次强调，InnoDB 默认以表为单位来收集和存储统计数据。我们也可以单独为某个表设置是否自动重新计算统计数据的属性。设置方式就是在创建或修改表时，通过指定 STATS_AUTO_RECALC 属性来指明是否为这个表自动重新计算统计数据：

■ CREATE TABLE 表名 (...) Engine = InnoDB, STATS_AUTO_RECALC = (1|0);

■ ALTER TABLE 表名 Engine = InnoDB, STATS_AUTO_RECALC = (1|0);

当 STATS_AUTO_RECALC = 1 时，表明想让该表自动重新计算统计数据；当 STATS_AUTO_RECALC = 0 时，表明不想让该表自动重新计算统计数据。如果在创建表时未指定 STATS_AUTO_RECALC 属性，则默认采用系统变量 innodb_stats_auto_recalc 的值作为该属性的值。

● 手动调用 ANALYZE TABLE 语句来更新统计信息

我们也可以手动调用 ANALYZE TABLE 语句重新计算统计数据。比如下面的语句就是用来更新 single_table 表的统计数据：

```
mysql> ANALYZE TABLE single_table;
+-------------------------+---------+----------+----------+
| Table                   | Op      | Msg_type | Msg_text |
+-------------------------+---------+----------+----------+
| xiaohaizi.single_table  | analyze | status   | OK       |
+-------------------------+---------+----------+----------+
1 row in set (0.08 sec)
```

需要注意的是，ANALYZE TABLE 语句会立即重新计算统计数据，也就是这个过程是同步的。在表中索引较多或者采样页面特别多时，这个过程可能会比较慢。

13.2.4 手动更新 innodb_table_stats 和 innodb_index_stats 表

其实 innodb_table_stats 和 innodb_index_stats 表与普通的表别无二致，我们也能对它们执行增删改查操作。这也就意味着我们可以手动更新某个表或者索引的统计数据。比如，我们想更改 single_table 表中关于行数的统计数据，可以按照下面的步骤进行操作。

步骤 1. 更新 innodb_table_stats 表。

```
UPDATE innodb_table_stats
    SET n_rows = 1
    WHERE table_name = 'single_table';
```

步骤 2. 让 MySQL 优化器重新加载更改后的数据。

更新后的 innodb_table_stats 只是单纯地修改了一个表的数据。MySQL 优化器需要重新加载更改过的数据，为此可以运行下面的命令：

```
FLUSH TABLE single_table;
```

之后在使用 SHOW TABLE STATUS 语句查看表的统计数据时，就看到 Rows 行变为了 1。

13.3 基于内存的非永久性统计数据

当把系统变量 innodb_stats_persistent 的值设置为 OFF 时，之后创建的表的统计数据默认就都是非永久性的了。或者我们在创建或修改表时，直接将 STATS_PERSISTENT 属性的值设置为 0，那么该表的统计数据就是非永久性的了。

与永久性的统计数据不同，非永久性的统计数据采样的页面数量是由系统变量 innodb_stats_transient_sample_pages 来控制的，它的默认值是 8。

非永久性的统计数据在每次服务器关闭时以及执行某些操作后会被清除，并在下次访问表时重新计算。这样就可能导致在重新计算统计数据时得到不同的结果，从而可能生成经常变化的执行计划，让用户发懵。不过，最近的 MySQL 版本都不怎么使用这种基于内存的非永久性统计数据了，所以我们也就不深入唠叨它了。

13.4 innodb_stats_method 的使用

我们知道，索引列中不重复的值的数量对于 MySQL 优化器十分重要，通过它可以计算出在索引列中一个值平均重复多少行。它的应用场景主要有两个。

● 单表查询中的单点扫描区间太多。

比如在下面的命令中：

```
SELECT * FROM tbl_name WHERE key IN ('xx1', 'xx2', ..., 'xxn');
```

当 IN 语句对应的单点扫描区间太多时，采用 index dive 的方式直接访问 B+ 树索引，来统计每个单点扫描区间对应的记录的数量就太耗费性能了。所以直接依赖统计数据中一个值平均重复多少行来计算单点扫描区间对应的记录数量。

● 在执行连接查询时，如果有涉及两个表的等值匹配连接条件，该连接条件对应的被驱动表中的列又拥有索引时，则可以使用 ref 访问方法来查询被驱动表。

比如在下面的语句中：

```
SELECT * FROM t1 JOIN t2 ON t1.column = t2.key WHERE ...;
```

假设 t2 为被驱动表，在优化器生成执行计划时，查询并没有真正执行。也就是说，在真正执行对 t2 表的查询前，t1.column 的值是不确定的。我们不能使用 index dive 的方式直接访问 B+ 树索引，来统计 t2 表索引的每个单点扫描区间对应的记录数量。也就是说，我们只能依赖统计数据中一个值平均重复多少行来计算单点扫描区间对应的记录数量。

在统计索引列中不重复的值的数量时，有一个比较棘手的问题是：当索引列中出现 NULL 值时该怎么办？比如，某个索引列的内容是下面这样的：

```
+------+
| col  |
+------+
|    1 |
|    2 |
| NULL |
| NULL |
+------+
```

此时在计算这个 col 列中不重复的值的数量时，就存在下面的分歧。

- 有人认为 NULL 值代表一个未确定的值，所以设计 MySQL 的大叔才认为任何与 NULL 值进行比较的表达式的值都为 NULL。比如下面这样：

```
……
mysql> SELECT 1 = NULL;
+----------+
| 1 = NULL |
+----------+
|     NULL |
+----------+
1 row in set (0.00 sec)

mysql> SELECT 1 != NULL;
+-----------+
| 1 != NULL |
+-----------+
|      NULL |
+-----------+
1 row in set (0.00 sec)

mysql> SELECT NULL = NULL;
+-------------+
| NULL = NULL |
+-------------+
|        NULL |
+-------------+
1 row in set (0.00 sec)

mysql> SELECT NULL != NULL;
+--------------+
| NULL != NULL |
+--------------+
|         NULL |
+--------------+
1 row in set (0.00 sec)
……
```

所以每一个 NULL 值都是独一无二的，也就是说在统计索引列中不重复的值的数量时，应该把 NULL 值当作一个独立的值，所以 col 列中不重复的值的数量就是 4（分别是 1、2、NULL、NULL 这 4 个值）。

- 有人认为其实 NULL 值在业务上就是表示"没有"，因此所有的 NULL 值代表的意义是一样的。这样一来，col 列中不重复的值的数量就是 3（分别是 1、2、NULL 这 3 个值）。
- 有人认为 NULL 完全没有意义，所以在统计索引列中不重复的值的数量时压根儿就不能把它们算进来，所以 col 列中不重复的值的数量就是 2（分别是 1、2 这两个值）。

设计 MySQL 的大叔蛮贴心的，他们提供了一个名为 innodb_stats_method 的系统变量。这个值的作用是，在计算某个索引列中不重复值的数量时，将"如何对待 NULL 值"的这口锅甩给用户。这个系统变量有 3 个候选值。

- nulls_equal：认为所有 NULL 值都是相等的。这个值也是 innodb_stats_method 的默认值。

如果某个索引列中的 NULL 值特别多，这种统计方式会让查询优化器认为某个列中一个值的平均重复次数特别多，所以倾向于不使用索引进行访问。

- nulls_unequal：认为所有 NULL 值都是不相等的。

如果某个索引列中的 NULL 值特别多，这种统计方式会让查询优化器认为某个列中一个值的平均重复次数特别少，所以倾向于使用索引进行访问。

- nulls_ignored：直接把 NULL 值忽略掉。

反正这口锅是甩给用户了。当选定了 innodb_stats_method 值之后，查询优化器即使选择了不是最优的执行计划，那也与设计 MySQL 的大叔没关系了。

小贴士

　　上述关于 innodb_stats_method 系统变量的知识是在 MySQL 文档中体现的，但是当我实际查看 MySQL 5.7.22 的代码时出现了一个让我十分迷惑的地方。就是对于基于内存的统计数据来说，nulls_unequal 和 nulls_ignored 的效果是一样的；而对于基于磁盘的统计数据来说，无论我们将 innodb_stats_method 设置为什么值，都将其认为是 nulls_equal（直接硬编码到代码中）。设计 InnoDB 的大叔为啥这么做呢？我也不清楚。

13.5 总结

InnoDB 以表为单位来收集统计数据。这些统计数据可以是基于磁盘的永久性统计数据，也可以是基于内存的非永久性统计数据。

innodb_stats_persistent 控制着服务器使用永久性统计数据还是非永久性统计数据，innodb_stats_persistent_sample_pages 控制着永久性统计数据的采样页面数量，innodb_stats_transient_sample_pages 控制着非永久性统计数据的采样页面数量，innodb_stats_auto_recalc 控制着是否自动重新计算统计数据。

我们可以在创建和修改表时通过指定 STATS_PERSISTENT、STATS_AUTO_RECALC、STATS_SAMPLE_PAGES 的值来控制收集统计数据时的一些细节。

innodb_stats_method 决定着在统计某个索引列中不重复的值的数量时如何对待 NULL 值。

第14章 基于规则的优化（内含子查询优化二三事）

从本质上来说，MySQL 其实就是一个软件，设计 MySQL 的大叔并不能要求使用这个软件的人都是数据库高手，就像我不能要求在座的各位在阅读本书时都已经学会了里面的知识一样。都学会了的话谁还会看这本书呢，难道是为了精神上受感化？！

也就是说，我们无法避免某些同学编写一些执行起来十分耗费性能的语句。即使是这样，设计 MySQL 的大叔还是依据一些规则，竭尽全力地把这些很糟糕的语句转换成某种可以高效执行的形式，这个过程也可以称为查询重写（就是人家觉得你写的语句不好，自己再重写一遍）。本章将详细唠叨一些比较重要的重写规则。

14.1 条件化简

我们编写的查询语句中的搜索条件本质上是表达式。这些表达式可能比较复杂，可能无法高效地执行，MySQL 优化器会为我们简化这些表达式。为了方便大家理解，后面在举例子时都使用诸如 a、b、c 之类的简单字母代表某个表的列名。

14.1.1 移除不必要的括号

有时表达式中有许多无用的括号，比如下面这样：

```
SELECT * FROM (t1, (t2, t3)) WHERE t1.a=t2.a AND t2.b=t3.b;
```

优化器会把语句中不必要的括号移除掉，移除后的效果如下所示：

```
SELECT * FROM t1, t2, t3 WHERE t1.a=t2.a AND t2.b=t3.b;
```

14.1.2 常量传递

有时某个表达式是某个列和某个常量的等值匹配，比如下面这样：

```
a = 5
```

当使用 AND 操作符将这个表达式和其他涉及列 a 的表达式连接起来时，可以将其他表达式中 a 的值替换为 5，比如下面这个表达式：

```
a = 5 AND b > a
```

就可以被转换为：

```
a = 5 AND b > 5
```

小贴士

为什么使用 OR 操作符连接起来的表达式就不能进行常量传递呢? 大家可以自行思考一下。

14.1.3　移除没用的条件

对于一些明显的永远为 TRUE 或者 FALSE 的表达式，优化器会将它们移除掉。比如下面这个表达式：

```
(a < 1 AND b = b) OR (a = 6 OR 5 != 5)
```

很明显，b = b 这个表达式永远为 TRUE，5 != 5 这个表达式永远为 FALSE，所以简化后的表达式就是下面这样：

```
(a < 1 AND TRUE) OR (a = 6 OR FALSE)
```

这个表达式可以继续被简化为 a<1 OR a = 6。

14.1.4　表达式计算

在查询执行之前，如果表达式中只包含常量的话，它的值会被先计算出来。比如下面这个：

```
a = 5 + 1
```

因为 5 + 1 这个表达式只包含常量，所以就会被化简成 a = 6。

但是这里需要注意的是，如果某个列并不是以单独的形式作为表达式的操作数，比如出现在函数中，或者出现在某个更复杂的表达式中，就像下面这样：

```
ABS(a) > 5
```

或者

```
-a < -8
```

优化器是不会尝试对这些表达式进行化简的。前文说过，在搜索条件中，只有索引列和常数使用某些运算符连接起来，才可能形成合适的范围区间来减少需要扫描的记录数量。所以，最好让索引列以单独的形式出现在搜索条件表达式中。

14.1.5　HAVING 子句和 WHERE 子句的合并

如果查询语句中没有出现诸如 SUM、MAX 这样的聚集函数以及 GROUP BY 子句，查询优化器就把 HAVING 子句和 WHERE 子句合并起来。

14.1.6　常量表检测

设计 MySQL 的大叔觉得下面这两种类型的查询运行得特别快。

● 类型 1：查询的表中一条记录都没有，或者只有一条记录。

大家有没有觉得这种查询有点儿不对劲——我还没开始查表呢，咋就知道表里面有几条记录呢？哈哈！这个其实依靠的是统计数据。不过，由于 InnoDB 的统计数据不准确，所以这种查询不能用于使用 InnoDB 作为存储引擎的表，只适用于使用 MEMORY 或者 MyISAM 作为存储引擎的表。

● 类型 2：使用主键等值匹配或者唯一二级索引列等值匹配作为搜索条件来查询某个表。

设计 MySQL 的大叔觉得这两种查询花费的时间特别少，少到可以忽略，所以也把通过这两种方式查询的表称为常量表（constant table）。查询优化器在分析一个查询语句时，首先执行常量表查询，然后把查询中涉及该表的条件全部替换成常数，最后再分析其余表的查询成本。比如下面这个查询语句：

```
SELECT * FROM table1 INNER JOIN table2
    ON table1.column1 = table2.column2
    WHERE table1.primary_key = 1;
```

很明显，这个查询可以使用主键和常量值的等值匹配来查询 table1 表。也就是说，在这个查询中 table1 表相当于常量表。在分析针对 table2 表的查询成本之前，就会执行针对 table1 表的查询，在得到查询结果后把原查询中涉及 table1 表的条件都替换掉。也就是说，上面的查询语句会被转换成下面这样：

```
SELECT table1表记录各个字段的常量值, table2.* FROM table1 INNER JOIN table2
    ON table1表column1列的常量值 = table2.column2;
```

14.2　外连接消除

前文说过，内连接的驱动表和被驱动表的位置可以相互转换，而左（外）连接和右（外）连接的驱动表与被驱动表是固定的。这就导致内连接可能通过优化表的连接顺序来降低整体的查询成本，而外连接却无法优化表的连接顺序。为了故事的顺利发展，我们还是把之前介绍连接原理时使用的 t1 和 t2 表请出来。考虑到大家可能已经忘记了，这里再看一下这两个表的结构：

```
CREATE TABLE t1 (
    m1 int,
    n1 char(1)
) Engine=InnoDB, CHARSET=utf8;

CREATE TABLE t2 (
    m2 int,
    n2 char(1)
) Engine=InnoDB, CHARSET=utf8;
```

为了唤醒大家的记忆，我们再把这两个表中的数据展示一下：

```
mysql> SELECT * FROM t1;
+------+------+
| m1   | n1   |
```

```
+------+------+
| 1    | a    |
| 2    | b    |
| 3    | c    |
+------+------+
3 rows in set (0.00 sec)

mysql> SELECT * FROM t2;
+------+------+
| m2   | n2   |
+------+------+
|    2 | b    |
|    3 | c    |
|    4 | d    |
+------+------+
3 rows in set (0.00 sec)
```

前文说过，外连接和内连接的本质区别就是：对于外连接的驱动表的记录来说，如果无法在被驱动表中找到匹配 ON 子句中过滤条件的记录，那么该驱动表记录仍然会被加入到结果集中，对应的被驱动表记录的各个字段使用 NULL 值填充；而内连接的驱动表的记录如果无法在被驱动表中找到匹配 ON 子句中过滤条件的记录，那么该驱动表记录会被舍弃。查询效果就是下面这样：

```
mysql> SELECT * FROM t1 INNER JOIN t2 ON t1.m1 = t2.m2;
+------+------+------+------+
| m1   | n1   | m2   | n2   |
+------+------+------+------+
|    2 | b    |    2 | b    |
|    3 | c    |    3 | c    |
+------+------+------+------+
2 rows in set (0.00 sec)

mysql> SELECT * FROM t1 LEFT JOIN t2 ON t1.m1 = t2.m2;
+------+------+------+------+
| m1   | n1   | m2   | n2   |
+------+------+------+------+
|    2 | b    |    2 | b    |
|    3 | c    |    3 | c    |
|    1 | a    | NULL | NULL |
+------+------+------+------+
3 rows in set (0.00 sec)
```

对于上面例子中的左（外）连接来说，由于驱动表 t1 中 m1=1、n1='a' 的记录无法在被驱动表 t2 中找到符合 ON 子句条件 t1.m1 = t2.m2 的记录，所以就直接把这条记录加入到结果集中，对应的 t2 表的 m2 和 n2 列的值都设置为 NULL。

小贴士

> 右（外）连接和左（外）连接其实只在驱动表的选取方式上不同，在其他方面都一样，所以优化器会先把右（外）连接查询转换成左（外）连接查询。后面就不再唠叨右（外）连接了。

我们知道，WHERE 子句的杀伤力比较大，凡是不符合 WHERE 子句中条件的记录都不会参与连接。只要我们在 WHERE 子句的搜索条件中指定"被驱动表的列不为 NULL"的搜索条件，那么外连接中在被驱动表中找不到符合 ON 子句条件的驱动表记录也就从最后的结果集中被排除了。也就是说，在这种情况下，外连接和内连接也就没有什么区别了！比如下面这个查询：

```
mysql> SELECT * FROM t1 LEFT JOIN t2 ON t1.m1 = t2.m2 WHERE t2.n2 IS NOT NULL;
+------+------+------+------+
| m1   | n1   | m2   | n2   |
+------+------+------+------+
|    2 | b    |    2 | b    |
|    3 | c    |    3 | c    |
+------+------+------+------+
2 rows in set (0.01 sec)
```

由于指定被驱动表 t2 的 n2 列不允许为 NULL，所以上面的 t1 和 t2 表的左（外）连接查询与内连接查询是一样的。当然，我们也可以不用显式指定被驱动表的某个列符合 IS NOT NULL 搜索条件，只要隐含地有这个意思就行了。比如下面这样：

```
mysql> SELECT * FROM t1 LEFT JOIN t2 ON t1.m1 = t2.m2 WHERE t2.m2 = 2;
+------+------+------+------+
| m1   | n1   | m2   | n2   |
+------+------+------+------+
|    2 | b    |    2 | b    |
+------+------+------+------+
1 row in set (0.00 sec)
```

在这个例子中，我们在 WHERE 子句中指定了被驱动表 t2 的 m2 列等于 2，也就相当于间接地指定了 m2 列不为 NULL 值，所以上面这个左（外）连接查询其实与下面这个内连接查询是等价的：

```
mysql> SELECT * FROM t1 INNER JOIN t2 ON t1.m1 = t2.m2 WHERE t2.m2 = 2;
+------+------+------+------+
| m1   | n1   | m2   | n2   |
+------+------+------+------+
|    2 | b    |    2 | b    |
+------+------+------+------+
1 row in set (0.00 sec)
```

我们把这种在外连接查询中，指定的 WHERE 子句中包含被驱动表中的列不为 NULL 值的条件称为空值拒绝（reject-NULL）。在被驱动表的 WHERE 子句符合空值拒绝的条件后，外连接和内连接可以相互转换。这种转换带来的好处就是优化器可以通过评估表的不同连接顺序的成本，选出成本最低的连接顺序来执行查询。

14.3 子查询优化

本章的主题本来是唠叨 MySQL 优化器是如何处理子查询的，但还是担心好多同学连子查询的语法都没掌握全，所以我们就先唠叨唠叨什么是子查询（当然不会面面俱到，而只是说个大概），然后再唠叨子查询优化的事儿。

14.3.1 子查询语法

套用《大话西游》电影中的一句台词 "人是人他妈生的，妖是妖他妈生的"，就连孙猴子都有妈妈——石头人。孕妇肚子里的是她的孩子。类似地，在一个查询语句中的某个位置也可以有另一个查询语句，这个出现在某个查询语句的某个位置中的查询就称为子查询（也可以称它为宝宝查询），那个充当 "妈妈" 角色的查询也称为外层查询。不像人类怀孕时宝宝只在妈妈肚子里，子查询可以在一个外层查询的各种位置出现。来看下面各种情况。

- 在 SELECT 子句中

也就是平常说的查询列表，比如下面这样：

```
mysql> SELECT (SELECT m1 FROM t1 LIMIT 1);
+----------------------------+
| (SELECT m1 FROM t1 LIMIT 1) |
+----------------------------+
|                          1 |
+----------------------------+
1 row in set (0.00 sec)
```

其中 (SELECT m1 FROM t1 LIMIT 1) 就是子查询。

- 在 FROM 子句中

比如：

```
SELECT m, n FROM (SELECT m2 + 1 AS m, n2 AS n FROM t2 WHERE m2 > 2) AS t;
+------+------+
| m    | n    |
+------+------+
|    4 | c    |
|    5 | d    |
+------+------+
2 rows in set (0.00 sec)
```

这个例子中的子查询是 (SELECT m2 + 1 AS m, n2 AS n FROM t2 WHERE m2 > 2)，它的特别之处是出现在了 FROM 子句中。FROM 子句里面不是存放要查询的表的名称么，这里放进来一个子查询是个什么鬼？其实这里可以把子查询的查询结果当作一个表。子查询后边的 AS t 表明这个子查询的结果就相当于一个名称为 t 的表，这个名为 t 的表的列就是子查询结果中的列。比如上面这个例子中，表 t 就有两个列：m 列和 n 列。这个放在 FROM 子句中的子查询在逻辑上相当于一个表，但又与平常使用的表有点儿不一样。设计 MySQL 的大叔把这种放在 FROM 子句后面的子查询称为派生表。

- 在 WHERE 或 ON 子句的表达式中

我们最常使用子查询的方式是将子查询放到外层查询的 WHERE 子句或者 ON 子句的表达式中。比如下面这样：

```
mysql> SELECT * FROM t1 WHERE m1 IN (SELECT m2 FROM t2);
+------+------+
| m1   | n1   |
+------+------+
|    2 | b    |
```

```
|   3 | c    |
+------+------+
2 rows in set (0.00 sec)
```

这个查询表明我们想将 (SELECT m2 FROM t2) 这个子查询的结果作为外层查询的 IN 语句参数。上面整个查询语句的意思是：我们想找 t1 表中的某些记录，这些记录的 m1 列的值能在 t2 表的 m2 列找到匹配的值。

- 在 ORDER BY 子句中

虽然语法支持，但没啥意义，这里不展开介绍。

- GROUP BY 子句中

虽然语法支持，但没啥意义，这里不展开介绍。

1. 按返回的结果集区分子查询

因为子查询本身也是一个查询，所以可以按照它们返回的不同结果集类型而把这些子查询分为不同的类型。

- 标量子查询：那些只返回一个单一值的子查询称为标量子查询。

比如下面这样：

```
SELECT (SELECT m1 FROM t1 LIMIT 1);
```

或者下面这样：

```
SELECT * FROM t1 WHERE m1 = (SELECT MIN(m2) FROM t2);
```

这两个查询语句中的子查询都返回一个单一的值（也就是一个标量）。这些标量子查询可以作为一个单一值或者表达式的一部分出现在查询语句的各个地方。

- 行子查询：顾名思义，就是返回一条记录的子查询，不过这条记录需要包含多个列（如果只包含一个列，就是标量子查询）。

比如下面这样：

```
SELECT * FROM t1 WHERE (m1, n1) = (SELECT m2, n2 FROM t2 LIMIT 1);
```

其中 (SELECT m2, n2 FROM t2 LIMIT 1) 就是一个行子查询。整条语句的含义就是从 t1 表中找一些记录，这些记录的 m1 和 n1 列分别等于子查询结果中的 m2 和 n2 列。

- 列子查询：就是查询出一个列的数据，不过这个列的数据需要包含多条记录（如果只包含一条记录，就是标量子查询）。

比如下面这样：

```
SELECT * FROM t1 WHERE m1 IN (SELECT m2 FROM t2);
```

其中 (SELECT m2 FROM t2) 就是一个列子查询，表明将查询出的 t2 表的 m2 列的值作为外层查询 IN 语句的参数。

- 表子查询：就是子查询的结果既包含很多条记录，又包含很多个列。

比如下面这样：

```
SELECT * FROM t1 WHERE (m1, n1) IN (SELECT m2, n2 FROM t2);
```

其中 (SELECT m2, n2 FROM t2) 就是一个表子查询。这里需要将表子查询和和行子查询对比一下：行子查询中使用了 LIMIT 1 来保证子查询的结果只有一条记录；表子查询中不需要这个限制。

2. 按与外层查询的关系来区分子查询

- 不相关子查询

如果子查询可以单独运行出结果，而不依赖于外层查询的值，我们就可以把这个子查询称为不相关子查询。前文介绍的那些子查询全部都可以看作不相关子查询。

- 相关子查询

如果子查询的执行需要依赖于外层查询的值，我们就可以把这个子查询称为相关子查询。比如：

```
SELECT * FROM t1 WHERE m1 IN (SELECT m2 FROM t2 WHERE n1 = n2);
```

上述语句中的子查询是 (SELECT m2 FROM t2 WHERE n1 = n2)，这个子查询中有一个搜索条件是 n1 = n2。由于 n1 是表 t1 的列，也就是外层查询的列，也就是说子查询的执行需要依赖于外层查询的值，所以这个子查询就是一个相关子查询。

3. 子查询在布尔表达式中的使用

大家来看下面这样的子查询有啥意义：

```
SELECT (SELECT m1 FROM t1 LIMIT 1);
```

貌似没啥意义！我们平时使用子查询最多的地方就是把它作为布尔表达式的一部分用在 WHERE 子句或者 ON 子句中的搜索条件中。所以这里来总结一下子查询在布尔表达式中的使用场景。

- 使用 =、>、<、>=、<=、<>、!=、<=> 作为布尔表达式的操作符

这些操作符具体是啥意思就不用我多介绍了吧。为了方便，我们把这些操作符称为 comparison_operator，所以包含子查询的布尔表达式看起来就是下面这样：

```
操作数 comparison_operator (子查询)
```

这里的操作数可以是某个列名，或者是一个常量，或者是一个更复杂的表达式，甚至可以是另一个子查询。但是需要注意的是，这里的子查询只能是标量子查询或者行子查询，也就是说子查询的结果只能返回一个单一的值或者只能是一条记录。比如下面这样（标量子查询）：

```
SELECT * FROM t1 WHERE m1 < (SELECT MIN(m2) FROM t2);
```

或者下面这样（行子查询）：

```
SELECT * FROM t1 WHERE (m1, n1) = (SELECT m2, n2 FROM t2 LIMIT 1);
```

- [NOT] IN/ANY/SOME/ALL 子查询

对于列子查询和表子查询来说，它们的结果集中包含很多条记录。这些记录相当于一个集合，所以就不能单纯地使用 comparison_operator 与另外一个操作数组成布尔表达式了。MySQL 通过下面的语法来支持某个操作数与一个集合组成一个布尔表达式。

- IN 或者 NOT IN。具体的语法形式如下：

```
操作数 [NOT] IN (子查询)
```

这个布尔表达式的意思是，判断某个操作数是否存在于由子查询结果集组成的集合中。比如下面查询语句的作用是找出 t1 表中的某些记录，这些记录的 m1 和 n1 列存在于子查询的结果集中：

```
SELECT * FROM t1 WHERE (m1, n1) IN (SELECT m2, n2 FROM t2);
```

- ANY/SOME（ANY 和 SOME 表达的意思相同）。具体的语法形式如下：

```
操作数 comparison_operator ANY/SOME(子查询)
```

这个布尔表达式的意思是，只要在子查询的结果集中存在一个值，某个指定的操作数与该值通过 comparison_operator 操作符进行比较时，结果为 TRUE，那么整个表达式的结果就为 TRUE；否则整个表达式的结果就为 FALSE。比如下面这个查询：

```
SELECT * FROM t1 WHERE m1 > ANY(SELECT m2 FROM t2);
```

这个查询的意思是，对于 t1 表某条记录的 m1 列的值来说，如果子查询 (SELECT m2 FROM t2) 的结果集中存在一个小于 m1 列的值，那么整个布尔表达式的值就是 TRUE，否则为 FALSE。也就是说，只要 m1 列的值大于子查询结果集中最小的值，整个表达式的结果就是 TRUE。所以上面的查询语句在本质上等价于下面这条查询语句：

```
SELECT * FROM t1 WHERE m1 > (SELECT MIN(m2) FROM t2);
```

另外，=ANY 相当于判断子查询结果集中是否存在某个值等于给定的操作数，它的含义和 IN 是相同的。

- ALL。具体的语法形式如下：

```
操作数 comparison_operator ALL(子查询)
```

这个布尔表达式的意思是，某个指定的操作数与该子查询结果集中所有的值通过 comparison_operator 操作符进行比较时，结果都为 TRUE，那么整个表达式的结果就为 TRUE；否则整个表达式的结果就为 FALSE。比如下面这个查询：

```
SELECT * FROM t1 WHERE m1 > ALL(SELECT m2 FROM t2);
```

这个查询的意思是，对于 t1 表某条记录的 m1 列的值来说，如果子查询 (SELECT m2 FROM t2) 的结果集中的所有值都小于 m1 列的值，那么整个布尔表达式的值就是 TRUE，否则为 FALSE。也就是说，只要 m1 列的值大于子查询结果集中最大的值，整个表达式的结果就是 TRUE。所以上面的查询语句在本质上等价于下面这条查询语句：

```
SELECT * FROM t1 WHERE m1 > (SELECT MAX(m2) FROM t2);
```

小贴士

大家如果觉得 ANY 和 ALL 有点晕，请多看几遍。

- EXISTS 子查询

有时我们仅仅需要判断子查询的结果集中是否有记录，而不在乎它的记录具体是啥。此时可以把 EXISTS 或者 NOT EXISTS 放在子查询语句的前面，就像下面这样：

```
[NOT] EXISTS (子查询)
```

来看下面这个例子：

```
SELECT * FROM t1 WHERE EXISTS (SELECT 1 FROM t2);
```

对于子查询 (SELECT 1 FROM t2) 来说，我们并不关心这个子查询最后查询出的结果到底是什么，所以查询列表里填 *、某个列名，或者其他内容都无所谓。我们真正关心的是子查询的结果集中是否存在记录。也就是说，只要 (SELECT 1 FROM t2) 查询的结果集中有记录，那么整个 EXISTS 表达式的结果就为 TRUE。

4. 子查询语法注意事项

- 子查询必须用小括号括起来。

不用小括号括起来的子查询是非法的，比如下面这样：

```
mysql> SELECT SELECT m1 FROM t1;

ERROR 1064 (42000): You have an error in your SQL syntax; check the manual that corresponds
to your MySQL server version for the right syntax to use near 'SELECT m1 FROM t1' at line 1
```

- 在 SELECT 子句中的子查询必须是标量子查询。

如果子查询结果集中有多个列或者多个行，则都不允许放在 SELECT 子句中。比如下面这样就是非法的：

```
mysql> SELECT (SELECT m1, n1 FROM t1);

ERROR 1241 (21000): Operand should contain 1 column(s)
```

- 要想得到标量子查询或者行子查询，但又不能保证子查询的结果集只有一条记录时，应该使用 LIMIT 1 语句来限制记录数量。
- 对于 [NOT] IN/ANY/SOME/ALL 子查询来说，子查询中不允许有 LIMIT 语句。

比如下面这样是非法的：

```
mysql> SELECT * FROM t1 WHERE m1 IN (SELECT * FROM t2 LIMIT 2);

ERROR 1235 (42000): This version of MySQL doesn't yet support 'LIMIT & IN/ALL/ANY/SOME
subquery'
```

为啥不合法？人家就这么规定的，不解释！可能以后的版本会支持吧。正因为 [NOT] IN/ANY/SOME/ALL 子查询不支持 LIMIT 语句，所以在子查询中使用 ORDER BY 子句、DISTINCT 子句，以及没有聚集函数和 HAVING 子句的 GROUP BY 子句是毫无意义的。

子查询的结果其实相当于一个集合，集合里的值是否排序一点儿都不重要。比如下面这个语句中的 ORDER BY 子句简直就是画蛇添足：

```
SELECT * FROM t1 WHERE m1 IN (SELECT m2 FROM t2 ORDER BY m2);
```
集合中的值是否去重也没啥意义，因此下面语句中的 DISTINCT 子句也是无用的：

```
SELECT * FROM t1 WHERE m1 IN (SELECT DISTINCT m2 FROM t2);
```

在没有聚集函数以及 HAVING 子句时，GROUP BY 子句就是个摆设，因此下面语句中的 GROUP BY 子句也是无用的：

```
SELECT * FROM t1 WHERE m1 IN (SELECT m2 FROM t2 GROUP BY m2);
```

对于这些无用的子句，优化器在一开始就把它们"干掉"了。

● 不允许在一条语句中增删改某个表的记录时，同时还对该表进行子查询。

比如下面这样：

```
mysql> DELETE FROM t1 WHERE m1 < (SELECT MAX(m1) FROM t1);

ERROR 1093 (HY000): You can't specify target table 't1' for update in FROM clause
```

14.3.2 子查询在 MySQL 中是怎么执行的

好了，有关子查询的基础语法我们已经用最快的速度温习了一遍。如果想了解更多语法细节，大家可以去查看 MySQL 文档。现在就算大家都知道啥是子查询了，接下来就要唠叨具体某种类型的子查询在 MySQL 中是怎么执行的。想想还有点儿小激动呢！当然，为了故事的顺利发展，我们的例子也需要跟随形势"鸟枪换炮"。这里还是先祭出用了好多遍的 single_table 表：

```
CREATE TABLE single_table (
    id INT NOT NULL AUTO_INCREMENT,
    key1 VARCHAR(100),
    key2 INT,
    key3 VARCHAR(100),
    key_part1 VARCHAR(100),
    key_part2 VARCHAR(100),
    key_part3 VARCHAR(100),
    common_field VARCHAR(100),
    PRIMARY KEY (id),
    KEY idx_key1 (key1),
    UNIQUE KEY uk_key2 (key2),
    KEY idx_key3 (key3),
    KEY idx_key_part(key_part1, key_part2, key_part3)
) Engine=InnoDB CHARSET=utf8;
```

为了方便，假设 s1、s2 这两个表与 single_table 表的构造是相同的，而且这两个表中有 10,000 条记录，除 id 列外其余的列都插入随机值。下边正式开始我们的表演。

1. 小白眼中的子查询执行方式

在我还是一个单纯无知的少年时，我觉得子查询的执行方式应该是下面这样的。

- 如果该子查询是不相关子查询，比如下面这个查询：

```
SELECT * FROM s1
    WHERE key1 IN (SELECT common_field FROM s2);
```

它的执行方式应该是这样的。

步骤1. 先单独执行 (SELECT common_field FROM s2) 子查询。

步骤2. 然后将子查询得到的结果当作外层查询的参数，再执行外层查询 SELECT * FROM s1 WHERE key1 IN (...)。

- 如果该子查询是相关子查询，比如下面这个查询：

```
SELECT * FROM s1
    WHERE key1 IN (SELECT common_field FROM s2 WHERE s1.key2 = s2.key2);
```

这个查询语句的子查询中出现了 s1.key2 = s2.key2 这样的条件，这意味着该子查询的执行依赖外层查询的值。所以年少时的我觉得这个查询的执行方式是这样的。

步骤1. 先从外层查询中获取一条记录。在本例中也就是先从 s1 表中获取一条记录。

步骤2. 然后从获取的这条记录中找出子查询中涉及的值。在本例中就是从 s1 表中获取的那条记录中找出 s1.key2 列的值，然后执行子查询。

步骤3. 最后根据子查询的查询结果来检测外层查询 WHERE 子句的条件是否成立。如果成立，就把外层查询的那条记录加入到结果集，否则就丢弃。

步骤4. 重复执行步骤 1，获取第二条外层查询中的记录；依此类推。

请大家告诉我不是只有我一个人是这样认为的。

其实，设计 MySQL 的大叔想出了一系列办法来优化子查询的执行。这些优化措施在大部分情况下其实挺有效的，但是保不齐有"马失前蹄"之时。下边我们详细唠叨各种不同类型的子查询具体是怎么执行的。

 　　下文即将唠叨的 MySQL 优化子查询的执行方式，都是以 MySQL5.7 版本为基础，后续版本可能有更新的优化策略！

2. 标量子查询、行子查询的执行方式

下面这两个场景中经常会使用到标量子查询或者行子查询。

- 在 SELECT 子句中：前文说过，在查询列表中的子查询必须是标量子查询。
- 子查询使用 =、>、<、>=、<=、<>、!=、<=> 等操作符和某个操作数组成一个布尔表达式：这样的子查询必须是标量子查询或者行子查询。

对于上述两种场景中的不相关标量子查询或者行子查询来说，它们的执行方式很简单。比如下面这个查询语句：

```
SELECT * FROM s1
```

```
WHERE key1 = (SELECT common_field FROM s2 WHERE key3 = 'a' LIMIT 1);
```

它的执行方式和年少时的我想得一样。

步骤1. 单独执行 (SELECT common_field FROM s2 WHERE key3 = 'a' LIMIT 1) 这个子查询。

步骤2. 然后将子查询得到的结果当作外层查询的参数，再执行外层查询 SELECT * FROM s1 WHERE key1 = …。

也就是说，对于包含不相关的标量子查询或者行子查询的查询语句来说，MySQL 会分别独立执行外层查询和子查询——当作两个单表查询就好了。

对于相关的标量子查询或者行子查询，比如下面这个查询：

```
SELECT * FROM s1 WHERE
    key1 = (SELECT common_field FROM s2 WHERE s1.key3 = s2.key3 LIMIT 1);
```

事情也和年少时的我想得一样，它的执行方式就是下面这样。

步骤1. 先从外层查询中获取一条记录。在本例中也就是先从 s1 表中获取一条记录。

步骤2. 然后从这条记录中找出子查询中涉及的值。在本例中就是从 s1 表中获取的那条记录中找出 s1.key3 列的值，然后执行子查询。

步骤3. 最后根据子查询的查询结果来检测外层查询 WHERE 子句的条件是否成立。如果成立，就把外层查询的那条记录加入到结果集，否则就丢弃。

步骤4. 跳到步骤1，直到外层查询中获取不到记录为止。

也就是说，在使用标量子查询以及行子查询的场景中，MySQL 的执行方式并没有什么新鲜的，与年少时的我想得一样。

3. IN 子查询优化

（1）物化表的提出

对于不相关的 IN 子查询，比如下面这样：

```
SELECT * FROM s1
    WHERE key1 IN (SELECT common_field FROM s2 WHERE key3 = 'a');
```

我们最开始的感觉就是，这种不相关的 IN 子查询的执行方式，与不相关的标量子查询或者行子查询一样，都是把外层查询和子查询当作两个独立的单表查询来对待。遗憾的是，事情并不是我们想象的样子。设计 MySQL 的大叔为了优化 IN 子查询而倾注了太多心血（毕竟 IN 子查询是最常用的子查询类型），整个执行过程并没有我们想象的那么简单。

说句老实话，对于不相关的 IN 子查询来说，如果子查询结果集中的记录条数很少，那么把子查询和外层查询分别看成两个单独的单表查询，效率还是蛮高的。但是，如果单独执行子查询后的结果集太多，就会导致结果集太多，可能内存中都放不下。

小贴士

> 对于 expr IN (arg1, arg2, …) 这种形式的 IN 子句来说，IN 子句中的若干参数首先会被排序，如果在执行查询时不能利用索引将 IN 子句划分成若干个扫描区间，那么就会对已排好序的参数进行二分查找，以加快计算 IN 表达式的效率。

于是设计 MySQL 的大叔想了一个招：不直接将不相关子查询的结果集当作外层查询的参数，而是将该结果集写入一个临时表中。在将结果集写入临时表时，有两点注意事项：

- 该临时表的列就是子查询结果集中的列；
- 写入临时表的记录会被去重。

前文讲到，IN 语句是用来判断某个操作数是否存在于某个集合中，集合中的值是否重复对整个 IN 语句的结果来说并没有啥关系。在将结果集写入临时表时，对记录进行去重可以让临时表变得更小，从而更省空间。

> 临时表如何对记录进行去重？这还不是小意思嘛！临时表也是个表，只要为表中的列建立主键或者唯一索引就好了嘛。如果子查询的结果集有多个列，也就是为其建立的临时表中有多个列，那就为临时表的所有列建立联合主键或者联合唯一索引就好了嘛。

一般情况下，子查询结果集不会大得离谱，所以会为它建立基于内存的使用 MEMORY 存储引擎的临时表，而且会为该表建立哈希索引。

> IN 语句的本质就是判断某个操作数是否存在于某个集合中。如果集合中的数据建立了哈希索引，那么这个判断匹配的过程就相当快。

如果子查询的结果集非常大，超过了系统变量 tmp_table_size 或者 max_heap_table_size 的值，临时表会转而使用基于磁盘的存储引擎来保存结果集中的记录，索引类型也相应地转变为 B+ 树索引。

设计 MySQL 的大叔把这个"将子查询结果集中的记录保存到临时表的过程"称为物化（materialize）。方便起见，我们就把那个存储子查询结果集的临时表称为物化表。正因为物化表中的记录都建立了索引（基于内存的物化表有哈希索引，基于磁盘的物化表有 B+ 树索引），通过索引来判断某个操作数是否存在子查询结果集中时，速度会变得非常快，从而提升了子查询语句的性能。

（2）物化表转连接

事情到这就完了？我们还得重新审视最开始的那个查询语句：

```
SELECT * FROM s1
    WHERE key1 IN (SELECT common_field FROM s2 WHERE key3 = 'a');
```

当把子查询物化之后，假设子查询物化表的名称为 materialized_table，该物化表存储的子查询结果集的列为 m_val，那么这个查询可以从下面两个角度来看待。

- 从表 s1 的角度来看待：整个查询的意思是，对于 s1 表中的每条记录来说，如果该记录的 key1 列的值在子查询对应的物化表中，则该记录会被加入最终的结果集，如图 14-1 所示。

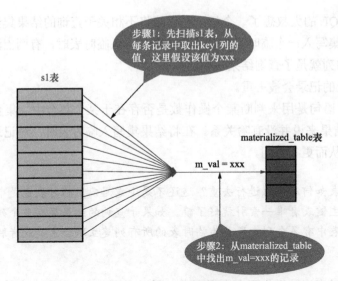

图 14-1　物化表查询过程

- 从子查询物化表的角度来看待：整个查询的意思是，对于子查询物化表的每个值来说，如果能在 s1 表中找到对应的 key1 列的值与该值相等的记录，那么就把这些记录加入到最终的结果集，如图 14-2 所示。

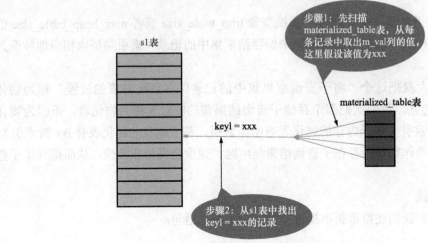

图 14-2　子查询物化表

也就是说，上面的查询其实相当于表 s1 与子查询物化表 materialized_table 进行内连接：

```
SELECT s1.* FROM s1 INNER JOIN materialized_table ON key1 = m_val;
```

转换成内连接之后就有意思了。查询优化器可以评估不同连接顺序需要的成本是多少，然后从中选取成本最低的那种方式执行查询。我们分析一下上述查询中使用外层查询的表 s1 和物化表 materialized_table 进行内连接的成本都是由哪几部分组成的。

如果使用 s1 表作为驱动表，总查询成本由下面几部分组成：

- 物化子查询时需要的成本；

- 扫描 s1 表时的成本；
- s1 表中的记录数量 × 通过条件 m_val=xxx 对 materialized_table 表进行单表访问的成本（前文讲过，物化表中的记录是不重复的，并且为物化表中的列建立了索引，所以这个步骤非常快）。

如果使用 materialized_table 表作为驱动表，总查询成本由下面几部分组成：

- 物化子查询时需要的成本；
- 扫描物化表时的成本；
- 物化表中的记录数量 × 通过条件 key1=xxx 对 s1 表进行单表访问的成本（非常庆幸在 key1 列上建立了索引，所以这个步骤非常快）。

MySQL 优化器会通过运算来选择成本更低的方案执行查询。

（3）将子查询转换为半连接

虽然将子查询进行物化之后再执行查询都会有建立临时表的成本，但是不管怎么说，我们见识到了将子查询转换为连接的强大作用。设计 MySQL 的大叔继续"开脑洞"：能不能不进行物化操作，直接把子查询转换为连接呢？让我们重新审视上面的查询语句：

```
SELECT * FROM s1
    WHERE key1 IN (SELECT common_field FROM s2 WHERE key3 = 'a');
```

可以把这个查询理解成：对于 s1 表中的某条记录，如果能在 s2 表（准确的说是在 s2 表中符合条件 s2.key3='a' 的记录）中找到一条或多条记录，这些记录的 common_field 的值等于 s1 表记录的 key1 列的值，那么该条 s1 表的记录就会被加入到最终的结果集。这个过程其实与把 s1 和 s2 两个表连接起来的效果很像：

```
SELECT s1.* FROM s1 INNER JOIN s2
    ON s1.key1 = s2.common_field
    WHERE s2.key3 = 'a';
```

只不过我们不能保证对于 s1 表的某条记录来说，在 s2 表（准确的说是在 s2 表中符合条件 s2.key3='a' 的记录）中有多少条记录满足 s1.key1=s2.common_field 条件。不过可以分 3 种情况进行讨论。

- 情况 1：对于 s1 表中的某条记录来说，s2 表中没有任何记录满足 s1.key1=s2.common_field 条件，那么该记录自然也不会加入到最终的结果集。
- 情况 2：对于 s1 表中的某条记录来说，s2 表中有且只有一条记录满足 s1.key1=s2.common_field 条件，那么该记录会被加入最终的结果集。
- 情况 3：对于 s1 表中的某条记录来说，s2 表中至少有 2 条记录满足 s1.key1=s2.common_field 条件，那么该记录会被多次加入最终的结果集。

对于 s1 表中的某条记录来说，由于我们只关心 s2 表中是否存在记录满足 s1.key1=s2.common_field 条件，而不关心具体有多少条记录与之匹配；又因为情况 3 的存在，因此前文所说的包含 IN 子查询的查询和两表连接查询之间并不完全等价。但是将子查询转换为连接又确实可以充分发挥优化器的作用，所以设计 MySQL 的大叔在这里提出了一个新概念——半连接（semi-join）。将 s1 表和 s2 表进行半连接的意思就是：对于 s1 表中的某条记录来说，我们只关心在 s2 表中是否存在与之匹配的记录，而不关心具体有多少条记录与之匹配，最终的结果集中只保留 s1 表的记录。为了让大家有更直观的感受，我们假设 MySQL 内部是按照下面这样来改写前面的子查询的：

```
SELECT s1.* FROM s1 SEMI JOIN s2
    ON s1.key1 = s2.common_field
    WHERE key3 = 'a';
```

小贴士

　　半连接只是在 MySQL 内部采用的一种执行子查询的方式。MySQL 并没有提供面向用户的半连接语法，所以我们不需要也不能尝试把上面这个语句放到黑框框中运行，这里只是想说明一下上面的子查询在 MySQL 内部会被转换为类似上述语句的半连接。

概念是有了，怎么实现这种半连接呢？设计 MySQL 的大叔准备了好几种办法。

● Table pullout（子查询中的表上拉）

当子查询的查询列表处只有主键或者唯一索引列时，可以直接把子查询中的表上拉到外层查询的 FROM 子句中，并把子查询中的搜索条件合并到外层查询的搜索条件中。比如在下面这个查询语句中：

```
SELECT * FROM s1
    WHERE key2 IN (SELECT key2 FROM s2 WHERE key3 = 'a');
```

由于 key2 列是 s2 表的唯一二级索引列，所以可以直接把 s2 表上拉到外层查询的 FROM 子句中，并且把子查询中的搜索条件合并到外层查询的搜索条件中。上拉之后的查询就是下面这样：

```
SELECT s1.* FROM s1 INNER JOIN s2
    ON s1.key2 = s2.key2
    WHERE s2.key3 = 'a';
```

为啥子查询的查询列表处只有主键或者唯一索引列时，就可以直接将子查询转换为连接查询呢？哎呀，主键或者唯一索引列中的数据本身就是不重复的嘛！所以对于同一条 s1 表中的记录（也就是 s1.key2 值是一个确定的常数），我们不可能在 s2 表中找到 2 条以及 2 条以上的符合 s2.key2=s1.key2 的记录，也就不存在前文所说的情况 3 了。

● Duplicate Weedout（重复值消除）

对于下面这个查询：

```
SELECT * FROM s1
    WHERE key1 IN (SELECT common_field FROM s2 WHERE key3 = 'a');
```

在转换为半连接查询后，s1 表中的某条记录可能在 s2 表中有多条匹配的记录，所以该条记录可能多次被添加到最后的结果集中。为了消除重复，我们可以建立一个临时表，比如这个临时表如下所示：

```
CREATE TABLE tmp (
    id INT PRIMARY KEY
);
```

这样在执行连接查询的过程中，每当某条 s1 表中的记录要加入结果集时，就首先把这条记录的 id 值加入到这个临时表中。如果添加成功，则说明之前这条 s1 表中的记录并没有加入最终的结果集，现在把该记录添加到最终的结果集；如果添加失败，则说明这条 s1 表中的记录之前已经加入到最终的结果集，这里直接把它丢弃就好了。这种使用临时表消除半连接结果集中重复值的方式称为 Duplicate Weedout。

- LooseScan（松散扫描）

对于下面这个查询：

```
SELECT * FROM s1
    WHERE key3 IN (SELECT key1 FROM s2 WHERE key1 > 'a' AND key1 < 'b');
```

在子查询中，对于 s2 表的访问可以使用到 key1 列的索引，而子查询的查询列表处恰好就是 key1 列。这样在将该查询转换为半连接查询后，如果将 s2 作为驱动表执行查询，那么执行过程如图 14-3 所示。

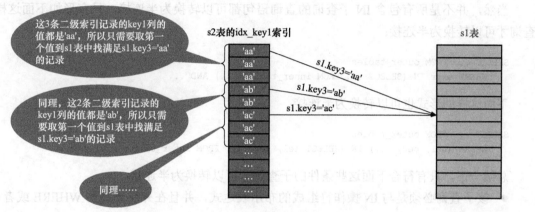

图 14-3　将 s2 作为驱动表的查询执行过程

在 14-3 中可以看到，在 s2 表的 **idx_key1** 索引中，值为 'aa' 的二级索引记录一共有 3 条，只需要取第一条的值到 s1 表中查找 s1.key3='aa' 的记录。如果能在 s1 表中找到对应的记录，就把对应的记录加入到结果集。依此类推，其他值相同的二级索引记录，也只需要取第一条记录的值到 s1 表中找匹配的记录。这种虽然是扫描索引，但只取键值相同的第一条记录去执行匹配操作的方式称为 LooseScan。

- Semi-join Materialization（半连接物化）

前文介绍的"先把外层查询的 IN 子句中的不相关子查询进行物化，然后再将外层查询的表与物化表进行连接"在本质上也算是一种半连接的实现方案。只不过由于物化表中没有重复的记录，所以可以直接将子查询转为连接查询。

- FirstMatch（首次匹配）

首次匹配是一种最原始的半连接执行方式，与我们年少时认为的相关子查询的执行方式是一样的，即先取一条外层查询中的记录，然后到子查询的表中寻找符合匹配条件的记录。如果能找到一条，则将该外层查询的记录放入最终的结果集并且停止查找更多匹配的记录；如果找不到，则把该外层查询的记录丢弃掉，然后再开始取下一条外层查询中的记录。这个过程不停重复，直到外层查询获取不到记录为止。

对于包含相关子查询的查询，比如下面这个查询：

```
SELECT * FROM s1
    WHERE key1 IN (SELECT common_field FROM s2 WHERE s1.key3 = s2.key3);
```

它也可以很方便地转为半连接。转换后的语句类似于下面这样：

```
SELECT s1.* FROM s1 SEMI JOIN s2
    ON s1.key1 = s2.common_field AND s1.key3 = s2.key3;
```

接下来就可以使用前面介绍的 DuplicateWeedout、LooseScan、FirstMatch 等半连接执行策略来执行查询。当然，如果子查询的查询列表处只有主键或者唯一二级索引列，还可以直接使用 Table pullout 策略来执行查询。需要注意的是，由于相关子查询并不是一个独立的查询，所以不能转换为物化表来执行查询。

（4）半连接的适用条件

当然，并不是所有包含 IN 子查询的查询语句都可以转换为半连接，只有形如下面这样的查询才可以转换为半连接：

```
SELECT ... FROM outer_tables
    WHERE expr IN (SELECT ... FROM inner_tables ...) AND ...
```

下面这样的形式也可以转换为半连接：

```
SELECT ... FROM outer_tables
    WHERE (oe1, oe2, ...) IN (SELECT ie1, ie2, ... FROM inner_tables ...) AND ...
```

总结一下，只有符合下面这些条件的子查询才可以转换为半连接：

- 该子查询必须是与 IN 操作符组成的布尔表达式，并且在外层查询的 WHERE 或者 ON 子句中出现；
- 外层查询也可以有其他的搜索条件，只不过必须使用 AND 操作符与 IN 子查询的搜索条件连接起来；
- 该子查询必须是一个单一的查询，不能是由 UNION 连接起来的若干个查询；
- 该子查询不能包含 GROUP BY、HAVING 语句或者聚集函数。

还有一些条件比较少见，这里就不唠叨了。

（5）不适用于半连接的情况

还有一些不能将子查询转换为半连接的情况，比较典型的有下面这几种。

- 在外层查询的 WHERE 子句中，存在其他搜索条件使用 OR 操作符与 IN 子查询组成的布尔表达式连接起来的情况。

```
SELECT * FROM s1
    WHERE key1 IN (SELECT common_field FROM s2 WHERE key3 = 'a')
        OR key2 > 100;
```

- 使用 NOT IN 而不是 IN 的情况。

```
SELECT * FROM s1
    WHERE key1 NOT IN (SELECT common_field FROM s2 WHERE key3 = 'a')
```

- 位于 SELECT 子句中的 IN 子查询的情况。

```
SELECT key1 IN (SELECT common_field FROM s2 WHERE key3 = 'a') FROM s1 ;
```

- 子查询中包含 GROUP BY、HAVING 或者聚集函数的情况。

```
SELECT * FROM s1
    WHERE key2 IN (SELECT COUNT(*) FROM s2 GROUP BY key1);
```

- 子查询中包含 UNION 的情况。

```
SELECT * FROM s1 WHERE key1 IN (
    SELECT common_field FROM s2 WHERE key3 = 'a'
    UNION
    SELECT common_field FROM s2 WHERE key3 = 'b'
);
```

MySQL 仍然留了"两手绝活"来优化不能转为半连接查询的子查询,具体如下。

- 对于不相关的子查询,可以尝试把它们物化之后再参与查询。

比如前文提到的这个查询:

```
SELECT * FROM s1
    WHERE key1 NOT IN (SELECT common_field FROM s2 WHERE key3 = 'a')
```

先将子查询物化,然后再判断 key1 是否在物化表的结果集中。这样可加快查询执行的速度。

> 请注意,这里将子查询物化之后不能转为与外层查询的表的连接,只能是先扫描 s1 表,然后针对 s1 表的某条记录来判断该记录的 key1 值是否在物化表中。

- 无论子查询是相关的还是不相关的,都可以把 IN 子查询尝试转为 EXISTS 子查询。

其实,对于任意一个 IN 子查询来说,都可以转换 EXISTS 子查询。通用的转换示例如下:

```
outer_expr IN (SELECT inner_expr FROM ... WHERE subquery_where)
```

可以被转换为:

```
EXISTS (SELECT inner_expr FROM ... WHERE subquery_where AND outer_expr=inner_expr)
```

当然这个过程中有一些特殊情况,比如在 outer_expr 或者 inner_expr 值为 NULL 时。因为在不包含 IS NULL 操作符的表达式中,如果某个操作数值为 NULL,那么表达式的结果也为 NULL。比如:

```
mysql> SELECT NULL IN (1, 2, 3);
+-------------------+
| NULL IN (1, 2, 3) |
+-------------------+
|              NULL |
+-------------------+
1 row in set (0.00 sec)

mysql> SELECT 1 IN (1, 2, 3);
+----------------+
| 1 IN (1, 2, 3) |
+----------------+
```

```
|               1 |
+-----------------+
1 row in set (0.00 sec)

mysql> SELECT NULL IN (NULL);
+----------------+
| NULL IN (NULL) |
+----------------+
|           NULL |
+----------------+
1 row in set (0.00 sec)
```

而 EXISTS 子查询的结果肯定是 TRUE 或者 FASLE：

```
mysql> SELECT EXISTS (SELECT 1 FROM s1 WHERE NULL = 1);
+------------------------------------------+
| EXISTS (SELECT 1 FROM s1 WHERE NULL = 1) |
+------------------------------------------+
|                                        0 |
+------------------------------------------+
1 row in set (0.01 sec)

mysql> SELECT EXISTS (SELECT 1 FROM s1 WHERE 1 = NULL);
+------------------------------------------+
| EXISTS (SELECT 1 FROM s1 WHERE 1 = NULL) |
+------------------------------------------+
|                                        0 |
+------------------------------------------+
1 row in set (0.00 sec)

mysql> SELECT EXISTS (SELECT 1 FROM s1 WHERE NULL = NULL);
+---------------------------------------------+
| EXISTS (SELECT 1 FROM s1 WHERE NULL = NULL) |
+---------------------------------------------+
|                                           0 |
+---------------------------------------------+
1 row in set (0.00 sec)
```

幸运的是，IN 子查询的大部分使用场景是把它放在 WHERE 或者 ON 子句中，而 WHERE
或者 ON 子句是不区分 NULL 和 FALSE 的。比如：

```
mysql> SELECT 1 FROM s1 WHERE NULL;
Empty set (0.00 sec)

mysql> SELECT 1 FROM s1 WHERE FALSE;
Empty set (0.00 sec)
```

所以只要 IN 子查询放在 WHERE 或者 ON 子句中，那么 IN 到 EXISTS 的转换就没问题。
说了这么多，可我们为啥要进行转换呢？这是因为不转换的话可能用不到索引。比如下面这个
查询：

```
SELECT * FROM s1
    WHERE key1 IN (SELECT key3 FROM s2 where s1.common_field = s2.common_field)
        OR key2 > 1000;
```

这个查询中的子查询是一个相关子查询，而且子查询在执行时不能使用到索引。但是将它转为 EXISTS 子查询后却可以使用到索引：

```
SELECT * FROM s1
    WHERE EXISTS (SELECT 1 FROM s2 where s1.common_field = s2.common_field AND s2.key3 = s1.key1)
        OR key2 > 1000;
```

由上面可以看到，转为 EXISTS 子查询后便可以使用到 s2 表的 **idx_key3** 索引了。

需要注意的是，如果 IN 子查询不满足转换为半连接的条件，又不能转换为物化表，或者转换为物化表的成本太高，那么它就会被转换为 EXISTS 子查询。

小贴士

在 MySQL 5.5 以及之前的版本中，没有引入半连接和物化的方式来优化子查询，查询优化器都会把 IN 子查询转换为 EXISTS 子查询。好多同学可能惊呼，我明明写了一个不相关子查询，为啥要按照执行相关子查询的方式来执行呢？所以如果你使用的是 MySQL 5.5 或者更早的版本，将包含子查询的语句手动转为连接查询可能会起到比较好的效果。不过自从 MySQL 5.6 开始，加入了越来越多的自动优化子查询的功能，没有什么特殊情况的话，我们让优化器自己去优化就好了

（6）小结

如果 IN 子查询符合转换为半连接的条件，查询优化器会优先把该子查询转换为半连接，然后再考虑下面 5 种执行半连接的策略中哪个的成本最低，最后从中选择成本最低的执行策略来执行子查询。

- Table pullout
- Duplicate Weedout
- LooseScan
- Semi-join Materialization
- FirstMatch execution

如果 IN 子查询不符合转换为半连接的条件，那么查询优化器会从下面两种策略中找出一种成本更低的方式来执行子查询：

- 先将子查询物化，再执行查询；
- 执行 IN 到 EXISTS 的转换。

4．ANY/ALL 子查询优化

如果 ANY/ALL 子查询是不相关子查询，它们在很多场合下都能转换成我们熟悉的方式来执行（见表 14-1）。

表 14-1　子查询的转换

原始表达式	转换为
< ANY (SELECT inner_expr ...)	< (SELECT MAX(inner_expr) ...)
> ANY (SELECT inner_expr ...)	> (SELECT MIN(inner_expr) ...)
< ALL (SELECT inner_expr ...)	< (SELECT MIN(inner_expr) ...)
> ALL (SELECT inner_expr ...)	> (SELECT MAX(inner_expr) ...)

5. [NOT] EXISTS 子查询的执行

如果 [NOT] EXISTS 子查询是不相关子查询，可以先执行子查询，得出该 [NOT] EXISTS 子查询的结果是 TRUE 还是 FALSE，然后重写原先的查询语句。比如对于下面这个查询：

```
SELECT * FROM s1
    WHERE EXISTS (SELECT 1 FROM s2 WHERE key1 = 'a')
        OR key2 > 100;
```

因为这个语句中的子查询是不相关子查询，所以查询优化器会首先执行该子查询。假设该 EXISTS 子查询的结果为 TRUE，查询优化器会重写查询，如下所示：

```
SELECT * FROM s1
    WHERE TRUE OR key2 > 100;
```

进一步简化后就变成了下面这样：

```
SELECT * FROM s1
    WHERE TRUE;
```

对于相关的 [NOT] EXISTS 子查询来说，比如下面这个查询：

```
SELECT * FROM s1
    WHERE EXISTS (SELECT 1 FROM s2 WHERE s1.common_field = s2.common_field);
```

很不幸，这个查询只能按照我们年少时认为的相关子查询的执行方式来执行。不过如果 [NOT] EXISTS 子查询中可以使用索引，那么查询速度也会加快不少。比如：

```
SELECT * FROM s1
    WHERE EXISTS (SELECT 1 FROM s2 WHERE s1.common_field = s2.key1);
```

在上面这个 EXISTS 子查询中可以使用 idx_key1 来加快查询速度。

6. 对于派生表的优化

前文说过，把子查询放在外层查询的 FROM 子句后，这个子查询相当于一个派生表。比如下面这个查询：

```
SELECT * FROM  (
        SELECT id AS d_id,  key3 AS d_key3 FROM s2 WHERE key1 = 'a'
    ) AS derived_s1 WHERE d_key3 = 'a';
```

子查询(SELECT id AS d_id, key3 AS d_key3 FROM s2 WHERE key1 = 'a') 就相当于一个派生表，这个表的名称是 derived_s1。该表有两个列，分别是 d_id 和 d_key3。

对于含有派生表的查询，MySQL 提供了两种执行策略。

● 把派生表物化（这也是最容易想到的）。

我们可以将派生表的结果集写到一个内部的临时表中，然后把这个物化表当作普通表一样来参与查询。当然，在对派生表进行物化时，设计 MySQL 的大叔使用了一种称为延迟物化的策略，也就是在查询中真正使用到派生表时才会去尝试物化派生表，而不是在执行查询之前就先把派生表物化。比如，对于下面这个含有派生表的查询来说：

```
SELECT * FROM (
       SELECT * FROM s1 WHERE key1 = 'a'
   ) AS derived_s1 INNER JOIN s2
   ON derived_s1.key1 = s2.key1
   WHERE s2.key2 = 1;
```

如果采用物化派生表的方式来执行这个查询，在执行时首先会到 s2 表中找出满足 s2.key2=1 的记录。如果压根儿找不到，说明参与连接的 s2 表记录就是空的，所以整个查询的结果集就是空的，也就没有必要去物化查询中的派生表了。

- 将派生表和外层查询合并（也就是将查询重写为没有派生表的形式）。

我们来看下面这个包含派生表的查询，它相当简单：

```
SELECT * FROM (SELECT * FROM s1 WHERE key1 = 'a') AS derived_s1;
```

这个查询在本质上是想查看 s1 表中满足 key1='a' 条件的全部记录，所以它与下面这个语句是等价的：

```
SELECT * FROM s1 WHERE key1 = 'a';
```

对于一些包含派生表的稍微复杂的语句，比如上面提到的那个：

```
SELECT * FROM (
       SELECT * FROM s1 WHERE key1 = 'a'
   ) AS derived_s1 INNER JOIN s2
   ON derived_s1.key1 = s2.key1
   WHERE s2.key2 = 1;
```

可以将派生表与外层查询合并，然后将派生表中的搜索条件放到外层查询的搜索条件中，就像下面这样：

```
SELECT * FROM s1 INNER JOIN s2
   ON s1.key1 = s2.key1
   WHERE s1.key1 = 'a' AND s2.key2 = 1;
```

这样，通过将外层查询和派生表合并的方式就成功地消除了派生表，这也就意味着我们没必要再付出创建和访问临时表的成本了。但是，并不是所有带有派生表的查询都能成功地与外层查询合并。当派生表中有下面这些函数或语句时，就不可以与外层查询合并：

- 聚集函数，比如 MAX()、MIN()、SUM() 等；
- DISTINCT；
- GROUP BY；
- HAVING；
- LIMIT；
- UNION 或者 UNION ALL；
- 派生表对应的子查询的 SELECT 子句中含有另一个子查询。

还有些不常用的情况，这里就不多说了。

所以 MySQL 在执行带有派生表的查询时，优先尝试把派生表和外层查询进行合并；如果不行，再把派生表物化掉，然后执行查询。

14.4 总结

MySQL 会对用户编写的查询语句执行一些重写操作，比如：

- 移除不必要的括号；
- 常量传递；
- 移除没用的条件；
- 表达式计算；
- HAVING 子句和 WHERE 子句的合并；
- 常量表检测。

在被驱动表的 WHERE 子句符合空值拒绝的条件时，外连接和内连接可以相互转换。

子查询可以按照不同的维度进行不同的分类，比如按照子查询返回的结果集分类：

- 标量子查询；
- 行子查询；
- 列子查询；
- 表子查询。

按照与外层查询的关系来分类：

- 不相关子查询；
- 相关子查询。

设计 MySQL 的大叔将 IN 子查询进行了很多优化。如果 IN 子查询符合转换为半连接的条件，查询优化器会优先把该子查询转换为半连接，然后再考虑下面 5 种执行半连接查询的策略中哪个成本最低，最后选择成本最低的执行策略来执行子查询。

- Table pullout
- Duplicate Weedout
- LooseScan
- Semi-join Materialization
- FirstMatch

如果 IN 子查询不符合转换为半连接的条件，查询优化器会从下面的两种策略中找出一种成本更低的方式执行子查询：

- 先将子查询物化，再执行查询；
- 执行 IN 到 EXISTS 的转换。

MySQL 在处理带有派生表的语句时，优先尝试把派生表和外层查询进行合并；如果不行，再把派生表物化掉，然后执行查询。

第15章 查询优化的百科全书——EXPLAIN详解

MySQL 查询优化器在基于成本和规则对一条查询语句进行优化后，会生成一个执行计划。这个执行计划展示了接下来执行查询的具体方式，比如多表连接的顺序是什么，采用什么访问方法来具体查询每个表等。设计 MySQL 的大叔贴心地提供了 EXPLAIN 语句，可以让我们查看某个查询语句的具体执行计划。

本章的内容就是为了帮助大家看懂 EXPLAIN 语句的各个输出项都是干嘛使的，从而可以有针对性地提升查询语句的性能。

如果我们想查看某个查询的执行计划，可以在具体的查询语句前面加一个 EXPLAIN，就像下面这样：

```
mysql> EXPLAIN SELECT 1;
+----+-------------+-------+------------+------+---------------+------+---------+------+------+----------+----------------+
| id | select_type | table | partitions | type | possible_keys | key  | key_len | ref  | rows | filtered | Extra          |
+----+-------------+-------+------------+------+---------------+------+---------+------+------+----------+----------------+
|  1 | SIMPLE      | NULL  | NULL       | NULL | NULL          | NULL | NULL    | NULL | NULL |     NULL | No tables used |
+----+-------------+-------+------------+------+---------------+------+---------+------+------+----------+----------------+
1 row in set, 1 warning (0.01 sec)
```

输出的这一大堆东西就是执行计划。我的任务就是带领大家看懂这一堆东西里面的每个列都是干啥用的，以及在这个执行计划的辅助下，应该怎样改进自己的查询语句，使查询执行起来更高效。其实，除了以 SELECT 开头的查询语句，其余的 DELETE、INSERT、REPLACE 以及 UPDATE 语句前面都可以加上 EXPLAIN 这个词儿，用来查看这些语句的执行计划。不过，我们这里对 SELECT 语句更感兴趣，所以只会以 SELECT 语句为例描述 EXPLAIN 语句的用法。为了让大家先有一个感性的认识，我们把 EXPLAIN 语句输出中各个列的作用大致罗列一下（见表 15-1）。

表 15-1　EXPLAIN 语句输出中的各个列的作用

列名	描述
id	在一个大的查询语句中，每个 SELECT 关键字都对应一个唯一的 id
select_type	SELECT 关键字对应的查询的类型
table	表名
partitions	匹配的分区信息
type	针对单表的访问方法
possible_keys	可能用到的索引
key	实际使用的索引
key_len	实际使用的索引长度
ref	当使用索引列等值查询时，与索引列进行等值匹配的对象信息

续表

列名	描述
rows	预估的需要读取的记录条数
filtered	针对预估的需要读取的记录，经过搜索条件过滤后剩余记录条数的百分比
Extra	一些额外的信息

需要注意的是，大家如果看不懂上述输出中列的含义，那是正常的，千万不要纠结。这里把它们都列出来只是为了描述一个轮廓，让大家有一个大致的印象。下面会细细道来，等说完了后不信你不懂。

为了故事的顺利发展，我们还是要请出前面已经用了好多遍的 single_table 表。为了防止大家遗忘，这里再把它的结构描述一下：

```
CREATE TABLE single_table (
    id INT NOT NULL AUTO_INCREMENT,
    key1 VARCHAR(100),
    key2 INT,
    key3 VARCHAR(100),
    key_part1 VARCHAR(100),
    key_part2 VARCHAR(100),
    key_part3 VARCHAR(100),
    common_field VARCHAR(100),
    PRIMARY KEY (id),
    KEY idx_key1 (key1),
    UNIQUE KEY uk_key2 (key2),
    KEY idx_key3 (key3),
    KEY idx_key_part(key_part1, key_part2, key_part3)
) Engine=InnoDB CHARSET=utf8;
```

仍然假设有两个与 single_table 表的构造一模一样的表：s1 表和 s2 表。而且，这两个表里面各有 10,000 条记录，除 id 列外的其余列都插入随机值。为了让大家有比较好的阅读体验，下面并不准备严格按照 EXPLAIN 输出列的顺序来介绍这些列，请大家注意。

15.1　执行计划输出中各列详解

15.1.1　table

无论我们的查询语句有多复杂，里面包含了多少个表，到最后也是对每个表进行单表访问。所以设计 MySQL 的大叔规定：EXPLAIN 语句输出的每条记录都对应着某个单表的访问方法，该条记录的 table 列代表该表的表名。我们看一条比较简单的查询语句：

```
mysql> EXPLAIN SELECT * FROM s1;
+----+-------------+-------+------------+------+---------------+------+---------+------+------+----------+-------+
| id | select_type | table | partitions | type | possible_keys | key  | key_len | ref  | rows | filtered | Extra |
+----+-------------+-------+------------+------+---------------+------+---------+------+------+----------+-------+
|  1 | SIMPLE      | s1    | NULL       | ALL  | NULL          | NULL | NULL    | NULL | 9688 |   100.00 | NULL  |
+----+-------------+-------+------------+------+---------------+------+---------+------+------+----------+-------+
1 row in set, 1 warning (0.00 sec)
```

这条查询语句只涉及对 s1 表的单表查询，所以 EXPLAIN 输出中只有一条记录。其中 table 列的值是 s1，表明这条记录用来说明对 s1 表的单表访问方法（输出结果中的其他列先暂时不关心，稍后会依次唠叨的）。

下面看一下一个连接查询的执行计划：

```
mysql> EXPLAIN SELECT * FROM s1 INNER JOIN s2;
+----+-------------+-------+------------+------+---------------+------+---------+------+------+----------+----------------------------------------------------+
| id | select_type | table | partitions | type | possible_keys | key  | key_len | ref  | rows | filtered | Extra                                              |
+----+-------------+-------+------------+------+---------------+------+---------+------+------+----------+----------------------------------------------------+
|  1 | SIMPLE      | s1    | NULL       | ALL  | NULL          | NULL | NULL    | NULL | 9688 |   100.00 | NULL                                               |
|  1 | SIMPLE      | s2    | NULL       | ALL  | NULL          | NULL | NULL    | NULL | 9954 |   100.00 | Using join buffer (Block Nested Loop)              |
+----+-------------+-------+------------+------+---------------+------+---------+------+------+----------+----------------------------------------------------+
2 rows in set, 1 warning (0.01 sec)
```

可以看到，这个连接查询的执行计划中有两条记录，这两条记录的 table 列分别是 s1 和 s2。这两条记录用来分别说明对 s1 表和 s2 表的访问方法是什么。

15.1.2 id

我们知道，查询语句一般都以 SELECT 关键字开头。比较简单的查询语句中只有一个 SELECT 关键字，比如下面这个查询语句：

```
SELECT * FROM s1 WHERE key1 = 'a';
```

稍微复杂一点的连接查询中也只有一个 SELECT 关键字。比如：

```
SELECT * FROM s1 INNER JOIN s2
    ON s1.key1 = s2.key1
    WHERE s1.common_field = 'a';
```

但是在下面这两种情况下，一条查询语句中会出现多个 SELECT 关键字。

● 查询中包含子查询的情况。比如下面这个查询语句中就包含 2 个 SELECT 关键字：

```
SELECT * FROM s1
    WHERE key1 IN (SELECT key3 FROM s2);
```

● 查询中包含 UNION 子句的情况。比如下面这个查询语句中就包含 2 个 SELECT 关键字：

```
SELECT * FROM s1  UNION SELECT * FROM s2;
```

查询语句中每出现一个 SELECT 关键字，设计 MySQL 的大叔就会为它分配一个唯一的 id 值，这个 id 值就是 EXPLAIN 输出的第一列。比如下面这个查询中只有一个 SELECT 关键字，所以 EXPLAIN 的结果中也就只有一条 id 列为 1 的记录：

```
mysql> EXPLAIN SELECT * FROM s1 WHERE key1 = 'a';
+----+-------------+-------+------------+------+---------------+----------+---------+-------+------+----------+-------+
| id | select_type | table | partitions | type | possible_keys | key      | key_len | ref   | rows | filtered | Extra |
+----+-------------+-------+------------+------+---------------+----------+---------+-------+------+----------+-------+
|  1 | SIMPLE      | s1    | NULL       | ref  | idx_key1      | idx_key1 | 303     | const |    8 |   100.00 | NULL  |
+----+-------------+-------+------------+------+---------------+----------+---------+-------+------+----------+-------+
1 row in set, 1 warning (0.03 sec)
```

对于连接查询来说，一个 SELECT 关键字后面的 FROM 子句中可以跟随多个表。在连接查询的执行计划中，每个表都会对应一条记录，但是这些记录的 id 值都是相同的。比如：

```
mysql> EXPLAIN SELECT * FROM s1 INNER JOIN s2;
+----+-------------+-------+------------+------+---------------+------+---------+------+------+----------+---------------------------------+
| id | select_type | table | partitions | type | possible_keys | key  | key_len | ref  | rows | filtered | Extra                           |
+----+-------------+-------+------------+------+---------------+------+---------+------+------+----------+---------------------------------+
|  1 | SIMPLE      | s1    | NULL       | ALL  | NULL          | NULL | NULL    | NULL | 9688 |   100.00 | NULL                            |
|  1 | SIMPLE      | s2    | NULL       | ALL  | NULL          | NULL | NULL    | NULL | 9954 |   100.00 | Using join buffer (Block Nested Loop) |
+----+-------------+-------+------------+------+---------------+------+---------+------+------+----------+---------------------------------+
2 rows in set, 1 warning (0.01 sec)
```

可以看到在上述连接查询中，参与连接的 s1 和 s2 表分别对应一条记录，但是这两条记录对应的 id 值都是 1。这里需要大家记住的是：在连接查询的执行计划中，每个表都会对应一条记录，这些记录的 id 列的值是相同的；出现在前面的表表示驱动表，出现在后面的表表示被驱动表。所以从上面的 EXPLAIN 输出中可以看出，查询优化器准备让 s1 表作为驱动表，让 s2 表作为被驱动表来执行查询。

对于包含子查询的查询语句来说，就可能涉及多个 SELECT 关键字。所以在包含子查询的查询语句的执行计划中，每个 SELECT 关键字都会对应一个唯一的 id 值。比如下面这样：

```
mysql> EXPLAIN SELECT * FROM s1 WHERE key1 IN (SELECT key1 FROM s2) OR key3 = 'a';
+----+-------------+-------+------------+-------+---------------+----------+---------+------+------+----------+-------------+
| id | select_type | table | partitions | type  | possible_keys | key      | key_len | ref  | rows | filtered | Extra       |
+----+-------------+-------+------------+-------+---------------+----------+---------+------+------+----------+-------------+
|  1 | PRIMARY     | s1    | NULL       | ALL   | idx_key3      | NULL     | NULL    | NULL | 9688 |   100.00 | Using where |
|  2 | SUBQUERY    | s2    | NULL       | index | idx_key1      | idx_key1 | 303     | NULL | 9954 |   100.00 | Using index |
+----+-------------+-------+------------+-------+---------------+----------+---------+------+------+----------+-------------+
2 rows in set, 1 warning (0.02 sec)
```

从输出结果中可以看到，s1 表在外层查询中，外层查询有一个独立的 SELECT 关键字，所以第一条记录的 id 值就是 1；s2 表在子查询中，子查询有一个独立的 SELECT 关键字，所以第二条记录的 id 值就是 2。

这里需要特别注意，查询优化器可能对涉及子查询的查询语句进行重写，从而转换为连接查询（当然这里指的是半连接）。如果想知道查询优化器对某个包含子查询的语句是否进行了重写，直接查看执行计划就好了。比如：

```
mysql> EXPLAIN SELECT * FROM s1 WHERE key1 IN (SELECT key3 FROM s2 WHERE common_field = 'a');
+----+-------------+-------+------------+------+---------------+----------+---------+----------------+------+----------+------------------------+
| id | select_type | table | partitions | type | possible_keys | key      | key_len | ref            | rows | filtered | Extra                  |
+----+-------------+-------+------------+------+---------------+----------+---------+----------------+------+----------+------------------------+
|  1 | SIMPLE      | s2    | NULL       | ALL  | idx_key3      | NULL     | NULL    | NULL           | 9954 |    10.00 | Using where; Start temporary |
|  1 | SIMPLE      | s1    | NULL       | ref  | idx_key1      | idx_key1 | 303     | xiaohaizi.s2.key3 |    1 |   100.00 | End temporary          |
+----+-------------+-------+------------+------+---------------+----------+---------+----------------+------+----------+------------------------+
2 rows in set, 1 warning (0.00 sec)
```

可以看到，虽然查询语句中包含一个子查询，但是执行计划中 s1 和 s2 表对应的记录的 id 值全部是 1，这就表明查询优化器将子查询转换为了连接查询。

对于包含 UNION 子句的查询语句来说，每个 SELECT 关键字对应一个 id 值也是没错的，不过还是有点儿特别的东西。比如下面这个查询：

```
mysql> EXPLAIN SELECT * FROM s1 UNION SELECT * FROM s2;
+------+--------------+------------+------------+------+---------------+------+---------+------+------+----------+-----------------+
| id   | select_type  | table      | partitions | type | possible_keys | key  | key_len | ref  | rows | filtered | Extra           |
+------+--------------+------------+------------+------+---------------+------+---------+------+------+----------+-----------------+
|    1 | PRIMARY      | s1         | NULL       | ALL  | NULL          | NULL | NULL    | NULL | 9688 |   100.00 | NULL            |
|    2 | UNION        | s2         | NULL       | ALL  | NULL          | NULL | NULL    | NULL | 9954 |   100.00 | NULL            |
| NULL | UNION RESULT | <union1,2> | NULL       | ALL  | NULL          | NULL | NULL    | NULL | NULL |     NULL | Using temporary |
+------+--------------+------------+------------+------+---------------+------+---------+------+------+----------+-----------------+
3 rows in set, 1 warning (0.00 sec)
```

这个语句的执行计划的第 3 条记录是个什么鬼？为啥 id 值是 NULL，而且 table 列长得也怪怪的？大家别忘了 UNION 子句是干嘛用的，它会把多个查询的结果集合并起来并对结果集中的记录进行去重。怎么去重呢？MySQL 使用的是内部临时表。正如上面的查询计划中所示，

UNION 子句为了把 id 为 1 的查询和 id 为 2 的查询的结果集合并起来并去重，在内部创建了一个名为 <union1, 2> 的临时表（就是执行计划第 3 条记录的 table 列的名称），id 为 NULL 表明这个临时表是为了合并两个查询的结果集而创建的。

与 UNION 比起来，UNION ALL 就不需要对最终的结果集进行去重。它只是单纯地把多个查询结果集中的记录合并成一个并返回给用户，所以也就不需要使用临时表。所以在包含 UNION ALL 子句的查询的执行计划中，就没有那个 id 为 NULL 的记录，如下所示：

```
mysql> EXPLAIN SELECT * FROM s1 UNION ALL SELECT * FROM s2;
+----+-------------+-------+------------+------+---------------+------+---------+------+------+----------+-------+
| id | select_type | table | partitions | type | possible_keys | key  | key_len | ref  | rows | filtered | Extra |
+----+-------------+-------+------------+------+---------------+------+---------+------+------+----------+-------+
|  1 | PRIMARY     | s1    | NULL       | ALL  | NULL          | NULL | NULL    | NULL | 9688 |   100.00 | NULL  |
|  2 | UNION       | s2    | NULL       | ALL  | NULL          | NULL | NULL    | NULL | 9954 |   100.00 | NULL  |
+----+-------------+-------+------------+------+---------------+------+---------+------+------+----------+-------+
2 rows in set, 1 warning (0.01 sec)
```

小贴士　　在 MySQL 5.6 以及之前的版本中，执行 UNION ALL 语句可能也会用到临时表，这一点需要注意。

15.1.3　select_type

通过前文得知，一条大的查询语句里面可以包含若干个 SELECT 关键字，每个 SELECT 关键字代表着一个小的查询语句。而每个 SELECT 语句的 FROM 子句中都可以包含若干张表（这些表用来进行连接查询），每一张表都对应着执行计划输出中的一条记录。对于在同一个 SELECT 关键字中的表来说，它们的 id 值是相同的。

设计 MySQL 的大叔为每一个 SELECT 关键字代表的小查询都定义了一个名为 select_type 的属性。只要我们知道了某个小查询的 select_type 属性，也就知道了这个小查询在整个大查询中扮演一个什么角色。空口无凭，我们还是先来见识一下这个 select_type 都能取哪些值（为了精确起见，我们直接使用文档中的英文进行简要描述，随后会进行详细解释），如表 15-2 所示。

表 15-2　select_type 的取值

名称	描述
SIMPLE	Simple SELECT (not using UNION or subqueries)
PRIMARY	Outermost SELECT
UNION	Second or later SELECT statement in a UNION
UNION RESULT	Result of a UNION
SUBQUERY	First SELECT in subquery
DEPENDENT SUBQUERY	First SELECT in subquery, dependent on outer query
DEPENDENT UNION	Second or later SELECT statement in a UNION, dependent on outer query
DERIVED	Derived table
MATERIALIZED	Materialized subquery
UNCACHEABLE SUBQUERY	A subquery for which the result cannot be cached and must be re-evaluated for each row of the outer query
UNCACHEABLE UNION	The second or later select in a UNION that belongs to an uncacheable subquery (see UNCACHEABLE SUBQUERY)

英文描述太简单，不知道说了啥？来详细瞅瞅里面的每个值都是干啥使的。

- **SIMPLE**：查询语句中不包含 UNION 或者子查询的查询都算作 SIMPLE 类型。比如下面这个单表查询的 select_type 的值就是 SIMPLE：

```
mysql> EXPLAIN SELECT * FROM s1;
+----+-------------+-------+------------+------+---------------+------+---------+------+------+----------+-------+
| id | select_type | table | partitions | type | possible_keys | key  | key_len | ref  | rows | filtered | Extra |
+----+-------------+-------+------------+------+---------------+------+---------+------+------+----------+-------+
|  1 | SIMPLE      | s1    | NULL       | ALL  | NULL          | NULL | NULL    | NULL | 9688 |   100.00 | NULL  |
+----+-------------+-------+------------+------+---------------+------+---------+------+------+----------+-------+
1 row in set, 1 warning (0.00 sec)
```

当然，连接查询的 select_type 值也是 SIMPLE。比如：

```
mysql> EXPLAIN SELECT * FROM s1 INNER JOIN s2;
+----+-------------+-------+------------+------+---------------+------+---------+------+------+----------+--------------------------------------------+
| id | select_type | table | partitions | type | possible_keys | key  | key_len | ref  | rows | filtered | Extra                                      |
+----+-------------+-------+------------+------+---------------+------+---------+------+------+----------+--------------------------------------------+
|  1 | SIMPLE      | s1    | NULL       | ALL  | NULL          | NULL | NULL    | NULL | 9688 |   100.00 | NULL                                       |
|  1 | SIMPLE      | s2    | NULL       | ALL  | NULL          | NULL | NULL    | NULL | 9954 |   100.00 | Using join buffer (Block Nested Loop)      |
+----+-------------+-------+------------+------+---------------+------+---------+------+------+----------+--------------------------------------------+
2 rows in set, 1 warning (0.01 sec)
```

- **PRIMARY**：对于包含 UNION、UNION ALL 或者子查询的大查询来说，它是由几个小查询组成的；其中最左边那个查询的 select_type 值就是 PRIMARY。比如：

```
mysql> EXPLAIN SELECT * FROM s1 UNION SELECT * FROM s2;
+------+--------------+------------+------------+------+---------------+------+---------+------+------+----------+-----------------+
| id   | select_type  | table      | partitions | type | possible_keys | key  | key_len | ref  | rows | filtered | Extra           |
+------+--------------+------------+------------+------+---------------+------+---------+------+------+----------+-----------------+
|  1   | PRIMARY      | s1         | NULL       | ALL  | NULL          | NULL | NULL    | NULL | 9688 |   100.00 | NULL            |
|  2   | UNION        | s2         | NULL       | ALL  | NULL          | NULL | NULL    | NULL | 9954 |   100.00 | NULL            |
| NULL | UNION RESULT | <union1,2> | NULL       | ALL  | NULL          | NULL | NULL    | NULL |      |          | Using temporary |
+------+--------------+------------+------------+------+---------------+------+---------+------+------+----------+-----------------+
3 rows in set, 1 warning (0.00 sec)
```

从结果中可以看到，最左边的小查询 SELECT * FROM s1 对应的是执行计划中的第一条记录，它的 select_type 值就是 PRIMARY。

- **UNION**：对于包含 UNION 或者 UNION ALL 的大查询来说，它是由几个小查询组成的；其中除了最左边的那个小查询以外，其余小查询的 select_type 值就是 UNION。大家可以对比上一个例子的效果，这里就不多举例子了。
- **UNION RESULT**：MySQL 选择使用临时表来完成 UNION 查询的去重工作，针对该临时表的查询的 select_type 就是 UNION RESULT。例子在前文中有，这里不赘述了。
- **SUBQUERY**：如果包含子查询的查询语句不能够转为对应的半连接形式，并且该子查询是不相关子查询，而且查询优化器决定采用将该子查询物化的方案来执行该子查询时，该子查询的第一个 SELECT 关键字代表的那个查询的 select_type 就是 SUBQUERY。比如下面这个查询：

```
mysql> EXPLAIN SELECT * FROM s1 WHERE key1 IN (SELECT key1 FROM s2) OR key3 = 'a';
+----+-------------+-------+------------+-------+---------------+----------+---------+------+------+----------+-------------+
| id | select_type | table | partitions | type  | possible_keys | key      | key_len | ref  | rows | filtered | Extra       |
+----+-------------+-------+------------+-------+---------------+----------+---------+------+------+----------+-------------+
|  1 | PRIMARY     | s1    | NULL       | ALL   | idx_key3      | NULL     | NULL    | NULL | 9688 |   100.00 | Using where |
|  2 | SUBQUERY    | s2    | NULL       | index | idx_key1      | idx_key1 | 303     | NULL | 9954 |   100.00 | Using index |
+----+-------------+-------+------------+-------+---------------+----------+---------+------+------+----------+-------------+
2 rows in set, 1 warning (0.00 sec)
```

可以看到，外层查询的 select_type 就是 PRIMARY，子查询的 select_type 就是 SUBQUERY。需要大家注意的是，由于 select_type 为 SUBQUERY 的子查询会被物化，所以该子查询只需要执行一遍。

- **DEPENDENT SUBQUERY**：如果包含子查询的查询语句不能够转为对应的半连接形式，并且该子查询被查询优化器转换为相关子查询的形式，则该子查询的第一个 SELECT 关键字代表的那个查询的 select_type 就是 DEPENDENT SUBQUERY。比如下面这个查询：

```
mysql> EXPLAIN SELECT * FROM s1 WHERE key1 IN (SELECT key1 FROM s2 WHERE s1.key2 = s2.key2) OR key3 = 'a';
+----+--------------------+-------+------------+------+---------------+----------+---------+--------------+------+----------+-------------+
| id | select_type        | table | partitions | type | possible_keys | key      | key_len | ref          | rows | filtered | Extra       |
+----+--------------------+-------+------------+------+---------------+----------+---------+--------------+------+----------+-------------+
|  1 | PRIMARY            | s1    | NULL       | ALL  | idx_key3      | NULL     | NULL    | NULL         | 9688 | 100.00   | Using where |
|  2 | DEPENDENT SUBQUERY | s2    | NULL       | ref  | idx_key2,idx_key1 | idx_key2 | 5   | xiaohaizi.s1.key2 | 1 | 10.00 | Using where |
+----+--------------------+-------+------------+------+---------------+----------+---------+--------------+------+----------+-------------+
2 rows in set, 2 warnings (0.00 sec)
```

需要大家注意的是，select_type 为 DEPENDENT SUBQUERY 的子查询可能会被执行多次。

- **DEPENDENT UNION**：在包含 UNION 或者 UNION ALL 的大查询中，如果各个小查询都依赖于外层查询，则除了最左边的那个小查询之外，其余小查询的 select_type 的值就是 DEPENDENT UNION。说的有些绕，我们来看下面这个查询：

```
mysql> EXPLAIN SELECT * FROM s1 WHERE key1 IN (SELECT key1 FROM s2 WHERE key1 = 'a' UNION SELECT key1 FROM s1 WHERE key1 = 'b');
+------+--------------------+------------+------------+------+---------------+----------+---------+-------+------+----------+--------------------------+
| id   | select_type        | table      | partitions | type | possible_keys | key      | key_len | ref   | rows | filtered | Extra                    |
+------+--------------------+------------+------------+------+---------------+----------+---------+-------+------+----------+--------------------------+
|  1   | PRIMARY            | s1         | NULL       | ALL  | NULL          | NULL     | NULL    | NULL  | 9688 | 100.00   | Using where              |
|  2   | DEPENDENT SUBQUERY | s2         | NULL       | ref  | idx_key1      | idx_key1 | 303     | const | 12   | 100.00   | Using where; Using index |
|  3   | DEPENDENT UNION    | s1         | NULL       | ref  | idx_key1      | idx_key1 | 303     | const | 8    | 100.00   | Using where; Using index |
| NULL | UNION RESULT       | <union2,3> | NULL       | ALL  | NULL          | NULL     | NULL    | NULL  | NULL | NULL     | Using temporary          |
+------+--------------------+------------+------------+------+---------------+----------+---------+-------+------+----------+--------------------------+
4 rows in set, 1 warning (0.03 sec)
```

这个查询比较复杂，大查询中包含了一个子查询，子查询中又包含由 UNION 连起来的两个小查询。从执行计划中可以看出，SELECT key1 FROM s2 WHERE key1 = 'a' 这个小查询由于是子查询中的第一个查询，所以它的 select_type 是 DEPENDENT SUBQUERY；而 SELECT key1 FROM s1 WHERE key1 = 'b' 这个小查询的 select_type 就是 DEPENDENT UNION。

- **DERIVED**：在包含派生表的查询中，如果是以物化派生表的方式执行查询，则派生表对应的子查询的 select_type 就是 DERIVED。比如下面这个查询：

```
mysql> EXPLAIN SELECT * FROM (SELECT key1, count(*) as c FROM s1 GROUP BY key1) AS derived_s1 where c > 1;
+----+-------------+-----------+------------+-------+---------------+----------+---------+------+------+----------+-------------+
| id | select_type | table     | partitions | type  | possible_keys | key      | key_len | ref  | rows | filtered | Extra       |
+----+-------------+-----------+------------+-------+---------------+----------+---------+------+------+----------+-------------+
|  1 | PRIMARY     | <derived2>| NULL       | ALL   | NULL          | NULL     | NULL    | NULL | 9688 | 33.33    | Using where |
|  2 | DERIVED     | s1        | NULL       | index | idx_key1      | idx_key1 | 303     | NULL | 9688 | 100.00   | Using index |
+----+-------------+-----------+------------+-------+---------------+----------+---------+------+------+----------+-------------+
2 rows in set, 1 warning (0.00 sec)
```

从执行计划中可以看出，id 为 2 的记录就代表子查询的执行方式，它的 select_type 是 DERIVED，说明该子查询是以物化的方式执行的。id 为 1 的记录代表外层查询，大家注意看它的 table 列显示的是 <derived2>，表示该查询是针对将派生表物化之后的表进行查询的。

 小贴士 　　如果包含派生表的查询可以通过将派生表与外层查询合并的方式执行，执行计划又是另一番景象，大家可以试试。

- **MATERIALIZED**：当查询优化器在执行包含子查询的语句时，选择将子查询物化之后与外层查询进行连接查询，该子查询对应的 select_type 属性就是 MATERIALIZED。比如下面这个查询：

```
mysql> EXPLAIN SELECT * FROM s1 WHERE key1 IN (SELECT key1 FROM s2);
+----+-------------+------------+------------+-------+---------------+------------+---------+-----------------+------+----------+-------------+
| id | select_type | table      | partitions | type  | possible_keys | key        | key_len | ref             | rows | filtered | Extra       |
+----+-------------+------------+------------+-------+---------------+------------+---------+-----------------+------+----------+-------------+
|  1 | SIMPLE      | s1         | NULL       | ALL   | idx_key1      | NULL       | NULL    | NULL            | 9688 |   100.00 | Using where |
|  1 | SIMPLE      | <subquery2>| NULL       | eq_ref| <auto_key>    | <auto_key> | 303     | xiaohaizi.s1.key1 |    1 |   100.00 | NULL        |
|  2 | MATERIALIZED| s2         | NULL       | index | idx_key1      | idx_key1   | 303     | NULL            | 9954 |   100.00 | Using index |
+----+-------------+------------+------------+-------+---------------+------------+---------+-----------------+------+----------+-------------+
3 rows in set, 1 warning (0.01 sec)
```

执行计划的第 3 条记录的 select_type 值为 MATERIALIZED。可以看出，查询优化器是把子查询先转换成物化表。执行计划的前两条记录的 id 值都为 1，说明这两条记录对应的表进行的是连接查询。需要注意的是，第二条记录的 table 列的值是 <subquery2>，说明该表其实就是执行计划中 id 为 2 对应的子查询执行之后产生的物化表；然后再将 s1 和该物化表进行连接查询。

- UNCACHEABLE SUBQUERY：不常用，不说了。
- UNCACHEABLE UNION：不常用，不说了。

15.1.4   partitions

由于我们压根儿就没唠叨过分区是啥，所以这个输出列也就不多说了。在我们目前遇到的查询语句中，其执行计划的 partitions 列的值都是 NULL。

15.1.5   type

前面说过，执行计划的一条记录代表着 MySQL 对某个表执行查询时的访问方法，其中的 type 列就表明了这个访问方法是啥。比如下面这个查询：

```
mysql> EXPLAIN SELECT * FROM s1 WHERE key1 = 'a';
+----+-------------+-------+------------+------+---------------+----------+---------+-------+------+----------+-------+
| id | select_type | table | partitions | type | possible_keys | key      | key_len | ref   | rows | filtered | Extra |
+----+-------------+-------+------------+------+---------------+----------+---------+-------+------+----------+-------+
|  1 | SIMPLE      | s1    | NULL       | ref  | idx_key1      | idx_key1 | 303     | const |    8 |   100.00 | NULL  |
+----+-------------+-------+------------+------+---------------+----------+---------+-------+------+----------+-------+
1 row in set, 1 warning (0.04 sec)
```

可以看到 type 列的值是 ref，表明 MySQL 即将使用 ref 访问方法来执行对 s1 表的查询。但是前面只唠叨过对使用 InnoDB 存储引擎的表进行单表访问的一些访问方法。完整的访问方法有 system、const、eq_ref、ref、fulltext、ref_or_null、index_merge、unique_subquery、index_subquery、range、index、ALL 等。我们详细唠叨一下这些访问方法。

- system：当表中只有一条记录并且该表使用的存储引擎（比如 MyISAM、MEMORY）的统计数据是精确的，那么对该表的访问方法就是 system。比如，我们新建一个 MyISAM 表，并为其插入一条记录：

```
mysql> CREATE TABLE t(i int) Engine=MyISAM;
Query OK, 0 rows affected (0.05 sec)

mysql> INSERT INTO t VALUES(1);
Query OK, 1 row affected (0.01 sec)
```

然后看一下查询这个表的执行计划：

```
mysql> EXPLAIN SELECT * FROM t;
+----+-------------+-------+------------+--------+---------------+------+---------+------+------+----------+-------+
| id | select_type | table | partitions | type   | possible_keys | key  | key_len | ref  | rows | filtered | Extra |
+----+-------------+-------+------------+--------+---------------+------+---------+------+------+----------+-------+
|  1 | SIMPLE      | t     | NULL       | system | NULL          | NULL | NULL    | NULL |    1 |   100.00 | NULL  |
+----+-------------+-------+------------+--------+---------------+------+---------+------+------+----------+-------+
1 row in set, 1 warning (0.00 sec)
```

可以看到 type 列的值就是 system 了。

小贴士 大家可以把表改成使用 InnoDB 存储引擎，然后看看执行计划的 type 列是什么。

- const：这个在前文唠叨过，当我们根据主键或者唯一二级索引列与常数进行等值匹配时，对单表的访问方法就是 const。比如：

```
mysql> EXPLAIN SELECT * FROM s1 WHERE id = 5;
+----+-------------+-------+------------+-------+---------------+---------+---------+-------+------+----------+-------+
| id | select_type | table | partitions | type  | possible_keys | key     | key_len | ref   | rows | filtered | Extra |
+----+-------------+-------+------------+-------+---------------+---------+---------+-------+------+----------+-------+
|  1 | SIMPLE      | s1    | NULL       | const | PRIMARY       | PRIMARY | 4       | const |    1 |   100.00 | NULL  |
+----+-------------+-------+------------+-------+---------------+---------+---------+-------+------+----------+-------+
1 row in set, 1 warning (0.01 sec)
```

- eq_ref：执行连接查询时，如果被驱动表是通过主键或者不允许存储 NULL 值的唯一二级索引列等值匹配的方式进行访问的（如果该主键或者不允许存储 NULL 值的唯一二级索引是联合索引，则所有的索引列都必须进行等值比较），则对该被驱动表的访问方法就是 eq_ref。比如：

```
mysql> EXPLAIN SELECT * FROM s1 INNER JOIN s2 ON s1.id = s2.id;
+----+-------------+-------+------------+--------+---------------+---------+---------+---------------+------+----------+-------+
| id | select_type | table | partitions | type   | possible_keys | key     | key_len | ref           | rows | filtered | Extra |
+----+-------------+-------+------------+--------+---------------+---------+---------+---------------+------+----------+-------+
|  1 | SIMPLE      | s1    | NULL       | ALL    | PRIMARY       | NULL    | NULL    | NULL          | 9688 |   100.00 | NULL  |
|  1 | SIMPLE      | s2    | NULL       | eq_ref | PRIMARY       | PRIMARY | 4       | xiaohaizi.s1.id |  1 |   100.00 | NULL  |
+----+-------------+-------+------------+--------+---------------+---------+---------+---------------+------+----------+-------+
2 rows in set, 1 warning (0.01 sec)
```

从执行计划的结果中可以看出，MySQL 打算将 s1 作为驱动表，将 s2 作为被驱动表。可以看到 s2 的访问方法是 eq_ref，表明在访问 s2 表时，可以通过主键的等值匹配来访问。

- ref：当通过普通的二级索引列与常量进行等值匹配的方式来查询某个表时，对该表的访问方法就可能是 ref（参见 15.1.5 节最开始的例子）。

另外，如果是执行连接查询，被驱动表中的某个普通的二级索引列与驱动表中的某个列进行等值匹配，那么对被驱动表也可能使用 ref 的访问方法。比如：

```
mysql> EXPLAIN SELECT * FROM s1 INNER JOIN s2 ON s1.key1 = s2.key1;
+----+-------------+-------+------------+------+---------------+----------+---------+-----------------+------+----------+-------------+
| id | select_type | table | partitions | type | possible_keys | key      | key_len | ref             | rows | filtered | Extra       |
+----+-------------+-------+------------+------+---------------+----------+---------+-----------------+------+----------+-------------+
|  1 | SIMPLE      | s2    | NULL       | ALL  | idx_key1      | NULL     | NULL    | NULL            | 9688 |   100.00 | Using where |
|  1 | SIMPLE      | s1    | NULL       | ref  | idx_key1      | idx_key1 | 303     | xiaohaizi.s2.key1 |    1 |   100.00 | NULL        |
+----+-------------+-------+------------+------+---------------+----------+---------+-----------------+------+----------+-------------+
```

从执行计划可以看出，s2 作为驱动表，s1 作为被驱动表，此时对 s1 表的访问方法就是 ref。

- fulltext：全文索引，这里不展开讲解。
- ref_or_null：当对普通二级索引列进行等值匹配且该索引列的值也可以是 NULL 值时，

对该表的访问方法就可能是 ref_or_null。比如：

```
mysql> EXPLAIN SELECT * FROM s1 WHERE key1 = 'a' OR key1 IS NULL;
+----+-------------+-------+------------+------------+---------------+---------+---------+-------+------+----------+-----------------------+
| id | select_type | table | partitions | type       | possible_keys | key     | key_len | ref   | rows | filtered | Extra                 |
+----+-------------+-------+------------+------------+---------------+---------+---------+-------+------+----------+-----------------------+
|  1 | SIMPLE      | s1    | NULL       | ref_or_null| idx_key1      | idx_key1| 303     | const |    9 |   100.00 | Using index condition |
+----+-------------+-------+------------+------------+---------------+---------+---------+-------+------+----------+-----------------------+
1 row in set, 1 warning (0.01 sec)
```

- index_merge：一般情况下只会为单个索引生成扫描区间，但是我们在唠叨单表访问方法时，特意强调了在某些场景下可以使用 Intersection、Union、Sort-Union 这 3 种索引合并的方式来执行查询（忘掉的读者请返回去补一下）。我们看一下执行计划中是怎么体现 MySQL 使用索引合并的方式来对某个表执行查询的：

```
mysql> EXPLAIN SELECT * FROM s1 WHERE key1 = 'a' OR key3 = 'a';
+----+-------------+-------+------------+-------------+-----------------+-----------------+---------+------+------+----------+-------------------------------------------------+
| id | select_type | table | partitions | type        | possible_keys   | key             | key_len | ref  | rows | filtered | Extra                                           |
+----+-------------+-------+------------+-------------+-----------------+-----------------+---------+------+------+----------+-------------------------------------------------+
|  1 | SIMPLE      | s1    | NULL       | index_merge | idx_key1,idx_key3| idx_key1,idx_key3| 303,303| NULL |   14 |   100.00 | Using union(idx_key1,idx_key3); Using where     |
+----+-------------+-------+------------+-------------+-----------------+-----------------+---------+------+------+----------+-------------------------------------------------+
1 row in set, 1 warning (0.01 sec)
```

可以看到，执行计划的 type 列的值是 index_merge，即 MySQL 打算使用索引合并的方式来执行对 s1 表的查询。

- unique_subquery：类似于两表连接中被驱动表的 eq_ref 访问方法，unique_subquery 针对的是一些包含 IN 子查询的查询语句。如果查询优化器决定将 IN 子查询转换为 EXISTS 子查询，而且子查询在转换之后可以使用主键或者不允许存储 NULL 值的唯一二级索引进行等值匹配，那么该子查询执行计划的 type 列的值就是 unique_subquery。比如下面这个查询语句：

```
mysql> EXPLAIN SELECT * FROM s1 WHERE common_field IN (SELECT id FROM s2 where s1.common_field = s2.common_field) OR key3 = 'a';
+----+--------------------+-------+------------+-----------------+---------------+---------+---------+------+------+----------+-------------+
| id | select_type        | table | partitions | type            | possible_keys | key     | key_len | ref  | rows | filtered | Extra       |
+----+--------------------+-------+------------+-----------------+---------------+---------+---------+------+------+----------+-------------+
|  1 | PRIMARY            | s1    | NULL       | ALL             | idx_key3      | NULL    | NULL    | NULL | 9688 |   100.00 | Using where |
|  2 | DEPENDENT SUBQUERY | s2    | NULL       | unique_subquery | PRIMARY       | PRIMARY | 4       | func |    1 |    10.00 | Using where |
+----+--------------------+-------+------------+-----------------+---------------+---------+---------+------+------+----------+-------------+
2 rows in set, 2 warnings (0.04 sec)
```

可以看到，执行计划第二条记录的 type 值就是 unique_subquery，这说明在执行子查询时会使用到 id 列的聚簇索引。

- index_subquery：index_subquery 与 unique_subquery 类似，只不过在访问子查询中的表时使用的是普通的索引。比如：

```
mysql> EXPLAIN SELECT * FROM s1 WHERE common_field IN (SELECT key3 FROM s2 WHERE s1.common_field = s2.common_field) OR key3 = 'a';
+----+--------------------+-------+------------+----------------+---------------+----------+---------+------+------+----------+-------------+
| id | select_type        | table | partitions | type           | possible_keys | key      | key_len | ref  | rows | filtered | Extra       |
+----+--------------------+-------+------------+----------------+---------------+----------+---------+------+------+----------+-------------+
|  1 | PRIMARY            | s1    | NULL       | ALL            | idx_key3      | NULL     | NULL    | NULL | 9688 |   100.00 | Using where |
|  2 | DEPENDENT SUBQUERY | s2    | NULL       | index_subquery | idx_key3      | idx_key3 | 303     | func |    1 |    10.00 | Using where |
+----+--------------------+-------+------------+----------------+---------------+----------+---------+------+------+----------+-------------+
2 rows in set, 2 warnings (0.04 sec)
```

- range：如果使用索引获取某些单点扫描区间的记录，那么就可能使用到 range 访问方法。比如下面这个查询：

```
mysql> EXPLAIN SELECT * FROM s1 WHERE key1 IN ('a', 'b', 'c');
+----+-------------+-------+------------+-------+---------------+---------+---------+------+------+----------+-----------------------+
| id | select_type | table | partitions | type  | possible_keys | key     | key_len | ref  | rows | filtered | Extra                 |
+----+-------------+-------+------------+-------+---------------+---------+---------+------+------+----------+-----------------------+
|  1 | SIMPLE      | s1    | NULL       | range | idx_key1      | idx_key1| 303     | NULL |   27 |   100.00 | Using index condition |
+----+-------------+-------+------------+-------+---------------+---------+---------+------+------+----------+-----------------------+
1 row in set, 1 warning (0.01 sec)
```

或者用于获取某个或者某些范围扫描区间的记录的查询：

```
mysql> EXPLAIN SELECT * FROM s1 WHERE key1 > 'a' AND key1 < 'b';
+----+-------------+-------+------------+-------+---------------+----------+---------+------+------+----------+-----------------------+
| id | select_type | table | partitions | type  | possible_keys | key      | key_len | ref  | rows | filtered | Extra                 |
+----+-------------+-------+------------+-------+---------------+----------+---------+------+------+----------+-----------------------+
| 1  | SIMPLE      | s1    | NULL       | range | idx_key1      | idx_key1 | 303     | NULL | 294  | 100.00   | Using index condition |
+----+-------------+-------+------------+-------+---------------+----------+---------+------+------+----------+-----------------------+
1 row in set, 1 warning (0.00 sec)
```

● index：当可以使用索引覆盖，但需要扫描全部的索引记录时，该表的访问方法就是 index。比如下面这样：

```
mysql> EXPLAIN SELECT key_part2 FROM s1 WHERE key_part3 = 'a';
+----+-------------+-------+------------+-------+---------------+--------------+---------+------+------+----------+--------------------------+
| id | select_type | table | partitions | type  | possible_keys | key          | key_len | ref  | rows | filtered | Extra                    |
+----+-------------+-------+------------+-------+---------------+--------------+---------+------+------+----------+--------------------------+
| 1  | SIMPLE      | s1    | NULL       | index | NULL          | idx_key_part | 909     | NULL | 9688 | 10.00    | Using where; Using index |
+----+-------------+-------+------------+-------+---------------+--------------+---------+------+------+----------+--------------------------+
1 row in set, 1 warning (0.00 sec)
```

上述查询的查询列表中只有 key_part2 一个列，而且搜索条件中也只有 key_part3 一个列，这两个列又恰好包含在 idx_key_part 索引中。但是，搜索条件 key_part3='a' 不能形成合适的扫描区间从而减少需要扫描的记录数量，而只能扫描整个 idx_key_part 索引的记录，所以执行计划的 type 列的值就是 index。

　　强调一下，对于使用 InnoDB 存储引擎的表来说，二级索引叶子节点的记录只包含索引列和主键列的值，而聚簇索引叶子节点中包含用户定义的全部列以及一些隐藏列。所以扫描全部二级索引记录的代价比扫描全部聚簇索引记录的代价更低一些。

另外比较特殊的一点是，对于 InnoDB 存储引擎来说，当我们需要执行全表扫描，并且需要对主键进行排序时，此时的 type 列的值也是 index，如下所示。

```
mysql> EXPLAIN SELECT * FROM s1 ORDER BY id;
+----+-------------+-------+------------+-------+---------------+---------+---------+------+------+----------+-------+
| id | select_type | table | partitions | type  | possible_keys | key     | key_len | ref  | rows | filtered | Extra |
+----+-------------+-------+------------+-------+---------------+---------+---------+------+------+----------+-------+
| 1  | SIMPLE      | s1    | NULL       | index | NULL          | PRIMARY | 4       | NULL | 9688 | 100.00   | NULL  |
+----+-------------+-------+------------+-------+---------------+---------+---------+------+------+----------+-------+
1 row in set, 1 warning (0.02 sec)
```

● ALL：最熟悉的全表扫描，就不多唠叨了。直接看例子：

```
mysql> EXPLAIN SELECT * FROM s1;
+----+-------------+-------+------------+------+---------------+------+---------+------+------+----------+-------+
| id | select_type | table | partitions | type | possible_keys | key  | key_len | ref  | rows | filtered | Extra |
+----+-------------+-------+------------+------+---------------+------+---------+------+------+----------+-------+
| 1  | SIMPLE      | s1    | NULL       | ALL  | NULL          | NULL | NULL    | NULL | 9688 | 100.00   | NULL  |
+----+-------------+-------+------------+------+---------------+------+---------+------+------+----------+-------+
1 row in set, 1 warning (0.00 sec)
```

一般来说，这些访问方法的性能按照我们介绍它们的顺序依次变差（当然这不是绝对的，还取决于需要访问的记录数量）。

15.1.6　possible_keys 和 key

在 EXPLAIN 语句输出的执行计划中，possible_keys 列表示在某个查询语句中，对某个表执行单表查询时可能用到的索引有哪些；key 列表示实际用到的索引有哪些。比如下面这个查询：

```
mysql> EXPLAIN SELECT * FROM s1 WHERE key1 > 'z' AND key3 = 'a';
+----+-------------+-------+------------+------+---------------+---------+---------+-------+------+----------+-------------+
| id | select_type | table | partitions | type | possible_keys | key     | key_len | ref   | rows | filtered | Extra       |
+----+-------------+-------+------------+------+---------------+---------+---------+-------+------+----------+-------------+
|  1 | SIMPLE      | s1    | NULL       | ref  | idx_key1,idx_key3 | idx_key3 | 303  | const |    6 |     2.75 | Using where |
+----+-------------+-------+------------+------+---------------+---------+---------+-------+------+----------+-------------+
1 row in set, 1 warning (0.01 sec)
```

上述执行计划的 possible_keys 列的值是 idx_key1 和 idx_key3，表示该查询可能使用到 idx_key1 和 idx_key3 这两个索引。然后 key 列的值是 idx_key3，表示经过查询优化器计算不同索引的使用成本后，最后决定使用 idx_key3 来执行查询（因为它比较划算）。

不过有一点比较特别，就是在使用 index 访问方法查询某个表时，possible_keys 列是空的，而 key 列展示的是实际使用到的索引。比如下面这样：

```
mysql> EXPLAIN SELECT key_part2 FROM s1 WHERE key_part3 = 'a';
+----+-------------+-------+------------+-------+---------------+--------------+---------+------+------+----------+--------------------------+
| id | select_type | table | partitions | type  | possible_keys | key          | key_len | ref  | rows | filtered | Extra                    |
+----+-------------+-------+------------+-------+---------------+--------------+---------+------+------+----------+--------------------------+
|  1 | SIMPLE      | s1    | NULL       | index | NULL          | idx_key_part | 909     | NULL | 9688 |    10.00 | Using where; Using index |
+----+-------------+-------+------------+-------+---------------+--------------+---------+------+------+----------+--------------------------+
1 row in set, 1 warning (0.00 sec)
```

另外需要注意的一点是，possible_keys 列中的值并不是越多越好，可以使用的索引越多，查询优化器在计算查询成本时花费的时间就越长。如果可以的话，尽量删除那些用不到的索引。

15.1.7　key_len

我们在前文中说过（尤其是第 7 章），当我们决定使用某个索引来执行查询时，首先要搞清楚对应的扫描区间，以及形成该扫描区间的边界条件是什么。我们看下面这个查询：

```
SELECT * FROM s1 WHERE key1 > 'a' AND key1 < 'b';
```

很显然，在使用 idx_key1 索引执行查询时，对应的扫描区间就是 ('a', 'b')，形成该扫描区间的条件就是 key1 > 'a' AND key1 < 'b'。当然，这个结论是我们根据经验得出的，在一些情况下，我们希望从执行计划中直接可以看出形成扫描区间的边界条件是什么，这时候执行计划的 key_len 列就派上用场了。上述语句的执行计划如下所示：

```
mysql> EXPLAIN SELECT * FROM s1 WHERE key1 > 'a' AND key1 < 'b';
+----+-------------+-------+------------+-------+---------------+----------+---------+------+------+----------+-----------------------+
| id | select_type | table | partitions | type  | possible_keys | key      | key_len | ref  | rows | filtered | Extra                 |
+----+-------------+-------+------------+-------+---------------+----------+---------+------+------+----------+-----------------------+
|  1 | SIMPLE      | s1    | NULL       | range | idx_key1      | idx_key1 | 303     | NULL |  294 |   100.00 | Using index condition |
+----+-------------+-------+------------+-------+---------------+----------+---------+------+------+----------+-----------------------+
1 row in set, 1 warning (0.00 sec)
```

执行计划的 key_len 列的值是 303，这个 303 是怎么来的呢？原来设计 MySQL 的大叔为边界条件中包含的列都维护了一个 key_len 值。该 key_len 值由下面 3 部分组成。

- 该列的实际数据最多占用的存储空间长度。对于固定长度类型的列来说，比方说对于 INT 类型的列来说，该列实际数据最多占用的存储空间长度就是 4 字节（当然，对于 INT 类型的列来说，不论存什么数据，实际数据占用的存储空间长度都是 4 字节）。对于使用变长类型的列来说，比方说对于使用 utf8 字符集，类型为 VARCHAR(100) 的列来说，该列的实际数据最多占用的存储空间长度就是在 utf8 字符集中表示一个字符最多占用的字节数乘以该类型最多可以存储的字符数的积，也就是 $3 \times 100 = 300$ 字节。

- 如果该列可以存储 NULL 值，则 key_len 值在该列的实际数据最多占用的存储空间长度的基础上再加 1 字节。
- 对于使用变长类型的列来说，都会有 2 字节的空间来存储该变列的实际数据占用的存储空间长度，key_len 值还要在原先的基础上加 2 字节。

这样的话，我们再分析一下上述查询中的 key_len 值是怎么计算出来的。

- key1 列的类型是 VARCHAR(100)，使用的字符集是 utf8，所以该列的实际数据最多占用的存储空间长度就是 300 字节。
- key1 列可以存储 NULL 值，所以 key_len 值在 300 的基础上再加 1，也就是 301。
- key1 列是变长类型的列，key_len 值在 301 的基础上再加 2，也就是 303。

哦，原来 303 是这么来的呀！我们通过查看执行计划的 key 列是 idx_key1，所以知道该查询是使用 idx_key1 来执行的；再查看执行计划的 key_len 列，发现是 303，说明形成扫描区间的搜索条件中只包含 key1 列这一个列。涉及该列的搜索条件是 key1 > 'a' AND key1 < 'b'，这个搜索条件就是形成范围区间的边界条件。

我们再看下面这个查询：

```
mysql> EXPLAIN SELECT * FROM s1 WHERE id = 5;
+----+-------------+-------+------------+-------+---------------+---------+---------+-------+------+----------+-------+
| id | select_type | table | partitions | type  | possible_keys | key     | key_len | ref   | rows | filtered | Extra |
+----+-------------+-------+------------+-------+---------------+---------+---------+-------+------+----------+-------+
|  1 | SIMPLE      | s1    | NULL       | const | PRIMARY       | PRIMARY | 4       | const |    1 |   100.00 | NULL  |
+----+-------------+-------+------------+-------+---------------+---------+---------+-------+------+----------+-------+
1 row in set, 1 warning (0.01 sec)
```

由于 id 列的类型是 INT，并且不可以存储 NULL 值，所以该列对应的 key_len 值就是 4。

有同学可能有疑问：前面章节在唠叨 InnoDB 行格式的时候说到，存储变长字段实际占用的存储空间长度不是可能占用 1 字节或者 2 字节么？为什么现在不管三七二十一都使用 2 字节呢？这里需要强调的一点是，执行计划的生成是 server 层中的功能，并不是针对具体某个存储引擎的功能，server 表示记录的方式与具体某个存储引擎表示记录的方式是不一样的。设计 MySQL 的大叔在执行计划中输出 key_len 列，主要是为了让我们在使用联合索引执行查询时，能知道优化器具体使用了涉及多少个列的搜索条件来充当形成扫描区间的边界条件。比如下面这个使用联合索引 idx_key_part 的查询：

```
mysql> EXPLAIN SELECT * FROM s1 WHERE key_part1 = 'a' AND key_part3 = 'a';
+----+-------------+-------+------------+------+---------------+--------------+---------+-------+------+----------+-------+
| id | select_type | table | partitions | type | possible_keys | key          | key_len | ref   | rows | filtered | Extra |
+----+-------------+-------+------------+------+---------------+--------------+---------+-------+------+----------+-------+
|  1 | SIMPLE      | s1    | NULL       | ref  | idx_key_part  | idx_key_part | 303     | const |   12 |   100.00 | NULL  |
+----+-------------+-------+------------+------+---------------+--------------+---------+-------+------+----------+-------+
1 row in set, 1 warning (0.00 sec)
```

可以从执行计划的 key_len 列中看到值是 303，这意味着 MySQL 在执行上述查询时只通过涉及 key_part1 列的搜索条件来充当形成扫描区间的边界条件，也就是仅使用 key_part1 = 'a' 来充当边界条件。

而在下面这个查询中：

```
mysql> EXPLAIN SELECT * FROM s1 WHERE key_part1 = 'a' AND key_part2 > 'b';
+----+-------------+-------+------------+-------+---------------+--------------+---------+------+------+----------+-----------------------+
| id | select_type | table | partitions | type  | possible_keys | key          | key_len | ref  | rows | filtered | Extra                 |
+----+-------------+-------+------------+-------+---------------+--------------+---------+------+------+----------+-----------------------+
|  1 | SIMPLE      | s1    | NULL       | range | idx_key_part  | idx_key_part | 606     | NULL |    3 |   100.00 | Using index condition |
+----+-------------+-------+------------+-------+---------------+--------------+---------+------+------+----------+-----------------------+
1 row in set, 1 warning (0.01 sec)
```

这个查询的执行计划的 ken_len 列的值是 606，这意味着 MySQL 在执行上述查询时通过涉及 key_part1 和 key_part2 这两个列的搜索条件来充当形成扫描区间的边界条件，也就是使用 key_part1 = 'a' AND key_part2 > 'b' 来充当边界条件。

15.1.8 ref

当访问方法是 const、eq_ref、ref、ref_or_null、unique_subquery、index_subquery 中的其中一个时，ref 列展示的就是与索引列进行等值匹配的东西是啥，比如只是一个常数或者是某个列。大家看下面这个查询：

```
mysql> EXPLAIN SELECT * FROM s1 WHERE key1 = 'a';
+----+-------------+-------+------------+------+---------------+----------+---------+-------+------+----------+-------+
| id | select_type | table | partitions | type | possible_keys | key      | key_len | ref   | rows | filtered | Extra |
+----+-------------+-------+------------+------+---------------+----------+---------+-------+------+----------+-------+
|  1 | SIMPLE      | s1    | NULL       | ref  | idx_key1      | idx_key1 | 303     | const |    8 |   100.00 | NULL  |
+----+-------------+-------+------------+------+---------------+----------+---------+-------+------+----------+-------+
1 row in set, 1 warning (0.01 sec)
```

可以看到 ref 列的值是 const，表明在使用 idx_key1 索引执行查询时，与 key1 列进行等值匹配的对象是一个常数。当然，有时候更复杂一点：

```
mysql> EXPLAIN SELECT * FROM s1 INNER JOIN s2 ON s1.id = s2.id;
+----+-------------+-------+------------+--------+---------------+---------+---------+---------------+------+----------+-------+
| id | select_type | table | partitions | type   | possible_keys | key     | key_len | ref           | rows | filtered | Extra |
+----+-------------+-------+------------+--------+---------------+---------+---------+---------------+------+----------+-------+
|  1 | SIMPLE      | s1    | NULL       | ALL    | PRIMARY       | NULL    | NULL    | NULL          | 9688 |   100.00 | NULL  |
|  1 | SIMPLE      | s2    | NULL       | eq_ref | PRIMARY       | PRIMARY | 4       | xiaohaizi.s1.id |    1 |   100.00 | NULL  |
+----+-------------+-------+------------+--------+---------------+---------+---------+---------------+------+----------+-------+
2 rows in set, 1 warning (0.00 sec)
```

可以看到针对被驱动表 s2 的访问方法是 eq_ref，而对应的 ref 列的值是 xiaohaizi.s1.id。这就说明在对 s2 表进行访问时，与 s2 表的 id 列进行等值匹配的对象就是 xiaohaizi.s1.id 列（注意这里把数据库名也写出来了）。

有时，与索引列进行等值匹配的对象是一个函数。比如下面这个查询：

```
mysql> EXPLAIN SELECT * FROM s1 INNER JOIN s2 ON s2.key1 = UPPER(s1.key1);
+----+-------------+-------+------------+------+---------------+----------+---------+------+------+----------+-----------------------+
| id | select_type | table | partitions | type | possible_keys | key      | key_len | ref  | rows | filtered | Extra                 |
+----+-------------+-------+------------+------+---------------+----------+---------+------+------+----------+-----------------------+
|  1 | SIMPLE      | s1    | NULL       | ALL  | NULL          | NULL     | NULL    | NULL | 9688 |   100.00 | NULL                  |
|  1 | SIMPLE      | s2    | NULL       | ref  | idx_key1      | idx_key1 | 303     | func |    1 |   100.00 | Using index condition |
+----+-------------+-------+------------+------+---------------+----------+---------+------+------+----------+-----------------------+
2 rows in set, 1 warning (0.00 sec)
```

我们看执行计划的第 2 条记录，可以看到是采用 ref 访问方法对 s2 表执行查询。然后在执行计划的 ref 列中输出的是 func，这说明与 s2 表的 key1 列进行等值匹配的对象是一个函数。

15.1.9 rows

在查询优化器决定使用全表扫描的方式对某个表执行查询时，执行计划的 rows 列就代表该表的估计行数。如果使用索引来执行查询，执行计划的 rows 列就代表预计扫描的索引记录行数。比如下面这个查询：

```
mysql> EXPLAIN SELECT * FROM s1 WHERE key1 > 'z';
+----+-------------+-------+------------+-------+---------------+----------+---------+------+------+----------+----------------------+
| id | select_type | table | partitions | type  | possible_keys | key      | key_len | ref  | rows | filtered | Extra                |
+----+-------------+-------+------------+-------+---------------+----------+---------+------+------+----------+----------------------+
|  1 | SIMPLE      | s1    | NULL       | range | idx_key1      | idx_key1 | 303     | NULL |  266 |   100.00 | Using index condition |
+----+-------------+-------+------------+-------+---------------+----------+---------+------+------+----------+----------------------+
1 row in set, 1 warning (0.00 sec)
```

我们看到执行计划的 rows 列的值是 266，这意味着查询优化器在分析完使用 idx_key1 执行查询的成本之后，觉得满足 key1>'z' 条件的记录只有 266 条。

小贴士　　我们在第 12 章唠叨基于成本的优化时，详细讨论了如何计算包含在一个扫描区间中的记录数量。有忘记的同学可以回头看一下。

15.1.10 filtered

之前在分析连接查询的成本时，提出过一个 condition filtering（条件过滤）的概念。这个概念就是 MySQL 在计算驱动表扇出时采用的一个策略。

- 如果使用全表扫描的方式来执行单表查询，那么计算驱动表扇出时需要估计出满足全部搜索条件的记录到底有多少条。
- 如果使用索引来执行单表扫描，那么计算驱动表扇出时需要估计出在满足形成索引扫描区间的搜索条件外，还满足其他搜索条件的记录有多少条。

比如下面这个查询：

```
mysql> EXPLAIN SELECT * FROM s1 WHERE key1 > 'z' AND common_field = 'a';
+----+-------------+-------+------------+-------+---------------+----------+---------+------+------+----------+---------------------------------+
| id | select_type | table | partitions | type  | possible_keys | key      | key_len | ref  | rows | filtered | Extra                           |
+----+-------------+-------+------------+-------+---------------+----------+---------+------+------+----------+---------------------------------+
|  1 | SIMPLE      | s1    | NULL       | range | idx_key1      | idx_key1 | 303     | NULL |  266 |    10.00 | Using index condition; Using where |
+----+-------------+-------+------------+-------+---------------+----------+---------+------+------+----------+---------------------------------+
1 row in set, 1 warning (0.00 sec)
```

从执行计划的 key 列可以看出，该查询使用 idx_key1 索引来执行查询。条件 key1>'z' 用来形成扫描区间，从 rows 列可以看出满足 key1>'z' 条件的记录有 266 条。执行计划的 filtered 列代表的是，查询优化器预测出这 266 条记录中有多少条记录满足其余的搜索条件（也就是 common_field='a' 条件）的百分比。这里 filtered 列的值是 10.00，说明查询优化器预测出，在 266 条记录中有 10.00% 的记录满足 common_field='a' 条件。

对于单表查询来说，这个 filtered 列的值没什么意义，我们更关注在连接查询中驱动表对应的执行计划的 filtered 值。比如下面这个查询：

```
mysql> EXPLAIN SELECT * FROM s1 INNER JOIN s2 ON s1.key1 = s2.key1 WHERE s1.common_field = 'a';
+----+-------------+-------+------------+------+---------------+----------+---------+-----------------+------+----------+-------------+
| id | select_type | table | partitions | type | possible_keys | key      | key_len | ref             | rows | filtered | Extra       |
+----+-------------+-------+------------+------+---------------+----------+---------+-----------------+------+----------+-------------+
|  1 | SIMPLE      | s1    | NULL       | ALL  | idx_key1      | NULL     | NULL    | NULL            | 9688 |    10.00 | Using where |
|  1 | SIMPLE      | s2    | NULL       | ref  | idx_key1      | idx_key1 | 303     | xiaohaizi.s1.key1 |    1 |   100.00 | NULL        |
+----+-------------+-------+------------+------+---------------+----------+---------+-----------------+------+----------+-------------+
2 rows in set, 1 warning (0.00 sec)
```

从执行计划中可以看出，查询优化器打算把 s1 当作驱动表，把 s2 当作被驱动表。我们可以看到，驱动表 s1 表的执行计划的 rows 列为 9,688，filtered 列为 10.00，这意味着驱动表 s1

的扇出值就是 9,688 × 10.00% = 968.8，这说明还要对被驱动表执行大约 968 次查询。

15.1.11 Extra

顾名思义，Extra 列是用来说明一些额外信息的，我们可以通过这些额外信息来更准确地理解 MySQL 到底如何执行给定的查询语句。Extra 列可能显示的额外信息有好几十个，我们就不挨个介绍了（如果都介绍了，那就和官方文档没有区别了），所以这里只挑一些常见的或者比较重要的额外信息进行介绍。

- No tables used：当查询语句中没有 FROM 子句时将会提示该额外信息。比如：

```
mysql> EXPLAIN SELECT 1;
+----+-------------+-------+------------+------+---------------+------+---------+------+------+----------+----------------+
| id | select_type | table | partitions | type | possible_keys | key  | key_len | ref  | rows | filtered | Extra          |
+----+-------------+-------+------------+------+---------------+------+---------+------+------+----------+----------------+
|  1 | SIMPLE      | NULL  | NULL       | NULL | NULL          | NULL | NULL    | NULL | NULL | NULL     | No tables used |
+----+-------------+-------+------------+------+---------------+------+---------+------+------+----------+----------------+
1 row in set, 1 warning (0.00 sec)
```

- Impossible WHERE：查询语句的 WHERE 子句永远为 FALSE 时将会提示该额外信息。比如：

```
mysql> EXPLAIN SELECT * FROM s1 WHERE 1 != 1;
+----+-------------+-------+------------+------+---------------+------+---------+------+------+----------+------------------+
| id | select_type | table | partitions | type | possible_keys | key  | key_len | ref  | rows | filtered | Extra            |
+----+-------------+-------+------------+------+---------------+------+---------+------+------+----------+------------------+
|  1 | SIMPLE      | NULL  | NULL       | NULL | NULL          | NULL | NULL    | NULL | NULL | NULL     | Impossible WHERE |
+----+-------------+-------+------------+------+---------------+------+---------+------+------+----------+------------------+
1 row in set, 1 warning (0.01 sec)
```

- No matching min/max row：当查询列表处有 MIN 或者 MAX 聚集函数，但是并没有记录符合 WHERE 子句中的搜索条件时，将会提示该额外信息。比如：

```
mysql> EXPLAIN SELECT MIN(key1) FROM s1 WHERE key1 = 'abcdefg';
+----+-------------+-------+------------+------+---------------+------+---------+------+------+----------+------------------------+
| id | select_type | table | partitions | type | possible_keys | key  | key_len | ref  | rows | filtered | Extra                  |
+----+-------------+-------+------------+------+---------------+------+---------+------+------+----------+------------------------+
|  1 | SIMPLE      | NULL  | NULL       | NULL | NULL          | NULL | NULL    | NULL | NULL | NULL     | No matching min/max row |
+----+-------------+-------+------------+------+---------------+------+---------+------+------+----------+------------------------+
1 row in set, 1 warning (0.00 sec)
```

- Using index：使用覆盖索引执行查询时，Extra 列将会提示该额外信息。比如下面这个查询中只需要用到 idx_key1，而不需要进行回表操作：

```
mysql> EXPLAIN SELECT key1 FROM s1 WHERE key1 = 'a';
+----+-------------+-------+------------+------+---------------+----------+---------+-------+------+----------+-------------+
| id | select_type | table | partitions | type | possible_keys | key      | key_len | ref   | rows | filtered | Extra       |
+----+-------------+-------+------------+------+---------------+----------+---------+-------+------+----------+-------------+
|  1 | SIMPLE      | s1    | NULL       | ref  | idx_key1      | idx_key1 | 303     | const |    8 | 100.00   | Using index |
+----+-------------+-------+------------+------+---------------+----------+---------+-------+------+----------+-------------+
1 row in set, 1 warning (0.00 sec)
```

- Using index condition：有些搜索条件中虽然出现了索引列，但却不能充当边界条件来形成扫描区间，也就是不能用来减少需要扫描的记录数量，将会提示该额外信息。比如下面这个查询：

```
SELECT * FROM s1 WHERE key1 > 'z' AND key1 LIKE '%a';
```

其中的 key1>'z' 可以用来形成扫描区间，但是 key1 LIKE '%a' 却不能。

我们知道，MySQL 服务器程序其实分为 server 层和存储引擎层。在没有索引条件下推特性之前，server 层在生成执行计划后，是按照下面的步骤来执行这个查询的。

步骤 1. server 层首先调用存储引擎的接口定位到满足 key1>'z' 条件的第一条二级索引记录。

步骤 2. 存储引擎根据 B+ 树索引快速定位到这条二级索引记录后，根据该二级索引记录的主键值进行回表操作，将完整的用户记录返给 server 层。

步骤 3. server 层再判断其他的搜索条件是否成立，如果成立则将其发送给客户端；否则跳过该记录，然后向存储引擎层要下一条记录。

步骤 4. 由于每条记录都有一个 next_record 属性，根据该属性可以快速定位到符合 key1>'z' 条件的下一条二级索引记录。然后再执行回表操作，将完整的用户记录返回给 server 层。然后重复步骤3，直到将索引 idx_key1 的扫描区间('z', +∞) 内的所有记录都扫描过为止。

这里面有个问题，虽然 key1 LIKE '%a' 不能用于充当边界条件来减少需要扫描的二级索引记录的数量，但这个搜索条件毕竟只涉及 key1 列，而 key1 列是包含在索引 idx_key1 中的。所以，设计 MySQL 的大叔尝试改进了上面的执行步骤。

步骤 1. server 层首先调用存储引擎的接口定位到满足 key1>'z' 条件的第一条二级索引记录。

步骤 2. 存储引擎根据 B+ 树索引快速定位到这条二级索引记录后，不着急执行回表操作，而是先判断一下所有关于 idx_key1 索引中包含的列的条件是否成立，也就是 key1>'z' AND key1 LIKE '%a' 是否成立。如果这些条件不成立，则直接跳过该二级索引记录，然后去找下一条二级索引记录；如果这些条件成立，则执行回表操作，将完整的用户记录返回给 server 层。

步骤 3. server 层再判断其他的搜索条件是否成立（本例中没有其他的搜索条件了）。如果成立则将其发送给客户端；否则跳过该记录，然后向存储引擎层要下一条记录。

步骤 4. 由于每条记录都有一个 next_record 属性，根据该属性可以快速定位到符合 key1>'z' 条件的下一条二级索引记录。还是不着急进行回表操作，先判断一下所有关于 idx_key1 索引中包含的列的条件是否成立。如果这些条件不成立，则直接跳过该二级索引记录，然后去找下一条二级索引记录。如果这些条件成立，则执行回表操作，将完整的用户记录返回给 server 层。然后重复步骤 3，直到将索引 idx_key1 的扫描区间 ('z', +∞) 内的所有记录都扫描过为止。

每次执行回表操作时，都需要将一个聚簇索引页面加载到内存中。这比较耗时，所以尽管上述修改只改进了一点点，但是可以省去好多回表操作的成本。设计 MySQL 的大叔把他们的这个改进称为索引条件下推（Index Condition Pushdown）。

如果在查询语句的执行过程中使用索引条件下推特性，在 Extra 列中将会显示 Using index condition。比如下面这样：

```
mysql> EXPLAIN SELECT * FROM s1 WHERE key1 > 'z' AND key1 LIKE '%b';
+----+-------------+-------+------------+-------+---------------+----------+---------+------+------+----------+-----------------------+
| id | select_type | table | partitions | type  | possible_keys | key      | key_len | ref  | rows | filtered | Extra                 |
+----+-------------+-------+------------+-------+---------------+----------+---------+------+------+----------+-----------------------+
|  1 | SIMPLE      | s1    | NULL       | range | idx_key1      | idx_key1 | 303     | NULL |  266 |   100.00 | Using index condition |
+----+-------------+-------+------------+-------+---------------+----------+---------+------+------+----------+-----------------------+
1 row in set, 1 warning (0.01 sec)
```

不过，这里有一个问题需要注意。本例在使用索引条件下推特性时，在存储引擎层获取到一条二级索引记录后，需要在存储引擎层继续判断 key1>'z' AND key1 LIKE '%a' 条件是否成立。可 key1>'z' 这个条件不是用来生成扫描区间的么，怎么这里还要在存储引擎层中作为索引条件下推的条件再判断一遍呢? 我猜这是设计 MySQL 的大叔为了编码方便而做的一种冗余处理。多判断一遍也没啥大影响 (是的, 我是猜的, 并没有找到关于这个问题的直接说明)。其实, 即使查询条件中只保留 key1>'z' 条件, 也会将其作为索引条件下推中的条件在存储引擎中判断一遍。我们来看执行计划 (注意看 Extra 列提示了 Using index condition):

```
mysql> EXPLAIN SELECT * FROM s1 WHERE key1 > 'z';
+----+-------------+-------+------------+-------+---------------+----------+---------+------+------+----------+-----------------------+
| id | select_type | table | partitions | type  | possible_keys | key      | key_len | ref  | rows | filtered | Extra                 |
+----+-------------+-------+------------+-------+---------------+----------+---------+------+------+----------+-----------------------+
|  1 | SIMPLE      | s1    | NULL       | range | idx_key1      | idx_key1 | 303     | NULL | 266  | 100.00   | Using index condition |
+----+-------------+-------+------------+-------+---------------+----------+---------+------+------+----------+-----------------------+
1 row in set, 1 warning (0.02 sec)
```

但是设计 MySQL 的大叔在代码中对形成扫描区间的等值匹配条件又进行了特殊处理, 它们不作为索引条件下推中的条件在存储引擎中再重复判断一遍。比如下面这个查询 (注意看 Extra 列没有提示 Using index condition):

```
mysql> EXPLAIN SELECT * FROM s1 WHERE key1 = 'a';
+----+-------------+-------+------------+------+---------------+----------+---------+-------+------+----------+-------+
| id | select_type | table | partitions | type | possible_keys | key      | key_len | ref   | rows | filtered | Extra |
+----+-------------+-------+------------+------+---------------+----------+---------+-------+------+----------+-------+
|  1 | SIMPLE      | s1    | NULL       | ref  | idx_key1      | idx_key1 | 303     | const | 8    | 100.00   | NULL  |
+----+-------------+-------+------------+------+---------------+----------+---------+-------+------+----------+-------+
1 row in set, 1 warning (0.03 sec)
```

有同学会想: 为什么要把形成扫描区间的边界条件是否作为索引条件下推中的条件说得这么细呢? 烦不烦啊, 这对我们用户没啥影响啊, 不就是重复判断一下边界条件是否成立么? 其实, 这主要是为第 22 章做一个铺垫, 后面在用到的时候会更加详细地介绍。

另外, 还需要注意的一点是, 索引条件下推特性只是为了在扫描某个扫描区间的二级索引记录时, 尽可能减少回表操作的次数, 从而减少 I/O 操作。而对于聚簇索引而言, 它不需要回表, 它本身就包含全部的列, 也起不到减少 I/O 操作的作用, 所以设计 InnoDB 的大叔规定这个索引条件下推特性只适用于二级索引。

- Using where: 当某个搜索条件需要在 server 层进行判断时, 在 Extra 列中会提示 Using where。比如下面这个查询:

```
mysql> EXPLAIN SELECT * FROM s1 WHERE common_field = 'a';
+----+-------------+-------+------------+------+---------------+------+---------+------+------+----------+-------------+
| id | select_type | table | partitions | type | possible_keys | key  | key_len | ref  | rows | filtered | Extra       |
+----+-------------+-------+------------+------+---------------+------+---------+------+------+----------+-------------+
|  1 | SIMPLE      | s1    | NULL       | ALL  | NULL          | NULL | NULL    | NULL | 9688 | 10.00    | Using where |
+----+-------------+-------+------------+------+---------------+------+---------+------+------+----------+-------------+
1 row in set, 1 warning (0.01 sec)
```

对于聚簇索引来说, 是用不到索引条件下推特性的, 因此本例中所有的搜索条件都得在 server 层进行处理。也就是说, 本例中的 common_field='a' 条件是在 server 层进行判断的, 所以该语句的执行计划的 Extra 列才提示 Using where。

有时, MySQL 会扫描某个二级索引的一个扫描区间的记录。比如:

```
mysql> EXPLAIN SELECT * FROM s1 WHERE key1 = 'a' AND common_field = 'a';
+----+-------------+-------+------------+------+---------------+----------+---------+-------+------+----------+-------------+
| id | select_type | table | partitions | type | possible_keys | key      | key_len | ref   | rows | filtered | Extra       |
+----+-------------+-------+------------+------+---------------+----------+---------+-------+------+----------+-------------+
|  1 | SIMPLE      | s1    | NULL       | ref  | idx_key1      | idx_key1 | 303     | const | 8    | 10.00    | Using where |
+----+-------------+-------+------------+------+---------------+----------+---------+-------+------+----------+-------------+
1 row in set, 1 warning (0.00 sec)
```

从执行计划可以看出, 这个语句在执行时将会使用到 idx_key1 二级索引。但是, 由于该索引并不包含 common_field 列，也就是说该条件不能作为索引条件下推的条件在存储引擎层进行判断。存储引擎需要根据二级索引记录执行回表操作，并将完整的用户记录返回给 server 层之后，再在 server 层判断这个条件是否成立。所以本例中的 Extra 列也提示了 Using where。

- Using join buffer (Block Nested Loop)：在连接查询的执行过程中，当被驱动表不能有效地利用索引加快访问速度时，MySQL 一般会为其分配一块名为连接缓冲区（Join Buffer）的内存块来加快查询速度；也就是使用基于块的嵌套循环算法来执行连接查询。比如下面这个查询语句：

```
mysql> EXPLAIN SELECT * FROM s1 INNER JOIN s2 ON s1.common_field = s2.common_field;
+----+-------------+-------+------------+------+---------------+------+---------+------+------+----------+----------------------------------------------------+
| id | select_type | table | partitions | type | possible_keys | key  | key_len | ref  | rows | filtered | Extra                                              |
+----+-------------+-------+------------+------+---------------+------+---------+------+------+----------+----------------------------------------------------+
|  1 | SIMPLE      | s1    | NULL       | ALL  | NULL          | NULL | NULL    | NULL | 9688 |   100.00 | NULL                                               |
|  1 | SIMPLE      | s2    | NULL       | ALL  | NULL          | NULL | NULL    | NULL | 9954 |    10.00 | Using where; Using join buffer (Block Nested Loop) |
+----+-------------+-------+------------+------+---------------+------+---------+------+------+----------+----------------------------------------------------+
2 rows in set, 1 warning (0.03 sec)
```

在针对 s2 表的执行计划中，Extra 列显示了两个提示。

- Using join buffer (Block Nested Loop)：这是因为对表 s2 的访问不能有效利用索引，只好退而求其次，使用 Join Buffer 来减少对 s2 表的访问次数，从而提高性能。
- Using where：可以看到查询语句中有一个 s1.common_field=s2.common_field 条件，因为 s1 是驱动表，s2 是被驱动表，所以在访问 s2 表时，s1.common_field 的值已经确定下来了。因此，实际上查询 s2 表的条件就是"s2.common_field= 一个常数"，所以提示了 Using where 信息。

- Using intersect(...)、Using union(...) 和 Using sort_union(...)：如果执行计划的 Extra 列出现了 Using intersect(...) 提示，说明准备使用 Intersection 索引合并的方式执行查询；括号中的 ... 表示需要进行合并的索引名称；如果出现了 Using union(...) 提示，说明准备使用 Union 索引合并的方式执行查询；如果出现了 Using sort_union(...) 提示，说明准备使用 Sort-Union 索引合并的方式执行查询。比如下面这个查询的执行计划：

```
mysql> EXPLAIN SELECT * FROM s1 WHERE key1 = 'a' AND key3 = 'a';
+----+-------------+-------+------------+-------------+-----------------+-----------------+---------+------+------+----------+-------------------------------------------------+
| id | select_type | table | partitions | type        | possible_keys   | key             | key_len | ref  | rows | filtered | Extra                                           |
+----+-------------+-------+------------+-------------+-----------------+-----------------+---------+------+------+----------+-------------------------------------------------+
|  1 | SIMPLE      | s1    | NULL       | index_merge | idx_key1,idx_key3 | idx_key3,idx_key1 | 303,303 | NULL |    1 |   100.00 | Using intersect(idx_key3,idx_key1); Using where |
+----+-------------+-------+------------+-------------+-----------------+-----------------+---------+------+------+----------+-------------------------------------------------+
1 row in set, 1 warning (0.01 sec)
```

可以看到，Extra 列显示了 Using intersect(idx_key3,idx_key1)，这表明 MySQL 即将使用 idx_key3 和 idx_key1 这两个索引进行 Intersection 索引合并的方式来执行查询。

小贴士

> 另外两种索引合并类型的 Extra 列信息就不一一举例了，大家自己写个查询瞅瞅吧。

- Zero limit：当 LIMIT 子句的参数为 0 时，表示压根儿不打算从表中读出任何记录，此时将会提示该额外信息。比如下面这样：

```
mysql> EXPLAIN SELECT * FROM s1 LIMIT 0;
+----+-------------+-------+------------+------+---------------+------+---------+------+------+----------+------------+
| id | select_type | table | partitions | type | possible_keys | key  | key_len | ref  | rows | filtered | Extra      |
+----+-------------+-------+------------+------+---------------+------+---------+------+------+----------+------------+
|  1 | SIMPLE      | NULL  | NULL       | NULL | NULL          | NULL | NULL    | NULL | NULL |     NULL | Zero limit |
+----+-------------+-------+------------+------+---------------+------+---------+------+------+----------+------------+
1 row in set, 1 warning (0.00 sec)
```

- Using filesort：在有些情况下，当对结果集中的记录进行排序时，是可以使用到索引的。比如下面这个查询：

```
mysql> EXPLAIN SELECT * FROM s1 ORDER BY key1 LIMIT 10;
+----+-------------+-------+------------+-------+---------------+----------+---------+------+------+----------+-------+
| id | select_type | table | partitions | type  | possible_keys | key      | key_len | ref  | rows | filtered | Extra |
+----+-------------+-------+------------+-------+---------------+----------+---------+------+------+----------+-------+
|  1 | SIMPLE      | s1    | NULL       | index | NULL          | idx_key1 | 303     | NULL |   10 |   100.00 | NULL  |
+----+-------------+-------+------------+-------+---------------+----------+---------+------+------+----------+-------+
1 row in set, 1 warning (0.03 sec)
```

这个查询语句利用 idx_key1 索引直接取出 key1 列的 10 条记录，然后针对每一条二级索引记录进行回表操作就好了。但是在很多情况下，排序操作无法使用到索引，只能在内存中（记录较少时）或者磁盘中（记录较多时）进行排序。设计 MySQL 的大叔把这种在内存中或者磁盘中进行排序的方式统称为文件排序（filesort）。如果某个查询需要使用文件排序的方式执行查询，就会在执行计划的 Extra 列中显示 Using filesort 提示。比如下面这样：

```
mysql> EXPLAIN SELECT * FROM s1 ORDER BY common_field LIMIT 10;
+----+-------------+-------+------------+------+---------------+------+---------+------+------+----------+----------------+
| id | select_type | table | partitions | type | possible_keys | key  | key_len | ref  | rows | filtered | Extra          |
+----+-------------+-------+------------+------+---------------+------+---------+------+------+----------+----------------+
|  1 | SIMPLE      | s1    | NULL       | ALL  | NULL          | NULL | NULL    | NULL | 9688 |   100.00 | Using filesort |
+----+-------------+-------+------------+------+---------------+------+---------+------+------+----------+----------------+
1 row in set, 1 warning (0.00 sec)
```

需要注意的是，如果查询中需要使用文件排序的记录非常多，这个过程还是很耗费性能的。我们可以尝试将文件排序的执行方式改为使用索引进行排序。

- Using temporary：在许多查询的执行过程中，MySQL 可能会借助临时表来完成一些功能，比如去重、排序之类的。比如，我们在执行许多包含 DISTINCT、GROUP BY、UNION 等子句的查询过程中，如果不能有效利用索引来完成查询，MySQL 很有可能通过建立内部的临时表来执行查询。如果查询中使用到了内部的临时表，在执行计划的 Extra 列将会显示 Using temporary 提示。比如下面这样：

```
mysql> EXPLAIN SELECT DISTINCT common_field FROM s1;
+----+-------------+-------+------------+------+---------------+------+---------+------+------+----------+-----------------+
| id | select_type | table | partitions | type | possible_keys | key  | key_len | ref  | rows | filtered | Extra           |
+----+-------------+-------+------------+------+---------------+------+---------+------+------+----------+-----------------+
|  1 | SIMPLE      | s1    | NULL       | ALL  | NULL          | NULL | NULL    | NULL | 9688 |   100.00 | Using temporary |
+----+-------------+-------+------------+------+---------------+------+---------+------+------+----------+-----------------+
1 row in set, 1 warning (0.00 sec)
```

再比如：

```
mysql> EXPLAIN SELECT common_field, COUNT(*) AS amount FROM s1 GROUP BY common_field;
+----+-------------+-------+------------+------+---------------+------+---------+------+------+----------+---------------------------------+
| id | select_type | table | partitions | type | possible_keys | key  | key_len | ref  | rows | filtered | Extra                           |
+----+-------------+-------+------------+------+---------------+------+---------+------+------+----------+---------------------------------+
|  1 | SIMPLE      | s1    | NULL       | ALL  | NULL          | NULL | NULL    | NULL | 9688 |   100.00 | Using temporary; Using filesort |
+----+-------------+-------+------------+------+---------------+------+---------+------+------+----------+---------------------------------+
1 row in set, 1 warning (0.00 sec)
```

不知道大家注意到了么，上述执行计划的 Extra 列不仅仅包含 Using temporary 提示，还包含 Using filesort 提示。可我们的查询语句中明明没有 ORDER BY 子句呀？这是因为 MySQL 会在包含 GROUP BY 子句的查询中默认添加 ORDER BY 子句。也就是说上面这个查询其实和下面这个查询等价：

```
EXPLAIN SELECT common_field, COUNT(*) AS amount FROM s1 GROUP BY common_field ORDER BY common_field;
```

如果我们并不想为包含 GROUP BY 子句的查询进行排序，则需要显式地写上 ORDER BY NULL，就像下面这样：

```
mysql> EXPLAIN SELECT common_field, COUNT(*) AS amount FROM s1 GROUP BY common_field ORDER BY NULL;
+----+-------------+-------+------------+------+---------------+------+---------+------+------+----------+-----------------+
| id | select_type | table | partitions | type | possible_keys | key  | key_len | ref  | rows | filtered | Extra           |
+----+-------------+-------+------------+------+---------------+------+---------+------+------+----------+-----------------+
|  1 | SIMPLE      | s1    | NULL       | ALL  | NULL          | NULL | NULL    | NULL | 9688 | 100.00   | Using temporary |
+----+-------------+-------+------------+------+---------------+------+---------+------+------+----------+-----------------+
1 row in set, 1 warning (0.00 sec)
```

这次执行计划中就没有 Using filesort 提示了，这也就意味着在执行查询时可以省去对记录进行文件排序的成本了。

另外，执行计划中出现 Using temporary 并不是一个好的征兆，因为建立与维护临时表要付出很大的成本，所以最好能使用索引来替代临时表。比如，下面这个包含 GROUP BY 子句的查询就不需要使用临时表：

```
mysql> EXPLAIN SELECT key1, COUNT(*) AS amount FROM s1 GROUP BY key1;
+----+-------------+-------+------------+-------+---------------+----------+---------+------+------+----------+-------------+
| id | select_type | table | partitions | type  | possible_keys | key      | key_len | ref  | rows | filtered | Extra       |
+----+-------------+-------+------------+-------+---------------+----------+---------+------+------+----------+-------------+
|  1 | SIMPLE      | s1    | NULL       | index | idx_key1      | idx_key1 | 303     | NULL | 9688 | 100.00   | Using index |
+----+-------------+-------+------------+-------+---------------+----------+---------+------+------+----------+-------------+
1 row in set, 1 warning (0.00 sec)
```

从 type 列的 index 值以及 Extra 的 Using index 的提示中可以看出，上述查询只需要扫描 idx_key1 索引就可以搞定了，就不再需要临时表了。

- Start temporary, End temporary：前面在唠叨子查询的时候说过，查询优化器会优先尝试将 IN 子查询转换成半连接，而半连接又有好多种执行策略。当执行策略为 Duplicate Weedout 时，也就是通过建立临时表来为外层查询中的记录进行去重操作时，驱动表查询执行计划的 Extra 列将显示 Start temporary 提示，被驱动表查询执行计划的 Extra 列将显示 End temporary 提示，比如下面这样：

```
mysql> EXPLAIN SELECT * FROM s1 WHERE key1 IN (SELECT key3 FROM s2 WHERE common_field = 'a');
+----+-------------+-------+------------+------+---------------+----------+---------+-----------------+------+----------+------------------------+
| id | select_type | table | partitions | type | possible_keys | key      | key_len | ref             | rows | filtered | Extra                  |
+----+-------------+-------+------------+------+---------------+----------+---------+-----------------+------+----------+------------------------+
|  1 | SIMPLE      | s2    | NULL       | ALL  | idx_key3      | NULL     | NULL    | NULL            | 9954 | 10.00    | Using where; Start temporary |
|  1 | SIMPLE      | s1    | NULL       | ref  | idx_key1      | idx_key1 | 303     | xiaohaizi.s2.key3 | 1  | 100.00   | End temporary          |
+----+-------------+-------+------------+------+---------------+----------+---------+-----------------+------+----------+------------------------+
2 rows in set, 1 warning (0.00 sec)
```

- LooseScan：在将 IN 子查询转为半连接时，如果采用的是 LooseScan 执行策略，则驱动表执行计划的 Extra 列就显示 LooseScan 提示。比如下面这样：

```
mysql> EXPLAIN SELECT * FROM s1 WHERE key3 IN (SELECT key1 FROM s2 WHERE key1 > 'z');
+----+-------------+-------+------------+-------+---------------+----------+---------+-----------------+------+----------+-----------------------------------+
| id | select_type | table | partitions | type  | possible_keys | key      | key_len | ref             | rows | filtered | Extra                             |
+----+-------------+-------+------------+-------+---------------+----------+---------+-----------------+------+----------+-----------------------------------+
|  1 | SIMPLE      | s2    | NULL       | range | idx_key1      | idx_key1 | 303     | NULL            | 270  | 100.00   | Using where; Using index; LooseScan |
|  1 | SIMPLE      | s1    | NULL       | ref   | idx_key3      | idx_key3 | 303     | xiaohaizi.s2.key1 | 1  | 100.00   | NULL                              |
+----+-------------+-------+------------+-------+---------------+----------+---------+-----------------+------+----------+-----------------------------------+
2 rows in set, 1 warning (0.01 sec)
```

- FirstMatch(tbl_name)：在将 IN 子查询转为半连接时，如果采用的是 FirstMatch 执行策略，则被驱动表执行计划的 Extra 列就显示 FirstMatch(tbl_name) 提示。比如下面这样：

```
mysql> EXPLAIN SELECT * FROM s1 WHERE common_field IN (SELECT key1 FROM s2 where s1.key3 = s2.key3);
+----+-------------+-------+------------+------+-------------------+----------+---------+-----------------+------+----------+----------------------------+
| id | select_type | table | partitions | type | possible_keys     | key      | key_len | ref             | rows | filtered | Extra                      |
+----+-------------+-------+------------+------+-------------------+----------+---------+-----------------+------+----------+----------------------------+
|  1 | SIMPLE      | s1    | NULL       | ALL  | idx_key3          | NULL     | NULL    | NULL            | 9688 | 100.00   | Using where                |
|  1 | SIMPLE      | s2    | NULL       | ref  | idx_key1,idx_key3 | idx_key3 | 303     | xiaohaizi.s1.key3 | 1  | 4.87     | Using where; FirstMatch(s1) |
+----+-------------+-------+------------+------+-------------------+----------+---------+-----------------+------+----------+----------------------------+
2 rows in set, 2 warnings (0.00 sec)
```

15.2 JSON 格式的执行计划

前面介绍的 EXPLAIN 语句输出中缺少了一个衡量执行计划好坏的重要属性——成本。不过设计 MySQL 的大叔贴心地为我们提供了一种方式来查看某个执行计划花费的成本，即在 EXPLAIN 单词和真正的查询语句中间加上 FORMAT=JSON。

这样我们就可以得到一个 JSON 格式的执行计划，里面包含该计划花费的成本。比如下面这样：

```
mysql> EXPLAIN FORMAT=JSON SELECT * FROM s1 INNER JOIN s2 ON s1.key1 = s2.key2 WHERE s1.
common_field = 'a'\G
*************************** 1. row ***************************

EXPLAIN: {
  "query_block": {
    "select_id": 1,          # 整个查询语句只有1个SELECT关键字，该关键字对应的id号为1
    "cost_info": {
      "query_cost": "3197.16"    # 整个查询的执行成本预计为3197.16
    },
    "nested_loop": [      # 采用嵌套循环连接算法执行查询

    # 以下是参与嵌套循环连接算法的各个表的信息
    {
      "table": {
        "table_name": "s1",        # s1表是驱动表
        "access_type": "ALL",        # 访问方法为ALL，意味着使用全表扫描访问
        "possible_keys": [      # 可能使用的索引
          "idx_key1"
        ],
        "rows_examined_per_scan": 9688,    # 查询一次s1表大致需要扫描9688条记录
        "rows_produced_per_join": 968,     # 驱动表s1的扇出预计是968
        "filtered": "10.00",    # condition filtering代表的百分比
        "cost_info": {
          "read_cost": "1840.84",      # 稍后解释
          "eval_cost": "193.76",       # 稍后解释
          "prefix_cost": "2034.60",    # 单次查询s1表总共的成本
          "data_read_per_join": "1M"   # 读取的数据量
        },
        "used_columns": [      # 执行查询中涉及的列
          "id",
          "key1",
          "key2",
          "key3",
          "key_part1",
          "key_part2",
          "key_part3",
          "common_field"
        ],
```

```
            # 对s1表访问时，针对单表查询的条件
            "attached_condition": "((('xiaohaizi'.'s1'.'common_field' = 'a') and ('xiaohaizi'.'s1'.
'key1' is not null))"
        }
    },
    {
        "table": {
            "table_name": "s2",        # s2表是被驱动表
            "access_type": "ref",        # 访问方法为ref，意味着使用索引等值匹配的方式访问
            "possible_keys": [        # 可能使用的索引
                "idx_key2"
            ],
            "key": "idx_key2",        # 实际使用的索引
            "used_key_parts": [        # 使用到的索引列
                "key2"
            ],
            "key_length": "5",        # key_len
            "ref": [        # 与key2列进行等值匹配的对象
                "xiaohaizi.s1.key1"
            ],
            "rows_examined_per_scan": 1,    # 查询一次s2表大致需要扫描1条记录
            "rows_produced_per_join": 968,        # 被驱动表s2的扇出是968（由于后边没有多余的表进行连接，
所以这个值也没啥用）
            "filtered": "100.00",        # condition filtering代表的百分比

            # s2表使用索引进行查询的搜索条件
            "index_condition": "('xiaohaizi'.'s1'.'key1' = 'xiaohaizi'.'s2'.'key2')",
            "cost_info": {
                "read_cost": "968.80",        # 稍后解释
                "eval_cost": "193.76",        # 稍后解释
                "prefix_cost": "3197.16",        # 单次查询s1和多次查询s2表总共的成本
                "data_read_per_join": "1M"    # 读取的数据量
            },
            "used_columns": [        # 执行查询中涉及的列
                "id",
                "key1",
                "key2",
                "key3",
                "key_part1",
                "key_part2",
                "key_part3",
                "common_field"
            ]
        }
    }
  ]
 }
}
1 row in set, 2 warnings (0.00 sec)
```

我们使用 # 后跟注释的形式为大家解释了 EXPLAIN FORMAT=JSON 语句的输出内容。大

家可能有奇怪，为啥 cost_info 里的成本看着怪怪的，它们是怎么计算出来的？先看看 s1 表的
cost_info 部分：

```
"cost_info": {
    "read_cost": "1840.84",
    "eval_cost": "193.76",
    "prefix_cost": "2034.60",
    "data_read_per_join": "1M"
}
```

本例中，read_cost 是由下面这两部分组成的：

● I/O 成本；
● 检测 rows × (1-filter) 条记录的 CPU 成本。

小贴士

rows 和 filter 都是前文介绍执行计划时的输出列。

eval_cost 是这样计算的：

● 检测 rows × filter 条记录的成本。

prefix_cost 就是单独查询 s1 表的成本，本例中也就是 read_cost + eval_cost。

data_read_per_join 表示在此次查询中需要读取的数据量。

小贴士

大家其实没必要关注 MySQL 为啥使用看起来这么古怪的方式来计算 read_cost 和
eval_cost，只要知道 prefix_cost 是查询 s1 表的成本就好了。

对于 s2 表的 cost_info 部分是这样的：

```
"cost_info": {
    "read_cost": "968.80",
    "eval_cost": "193.76",
    "prefix_cost": "3197.16",
    "data_read_per_join": "1M"
}
```

由于 s2 表是被驱动表，所以可能被读取多次。这里的 read_cost 和 eval_cost 是访问多次
s2 表后累加起来的值。大家主要关注里面 prefix_cost 的值代表的是整个连接查询预计的成本，
也就是单次查询 s1 表和多次查询 s2 表后的成本的和，即：

```
968.80 + 193.76 + 2034.60 = 3197.16
```

15.3   Extented EXPLAIN

最后，设计 MySQL 的大叔还为我们留了个"彩蛋"——在使用 EXPLAIN 语句查看了某
个查询的执行计划后，紧接着还可以使用 SHOW WARNINGS 语句来查看与这个查询的执行计
划有关的扩展信息。比如：

```
mysql> EXPLAIN SELECT s1.key1, s2.key1 FROM s1 LEFT JOIN s2 ON s1.key1 = s2.key1 WHERE s2.common_field IS NOT NULL;
+----+-------------+-------+------------+------+---------------+---------+---------+------------------+------+----------+-------------+
| id | select_type | table | partitions | type | possible_keys | key     | key_len | ref              | rows | filtered | Extra       |
+----+-------------+-------+------------+------+---------------+---------+---------+------------------+------+----------+-------------+
|  1 | SIMPLE      | s2    | NULL       | ALL  | idx_key1      | NULL    | NULL    | NULL             | 9954 |    90.00 | Using where |
|  1 | SIMPLE      | s1    | NULL       | ref  | idx_key1      | idx_key1| 303     | xiaohaizi.s2.key1|    1 |   100.00 | Using index |
+----+-------------+-------+------------+------+---------------+---------+---------+------------------+------+----------+-------------+
2 rows in set, 1 warning (0.00 sec)

mysql> SHOW WARNINGS\G
*************************** 1. row ***************************
  Level: Note
   Code: 1003
Message: /* select#1 */ select 'xiaohaizi'.'s1'.'key1' AS 'key1','xiaohaizi'.'s2'.'key1' AS 'key1' from 'xiaohaizi'.'s1' join
'xiaohaizi'.'s2' where (('xiaohaizi'.'s1'.'key1' = 'xiaohaizi'.'s2'.'key1') and ('xiaohaizi'.'s2'.'common_field' is not null))
1 row in set (0.00 sec)
```

可以看到 SHOW WARNINGS 展示出来的信息有 3 个字段，分别是 Level、Code 和 Message。我们最常见的就是 Code 为 1,003 的信息。当 Code 值为 1,003 时，Message 字段展示的信息类似于查询优化器将查询语句重写后的语句。比如上面的查询本来是一个左（外）连接查询，但是有一个 s2.common_field IS NOT NULL 条件，这就会导致查询优化器把左（外）连接查询优化为内连接查询。从 SHOW WARNINGS 的 Message 字段也可以看出来，原本的 LEFT JOIN 已经变成了 JOIN。

但是大家一定要注意，我们说 Message 字段展示的信息类似于查询优化器将查询语句重写后的语句，而不是等价于。也就是说，Message 字段展示的信息并不是标准的查询语句，在很多情况下并不能直接拿到黑框框中运行，而只能作为帮助我们理解 MySQL 如何执行查询语句的一个参考依据。

15.4 总结

通过 EXPLAIN 语句可以查看某个语句的执行计划。执行计划中各个列的作用大致如表 15-1 所示。

在 EXPLAIN 单词和真正的查询语句中间加上 FORMAT=JSON，可以得到 JOSN 格式的执行计划。

在使用 EXPLAIN 语句查看了某个查询的执行计划后，紧接着还可以使用 SHOW WARNINGS 语句查看与这个查询的执行计划有关的扩展信息。

第16章 神兵利器——optimizer trace的神奇功效

16.1 optimizer trace 简介

对于 MySQL 5.6 以及之前的版本来说，查询优化器就像是一个黑盒子，我们只能通过 EXPLAIN 语句查看到优化器最终决定使用的执行计划，却无法知道它为什么做出这样的决策。这对于一部分喜欢刨根问底的同学来说简直是灾难："我就觉得使用其他的执行方案比 EXPLAIN 语句输出的方案强，凭什么优化器做的决定与我想的不一样呢？"

在 MySQL 5.6 以及之后的版本中，设计 MySQL 的大叔很贴心地为这部分同学提供了一个 optimizer trace 的功能。这个功能可以让用户方便地查看优化器生成执行计划的整个过程。这个功能的开启与关闭由系统变量 optimizer_trace 来决定。我们看一下：

```
mysql> SHOW VARIABLES LIKE 'optimizer_trace';
+-----------------+--------------------------+
| Variable_name   | Value                    |
+-----------------+--------------------------+
| optimizer_trace | enabled=off,one_line=off |
+-----------------+--------------------------+
1 row in set (0.02 sec)
```

可以看到 enabled 的值为 off，表明这个功能默认是关闭的。

小贴士　　one_line 的值用来控制输出格式。如果它的值为 on，那么所有输出都将在一行中展示。这不适合我们人类阅读，所以就保持其默认值为 off 吧。

如果想打开 optimizer trace 功能，必须首先把 enabled 的值改为 on，就像下面这样：

```
mysql> SET optimizer_trace="enabled=on";
Query OK, 0 rows affected (0.00 sec)
```

然后我们就可以输入想要查看优化过程的查询语句。当该查询语句执行完成后，就可以到 information_schema 数据库下的 OPTIMIZER_TRACE 表中查看完整的执行计划生成过程（也可以不真正执行查询语句，仅使用 EXPLAIN 来查看该语句的执行计划）。OPTIMIZER_TRACE 表有 4 列，分别如下。

- QUERY：表示我们输入的查询语句。
- TRACE：表示优化过程的 JSON 格式的文本。
- MISSING_BYTES_BEYOND_MAX_MEM_SIZE：在执行计划的生成过程中可能会输出很多内容，如果超过某个限制，多余的文本将不会显示。这个字段则展示了被忽略的文本字节数。

- INSUFFICIENT_PRIVILEGES：表示是否有权限查看执行计划的生成过程，默认值是 0，表示有权限查看执行计划的生成过程；只有某些特殊情况下，它的值才是 1。我们暂时不关心这个字段的值。

使用 optimizer trace 功能的完整步骤如下所示。

步骤 1. 打开 optimizer trace 功能（默认情况下是关闭的）。

```
SET optimizer_trace="enabled=on";
```

步骤 2. 输入自己的查询语句。

```
SELECT ...;
```

步骤 3. 从 OPTIMIZER_TRACE 表中查看上一个查询的优化过程。

```
SELECT * FROM information_schema.OPTIMIZER_TRACE;
```

步骤 4. 可能还要观察其他语句执行的优化过程；重复步骤 2 和步骤 3。

步骤 5. 当停止查看语句的优化过程时，把 optimizer trace 功能关闭。

```
SET optimizer_trace="enabled=off";
```

现在我们有一个搜索条件比较多的查询语句，它的执行计划如下：

```
mysql> EXPLAIN SELECT * FROM s1 WHERE
    ->     key1 > 'z' AND
    ->     key2 < 1000000 AND
    ->     key3 IN ('a', 'b', 'c') AND
    ->     common_field = 'abc';
+----+-------------+-------+------------+-------+---------------------------+---------+---------+------+------+----------+------------------------------------+
| id | select_type | table | partitions | type  | possible_keys             | key     | key_len | ref  | rows | filtered | Extra                              |
+----+-------------+-------+------------+-------+---------------------------+---------+---------+------+------+----------+------------------------------------+
|  1 | SIMPLE      | s1    | NULL       | range | uk_key2,idx_key1,idx_key3 | uk_key2 | 5       | NULL |   12 |     0.42 | Using index condition; Using where |
+----+-------------+-------+------------+-------+---------------------------+---------+---------+------+------+----------+------------------------------------+
1 row in set, 1 warning (0.00 sec)
```

可以看到，该查询可能使用到的索引有 3 个。为什么查询优化器最终选择了 uk_key2 而不选择其他的索引或者直接全表扫描呢？这时可以通过 otpimzer trace 功能来查看查询优化器的具体工作过程。

```
SET optimizer_trace="enabled=on";

SELECT * FROM s1 WHERE
    key1 > 'z' AND
    key2 < 1000000 AND
    key3 IN ('a', 'b', 'c') AND
    common_field = 'abc';

SELECT * FROM information_schema.OPTIMIZER_TRACE\G
```

16.2 通过 optimizer trace 分析查询优化器的具体工作过程

我们直接看一下通过查询 OPTIMIZER_TRACE 表得到的输出（这里在输出中使用了 # 后跟随注释的形式解释了优化过程中一些比较重要的点，请大家重点关注）。

```
*************************** 1. row ***************************
# 分析的查询语句是什么
QUERY: SELECT * FROM s1 WHERE
    key1 > 'z' AND
    key2 < 1000000 AND
    key3 IN ('a', 'b', 'c') AND
    common_field = 'abc'

# 优化的具体过程
TRACE: {
  "steps": [
    {
      "join_preparation": {          # prepare阶段
        "select#": 1,
        "steps": [
          {
            "IN_uses_bisection": true
          },
          {
            "expanded_query": "/* select#1 */ select 's1'.'id' AS 'id','s1'.'key1' AS 'key1',
's1'.'key2' AS 'key2','s1'.'key3' AS 'key3','s1'.'key_part1' AS 'key_part1','s1'.'key_part2'
AS 'key_part2','s1'.'key_part3' AS 'key_part3','s1'.'common_field' AS 'common_field' from 's1'
where ((('s1'.'key1' > 'z') and ('s1'.'key2' < 1000000) and ('s1'.'key3' in ('a','b','c')) and
('s1'.'common_field' = 'abc'))"
          }
        ] /* steps */
      } /* join_preparation */
    },
    {
      "join_optimization": {         # optimize阶段
        "select#": 1,
        "steps": [
          {
            "condition_processing": {   # 处理搜索条件
              "condition": "WHERE",
              # 原始搜索条件
              "original_condition": "((('s1'.'key1' > 'z') and ('s1'.'key2' < 1000000) and
('s1'.'key3' in ('a','b','c')) and ('s1'.'common_field' = 'abc'))",
              "steps": [
                {
                  # 等值传递转换
                  "transformation": "equality_propagation",
                  "resulting_condition": "((('s1'.'key1' > 'z') and ('s1'.'key2' < 1000000)
and ('s1'.'key3' in ('a','b','c')) and ('s1'.'common_field' = 'abc'))"
                },
                {
                  # 常量传递转换
                  "transformation": "constant_propagation",
                  "resulting_condition": "((('s1'.'key1' > 'z') and ('s1'.'key2' < 1000000) and
('s1'.'key3' in ('a','b','c')) and ('s1'.'common_field' = 'abc'))"
                },
                {
                  # 去除没用的条件
```

```
                "transformation": "trivial_condition_removal",
                "resulting_condition": "(('s1'.'key1' > 'z') and ('s1'.'key2' < 1000000) and
('s1'.'key3' in ('a','b','c')) and ('s1'.'common_field' = 'abc'))"
              }
          ] /* steps */
        } /* condition_processing */
      },
      {
        # 替换虚拟生成列
        "substitute_generated_columns": {
        } /* substitute_generated_columns */
      },
      {
        # 表的依赖信息
        "table_dependencies": [
          {
            "table": "'s1'",
            "row_may_be_null": false,
            "map_bit": 0,
            "depends_on_map_bits": [
            ] /* depends_on_map_bits */
          }
        ] /* table_dependencies */
      },
      {
        "ref_optimizer_key_uses": [
        ] /* ref_optimizer_key_uses */
      },
      {

        # 预估不同单表访问方法的访问成本
        "rows_estimation": [
          {
            "table": "'s1'",
            "range_analysis": {
              "table_scan": {    # 全表扫描的行数以及成本
                "rows": 9688,
                "cost": 2036.7
              } /* table_scan */,

              # 分析可能使用的索引
              "potential_range_indexes": [
                {
                  "index": "PRIMARY",    # 主键不可用
                  "usable": false,
                  "cause": "not_applicable"
                },
                {
                  "index": "uk_key2",    # uk_key2可能被使用
                  "usable": true,
                  "key_parts": [
                    "key2"
                  ] /* key_parts */
                },
```

```
          {
            "index": "idx_key1",  # idx_key1可能被使用
            "usable": true,
            "key_parts": [
              "key1",
              "id"
            ] /* key_parts */
          },
          {
            "index": "idx_key3",  # idx_key3可能被使用
            "usable": true,
            "key_parts": [
              "key3",
              "id"
            ] /* key_parts */
          },
          {
            "index": "idx_key_part",  # idx_keypart不可用
            "usable": false,
            "cause": "not_applicable"
          }
        ] /* potential_range_indexes */,
        "setup_range_conditions": [
        ] /* setup_range_conditions */,
        "group_index_range": {
          "chosen": false,
          "cause": "not_group_by_or_distinct"
        } /* group_index_range */,

        # 分析各种可能使用的索引的成本
        "analyzing_range_alternatives": {
          "range_scan_alternatives": [
            {
              # 使用uk_key2的成本分析
              "index": "uk_key2",
              # 使用uk_key2的扫描区间
              "ranges": [
                "NULL < key2 < 1000000"
              ] /* ranges */,
              "index_dives_for_eq_ranges": true,  # 是否使用index dive
              "rowid_ordered": false,       # 使用该索引获取的记录是否按照主键排序
              "using_mrr": false,        # 是否使用mrr
              "index_only": false,       # 是否是覆盖索引
              "rows": 12,       # 使用该索引获取的记录条数
              "cost": 15.41,   # 使用该索引的成本
              "chosen": true   # 是否选择该索引
            },
            {
              # 使用idx_key1的成本分析
              "index": "idx_key1",
              # 使用idx_key1的扫描区间
              "ranges": [
                "z < key1"
              ] /* ranges */,
```

```
            "index_dives_for_eq_ranges": true,    # 同上
            "rowid_ordered": false,    # 同上
            "using_mrr": false,    # 同上
            "index_only": false,    # 同上
            "rows": 266,    # 同上
            "cost": 320.21,    # 同上
            "chosen": false,    # 同上
            "cause": "cost"    # 因成本太大而不选择该索引
          },
          {
            # 使用idx_key3的成本分析
            "index": "idx_key3",
            # 使用idx_key3的扫描区间
            "ranges": [
              "a <= key3 <= a",
              "b <= key3 <= b",
              "c <= key3 <= c"
            ] /* ranges */,
            "index_dives_for_eq_ranges": true,    # 同上
            "rowid_ordered": false,    # 同上
            "using_mrr": false,    # 同上
            "index_only": false,    # 同上
            "rows": 21,    # 同上
            "cost": 28.21,    # 同上
            "chosen": false,    # 同上
            "cause": "cost"    # 同上
          }
        ] /* range_scan_alternatives */,

        # 分析使用索引合并的成本
        "analyzing_roworder_intersect": {
          "usable": false,
          "cause": "too_few_roworder_scans"
        } /* analyzing_roworder_intersect */
      } /* analyzing_range_alternatives */,

      # 对于上述单表查询s1最优的访问方法
      "chosen_range_access_summary": {
        "range_access_plan": {
          "type": "range_scan",
          "index": "uk_key2",
          "rows": 12,
          "ranges": [
            "NULL < key2 < 1000000"
          ] /* ranges */
        } /* range_access_plan */,
        "rows_for_plan": 12,
        "cost_for_plan": 15.41,
        "chosen": true
      } /* chosen_range_access_summary */
    } /* range_analysis */
  }
] /* rows_estimation */
},
```

```
{
    # 分析各种可能的执行计划
    # （对于多表查询，可能有很多种不同的方案；单表查询的方案已经在前面分析过了，直接选取uk_key2就好）
    "considered_execution_plans": [
        {
            "plan_prefix": [
            ] /* plan_prefix */,
            "table": "'s1'",
            "best_access_path": {
                "considered_access_paths": [
                    {
                        "rows_to_scan": 12,
                        "access_type": "range",
                        "range_details": {
                            "used_index": "uk_key2"
                        } /* range_details */,
                        "resulting_rows": 12,
                        "cost": 17.81,
                        "chosen": true
                    }
                ] /* considered_access_paths */
            } /* best_access_path */,
            "condition_filtering_pct": 100,
            "rows_for_plan": 12,
            "cost_for_plan": 17.81,
            "chosen": true
        }
    ] /* considered_execution_plans */
},
{
    # 尝试给查询添加一些其他的查询条件
    "attaching_conditions_to_tables": {
        "original_condition": "((('s1'.'key1' > 'z') and ('s1'.'key2' < 1000000) and
('s1'.'key3' in ('a','b','c')) and ('s1'.'common_field' = 'abc'))",
        "attached_conditions_computation": [
        ] /* attached_conditions_computation */,
        "attached_conditions_summary": [
            {
                "table": "'s1'",
                "attached": "((('s1'.'key1' > 'z') and ('s1'.'key2' < 1000000) and
('s1'.'key3' in ('a','b','c')) and ('s1'.'common_field' = 'abc'))"
            }
        ] /* attached_conditions_summary */
    } /* attaching_conditions_to_tables */
},
{
    # 再稍稍修改进一下执行计划
    "refine_plan": [
        {
            "table": "'s1'",
            "pushed_index_condition": "('s1'.'key2' < 1000000)",
            "table_condition_attached": "((('s1'.'key1' > 'z') and ('s1'.'key3' in
('a','b','c')) and ('s1'.'common_field' = 'abc'))"
```

```
            }
          ] /* refine_plan */
        }
      ] /* steps */
    } /* join_optimization */
  },
  {
    "join_execution": {     # execute阶段
      "select#": 1,
      "steps": [
      ] /* steps */
    } /* join_execution */
  }
] /* steps */
}

# 因优化过程文本太多而丢弃的文本字节大小，值为0时表示并没有丢弃
MISSING_BYTES_BEYOND_MAX_MEM_SIZE: 0

# 权限字段
INSUFFICIENT_PRIVILEGES: 0

1 row in set (0.00 sec)
```

大家看到这个输出的第一感觉应该就是"这内容也太多了吧"。其实这只是查询优化器执行过程中的一小部分，设计 MySQL 的大叔可能会在之后的版本中添加更多的优化过程信息。这些信息看似杂乱，其实还是很有规律的。优化过程大致分为了 3 个阶段：

- prepare 阶段；
- optimize 阶段；
- execute 阶段。

我们所说的基于成本的优化主要集中在 optimize 阶段。对于单表查询来说，主要关注的是 optimize 阶段的 rows_estimation 过程。这个过程深入分析了针对单表查询的各种执行方案的成本；对于多表连接查询来说，我们更多关注的是 considered_execution_plans 过程。这个过程中会写明各种不同的表连接顺序所对应的成本。反正查询优化器最终会选择成本最低的方案来作为最终的执行计划，即我们使用 EXPLAIN 语句所展现出的那种方案。

如果有同学对使用 EXPLAIN 语句展示出的针对某个查询的执行计划很不理解，可以尝试使用 optimizer trace 功能详细了解每一种执行方案对应的成本。相信这个功能能让大家更深入地了解 MySQL 查询优化器。

小贴士
　　　上文介绍的 rows_estimation 过程分析的其实都是 range 访问方法对应的成本，并没有涉及 ref 访问方法。对于 ref 访问方法来说，在计算回表操作的 I/O 成本时存在天花板（第 12 章中有提及）。ref 访问方法所对应的成本是被单独计算的，计算过程体现在 considered_execution_plans->best_access_path->considered_access_paths 中，本例中没有使用 ref 访问方法执行查询的场景，在 optimizer trace 的输出中并未体现。

第17章 调节磁盘和CPU的矛盾——InnoDB的Buffer Pool

17.1 缓存的重要性

通过前面章节的唠叨我们知道，对于使用 InnoDB 存储引擎的表来说，无论是用于存储用户数据的索引（包括聚簇索引和二级索引），还是各种系统数据，都是以页的形式存放在表空间中。所谓的表空间，只不过是 InnoDB 对一个或几个实际文件的抽象。也就是说，我们的数据说到底还是存储在磁盘上。各位同学也都知道，磁盘的速度慢得"跟乌龟一样"，怎么能配得上"快如风，疾如电"的 CPU 呢？所以 InnoDB 存储引擎在处理客户端的请求时，如果需要访问某个页的数据，就会把完整的页中的数据全部加载到内存中。也就是说，即使只需要访问一个页的一条记录，也需要先把整个页的数据加载到内存中。将整个页加载到内存中后就可以进行读写访问了，而且在读写访问之后并不着急把该页对应的内存空间释放掉，而是将其缓存起来，这样将来有请求再次访问该页面时，就可以省下磁盘 I/O 的开销了。

17.2 InnoDB 的 Buffer Pool

17.2.1 啥是 Buffer Pool

为了缓存磁盘中的页，设计 InnoDB 的大叔在 MySQL 服务器启动时就向操作系统申请了一片连续的内存，他们给这片内存起了个名字——Buffer Pool（缓冲池）。它有多大呢？这个其实取决于我们机器的配置：如果你是"土豪"，有 512GB 内存，分配个几百 GB 作为 Buffer Pool 当然没有问题；如果没那么有钱，设置得小一点也问题不大。 默认情况下，Buffer Pool 只有 128MB。如果嫌弃这个 128MB 太大或者太小，可以在启动服务器的时候配置 innodb_buffer_pool_size 启动选项（这个启动选项表示 Buffer Pool 的大小）的值，就像下面这样：

```
[server]
innodb_buffer_pool_size = 268435456
```

innodb_buffer_pool_size 的单位是字节，所以上面的配置指定了 Buffer Pool 的大小为 256MB。需要注意的是，Buffer Pool 也不能太小，最小值为 5MB（当 innodb_buffer_pool_size 的值小于 5M 时会自动设置成 5MB）。

17.2.2 Buffer Pool 内部组成

Buffer Pool 对应的一片连续的内存被划分为若干个页面，页面大小与 InnoDB 表空间使用的页面大小一致，默认都是 16KB。为了与磁盘中的页面区分开来，我们这里把这些 Buffer Pool 中的页面称为缓冲页。为了更好地管理 Buffer Pool 中的这些缓冲页，设计 InnoDB 的大叔为每一个缓冲页都创建了一些控制信息。这些控制信息包括该页所属的表空间编号、页号、缓冲页在 Buffer Pool 中的地址、链表节点信息等。除了这些信息之外，当然还有一些别的控制信息，我们这就不全唠叨一遍了，等用到了再说。

　　每个缓冲页对应的控制信息占用的内存大小是相同的，我们把每个页对应的控制信息占用的一块内存称为一个控制块。控制块与缓冲页是一一对应的，它们都存放到 Buffer Pool 中。其中控制块存放到 Buffer Pool 的前面，缓冲页存放到 Buffer Pool 的后面，所以整个 Buffer Pool 对应的内存空间看起来如图 17-1 所示。

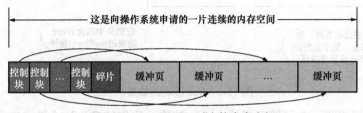

图 17-1　Buffer Pool 对应的内存空间

　　咦？控制块和缓冲页之间的那个碎片是什么玩意儿？大家想想看，每一个控制块都对应一个缓冲页，那么在分配足够多的控制块和缓冲页后，剩余的那点儿空间可能不够一对控制块和缓冲页的大小，自然也就用不到了。这个用不到的内存空间就称为碎片。当然，如果把 Buffer Pool 的大小设置得刚刚好，也可能不会产生碎片。

　　　　在 DEBUG 模式下，每个控制块大约占用缓冲页大小的 5%（非 DEBUG 模式下会更小一点）。在 MySQL 5.7.22 版本的 DEBUG 模式下，每个控制块占用的大小是 808 字节。而我们设置的 innodb_buffer_pool_size 并不包含这部分控制块占用的内存空间大小。也就是说 InnoDB 在为 Buffer Pool 向操作系统申请连续的内存空间时，这片连续的内存空间会比 innodb_buffer_pool_size 的值大 5% 左右。

17.2.3　free 链表的管理

　　当我们最初启动 MySQL 服务器的时候，需要完成 Buffer Pool 的初始化过程。就是先向操作系统申请 Buffer Pool 的内存空间，然后把它划分成若干对控制块和缓冲页。但是此时并没有真实的磁盘页被缓存到 Buffer Pool 中（因为还没有用到），之后随着程序的运行，会不断地有磁盘上的页被缓存到 Buffer Pool 中。

　　那么问题来了，从磁盘上读取一个页到 Buffer Pool 中时，该放到哪个缓冲页的位置呢？或者说怎么区分 Buffer Pool 中哪些缓冲页是空闲的，哪些已经被使用了呢？我们最好在某个地方记录 Buffer Pool 中哪些缓冲页是可用的。这个时候缓冲页对应的控制块就派上大用场了——我们可以把所有空闲的缓冲页对应的控制块作为一个节点放到一个链表中，这个链表也可以称为 free 链表（或者说空闲链表）。刚刚完成初始化的 Buffer Pool 中，所有的缓冲页都是空闲的，所以每一个缓冲页对应的控制块都会加入到 free 链表中。假设该 Buffer Pool 中可容纳的缓冲页数量为 n，那么增加了 free 链表的效果图如图 17-2 所示。

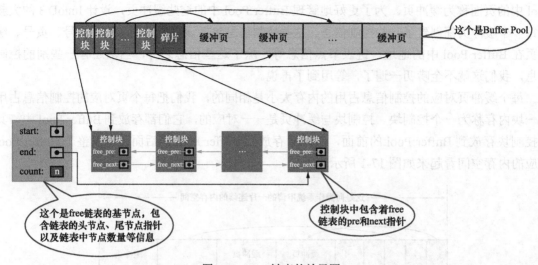

图 17-2 free 链表的效果图

从图 17-2 可以看出，为了管理好这个 free 链表，我们特意为这个链表定义了一个基节点，里面包含链表的头节点地址、尾节点地址，以及当前链表中节点的数量等信息。这里需要注意的是，链表的基节点占用的内存空间并不包含在为 Buffer Pool 申请的一大片连续内存空间之内，而是一块单独申请的内存空间。

　　链表基节点占用的内存空间并不大，在 MySQL 5.7.22 版本中，每个基节点只占用 40 字节。后面即将介绍的许多不同的链表中，它们的基节点的内存分配方式与 free 链表的基节点是一样的，都是一块单独申请的 40 字节的内存空间，并不包含在为 Buffer Pool 申请的一大片连续内存空间之内。

有了这个 free 链表之后事儿就好办了，每当需要从磁盘中加载一个页到 Buffer Pool 中时，就从 free 链表中取一个空闲的缓冲页，并且把该缓冲页对应的控制块的信息填上（就是该页所在的表空间、页号之类的信息），然后把该缓冲页对应的 free 链表节点（也就是对应的控制块）从链表中移除，表示该缓冲页已经被使用了。

　　"从链表中取一个缓冲页对应的控制块"这样的陈述有点儿繁琐，在后边某些场景下我们可能会将其简称为"从链表中取一个缓冲页"，大家心里要清楚我们真正从链表中获取的是控制块，通过控制块可以访问到真正的页就好了。同理，"遍历 Buffer Pool 中的缓冲页"的意思其实是"遍历 Buffer Pool 中各个缓冲页对应的控制块"。

17.2.4 缓冲页的哈希处理

前文说过，当我们需要访问某个页中的数据时，就会把该页从磁盘加载到 Buffer Pool 中。如果该页已经在 Buffer Pool 中的话，直接使用就可以了。那么问题也就来了，我们怎么知道该页在不在 Buffer Pool 中呢？难不成需要依次遍历 Buffer Pool 中的各个缓冲页么？一个 Buffer Pool 中的缓冲页这么多，都遍历完岂不是要累死？

再回头想想，我们其实是根据表空间号 + 页号来定位一个页的，也就相当于表空间号 + 页号是一个 key（键），缓冲页控制块就是对应的 value（值）。怎么通过一个 key 来快速找到一个 value 呢？当然是哈希表了！

> 啥？别告诉我你不知道哈希表是啥？咱们这一章甚至这本书都不讲哈希表的知识。如果你不知道，就去找本数据结构的书看看吧。

所以我们可以用表空间号 + 页号作为 key，用缓冲页控制块的地址作为 value 来创建一个哈希表。在需要访问某个页的数据时，先从哈希表中根据表空间号 + 页号看看是否有对应的缓冲页。如果有，直接使用该缓冲页就好；如果没有，就从 free 链表中选一个空闲的缓冲页，然后把磁盘中对应的页加载到该缓冲页的位置。

17.2.5 flush 链表的管理

如果我们修改了 Buffer Pool 中某个缓冲页的数据，它就与磁盘上的页不一致了，这样的缓冲页也称为脏页（dirty page）。当然，我们可以每当修改完某个缓冲页时，就立即将其刷新到磁盘中对应的页上。但是频繁地往磁盘中写数据会严重影响程序的性能（毕竟磁盘慢得"像乌龟一样"）。所以每次修改缓冲页后，我们并不着急立即把修改刷新到磁盘上，而是在未来的某个时间点进行刷新。至于这个刷新的时间点会在后面进行说明，现在先不用管。

但是，如果不立即将修改刷新到磁盘，那之后再刷新的时候我们怎么知道 Buffer Pool 中哪些页是脏页，哪些页从来没被修改过呢？总不能把所有的缓冲页都刷新到磁盘上吧。假如 Buffer Pool 被设置得很大，比如有 300GB，那么一次性刷新这么多数据岂不是要慢死！所以，我们不得不再创建一个存储脏页的链表，凡是被修改过的缓冲页对应的控制块都会作为一个节点加入到这个链表中。因为这个链表节点对应的缓冲页都是需要被刷新到磁盘上的，所以也称为 flush 链表。flush 链表的构造与 free 链表差不多。假设 Buffer Pool 在某个时间点的脏页数量为 n，那么对应的 flush 链表如图 17-3 所示。

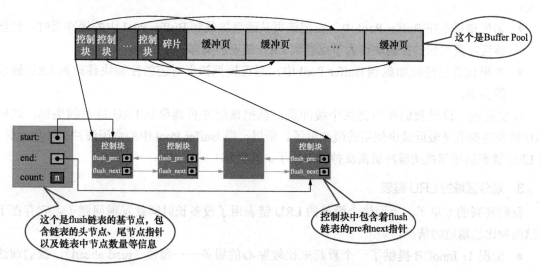

图 17-3　Buffer Pool 中的脏页数量为 n 时对应的 flush 链表

如果一个缓冲页是空闲的，那它肯定不可能是脏页。如果一个缓冲页是脏页，那它肯定就不是空闲的。也就是说，某个缓冲页对应的控制块不可能既是 free 链表的节点，也是 flush 链表的节点。

17.2.6　LRU 链表的管理

1. 缓冲区不够的窘境

Buffer Pool 对应的内存大小毕竟是有限的。如果需要缓存的页占用的内存大小超过了 Buffer Pool 的大小，也就是 free 链表中已经没有多余的空闲缓冲页了，这岂不是很尴尬！发生了这样的事儿该咋办？当然是把某些旧的缓冲页从 Buffer Pool 中移除，然后再把新的页放进来。那么问题来了：移除哪些缓冲页呢？

为了回答这个问题，我们还需要回到设立 Buffer Pool 的初衷——想减少磁盘 I/O，最好每次在访问某个页的时候它已经被加载到 Buffer Pool 中了。假设我们一共访问了 n 次页，那么被访问的页已经在 Buffer Pool 中的次数除以 n 就是 Buffer Pool 命中率。我们的期望是 Buffer Pool 命中率越高越好。从这个角度出发，回想一下我们的微信聊天列表，排在前面的都是最近频繁使用的，排在后面的自然就是最近很少使用的。假如列表能容纳的联系人有限，你是把最近很频繁使用的留下，还是把最近很少使用的留下呢？当然是留下最近很频繁使用的了。

2. 简单的 LRU 链表

管理 Buffer Pool 的缓冲页其实也是这个道理。当 Buffer Pool 中不再有空闲的缓冲页时，就需要淘汰掉最近很少使用的部分缓冲页。不过，我们怎么知道哪些缓冲页最近频繁使用，哪些最近很少使用呢？神奇的链表再一次派上了用场。我们可以再创建一个链表，由于这个链表是为了按照最近最少使用的原则去淘汰缓冲页的，所以这个链表可以被称为 LRU（Least Recently Used）链表。当需要访问某个页时，可以按照下面的方式处理 LRU 链表：

- 如果该页不在 Buffer Pool 中，在把该页从磁盘加载到 Buffer Pool 中的缓冲页时，就把该缓冲页对应的控制块作为节点塞到 LRU 链表的头部；
- 如果该页已经被加载到 Buffer Pool 中，则直接把该页对应的控制块移动到 LRU 链表的头部。

也就是说，只要我们使用到某个缓冲页，就把该缓冲页调整到 LRU 链表的头部，这样 LRU 链表尾部就是最近最少使用的缓冲页了。所以，当 Buffer Pool 中的空闲缓冲页使用完时，到 LRU 链表的尾部找些缓冲页淘汰掉就 OK 了。真简单！

3. 划分区域的 LRU 链表

我们高兴的太早了。上面这个简单的 LRU 链表用了没多长时间就发现问题了。它存在下面这两种比较尴尬的情况。

- 情况 1：InnoDB 提供了一个看起来比较贴心的服务——预读（read ahead）。我们前边说过只有当我们用到某个页时，才会将其从磁盘加载到 Buffer Pool 中，用不到则不加载。所谓预读，就是 InnoDB 认为执行当前的请求时，可能会在后面读取某些页面，于是就预先把这些页面加载到 Buffer Pool 中。根据触发方式的不同，预读又可以细分为下面两种。

- 线性预读：设计 InnoDB 的大叔提供了一个系统变量 innodb_read_ahead_threshold，如果顺序访问的某个区（extent）的页面超过这个系统变量的值，就会触发一次异步读取下一个区中全部的页面到 Buffer Pool 中的请求。注意异步读取意味着从磁盘中加载这些被预读的页面时，并不会影响到当前工作线程的正常执行。innodb_read_ahead_threshold 系统变量的值默认是 56，我们可以在服务器启动时通过启动选项来调整该值，或者在服务器运行过程中直接调整该系统变量的值。由于它是一个全局变量，因此要使用 SET GLOBAL 命令来修改。

- 随机预读：如果某个区的 13 个连续的页面都被加载到了 Buffer Pool 中，无论这些页面是不是顺序读取的，都会触发一次异步读取本区中所有其他页面到 Buffer Pool 中的请求。设计 InnoDB 的大叔同时提供了 innodb_random_read_ahead 系统变量，它的默认值为 OFF，也就意味着 InnoDB 并不会默认开启随机预读的功能。如果想开启该功能，可以通过修改启动选项或者直接使用 SET GLOBAL 命令把该变量的值设置为 ON。

预读本来是个好事儿，如果预读到 Buffer Pool 中的页被成功地使用到，那就可以极大地提高语句执行的效率。可是如果用不到呢？这些预读的页都会放到 LRU 链表的头部。但是，如果此时 Buffer Pool 的容量不太大，而且很多预读的页面都没有用到的话，就会导致处于 LRU 链表尾部的一些缓冲页会很快被淘汰掉，从而大大降低 Buffer Pool 命中率。

- 情况 2：有的小伙伴可能会写一些需要进行全表扫描的语句（比如在没有建立合适的索引或者压根儿没有 WHERE 子句的查询时）。

全表扫描意味着什么？意味着将访问该表的聚簇索引的所有叶子节点对应的页（当然，扫描叶子节点时，首先需要从 B+ 树中定位到第一个叶子节点的第一条记录。这个过程还得访问一些内节点）！如果需要访问的页面特别多，而 Buffer Pool 又不能全部容纳它们的话，这就意味着需要将其他语句在执行过程中用到的页面"排挤"出 Buffer Pool，之后在其他语句重新执行时，又需要重新将需要用到的页从磁盘加载到 Buffer Pool 中（这就像我在一个饭店吃着好好的，忽然来了一群人把我从饭店中赶了出去，等他们吃完之后我又得重新点菜吃）。

我们在业务中一般不对很大的表执行全表扫描操作，这是一个很耗时的操作，只有在特定场景下偶尔对很大的表执行全表扫描操作。由于对很大的表执行全表扫描操作可能要把 Buffer Pool 中的缓冲页换一次，这会严重影响到其他查询对 Buffer Pool 的使用，从而降低了 Buffer Pool 命中率。

一言蔽之，可能降低 Buffer Pool 命中率的两种情况如下所示：

- 加载到 Buffer Pool 中的页不一定被用到；
- 如果有非常多的使用频率偏低的页被同时加载到 Buffer Pool 中，则可能会把那些使用频率非常高的页从 Buffer Pool 中淘汰掉。

因为这两种情况的存在，设计 InnoDB 的大叔把这个 LRU 链表按照一定比例分成两截：

- 一部分存储使用频率非常高的缓冲页；这一部分链表也称为热数据，或者称为 young 区域；
- 另一部分存储使用频率不是很高的缓冲页；这一部分链表也称为冷数据，或者称为 old 区域。

为了方便大家理解，我们把示意图进行了简化，如图 17-4 所示。

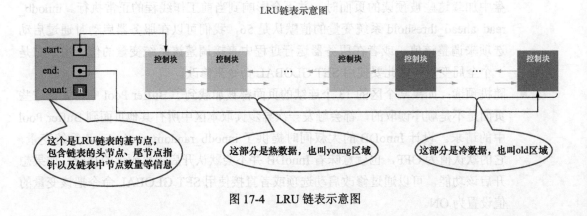

图 17-4 LRU 链表示意图

需要特别注意的一点是，我们是按照某个比例将 LRU 链表分成两半的，而不是某些节点固定位于 young 区域，某些节点固定位于 old 区域。随着程序的运行，某个节点所属的区域也可能发生变化。那么，这个划分成两截的比例是怎么确定的呢？对于 InnoDB 存储引擎来说，我们可以通过查看系统变量 innodb_old_blocks_pct 的值来确定 old 区域在 LRU 链表中所占的比例。比如下面这样：

```
mysql> SHOW VARIABLES LIKE 'innodb_old_blocks_pct';
+-----------------------+-------+
| Variable_name         | Value |
+-----------------------+-------+
| innodb_old_blocks_pct | 37    |
+-----------------------+-------+
1 row in set (0.01 sec)
```

从结果可以看出，默认情况下 old 区域在 LRU 链表中所占的比例是 37%。也就是说，old 区域大约占 LRU 链表的 3/8。这个比例是可以进行设置的，我们可以在启动服务器时通过修改 innodb_old_blocks_pct 启动选项来控制 old 区域在 LRU 链表中所占的比例。比如在配置文件中书写下面的语句：

```
[server]
innodb_old_blocks_pct = 40
```

这样在启动服务器后，old 区域占 LRU 链表的比例就是 40%。当然，在服务器运行期间也可以修改这个系统变量的值。不过需要注意的是，这个系统变量属于全局变量，所以我们需要使用 SET GLOBAL 命令来修改：

```
SET GLOBAL innodb_old_blocks_pct = 40;
```

有了这个被划分成 young 和 old 区域的 LRU 链表之后，设计 InnoDB 的大叔就可以针对前文提到的两种可能降低 Buffer Pool 命中率的情况进行优化了。

- 针对预读的页面可能不进行后续访问的优化。

设计 InnoDB 的大叔规定，当磁盘上的某个页面在初次加载到 Buffer Pool 中的某个缓冲页时，该缓冲页对应的控制块会放到 old 区域的头部。这样一来，预读到 Buffer Pool 却不进行后续访问的页面就会被逐渐从 old 区域逐出，而不会影响 young 区域中使用比较频繁的缓冲页。

- 针对全表扫描时，短时间内访问大量使用频率非常低的页面的优化。

在进行全表扫描时，虽然首次加载到 Buffer Pool 中的页放到了 old 区域的头部，但是后续会被马上访问到，每次进行访问时又会把该页放到 young 区域的头部，这样仍然会把那些使用频率比较高的页面给"排挤"下去。有的读者会想：是否可以在第一次访问该页面时不将其从 old 区域移动到 young 区域的头部，而是在后续访问时再将其移动到 young 区域的头部？回答是：行不通！因为设计 InnoDB 的大叔规定，每次去页面中读取一条记录时，都算是访问一次页面。而一个页面中可能会包含很多条记录，也就是说读取完某个页面的记录就相当于访问了这个页面好多次。

咋办？全表扫描有一个特点，那就是它的执行频率非常低，谁也不会没事儿写全表扫描的语句玩儿。而且在执行全表扫描的过程中，即使某个页面中有很多条记录，尽管每读取一条记录都算是访问一次页面，但是这个过程所花费的时间也是非常少的。所以我们只需要规定，在对某个处于 old 区域的缓冲页进行第一次访问时，就在它对应的控制块中记录下这个访问时间，如果后续的访问时间与第一次访问的时间在某个时间间隔内，那么该页面就不会从 old 区域移动到 young 区域的头部，否则将它移动到 young 区域的头部。这个间隔时间是由系统变量 innodb_old_blocks_time 控制的，我们可以看一下：

```
mysql> SHOW VARIABLES LIKE 'innodb_old_blocks_time';
+------------------------+-------+
| Variable_name          | Value |
+------------------------+-------+
| innodb_old_blocks_time | 1000  |
+------------------------+-------+
1 row in set (0.01 sec)
```

这个 innodb_old_blocks_time 变量的默认值是 1,000，单位是 ms，也就意味着对于从磁盘加载到 LRU 链表中 old 区域的某个页来说，如果第一次和最后一次访问该页面的时间间隔小于 1s，那么该页是不会加入到 young 区域的。很明显，在一次全表扫描的过程中，多次访问一个页面（也就是读取同一个页面中的多条记录）的时间不会超过 1s。当然，与 innodb_old_blocks_pct 一样，我们也可以在服务器启动或运行时设置 innodb_old_blocks_time 的值。这里就不赘述了，大家自己试试吧。这里需要注意的是，如果把 innodb_old_blocks_time 的值设置为 0，那么每次访问一个页面时，就会把该页面放到 young 区域的头部。

综上所述，正是因为将 LRU 链表划分为 young 区域和 old 区域这两个部分，又添加了 innodb_old_blocks_time 系统变量，预读机制和全表扫描造成的 Buffer Pool 命中率降低的问题才得到了遏制——因为用不到的预读页面以及全表扫描的页面都只会放到 old 区域，而不影响 young 区域中的缓冲页。

4. 更进一步优化 LRU 链表

LRU 链表这就说完了么？没有，早着呢！对于 young 区域的缓冲页来说，我们每次访问一个缓冲页就要把它移动到 LRU 链表的头部，这样开销是不是太大了。毕竟在 young 区域的缓冲页都是热点数据，也就是可能会经常访问。这样频繁地对 LRU 链表执行节点移动操作是不是不太好啊？是的，为了解决这个问题，其实我们还可以提出一些优化策略，比如只有被访问的缓冲页位于 young 区域 1/4 的后面时，才会被移动到 LRU 链表头部。这样就可以降低调整 LRU 链表的频率，从而提升性能（也就是说，如果某个缓冲页对应节点在 young 区域的 1/4 中，再次访问该缓冲页时也不会将其移动到 LRU 链表头部）。

> 前文介绍随机预读时曾提到，如果 Buffer Pool 中有某个区的 13 个连续页面就会触发随机预读。其实这是不严谨的，其实还要求这 13 个页面是非常热的页面。所谓的"非常热"，指的是这些页面在整个 young 区域的头 1/4 处。

还有没有针对 LRU 链表的其他优化措施呢？当然有啊，相关内容足够咱们写篇论文甚至写本书了。受限于篇幅以及考虑到大家的阅读体验，这里就适可而止了。大家如果想了解更多的优化知识，可以自己去阅读源码或者更多关于 LRU 链表的知识了。但是无论怎么优化，千万别忘了我们的初心：尽量高效地提高 Buffer Pool 命中率。

> 只要从磁盘中加载一个页面到 Buffer Pool 的一个缓冲页中，该缓冲页对应的控制块就会作为一个节点加入到 LRU 链表中，这样一来，该缓冲页对应的控制块也就不在 free 链表中了。不过 flush 链表中的节点（控制块）肯定也是 LRU 链表中的节点。

17.2.7　其他的一些链表

为了更好地管理 Buffer Pool 中的缓冲页，除了前面提到的这些措施，设计 InnoDB 的大叔们还引进了其他一些链表。比如用于管理解压页的 unzip LRU 链表，用于管理压缩页的 zip clean 链表，zip free 数组中每一个元素都代表一个链表，它们组成伙伴系统来为压缩页提供内存空间等。反正是为了更好地管理这个 Buffer Pool 而引入了各种链表或其他数据结构，具体的使用方式我们也不啰嗦了。大家如果有兴趣深究，可以再去找一些更深的图书或者直接阅读源码。

> 我们压根儿也没有深入唠叨过 InnoDB 中的压缩页，上面这些链表也只是为了内容的完整性而顺便提一下。如果大家看不懂也千万不要郁闷，因为我压根儿就没打算介绍它们。

17.2.8　刷新脏页到磁盘

后台有专门的线程负责每隔一段时间就把脏页刷新到磁盘，这样可以不影响用户线程处理正常的请求。刷新方式主要有下面两种。

● 从 LRU 链表的冷数据中刷新一部分页面到磁盘。

后台线程会定时从 LRU 链表尾部开始扫描一些页面，扫描的页面数量可以通过系统变量 innodb_lru_scan_depth 来指定。如果在 LRU 链表中发现脏页，则把它们刷新到磁盘。这种刷新页面的方式称为 BUF_FLUSH_LRU。

> 　　一个缓冲页对应的控制块占用了很大的存储空间，其中就会存储诸如该缓冲页是否被修改的信息，所以在扫描 LRU 链表时，可以很轻松地获取到某个缓冲页是否是脏页的信息。

● 从 flush 链表中刷新一部分页面到磁盘。

后台线程也会定时从 flush 链表中刷新一部分页面到磁盘，刷新的速率取决于当时系统是否繁忙。这种刷新页面的方式称为 BUF_FLUSH_LIST。

> 　　为了更高效地执行脏页刷盘操作，设计 InnoDB 的大叔还设计了许多系统变量来控制刷新的过程，比如 innodb_flush_neighbors、innodb_io_capacity_max、innodb_adaptive_flushing、innodb_max_dirty_pages_pct 等。至于这些系统变量是如何控制刷盘行为的，这并不是本书的内容，大家可以查阅官方文档。

有时，后台线程刷新脏页的进度比较慢，导致用户线程在准备加载一个磁盘页到 Buffer Pool 中时没有可用的缓冲页。这时就会尝试查看 LRU 链表尾部，看是否存在可以直接释放掉的未修改缓冲页。如果没有，则不得不将 LRU 链表尾部的一个脏页同步刷新到磁盘（与磁盘交互是很慢的，这会降低处理用户请求的速度）。这种将单个页面刷新到磁盘中的刷新方式称为 BUF_FLUSH_SINGLE_PAGE。

当然，在系统特别繁忙时，也可能出现用户线程从 flush 链表中刷新脏页的情况。很显然，在处理用户请求的过程中去刷新脏页是一种严重降低处理速度的行为（毕竟磁盘的速度太慢了）。这属于一种迫不得已的情况，后文在唠叨 redo 日志的 checkpoint 时，再进一步解释这一点。

17.2.9　多个 Buffer Pool 实例

前文说过，Buffer Pool 的本质是 InnoDB 向操作系统申请的一块连续的内存空间。在多线程环境下，访问 Buffer Pool 中的各种链表都需要加锁处理。在 Buffer Pool 特别大并且多线程并发访问量特别高的情况下，单一的 Buffer Pool 可能会影响请求的处理速度。所以在 Buffer Pool 特别大时，可以把它们拆分成若干个小的 Buffer Pool，每个 Buffer Pool 都称为一个实例。它们都是独立的——独立地申请内存空间、独立地管理各种链表……在多线程并发访问时并不会相互影响，从而提高了并发处理能力。我们可以在服务器启动的时候通过设置 innodb_buffer_pool_instances 的值来修改 Buffer Pool 实例的个数。比如下面这样：

```
[server]
innodb_buffer_pool_instances = 2
```

这表明我们要创建 2 个 Buffer Pool 实例，示意图如图 17-5 所示。

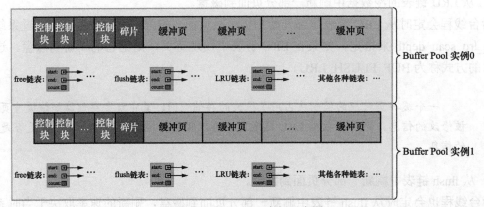

图 17-5　Buffer Pool 实例示意图

　简便起见，这里只画出了各个链表的基节点，大家应该清楚这些链表的节点其实就是每个缓冲页对应的控制块！

那么，每个 Buffer Pool 实例实际占多少内存空间呢？其实是使用下面这个公式算出来的：

```
innodb_buffer_pool_size ÷ innodb_buffer_pool_instances
```

也就是 Buffer Pool 的总大小除以实例的个数，结果就是每个 Buffer Pool 实例占用的大小。

不过，并不是说 Buffer Pool 实例创建得越多越好，分别管理各个 Buffer Pool 也是需要性能开销的。设计 InnoDB 的大叔规定：当 innodb_buffer_pool_size 的值小于 1GB 时，设置多个实例是无效的，InnoDB 会默认把 innodb_buffer_pool_instances 的值修改为 1。

17.2.10　innodb_buffer_pool_chunk_size

在 MySQL 5.7.5 版本之前，只能在服务器启动时通过配置 innodb_buffer_pool_size 启动选项来调整 Buffer Pool 的大小；在服务器运行过程中是不允许调整该值的。不过设计 MySQL 的大叔在 MySQL 5.7.5 以及之后的版本中，支持了在服务器运行过程中调整 Buffer Pool 大小的功能。但是有一个问题，就是每次重新调整 Buffer Pool 的大小时，都需要重新向操作系统申请一块连续的内存空间，然后将旧 Buffer Pool 中的内容复制到这一块新空间；这是极其耗时的。所以，设计 MySQL 的大叔决定不再一次性为某个 Buffer Pool 实例向操作系统申请一大片连续的内存空间，而是以一个 chunk 为单位向操作系统申请空间。也就是说，一个 Buffer Pool 实例其实是由若干个 chunk 组成的。一个 chunk 就代表一片连续的内存空间，里面包含了若干缓冲页与其对应的控制块，如图 17-6 所示。

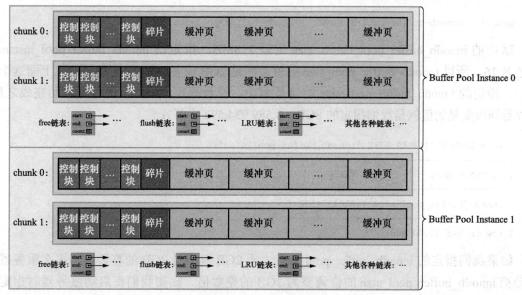

图 17-6 chunk 示意图

在图 17-6 中，Buffer Pool 就是由 2 个实例组成的，每个实例中又包含 2 个 chunk。

正是因为发明了 chunk 的概念，我们在服务器运行期间调整 Buffer Pool 的大小时，就可以以 chunk 为单位来增加或者删除内存空间，而不需要重新向操作系统申请一片大的内存，然后进行缓冲页的复制。这个 chunk 的大小是在启动 MySQL 服务器时，通过 innodb_buffer_pool_chunk_size 启动选项指定的，默认值是 134,217,728，也就是 128MB。不过需要注意的是，innodb_buffer_pool_chunk_size 的值只能在服务器启动时指定，在服务器运行过程中不可以修改。

 小贴士

为什么不允许在服务器的运行过程中修改 innodb_buffer_pool_chunk_size 的值呢？还不是因为 innodb_buffer_pool_chunk_size 的值代表 InnoDB 向操作系统申请的一片连续的内存空间的大小。如果在服务器运行过程中修改了该值，就意味着需要重新向操作系统申请连续的内存空间，并且将原先的缓冲页和它们对应的控制块复制到这个新的内存空间中。这是十分耗时的操作！

另外，这个 innodb_buffer_pool_chunk_size 的值并不包含缓冲页对应的控制块的内存空间大小，所以实际上 InnoDB 向操作系统申请连续内存空间时，每个 chunk 的大小要比 innodb_buffer_pool_chunk_size 的值大一些（在 DEBUG 模式下约 5%）。

17.2.11 配置 Buffer Pool 时的注意事项

在配置 Buffer Pool 时，需要注意下面这些事项。

- innodb_buffer_pool_size 必须是 innodb_buffer_pool_chunk_size × innodb_buffer_pool_instances 的倍数（主要是想保证每一个 Buffer Pool 实例中包含的 chunk 数量相同）。

假设我们指定的 innodb_buffer_pool_chunk_size 的值是 128MB，innodb_buffer_pool_instances 的值是 16，那么这两个值的乘积就是 2GB，也就是说 innodb_buffer_pool_size 的值必须是 2GB 或者 2GB 的整数倍。比如，我们在启动 MySQL 服务器是按照下面这样来指定启动选项的：

```
mysqld --innodb-buffer-pool-size=8G --innodb-buffer-pool-instances=16
```

默认的 innodb_buffer_pool_chunk_size 值是 128MB，指定的 innodb_buffer_pool_instances 的值是 16，所以 innodb_buffer_pool_size 的值必须是 2GB 或者 2GB 的整数倍。在上面这个例子中，指定的 innodb_buffer_pool_size 的值是 8GB，符合规定，所以在服务器启动完成之后，可以看到该变量的值就是我们指定的 8GB（8,589,934,592 字节）：

```
mysql> SHOW VARIABLES LIKE 'innodb_buffer_pool_size';
+-------------------------+------------+
| Variable_name           | Value      |
+-------------------------+------------+
| innodb_buffer_pool_size | 8589934592 |
+-------------------------+------------+
1 row in set (0.00 sec)
```

如果我们指定的 innodb_buffer_pool_size 大于 2GB 但不是 2GB 的整数倍，那么服务器会自动把 innodb_buffer_pool_size 的值调整为 2GB 的整数倍。比如我们在启动服务器时指定的 innodb_buffer_pool_size 的值是 9GB：

```
mysqld --innodb-buffer-pool-size=9G --innodb-buffer-pool-instances=16
```

服务器会自动把 innodb_buffer_pool_size 的值调整为 10GB（10,737,418,240 字节），不信你看：

```
mysql> SHOW VARIABLES LIKE 'innodb_buffer_pool_size';
+-------------------------+-------------+
| Variable_name           | Value       |
+-------------------------+-------------+
| innodb_buffer_pool_size | 10737418240 |
+-------------------------+-------------+
1 row in set (0.01 sec)
```

- 在服务器启动时，如果 innodb_buffer_pool_chunk_size × innodb_buffer_pool_instances 的值已经大于 innodb_buffer_pool_size 的值，那么 innodb_buffer_pool_chunk_size 的值会被服务器自动设置为 innodb_buffer_pool_size ÷ innodb_buffer_pool_instances 的值。

比如，我们在启动服务器时指定的 innodb_buffer_pool_size 的值为 2GB，innodb_buffer_pool_instances 的值为 16，innodb_buffer_pool_chunk_size 的值为 256MB：

```
mysqld --innodb-buffer-pool-size=2G --innodb-buffer-pool-instances=16 --innodb-buffer-pool-chunk-size=256M
```

由于 256MB × 16 = 4GB，而 4GB>2GB，所以 innodb_buffer_pool_chunk_size 的值会被服务器改写为 innodb_buffer_pool_size ÷ innodb_buffer_pool_instances 的值，即 2GB ÷ 16=128MB（134,217,728 字节），不信你看：

```
mysql> SHOW VARIABLES LIKE 'innodb_buffer_pool_size';
+-------------------------+------------+
| Variable_name           | Value      |
+-------------------------+------------+
| innodb_buffer_pool_size | 2147483648 |
+-------------------------+------------+
```

```
1 row in set (0.01 sec)

mysql> SHOW VARIABLES LIKE 'innodb_buffer_pool_chunk_size';
+-------------------------------+-----------+
| Variable_name                 | Value     |
+-------------------------------+-----------+
| innodb_buffer_pool_chunk_size | 134217728 |
+-------------------------------+-----------+
1 row in set (0.00 sec)
```

Buffer Pool 中的缓冲页除了用来缓存磁盘中的页面以外，还可以存储自适应哈希索引的信息，这些内容就不再详细唠叨了。

17.2.12　查看 Buffer Pool 的状态信息

设计 MySQL 的大叔贴心地给我们提供了 SHOW ENGINE INNODB STATUS 语句来查看 InnoDB 存储引擎运行过程中的一些状态信息，其中就包括 Buffer Pool 的信息（为了突出重点，这里只把输出中与 Buffer Pool 相关的部分提取了出来）。

```
mysql> SHOW ENGINE INNODB STATUS\G

(……省略前边的许多状态)
----------------------
BUFFER POOL AND MEMORY
----------------------
Total memory allocated 13218349056;
Dictionary memory allocated 4014231
Buffer pool size     786432
Free buffers         8174
Database pages       710576
Old database pages 262143
Modified db pages    124941
Pending reads 0
Pending writes: LRU 0, flush list 0, single page 0
Pages made young 6195930012, not young 78247510485
108.18 youngs/s, 226.15 non-youngs/s
Pages read 2748866728, created 29217873, written 4845680877
160.77 reads/s, 3.80 creates/s, 190.16 writes/s
Buffer pool hit rate 956 / 1000, young-making rate 30 / 1000 not 605 / 1000
Pages read ahead 0.00/s, evicted without access 0.00/s, Random read ahead 0.00/s
LRU len: 710576, unzip_LRU len: 118
I/O sum[134264]:cur[144], unzip sum[16]:cur[0]
--------------

(……省略后边的许多状态)
```

我们来详细看一下里面的每个值都代表什么意思。

- **Total memory allocated**：代表 Buffer Pool 向操作系统申请的连续内存空间大小，包括全部控制块、缓冲页，以及碎片的大小。

- **Dictionary memory allocated**：为数据字典信息分配的内存空间大小。注意，这个内存空间和 Buffer Pool 没有关系，不包含在 Total memory allocated 中。

- **Buffer pool size**：代表该 Buffer Pool 可以容纳多少缓冲页。注意，单位是页！

- Free buffers：代表当前 Buffer Pool 还有多少空闲缓冲页，也就是 free 链表中还有多少个节点。
- Database pages：代表 LRU 链表中页的数量，它包含 young 和 old 两个区域的节点数量。
- Old database pages：代表 LRU 链表 old 区域的节点数量。
- Modified db pages：代表脏页数量，也就是 flush 链表中节点的数量。
- Pending reads：等待从磁盘加载到 Buffer Pool 中的页面数量。

  当准备从磁盘中加载某个页面时，会先在 Buffer Pool 中为这个页面分配一个缓冲页以及对应的控制块，然后把这个控制块添加到 LRU 的 old 区域的头部。但是此时真正的磁盘页并没有加载进来，因此 Pending reads 的值会加 1。
- Pending writes LRU：即将从 LRU 链表中刷新到磁盘中的页面数量。
- Pending writes flush list：即将从 flush 链表中刷新到磁盘中的页面数量。
- Pending writes single page：即将以单个页面的形式刷新到磁盘中的页面数量。
- Pages made young：代表 LRU 链表中曾经从 old 区域移动到 young 区域头部的节点数量。

  这里需要注意，一个节点每次只有从 old 区域移动到 young 区域头部时才会将 Pages made young 的值加 1。也就是说，如果该节点本来就在 young 区域，由于它符合在 young 区域 1/4 后面的要求，下一次访问这个页面时也会将它移动到 young 区域头部，但这个过程并不会导致 Pages made young 的值加 1。
- Page made not young：在将 innodb_old_blocks_time 的值设置为大于 0 时，首次访问或者后续访问某个处于 old 区域的节点时，由于不符合时间间隔的限制而不能将其移动到 young 区域头部中，Page made not young 的值会加 1。

  这里需要注意，对于处于 young 区域的节点，如果因为它在 young 区域的前 1/4 处而没有被移动到 young 区域头部，Page made not young 的值不会加 1。
- youngs/s：代表每秒从 old 区域移动到 young 区域头部的节点数量。
- non-youngs/s：代表每秒由于不满足时间限制而不能从 old 区域移动到 young 区域头部的节点数量。
- Pages read、created、written：代表读取、创建、写入了多少页，后边跟着读取、创建、写入的速率。
- Buffer pool hit rate：表示在过去某段时间内，平均访问 1000 次页面时，该页面有多少次已经被缓存到 Buffer Pool 中。
- young-making rate：表示在过去某段时间内，平均访问 1000 次页面时，有多少次访问使页面移动到 young 区域的头部。

  需要注意的一点是，这里统计的将页面移动到 young 区域的头部次数不仅仅包含从 old 区域移动到 young 区域头部的次数，还包含从 young 区域移动到 young 区域头部的次数（访问某个 young 区域的节点时，只要该节点在 young 区域的 1/4 处后面，就会把它移动到 young 区域的头部）。
- not (young-making rate)：表示在过去某段时间内，平均访问 1000 次页面时，有多少次访问没有使页面移动到 young 区域的头部。

  需要注意的一点是，这里统计的没有将页面移动到 young 区域的头部次数不仅仅包含因设置了 innodb_old_blocks_time 系统变量而导致访问了 old 区域中的节点，但没把它们

移动到 young 区域的次数；还包含因为该节点在 young 区域的前 1/4 处而没有被移动到
young 区域头部的次数。

- LRU len：代表 LRU 链表中节点的数量。
- unzip_LRU：代表 unzip_LRU 链表中节点的数量（由于我们没有具体唠叨过这个链表，现在可以忽略它的值）。
- I/O sum：最近 50s 读取磁盘页的总数。
- I/O cur：现在正在读取的磁盘页数量。
- I/O unzip sum：最近 50s 解压的页面数量。
- I/O unzip cur：正在解压的页面数量。

17.3　总结

磁盘太慢，用内存作为缓冲区很有必要。

Buffer Pool 本质上是 InnoDB 向操作系统申请的一段连续的内存空间。可以通过 innodb_buffer_pool_size 来调整它的大小。

Buffer Pool 向操作系统申请的连续内存空间由控制块和缓冲页组成，每个控制块和缓冲页都是一一对应的。在填充了足够多的控制块和缓冲页的组合后，Buffer Pool 中剩余的空间可能不足以填充一组控制块和缓冲页，从而导致这部分空间无法使用。这部分空间也称为碎片。

InnoDB 使用了许多链表来管理 Buffer Pool。

在 free 链表中，每一个节点都代表一个空闲的缓冲页，在将磁盘中的页加载到 Buffer Pool 中时，会从 free 链表中寻找空闲的缓冲页。

为了快速定位某个页是否被加载到 Buffer Pool 中，可使用表空间号 + 页号作为 key，缓冲页控制块的地址作为 value 的形式来建立哈希表。

在 Buffer Pool 中，被修改的页称为脏页。脏页并不是立即刷新的，而是加入到 flush 链表中，待之后的某个时刻再刷新到磁盘中。

LRU 链表分为 young 区域和 old 区域，可以通过 innodb_old_blocks_pct 来调节 old 区域所占的比例。首次从磁盘加载到 Buffer Pool 中的页会放到 old 区域的头部，在 innodb_old_blocks_time 间隔时间内访问该页时，不会把它移动到 young 区域头部。在 Buffer Pool 中没有可用的空闲缓冲页时，会首先淘汰掉 old 区域中的一些页。

可以通过指定 innodb_buffer_pool_instances 来控制 Buffer Pool 实例的个数。每个 Buffer Pool 实例都有各自独立的链表，互不干扰。

自 MySQL 5.7.5 版本之后，可以在服务器运行过程中调整 Buffer Pool 的大小。每个 Buffer Pool 实例由若干个 chunk 组成，每个 chunk 的大小可以在服务器启动时通过启动选项调整。

可以用下面的命令来查看 Buffer Pool 的状态信息：

```
SHOW ENGINE INNODB STATUS\G
```

第18章 从猫爷借钱说起——事务简介

18.1 事务的起源

对于大部分程序员来说，他们的任务就是把现实世界的业务场景映射到数据库世界中。比如，银行会为了存储人们的账户信息而建立一个 account 表：

```
CREATE TABLE account (
    id INT NOT NULL AUTO_INCREMENT COMMENT '自增id',
    name VARCHAR(100) COMMENT '客户名称',
    balance INT COMMENT '余额',
    PRIMARY KEY (id)
) Engine=InnoDB CHARSET=utf8;
```

狗哥和猫爷是一对好朋友。他们到银行各自开设了一个账户，这样一来，俩人在现实世界中拥有的资产就会体现在数据库世界的 account 表中。比如，现在狗哥有 11 元，猫爷只有 2 元，那么现实中的这个情况映射到数据库的 account 表就是下面这样：

```
+----+--------+---------+
| id | name   | balance |
+----+--------+---------+
|  1 | 狗哥   |      11 |
|  2 | 猫爷   |       2 |
+----+--------+---------+
```

在某个特定的时刻，狗哥、猫爷这些家伙在银行所拥有的资产是一个特定的值。这些特定的值也可以被描述为账户在这个特定的时刻在现实世界中的一个状态。随着时间的流逝，狗哥和猫爷可能陆续向银行账户中存钱、取钱或者向别人转账，他们账户中的余额也因此发生变动，每一个操作都相当于现实世界中账户的一次状态转换。

数据库世界作为现实世界的一个映射，自然也要进行相应的变动。不变不知道，一变吓一跳。现实世界中一些看似简单的状态转换，映射到数据库世界却不是那么容易。

比如，有一次猫爷着急用钱，急忙打电话给狗哥借 10 块钱。现实世界中的狗哥走向银行的 ATM 机，输入了猫爷的账号以及 10 元的转账金额，然后按下确认键之后就拔卡走人了。对于数据库世界来说，这相当于执行了下面这两条语句：

```
UPDATE account SET balance = balance - 10 WHERE id = 1;
UPDATE account SET balance = balance + 10 WHERE id = 2;
```

但是这里面有个问题。如果上述两条语句只执行了一条时，服务器忽然断电了，这该咋办？把狗哥的钱扣了，但是没给猫爷转过去，那猫爷还是逃脱不了着急用钱的窘境。即使对于单独的一条语句，上一章在唠叨 Buffer Pool 时也说过，在对某个页面进行读写访问时，都会先把这个页面加载到 Buffer Pool 中；之后如果修改了某个页面，也不会立即把修改刷新到磁盘，而只是把这个修改后的页面添加到 Buffer Pool 的 flush 链表中，在之后的某个时间点才会刷新到磁盘。如果在将修改过的页刷新到磁盘之前系统崩溃了，猫爷岂不是依然陷在用钱窘境中？

怎么才能让可怜的猫爷摆脱窘境呢？其实再仔细想想，我们只是想让某些数据库操作符合现实世界中状态转换的规则而已。设计数据库的大叔仔细盘算了盘算，现实世界中状态转换的规则有好几条，我们慢慢道来。

18.1.1 原子性（Atomicity）

在现实世界中，转账操作是一个不可分割的操作。也就是说，要么压根儿就没转，要么转账成功；不能存在中间的状态，也就是转了一半的这种情况。设计数据库的大叔把这种"要么全做，要么全不做"的规则称为原子性。但是，现实世界中一个不可分割的操作却可能对应着数据库世界中若干条不同的操作，数据库中的一条操作也可能被分解成若干个步骤（比如先修改缓冲页，之后再刷新到磁盘等）。最要命的是，在任何一个可能的时间点都可能发生意想不到的错误（可能是数据库本身的错误，也可能是操作系统错误，甚至还可能是直接断电之类的意外）而使操作执行不下去。为了保证数据库世界中某些操作的原子性，设计数据库的大叔需要花费一些心思来保证：如果在执行操作的过程中发生了错误，就把已经执行的操作恢复成没执行之前的样子。这也是后面章节将要仔细唠叨的内容。

18.1.2 隔离性（Isolation）

在现实世界中，两次状态转换应该是互不影响的。比如，狗哥向猫爷同时进行了两次金额为 5 元的转账（假设可以在两个 ATM 机上同时操作）。那么最后狗哥的账户里肯定会少 10 元，而猫爷的账户里肯定多了 10 元。但是到对应的数据库世界中，事情又变得复杂了一些。为了简化问题，我们粗略地假设狗哥向猫爷转账 5 元的过程是由下面这几个步骤组成的。

1. 读取狗哥账户的余额到变量 A 中；简写为 read(A)。
2. 将狗哥账户的余额减去转账金额；简写为 A = A − 5。
3. 将狗哥账户修改过的余额写到磁盘中；简写为 write(A)。
4. 读取猫爷账户的余额到变量 B；简写为 read(B)。
5. 将猫爷账户的余额加上转账金额；简写为 B = B + 5。
6. 将猫爷账户修改过的余额写到磁盘中；简写为 write(B)。

我们将狗哥向猫爷同时进行的两次转账操作分别称为 T1 和 T2。在现实世界中 T1 和 T2 应该是没有关系的，可以先执行完 T1，再执行 T2；或者先执行完 T2，再执行 T1。对应的数据库操作如图 18-1 所示。

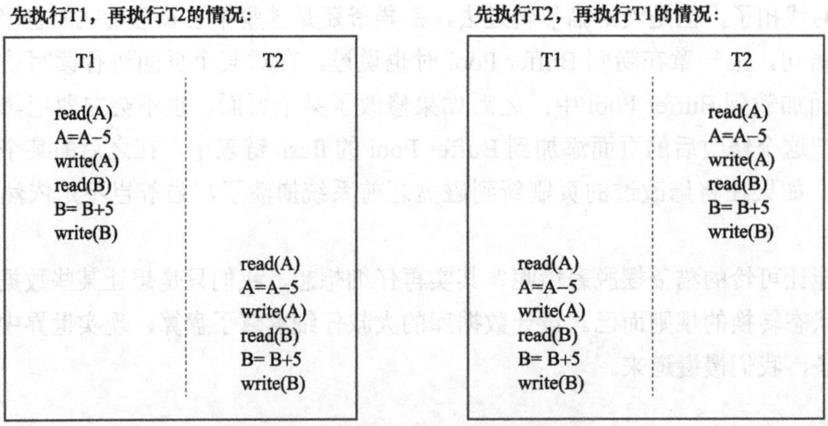

先执行T1，再执行T2的情况：

T1	T2
read(A) A=A−5 write(A) read(B) B= B+5 write(B)	
	read(A) A=A−5 write(A) read(B) B= B+5 write(B)

先执行T2，再执行T1的情况：

T1	T2
	read(A) A=A−5 write(A) read(B) B= B+5 write(B)
read(A) A=A−5 write(A) read(B) B= B+5 write(B)	

图 18-1　转账操作对应的数据库操作

但是很不幸，在真实的数据库中，T1 和 T2 的操作可能交替执行，如图 18-2 所示。

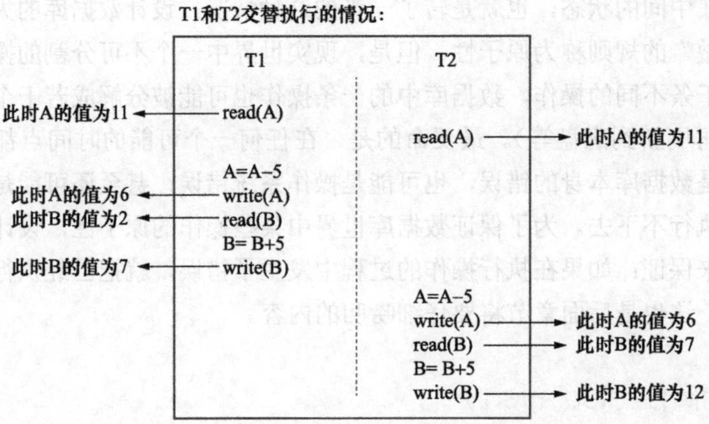

T1和T2交替执行的情况：

T1	T2
此时A的值为11 ← read(A)	
	read(A) → 此时A的值为11
A=A−5	
此时A的值为6 ← write(A)	
此时B的值为2 ← read(B)	
B= B+5	
此时B的值为7 ← write(B)	
	A=A−5
	write(A) → 此时A的值为6
	read(B) → 此时B的值为7
	B= B+5
	write(B) → 此时B的值为12

图 18-2　真实的数据库中 T1 和 T2 的操作

　　如果按照图 18-2 中的执行顺序来进行两次转账，最终狗哥的账户里还剩 6 元钱，相当于只扣了 5 元钱，但是猫爷的账户里却成了 12 元钱，相当于多了 10 元钱。这样一来，银行岂不是要亏死了？

　　所以，对于现实世界中状态转换对应的某些数据库操作来说，不仅要保证这些操作以原子性的方式执行完成，而且要保证其他的状态转换不会影响到本次状态转换，这个规则称为隔离性。这时，设计数据库的大叔就需要采取一些措施，让访问相同数据（上例中的 A 账户和 B 账户）的不同状态转换（上例中的 T1 和 T2）对应的数据库操作的执行顺序有一定规律，这也是后面章节要仔细唠叨的内容。

18.1.3　一致性（Consistency）

　　我们生活的现实世界中存在形形色色的约束，比如身份证号不能重复、性别只能是男或者女、高考的分数只能在 0 ～ 750 之间（国内某些省份）、人民币的最大面值只能是 100（现在是 2020 年）、红绿灯只有 3 种颜色、房价不能为负的、学生要听老师话；等等等等。只有符合这些约束的数据才是有效的。比如，有个小孩儿跟你说他的高考成绩是 1000 分，你一听就知道他在胡扯。

数据库世界只是现实世界的一个映射，现实世界中存在的约束当然也要在数据库世界中有所体现。如果数据库中的数据全部符合现实世界中的约束，我们就说这些数据就是一致的，或者说符合一致性的。

如何保证数据库中数据的一致性呢（就是符合所有现实世界的约束）？这其实是靠两方面的努力。

● 数据库本身能为我们解决一部分一致性需求（就是数据库自身可以保证现实世界的一部分约束永远有效）。

我们知道，MySQL 数据库可以为表建立主键、唯一索引、外键，还可以声明某个列为 NOT NULL 来拒绝 NULL 值的插入。比如，当对某个列建立唯一索引时，如果插入某条记录时发现该列的值重复了，MySQL 就会报错并且拒绝插入。除了这些已经非常熟悉的用来保证一致性的功能，MySQL 还支持使用 CHECK 语法来自定义约束。比如下面这样：

```
CREATE TABLE account (
    id INT NOT NULL AUTO_INCREMENT COMMENT '自增id',
    name VARCHAR(100) COMMENT '客户名称',
    balance INT COMMENT '余额',
    PRIMARY KEY (id),
    CHECK (balance >= 0)
);
```

在这个例子中，CHECK 语句的本意是想规定 balance 列不能存储小于 0 的数字，对应在现实世界中的意思就是银行账户余额不能小于 0。但是很遗憾，MySQL 仅仅支持 CHECK 语法，但实际上并没有用。也就是说，即使使用上述带有 CHECK 子句的建表语句来创建 account 表，在后续插入或更新记录时，MySQL 也不会去检查 CHECK 子句中的约束是否成立。

> 其他的一些数据库（比如 SQL Server 或者 Oracle）支持的 CHECK 语法是有实实在在的作用的，每次进行插入或更新记录之前都会检查数据是否符合 CHECK 子句中指定的约束条件，如果不符合就会拒绝插入或更新。

虽然 CHECK 子句对一致性检查没什么用，但我们还是可以通过定义触发器的方式来自定义一些约束条件，以保证数据库中数据的一致性。

> 触发器是 MySQL 的基础知识，而本书的定位是 MySQL 进阶。如果大家不了解触发器，恐怕就要找本基础的 MySQL 图书来看看了，比方说《MySQL 是怎样使用的：从零开始学习 MySQL》。

● 更多的一致性需求需要靠写业务代码的程序员自己保证。

为了建立现实世界和数据库世界的对应关系，理论上应该把现实世界中的所有约束都反映到数据库世界中。但是很不幸，在更改数据库数据时进行一致性检查是一个耗费性能的工作。比如，我们为 account 表建立了一个触发器，每当插入或者更新记录时都会校验 balance 列的值是否大于 0，这就会影响到插入或更新的速度。仅仅校验一行记录是否符合一致性的需求倒也不是什么大问题，但是有的一致性需求简直"变态"。比如，银行会建立一张代表账单的表，里面记录了每个账户的每笔交易，而且每一笔交易完成后，都需要保证整个系统的余额等于所有账户的收入减去所有账户的支出。如果在数据库层面实现这个一致性需求的话，则每次发生交易时，都需要将所有的收入加起来，然后再减去所有的支出；再将所有的账户余额加起来，看看两个值是否相等。如果账单表中有几亿条记录，光是这个校验的过程可能就要耗费好几个小时。也就是说你在煎饼摊买煎饼时，使用银行卡付款之后要等好几个小时才能提示付款成功。这不是搞笑么！这样的性能代价是完全承受不起的。

　　现实生活中复杂的一致性需求比比皆是，而由于性能问题把一致性需求交给数据库来解决也是不现实的，所以这个"锅"就甩给了业务端的程序员。比如我们的 account 表，我们也可以不建立触发器，只要编写业务代码的程序员在自己的代码中判断一下，当某个操作会将 balance 列的值更新为小于 0 的值时，不执行该操作。这就好了嘛！

　　前文唠叨的原子性和隔离性都会对一致性产生影响。比如，在现实世界中转账操作完成后，有这样一个一致性需求：参与转账的账户的总余额是不变的。如果数据库不遵循原子性要求，比如转了一半就不转了，也就是说给狗哥扣了钱而没给猫爷转过去，那就是不符合一致性需求的。类似地，如果数据库不遵循隔离性要求，就像前面唠叨隔离性时举的例子那样，最终狗哥账户中扣的钱和猫爷账户中涨的钱可能就不一样了，也就是说不符合一致性需求了。所以说，数据库某些操作的原子性和隔离性都是保证一致性的一种手段，在操作执行完成后保证符合所有既定的约束则是一种结果。那么，满足原子性和隔离性的操作一定就满足一致性么？这倒也不一定。比如，狗哥要转账 20 元给猫爷，虽然这满足原子性和隔离性，但是在转账完成后狗哥账户的余额就成负的了，这显然是不满足一致性的。那么，不满足原子性和隔离性的操作就一定不满足一致性么？也不一定，只要最后的结果符合所有现实世界中的约束，那么就是符合一致性的（当然，我们一般在定义一致性需求时，只要某些数据库操作满足原子性和隔离性规则，那么这些操作执行后的结果就会满足一致性需求）。

18.1.4　持久性（Durability）

　　当现实世界中的一个状态转换完成后，这个转换的结果将永久保留，这个规则被设计数据库的大叔称为持久性。比如，狗哥向猫爷转账，ATM 机提示转账成功时，就意味着这次账户的状态转换完成了，狗哥就可以拔卡走人了。如果狗哥走人之后，银行又把这次转账操作给撤销掉，恢复到没转账之前的样子，猫爷就惨了，所以这个持久性是非常重要的。

　　当把现实世界中的状态转换映射到数据库世界时，持久性意味着该次转换对应的数据库操作所修改的数据都应该在磁盘中保留下来，无论之后发生了什么事故，本次转换造成的影响都不应该丢失（要不然猫爷就麻烦大了）。

18.2　事务的概念

　　为了方便大家记住前文唠叨的现实世界状态转换过程中需要遵守的 4 个特性，我们把原子性（Atomicity）、隔离性（Isolation）、一致性（Consistency）和持久性（Durability）这 4 个单词对应的首字母提取出来，就是 A、I、C、D。这 4 个字母稍微变换一下顺序可以组成一个完整的英文单词：ACID（在英文中为"酸"的意思）。以后我们提到 ACID 这个词儿，大家就应该想到原子性、一致性、隔离性、持久性这几个规则。

另外，设计数据库的大叔为了方便起见，把需要保证原子性、隔离性、一致性和持久性的一个或多个数据库操作称为事务（transaction）。

我们现在知道，事务是一个抽象的概念，它其实对应着一个或多个数据库操作。设计数据库的大叔根据这些操作所执行的不同阶段把事务大致划分成了下面几个状态。

- 活动的（active）：事务对应的数据库操作正在执行过程中时，我们就说该事务处于活动的状态。
- 部分提交的（partially committed）：当事务中的最后一个操作执行完成，但由于操作都在内存中执行，所造成的影响并没有刷新到磁盘时，我们就说该事务处于部分提交的状态。
- 失败的（failed）：当事务处于活动的状态或者部分提交的状态时，可能遇到了某些错误（数据库自身的错误、操作系统错误或者直接断电等）而无法继续执行，或者人为停止了当前事务的执行，我们就说该事务处于失败的状态。
- 中止的（aborted）：如果事务执行了半截而变为失败的状态，比如前面唠叨的狗哥向猫爷转账的事务，当狗哥账户的钱被扣除，但是猫爷账户的钱没有增加时遇到了错误，从而导致当前事务处在了失败的状态，那么就需要把已经修改的狗哥账户余额调整为未转账之前的金额。换句话说，就是要撤销失败事务对当前数据库造成的影响。这个撤销的过程用书面一点的话描述就是：回滚。当回滚操作执行完毕后，也就是数据库恢复到了执行事务之前的状态，我们就说该事务处于中止的状态。
- 提交的（committed）：当一个处于部分提交的状态的事务将修改过的数据都刷新到磁盘中之后，我们就可以说该事务处于提交的状态。

随着事务对应的数据库操作执行到不同的阶段，事务的状态也在不断变化。一个基本的状态转换图如图 18-3 所示。

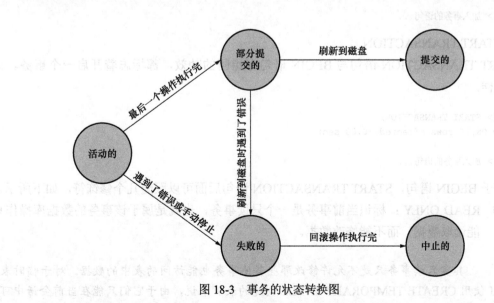

图 18-3　事务的状态转换图

从图 18-3 可以看出，只有当事务处于提交的或者中止的状态时，一个事务的生命周期才算是结束了。对于已经提交的事务来说，该事务对数据库所做的修改将永久生效；对于处于中止状态的事务来说，该事务对数据库所做的所有修改都会被回滚到没执行该事务之前的状态。

这里需要吐槽一下。大家知道，计算机术语基本上全是从英文翻译为中文的。事务的英文是 transaction，直译为"交易""买卖"的意思。交易就是买的人付钱，卖的人交货，不能付了钱不交货，也不能交了货不付钱。所以交易本身就是一种不可分割的操作。不知道是哪位同学把 transaction 翻译成了"事务"（估计是他也想不出什么更好的词儿，只能使用"事务"）。事务这个词儿完全没有"交易""买卖"的意思，所以大家理解起来也会比较困难。估计母语是英语的同学可能会更容易理解 transaction 吧。

18.3　MySQL 中事务的语法

事务的本质其实就是一系列数据库操作，只不过这些数据库操作符合 ACID 特性而已。那么，MySQL 是如何将某些操作放到一个事务中去执行的呢？下面就来重点唠叨一下。

18.3.1　开启事务

可以使用下面两种语句来开启一个事务。

● BEGIN [WORK];

BEGIN 语句代表开启一个事务，后边的单词 WORK 可有可无。开启事务后，就可以继续写若干条语句，这些语句都属于刚刚开启的这个事务。

```
mysql> BEGIN;
Query OK, 0 rows affected (0.00 sec)

mysql> 加入事务的语句...
```

● START TRANSACTION;

START TRANSACTION 语句与 BEGIN 语句有相同的功效，都标志着开启一个事务。比如下面这样：

```
mysql> START TRANSACTION;
Query OK, 0 rows affected (0.00 sec)

mysql> 加入事务的语句...
```

相较于 BEGIN 语句，START TRANSACTION 语句后面可以跟随几个修饰符，如下所示。

■ READ ONLY：标识当前事务是一个只读事务，也就是属于该事务的数据库操作只能读取数据，而不能修改数据。

其实只读事务只是不允许修改那些其他事务也能访问的表中的数据。对于临时表（使用 CREATE TEMPORARY TABLE 创建的表）来说，由于它们只能在当前会话中可见，所以只读事务可以对临时表进行增删改操作。

- READE WRITE：标识当前事务是一个读写事务，也就是属于该事务的数据库操作既可以读取数据，也可以修改数据。
- WITH CONSISTENT SNAPSHOT：启动一致性读（先不用关心啥是一致性读，后面的章节才会唠叨）。

如果我们想开启一个只读事务，直接把 READ ONLY 修饰符加在 START TRANSACTION 语句后面就好。比如下面这样：

```
START TRANSACTION READ ONLY;
```

如果想在 START TRANSACTION 后面跟随多个修饰符，可以使用逗号将修饰符分开。比如开启一个只读事务和一致性读，可以这样写：

```
START TRANSACTION READ ONLY, WITH CONSISTENT SNAPSHOT;
```

或者开启一个读写事务和一致性读，可以这样写：

```
START TRANSACTION READ WRITE, WITH CONSISTENT SNAPSHOT;
```

不过这里需要注意的一点是，READ ONLY 和 READ WRITE 是用来设置事务访问模式的，就是以只读还是读写的方式来访问数据库中的数据。一个事务的访问模式不能既设置为只读的，也设置为读写的，所以不能同时把 READ ONLY 和 READ WRITE 放到 START TRANSACTION 语句后面。另外，如果不显式指定事务的访问模式，那么该事务的访问模式就是读写模式。

18.3.2　提交事务

开启事务之后就可以继续编写需要放到该事务中的语句了。当最后一条语句写完后就可以提交该事务了。提交的语句也很简单：

```
COMMIT [WORK];
```

COMMIT 语句就代表提交一个事务，后边的 WORK 可有可无。比如前文说的狗哥给猫爷转 10 元钱其实对应 MySQL 中的两条语句。我们就可以把这两条语句放到一个事务中，完整的过程就是下面这样：

```
mysql> BEGIN;
Query OK, 0 rows affected (0.00 sec)

mysql> UPDATE account SET balance = balance - 10 WHERE id = 1;
Query OK, 1 row affected (0.02 sec)
Rows matched: 1  Changed: 1  Warnings: 0

mysql> UPDATE account SET balance = balance + 10 WHERE id = 2;
Query OK, 1 row affected (0.00 sec)
Rows matched: 1  Changed: 1  Warnings: 0

mysql> COMMIT;
Query OK, 0 rows affected (0.00 sec)
```

18.3.3　手动中止事务

如果我们写了几条语句之后发现前面某条语句写错了，可以手动使用下面这个语句将数据库恢复到事务执行之前的样子：

```
ROLLBACK [WORK];
```

ROLLBACK 语句代表回滚一个事务，后边的 WORK 可有可无。比如在写狗哥给猫爷转账 10 元钱所对应的 MySQL 语句时，先给狗哥扣了 10 元，然后一时大意只给猫爷账户上增加了 1 元，此时就可以使用 ROLLBACK 语句进行回滚。完整的过程就是下面这样：

```
mysql> BEGIN;
Query OK, 0 rows affected (0.00 sec)

mysql> UPDATE account SET balance = balance - 10 WHERE id = 1;
Query OK, 1 row affected (0.00 sec)
Rows matched: 1  Changed: 1  Warnings: 0

mysql> UPDATE account SET balance = balance + 1 WHERE id = 2;
Query OK, 1 row affected (0.00 sec)
Rows matched: 1  Changed: 1  Warnings: 0

mysql> ROLLBACK;
Query OK, 0 rows affected (0.00 sec)
```

这里需要强调一下，ROLLBACK 语句是我们程序员在手动回滚事务时使用的。如果事务在执行过程中遇到了某些错误而无法继续执行的话，大部分情况下会回滚失败的语句，在某些情况下会回滚整个事务，比方说在发生了死锁的情况下会回滚整个事务（关于死锁的概念我们会在 22 章唠叨）。

小贴士

> 这里所说的开启、提交、中止事务的语法只是针对 mysql 客户端程序通过黑框框与服务器进行交互时，用来控制事务的语法。如果大家使用的是其他的客户端程序，比如 JDBC 之类的，则需要参考相应的文档来看看如何控制事务。

18.3.4　支持事务的存储引擎

在 MySQL 中，并不是所有的存储引擎都支持事务的功能，目前只有 InnoDB 和 NDB 存储引擎支持（NDB 存储引擎不是我们的重点）。如果某个事务中包含的语句要修改某个表中的数据，但是该表使用的存储引擎不支持事务，那么对该表所做的修改将无法进行回滚。假设我们有两个表，tbl1 使用支持事务的存储引擎 InnoDB，tbl2 使用不支持事务的存储引擎 MyISAM。它们的建表语句如下所示：

```
CREATE TABLE tbl1 (
    i int
) engine=InnoDB;

CREATE TABLE tbl2 (
```

```
        i int
) ENGINE=MyISAM;
```

我们先开启一个事务，写一条插入语句后再回滚该事务。看看 tbl1 和 tbl2 的表现有什么不同：

```
mysql> SELECT * FROM tbl1;
Empty set (0.00 sec)

mysql> BEGIN;
Query OK, 0 rows affected (0.00 sec)

mysql> INSERT INTO tbl1 VALUES(1);
Query OK, 1 row affected (0.00 sec)

mysql> ROLLBACK;
Query OK, 0 rows affected (0.00 sec)

mysql> SELECT * FROM tbl1;
Empty set (0.00 sec)
```

可以看到，对于使用 InnoDB 存储引擎（支持事务）的 tbl1 来说，我们在插入一条记录再执行 ROLLBACK 语句后，tbl1 恢复到没有插入记录时的状态。再看看 tbl2 表的表现：

```
mysql> SELECT * FROM tbl2;
Empty set (0.00 sec)

mysql> BEGIN;
Query OK, 0 rows affected (0.00 sec)

mysql> INSERT INTO tbl2 VALUES(1);
Query OK, 1 row affected (0.00 sec)

mysql> ROLLBACK;
Query OK, 0 rows affected, 1 warning (0.01 sec)

mysql> SELECT * FROM tbl2;
+------+
| i    |
+------+
|    1 |
+------+
1 row in set (0.00 sec)
```

可以看到，虽然使用了 ROLLBACK 语句来回滚事务，但是插入的那条记录还是留在了 tbl2 表中。

18.3.5　自动提交

MySQL 中有一个系统变量 autocommit，用来自动提交事务。

```
mysql> SHOW VARIABLES LIKE 'autocommit';
+---------------+-------+
| Variable_name | Value |
+---------------+-------+
```

```
| autocommit     | ON    |
+----------------+-------+
1 row in set (0.01 sec)
```

可以看到它的默认值为 ON。也就是说在默认情况下，如果不显式地使用 START TRANSACTION 或者 BEGIN 语句开启一个事务，那么每一条语句都算是一个独立的事务，这种特性称为事务的自动提交。假如我们在狗哥向猫爷转账 10 元时不以 START TRANSACTION 或者 BEGIN 语句显式开启一个事务，那么下面这两条语句就相当于放到两个独立的事务中执行：

```
UPDATE account SET balance = balance - 10 WHERE id = 1;
UPDATE account SET balance = balance + 10 WHERE id = 2;
```

当然，如果想关闭这种自动提交的功能，可以使用下面两种方法。

- 显式地使用 START TRANSACTION 或者 BEGIN 语句开启一个事务。

  这样在本次事务提交或者回滚前会暂时关闭自动提交的功能。

- 把系统变量 autocommit 的值设置为 OFF，就像下面这样：

```
SET autocommit = OFF;
```

  这样一来，我们写入的多条语句就算是属于同一个事务了，直到我们显式地写出 COMMIT 语句把这个事务提交掉；或者显式地写出 ROLLBACK 语句把这个事务回滚掉。

18.3.6 隐式提交

当使用 START TRANSACTION 或者 BEGIN 语句开启了一个事务，或者把系统变量 autocommit 的值设置为 OFF 时，事务就不会进行自动提交。如果我们输入了某些语句，且这些语句会导致之前的事务悄悄地提交掉（就像输入了 COMMIT 语句了一样），那么这种因为某些特殊的语句而导致事务提交的情况称为隐式提交。会导致事务隐式提交的语句有下面这些。

- 定义或修改数据库对象的数据定义语言（Data Definition Language，DDL）。

所谓的数据库对象，指的就是数据库、表、视图、存储过程等这些东西。当使用 CREATE、ALTER、DROP 等语句修改这些数据库对象时，就会隐式地提交前面语句所属的事务，就像下面这样：

```
BEGIN;

SELECT ... # 事务中的一条语句
UPDATE ... # 事务中的一条语句
... # 事务中的其他语句

CREATE TABLE ... # 此语句会隐式提交前面语句所属的事务
```

- 隐式使用或修改 mysql 数据库中的表。

在使用 ALTER USER、CREATE USER、DROP USER、GRANT、RENAME USER、REVOKE、SET PASSWORD 等语句时，也会隐式地提交前面语句所属的事务。

- 事务控制或关于锁定的语句。

当我们在一个事务还没提交或者还没回滚时就又使用 START TRANSACTION 或者 BEGIN

语句开启了另一个事务，此时会隐式地提交上一个事务，就像下面这样：

```
BEGIN;

SELECT ... # 事务中的一条语句
UPDATE ... # 事务中的一条语句
... # 事务中的其他语句

BEGIN; # 此语句会隐式提交前面语句所属的事务
```

在当前的 autocommit 系统变量的值为 OFF，而我们手动把它调为 ON 时，也会隐式地提交前面语句所属的事务。

使用 LOCK TABLES、UNLOCK TABLES 等关于锁定的语句也会隐式地提交前面语句所属的事务。

- 加载数据的语句。

比如使用 LOAD DATA 语句向数据库中批量导入数据时，也会隐式地提交前面语句所属的事务。

- 关于 MySQL 复制的一些语句。

使用 START SLAVE、STOP SLAVE、RESET SLAVE、CHANGE MASTER TO 等语句时也会隐式地提交前面语句所属的事务。

- 其他语句。

使用 ANALYZE TABLE、CACHE INDEX、CHECK TABLE、FLUSH、LOAD INDEX INTO CACHE、OPTIMIZE TABLE、REPAIR TABLE、RESET 等语句时也会隐式地提交前面语句所属的事务。

小贴士　　上文提到的这些语句，如果你都认识并且都知道是干嘛用的，那就再好不过了。不认识也不要气馁，这里写出来只是把可能会导致事务隐式提交的情况都列举一下，以保证内容的完整性。至于具体每个语句都是干嘛用的，等遇到了再说。

18.3.7　保存点

如果你已经开启了一个事务，并且已经输入了很多语句，这时忽然发现前面已经执行完成的某个语句的参数写错了，只好使用 ROLLBACK 语句来让数据库状态恢复到事务执行之前的样子，然后一切从头再来。是不是有一种"一夜回到解放前"的感觉？

设计数据库的大叔提出了保存点（savepoint）的概念，就是在事务对应的数据库语句中"打"几个点。我们在调用 ROLLBACK 语句时可以指定回滚到哪个点，而不是回到最初的原点。定义保存点的语法如下：

```
SAVEPOINT 保存点名称;
```

当想回滚到某个保存点时，可以使用下面这个语句（语句中的单词 WORK 和 SAVEPOINT 是可有可无的）：

```
ROLLBACK [WORK] TO [SAVEPOINT] 保存点名称;
```

如果 ROLLBACK 语句后面不跟随保存点名称，则直接回滚到事务执行之前的状态。

如果想删除某个保存点，可以使用这个语句：

```
RELEASE SAVEPOINT 保存点名称;
```

下面还是以狗哥向猫爷转账 10 元的例子来介绍保存点的用法。在执行完扣除狗哥账户的 10 元钱的语句之后，"打"一个保存点：

```
mysql> SELECT * FROM account;
+----+--------+---------+
| id | name   | balance |
+----+--------+---------+
|  1 | 狗哥   |      11 |
|  2 | 猫爷   |       2 |
+----+--------+---------+
2 rows in set (0.00 sec)

mysql> BEGIN;
Query OK, 0 rows affected (0.00 sec)

mysql> UPDATE account SET balance = balance - 10 WHERE id = 1;
Query OK, 1 row affected (0.01 sec)
Rows matched: 1  Changed: 1  Warnings: 0

# 一个保存点
mysql> SAVEPOINT s1;
Query OK, 0 rows affected (0.00 sec)

mysql> SELECT * FROM account;
+----+--------+---------+
| id | name   | balance |
+----+--------+---------+
|  1 | 狗哥   |       1 |
|  2 | 猫爷   |       2 |
+----+--------+---------+
2 rows in set (0.00 sec)

# 更新语句的参数写错了（应该给账户加10元，语句中加了1元）
mysql> UPDATE account SET balance = balance + 1 WHERE id = 2;
Query OK, 1 row affected (0.00 sec)
Rows matched: 1  Changed: 1  Warnings: 0

mysql> ROLLBACK TO s1;  # 回滚到保存点s1处
Query OK, 0 rows affected (0.00 sec)

mysql> SELECT * FROM account;
+----+--------+---------+
| id | name   | balance |
+----+--------+---------+
|  1 | 狗哥   |       1 |
|  2 | 猫爷   |       2 |
+----+--------+---------+
2 rows in set (0.00 sec)
```

18.4 总结

现实世界的业务场景需要映射到数据库世界。现实世界中的一次状态转换需要满足下面几种特性：

- 原子性；
- 隔离性；
- 一致性；
- 持久性。

需要保证原子性、隔离性、一致性和持久性的一个或多个数据库操作称为事务。

事务在执行过程中有几种状态，分别是：

- 活动的；
- 部分提交的；
- 失败的；
- 中止的；
- 提交的。

关于事务的各种语法实在太多，这里不再一一列举。

第19章　说过的话就一定要做到——redo日志

19.1　事先说明

本章以及后面几章的内容将会频繁地使用到前面唠叨的 InnoDB 记录行格式、页面格式、索引原理、表空间的组成等各种基础知识。如果大家对这些内容理解得不透彻，那么在阅读包括本章在内的后续章节时可能会有些吃力。为了保证阅读体验，请大家确保已经掌握了前面唠叨的这些知识。

19.2　redo 日志是啥

我们知道，InnoDB 存储引擎是以页为单位来管理存储空间的，我们进行的增删改查操作从本质上来说都是在访问页面（包括读页面、写页面、创建新页面等操作）。前面在唠叨 Buffer Pool 的时候说过，在真正访问页面之前，需要先把在磁盘中的页加载到内存中的 Buffer Pool 中，之后才可以访问。但是在唠叨事务的时候，又强调过一个称为持久性的特性。就是说，对于一个已经提交的事务，在事务提交后即使系统发生了崩溃，这个事务对数据库所做的更改也不能丢失。

如果我们只在内存的 Buffer Pool 中修改了页面，假设在事务提交后突然发生了某个故障，导致内存中的数据都失效了，那么这个已经提交的事务在数据库中所做的更改也就跟着丢失了，这是我们所不能忍受的。想一下，ATM 机已经提示狗哥转账成功，但之后由于服务器出现故障，猫爷在服务器重启之后发现自己没收到钱，猫爷就麻烦大了）。那么，如何保证这个持久性呢？一个很简单的做法就是在事务提交完成之前，把该事务修改的所有页面都刷新到磁盘。不过这个简单粗暴的做法存在下面这些问题。

- 刷新一个完整的数据页太浪费了。有时我们仅仅修改了某个页面中的一个字节，但是由于 InnoDB 是以页为单位来进行磁盘 I/O 的，也就是说在该事务提交时不得不将一个完整的页面从内存中刷新到磁盘。我们又知道，一个页面的默认大小是 16KB，因为修改了一个字节就要刷新 16KB 的数据到磁盘上，显然太浪费了。
- 随机 I/O 刷新起来比较慢。一个事务可能包含很多语句，即使是一条语句也可能修改许多页面，"倒霉催"的是该事务修改的这些页面可能并不相邻。这就意味着在将某个事务修改的 Buffer Pool 中的页面刷新到磁盘时，需要进行很多的随机 I/O。随机 I/O 比顺序 I/O 要慢，尤其是对于传统的机械硬盘。

咋办呢？再次回到我们的初心：我们只是想让已经提交了的事务对数据库中的数据所做的

修改能永久生效，即使后来系统崩溃，在重启后也能把这种修改恢复过来。所以，其实没有必要在每次提交事务时就把该事务在内存中修改过的全部页面刷新到磁盘，只需要把修改的内容记录一下就好。比如，某个事务将系统表空间第 100 号页面中偏移量为 1,000 处的那个字节的值从 1 改成 2，我们只需要进行如下记录：

> 将第0号表空间第100号页面中偏移量为1000处的值更新为2。

这样在事务提交时，就会把上述内容刷新到磁盘中。即使之后系统崩溃了，重启之后只要按照上述内容所记录的步骤重新更新一下数据页，那么该事务对数据库中所做的修改就可以被恢复出来，这样也就意味着满足持久性的要求。

因为在系统因崩溃而重启时需要按照上述内容所记录的步骤重新更新数据页，所以上述内容也称为重做日志（redo log）。我们可以中西结合，将它称为 redo 日志。相较于在事务提交时将所有修改过的内存中的页面刷新到磁盘中，只将该事务执行过程中产生的 redo 日志刷新到磁盘具有下面这些好处。

- redo 日志占用的空间非常小：在存储表空间 ID、页号、偏移量以及需要更新的值时，需要的存储空间很小。关于 redo 日志的格式我们稍后会详细唠叨，现在只要知道一条 redo 日志占用的空间不是很大就好了。
- redo 日志是顺序写入磁盘的：在执行事务的过程中，每执行一条语句，就可能产生若干条 redo 日志，这些日志是按照产生的顺序写入磁盘的，也就是使用顺序 I/O。

19.3　redo 日志格式

由前文可知，redo 日志本质上只是记录了一下事务对数据库进行了哪些修改。设计 InnoDB 的大叔针对事务对数据库的不同修改场景，定义了多种类型的 redo 日志，但是绝大部分类型的 redo 日志都有如图 19-1 所示的这种通用结构。

| type | space ID | page number | data |

图 19-1　redo 日志通用结构

redo 日志中各个部分的详细解释如下。

- type：这条 redo 日志的类型。
  在 MySQL 5.7.22 版本中，设计 InnoDB 的大叔一共为 redo 日志设计了 53 种不同的类型。稍后会详细介绍不同类型的 redo 日志。
- space ID：表空间 ID。
- page number：页号。
- data：这条 redo 日志的具体内容。

19.3.1　简单的 redo 日志类型

我们先通过一个例子引出简单的 redo 日志类型的概念。

前文在介绍 InnoDB 记录行格式的时候说过，如果没有为某个表显式地定义主键，并且表中也没有定义不允许存储 NULL 值的 UNIQUE 键，那么 InnoDB 会自动为表添加一个名为 row_id 的隐藏列作为主键。为这个 row_id 隐藏列进行赋值的方式如下。

- 服务器会在内存中维护一个全局变量，每当向某个包含 row_id 隐藏列的表中插入一条记录时，就会把这个全局变量的值当作新记录的 row_id 列的值，并且把这个全局变量自增 1。
- 每当这个全局变量的值为 256 的倍数时，就会将该变量的值刷新到系统表空间页号为 7 的页面中一个名为 Max Row ID 的属性中（前文介绍表空间结构时详细说过该属性。之所以不是每次自增该全局变量时就将该值刷新到磁盘，是为了避免频繁刷盘）。
- 当系统启动时，会将这个 Max Row ID 属性加载到内存中，并将该值加上 256 之后赋值给前面提到的全局变量（因为在系统上次关机时，该全局变量的值可能大于磁盘页面中 Max Row ID 属性的值）。

这个 Max Row ID 属性占用的存储空间是 8 字节。当某个事务向某个包含 row_id 隐藏列的表插入一条记录，并且为该记录分配的 row_id 值为 256 的倍数时，就会向系统表空间页号为 7 的页面的相应偏移量处写入 8 字节的值。但是我们要知道，这个写入操作实际上是在 Buffer Pool 中完成的，我们需要把这次对这个页面的修改以 redo 日志的形式记录下来。这样在事务提交之后，即使系统崩溃了，也可以将该页面恢复成崩溃前的状态。在这种对页面的修改是极其简单的情况下，redo 日志中只需要记录一下在某个页面的某个偏移量处修改了几个字节的值、具体修改后的内容是啥就好了。设计 InnoDB 的大叔把这种极其简单的 redo 日志称为物理日志，并且根据在页面中写入数据的多少划分了几种不同的 redo 日志类型。

- MLOG_1BYTE（type 字段对应的十进制数字为 1）：表示在页面的某个偏移量处写入 1 字节的 redo 日志类型。
- MLOG_2BYTE（type 字段对应的十进制数字为 2）：表示在页面的某个偏移量处写入 2 字节的 redo 日志类型。
- MLOG_4BYTE（type 字段对应的十进制数字为 4）：表示在页面的某个偏移量处写入 4 字节的 redo 日志类型。
- MLOG_8BYTE（type 字段对应的十进制数字为 8）：表示在页面的某个偏移量处写入 8 字节的 redo 日志类型。
- MLOG_WRITE_STRING（type 字段对应的十进制数字为 30）：表示在页面的某个偏移量处写入一个字节序列。

我们前面提到的 Max Row ID 属性实际占用 8 字节的存储空间，所以在修改页面中的这个属性时，会记录一条类型为 MLOG_8BYTE 的 redo 日志，它的结构如图 19-2 所示。

表示页面中的偏移量

图 19-2   MLOG_8BYTE 类型的 redo 日志结构

其余的 MLOG_1BYTE、MLOG_2BYTE、MLOG_4BYTE 类型的 redo 日志结构与 MLOG_8BYTE 的日志结构类似，只不过具体数据中包含的字节数量不同罢了。MLOG_WRITE_STRING 类型的 redo 日志表示写入一个字节序列，但是因为不能确定写入的具体数据占用多少字节，所以需要在日志结构中添加一个 len 字段，如图 19-3 所示。

图 19-3　MLOG_WRITE_STRING 类型的 redo 日志结构

只要将 MLOG_WRITE_STRING 类型的 redo 日志的 len 字段填充上 1、2、4、8 这些数字，就可以分别替代 MLOG_1BYTE、MLOG_2BYTE、MLOG_4BYTE、MLOG_8BYTE 这些类型的 redo 日志。那么，为啥还要多此一举，设计这么多类型呢？还不是因为省空间啊。能不写 len 字段就不写 len 字段，省一个字节算一个字节。

19.3.2　复杂一些的 redo 日志类型

有时，在执行一条语句时会修改非常多的页面，包括系统数据页面和用户数据页面（用户数据指的就是聚簇索引和二级索引对应的 B+ 树）。以一条 INSERT 语句为例，它除了向 B+ 树的页面中插入数据外，也可能更新系统数据 Max Row ID 的值。不过对于用户来说，平时更关心的是语句对 B+ 树所做的更新。

- 表中包含多少个索引，一条 INSERT 语句就可能更新多少棵 B+ 树。
- 针对某一棵 B+ 树来说，既可能更新叶子节点页面，也可能更新内节点页面，还可能创建新的页面（在该记录插入的叶子节点的剩余空间比较少，不足以存放该记录时，会进行页面分裂，在内节点页面中添加目录项记录）。

在语句执行过程中，INSERT 语句对所有页面的修改都得保存到 redo 日志中去。这句话说的比较轻巧，做起来可就比较麻烦了。比如，在将记录插入到聚簇索引中时，如果定位到的叶子节点的剩余空间足够存储该记录，那么只更新该叶子节点页面，并只记录一条 MLOG_WRITE_STRING 类型的 redo 日志，表明在页面的某个偏移量处增加了哪些数据不就好了么？那就天真了。别忘了，一个数据页中除了存储实际的记录之外，还有 File Header、Page Header、Page Directory 等部分（在第 5 章有详细讲解）。所以每往叶子节点代表的数据页中插入一条记录，还有其他很多地方会跟着更新，比如：

- 可能更新 Page Directory 中的槽信息；
- 可能更新 Page Header 中的各种页面统计信息，比如 PAGE_N_DIR_SLOTS 表示的槽数量可能会更改，PAGE_HEAP_TOP 代表的还未使用的空间最小地址可能会更改，PAGE_N_HEAP 代表的本页面中的记录数量可能会更改……各种信息都可能会被更改；
- 我们知道，数据页中的记录按照索引列从小到大的顺序组成一个单向链表，每插入一

条记录，还需要更新上一条记录的记录头信息中的 next_record 属性来维护这个单向
链表。

还有别的需要更新的地方，这里就不一一唠叨了。

数据页修改的简易示意图如图 19-4 所示。

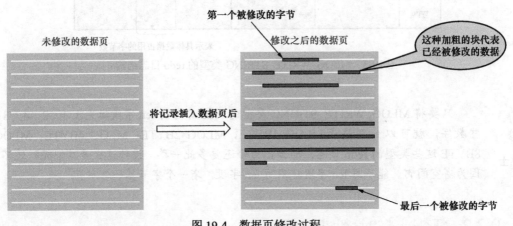

图 19-4　数据页修改过程

说了这么多，就是想表达：在把一条记录插入到一个页面时，需要更改的地方非常多。这
时如果使用前面介绍的简单的物理 redo 日志来记录这些修改，可以有两种解决方案。

● 方案 1：在每个修改的地方都记录一条 redo 日志。

也就是在图 19-4 中，有多少个加粗的块，就写多少条物理 redo 日志。按照这种方式来记
录 redo 日志的缺点是显而易见的，因为被修改的地方实在太多了，可能 redo 日志占用的空间
都要比整个页面占用的空间多。

● 方案 2：将整个页面第一个被修改的字节到最后一个被修改的字节之间所有的数据当
成一条物理 redo 日志中的具体数据。

从图 19-4 也可以看出，第一个被修改的字节到最后一个被修改的字节之间仍然有许多没
有修改过的数据，把这些没有修改的数据也加入到 redo 日志中去岂不是太浪费空间了。

正是因为在使用上面这两个方案来记录某个页面中做了哪些修改时，比较浪费空间，设计
InnoDB 的大叔本着勤俭节约的初心，提出了一些新的 redo 日志类型。

● MLOG_REC_INSERT（type 字段对应的十进制数字为 9）：表示在插入一条使用非紧凑
行格式（REDUNDANT）的记录时，redo 日志的类型。

● MLOG_COMP_REC_INSERT（type 字段对应的十进制数字为 38）：表示在插入一条使用
紧凑行格式（COMPACT、DYNAMIC、COMPRESSED）的记录时，redo 日志的类型。

● MLOG_COMP_PAGE_CREATE（type 字段对应的十进制数字为 58）：表示在创建一个
存储紧凑行格式记录的页面时，redo 日志的类型。

● MLOG_COMP_REC_DELETE（type 字段对应的十进制数字为 42）：表示在删除一条
使用紧凑行格式记录时，redo 日志的类型。

● MLOG_COMP_LIST_START_DELETE（type 字段对应的十进制数字为 44）：表示在从

某条给定记录开始删除页面中一系列使用紧凑行格式的记录时，redo 日志的类型。

- MLOG_COMP_LIST_END_DELETE（type 字段对应的十进制数字为 43）：与 MLOG_COMP_LIST_START_DELETE 类型的 redo 日志呼应，表示删除一系列记录，直到 MLOG_COMP_LIST_END_DELETE 类型的 redo 日志对应的记录为止。

小贴士　　前面在唠叨 InnoDB 数据页格式时重点强调过，数据页中的记录按照索引列大小的顺序组成单向链表。有时，我们需要删除索引列的值在某个区间内的所有记录，这时如果每删除一条记录就写一条 redo 日志，效率可能有点低。MLOG_COMP_LIST_START_DELETE 和 MLOG_COMP_LIST_END_DELETE 类型的 redo 日志可以很大程度上减少 redo 日志的条数。

- MLOG_ZIP_PAGE_COMPRESS（type 字段对应的十进制数字为 51）：表示在压缩一个数据页时，redo 日志的类型。

还有很多很多种类型，这里就不列举了，等用到时再说。

这些类型的 redo 日志既包含物理层面的意思，也包含逻辑层面的意思：

- 从物理层面看，这些日志都指明了对哪个表空间的哪个页进行修改；
- 从逻辑层面看，在系统崩溃后重启时，并不能直接根据这些日志中的记载，在页面内的某个偏移量处恢复某个数据，而是需要调用一些事先准备好的函数，在执行完这些函数后才可以将页面恢复成系统崩溃前的样子。

大家看到这里可能有些懵，我们还是以 MLOG_COMP_REC_INSERT 类型的 redo 日志（表示插入了一条使用紧凑行格式的记录）为例，解释一下物理层面和逻辑层面到底是啥意思。废话少说，直接看一下这个 MLOG_COMP_REC_INSERT 类型的 redo 日志的结构，如图 19-5 所示（它的字段太多了，竖着看效果会好些）。

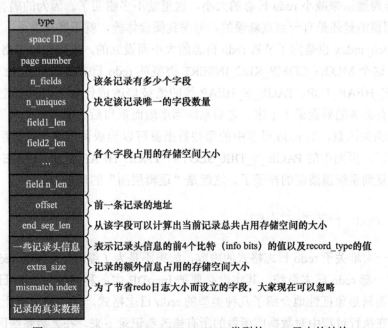

图 19-5　MLOG_COMP_REC_INSERT 类型的 redo 日志的结构

在这个 MLOG_COMP_REC_INSERT 类型的 redo 日志结构中，有下面几个地方需要注意。

- 前面在唠叨索引时说过，在一个数据页中，无论是叶子节点还是非叶子节点，记录都是按照索引列的值从小到大的顺序排序的。对于二级索引来说，当索引列的值相同时，记录还需要按照主键值进行排序。在图 19-5 中，n_uniques 的含义是在一条记录中，需要几个字段的值才能确保记录的唯一性，这样在插入一条记录时，就可以按照记录的前 n_uniques 个字段进行排序。对于聚簇索引来说，n_uniques 的值为主键的列数；对于二级索引来说，该值为索引列中包含的列数 + 主键列数。这里需要注意的是，唯一二级索引的值可能为 NULL，所以该值仍然为索引列中包含的列数 + 主键列数。

- field1_len ~ fieldn_len 代表该记录若干个字段占用存储空间的大小。需要注意的是，这里无论该字段的类型是固定长度类型（比如 INT），还是可变长度类型（比如 VARCHAR(M)），该字段占用的存储空间大小始终要写入 redo 日志中。

- offset 代表该记录的前一条记录在页面中的地址。为啥要记录前一条记录的地址呢？这是因为每向数据页插入一条记录，都需要修改该页面中维护的记录链表。每条记录的记录头信息中都包含一个名为 next_record 的属性，所以在插入新记录时，需要修改前一条记录的 next_record 属性。

- 我们知道，一条记录其实由额外信息和真实数据这两部分组成，这两个部分的总大小就是一条记录占用存储空间的总大小。通过 end_seg_len 的值可以间接地计算出一条记录占用存储空间的总大小，为啥不直接存储一条记录占用存储空间的总大小呢？这是因为写 redo 日志是一个非常频繁的操作，设计 InnoDB 的大叔为了减小 redo 日志本身占用的存储空间大小，想了一些"弯弯绕绕"的算法来实现这个目标。end_seg_len 字段就是为了节省 redo 日志存储空间而提出来的。至于设计 InnoDB 的大叔到底是用了什么神奇魔法来减小 redo 日志的大小，这里就不多唠叨了。因为的确有那么一点点复杂，想说清楚还是有一点点麻烦的，考虑到阅读体验，就不展开讲了。

- mismatch_index 也是为了节省 redo 日志的大小而设立的，大家可以忽略。

很显然，这个 MLOG_COMP_REC_INSERT 类型的 redo 日志并没有记录 PAGE_N_DIR_SLOTS、PAGE_HEAP_TOP、PAGE_N_HEAP 等的值被修改成什么，而只是把在本页面中插入一条记录所有必备的要素记了下来。之后系统因崩溃而重启后，服务器会调用向某个页面插入一条记录的相关函数，而 redo 日志中的那些数据就可以当成调用这个函数所需的参数。在调用完该函数后，页面中的 PAGE_N_DIR_SLOTS、PAGE_HEAP_TOP、PAGE_N_HEAP 等的值也就都被恢复到系统崩溃前的样子了。这就是"逻辑层面"的意思。

19.3.3   redo 日志格式小结

前面说了一大堆关于 redo 日志格式的内容，如果不是为了编写一个解析 redo 日志的工具，或者自己开发一套 redo 日志系统，其实没必要把 InnoDB 中各种类型的 redo 日志格式都研究得透透的。前面只是象征性地介绍了几种类型的 redo 日志格式，目的还是想让大家明白：redo 日志会把事务在执行过程中对数据库所做的所有修改都记录下来，在之后系统因崩溃而重启后可以把事务所做的任何修改都恢复过来。

小贴士　　　为了节省 redo 日志占用的存储空间大小，设计 InnoDB 的大叔还对 redo 日志中的某些数据进行了压缩处理。比如，space ID 和 page number 一般占用 4 字节来存储，但是经过压缩后可以使用更小的空间来存储。具体压缩算法就不唠叨了。

19.4　Mini-Transaction

19.4.1　以组的形式写入 redo 日志

语句在执行过程中可能会修改若干个页面。比如我们前面说的一条 INSERT 语句可能修改系统表空间页号为 7 的页面的 Max Row ID 属性（当然也可能更新别的系统页面，只不过没有都列举出来而已），还会更新聚簇索引和二级索引对应的 B+ 树中的页面。由于对这些页面的更改都发生在 Buffer Pool 中，所以在修改完页面之后，需要记录相应的 redo 日志。在执行语句的过程中产生的 redo 日志，被设计 InnoDB 的大叔人为划分成了若干个不可分割的组，比如：

- 更新 Max Row ID 属性时产生的 redo 日志为一组，是不可分割的；
- 向聚簇索引对应 B+ 树的页面中插入一条记录时产生的 redo 日志是一组，是不可分割的；
- 向某个二级索引对应 B+ 树的页面中插入一条记录时产生的 redo 日志是一组，是不可分割的；
- 还有其他的一些不可分割的组。

怎么理解这个"不可分割"的意思呢？我们以向某个索引对应的 B+ 树中插入一条记录为例进行解释。在向 B+ 树中插入这条记录之前，需要先定位这条记录应该被插入到哪个叶子节点代表的数据页中。在定位到具体的数据页之后，有两种可能的情况。

- 情况 1：该数据页剩余的空闲空间相当充足，足够容纳这一条待插入记录。这样一来，事情很简单，直接把记录插入到这个数据页中，然后记录一条 MLOG_COMP_REC_INSERT 类型的 redo 日志就好了。这种情况称为乐观插入。

假如某个索引对应的 B+ 树如图 19-6 所示，现在要插入一条键值为 10 的记录，很显然需要被插入到页 b 中。由于页 b 现在有足够的空间容纳一条记录，所以直接将该记录插入到页 b 中就好了，结果如图 19-7 所示。

- 情况 2：该数据页剩余的空闲空间不足，那么事情就"悲剧"了。我们前面说过，遇到这种情况时要进行页分裂操作，也就是新建一个叶子节点，把原先数据页中的一部分记录复制到这个新的数据页中，然后再把记录插入进去；再把这个叶子节点插入到叶子节点链表中，最后还要在内节点中添加一条目录项记录来指向这个新创建的页面。很显然，这个过程需要对多个页面进行修改，这意味着会产生多条 redo 日志。这种情况称为悲观插入。

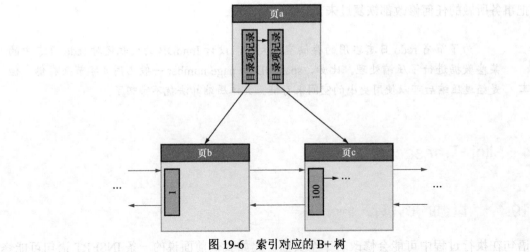

图 19-6　索引对应的 B+ 树

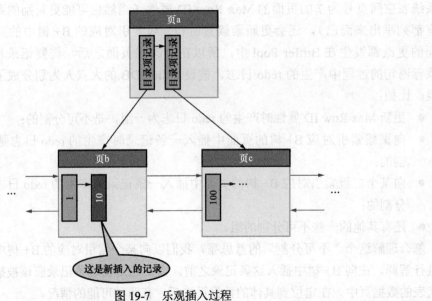

图 19-7　乐观插入过程

　　假如某个索引对应的 B+ 树如图 19-8 所示，现在要插入一条键值为 10 的记录，很显然需要插入到页 b 中。但是从图 19-8 可以看出，此时页 b 已经塞满了记录，没有更多的空闲空间来容纳这条新记录，所以需要进行页面的分裂操作，如图 19-9 所示。

　　如果作为内节点的页 a 的剩余空闲空间也不足以容纳新增的一条目录项记录，则需要继续对内节点页 a 进行分裂操作，这也就意味着会修改更多的页面，从而产生更多的 redo 日志。另外，对于悲观插入来说，由于需要新申请数据页，因此还需要改动一些系统页面。比如要修改各种段、区的统计信息，修改各种链表的统计信息等（比如 FREE 链表、FREE_FRAG 链表等），反正总共需要记录的 redo 日志有二三十条。

小贴士

其实，不光是在悲观插入一条记录时会生成许多条 redo 日志，设计 InnoDB 的大叔为了其他的一些功能，在乐观插入时也可能生成多条 redo 日志（受限于篇幅，具体是为了什么功能就不多说了）。

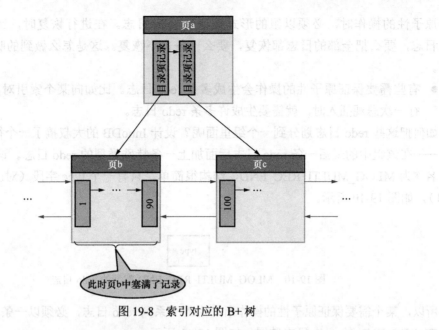

图 19-8 索引对应的 B+ 树

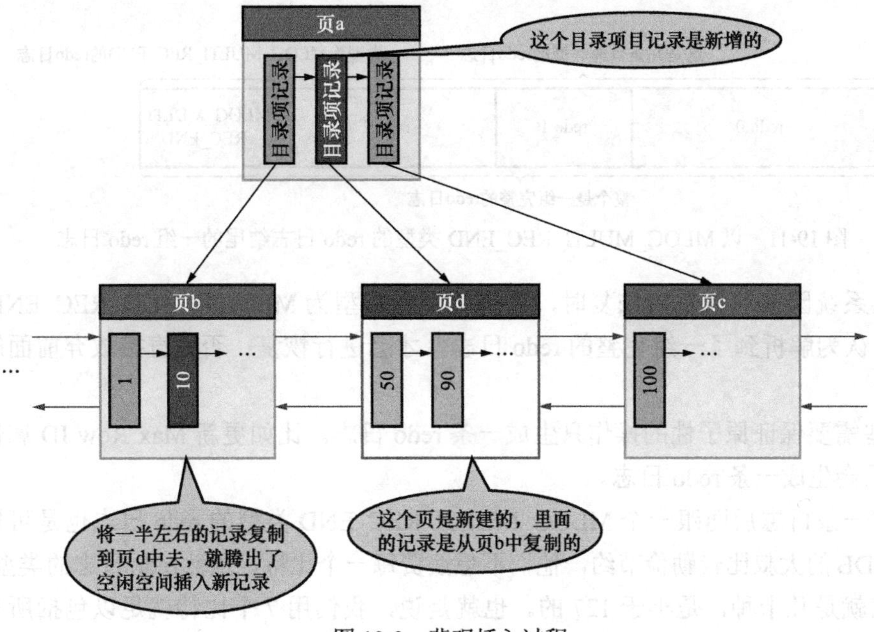

图 19-9 悲观插入过程

设计 InnoDB 的大叔认为，向某个索引对应的 B+ 树中插入一条记录的过程必须是原子的，不能说插了一半之后就停止了。比如在悲观插入过程中，新的页面已经分配好了，数据也复制过去了，新的记录也插入到页面中了，但是没有向内节点中插入一条目录项记录。那么，这个插入过程就是不完整的，这就会形成一棵不正确的 B+ 树。

我们知道，redo 日志是为了在系统因崩溃而重启时恢复崩溃前的状态而提出的，如果在悲观插入的过程中只记录了一部分 redo 日志，那么在系统在重启时会将索引对应的 B+ 树恢复成一种不正确的状态。这是设计 InnoDB 的大叔所不能忍受的，所以他们规定在执行这些需要保证原子性的操作时，必须以组的形式来记录 redo 日志。在进行恢复时，针对某个组中的 redo 日志，要么把全部的日志都恢复，要么一条也不恢复。这是怎么做到的呢？这得分情况讨论。

- 有些需要保证原子性的操作会生成多条 redo 日志。比如向某个索引对应的 B+ 树中进行一次悲观插入时，就需要生成许多条 redo 日志。

如何把这些 redo 日志划分到一个组里面呢？设计 InnoDB 的大叔搞了一个很简单的"小把戏"——在该组中的最后一条 redo 日志后面加上一条特殊类型的 redo 日志。该类型的 redo 日志的名称为 MLOG_MULTI_REC_END，结构很简单，只有一个 type 字段（对应的十进制数字为 31），如图 19-10 所示。

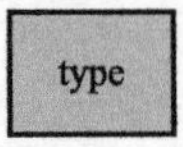

type

图 19-10　MLOG_MULTI_REC_END 类型的 redo 日志

所以，某个需要保证原子性的操作所产生的一系列 redo 日志，必须以一条类型为 MLOG_MULTI_REC_END 的 redo 日志结尾，如图 19-11 所示。

图 19-11　以 MLOG_MULTI_REC_END 类型的 redo 日志结尾的一组 redo 日志

这样在系统因崩溃而重启恢复时，只有解析到类型为 MLOG_MULTI_REC_END 的 redo 日志时，才认为解析到了一组完整的 redo 日志，才会进行恢复；否则直接放弃前面解析到的 redo 日志。

- 有些需要保证原子性的操作只生成一条 redo 日志。比如更新 Max Row ID 属性的操作就只会生成一条 redo 日志。

其实在一条日志后面跟一个 MLOG_MULTI_REC_END 类型的 redo 日志也是可以的，不过设计 InnoDB 的大叔比较勤俭节约，他们不想浪费每一个比特。虽然 redo 日志的类型比较多，但撑死了也就是几十种，是小于 127 的。也就是说，我们用 7 个比特就足以包括所有的 redo 日志类型，而 type 字段其实占用了 1 字节，也就是说可以省出来一个比特，用来表示这个需要保证原子性的操作只产生一条单一的 redo 日志，示意图如图 19-12 所示。

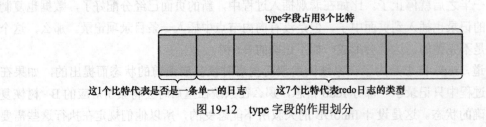

图 19-12　type 字段的作用划分

如果 type 字段的第 1 个比特为 1，代表这个需要保证原子性的操作只产生了一条单一的 redo 日志；否则就表示这个需要保证原子性的操作产生了一系列的 redo 日志。

19.4.2　Mini-Transaction 的概念

设计 MySQL 的大叔把对底层页面进行一次原子访问的过程称为一个 Mini-Transaction（MTR）。比如前文所说的修改一次 Max Row ID 的值算是一个 Mini-Transaction，向某个索引对应的 B+ 树中插入一条记录的过程也算是一个 Mini-Transaction。通过前面的叙述我们也知道，一个 MTR 可以包含一组 redo 日志，在进行崩溃恢复时，需要把这一组 redo 日志作为一个不可分割的整体来处理。

一个事务可以包含若干条语句，每一条语句又包含若干个 MTR，每一个 MTR 又可以包含若干条 redo 日志。我们画个图来表示它们的关系（见图 19-13）。

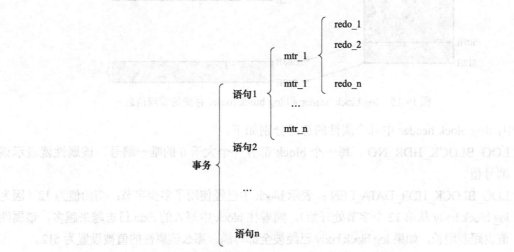

图 19-13　事务、语句、MTR、redo 日志之间的关系

19.5　redo 日志的写入过程

19.5.1　redo log block

为了更好地管理 redo 日志，设计 InnoDB 的大叔把通过 MTR 生成的 redo 日志都放在了大小为 512 字节的页中。为了与前文提到的表空间中的页进行区别，我们这里把用来存储 redo 日志的页称为 block（大家心里清楚"页"和"block"的意思其实差不多就行了）。一个 redo log block 的示意图如图 19-14 所示。

真正的 redo 日志都是存储到占用 496 字节的 log block body 中，图 19-14 中的 log block header 和 log block trailer 存储的是一些管理信息。我们来看看这些管理信息都是啥（见图 19-15）。

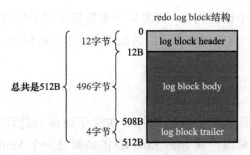

图 19-14   redo log block 的示意图

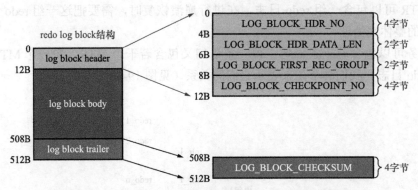

图 19-15   log block header 和 log block trailer 存储的管理信息

其中，log block header 中几个属性的意思分别如下。

- LOG_BLOCK_HDR_NO：每一个 block 都有一个大于 0 的唯一编号，该属性就表示该编号值。

- LOG_BLOCK_HDR_DATA_LEN：表示 block 中已经使用了多少字节；初始值为 12（因为 log block body 从第 12 个字节处开始）。随着往 block 中写入的 redo 日志越来越多，该属性值也跟着增长。如果 log block body 已经被全部写满，那么该属性的值被设置为 512。

- LOG_BLOCK_FIRST_REC_GROUP：一条 redo 日志也可以称为一条 redo 日志记录（redo log record）。一个 MTR 会生成多条 redo 日志记录，这个 MTR 生成的这些 redo 日志记录被称为一个 redo 日志记录组（redo log record group）。LOG_BLOCK_FIRST_REC_GROUP 就代表该 block 中第一个 MTR 生成的 redo 日志记录组的偏移量，其实也就是这个 block 中第一个 MTR 生成的第一条 redo 日志记录的偏移量（如果一个 MTR 生成的 redo 日志横跨了好多个 block，那么最后一个 block 中的 LOG_BLOCK_FIRST_REC_GROUP 属性就表示这个 MTR 对应的 redo 日志结束的地方，也就是下一个 MTR 生成的 redo 日志开始的地方）。

- LOG_BLOCK_CHECKPOINT_NO：表示 checkpoint 的序号；checkpoint 是后续内容的重点，现在先不用清楚它的意思，少安毋躁。

log block trailer 中属性的意思如下。

- LOG_BLOCK_CHECKSUM：表示该 block 的校验值，用于正确性校验；暂时不用关心它。

19.5.2   redo 日志缓冲区

前文说过，设计 InnoDB 的大叔为了解决磁盘速度过慢的问题而引入了 Buffer Pool。同理，写入 redo 日志时也不能直接写到磁盘中，实际上在服务器启动时就向操作系统申请了一大片称为 redo log buffer（redo 日志缓冲区）的连续内存空间，也可以将其简称为 log buffer。这片内存空间被划分成若干个连续的 redo log block，如图 19-16 所示。

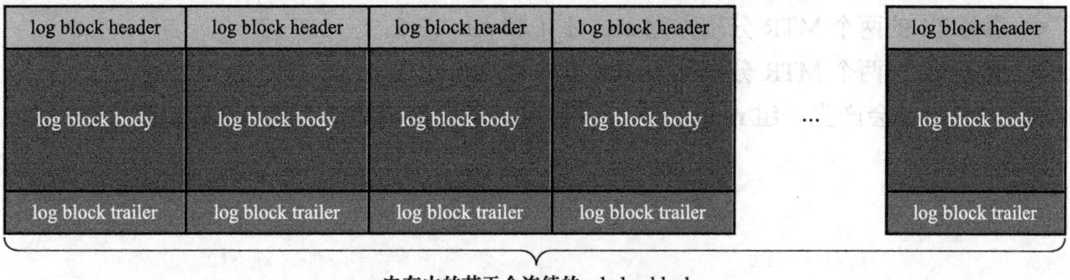

log block header	log block header	log block header	log block header		log block header
log block body	log block body	log block body	log block body	...	log block body
log block trailer	log block trailer	log block trailer	log block trailer		log block trailer

内存中的若干个连续的 redo log block

图 19-16　log buffer 结构示意图

我们可以通过启动选项 innodb_log_buffer_size 来指定 log buffer 的大小。在 MySQL 5.7.22 版本中，该启动选项的默认值为 16MB。

19.5.3　redo 日志写入 log buffer

向 log buffer 中写入 redo 日志的过程是顺序写入的，也就是先往前面的 block 中写，当该 block 的空闲空间用完之后再往下一个 block 中写。当想往 log buffer 中写入 redo 日志时，遇到的第一个问题就是，应该写在哪个 block 的哪个偏移量处。设计 InnoDB 的大叔特意提供了一个称为 buf_free 的全局变量，该变量指明后续写入的 redo 日志应该写到 log buffer 中的哪个位置，如图 19-17 所示。

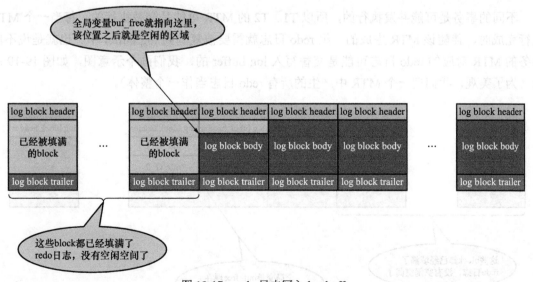

图 19-17　redo 日志写入 log buffer

我们前面说过，一个 MTR 执行过程中可能产生若干条 redo 日志，这些 redo 日志是一个不可分割的组，所以并不是每生成一条 redo 日志就将其插入到 log buffer 中，而是将每个 MTR 运行过程中产生的日志先暂时存到一个地方；当该 MTR 结束的时候，再将过程中产生的一组 redo 日志全部复制到 log buffer 中。现在假设有名为 T1、T2 的两个事务，每个事务都包含 2 个 MTR，这几个 MTR 的名字如下：

- 事务 T1 的两个 MTR 分别称为 mtr_t1_1 和 mtr_t1_2；
- 事务 T2 的两个 MTR 分别称为 mtr_t2_1 和 mtr_t2_2。

每个 MTR 都会产生一组 redo 日志，我们用示意图来描述一下这些 MTR 产生的日志（见图 19-18）。

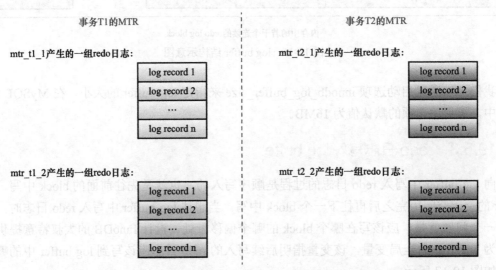

图 19-18　事务 T1 和 T2 的各个 MTR 产生的 redo 日志

不同的事务是可能并发执行的，所以 T1、T2 的 MTR 可能是交替执行的。每当一个 MTR 执行完成时，伴随该 MTR 生成的一组 redo 日志就需要被复制到 log buffer 中。也就是说不同事务的 MTR 对应的 redo 日志可能是交替写入 log buffer 的，我们画个示意图，如图 19-19 所示（为了美观，我们把一个 MTR 中产生的所有 redo 日志当作一个整体）。

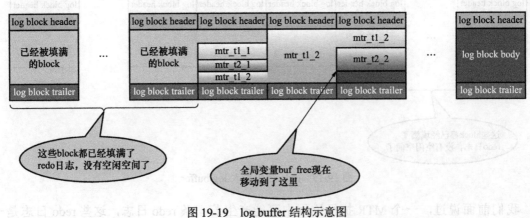

图 19-19　log buffer 结构示意图

从图 19-19 可以看出，不同的 MTR 产生的一组 redo 日志占用的存储空间可能不一样，有的 MTR 产生的 redo 日志量很少，比如 mtr_t1_1、mtr_t2_1 产生的 redo 日志就被放到同一个 block 中存储；有的 MTR 产生的 redo 日志量非常大，比如 mtr_t1_2 产生的 redo 日志甚至占用了 3 个 block 来存储。

19.6　redo 日志文件

19.6.1　redo 日志刷盘时机

前面说过，MTR 运行过程中产生的一组 redo 日志在 MTR 结束时会被复制到 log buffer 中。可是这些日志总在内存里待着也不是个办法，在一些情况下它们会被刷新到磁盘中。来看下面这些例子。

- log buffer 空间不足时。

log buffer 的大小是有限的（通过系统变量 innodb_log_buffer_size 指定），如果不停地向这个有限大小的 log buffer 中塞入日志，很快就会将它填满。设计 InnoDB 的大叔认为，如果当前写入 log buffer 的 redo 日志量已经占满了 log buffer 总容量的 50% 左右，就需要把这些日志刷新到磁盘中。

- 事务提交时。

前面说过，之所以提出 redo 日志的概念，主要是因为它占用的空间少，而且可以将其顺序写入磁盘。引入 redo 日志后，虽然在事务提交时可以不把修改过的 Buffer Pool 页面立即刷新到磁盘，但是为了保证持久性，必须要把页面修改时所对应的 redo 日志刷新到磁盘；否则系统崩溃后，无法将该事务对页面所做的修改恢复过来。

- 将某个脏页刷新到磁盘前，会保证先将该脏页对应的 redo 日志刷新到磁盘中（再一次强调，redo 日志是顺序刷新的，所以在将某个脏页对应的 redo 日志从 redo log buffer 刷新到磁盘时，也会保证将在其之前产生的 redo 日志也刷新到磁盘）。
- 后台有一个线程，大约以每秒一次的频率将 log buffer 中的 redo 日志刷新到磁盘。
- 正常关闭服务器时。
- 做 checkpoint 时（现在还没介绍 checkpoint 的概念，稍后会仔细唠叨，少安毋躁）。

19.6.2　redo 日志文件组

MySQL 的数据目录（使用 SHOW VARIABLES LIKE 'datadir' 命令查看）下默认有名为 ib_logfile0 和 ib_logfile1 的两个文件，log buffer 中的日志在默认情况下就是刷新到这两个磁盘文件中。如果对默认的 redo 日志文件不满意，可以通过下面几个启动选项来调节。

- innodb_log_group_home_dir：指定了 redo 日志文件所在的目录，默认值就是当前的数据目录。
- innodb_log_file_size：指定了每个 redo 日志文件的大小，在 MySQL 5.7.22 版本中的默认值为 48MB。
- innodb_log_files_in_group：指定了 redo 日志文件的个数，默认值为 2，最大值为 100。

从上面的描述中可以看到，磁盘上的 redo 日志文件不止一个，而是以一个日志文件组的形式出现的。这些文件以 "ib_logfile[数字]"（数字可以是 0、1、2...）的形式进行命名。在将 redo 日志写入日志文件组时，从 ib_logfile0 开始写起；如果 ib_logfile0 写满了，就接着 ib_logfile1 写；同理，ib_logfile1 写满了就去写 ib_logfile2；依此类推。如果写到最后一个文件时发现写满了，该咋办？那就重新转到 ib_logfile0 继续写。整个过程如图 19-20 所示。

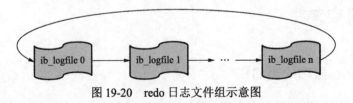

图 19-20   redo 日志文件组示意图

redo 日志文件的总大小其实就是 innodb_log_file_size × innodb_log_files_in_group。

如果采用循环的方式向 redo 日志文件组中写数据的话，那岂不是要 "追尾"？也就是后写入的 redo 日志将覆盖掉前面写的 redo 日志。当然可能这样！所以设计 InnoDB 的大叔提出了 checkpoint 的概念，稍后我们重点唠叨。

19.6.3 redo 日志文件格式

前面说过，log buffer 本质上是一片连续的内存空间，被划分成若干个 512 字节大小的 block。将 log buffer 中的 redo 日志刷新到磁盘的本质就是把 block 的镜像写入日志文件中，所以 redo 日志文件其实也是由若干个 512 字节大小的 block 组成。

在 redo 日志文件组中，每个文件的大小都一样，格式也一样，都是由下面两部分组成的：

● 前 2,048 个字节（也就是前 4 个 block）用来存储一些管理信息；

● 从第 2,048 字节往后的字节用来存储 log buffer 中的 block 镜像。

所以前面所说的循环使用 redo 日志文件，其实是从每个日志文件的前 2,048 个字节开始算起，如图 19-21 所示。

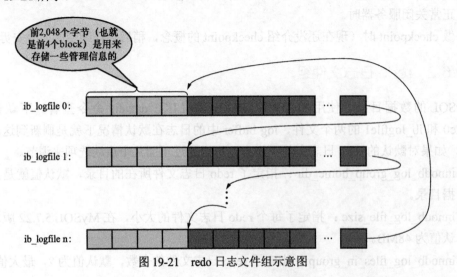

图 19-21   redo 日志文件组示意图

普通 block 的格式已经在唠叨 log buffer 的时候都说过了，就是 log block header、log block body、log block trailer 这三个部分，就不重复介绍了。这里需要介绍每个 redo 日志文件的前 2,048 个字节（也就是前 4 个特殊 block）的格式都是干嘛的，如图 19-22 所示。

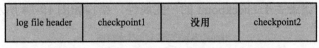

图 19-22　redo 日志文件前 4 个 block 示意图

从图 19-22 可以看出，这 4 个 block 分别如下。

● log file header：描述该 redo 日志文件的一些整体属性，结构如图 19-23 所示。

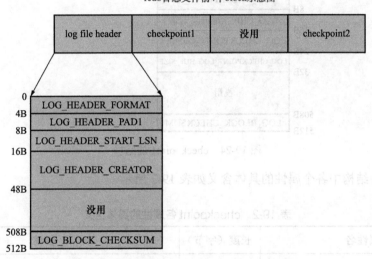

图 19-23　redo 日志文件 log file header 的结构

log file header 结构中各个属性的具体含义如表 19-1 所示。

表 19-1　log file header 各属性的具体含义

属性名	长度（字节）	描述
LOG_HEADER_FORMAT	4	redo 日志的版本，在 MySQL 5.7.22 中永远为 1
LOG_HEADER_PAD1	4	用于字节填充，没什么实际意义
LOG_HEADER_START_LSN	8	标记本 redo 日志文件偏移量为 2,048 字节处对应的 lsn 值（稍后会介绍什么是 lsn，看不懂的先忽略）
LOG_HEADER_CREATOR	32	一个字符串，标记本 redo 日志文件的创建者是谁。正常运行时该值为 MySQL 的版本号（比如"SQL 5.7.22"）；在使用 mysqlbackup 命令创建 redo 日志文件时，该值为"ibbackup"和创建时间
LOG_BLOCK_CHECKSUM	4	本 block 的校验值；所有 block 都有该值，我们不用关心

设计 InnoDB 的大叔对 redo 日志的 block 格式进行了多次修改，如果大家在阅读其他图书中发现上述属性和你看到的属性有些出入，不要慌，这是正常现象，忘记以前的版本吧。另外，我们后文才会介绍 LSN，现在千万别纠结 LSN 是啥。

- checkpoint1：记录关于 checkpoint 的一些属性，结构如图 19-24 所示。

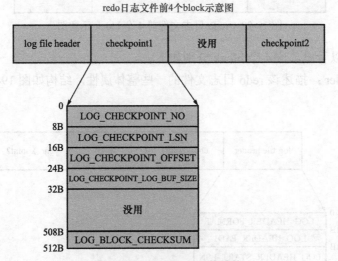

图 19-24　checkpoint1 的结构

checkpoint1 结构中各个属性的具体含义如表 19-2 所示。

表 19-2　checkpoint 各属性的具体含义

属性名	长度（字节）	描述
LOG_CHECKPOINT_NO	8	服务器执行 checkpoint 的编号，每执行一次 checkpoint，该值就加 1
LOG_CHECKPOINT_LSN	8	服务器在结束 checkpoint 时对应的 lsn 值；系统在崩溃后恢复时将从该值开始
LOG_CHECKPOINT_OFFSET	8	上个属性中的 lsn 值在 redo 日志文件组中的偏移量
LOG_CHECKPOINT_LOG_BUF_SIZE	8	服务器在执行 checkpoint 操作时对应的 log buffer 的大小
LOG_BLOCK_CHECKSUM	4	本 block 的校验值；所有 block 都有该值，我们不用关心

　　系统中 checkpoint 的相关信息其实只存储在 redo 日志文件组的第一个日志文件中，后面我们会仔细唠叨。现在看不懂 checkpoint 和 LSN 属性的含义是很正常的，我是想先让大家对这些属性混个脸熟，后面会详细唠叨的。

- 第三个 block 未使用，忽略。
- checkpoint2：结构与 checkpoint1 一样。

19.7 log sequence number

自系统开始运行，就在不断地修改页面，这也就意味着会不断地生成 redo 日志。redo 日志的量在不断递增。就像人的年龄一样，自打出生之日起就不断递增，永远不可能缩减。设计 InnoDB 的大叔设计了一个名为 lsn（log sequence number）的全局变量，用来记录当前总共已经写入的 redo 日志量。不过，与人刚出生时的年龄是 0 岁不同，设计 InnoDB 的大叔规定初始的 lsn 值为 8,704（也就是一条 redo 日志也没写入时，lsn 的值就是 8,704）。

我们知道，在向 log buffer 中写入 redo 日志时并不是一条一条写入的，而是以 MTR 生成的一组 redo 日志为单位写入的，而且实际上是把日志内容写在了 log block body 处。但是在统计 lsn 的增长量时，是按照实际写入的日志量加上占用的 log block header 和 log block trailer 来计算的。我们来看一个例子。

系统第一次启动后，在初始化 log buffer 时，buf_free（用来标记下一条 redo 日志应该写入到 log buffer 的位置）就会指向第一个 block 的偏移量为 12 字节（log block header 的大小）的地方，lsn 值也会跟着增加 12，如图 19-25 所示。

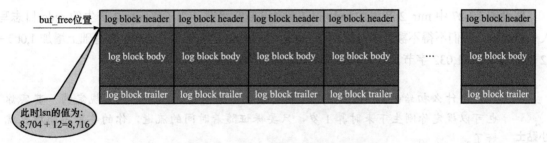

图 19-25　初始时 log buffer 结构示意图

如果某个 MTR 产生的一组 redo 日志占用的存储空间比较小，也就是待插入的 block 剩余空闲空间能容纳这个 MTR 提交的日志时，lsn 增长的量就是该 MTR 生成的 redo 日志占用的字节数，如图 19-26 所示。

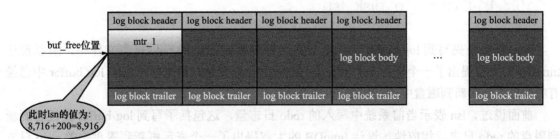

图 19-26　将 mtr_1 生成的 redo 日志写入 log buffer 后，log buffer 结构示意图

假设图 19-26 中 mtr_1 产生的 redo 日志量为 200 字节，那么 lsn 就要在 8,716 的基础上增

加 200，变为 8,916。

如果某个 MTR 产生的一组 redo 日志占用的存储空间比较大，待插入的 block 剩余空闲空间不足以容纳这个 MTR 生成的日志，lsn 增长的量就是该 MTR 生成的 redo 日志占用的字节数加上额外占用的 log block header 和 log block trailer 的字节数，如图 19-27 所示。

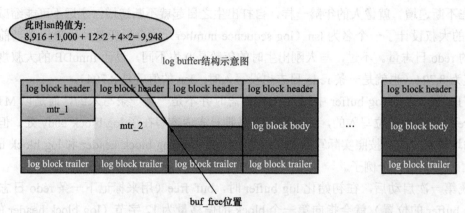

图 19-27   将 mtr_2 生成的 redo 日志写入 log buffer 后，log buffer 结构示意图

假设图 19-27 中 mtr_2 产生的 redo 日志量为 1,000 字节，为了将 mtr_2 产生的 redo 日志写入 log buffer，我们不得不额外多分配两个 block，所以 lsn 的值需要在 8,916 的基础上增加 $1,000 + 12 \times 2 + 4 \times 2 = 1,032$ 字节。

小贴士　　　为什么初始的 lsn 值为 8,704 呢？我也不太清楚，人家就这么规定的。其实你也可以规定你刚生下来时算 1 岁，只要保证随着时间的流逝，你的年龄不断增长就好了。

从前面的描述中可以看出，lsn 值为 8,716 时对应 mtr_1 产生的 redo 日志，lsn 值为 8,916 时对应 mtr_2 产生的 redo 日志。也就是说，每一组由 MTR 生成的 redo 日志都有一个唯一的 lsn 值与其对应；lsn 值越小，说明 redo 日志产生得越早。这个结论比较重要，希望大家牢记。

19.7.1　flushed_to_disk_lsn

redo 日志是先写到 log buffer 中，之后才会被刷新到磁盘的 redo 日志文件中。所以设计 InnoDB 的大叔提出了一个名为 buf_next_to_write 的全局变量，用来标记当前 log buffer 中已经有哪些日志被刷新到磁盘中了，如图 19-28 所示。

前面说过，lsn 表示当前系统中写入的 redo 日志量，这包括了写到 log buffer 但没有刷新到磁盘的 redo 日志。相应地，设计 InnoDB 的大叔提出了一个表示刷新到磁盘中的 redo 日志量的全局变量，名为 flushed_to_disk_lsn。系统在第一次启动时，该变量的值与初始的 lsn 值是相同的，都是 8,704。随着系统的运行，redo 日志被不断写入 log buffer，但是并不会立即刷新到磁盘，lsn 的值就与 flushed_to_disk_lsn 的值拉开了差距。

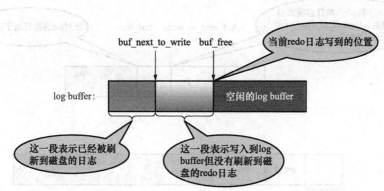

图 19-28　带有 buf_next_to_write 和 buf_free 的 log buffer 示意图

下面演示一下。

系统在第一次启动后，向 log buffer 中写入了 mtr_1、mtr_2、mtr_3 这 3 个 MTR 产生的 redo 日志。假设这 3 个 MTR 在开始和结束时对应的 lsn 值分别如下。

- mtr_1：8,716 ～ 8,916。
- mtr_2：8,916 ～ 9,948。
- mtr_3：9,948 ～ 10,000。

此时的 lsn 已经增长到了 10,000，由于没有刷新操作，此时 flushed_to_disk_lsn 的值仍为 8,704，如图 19-29 所示。

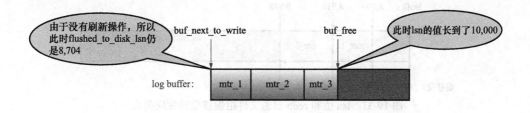

图 19-29　没有执行刷新操作时，log buffer 和 log file 的示意图

随后将 log buffer 中的 block 刷新到 redo 日志文件中。假设将 mtr_1 和 mtr_2 的 redo 日志刷新到磁盘，那么 flushed_to_disk_lsn 就应该增长 mtr_1 和 mtr_2 写入的日志量，所以 flushed_to_disk_lsn 的值增长到了 9,948，如图 19-30 所示。

综上所述，当有新的 redo 日志写入到 log buffer 时，首先 lsn 的值会增长，但 flushed_to_disk_lsn 不变；随后随着不断有 log buffer 中的日志被刷新到磁盘上，flushed_to_disk_lsn 的值也跟着增长。如果两者的值相同，说明 log buffer 中的所有 redo 日志都已经刷新到磁盘中了。

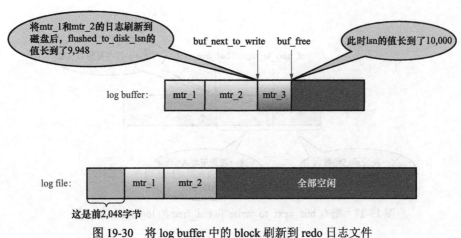

图 19-30   将 log buffer 中的 block 刷新到 redo 日志文件

19.7.2   lsn 值和 redo 日志文件组中的偏移量的对应关系

因为 lsn 的值代表系统写入的 redo 日志量的一个总和。一个 MTR 中产生多少 redo 日志，lsn 的值就增加多少（当然，有时还要加上 log block header 和 log block trailer 的大小）。这样 MTR 产生的 redo 日志写到磁盘中时，很容易计算某一个 lsn 值在 redo 日志文件组中的偏移量，如图 19-31 所示。

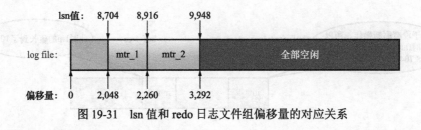

图 19-31   lsn 值和 redo 日志文件组偏移量的对应关系

初始时的 lsn 值是 8,704，对应的 redo 日志文件组偏移量是 2,048，之后每个 MTR 向磁盘中写入多少字节 redo 日志，lsn 的值就增长多少（当然还要考虑多个 redo 日志文件中前 4 个用于存储管理信息的页面对计算某个 lsn 值在整个 redo 日志文件组的偏移量的影响，我们这里就不展开了）。

19.7.3   flush 链表中的 lsn

我们知道，一个 MTR 代表对底层页面的一次原子访问，在访问过程中可能会产生一组不可分割的 redo 日志；在 MTR 结束时，会把这一组 redo 日志写入到 log buffer 中。除此之外，在 MTR 结束时还有一件非常重要的事情要做，就是把在 MTR 执行过程中修改过的页面加入到 Buffer Pool 的 flush 链表中。为了防止大家早已忘记 flush 链表是啥，我们看一下图 19-32。

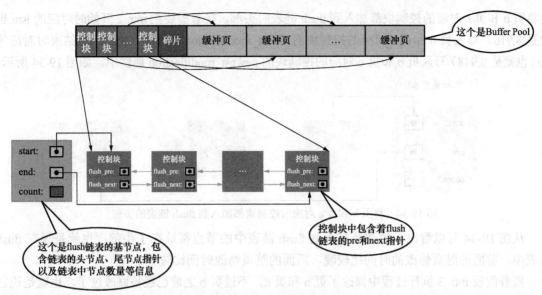

图 19-32 flush 链表

当第一次修改某个已经加载到 Buffer Pool 中的页面时，就会把这个页面对应的控制块插入到 flush 链表的头部；之后再修改该页面时，由于它已经在 flush 链表中，所以就不再次插入了。也就是说，flush 链表中的脏页是按照页面的第一次修改时间进行排序的。在这个过程中，会在缓冲页对应的控制块中记录两个关于页面何时修改的属性。

- oldest_modification：第一次修改 Buffer Pool 中的某个缓冲页时，就将修改该页面的 MTR 开始时对应的 lsn 值写入这个属性。
- newest_modification：每修改一次页面，都会将修改该页面的 MTR 结束时对应的 lsn 值写入这个属性。也就是说，该属性表示页面最近一次修改后对应的 lsn 值。

我们接着上面唠叨 flushed_to_disk_lsn 的例子看一下。

假设 mtr_1 执行过程中修改了页 a，那么在 mtr_1 执行结束时，就会将页 a 对应的控制块加入到 flush 链表的头部。接着需要把 mtr_1 开始时对应的 lsn（也就是 8,716）写入页 a 对应的控制块的 oldest_modification 属性中；把 mtr_1 结束时对应的 lsn（也就是 8,916）写入页 a 对应的控制块的 newest_modification 属性中。画个图表示一下（为了让图美观一些，我们把 oldest_modification 缩写成了 o_m，把 newest_modification 缩写成了 n_m），如图 19-33 所示。

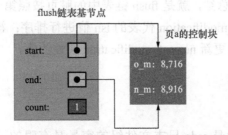

图 19-33 将页 a 对应的控制块加入到 flush 链表的头部

接着假设 mtr_2 执行过程中又修改了页 b 和页 c 这两个页面，那么在 mtr_2 执行结束时，就会将页 b 和页 c 对应的控制块都加入到 flush 链表的头部。接着需要把 mtr_2 开始时对应的 lsn（也就是 8,916）写入页 b 和页 c 对应的控制块的 oldest_modification 属性中，把 mtr_2 结束时对应的 lsn（也就是 9,948）写入页 b 和页 c 对应的控制块的 newest_modification 属性中，如图 19-34 所示。

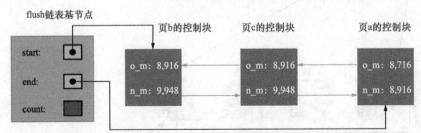

图 19-34　将页 b 和页 c 对应的控制块都加入到 flush 链表的头部

从图 19-34 可以看出，每次新插入到 flush 链表中的节点都放在了头部。也就是说在 flush 链表中，前面的脏页修改的时间比较晚，后面的脏页修改时间比较早。

接着假设 mtr_3 执行过程中修改了页 b 和页 d，不过页 b 之前已经被修改过了，也就是说它对应的控制块已经插入到了 flush 链表中，所以在 mtr_3 执行结束时，只需要将页 d 对应的控制块加入到 flush 链表的头部即可。接着需要把 mtr_3 开始时对应的 lsn（也就是 9,948）写入页 d 对应的控制块的 oldest_modification 属性中；把 mtr_3 结束时对应的 lsn（也就是 10,000）写入页 d 对应的控制块的 newest_modification 属性中。另外，由于页 b 在 mtr_3 执行过程中又发生了一次修改，所以需要将页 b 对应的控制块中 newest_modification 的值更新为 10,000，如图 19-35 所示。

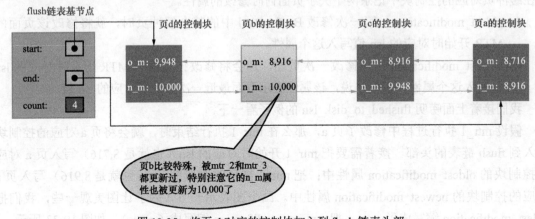

图 19-35　将页 d 对应的控制块加入到 flush 链表头部

对上面所说的内容进行总结，就是 flush 链表中的脏页按照第一次修改发生的时间顺序进行排序，也就是按照 oldest_modification 代表的 lsn 值进行排序；被多次更新的页面不会重复插入到 flush 链表中，但是会更新 newest_modification 属性的值。

19.8　checkpoint

有一个很不幸的事实就是 redo 日志文件组的容量是有限的，我们不得不选择循环使用 redo 日志文件组中的文件，但是这会造成最后写入的 redo 日志与最开始写入的 redo 日志"追尾"。这时应该想到：redo 日志只是为了在系统崩溃后恢复脏页用的，如果对应的脏页已经刷新到磁盘中，那么即使现在系统崩溃，在重启后也用不着使用 redo 日志恢复该页面了。所以该 redo 日志也就没有存在的必要了，它占用的磁盘空间就可以被后续的 redo 日志所重用。也就是说，判断某些 redo 日志占用的磁盘空间是否可以覆盖的依据，就是它对应的脏页是否已经被刷新到了磁盘中。我们看一下前面一直唠叨的那个例子，如图 19-36 所示。

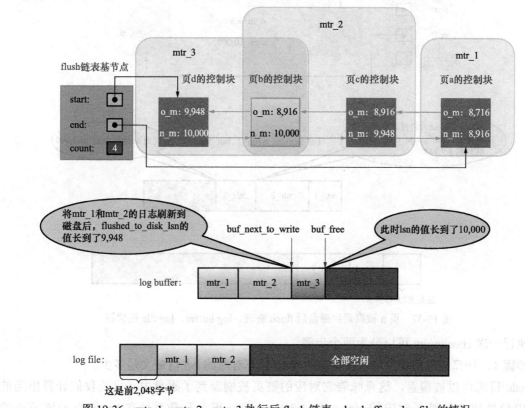

图 19-36　mtr_1、mtr_2、mtr_3 执行后 flush 链表、log buffer、log file 的情况

在图 19-36 中，虽然 mtr_1 和 mtr_2 生成的 redo 日志都已经写到了磁盘中，但是它们修改的脏页仍然留在 Buffer Pool 中，所以它们生成的 redo 日志在磁盘中的空间是不可以被覆盖的。之后随着系统的运行，如果页 a 被刷新到了磁盘，那么页 a 对应的控制块就会从 flush 链表中移除，如图 19-37 所示。

这样 mtr_1 生成的 redo 日志就没有用了，这些 redo 日志占用的磁盘空间就可以被覆盖掉了。设计 InnoDB 的大叔提出了一个全局变量 checkpoint_lsn，用来表示当前系统中可以被覆盖的 redo 日志总量是多少。这个变量初始值也是 8,704。

比如，现在页 a 被刷新到了磁盘上，mtr_1 生成的 redo 日志就可以被覆盖了，所以可以进行一个增加 checkpoint_lsn 的操作。我们把这个过程称为执行一次 checkpoint。

小贴士

前面章节在唠叨 Buffer Pool 时说过，有些后台线程不停地将脏页刷新到磁盘中，其实这个"将脏页刷新到磁盘中"和"执行一次 checkpoint"是两回事。一般来讲，刷脏页和执行 checkpoint 是在不同的线程上执行的，并不是说每次有脏页刷新就要去执行一次 checkpoint。

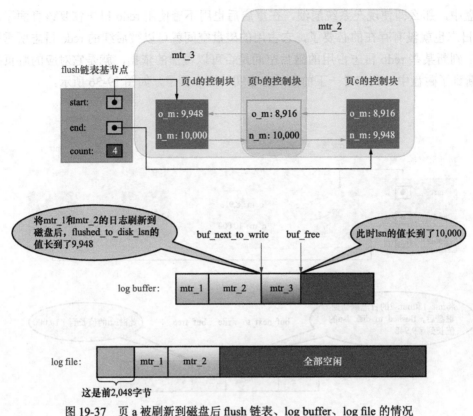

图 19-37　页 a 被刷新到磁盘后 flush 链表、log buffer、log file 的情况

执行一次 checkpoint 可以分为两个步骤。

步骤 1. 计算当前系统中可以被覆盖的 redo 日志对应的 lsn 值最大是多少。

redo 日志可以被覆盖，这意味着它对应的脏页被刷新到了磁盘中。只要我们计算出当前系统中最早修改的脏页对应的 oldest_modification 值，那么凡是系统在 lsn 值小于该节点的 oldest_modification 值时产生的 redo 日志都可以被覆盖掉。我们把该脏页的 oldest_modification 赋值给 checkpoint_lsn。

比如，当前系统中页 a 已经被刷新到磁盘，那么 flush 链表的尾节点就是页 c。该节点就是当前系统中最早修改的脏页了，它的 oldest_modification 值为 8,916。我们把 8,916 赋值给 checkpoint_lsn（也就是说在 redo 日志对应的 lsn 值小于 8,916 时，就可以被覆盖掉）。

步骤 2. 将 checkpoint_lsn 与对应的 redo 日志文件组偏移量以及此次 checkpoint 的编号写到日志文件的管理信息（就是 checkpoint1 或者 checkpoint2）中。

设计 InnoDB 的大叔维护了一个 checkpoint_no 变量，用来统计目前系统执行了多少次 checkpoint；每执行一次 checkpoint，该变量的值就加 1。我们在 19.7.2 节说过，计算一个 lsn 值对应的 redo 日志文件组偏移量是很容易的，所以可以计算得到该 checkpoint_lsn 在 redo 日志文件组中对应的偏移量 checkpoint_offset，然后把 checkpoint_no、checkpoint_lsn、checkpoint_offset 这 3 个值都写到 redo 日志文件组的管理信息中。

我们还说过，每一个 redo 日志文件都有 2,048 字节的管理信息，但是上述关于 checkpoint 的信息只会被写到日志文件组中第一个日志文件的管理信息中。不过它们应该存储到 checkpoint1 中还是 checkpoint2 中呢？设计 InnoDB 的大叔规定：当 checkpoint_no 的值是偶数时，就写到

checkpoint1 中；是奇数时，就写到 checkpoint2 中。

 小贴士

再强调一遍，将"脏页刷新到磁盘中"和"执行一次 checkpoint"是两回事。从步骤 2 可以看出来，每执行一次 checkpoint 都要修改 redo 日志文件的管理信息，也就是说执行 checkpoint 是有代价的。

记录完 checkpoint 的信息之后，redo 日志文件组中各个 lsn 值的关系如图 19-38 所示。

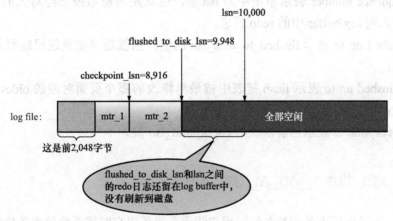

图 19-38　redo 日志文件组中各个 lsn 值的关系

19.9　用户线程批量从 flush 链表中刷出脏页

前文在介绍 Buffer Pool 时说过，一般情况下都是后台的线程对 LRU 链表和 flush 链表进行刷脏操作，这主要因为刷脏操作比较慢，不想影响用户线程处理请求。但是，如果当前系统修改页面的操作十分频繁，这就导致写 redo 日志的操作十分频繁，系统 lsn 值增长过快。如果后台线程的刷脏操作不能将脏页快速刷出，系统将无法及时执行 checkpoint，可能就需要用户线程从 flush 链表中把那些最早修改的脏页（oldest_modification 较小的脏页）同步刷新到磁盘。这样这些脏页对应的 redo 日志就没用了，然后就可以去执行 checkpoint 了。

19.10　查看系统中的各种 lsn 值

可以使用 SHOW ENGINE INNODB STATUS 命令查看当前 InnoDB 存储引擎中各种 lsn 值的情况。比如：

```
mysql> SHOW ENGINE INNODB STATUS\G

(...省略前边的许多状态)
LOG
---
Log sequence number 124476971
Log flushed up to   124099769
```

```
Pages flushed up to 124052503
Last checkpoint at  124052494
0 pending log flushes, 0 pending chkp writes
24 log i/o's done, 2.00 log i/o's/second
-----------------------
```

（...省略后边的许多状态）

其中，

- Log sequence number 表示系统中的 lsn 值，也就是当前系统已经写入的 redo 日志量，包括写入到 log buffer 中的 redo 日志；
- Log flushed up to 表示 flushed_to_disk_lsn 的值，也就是当前系统已经写入磁盘的 redo 日志量；
- Pages flushed up to 表示 flush 链表中被最早修改的那个页面对应的 oldest_modification 属性值；
- Last checkpoint at 表示当前系统的 checkpoint_lsn 值。

19.11　innodb_flush_log_at_trx_commit 的用法

前面讲到，为了保证事务的持久性，用户线程在事务提交时需要将该事务执行过程中产生的所有 redo 日志都刷新到磁盘中。这一条要求太狠了，会明显地降低数据库性能。如果对事务的持久性要求不那么强烈，可选择修改一个名为 innodb_flush_log_at_trx_commit 的系统变量的值。该变量有 3 个可选的值。

- 0：当该系统变量的值为 0 时，表示在事务提交时不立即向磁盘同步 redo 日志，这个任务交给后台线程来处理；这样会明显加快请求处理速度。但是，如果事务提交后服务器"挂"了，后台线程没有及时将 redo 日志刷新到磁盘，那么该事务对页面的修改会丢失。
- 1：当该系统变量的值为 1 时，表示在事务提交时需要将 redo 日志同步到磁盘；这可以保证事务的持久性。 innodb_flush_log_at_trx_commit 的默认值也是 1。
- 2：当该系统变量的值为 2 时，表示在事务提交时需要将 redo 日志写到操作系统的缓冲区中，但并不需要保证将日志真正地刷新到磁盘。在这种情况下，如果数据库"挂"了而操作系统没"挂"，事务的持久性还是可以保证的。但是如果操作系统也"挂"了，那就不能保证持久性了。

19.12　崩溃恢复

在服务器不"挂"的情况下，redo 日志简直就是个累赘，不仅没用，反而让性能变得更差。但是万一，我说万一啊，万一数据库挂了，那 redo 日志可就是个宝了。我们就可以在重启时根据 redo 日志中的记录将页面恢复到系统崩溃前的状态。我们下面大致看一下恢复过程是啥样的。

19.12.1　确定恢复的起点

前面说过，对于对应的 lsn 值小于 checkpoint_lsn 的 redo 日志来说，它们是可以被覆盖的。也就是说这些 redo 日志对应的脏页都已经被刷新到磁盘中了。既然这些脏页已经被刷盘，也就没必要恢复它们了。对于对应的 lsn 值不小于 checkpoint_lsn 的 redo 日志，它们对应的脏页可能没被刷盘，也可能被刷盘了，我们不能确定（因为刷盘操作大部分时候是异步进行的），所以需要从对应的 lsn 值为 checkpoint_lsn 的 redo 日志开始恢复页面。

在 redo 日志文件组第一个文件的管理信息中，有两个 block 都存储了 checkpoint_lsn 的信息，我们当然是要选取最近发生的那次 checkpoint 的信息。用来衡量 checkpoint 发生时间早晚的信息就是 checkpoint_no，我们只要把 checkpoint1 和 checkpoint2 这两个 block 中的 checkpoint_no 值读出来并比一下大小，哪个 checkpoint_no 值更大，就说明哪个 block 存储的就是最近的一次 checkpoint 信息。这样就能拿到最近发生的 checkpoint 对应的 checkpoint_lsn 值以及它在 redo 日志文件组中的偏移量 checkpoint_offset。

19.12.2　确定恢复的终点

redo 日志恢复的起点确定了，那终点是哪个呢？这个还得从 block 的结构说起。前文说到，redo 日志是顺序写入的，写满了一个 block 之后再往下一个 block 中写，如图 19-39 所示。

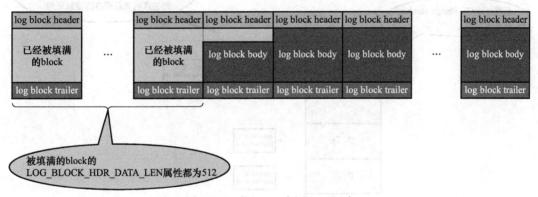

图 19-39　往 block 中写 redo 日志

普通 block 的 log block header 部分有一个名为 LOG_BLOCK_HDR_DATA_LEN 的属性，该属性值记录了当前 block 中使用了多少字节的空间。对于被填满的 block 来说，该值永远为 512。如果该属性的值不为 512，那么它就是此次崩溃恢复中需要扫描的最后一个 block。也就是说在因崩溃而恢复系统时，只需要从 checkpoint_lsn 在日志文件组中对应的偏移量开始，一直扫描 redo 日志文件中的 block，直到某个 block 的 LOG_BLOCK_HDR_DATA_LEN 值不等于 512 为止。

19.12.3　怎么恢复

在确定了需要扫描哪些 redo 日志来进行恢复之后，接下来就是怎么进行恢复了。假设现在的 redo 日志文件中有 5 条 redo 日志，如图 19-40 所示。

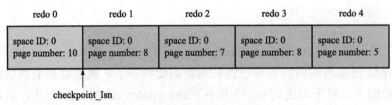

图 19-40　redo 日志文件中的 5 条 redo 日志

　　由于 redo 0 对应的 lsn 值小于 checkpoint_lsn，恢复时可以不管它。我们现在按照 redo
日志的顺序依次扫描 checkpoint_lsn 之后的各条 redo 日志，按照日志中记载的内容将对应
的页面恢复过来。这样没什么问题，不过设计 InnoDB 的大叔还是想了一些办法来加快这
个恢复过程。

●　使用哈希表

　　根据 redo 日志的 space ID 和 page number 属性计算出哈希值，把 space ID 和 page number
相同的 redo 日志放到哈希表的同一个槽中。如果有多个 space ID 和 page number 都相同的 redo
日志，那么它们之间使用链表连接起来（按照生成的先后顺序连接），如图 19-41 所示。

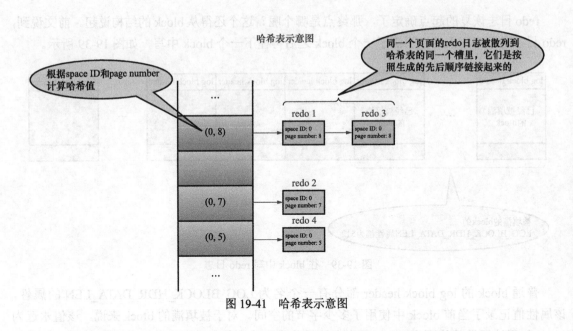

图 19-41　哈希表示意图

　　之后就可以遍历哈希表。因为对同一个页面进行修改的 redo 日志都放在了一个槽中，所
以可以一次性将一个页面修复好（避免了很多读取页面的随机 I/O），这样可以加快恢复速度。
另外需要注意一点的是，同一个页面的 redo 日志是按照生成时间顺序进行排序的，所以恢复
时也是按照这个顺序进行恢复。如果不按照生成时间顺序进行排序，那么可能出现错误。比
如，原先的修改操作是先插入一条记录，再删除该条记录，如果恢复时不按照这个顺序来，就
可能变成先删除一条记录，再插入一条记录；这显然是错误的。

●　跳过已经刷新到磁盘中的页面

　　前面说过，对于 lsn 值小于 checkpoint_lsn 的 redo 日志，它所对应的脏页肯定都已经刷到磁盘中

了，但是对于 lsn 值不小于 checkpoint_lsn 的 redo 日志，它所对应的脏页不能确定是否已经刷到磁盘中。原因是在最近执行的一次 checkpoint 后，后台线程可能又不断地从 LRU 链表和 flush 链表中将一些脏页刷出 Buffer Pool。对于这些 lsn 值不小于 checkpoint_lsn 的 redo 日志，如果它们对应的脏页在崩溃发生时已经刷新到磁盘，那么在恢复时也就没有必要根据 redo 日志的内容修改该页面了。

那么，在恢复时怎么知道某个 redo 日志对应的脏页是否在崩溃发生时已经刷新到磁盘中了呢？这还得从页面的结构说起。前面说过，每个页面都有一个称为 File Header 的部分。在 File Header 中有一个称为 FIL_PAGE_LSN 的属性，该属性记载了最近一次修改页面时对应的 lsn 值（其实就是页面控制块中的 newest_modification 值）。如果在执行了某次 checkpoint 之后，有脏页被刷新到磁盘中，那么该页对应的 FIL_PAGE_LSN 代表的 lsn 值肯定大于 checkpoint_lsn 的值。凡是符合这种情况的页面就不需要根据 lsn 值小于 FIL_PAGE_LSN 的 redo 日志进行恢复了，所以这进一步提升了崩溃恢复的速度。

19.13 遗漏的问题：LOG_BLOCK_HDR_NO 是如何计算的

前文说过，对于实际存储 redo 日志的普通的 log block 来说，在 log block header 处有一个名为 LOG_BLOCK_HDR_NO 的属性（忘记了的话请回过头去再看看）。这个属性代表一个唯一的编号，它的值在初次使用该 block 时进行分配，与当时的系统 lsn 值有关。使用下面的公式可以计算出该 block 的 LOG_BLOCK_HDR_NO 值：

$$((lsn / 512) \& 0x3FFFFFFF) + 1$$

这个公式中的 0x3FFFFFFF 可能让大家有点困惑，其实它的二进制表示可能更亲切一点，如图 19-42 所示。

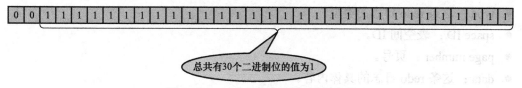

0x3FFFFFFF的二进制表示：

0 0 1 1 1 1 1 1 1 1 1 1 1 1 1 1 1 1 1 1 1 1 1 1 1 1 1 1 1 1 1 1

总共有30个二进制位的值为1

图 19-42   0x3FFFFFFF 的二进制表示

从图 19-42 可以看出，0x3FFFFFFF 对应的 32 位二进制数的前 2 个比特为 0，后 30 个比特都为 1。我们知道，一个二进制位与 0 进行与运算（&）的结果肯定是 0，一个二进制位与 1 进行与运算（&）的结果就是原值。让一个数与 0x3FFFFFFF 进行与运算的意思就是要将该值的前 2 个比特置为 0，这样该值就肯定小于或等于 0x3FFFFFFF 了。这也就说明，无论 lsn 多大，((lsn / 512) & 0x3FFFFFFF) 的值肯定在 0~0x3FFFFFFF 之间，再加 1 的话肯定在 1~0x40000000 之间。而 0x40000000 就是 2^{30}，它代表着 1G。也就是说，系统能产生的不重复的 LOG_BLOCK_HDR_NO 值最多有 1G 个。设计 InnoDB 的大叔规定，redo 日志文件组中包含的所有文件大小的总和不得超过 512GB，一个 block 大小是 512 字节，也就是说 redo 日志文件组中包含的 block 块最多为 1G 个，所以有 1GB 个不重复的编号值也就够用了。

另外，LOG_BLOCK_HDR_NO 值的第一个比特比较特殊，称为 flush bit。如果该值为 1，代表本 block 是在将 log buffer 中的 block 刷新到磁盘的某次操作中时，第一个被刷入的 block。

小思考

　　不知道大家是否看出来了，本章通篇都是在强调如何让已经提交的事务保持持久性。但是，如果在一个事务执行了一半的时候服务器突然崩溃，假如这个事务执行过程中所写的 redo 日志尚未刷新到磁盘，也就是还停留在 log buffer 中，那么服务器崩也就崩了吧，相当于该事务啥也没做。但是，如果这些 redo 日志都已经刷新到了磁盘中，那么在下次开机重启时会根据这些 redo 日志把页面恢复过来，可是这就造成一个事务处于只执行了一半的状态。

　　这不就违背了原子性特性了么？其实，这些只执行了一半的事务对页面所做的修改都会被撤销，这就是第 20 章要唠叨的 undo 日志所发挥出的神奇功效。赶紧准备看下一章啦。

19.14　总结

redo 日志记录了事务执行过程中都修改了哪些内容。

事务提交时只将执行过程中产生的 redo 日志刷新到磁盘，而不是将所有修改过的页面都刷新到磁盘。这样做有下面两个好处：

- redo 日志占用的空间非常小；
- redo 日志是顺序写入磁盘的。

一条 redo 日志一般由下面几部分组成。

- type：这条 redo 日志的类型。
- space ID：表空间 ID。
- page number：页号。
- data：这条 redo 日志的具体内容。

redo 日志的类型有简单和复杂之分。简单类型的 redo 日志是纯粹的物理日志，复杂类型的 redo 日志兼有物理日志和逻辑日志的特性。

一个 MTR 可以包含一组 redo 日志。在进行崩溃恢复时，这一组 redo 日志作为一个不可分割的整体来处理。

redo 日志存放在大小为 512 字节的 block 中。每一个 block 被分为 3 部分：

- log block header；
- log block body；
- log block trailer。

redo 日志缓冲区是一片连续的内存空间，由若干个 block 组成；可以通过启动选项 innodb_log_buffer_size 来调整它的大小。

redo 日志文件组由若干个日志文件组成，这些 redo 日志文件是被循环使用的。redo 日志文件组中每个文件的大小都一样，格式也一样，都是由两部分组成：

- 前 2,048 个字节（也就是前 4 个 block）用来存储一些管理信息；
- 从第 2,048 字节往后的字节用来存储 log buffer 中的 block 镜像。

lsn 指已经写入的 redo 日志量，flushed_to_disk_lsn 指刷新到磁盘中的 redo 日志量，flush 链表中的脏页按照修改发生的时间顺序进行排序，也就是按照 oldest_modification 代表的 lsn 值进行排序。被多次更新的页面不会重复插入到 flush 链表中，但是会更新 newest_modification 属性的值。checkpoint_lsn 表示当前系统中可以被覆盖的 redo 日志总量是多少。

redo 日志占用的磁盘空间在它对应的脏页已经被刷新到磁盘后即可被覆盖。执行一次 checkpoint 的意思就是增加 checkpoint_lsn 的值，然后把相关的信息存放到日志文件的管理信息中。

innodb_flush_log_at_trx_commit 系统变量控制着在事务提交时是否将该事务运行过程中产生的 redo 刷新到磁盘。

在崩溃恢复过程中，从 redo 日志文件组第一个文件的管理信息中取出最近发生的那次 checkpoint 信息，然后从 checkpoint_lsn 在日志文件组中对应的偏移量开始，一直扫描日志文件中的 block，直到某个 block 的 LOG_BLOCK_HDR_DATA_LEN 值不等于 512 为止。在恢复过程中，使用哈希表可加快恢复过程，并且会跳过已经刷新到磁盘的页面。

第20章 后悔了怎么办——undo日志

20.1 事务回滚的需求

我们说过，事务需要保证原子性，也就是事务中的操作要么全部完成，要么什么也不做。但是偏偏有时候事务在执行到一半时会出现一些情况，比如下面这些情况：

- 事务执行过程中可能遇到各种错误，比如服务器本身的错误、操作系统错误，甚至是突然断电导致的错误；
- 程序员可以在事务执行过程中手动输入ROLLBACK语句结束当前事务的执行。

这两种情况都会导致事务执行到一半就结束，但是事务在执行过程中可能已经修改了很多东西。为了保证事务的原子性，我们需要改回原来的样子，这个过程就称为回滚（rollback）。这就造成了一个假象：这个事务看起来什么都没做，所以符合原子性要求（有时候仅需要对部分语句进行回滚，有时候需要对整个事务进行回滚）。

小时候，我非常痴迷于象棋，总是想找棋艺厉害的大人下棋。但是，赢棋是不可能赢棋的，这辈子都不可能赢棋的。又不想认输，只能偷偷地悔棋才能勉强玩的下去。悔棋就是一种非常典型的回滚操作。比如棋子往前走两步，悔棋对应的操作就是向后走两步；棋子往左走一步，悔棋对应的操作就是向右走一步。数据库中的回滚跟悔棋差不多：你插入了一条记录，回滚对应的操作就是把这条记录删除掉；你更新了一条记录，回滚对应的操作就是把该记录更新回旧值；你删除了一条记录，回滚对应的操作自然就是把该记录再插进去。貌似很简单的样子。

从上面的描述中我们已经能隐约感觉到，每当要对一条记录进行改动时（这里的改动可以指INSERT、DELETE、UPDATE），都需要留一手——把回滚时所需的东西都记下来。比如：

- 在插入一条记录时，至少要把这条记录的主键值记下来，这样之后回滚时只需要把这个主键值对应的记录删掉就好了；
- 在删除一条记录时，至少要把这条记录中的内容都记下来，这样之后回滚时再把由这些内容组成的记录插入到表中就好了；
- 在修改一条记录时，至少要把被更新的列的旧值记下来，这样之后回滚时再把这些列更新为旧值就好了。

设计数据库的大叔把这些为了回滚而记录的东西称为撤销日志（undo log）。我们也可以中西结合，将它称为undo日志。这里需要注意的一点是，由于查询操作（SELECT）并不会修改任何用户记录，所以在执行查询操作时，并不需要记录相应的undo日志。在真实的InnoDB中，undo日志其实并不像上面说的那么简单，不同类型的操作产生的undo日志的格式也是不同的。不过我们先暂时把这些让人头昏脑涨的具体细节放一放，先回过头来看看事务id是啥。

20.2 事务 id

20.2.1 分配事务 id 的时机

第 18 章在唠叨事务时说过,一个事务可以是一个只读事务,也可以是一个读写事务。

- 我们可以通过 START TRANSACTION READ ONLY 语句开启一个只读事务。在只读事务中,不可以对普通的表(其他事务也能访问到的表)进行增删改操作,但可以对临时表进行增删改操作。
- 我们可以通过 START TRANSACTION READ WRITE 语句开启一个读写事务。使用 BEGIN、START TRANSACTION 语句开启的事务默认也算是读写事务。在读写事务中可以对表执行增删改查操作。

如果某个事务在执行过程中对某个表执行了增删改操作,那么 InnoDB 存储引擎就会给它分配一个独一无二的事务 id,分配方式如下。

- 对于只读事务来说,只有在它第一次对某个用户创建的临时表执行增删改操作时,才会为这个事务分配一个事务 id,否则是不分配事务 id 的。

> 我们在第 15 章中说过,对某个查询语句执行 EXPLAIN 来分析它的查询计划时,有时会在 Extra 列看到 Using temporary 的提示。这表明在执行该查询语句时会用到内部临时表。这个内部临时表与用 CREATE TEMPORARY TABLE 语句手动创建的用户临时表并不一样。在事务回滚时,并不需要把执行 SELECT 语句的过程中用到的内部临时表也回滚。在执行 SELECT 语句时如果用到内部临时表,并不会为它分配事务 id。

- 对于读写事务来说,只有在它第一次对某个表(包括用户创建的临时表)执行增删改操作时,才会为这个事务分配一个事务 id,否则是不分配事务 id 的。

有时,虽然我们开启了一个读写事务,但是这个事务中全是查询语句,并没有执行增删改操作的语句,这也就意味着这个事务并不会被分配一个事务 id。

说了半天,事务 id 到底有啥用呢?这个先保密,后边会一步步地详细唠叨。现在只要知道,只有在事务对表中的记录进行改动时才会为这个事务分配一个唯一的事务 id。

> 如果不为某个事务分配事务 id,那么它的事务 id 值为默认值 0。另外,前文描述的事务 id 分配策略是针对 MySQL 5.7 来说的,更早版本的分配方式可能不同。

20.2.2 事务 id 是怎么生成的

这个事务 id 本质上就是一个数字,它的分配策略与前面章节提到的针对隐藏列 row_id(当用户没有为表创建主键或者不允许存储 NULL 值的 UNIQUE 键时,InnoDB 会自动创建该列)的分配策略大抵相同,具体策略如下。

- 服务器会在内存中维护一个全局变量,每当需要为某个事务分配事务 id 时,就会把该变量的值当作事务 id 分配给该事务，并且把该变量自增 1。

- 每当这个变量的值为 256 的倍数时，就会将该变量的值刷新到系统表空间中页号为 5 的页面中一个名为 Max Trx ID 的属性中，这个属性占用 8 字节的存储空间。
- 当系统下一次重新启动时，会将这个 Max Trx ID 属性加载到内存中，将该值加上 256 之后赋值给前面提到的全局变量（因为在上次关机时，该全局变量的值可能大于磁盘页面中的 Max Trx ID 属性值）。

这样就可以保证整个系统中分配的事务 id 值是一个递增的数字。先分配事务 id 的事务得到的是较小的事务 id，后分配事务 id 的事务得到的是较大的事务 id。

20.2.3　trx_id 隐藏列

前面章节在唠叨 InnoDB 记录行格式的时候重点强调过，聚簇索引的记录除了会保存完整的用户数据以外，而且还会自动添加名为 trx_id、roll_pointer 的隐藏列。如果用户没有在表中定义主键以及不允许存储 NULL 值的 UNIQUE 键，还会自动添加一个名为 row_id 的隐藏列。所以一条记录在页面中的真实结构如图 20-1 所示。

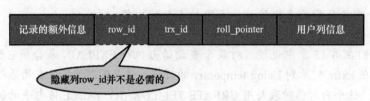

图 20-1　一条聚簇索引记录在页面中的真实结构

其中的 trx_id 列其实还比较好理解：就是对这个聚簇索引记录进行改动的语句所在的事务对应的事务 id 而已（此处的改动可以是 INSERT、DELETE、UPDATE 操作）。至于 roll_pointer 隐藏列，会在后文分析。

20.3　undo 日志的格式

为了实现事务的原子性，InnoDB 存储引擎在实际进行记录的增删改操作时，都需要先把对应的 undo 日志记下来。一般每对一条记录进行一次改动，就对应着一条 undo 日志。但在某些更新记录的操作中，也可能会对应着 2 条 undo 日志，这个会在后面仔细唠叨。一个事务在执行过程中可能新增、删除、更新若干条记录，也就是说需要记录很多条对应的 undo 日志。这些 undo 日志会从 0 开始编号，也就是说根据生成的顺序分别称为第 0 号 undo 日志、第 1 号 undo 日志……第 n 号 undo 日志等。这个编号也称为 undo no。

这些 undo 日志被记录到类型为 FIL_PAGE_UNDO_LOG（对应的十六进制是 0x0002）的页面中。这些页面可以从系统表空间中分配，也可以从一种专门存放 undo 日志的表空间（也就是 undo tablespace）中分配。关于如何分配存储 undo 日志的页面，我们稍后再说，现在先来看看不同操作都会产生什么样的 undo 日志。

为了故事的顺利发展，我们先创建一个名为 undo_demo 的表。它的表结构如下所示：

```
CREATE TABLE undo_demo (
    id INT NOT NULL,
    key1 VARCHAR(100),
    col VARCHAR(100),
    PRIMARY KEY (id),
    KEY idx_key1 (key1)
)Engine=InnoDB CHARSET=utf8;
```

这个表中有 3 个列, 其中 id 列是主键, 我们为 key1 列建立了一个二级索引, col 列是一个普通的列。前面章节在介绍 InnoDB 数据字典时说过, 每个表都会分配一个唯一的 table id。我们可以通过系统数据库 information_schema 中的 innodb_sys_tables 表来查看某个表对应的 table id 是什么。现在看一下 undo_demo 对应的 table id 是多少:

```
mysql> SELECT * FROM information_schema.innodb_sys_tables WHERE name = 'xiaohaizi/undo_demo';
+----------+---------------------+------+--------+-------+-------------+------------+---------------+------------+
| TABLE_ID | NAME                | FLAG | N_COLS | SPACE | FILE_FORMAT | ROW_FORMAT | ZIP_PAGE_SIZE | SPACE_TYPE |
+----------+---------------------+------+--------+-------+-------------+------------+---------------+------------+
|      138 | xiaohaizi/undo_demo |   33 |      6 |   482 | Barracuda   | Dynamic    |             0 | Single     |
+----------+---------------------+------+--------+-------+-------------+------------+---------------+------------+
1 row in set (0.01 sec)
```

从查询结果可以看出, undo_demo 表对应的 table id 为 138。先把这个值记住, 我们后面有用。

20.3.1 INSERT 操作对应的 undo 日志

前文说过, 当向表中插入一条记录时会有乐观插入和悲观插入的区分。但是不管怎么插入, 最终导致的结果就是这条记录被放到了一个数据页中。如果希望回滚这个插入操作, 那么把这条记录删除就好了。也就是说, 在写对应的 undo 日志时, 只要把这条记录的主键信息记上就好了。所以设计 InnoDB 的大叔设计了一个类型为 TRX_UNDO_INSERT_REC 的 undo 日志, 它的完整结构如图 20-2 所示。

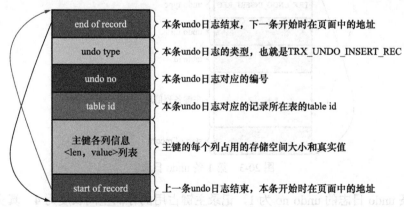

图 20-2　TRX_UNDO_INSERT_REC 类型的 undo 日志结构

根据图 20-2, 我们强调两点。

- undo no 在一个事务中是从 0 开始递增的。也就是说, 只要事务没提交, 每生成一条 undo 日志, 那么该条日志的 undo no 就增 1。
- 如果记录中的主键只包含一列, 那么在类型为 TRX_UNDO_INSERT_REC 的 undo 日志中，只需把该列占用的存储空间大小和真实值记录下来。如果记录中的主键包含多个列，那么每个列占用的存储空间大小和对应的真实值都需要记录下来（图 20-2 中的 len 就代表列占用的存储空间大小；value 代表列的真实值）。

> 当我们向某个表中插入一条记录时，实际上需要向聚簇索引和所有二级索引都插入一条记录。不过在记录 undo 日志时，我们只需要针对聚簇索引记录来记录一条 undo 日志就好了。聚簇索引记录和二级索引记录是一一对应的，我们在回滚 INSERT 操作时，只需要知道这条记录的主键信息，然后根据主键信息进行对应的删除操作。在执行删除操作时，就会把聚簇索引和所有二级索引中相应的记录都删掉。后面说到的 DELETE 操作和 UPDATE 操作也是针对聚簇索引记录的改动来记录 undo 日志的，之后就不强调了。

现在向 undo_demo 表中插入两条记录：

```
BEGIN;    # 显式开启一个事务，假设该事务的事务id为100

# 插入两条记录
INSERT INTO undo_demo(id, key1, col)
    VALUES (1, 'AWM', '狙击枪'), (2, 'M416', '步枪');
```

因为记录的主键只包含一个 id 列，所以在对应的 undo 日志中只需要将待插入记录的 id 列占用的存储空间长度（id 列的类型为 INT，而 INT 类型占用的存储空间长度为 4 字节）和真实值记录下来。本例中插入了两条记录，所以会产生两条类型为 TRX_UNDO_INSERT_REC 的 undo 日志。

● 第 1 条 undo 日志的 undo no 为 0，记录主键占用的存储空间长度为 4，真实值为 1，如图 20-3 所示。

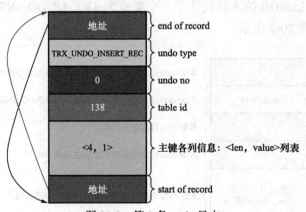

图 20-3   第 1 条 undo 日志

● 第 2 条 undo 日志的 undo no 为 1，记录主键占用的存储空间长度为 4，真实值为 2，如图 20-4 所示（与第 1 条 undo 日志对比，可以发现 undo no 和主键各列信息均有不同）。

> 与为了节省 redo 日志占用的存储空间而使用的方法类似，设计 InnoDB 的大叔对 undo 日志中的某些属性进行了压缩处理，最大限度地节省 undo 日志占用的存储空间。具体的压缩细节就不唠叨了。

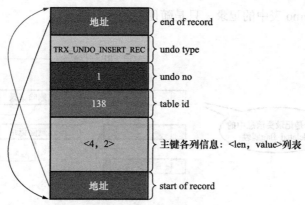

图 20-4 第 2 条 undo 日志

现在是时候揭开 roll_pointer 的"神秘面纱"了，这个占用 7 字节的字段其实一点都不神秘，本质上就是一个指向记录对应的 undo 日志的指针。比如，我们在前面向 undo_demo 表中插入了 2 条记录，就意味着向聚簇索引和二级索引 idx_key1 中分别插入了 2 条记录，不过我们只需要针对聚簇索引来记录 undo 日志就好了。聚簇索引记录存放到类型为 FIL_PAGE_INDEX 的页面中（就是我们前边一直所说的数据页），undo 日志存放到类型为 FIL_PAGE_UNDO_ LOG 的页面中。最终效果如图 20-5 所示。

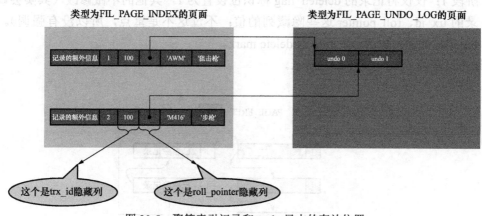

图 20-5 聚簇索引记录和 undo 日志的存放位置

从图 20-5 中也可以更直观地看出，roll_pointer 本质上就是一个指针，指向记录对应的 undo 日志。roll_pointer 每一个字节的具体含义会在唠叨完如何分配存储 undo 日志的页面之后再具体介绍。

20.3.2 DELETE 操作对应的 undo 日志

我们知道，插入到页面中的记录会根据记录头信息中的 next_record 属性组成一个单向链表，我们可以把这个链表称为正常记录链表。前面章节在唠叨数据页结构的时候说过，被删除的记录其实也会根据记录头信息中的 next_record 属性组成一个链表，只不过这个链表中的记录占用的存储空间可以被重新利用，所以也称这个链表为垃圾链表。Page Header 部分中有一个名为 PAGE_FREE 的属性，它指向由被删除记录组成的垃圾链表中的头节点。

为了故事的顺利发展，我们先画一个图，假设此刻某个页面中的记录分布情况如图 20-6

所示（这不是 undo_demo 表中的记录，只是随便举的一个例子）。

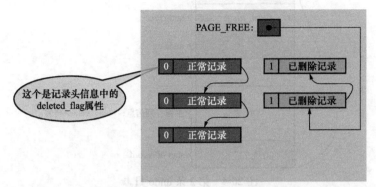

图 20-6   页面中的记录分布情况

为了突出主题，在图 20-6 所示的这个简化版示意图中，我们只把记录的 deleted_flag 标志位展示了出来。从图中可以看出，正常记录链表中包含 3 条正常记录，垃圾链表中包含 2 条已删除记录。在垃圾链表中，这些记录占用的存储空间可以被重新利用。在页面的 Page Header 部分中，PAGE_FREE 属性的值代表指向垃圾链表头节点的指针。假设现在准备使用 DELETE 语句把正常记录链表中的最后一条记录删除，这个删除的过程需要经历两个阶段。

● 阶段 1：仅仅将记录的 deleted_flag 标识位设置为 1，其他的不做修改（其实会修改记录的 trx_id、roll_pointer 这些隐藏列的值；不过这不是重点，所以没有强调）。设计 InnoDB 的大叔把这个阶段称为 delete mark。

把这个过程画下来，如图 20-7 所示。

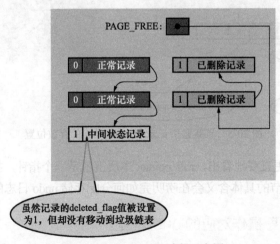

图 20-7   delete mark 过程示意图

可以看到，在正常记录链表中，最后一条记录的 deleted_flag 值被设置为 1，但是这条记录并没有加入到垃圾链表中。也就是说，此时记录既不是正常记录，也不是已删除记录，而是一个处于中间状态的记录——猪八戒照镜子，里外不是人。在删除语句所在的事务提交之前，被删除的记录一直都处于这种中间状态。

为啥会有这种奇怪的中间状态呢？其实主要是为了实现一个名为 MVCC 的功能。下一章会介绍。

小贴士

- 阶段 2：当该删除语句所在的事务提交之后，会有专门的线程来真正地把记录删除掉。所谓"真正地删除"，就是把该记录从正常记录链表中移除，并且加入到垃圾链表中。然后还要调整一些页面的其他信息，比如页面中的用户记录数量 PAGE_N_RECS、上次插入记录的位置 PAGE_LAST_INSERT、垃圾链表头节点的指针 PAGE_FREE、页面中可重用的字节数量 PAGE_GARBAGE，以及页目录的一些信息等。设计 InnoDB 的大叔把这个阶段称为 purge。

　　在阶段 2 执行完后，这条记录就算是真正地被删除掉了。这条已删除记录占用的存储空间也就可以重新利用了，如图 20-8 所示。

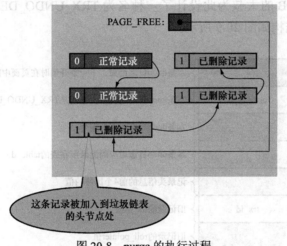

图 20-8　purge 的执行过程

　　在图 20-8 中还要注意一点，在将被删除记录加入到垃圾链表中时，实际上是加入到链表的头节点处，还会跟着修改 PAGE_FREE 属性的值。

　　　　前面章节在唠叨数据页结构时说过，页面的 Page Header 部分有一个名为 PAGE_GARBAGE 的属性。该属性记录着当前页面中可重用存储空间占用的总字节数。每当有已删除记录加入到垃圾链表后，都会把这个 PAGE_GARBAGE 属性的值加上已删除记录占用的存储空间大小。

小贴士

　　　　PAGE_FREE 指向垃圾链表的头节点，之后每当新插入记录时，首先判断垃圾链表头节点代表的已删除记录所占用的存储空间是否足够容纳这条新插入的记录。如果无法容纳，就直接向页面申请新的空间来存储这条记录（是的，你没看错，并不会尝试遍历整个垃圾链表，以找到一个可以容纳新记录的节点）。如果可以容纳，那么直接重用这条已删除记录的存储空间，并让 PAGE_FREE 指向垃圾链表中的下一条已删除记录。

　　　　这里有一个问题：如果新插入的那条记录占用的存储空间，小于垃圾链表头节点对应的已删除记录占用的存储空间，那就意味头节点对应的记录所占用的存储空间中，有一部分空间用不到，这部分空间就算是一个碎片空间。随着新记录越插越多，由此产生的碎片空间也可能越来越多。这些碎片空间岂不是永远都用不到了么？

> 其实也不是，这些碎片空间占用的存储空间大小会被统计到 PAGE_GARBAGE 属性中。这些碎片空间在整个页面快使用完前并不会被重新利用。不过当页面快满时，如果再插入一条新记录，此时页面中并不能分配一条完整记录的空间。这个时候，会先看看 PAGE_GARBAGE 的空间和剩余可利用的空间相加之后是否可以容纳这条记录。如果可以，InnoDB 会尝试重新组织页内的记录。重新组织的过程就是先开辟一个临时页面，把页面内的记录依次插入一遍。因为依次插入记录时并不会产生碎片，之后再把临时页面的内容复制到本页面，这样就可以把那些碎片空间都解放出来（很显然，重新组织页面内的记录会比较耗费性能）。

从前面的描述可以看出，在执行一条删除语句的过程中，在删除语句所在的事务提交之前，只会经历阶段 1，也就是 delete mark 阶段。而一旦事务提交，我们也就不需要再回滚这个事务了。所以在设计 undo 日志时，只需要考虑对删除操作在阶段 1 所做的影响进行回滚就好了。于是设计 InnoDB 的大叔为此设计了一种名为 TRX_UNDO_DEL_MARK_REC 类型的 undo 日志，它的完整结构如图 20-9 所示。

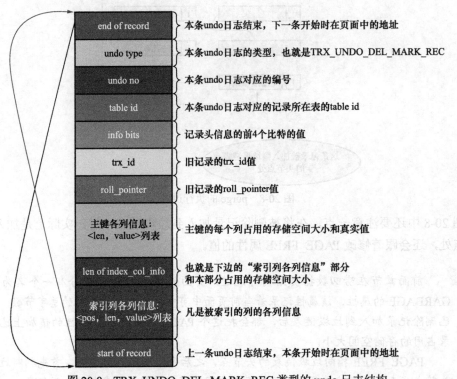

end of record	本条 undo 日志结束，下一条开始时在页面中的地址
undo type	本条 undo 日志的类型，也就是 TRX_UNDO_DEL_MARK_REC
undo no	本条 undo 日志对应的编号
table id	本条 undo 日志对应的记录所在表的 table id
info bits	记录头信息的前 4 个比特的值
trx_id	旧记录的 trx_id 值
roll_pointer	旧记录的 roll_pointer 值
主键各列信息：<len, value> 列表	主键的每个列占用的存储空间大小和真实值
len of index_col_info	也就是下边的"索引列各列信息"部分和本部分占用的存储空间大小
索引列各列信息：<pos, len, value> 列表	凡是被索引的列的各列信息
start of record	上一条 undo 日志结束，本条开始时在页面中的地址

图 20-9　TRX_UNDO_DEL_MARK_REC 类型的 undo 日志结构

图 20-9 里面的属性也太多了点儿吧（其实大部分属性的意思已经在前面介绍过了）！是的，的确有点多。不过大家不要在意，如果记不住也不用勉强自己，我在这里把它们都列出来也只是让大家混个脸熟而已。劳烦大家先放轻松，先大致看一下这个类型为 TRX_UNDO_DEL_MARK_REC 的 undo 日志中的属性。在查看时，要特别注意以下这几点。

- 在对一条记录进行 delete mark 操作前，需要把该记录的 trx_id 和 roll_pointer 隐藏列的旧值都记到对应的 undo 日志中的 trx_id 和 roll_pointer 属性中。这样有一个好处，就是可以通过 undo 日志的 roll_pointer 属性找到上一次对该记录进行改动时产生的 undo 日志。比如在一个事务中，我们先插入了一条记录，然后又执行该记录的删除操作。这个过程的示意图如图 20-10 所示。

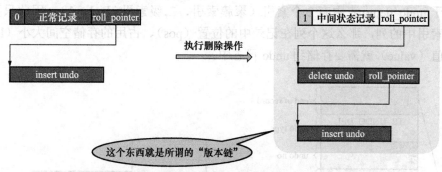

图 20-10　在一个事务中插入记录又删除该记录的操作过程

从图 20-10 可以看出，在执行完 delete mark 操作后，中间状态记录、delete mark 操作产生的 undo 日志以及 INSERT 操作产生的 undo 日志就串成了一个链表。这很有意思！这个链表称为版本链，现在看不出这个版本链有啥用。等我们再往后看看，在讲完 UPDATE 操作对应的 undo 日志后，这个版本链就慢慢地展现出它的厉害之处了。

- 与类型为 TRX_UNDO_INSERT_REC 的 undo 日志不同，类型为 TRX_UNDO_DEL_MARK_REC 的 undo 日志还多了一个索引列各列信息的内容。也就是说，如果某个列被包含在某个索引中，那么它的相关信息就应该记录到这个索引列各列的信息部分。所谓的"相关信息"包括该列在记录中的位置（用 pos 表示）、该列占用的存储空间大小（用 len 表示）、该列实际值（用 value 表示）。所以，索引列各列信息存储的内容实质上就是 <pos, len, value> 的一个列表。这部分信息主要在事务提交后使用，用来对中间状态的记录进行真正的删除（即在阶段 2，也就是 purge 阶段中使用）。现在就不投入过多精力去研究它了。

该介绍的介绍完了，现在继续在上面那个事务 id 为 100 的事务中删除一条记录。比如把 id 为 1 的那条记录删除：

```
BEGIN;  # 显式开启一个事务，假设该事务的id为100

# 插入两条记录
INSERT INTO undo_demo(id, key1, col)
    VALUES (1, 'AWM', '狙击枪'), (2, 'M416', '步枪');

# 删除一条记录
DELETE FROM undo_demo WHERE id = 1;
```

这个删除语句的 delete mark 操作对应的 undo 日志的结构如图 20-11 所示。

对照着图 20-11，我们得注意下面几点。

- 因为这条 undo 日志是 id 为 100 的事务中产生的第 3 条 undo 日志，所以它对应的 undo no 就是 2。

- 在对记录执行 delete mark 操作时，记录的 trx_id 隐藏列的值是 100（也就是说，该记录最近的一次修改就发生在本事务中），所以把 100 填入 undo 日志的 trx_id 属性中。然后把记录的 roll_pointer 隐藏列的值取出来，填入 undo 日志的 roll_pointer 属性中。这样就可以通过 undo 日志的 roll_pointer 属性值找到上一次对该记录进行改动时产生的 undo 日志。
- 由于 undo_demo 表中有 2 个索引（聚簇索引、二级索引 idx_key1），因此只要是包含在索引中的列，那么这个列在记录中的位置（pos）、占用的存储空间大小（len）和实际值（value）就需要存储到 undo 日志中。

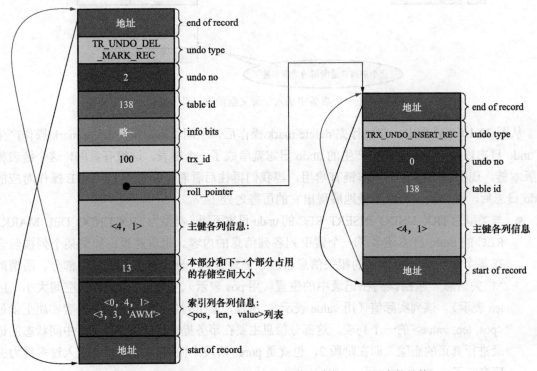

图 20-11   删除语句的 delete mark 操作对应的 undo 日志的结构

对于主键来说，它只包含一个 id 列，存储到 undo 日志中的相关信息如图 20-12 所示。

- pos：id 列是主键，也就是在记录的第一列，它对应的 pos 值为 0。pos 使用 1 字节来存储。
- len：id 列的类型为 INT，占用 4 字节，所以 len 的值为 4。len 使用 1 字节来存储。
- value：在被删除的记录中，id 列的值为 1，也就是 value 的值为 1。value 使用 4 字节来存储。

所以，对于 id 列来说，最终存储的结果就是 <0, 4, 1>。存储这些信息占用的存储空间为 1 + 1 + 4 = 6 字节。

对于 idx_key1 来说，只包含一个 key1 列，存储到 undo 日志中的相关信息如图 20-13 所示。

- pos：key1 列排在 id 列、trx_id 列、roll_pointer 列之后，它对应的 pos 值为 3。pos 使用 1 字节来存储。
- len：key1 列的类型为 VARCHAR(100)，使用 utf8 字符集，被删除的记录实际存储的

内容是 'AWM'，所以一共占用 3 字节。也就是说 len 的值为 3。len 使用 1 字节来存储。

- value：在被删除的记录中，key1 列的值为 'AWM'，也就是 value 的值为 'AWM'。value 使用 3 字节来存储。

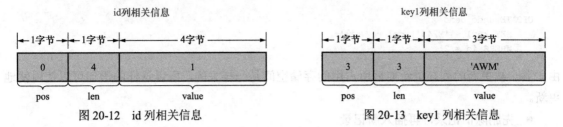

図 20-12　id 列相关信息　　　　　　　図 20-13　key1 列相关信息

所以，对于 key1 列来说，最终存储的结果就是 <3, 3, 'AWM'>。存储这些信息占用的存储空间为 1+1+3=5 字节。

从上面的文字中可以看到，<0, 4, 1> 和 <3, 3, 'AWM'> 共占用 11 字节。然后 len of index_col_info 本身占用 2 字节，所以加起来一共占用 13 字节。于是把数字 13 填到了 index_col_info len 的属性中。

20.3.3　UPDATE 操作对应的 undo 日志

在执行 UPDATE 语句时，InnoDB 对更新主键和不更新主键这两种情况有截然不同的处理方案。

1. 不更新主键

在不更新主键的情况下，又可以细分为被更新的列占用的存储空间不发生变化和发生变化两种情况。

- 就地更新（in-place update）

在更新记录时，对于被更新的每个列来说，如果更新后的列与更新前的列占用的存储空间一样大，那么可以进行就地更新，也就是直接在原记录的基础上修改对应列的值。再强调一遍，是每个列在更新前后占用的存储空间一样大，只要有任何一个被更新的列在更新前比更新后占用的存储空间大，或者在更新前比更新后占用的存储空间小，就不能进行就地更新。比如，现在 undo_demo 表中还有一条 id 值为 2 的记录，它的各个列占用的大小如图 20-14 所示（因为采用的是 utf8 字符集，所以 '步枪' 这两个字符占用 6 字节）。

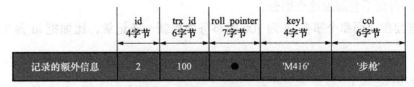

図 20-14　id 为 2 的聚簇索引记录

假如我们有下面这样的 UPDATE 语句：

```
UPDATE undo_demo
    SET key1 = 'P92', col = '手枪'
    WHERE id = 2;
```

在这个 UPDATE 语句中，col 列从 ' 步枪 ' 更新为 ' 手枪 '，前后都占用 6 字节，即占用的存储空间大小未改变；key1 列从 ' M416' 更新为 ' P92'，也就是从 4 字节更新为 3 字节，这就不满足就地更新的条件了，所以不能进行就地更新。但是，如果 UPDATE 语句是下面这样：

```
UPDATE undo_demo
    SET key1 = 'M249', col = '机枪'
    WHERE id = 2;
```

由于各个被更新的列在更新前后所占用的存储空间是一样大的，所以这样的语句可以使用就地更新。

● 先删除旧记录，再插入新记录

在不更新主键的情况下，如果有任何一个被更新的列在更新前和更新后占用的存储空间大小不一致，那么就需要先把这条旧记录从聚簇索引页面中删除，然后再根据更新后列的值创建一条新的记录并插入到页面中。

请注意，我们这里所说的删除并不是 delete mark 操作，而是真正地删除掉，也就是把这条记录从正常记录链表中移除并加入到垃圾链表中，并且修改页面中相应的统计信息（比如 PAGE_FREE、PAGE_GARBAGE 等信息）。不过，这里执行真正删除操作的线程并不是在 DELETE 语句中进行 purge 操作时使用的专门的线程，而是由用户线程同步执行真正的删除操作。在真正删除之后，紧接着就要根据各个列更新后的值来创建一条新记录，然后把这条新记录插入到页面中。

如果新创建的记录占用的存储空间不超过旧记录占用的空间，那么可以直接重用加入到垃圾链表中的旧记录所占用的存储空间，否则需要在页面中新申请一块空间供新记录使用。如果本页面内已经没有可用的空间，就需要进行页面分裂操作，然后再插入新记录。

针对 UPDATE 操作不更新主键的情况（包括上面说的就地更新和先删除旧记录再插入新记录），设计 InnoDB 的大叔设计了一种类型为 TRX_UNDO_UPD_EXIST_REC 的 undo 日志，它的完整结构如图 20-15 所示。

其实这个 undo 日志的大部分属性与前面介绍过的 TRX_UNDO_DEL_MARK_REC 类型的 undo 日志是类似的，不过还是要注意下面几点。

● n_updated 属性表示在本条 UPDATE 语句执行后将有几个列被更新，后边跟着的 <pos, old_len, old_value> 列表中的 pos、old_len 和 old_value 分别表示被更新列在记录中的位置、更新前该列占用的存储空间大小、更新前该列的真实值。

● 如果在 UPDATE 语句中更新的列包含索引列，那么也会添加 "索引列各列信息" 这个部分，否则不会添加这个部分。

现在，继续在前面那个事务 id 为 100 的事务中更新一条记录。比如把 id 为 2 的那条记录更新一下：

```
BEGIN;   # 显式开启一个事务，假设该事务的id为100

# 插入两条记录
INSERT INTO undo_demo(id, key1, col)
    VALUES (1, 'AWM', '狙击枪'), (2, 'M416', '步枪');

# 删除一条记录
DELETE FROM undo_demo WHERE id = 1;
```

```
# 更新一条记录
UPDATE undo_demo
    SET key1 = 'M249', col = '机枪'
    WHERE id = 2;
```

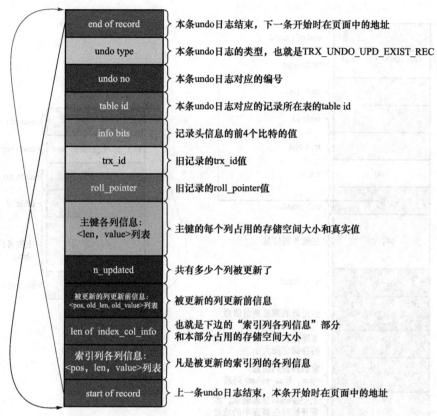

图 20-15 TRX_UNDO_UPD_EXIST_REC 类型的 undo 日志

这个 UPDATE 语句更新的列大小都没有改动，所以可以采用就地更新的方式来执行。在真正改动页面记录前，会先记录一条类型为 TRX_UNDO_UPD_EXIST_REC 的 undo 日志，如图 20-16 所示。

在图 20-16 中，我们需要注意下面这几个地方。

- 因为这条 undo 日志是 id 为 100 的事务中产生的第 4 条 undo 日志，所以它对应的 undo no 就是 3。
- 这条日志的 roll_pointer 指向 undo no 为 1 的那条日志，也就是在插入主键值为 2 的记录时产生的那条 undo 日志，也就是上一次对该记录进行改动时产生的 undo 日志。
- 由于本条 UPDATE 语句中更新了索引列 key1 的值，所以需要记录"索引列各列信息"部分，也就是填入主键和 key1 列的信息。

2. 更新主键

在聚簇索引中，记录按照主键值的大小连成了一个单向链表。如果我们更新了某条记录的

主键值，意味着这条记录在聚簇索引中的位置将会发生改变。比如将记录的主键值从 1 更新为
10,000，如果此时还有很多记录的主键值分布在 1 ～ 10,000 之间，那么主键值为 1 和主键值
为 10,000 的两条记录在聚簇索引中就有可能离得非常远，甚至中间隔了好多个页面。针对
UPDATE 语句中更新了记录主键值的这种情况，InnoDB 在聚簇索引中分了两步进行处理。

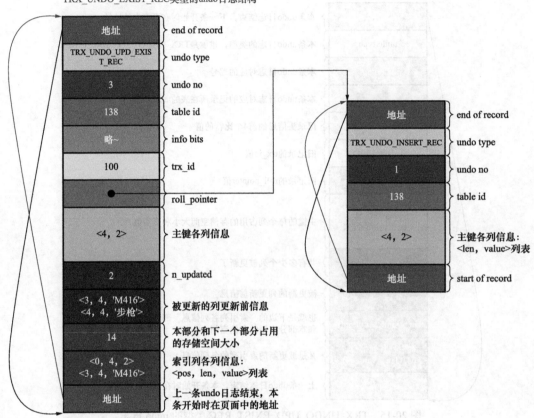

图 20-16　类型为 TRX_UNDO_UPD_EXIST_REC 的 undo 日志

步骤 1. 将旧记录进行 delete mark 操作。

高能注意：这里是 delete mark 操作！也就是说，在 UPDATE 语句所在的事务提交前，对
旧记录只执行一个 delete mark 操作，在事务提交后才由专门的线程执行 purge 操作，从而把它
加入到垃圾链表中。这里一定要与前面说的"在不更新记录主键值时，先真正删除旧记录，再
插入新记录"的方式区分开！

 　　之所以只对旧记录执行 delete mark 操作，是因为别的事务也可能同时访问这条记
　　录，如果把它真正删除并加入到垃圾链表后，别的事务就访问不到了。这个功能就是
小贴士　MVCC，第 21 章会详细唠叨什么是 MVCC。

步骤 2. 根据更新后各列的值创建一条新记录，并将其插入到聚簇索引中。

由于更新后的记录主键值发生了改变，所以需要重新从聚簇索引中定位这条记录所在的位
置，然后把它插进去。

针对 UPDATE 语句更新记录主键值的这种情况，在对该记录进行 delete mark 操作时，会记录一条类型为 TRX_UNDO_DEL_MARK_REC 的 undo 日志；之后插入新记录时，会记录一条类型为 TRX_UNDO_INSERT_REC 的 undo 日志。也就是说，每对一条记录的主键值进行改动，都会记录 2 条 undo 日志。这些日志的格式都在前面唠叨过了，就不赘述了。

小贴士

> 其实还有一种名为 TRX_UNDO_UPD_DEL_REC 的 undo 日志的类型没有介绍，主要是想避免引入过多的复杂性。如果大家对这种类型的 undo 日志感兴趣，可以自行查询相关资料。

20.3.4 增删改操作对二级索引的影响

一个表可以拥有一个聚簇索引以及多个二级索引，前面唠叨的都是增删改操作对聚簇索引记录所做的影响。对于二级索引记录来说，INSERT 操作和 DELETE 操作与在聚簇索引中执行时产生的影响差不多，但是 UPDATE 操作稍微有点儿不同。如果我们的 UPDATE 语句中没有涉及二级索引的列，比如下面这个语句：

```
UPDATE undo_demo
    SET col = '手枪'
    WHERE id = 2;
```

那么就不需要对二级索引执行任何操作。相反，如果在 UPDATE 语句中涉及了二级索引的列，比如下面这个语句：

```
UPDATE undo_demo
    SET key1 = 'P92', col = '手枪'
    WHERE id = 2;
```

由于这个语句涉及了 key1 列，而 key1 列又包含在二级索引 idx_key1 中，所以这相当于更新了二级索引的键值。更新了二级索引记录的键值，就意味着要进行下面这两个操作。

- 对旧的二级索引记录执行 delete mark 操作（是 delete mark 操作，而不是彻底将这条二级索引记录删除，这主要是考虑到后面章节要唠叨的 MVCC）。
- 根据更新后的值创建一条新的二级索引记录，然后在二级索引对应的 B+ 树中重新定位到它的位置并插进去。

另外需要强调的一点是，虽然只有聚簇索引记录才有 trx_id、roll_pointer 这些属性，不过每当我们增删改一条二级索引记录时，都会影响这条二级索引记录所在页面的 Page Header 部分中一个名为 PAGE_MAX_TRX_ID 的属性。这个属性代表修改当前页的最大的事务 id。请大家记住这个属性，后面会用到。

20.4 通用链表结构

前面主要唠叨了为什么需要 undo 日志，以及 INSERT、DELETE、UPDATE 这些用来改动数据的语句都会产生什么类型的 undo 日志，还有不同类型的 undo 日志的具体格式是什么。下面继续唠叨这些 undo 日志会被具体写到什么地方，以及在写入过程中需要注意的问题。在写入 undo 日志的过程中，会用到多个链表。很多链表都有同样的节点结构，如图 20-17 所示。

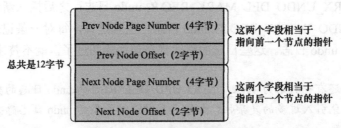

图 20-17　链表节点结构示意图

在某个表空间内，我们可以通过一个页的页号与在页内的偏移量来唯一定位一个节点的位置。这两个信息相当于指向这个节点的一个指针，所以：

- Prev Node Page Number 和 Prev Node Offset 的组合就是指向前一个节点的指针；
- Next Node Page Number 和 Next Node Offset 的组合就是指向后一个节点的指针。

整个链表节点占用 12 字节的存储空间。

为了更好地管理链表，设计 InnoDB 的大叔还提出了一个基节点的结构。这个结构里面存储了这个链表的头节点、尾节点以及链表长度信息。链表基节点的结构示意图如图 20-18 所示。

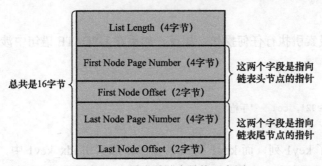

图 20-18　链表基节点结构示意图

其中，

- List Length 表明该链表一共有多少节点；
- First Node Page Number 和 First Node Offset 的组合就是指向链表头节点的指针；
- Last Node Page Number 和 Last Node Offset 的组合就是指向链表尾节点的指针。

整个链表基节点占用 16 字节的存储空间。

使用链表基节点和链表节点这两个结构组成的链表示意图如图 20-19 所示。

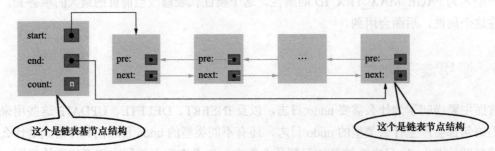

图 20-19　链表基节点和链表节点组成的链表的示意图

上述链表结构在前面章节中频频提到，尤其是在第 9 章重点描述过。不过我不敢奢求大家都记住了，所以在这里又强调一遍。希望大家不要嫌烦，如果大家忘记了，在学习后续内容时会比较吃力。

20.5 FIL_PAGE_UNDO_LOG 页面

第 9 章在唠叨表空间的时候说过，表空间其实是由许许多多的页面构成的，页面默认大小为 16KB。这些页面有不同的类型，比如类型为 FIL_PAGE_INDEX 的页面用于存储聚簇索引以及二级索引，类型为 FIL_PAGE_TYPE_FSP_HDR 的页面用于存储表空间头部信息。此外，还有其他各种类型的页面，其中有一种名为 FIL_PAGE_UNDO_LOG 类型的页面是专门用来存储 undo 日志的。这种类型的页面的通用结构如图 20-20 所示（以默认的 16KB 大小为例）。

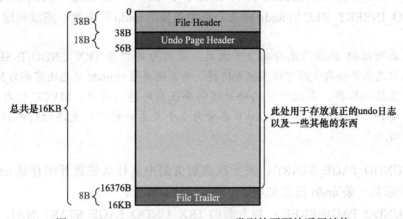

图 20-20　FIL_PAGE_UNDO_LOG 类型的页面的通用结构

"类型为 FIL_PAGE_UNDO_LOG 的页"这种说法太绕口，以后我们就简称为 Undo 页面了。图 20-20 中的 File Header 和 File Trailer 是各种页面都有的通用结构，之前唠叨过很多遍了，这里就不赘述了。Undo Page Header 是 Undo 页面特有的，我们来看一下它的结构（见图 20-21）。

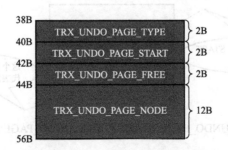

图 20-21　Undo Page Header 的结构

其中各个属性的意思如下。

● TRX_UNDO_PAGE_TYPE：本页面准备存储什么类型的 undo 日志。

前文介绍了好几种类型的 undo 日志，它们可以被分为两个大类。

- TRX_UNDO_INSERT（使用十进制 1 表示）：类型为 TRX_UNDO_INSERT_REC 的 undo 日志属于这个大类，一般由 INSERT 语句产生；当 UPDATE 语句中有更新主键的情况时也会产生此类型的 undo 日志。我们把属于这个 TRX_UNDO_INSERT 大类的 undo 日志简称为 insert undo 日志。
- TRX_UNDO_UPDATE（使用十进制 2 表示），除了类型为 TRX_UNDO_INSERT_REC 的 undo 日志，其他类型的 undo 日志都属于这个大类，比如前面说的 TRX_UNDO_DEL_MARK_REC、TRX_UNDO_UPD_EXIST_REC 等。一般由 DELETE、UPDATE 语句产生的 undo 日志属于这个大类。我们把属于这个 TRX_UNDO_UPDATE 大类的 undo 日志简称为 update undo 日志。

这个 TRX_UNDO_PAGE_TYPE 属性的可选值就是上面这两个，用来标记本页面用于存储哪个大类的 undo 日志。不同大类的 undo 日志不能混着存储，比如一个 Undo 页面的 TRX_UNDO_PAGE_TYPE 属性值为 TRX_UNDO_INSERT，那么这个页面就只能存储类型为 TRX_UNDO_INSERT_REC 的 undo 日志，其他类型的 undo 日志就不能放到这个页面中了。

小贴士　　之所以把 undo 日志分成 2 个大类，是因为类型为 TRX_UNDO_INSERT_REC 的 undo 日志在事务提交后可以直接删除掉，而其他类型的 undo 日志还需要为 MVCC 服务，不能直接删除掉，因此对它们的处理需要区别对待。当然，MVCC 的内容我们下一章才会讲，现在只要知道 undo 日志分为 2 个大类就好了，更详细的内容会在后面仔细唠叨。

- TRX_UNDO_PAGE_START：表示在当前页面中从什么位置开始存储 undo 日志，或者说表示第一条 undo 日志在本页面中的起始偏移量。
- TRX_UNDO_PAGE_FREE：与上面的 TRX_UNDO_PAGE_START 对应，表示当前页面中存储的最后一条 undo 日志结束时的偏移量；或者说从这个位置开始，可以继续写入新的 undo 日志。

假设现在向页面中写入了 3 条 undo 日志，那么 TRX_UNDO_PAGE_START 和 TRX_UNDO_PAGE_FREE 的示意图如图 20-22 所示。

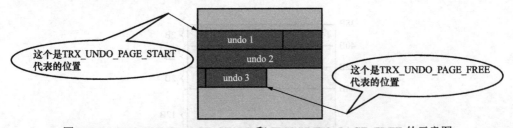

图 20-22　TRX_UNDO_PAGE_START 和 TRX_UNDO_PAGE_FREE 的示意图

当然，在最初一条 undo 日志也没写入的情况下，TRX_UNDO_PAGE_START 和 TRX_UNDO_PAGE_FREE 的值是相同的。

- TRX_UNDO_PAGE_NODE：代表一个链表节点结构（前文刚说过）。下边马上用到这个属性，少安毋躁。

20.6　Undo 页面链表

20.6.1　单个事务中的 Undo 页面链表

因为一个事务可能包含多个语句，而且一个语句可能会对若干条记录进行改动，而对每条记录进行改动前（再强调一下，这里指的是聚簇索引记录），都需要记录 1 条或 2 条 undo 日志。所以在一个事务执行过程中可能产生很多 undo 日志。这些日志可能在一个页面中放不下，需要放到多个页面中。这些页面就通过前文介绍的 TRX_UNDO_PAGE_NODE 属性连成了链表，如图 20-23 所示。

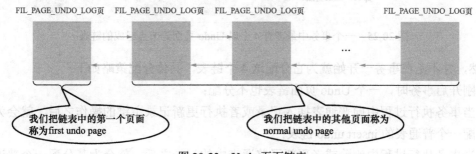

图 20-23　Undo 页面链表

大家往上再瞅一瞅图 20-23，我们特意把链表中的第一个 Undo 页面给标了出来，称它为 first undo page。其余的 Undo 页面称为 normal undo page，这是因为在 first undo page 中除了包含 Undo Page Header 之外，还会包含其他的一些管理信息（这个稍后再说）。

在一个事务的执行过程中，可能会混着执行 INSERT、DELETE、UPDATE 语句，这也就意味着会产生不同类型的 undo 日志。但是前面又强调过，同一个 Undo 页面要么只存储 TRX_UNDO_INSERT 大类的 undo 日志，要么只存储 TRX_UNDO_UPDATE 大类的 undo 日志，不能混着存储。所以在一个事务的执行过程中就可能需要 2 个 Undo 页面的链表：一个称为 insert undo 链表；另一个称为 update undo 链表，如图 20-24 所示。

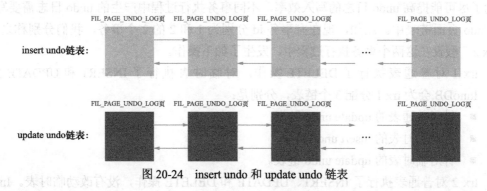

图 20-24　insert undo 和 update undo 链表

另外，设计 InnoDB 的大叔规定，在对普通表和临时表的记录改动时所产生的 undo 日志要分别记录（稍后阐释为啥这么做）。所以在一个事务中最多有 4 个以 Undo 页面为节点组成的链表，如图 20-25 所示。

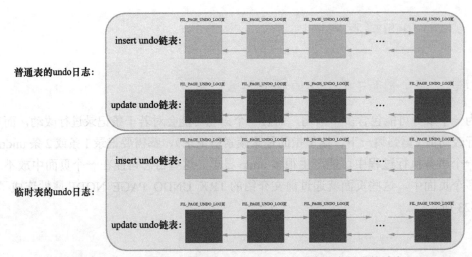

图 20-25   一个事务中最多有 4 个以 Undo 页面为节点组成的链表

当然，并不是在事务一开始就为它分配这 4 个链表，具体分配策略如下：

● 刚开启事务时，一个 Undo 页面链表也不分配；
● 当事务执行过程中向普通表插入记录或者执行更新记录主键的操作之后，就会为其分配一个普通表的 insert undo 链表；
● 当事务执行过程中删除或者更新了普通表中的记录之后，就会为其分配一个普通表的 update undo 链表；
● 当事务执行过程中向临时表插入记录或者执行更新记录主键的操作之后，就会为其分配一个临时表的 insert undo 链表；
● 当事务执行过程中删除或者更新了临时表中的记录之后，就会为其分配一个临时表的 update undo 链表。

总之就是：按需分配，啥时候需要啥时候分配，不需要就不分配。

20.6.2   多个事务中的 Undo 页面链表

为了尽可能提高 undo 日志的写入效率，不同事务执行过程中产生的 undo 日志需要写入不同的 Undo 页面链表中。比如，现在有事务 id 分别为 1 和 2 的 2 个事务，我们分别称之为 trx 1 和 trx 2。假设在这两个事务执行过程中，发生了如下操作。

● trx 1 对普通表执行了 DELETE 操作，对临时表执行了 INSERT 和 UPDATE 操作。InnoDB 会为 trx 1 分配 3 个链表，分别是：
    ■ 针对普通表的 update undo 链表；
    ■ 针对临时表的 insert undo 链表；
    ■ 针对临时表的 update undo 链表。
● trx 2 对普通表执行了 INSERT、UPDATE 和 DELETE 操作，没有改动临时表。InnoDB 会为 trx 2 分配 2 个链表，分别是：
    ■ 针对普通表的 insert undo 链表；
    ■ 针对普通表的 update undo 链表。

综上所述，在 trx 1 和 trx 2 的执行过程中，InnoDB 共需为这 2 个事务分配 5 个 Undo 页面链表，如图 20-26 所示。

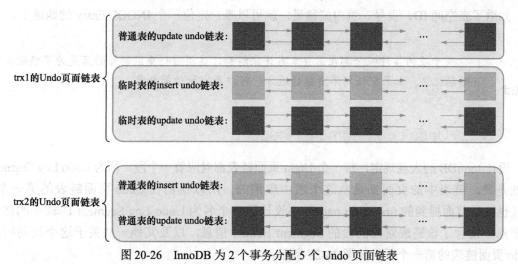

图 20-26 InnoDB 为 2 个事务分配 5 个 Undo 页面链表

如果有更多的事务，就意味着可能会产生更多的 Undo 页面链表。

20.7 undo 日志具体写入过程

20.7.1 段的概念

如果大家非常认真地看过第 9 章的话，对段（segment）的概念应该印象深刻，我们当时花了非常多的篇幅来唠叨这个概念。简单来讲，这个段是一个逻辑上的概念，本质上是由若干个零散页面和若干个完整的区组成的。

比如，一个 B+ 树索引被划分成两个段：一个叶子节点段和一个非叶子节点段。这样叶子节点就可以被尽可能地存放到一起，非叶子节点被尽可能地存放到一起。每一个段对应一个 INODE Entry 结构。这个 INODE Entry 结构描述了这个段的各种信息，比如段的 ID、段内的各种链表基节点、零散页面的页号有哪些等（有关该结构中每个属性的具体意思，可以到第 9 章再温习一下）。前面的章节也说过，为了定位一个 INODE Entry，设计 InnoDB 的大叔设计了一个 Segment Header 的结构，如图 20-27 所示。

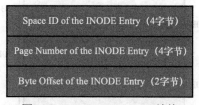

图 20-27 Segment Header 结构

整个 Segment Header 占用 10 字节，各个属性的意思如下。

- Space ID of the INODE Entry：INODE Entry 结构所在的表空间 ID。

- Page Number of the INODE Entry：INODE Entry 结构所在的页面页号。
- Byte Offset of the INODE Entry：INODE Entry 结构在该页面中的偏移量。

知道了表空间 ID、页号、页内偏移量，就可以唯一定位一个 INODE Entry 的地址了。

　　　关于段的各种概念都在第 9 章有详细解释，这里进行重温的目的只是为了唤醒大家
沉睡的记忆。如果有任何不清楚的地方，可以再次细读第 9 章。

20.7.2　Undo Log Segment Header

设计 InnoDB 的大叔规定，每一个 Undo 页面链表都对应着一个段，称为 Undo Log Segment。也就是说，链表中的页面都是从这个段中申请的，所以他们在 Undo 页面链表的第一个页面（也就是前面提到的 first undo page）中设计了一个名为 Undo Log Segment Header 的部分。这个部分包含了该链表对应的段的 Segment Header 信息，以及其他一些关于这个段的信息。Undo 页面链表的第一个页面如图 20-28 所示。

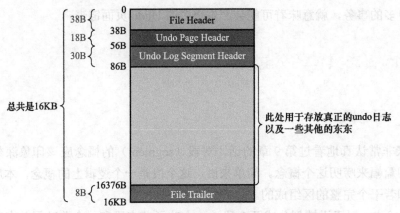

图 20-28　Undo 页面链表的第一个页面结构示意图

可以看到，这个 Undo 页面链表的第一个页面比普通页面多了一个 Undo Log Segment Header，我们来看一下它的结构，如图 20-29 所示。

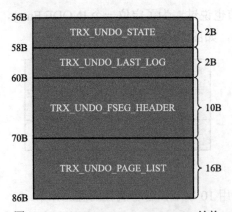

图 20-29　Undo Log Segment Header 结构

其中各个属性的意思如下。

- TRX_UNDO_STATE：本 Undo 页面链表处于什么状态。可能的状态有下面几种。
  - TRX_UNDO_ACTIVE：活跃状态，也就是一个活跃的事务正在向这个 Undo 页面链表中写入 undo 日志。
  - TRX_UNDO_CACHED：被缓存的状态。处于该状态的 Undo 页面链表等待之后被其他事务重用。
  - TRX_UNDO_TO_FREE：等待被释放的状态。对于 insert undo 链表来说，如果在它对应的事务提交之后，该链表不能被重用，那么就会处于这种状态。
  - TRX_UNDO_TO_PURGE：等待被 purge 的状态。对于 update undo 链表来说，如果在它对应的事务提交之后，该链表不能被重用，那么就会处于这种状态。
  - TRX_UNDO_PREPARED：处于此状态的 Undo 页面链表用于存储处于 PREPARE 阶段的事务产生的日志。

> Undo 页面链表什么时候会被重用以及怎么重用，会在后面详细说的。事务的 PREPARE 阶段是在分布式事务中才出现的，本书不会介绍更多关于分布式事务的内容，所以大家目前忽略这个状态就好了。

小贴士

- TRX_UNDO_LAST_LOG：本 Undo 页面链表中最后一个 Undo Log Header 的位置。

> Undo Log Header 的内容稍后马上介绍。

小贴士

- TRX_UNDO_FSEG_HEADER：本 Undo 页面链表对应的段的 Segment Header 信息（就是 20.7.1 节介绍的那个 10 字节结构，通过这个信息可以找到该段对应的 INODE Entry）。
- TRX_UNDO_PAGE_LIST：Undo 页面链表的基节点。

前面讲到，Undo 页面的 Undo Page Header 部分有一个 12 字节大小的 TRX_UNDO_PAGE_NODE 属性，这个属性代表一个链表节点结构。每一个 Undo 页面都包含 TRX_UNDO_PAGE_NODE 属性，这些页面可以通过这个属性连成一个链表。这个 TRX_UNDO_PAGE_LIST 属性代表这个链表的基节点，当然这个基节点只存在于 Undo 页面链表的第一个页面（也就是 first undo page）中。

20.7.3　Undo Log Header

一个事务在向 Undo 页面中写入 undo 日志时，采用的方式是十分简单粗暴的，就是直接往里"堆"，写完一条紧接着写另一条，各条 undo 日志是亲密无间的。写完一个 Undo 页面后，再从段中申请一个新页面，然后把这个页面插入到 Undo 页面链表中，继续往这个新申请的页面中写 undo 日志。

设计 InnoDB 的大叔认为，同一个事务向一个 Undo 页面链表中写入的 undo 日志算是一个组。比如前面介绍的 trx 1 由于会分配 3 个 Undo 页面链表，也就会写入 3 个组的 undo 日志；trx 2 由于会分配 2 个 Undo 页面链表，也就会写入 2 个组的 undo 日志。在每写入一组 undo 日志时，都会在这组 undo 日志前先记录一下关于这个组的一些属性。设计 InnoDB 的大叔把存储这些属性的地方称为 Undo Log Header。所以 Undo 页面链表的第一个页面在真正写入 undo 日志前，其实都会被填充 Undo Page Header、Undo Log Segment Header、Undo Log Header 这 3 个部分，如图 20-30 所示。

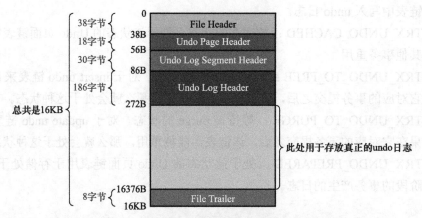

图 20-30　Undo 页面链表的第一个页面结构示意图

这个 Undo Log Header 具体的结构如图 20-31 所示。

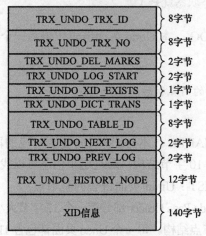

图 20-31　Undo Log Header 的结构

哇哦！映入眼帘的又是一大堆属性。我们先大致看一下它们都是啥意思。

- TRX_UNDO_TRX_ID：生成本组 undo 日志的事务 id。
- TRX_UNDO_TRX_NO：事务提交后生成的一个序号，此序号用来标记事务的提交顺序（先提交的序号小，后提交的序号大）。
- TRX_UNDO_DEL_MARKS：标记本组 undo 日志中是否包含由 delete mark 操作产生的 undo 日志。
- TRX_UNDO_LOG_START：表示本组 undo 日志中第一条 undo 日志在页面中的偏移量。
- TRX_UNDO_XID_EXISTS：本组 undo 日志是否包含 XID 信息。

小贴士

本书不会展开讲述 XID 的更多东西，有兴趣的读者可以自行阅读相关文档或材料。

- TRX_UNDO_DICT_TRANS：标记本组 undo 日志是不是由 DDL 语句产生的。
- TRX_UNDO_TABLE_ID：如果 TRX_UNDO_DICT_TRANS 为真，那么本属性表示 DDL 语句操作的表的 table id。
- TRX_UNDO_NEXT_LOG：下一组 undo 日志在页面中开始的偏移量。
- TRX_UNDO_PREV_LOG：上一组 undo 日志在页面中开始的偏移量。

一般来说，一个 Undo 页面链表只存储一个事务执行过程中产生的一组 undo 日志。但是在某些情况下，可能会在一个事务提交之后，后续开启的事务又重复利用这个 Undo 页面链表，这就会导致一个 Undo 页面中可能存放多组 undo 日志。TRX_UNDO_NEXT_LOG 和 TRX_UNDO_PREV_LOG 就是用来标记下一组和上一组 undo 日志在页面中的偏移量的。关于什么时候重用 Undo 页面链表，以及怎么重用这个链表，会在稍后详细说明。现在先理解 TRX_UNDO_NEXT_LOG 和 TRX_UNDO_PREV_LOG 这两个属性的意思就好了。

- TRX_UNDO_HISTORY_NODE：一个 12 字节的链表节点结构，代表一个名为 History 链表的节点。

关于 History 链表，会在下一章详细唠叨，现在先不用管。

20.7.4　小结

对于没有被重用的 Undo 页面链表来说，链表的第一个页面（也就是 first undo page）在真正写入 undo 日志前，会填充 Undo Page Header、Undo Log Segment Header、Undo Log Header 这 3 个部分，之后才开始正式写入 undo 日志。对于其他页面（也就是 normal undo page）来说，在真正写入 undo 日志前，只会填充 Undo Page Header。链表基节点存放到 first undo page 的 Undo Log Segment Header 部分，链表节点信息存放到每一个 Undo 页面的 Undo Page Header 部分。我们可以画一个 Undo 页面链表的示意图（见图 20-32）。

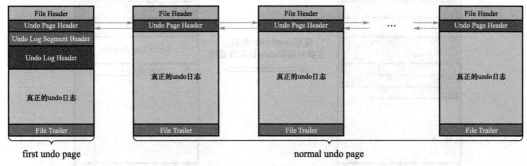

图 20-32　Undo 页面链表示意图

20.8　重用 Undo 页面

前面说到，为了能提高并发执行的多个事务写入 undo 日志的性能，设计 InnoDB 的大叔决定为每个事务单独分配相应的 Undo 页面链表（最多可能单独分配 4 个链表）。但是这也造成了一些问题，比如大部分事务在执行过程中可能只修改了一条或几条记录，针对某个 Undo 页面链表只产生了非常少的 undo 日志，这些 undo 日志可能只占用一点点存储空间。每开启一个事务就新创建一个 Undo 页面链表（虽然这个链表中只有一个页面）来存储这么一点 undo 日志岂不是太浪费了么？的确是挺浪费，于是设计 InnoDB 的大叔本着勤俭节约的优良传统，决定在事务提交后的某些情况下重用该事务的 Undo 页面链表。一个 Undo 页面链表如果可以被重用，那么它需要符合下面两个条件。

● 该链表中只包含一个 Undo 页面。

如果一个事务在执行过程中产生了非常多的 undo 日志，那么它可能申请非常多的页面加入到 Undo 页面链表中。在该事务提交后，如果将整个链表中的页面都重用，那就意味着即使新的事务并没有向该 Undo 页面链表中写入很多 undo 日志，该链表也得维护非常多的页面。那些用不到的页面也不能被别的事务所使用，这样就造成了另一种浪费。所以设计 InnoDB 的大叔规定，只有在 Undo 页面链表中只包含一个 Undo 页面时，该链表才可以被下一个事务所重用。

● 该 Undo 页面已经使用的空间小于整个页面空间的 3/4。

如果该 Undo 页面已经使用了本页中绝大部分的存储空间，那么重用该 Undo 页面也得不到更多好处。

前面说过，按照存储的 undo 日志所属的大类，Undo 页面链表可以被分为 insert undo 链表和 update undo 链表两种。这两种链表在被重用时，策略也是不同的，我们分别看一下。

● insert undo 链表

insert undo 链表中只存储类型为 TRX_UNDO_INSERT_REC 的 undo 日志。这种类型的 undo 日志在事务提交之后就没用了，可以被清除掉。所以在某个事务提交后，在重用这个事务的 insert undo 链表（这个链表中只有一个页面）时，可以直接把之前事务写入的一组 undo 日志覆盖掉，从头开始写入新事务的一组 undo 日志，如图 20-33 所示。

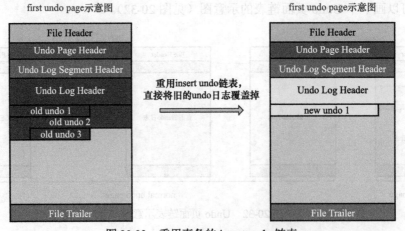

图 20-33　重用事务的 insert undo 链表

在图 20-33 中，假设有一个事务使用的 insert undo 链表。在事务提交时，只向 insert undo 链表中插入了 3 条 undo 日志。这个 insert undo 链表只申请了一个 Undo 页面。如果此时该页面已使用的空间小于整个页面大小的 3/4，那么下一个事务就可以重用这个 insert undo 链表（链表中只有一个页面）。假设此时有一个新事务重用了该 insert undo 链表，那么可以直接把一组旧的 undo 日志覆盖掉，写入一组新的 undo 日志。

小贴士

当然，在重用 Undo 页面链表并写入一组新的 undo 日志时，不仅会写入新的 Undo Log Header，还会适当调整 Undo Page Header、Undo Log Segment Header、Undo Log Header 中的一些属性，比如 TRX_UNDO_PAGE_START、TRX_UNDO_PAGE_FREE 等，这些就不具体唠叨了。

- update undo 链表

  在一个事务提交后，它的 update undo 链表中的 undo 日志不能立即删除掉（这些日志用于 MVCC，后面章节会介绍）。如果之后的事务想重用 update undo 链表，就不能覆盖之前事务写入的 undo 日志。这样就相当于在同一个 Undo 页面中写入了多组 undo 日志，效果如图 20-34 所示。

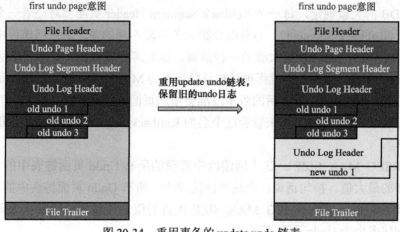

图 20-34　重用事务的 update undo 链表

20.9　回滚段

20.9.1　回滚段的概念

我们知道，一个事务在执行过程中最多可以分配 4 个 Undo 页面链表。在同一时刻，不同事务拥有的 Undo 页面链表是不一样的，系统在同一时刻其实可以存在许多个 Undo 页面链表。为了更好地管理这些链表，设计 InnoDB 的大叔又设计了一个名为 Rollback Segment Header 的页面。这个页面中存放了各个 Undo 页面链表的 first undo page 的页号，这些页号称为 undo slot。

我们可以这样理解：每个 Undo 页面链表都相当于是一个班，这个链表的 first undo page 就相当于这个班的班长；找到了这个班的班长后，就可以找到班里的其他同学（其他同学相当于 normal undo page）。有时，学校需要向班级传达一下精神，就需要把班长都召集在会议室，这个 Rollback Segment Header 页面就相当于是一个会议室。

我们看一下这个名为 Rollback Segment Header 的页面长啥样（以默认的 16KB 为例），如图 20-35 所示。

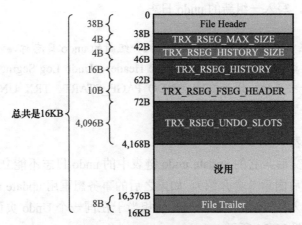

图 20-35   Rollback Segment Header 页面结构示意图

设计 InnoDB 的大叔规定，每一个 Rollback Segment Header 页面都对应着一个段，这个段就称为回滚段（Rollback Segment）。与前面介绍的各种段不同的是，这个回滚段中其实只有一个页面（这可能是设计 InnoDB 的大叔的一种洁癖，他们可能觉得为了某个目的去分配页面的话，都得先申请一个段；或者他们觉得虽然在目前版本的 MySQL［我使用的版本是 5.7.22］中，回滚段中其实只有一个页面，但之后的版本没准会增加页面）。

了解了回滚段的含义之后，再来看看这个名为 Rollback Segment Header 的页面中，各个部分的含义都是啥。

● TRX_RSEG_MAX_SIZE：这个回滚段中管理的所有 Undo 页面链表中的 Undo 页面数量之和的最大值。换句话说，在这个回滚段中，所有 Undo 页面链表中的 Undo 页面数量之和不能超过 TRX_RSEG_MAX_SIZE 代表的值。该属性的值默认为无限大，也就是想创建多少个 Undo 页面都可以。

> "无限大"其实也只是个夸张的说法，4 字节能表示的最大数也就是 0xFFFFFFFF。
> 但是后面会看到，0xFFFFFFFF 这个数有特殊用途，所以实际上 TRX_RSEG_MAX_
> SIZE 的默认值为 0xFFFFFFFE。

小贴士

● TRX_RSEG_HISTORY_SIZE：History 链表占用的页面数量。
● TRX_RSEG_HISTORY：History 链表的基节点。

> History 链表会在下一章讲，少安毋躁。

小贴士

● TRX_RSEG_FSEG_HEADER：这个回滚段对应的 10 字节大小的 Segment Header 结构，

通过它可以找到本回滚段对应的 INODE Entry。

- TRX_RSEG_UNDO_SLOTS：各个 Undo 页面链表的 first undo page 的页号集合，也就是 undo slot 集合。

一个页号占用 4 字节，对于大小为 16KB 的页面来说，这个 TRX_RSEG_UNDO_SLOTS 部分共存储了 1,024 个 undo slot，所以共需 1,024 × 4 = 4,096 字节。

20.9.2　从回滚段中申请 Undo 页面链表

在初始情况下，由于未向任何事务分配任何 Undo 页面链表，所以对于一个 Rollback Segment Header 页面来说，它的各个 undo slot 都被设置为一个特殊的值：FIL_NULL（对应的十六进制就是 0xFFFFFFFF），这表示该 undo slot 不指向任何页面。

随着时间的流逝，开始有事务需要分配 Undo 页面链表了。于是从回滚段的第一个 undo slot 开始，看看该 undo slot 的值是否为 FIL_NULL。

- 如果是 FIL_NULL，那么就在表空间中新创建一个段（也就是 Undo Log Segment），然后从段中申请一个页面作为 Undo 页面链表的 first undo page，最后把该 undo slot 的值设置为刚刚申请的这个页面的地址。这也就意味着这个 undo slot 被分配给了这个事务。

- 如果不是 FIL_NULL，说明该 undo slot 已经指向了一个 undo 链表。也就是说这个 undo slot 已经被别的事务占用了，这就需要跳到下一个 undo slot，判断该 undo slot 的值是否为 FIL_NULL，并重复上面的步骤。

一个 Rollback Segment Header 页面中包含 1,024 个 undo slot。如果这 1,024 个 undo slot 的值都不为 FIL_NULL，这就意味着这 1,024 个 undo slot 都已经"名花有主"（被分配给了某个事务）。此时，由于新事务无法再获得新的 Undo 页面链表，就会停止执行这个事务并且向用户报错：

```
Too many active concurrent transactions
```

用户看到这个错误，可以选择重新执行这个事务（可能重新执行时有别的事务提交了，该事务就可以被分配 Undo 页面链表了）。

当一个事务提交时，它所占用的 undo slot 有两种"命运"。

- 如果该 undo slot 指向的 Undo 页面链表符合被重用的条件（就是 Undo 页面链表只占用一个页面，并且已使用空间小于整个页面的 3/4），该 undo slot 就处于被缓存的状态。设计 InnoDB 的大叔规定，该 Undo 页面链表的 TRX_UNDO_STATE 属性（该属性在 first undo page 的 Undo Log Segment Header 部分）此时会被设置为 TRX_UNDO_CACHED。

被缓存的 undo slot 都会被加入到一个链表中。不同类型的 Undo 页面链表对应的 undo slot 会被加入到不同的链表中。

  - 如果对应的 Undo 页面链表是 insert undo 链表，则该 undo slot 会被加入 insert undo cached 链表中。

■ 如果对应的 Undo 页面链表是 update undo 链表，则该 undo slot 会被加入 update undo cached 链表中。

一个回滚段对应着上述两个 cached 链表。如果有新事务要分配 undo slot，都先从对应的 cached 链表中找。如果没有被缓存的 undo slot，才会到回滚段的 Rollback Segment Header 页面中寻找。

● 如果该 undo slot 指向的 Undo 页面链表不符合被重用的条件，那么根据该 undo slot 对应的 Undo 页面链表类型的不同，也会有不同的处理。

■ 如果对应的 Undo 页面链表是 insert undo 链表，则该 Undo 页面链表的 TRX_UNDO_STATE 属性会被设置为 TRX_UNDO_TO_FREE。之后该 Undo 页面链表对应的段会被释放掉（也就意味着段中的页面可以被挪作他用），然后把该 undo slot 的值设置为 FIL_NULL。

■ 如果对应的 Undo 页面链表是 update undo 链表，则该 Undo 页面链表的 TRX_UNDO_STATE 属性会被设置为 TRX_UNDO_TO_PURGE，并将该 undo slot 的值设置为 FIL_NULL，然后将本次事务写入的一组 undo 日志放到 History 链表中（需要注意的是，这里并不会将 Undo 页面链表对应的段给释放掉，因为这些 undo 日志还需要留着为 MVCC 服务呢）。

小贴士　　更多关于 History 链表的内容下一章再说，少安毋躁。

20.9.3　多个回滚段

前文说过，一个事务在执行过程中最多分配 4 个 Undo 页面链表，而一个回滚段中只有 1,024 个 undo slot，很显然 undo slot 的数量有点少啊。即使假设一个读写事务在执行过程中只分配 1 个 Undo 页面链表，那么 1,024 个 undo slot 也只能支持 1,024 个读写事务同时执行，再多就崩溃了。这就相当于会议室只能容纳 1,024 个班长同时开会，如果有几千人同时到会议室开会，那后来的人就没地方坐了，只能等待前面的人开完会后再进去。

话说在 InnoDB 的早期发展阶段，的确只有一个回滚段。但是设计 InnoDB 的大叔后来意识到了这个问题。咋解决这个问题呢？会议室不够，多盖几间会议室不就得了。所以设计 InnoDB 的大叔一口气定义了 128 个回滚段，也就相当于有了 128 × 1,024 = 131,072 个 undo slot。假设一个读写事务在执行过程中只分配 1 个 Undo 页面链表，那么就可以同时支持 131,072 个读写事务并发执行（话说这么多事务在一台机器上并发执行，还真没见过呢）。

每个回滚段都对应着一个 Rollback Segment Header 页面。有 128 个回滚段，自然就有 128 个 Rollback Segment Header 页面。这些页面的地址总得找个地方存一下吧！于是设计 InnoDB 的大叔在系统表空间第 5 号页面的某个区域包含了 128 个 8 字节大小的格子，如图 20-36 所示。

每个 8 字节的格子的构造如图 20-37 所示。

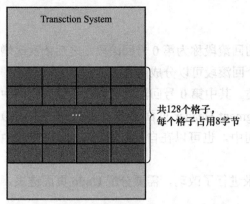

图 20-36　系统表空间的第 5 号页面的部分结构

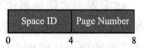

图 20-37　每个 8 字节的格子的构造

由图 20-37 可知，每个 8 字节的格子其实由两部分组成：

- 4 字节的 Space ID，代表一个表空间的 ID；
- 4 字节的 Page number，代表一个页号。

也就是说，每个 8 字节大小的格子相当于一个指针，指向某个表空间中的某个页面，这个页面就是 Rollback Segment Header 页面。这里需要注意的一点是，要定位一个 Rollback Segment Header 页面，还需要知道对应的表空间 ID，这也就意味着不同的回滚段可能分布在不同的表空间中。

所以通过上面的叙述可以大致清楚，在系统表空间的第 5 号页面中存储了 128 个 Rollback Segment Header 页面地址，每个 Rollback Segment Header 就相当于一个回滚段。在 Rollback Segment Header 页面中，又包含 1,024 个 undo slot，每个 undo slot 都对应一个 Undo 页面链表。用图来表示这段话的话，就是图 20-38 这样。

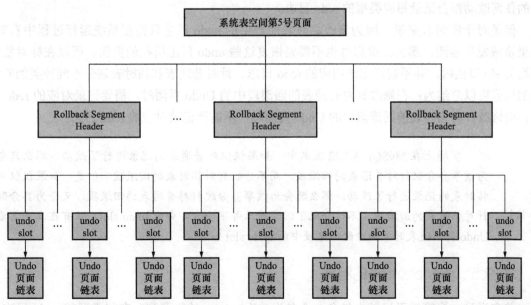

图 20-38　系统表空间第 5 号页面、Rollback Segment Header 页面、undo slot 以及 Undo 页面链表的关系

20.9.4   回滚段的分类

我们给这 128 个回滚段编一下号，最开始的回滚段称为第 0 号回滚段，之后依次递增，最后一个回滚段就称为第 127 号回滚段。这 128 个回滚段可以分成两大类。

● 第 0 号、第 33 ～ 127 号回滚段属于一类。其中第 0 号回滚段必须在系统表空间中（就是说第 0 号回滚段对应的 Rollback Segment Header 页面必须在系统表空间中）。第 33 ～ 127 号回滚段既可以在系统表空间中，也可以在自己配置的 undo 表空间中（具体配置方式稍后再说）。

如果一个事务在执行过程中对普通表的记录进行了改动，需要分配 Undo 页面链表，就必须从这一类的段中分配相应的 undo slot。

● 第 1 ～ 32 号回滚段属于一类。这些回滚段必须在临时表空间（对应着数据目录中的 ibtmp1 文件）中。

如果一个事务在执行过程中对临时表的记录进行了改动，需要分配 Undo 页面链表，就必须从这一类的段中分配相应的 undo slot。

也就是说，如果一个事务在执行过程中既对普通表的记录进行了改动，又对临时表的记录进行了改动，那么需要为这个记录分配 2 个回滚段，然后分别到这两个回滚段中分配对应的 undo slot。

为啥要针对普通表和临时表来划分不同种类的回滚段呢？这个还得从 Undo 页面本身说起。我们说过，Undo 页面其实是类型为 FIL_PAGE_UNDO_LOG 的页面的简称，说到底它也是一个普通的页面。前面还说过，在修改页面之前一定要先把对应的 redo 日志写上，这样在系统因崩溃而重启时，才能恢复到崩溃前的状态。向 Undo 页面写入 undo 日志本身也是一个写页面的过程。设计 InnoDB 的大叔还为此设计了许多 redo 日志的类型，比如 MLOG_UNDO_HDR_CREATE、MLOG_UNDO_INSERT、MLOG_UNDO_INIT。也就是说我们对 Undo 页面做的任何改动都会记录相应类型的 redo 日志。

但是对于临时表来说，因为修改临时表而产生的 undo 日志只需在系统运行过程中有效。如果系统发生崩溃，那么在重启时也不需要恢复这些 undo 日志所在的页面。所以在针对临时表写 Undo 页面时，并不需要记录相应的 redo 日志。针对普通表和临时表划分不同种类的回滚段的原因可以总结为：在修改针对普通表的回滚段中的 Undo 页面时，需要记录对应的 redo 日志；而修改针对临时表的回滚段中的 Undo 页面时，不需要记录对应的 redo 日志。

实际上在 MySQL 5.7.22 版本中，如果仅仅对普通表的记录进行了改动，那么只会为该事务分配针对普通表的回滚段，而不分配针对临时表的回滚段。但是，如果仅仅对临时表的记录进行了改动，那么既会为该事务分配针对普通表的回滚段，又会为其分配针对临时表的回滚段（不过分配了回滚段后并不会立即分配 undo slot，只有在真正需要 Undo 页面链表时才会分配回滚段中的 undo slot）。

20.9.5   roll_pointer 的组成

前文说到，聚簇索引记录中包含一个名为 roll_pointer 的隐藏列。有些类型的 undo 日志包含一个名为 roll_pointer 的属性，这个属性本质上就是一个指针，它指向一条 undo 日志的地址。这个 roll_pointer 由 7 字节组成，共包含 4 个属性，如图 20-39 所示。

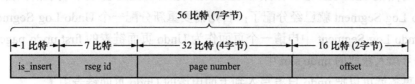

图 20-39　roll_pointer 结构示意图

其中各个属性的含义如下。

- is_insert：表示该指针指向的 undo 日志是否是 TRX_UNDO_INSERT 大类的 undo 日志。
- rseg id：表示该指针指向的 undo 日志的回滚段编号。我们知道，最多有 128 个回滚段，它们的编号范围是 0 ～ 127，所以用 7 比特表示就足够了。
- page number：表示该指针指向的 undo 日志所在页面的页号。
- offset：表示该指针指向的 undo 日志在页面中的偏移量。

正因为 roll_pointer 由这几个部分组成，我们就可以很轻松地根据它定位到一条具体的 undo 日志。

20.9.6　为事务分配 Undo 页面链表的详细过程

前面说了一大堆的概念，大家应该有点晕。接下来我们以事务对普通表的记录进行改动为例，来梳理一下事务执行过程中分配 Undo 页面链表时的完整过程。

1. 事务在执行过程中对普通表的记录进行首次改动之前，首先会到系统表空间的第 5 号页面中分配一个回滚段（其实就是获取一个 Rollback Segment Header 页面的地址）。一旦某个回滚段被分配给了这个事务，那么之后该事务再对普通表的记录进行改动时，就不会重复分配了。

使用传说中的 round-robin（循环使用）方式来分配回滚段。比如，当前事务分配了第 0 号回滚段，那么下一个事务就要分配第 33 号回滚段，再下一个事务就要分配第 34 号回滚段。简单来说就是这些回滚段被轮着分配给不同的事务（就是这么简单粗暴，没啥好说的）。

2. 在分配到回滚段后，首先看一下这个回滚段的两个 cached 链表有没有已经缓存的 undo slot。如果事务执行的是 INSERT 操作，就去回滚段对应的 insert undo cached 链表中看看有没有缓存的 undo slot；如果事务执行的是 DELETE 操作，就去回滚段对应的 update undo cached 链表中看看有没有缓存的 undo slot。如果有缓存的 undo slot，就把这个缓存的 undo slot 分配给该事务。

3. 如果没有缓存的 undo slot 可供分配，那么就要到 Rollback Segment Header 页面中找一个可用的 undo slot 分配给当前事务。

前面已经说过如何从 Rollback Segment Header 页面中分配可用的 undo slot 了。就是从第 0 个 undo slot 开始，如果该 undo slot 的值为 FIL_NULL，意味着这个 undo slot 是空闲的，就把这个 undo slot 分配给当前事务；否则查看下一个 undo slot 是否满足条件；依此类推，直到最后一个

undo slot。如果这 1,024 个 undo slot 的值都不是 FIL_NULL，就直接报错（一般不会出现这种情况）。

4. 找到可用的 undo slot 后，如果该 undo slot 是从 cached 链表中获取的，那么它对应的 Undo Log Segment 就已经分配了；否则需要重新分配一个 Undo Log Segment，然后从该 Undo Log Segment 中申请一个页面作为 Undo 页面链表的 first undo page，并把该页的页号填入获取的 undo slot 中。

5. 然后事务就可以把 undo 日志写入到上面申请的 Undo 页面链表中了。

对临时表的记录进行改动时，步骤与上面一样，这里不再赘述。不过需要再强调一次，如果一个事务在执行过程中既对普通表的记录进行了改动，又对临时表的记录进行了改动，那么需要为这个事务分配 2 个回滚段。并发执行的不同事务其实也可以被分配相同的回滚段，只要分配不同的 undo slot 就可以了。

20.10　回滚段相关配置

20.10.1　配置回滚段数量

前面说过，系统中一共有 128 个回滚段。其实这只是默认值，我们可以通过启动选项 innodb_rollback_segments 来配置回滚段的数量，可配置的范围是 1 ～ 128。但是这个选项并不会影响针对临时表的回滚段数量。针对临时表的回滚段数量一直是 32，也就是说：

- 如果把 innodb_rollback_segments 的值设置为 1，那么只会有 1 个针对普通表的可用回滚段，但是仍然有 32 个针对临时表的可用回滚段；
- 如果把 innodb_rollback_segments 的值设置为 2 ～ 33 之间的数，效果与将其设置为 1 是一样的；
- 如果把 innodb_rollback_segments 设置为大于 33 的数，那么针对普通表的可用回滚段数量就是该数减去 32。

20.10.2　配置 undo 表空间

默认情况下，针对普通表设立的回滚段（第 0 号以及第 33 ～ 127 号回滚段）都是被分配到系统表空间中的。其中第 0 号回滚段一直在系统表空间，但是第 33 ～ 127 号回滚段可以通过配置放到自定义的 undo 表空间中。但是这种配置只能在系统初始化（创建数据目录时）时使用，一旦初始化完成，就不能再次更改了。我们看一下相关的启动选项。

- 通过 innodb_undo_directory 指定 undo 表空间所在的目录。如果没有指定该参数，则默认 undo 表空间所在的目录就是数据目录。
- 通过 innodb_undo_tablespaces 定义 undo 表空间的数量。该参数的默认值为 0，表明不创建任何 undo 表空间。

第 33 ～ 127 号回滚段可以平均分布到不同的 undo 表空间中。

如果在系统初始化时指定了创建 undo 表空间，那么系统表空间中的第 0 号回滚段将处于不可用状态。

比如在系统初始化时指定 innodb_rollback_segments 为 35，innodb_undo_tablespaces 为 2，这样就会将第 33、34 号回滚段分别分布到一个 undo 表空间中。

设立 undo 表空间的一个好处就是在 undo 表空间中的文件大到一定程度时，可以自动将该 undo 表空间截断（truncate）成一个小文件。而系统表空间的大小只能不断增大，不能截断。

20.11　undo 日志在崩溃恢复时的作用

上一章讲到，在服务器因为崩溃而恢复的过程中，首先需要按照 redo 日志将各个页面的数据恢复到崩溃之前的状态，这样可以保证已经提交的事务的持久性。但是这里仍然存在一个问题，就是那些没有提交的事务写的 redo 日志可能也已经刷盘，那么这些未提交的事务修改过的页面在 MySQL 服务器重启时可能也被恢复了。

为了保证事务的原子性，有必要在服务器重启时将这些未提交的事务回滚掉。那么，怎么找到这些未提交的事务呢？这个工作又落到了 undo 日志头上。

我们可以通过系统表空间的第 5 号页面定位到 128 个回滚段的位置，在每一个回滚段的 1,024 个 undo slot 中找到那些值不为 FIL_NULL 的 undo slot，每一个 undo slot 对应着一个 Undo 页面链表。然后从 Undo 页面链表第一个页面的 Undo Log Segment Header 中找到 TRX_UNDO_STATE 属性，该属性标识当前 Undo 页面链表所处的状态。如果该属性的值为 TRX_UNDO_ACTIVE，则意味着有一个活跃的事务正在向这个 Undo 页面链表中写入 undo 日志。然后再在 Undo Segment Header 中找到 TRX_UNDO_LAST_LOG 属性，通过该属性可以找到本 Undo 页面链表最后一个 Undo Log Header 的位置。从该 Undo Log Header 中可以找到对应事务的事务 id 以及一些其他信息，则该事务 id 对应的事务就是未提交的事务。通过 undo 日志中记录的信息将该事务对页面所做的更改全部回滚掉，这样就保证了事务的原子性。

20.12　总结

为了保证事务的原子性，设计 InnoDB 的大叔引入了 undo 日志。undo 日志记载了回滚一个操作所需的必要内容。

在事务对表中的记录进行改动时，才会为这个事务分配一个唯一的事务 id。事务 id 值是一个递增的数字。先被分配 id 的事务得到的是较小的事务 id，后被分配 id 的事务得到的是较大的事务 id。未被分配事务 id 的事务的事务 id 默认是 0。聚簇索引记录中有一个 trx_id 隐藏列，它代表对这个聚簇索引记录进行改动的语句所在的事务对应的事务 id。

设计 InnoDB 的大叔针对不同的场景设计了不同类型的 undo 日志，比如 TRX_UNDO_INSERT_REC、TRX_UNDO_DEL_MARK_REC、TRX_UNDO_UPD_EXIST_REC 等。

类型为 FIL_PAGE_UNDO_LOG 的页面是专门用来存储 undo 日志的，我们简称为 Undo 页面。

在一个事务执行过程中，最多分配 4 个 Undo 页面链表，分别是：

- 针对普通表的 insert undo 链表；
- 针对普通表的 update undo 链表；
- 针对临时表的 insert undo 链表；
- 针对临时表的 update undo 链表。

只有在真正用到这些链表的时候才去创建它们。

每个 Undo 页面链表都对应一个 Undo Log Segment。Undo 页面链表的第一个页面中有一个名为 Undo Log Segment Header 的部分，专门用来存储关于这个段的一些信息。

同一个事务向一个 Undo 页面链表中写入的 undo 日志算是一个组，每个组都以一个 Undo Log Header 部分开头。

一个 Undo 页面链表如果可以被重用，需要符合下面的条件：

- 该链表中只包含一个 Undo 页面；
- 该 Undo 页面已经使用的空间小于整个页面空间的 3/4。

每一个 Rollback Segment Header 页面都对应着一个回滚段，每个回滚段包含 1,024 个 undo slot，一个 undo slot 代表一个 Undo 页面链表的第一个页面的页号。目前，InnoDB 最多支持 128 个回滚段，其中第 0 号、第 33 ～ 127 号回滚段是针对普通表设计的，第 1 ～ 32 号回滚段是针对临时表设计的。

我们可以选择将 undo 日志记录到专门的 undo 表空间中，在 undo 表空间中的文件大到一定程度时，可以自动将该 undo 表空间截断为小文件。

第21章 一条记录的多副面孔——事务隔离级别和MVCC

21.1 事前准备

为了故事的顺利发展，我们需要创建一个表：

```
CREATE TABLE hero (
    number INT,
    name VARCHAR(100),
    country VARCHAR(100),
    PRIMARY KEY (number)
) Engine=InnoDB CHARSET=utf8;
```

 小贴士

> 注意，这里把 hero 表的主键命名为 number，而不是 id，主要是想与后面要用到的事务 id 进行区别。大家不用大惊小怪。

然后向这个表插入一条记录：

```
INSERT INTO hero VALUES(1, '刘备', '蜀');
```

现在表中的数据就是下面这样：

```
mysql> SELECT * FROM hero;
+--------+--------+---------+
| number | name   | country |
+--------+--------+---------+
|      1 | 刘备   | 蜀      |
+--------+--------+---------+
1 row in set (0.00 sec)
```

21.2 事务隔离级别

我们知道，MySQL 是一个客户端 / 服务器架构的软件。对于同一个服务器来说，可以有多个客户端与之连接。每个客户端与服务器建立连接后，就形成了一个会话。每个客户端都可以在自己的会话中向服务器发出请求语句，一个请求语句可能是某个事务的一部分。服务器可以同时处理来自多个客户端的多个事务。

我们在第 18 章中提到，一个事务就对应着现实世界的一次状态转换。事务执行之后必须保证数据符合现实世界的所有规则，这就是我们强调的一致性。数据库管理系统提供的一系列约束，比方说主键、唯一索引、外键、声明某个列不允许插入 NULL 值等可以帮助我们解决一部分一致性需求。但是这对于"现实世界的所有规则"来说，无异于杯水车薪，更多的一致性需求需要我们程序员人为地保证。数据库管理系统通过 redo 日志、undo 日志这些手段来保证事务的原子性。程序员只要将现实世界的状态转换所对应的数据库操作都写到一个事务中，那么该事务执行完成后，必然从一个一致性状态转移到下一个一致性状态（原子性保证即使事务执行失败，也只会返回到最初的一致性状态）。我们在 18 章中举了一个转账的例子。狗哥向猫爷转账 5 元钱就是现实世界的一次状态转换，当时我们粗略地将这次状态转换对应到下面这几个操作。

1. 读取狗哥账户的余额到变量 A 中；简写为 read(A)。大家可以把这个过程对应到一条 SELECT 语句，将读取到的结果存储到变量 A。
2. 将狗哥账户的余额减去转账金额；简写为 A = A − 5。大家可以把这个过程理解为在我们的用户程序中将变量 A 的值减 5。
3. 将狗哥账户修改过的余额写到磁盘中；简写为 write(A)。大家可以把这个过程对应到一条 UPDATE 语句。
4. 读取猫爷账户的余额到变量 B；简写为 read(B)。大家可以把这个过程对应到一条 SELECT 语句，将读取到的结果存储到变量 B。
5. 将猫爷账户的余额加上转账金额；简写为 B = B + 5。大家可以把这个过程理解为在我们的用户程序中将变量 B 的值加 5。
6. 将猫爷账户修改过的余额写到磁盘中；简写为 write(B)。大家可以把这个过程对应到一条 UPDATE 语句。

小贴士

> 由于我们已经介绍过 redo 日志了，所以其实 write(A)、write(B) 操作没必要一定要将修改过的余额写到磁盘中。写到内存中的页面中就可以了。

在这个转账事务中，我们必须保证参与转账的账户的总余额保持不变，这也就是这个转账事务的一致性需求。程序员只要把上述步骤都放在一个事务中执行，在事务的原子性的保护下，这些操作执行完肯定是能满足一致性需求。

如果事务是以单个的形式一个接一个地执行，那么在一个事务开始时，面对的就是上一个事务执行结束后留下的一致性状态，它执行之后又会产生下一个一致性状态。在多个事务并发执行时，情况就变得比较复杂了。如果这些并发执行的事务不会访问相同的数据，比方说在"狗哥给猫爷转账"的事务和"张三给李四转账"的事务并发执行时，由于这两个事务并不会访问相同的账户，所以它们并发执行并不会带来什么一致性问题。也就是说最终的"参与转账的账户的总余额保持不变"这个一致性需求是可以保证的，但是，如果并发执行的事务会访问相同的数据，就可能导致不能满足"参与转账的账户的总余额保持不变"这个一致性需求。我们在 18 章中也举了一个例子。狗哥一开始有 11 元，猫爷有 2 元，他们的账户总余额为 13 元。狗哥向猫爷同时进行两次转账，这两次转账对应的事务分别命名为 T1 和 T2。如果 T1 和 T2 中的各个步骤的执行顺序如图 21-1 所示，那么就会引发一致性问题。

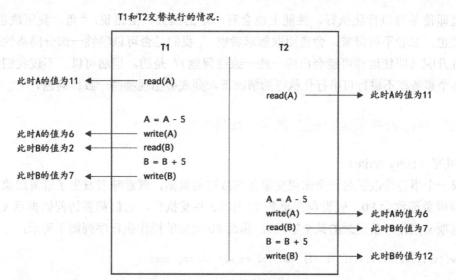

图 21-1　T1 和 T2 的执行顺序

如果按照图 21-1 中的执行顺序来进行两次转账，最终狗哥的账户里还剩 6 元钱，相当于只扣了 5 元钱，但是猫爷的账户里却成了 12 元钱，相当于多了 10 元钱。他们的账户总余额变为了 18 元。这显然违背了"参与转账的账户的总余额保持不变"的一致性需求。

这就要求我们使用某种手段来强制让这些事务按照顺序一个一个单独地执行，或者最终执行的效果和单独执行一样。也就是说我们希望让这些事务"隔离"地执行，互不干涉。这也就是事务的隔离性。

实现这个隔离性的最粗暴方式就是在系统中的同一时刻最多只允许一个事务运行（比方说强制让所有事务在一个线程中执行）。其他事务只有在该事务执行完之后，才可以开始运行。我们也把这种多个事务的执行方式称为串行执行。但是串行执行太严格了，会严重降低系统吞吐量和资源利用率，会增加事务的等待时间。这样不太好，我们需要改进。并发事务之所以可能影响一致性，是因为它们在执行过程中可能访问相同的数据。我们可以更人性化一点，比方说在某个事务访问某个数据时，对要求其他试图访问相同数据的事务进行限制，让它们进行排队。当该事务提交之后，其他事务才能继续访问这个数据。这样可以让并发执行的事务的执行结果与串行执行的结果一样，我们把这种多个事务的执行方式称为可串行化执行。

　　两个并发的事务在执行过程中访问相同数据的情况有读－读情况（也就是两个事务对该数据都进行读操作）、读－写情况（也就是一个事务对该数据进行读操作，另一个事务对该数据进行写操作）、写－读情况（也就是一个事务对该数据进行写操作，另一个事务对该数据进行读操作）、写－写情况（也就是两个事务对该数据都进行写操作）。如果是读－读操作的话，由于单纯的读操作并不会影响数据的状态，所以读－读操作并不会带来一致性问题。只有在至少一个事务对数据进行写操作时（也就是读－写情况、写－读情况和写－写情况），才可能带来一致性问题（本章后文会详细分析几种可能引发一致性问题的现象）。所以我们在实现多个事务的可串行化执行的时候，仅需要在多个事务对相同数据的访问是读－写情况、写－读情况和写－写情况时，对其进行排队即可（这通常是通过加锁实现的，我们在下一章中会详细唠叨锁）。

　　不过即使是可串行化执行，性能上也会有一定的损失。俗话说："鱼，我所欲也；熊掌，亦我所欲也。二者不可得兼，舍鱼而取熊掌者也。"我们是否可以牺牲一部分隔离性来换取性能上的提升呢（即使这样可能会出现一些一致性问题）？是的，当然可以。不过我们首先需要搞明白多个事务在不进行可串行化执行的情况下，到底会出现哪些一致性问题？

21.2.1　事务并发执行时遇到的一致性问题

● 脏写（Dirty Write）

如果一个事务修改了另一个未提交事务修改过的数据，就意味着发生了脏写现象。我们可以把脏写现象简称为 P0。假设现在事务 T1 和 T2 并发执行，它们都要访问数据项 x（这里可以将数据项 x 当作一条记录的某个字段）。那么 P0 对应的操作执行序列如下所示：

```
P0: w1[x]...w2[x]...((c1 or a1) and (c2 or a2) in any order)
```

其中 w1[x] 表示事务 T1 修改了数据项 x 的值，w2[x] 表示事务 T2 修改了数据项 x 的值，c1 表示事务 T1 的提交（Commit），a1 表示事务 T1 的中止（Abort），c2 表示事务 T2 的提交，a2 表示事务 T2 的中止，... 表示其他的一些操作。从 P0 的操作执行序列中可以看出，事务 T2 修改了未提交事务 T1 修改过的数据，所以发生了脏写现象。

脏写现象可能引发一致性问题。比方说事务 T1 和 T2 要修改 x 和 y 这两个数据项（修改不同的数据项就相当于修改不同记录的字段），我们的一致性需求就是让 x 的值和 y 的值始终相同。现在并发执行事务 T1 和 T2，它们的操作执行序列如下所示：

```
w1[x=1]w2[x=2]w2[y=2]c2w1[y=1]c1
```

很显然事务 T2 修改了尚未提交的事务 T1 的数据项 x，此时发生了脏写现象。如果我们允许脏写现象的发生，那么在 T1 和 T2 全部提交之后，x 的值是 2，而 y 的值却是 1，不符合"x 的值和 y 的值始终相同"的一致性需求。

另外，脏写现象也可能破坏原子性和持久性。比方说有 x 和 y 这两个数据项，它们初始的值都是 0，两个并发执行的事务 T1 和 T2 有下面的操作执行序列：

```
w1[x=2]w2[x=3]w2[y=3]c2a1
```

也就是 T1 先修改了数据项 x，然后 T2 修改了数据项 x 和数据项 y，然后 T2 提交，最后 T1 中止。现在的问题是 T1 中止时，需要将它对数据库所做的修改回滚到该事务开启时的样子，也就是将数据项 x 的值修改为 0。但是此时 T2 已经修改过数据项 x 并且提交了，如果要将 T1 回滚的话，相当于要对 T2 对数据库所做的修改进行部分回滚（部分回滚是指 T2 只回滚对 x 做的修改，而不回滚对 y 做的修改），这就影响到了事务的原子性。如果要将 T2 对数据库所做的修改全部回滚的话，那么明明 T2 已经提交了，它对数据库所做的修改应该具有持久性，怎么能让一个未提交的事务将 T2 的持久性破坏掉呢？所以这时候就会很尴尬。

● 脏读（Dirty Read）

如果一个事务读到了另一个未提交事务修改过的数据，就意味着发生了脏读现象，我们可以把脏读现象简称为 P1。假设现在事务 T1 和 T2 并发执行，它们都要访问数据项 x。那么 P1

对应的操作执行序列如下所示：

```
P1: w1[x]...r2[x]...((c1 or a1) and (c2 or a2) in any order)
```

脏读现象也可能引发一致性问题。比方说事务 T1 和 T2 中要访问 x 和 y 这两个数据项，我们的一致性需求就是让 x 的值和 y 的值始终相同，x 和 y 的初始值都是 0。现在并发执行事务 T1 和 T2，它们的操作执行序列如下所示：

```
w1[x=1]r2[x=1]r2[y=0]c2w1[y=1]c1
```

很显然 T2 是一个只读事务，依次读取 x 和 y 的值。可是由于 T2 读取的数据项 x 是未提交事务 T1 修改过的值，所以导致最后读取 x 的值为 1，y 的值为 0。虽然最终数据库状态还是一致的（最终变为了 x=1, y=1），但是 T2 却得到了一个不一致的状态。数据库的不一致状态是不应该暴露给用户的。

P1 代表的事务的操作执行序列其实是一种脏读的广义解释，针对脏读还有一种严格解释。为了与广义解释进行区分，我们把脏读的严格解释称为 A1，A1 对应的操作执行序列如下所示：

```
A1：w1[x]...r2[x]...(a1 and c2 in any order)
```

也就是 T1 先修改了数据项 x 的值，然后 T2 又读取了未提交事务 T1 针对数据项 x 修改后的值，之后 T1 中止而 T2 提交。这就意味着 T2 读到了一个根本不存在的值，这也是脏读的严格解释。很显然脏读的广义解释是覆盖严格解释包含的范围的。

- 不可重复读（Non-Repeatable Read）

如果一个事务修改了另一个未提交事务读取的数据，就意味着发生了不可重复读现象，或者叫模糊读（Fuzzy Read）现象。我们可以把不可重复读现象简称为 P2。假设现在事务 T1 和 T2 并发执行，它们都要访问数据项 x。那么 P2 对应的操作执行序列如下所示：

```
P2：r1[x]...w2[x]...((c1 or a1) and (c2 or a2) in any order)
```

不可重复读现象也可能引发一致性问题。比方说事务 T1 和 T2 中要访问 x 和 y 这两个数据项，我们的一致性需求就是让 x 的值和 y 的值始终相同，x 和 y 的初始值都是 0。现在并发执行事务 T1 和 T2，它们的操作执行序列如下所示：

```
r1[x=0]w2[x=1]w2[y=1]c2r1[y=1]c1
```

很显然 T1 是一个只读事务，依次读取 x 和 y 的值。可是由于 T1 在读取数据项 x 后，T2 接着修改了数据项 x 和 y 的值，并且提交，之后 T1 再读取数据项 y。这个过程中虽未发生脏写和脏读（因为 T1 读取 y 的值时，T2 已经提交），但最终 T1 得到的 x 的值为 0，y 的值为 1。很显然这是一个不一致的状态，这种不一致的状态是不应该暴露给用户的。

P2 代表的事务的操作执行序列其实是一种不可重复读的广义解释，针对不可重复读还有一种严格解释。为了与广义解释进行区分，我们把不可重复读的严格解释称为 A2，A2 对应的操作执行序列如下所示：

```
A2：r1[x]...w2[x]...c2...r1[x]...c1
```

也就是 T1 先读取了数据项 x 的值，然后 T2 又修改了未提交事务 T1 读取的数据项 x 的值，之后 T2 提交，然后 T1 再次读取数据项 x 的值时会得到与第一次读取时不同的值。这也是不可重复读的严格解释。很显然不可重复读的广义解释是覆盖严格解释包含的范围的。

- 幻读（Phantom）

如果一个事务先根据某些搜索条件查询出一些记录，在该事务未提交时，另一个事务写入了一些符合那些搜索条件的记录（这里的写入可以指 INSERT、DELETE、UPDATE 操作），就意味着发生了幻读现象。我们可以把幻读现象简称为 P3。假设现在事务 T1 和 T2 并发执行，那么 P3 对应的操作执行序列如下所示：

```
P3: r1[P]...w2[y in P]...((c1 or a1) and (c2 or a2) any order)
```

其中 r1[P] 表示 T1 读取一些符合搜索条件 P 的记录，w2[y in P] 表示 T2 写入一些符合搜索条件 P 的记录。

幻读现象也可能引发一致性问题。比方说现在符合搜索条件 P 的记录条数有 3 条。我们有一个数据项 z 专门表示符合搜索条件 P 的记录条数，它的初始值当然也是 3。我们的一致性需求就是让 z 表示符合搜索条件 P 的记录数。现在并发执行事务 T1 和 T2，它们的操作执行序列如下所示：

```
r1[P]w2[insert y to P]r2[z=3]w2[z=4]c2r1[z=4]c1
```

T1 先读取符合搜索条件 P 的记录，然后 T2 插入了一条符合搜索条件 P 的记录，并且更新数据项 z 的值为 4。然后 T2 提交，之后 T1 再读取数据项 z。z 的值变为了 4，这与 T1 之前实际读取出的符合搜索条件 P 的记录条数不合，不符合一致性需求。

P3 代表的事务的操作执行序列其实是一种幻读的广义解释，针对幻读还有一种严格解释。为了与广义解释进行区分，我们把幻读的严格解释称为 A3，A3 对应的操作执行序列如下所示：

```
A3: r1[P]...w2[y in P]...c2...r1[P]...c1
```

也就是 T1 先读取符合搜索条件 P 的记录，然后 T2 写入了符合搜索条件 P 的记录。之后 T1 再读取符合搜索条件 P 的记录时，会发现两次读取的记录是不一样的。

小贴士

　　由于 SQL 标准中对并发事务执行过程中可能产生一致性问题的各种现象描述不清晰，所以我们这里采用了论文 *A Critique of ANSI SQL Isolation Levels* 中关于脏写、脏读、不可重复读、幻读的定义。另外，SQL 标准中针对幻读的描述，只认为在 T2 插入符合搜索条件 P 的记录时才会引起幻读现象，而 *A Critique of ANSI SQL Isolation Levels* 论文中却强调了 T2 进行 INSERT、DELETE、UPDATE 操作时均可引起幻读现象。

　　这里需要注意的一点是，上面关于脏写、脏读、不可重复读、幻读的讨论均属于理论范畴，不涉及具体数据库。对于 MySQL 来说，幻读强调的就是一个事务在按照某个相同的搜索条件多次读取记录时，在后读取时读到了之前没有读到的记录。这个"后读取到的之前没有读到的记录"可以是由别的事务执行 INSERT 语句插入的，也可能是别的事务执行了更新记录键值的 UPDATE 语句而插入的。这些之前读取时不存在的记录也可以被称为幻影记录。假设 T1 先根据搜索条件 P 读取了一些记录，接着 T2 删除了一些符合搜索条件 P 的记录后提交，如果 T1 再读取符合相同搜索条件的记录时获得了不同的结果集，我们就可以把这种现象认为是结果集中的每一条记录分别发生了不可重复读现象。

21.2.2 SQL 标准中的 4 种隔离级别

前文介绍了在并发事务执行过程中可能会遇到的一些现象，这些现象可能会对事务的一致性产生不同程度的影响。我们按照可能导致一致性问题的严重性给这些现象排一下序：

脏写 > 脏读 > 不可重复读 > 幻读

前文所说的"舍弃一部分隔离性来换取一部分性能"在这里就体现为：设立一些隔离级别，隔离级别越低，就越可能发生越严重的问题。有一帮人（并不是设计 MySQL 的大叔）制定了一个 SQL 标准，在标准中设立了 4 个隔离级别。

- READ UNCOMMITTED：未提交读。
- READ COMMITTED：已提交读。
- REPEATABLE READ：可重复读。
- SERIALIZABLE：可串行化。

SQL 标准中规定（是 SQL 标准中规定，不是 MySQL 中规定）：针对不同的隔离级别，并发事务执行过程中可以发生不同的现象，具体情况见表 21-1。

表 21-1 SQL 标准中规定的并发事务执行过程中可以发生的现象

隔离级别	脏读	不可重复读	幻读
READ UNCOMMITTED	可能	可能	可能
READ COMMITTED	不可能	可能	可能
REPEATABLE READ	不可能	不可能	可能
SERIALIZABLE	不可能	不可能	不可能

也就是说：

- 在 READ UNCOMMITTED 隔离级别下，可能发生脏读、不可重复读和幻读现象；
- 在 READ COMMITTED 隔离级别下，可能发生不可重复读和幻读现象，但是不可能发生脏读现象；
- 在 REPEATABLE READ 隔离级别下，可能发生幻读现象，但是不可能发生脏读和不可重复读的现象；
- 在 SERIALIZABLE 隔离级别下，上述各种现象都不可能发生。

脏写是怎么回事儿？怎么上面都没提到呢？这是因为脏写这个现象对一致性影响太严重了，无论是哪种隔离级别，都不允许脏写的情况发生。

小贴士 其实 SQL 92 标准中并没有指出脏写现象，我们参照论文 *A Critique of ANSI SQL Isolation Levels* 引入了脏写现象，是为了各位同学更好地理解隔离级别。另外，在该论文中，还引入了更多可能引发一致性问题的现象，比方说丢失更新、读偏斜、写偏斜等，以及划分了更详细的隔离级别。大家可以找到该论文仔细研读一下。

21.2.3　MySQL 中支持的 4 种隔离级别

不同的数据库厂商对 SQL 标准中规定的 4 种隔离级别的支持不一样。比如，Oracle 就只支持 READ COMMITTED 和 SERIALIZABLE 隔离级别。本书讨论的 MySQL 虽然支持 4 种隔离级别，但与 SQL 标准中规定的各级隔离级别允许发生的现象却有些出入——MySQL 在 REPEATABLE READ 隔离级别下，可以很大程度上禁止幻读现象的发生（关于如何禁止会在后文详细说明）。

MySQL 的默认隔离级别为 REPEATABLE READ。

设置事务的隔离级别

如果我们想让事务在不同的隔离级别中运行，可以通过下面的语句修改事务的隔离级别：

```
SET [GLOBAL|SESSION] TRANSACTION ISOLATION LEVEL level;
```

其中，level 有 4 个可选值：

```
level: {
    REPEATABLE READ
  | READ COMMITTED
  | READ UNCOMMITTED
  | SERIALIZABLE
}
```

在设置事务隔离级别的语句中，在 SET 关键字后面可以放置 GLOBAL 关键字、SESSION 关键字或者什么都不放，这样会对不同范围的事务产生不同的影响。具体如下。

- 使用 GLOBAL 关键字（在全局范围产生影响）：

比如下面这样：

```
SET GLOBAL TRANSACTION ISOLATION LEVEL SERIALIZABLE;
```

则：

- 只对执行完该语句之后新产生的会话起作用；
- 当前已经存在的会话无效。

- 使用 SESSION 关键字（在会话范围产生影响）：

比如下面这样：

```
SET SESSION TRANSACTION ISOLATION LEVEL SERIALIZABLE;
```

则：

- 对当前会话所有的后续事务有效；
- 该语句可以在已经开启的事务中执行，但不会影响当前正在执行的事务；
- 如果在事务之间执行，则对后续的事务有效。

- 上述两个关键字都不使用（只对执行 SET 语句后的下一个事务产生影响）：

比如下面这样：

```
SET TRANSACTION ISOLATION LEVEL SERIALIZABLE;
```

则：

- 只对当前会话中下一个即将开启的事务有效；
- 下一个事务执行完后，后续事务将恢复到之前的隔离级别；
- 该语句不能在已经开启的事务中执行，否则会报错。

如果在服务器启动时想改变事务的默认隔离级别，可以修改启动选项 transaction-isolation 的值。比如我们在启动服务器时指定了 --transaction-isolation=SERIALIZABLE，那么事务的默认隔离级别就从原来的 REPEATABLE READ 变成 SERIALIZABLE。

可以通过查看系统变量 transaction_isolation 的值来确定当前会话默认的隔离级别：

```
mysql> SHOW VARIABLES LIKE 'transaction_isolation';
+-----------------------+-----------------+
| Variable_name         | Value           |
+-----------------------+-----------------+
| transaction_isolation | REPEATABLE-READ |
+-----------------------+-----------------+
1 row in set (0.02 sec)
```

或者使用更简便的写法：

```
mysql> SELECT @@transaction_isolation;
+-------------------------+
| @@transaction_isolation |
+-------------------------+
| REPEATABLE-READ         |
+-------------------------+
1 row in set (0.00 sec)
```

我们之前使用 SET TRANSACTION 语法来设置事务的隔离级别时，其实就是在间接设置系统变量 transaction_isolation 的值。我们也可以通过直接修改系统变量 transaction_isolation 来设置事务的隔离级别。系统变量一般只有 GLOBAL 和 SESSION 两个作用范围，不过 transaction_isolation 却有 3 个（GLOBAL、SESSION、仅作用于下一个事务），所以通过修改 transaction_isolation 系统变量的值来设置事务的隔离级别的语法比较特殊，如表 21-2 所示。

表 21-2　设置隔离级别的语法

语法	作用范围
SET GLOBAL transaction_isolation = 某个隔离级别	全局
SET @@GLOBAL.var_name = 某个隔离级别	全局
SET SESSION var_name = 某个隔离级别	会话
SET @@SESSION.var_name = 某个隔离级别	会话
SET var_name = 某个隔离级别	会话
SET @@var_name = 某个隔离级别	下一个事务

另外，transaction_isolation 是在 MySQL 5.7.20 的版本中引入的，用来替换 tx_isolation。如果大家使用的是之前版本的 MySQL，请到前文中将用到系统变量 transaction_isolation 的地方替换为 tx_isolation。

21.3 MVCC 原理

21.3.1 版本链

我们在前面说过，对于使用 InnoDB 存储引擎的表来说，它的聚簇索引记录中都包含下面这两个必要的隐藏列（row_id 并不是必要的；在创建的表中有主键时，或者有不允许为 NULL 的 UNIQUE 键时，都不会包含 row_id 列）。

- trx_id：一个事务每次对某条聚簇索引记录进行改动时，都会把该事务的事务 id 赋值给 trx_id 隐藏列。
- roll_pointer：每次对某条聚簇索引记录进行改动时，都会把旧的版本写入到 undo 日志中。这个隐藏列就相当于一个指针，可以通过它找到该记录修改前的信息。

比如，表 hero 中现在只包含一条记录：

```
mysql> SELECT * FROM hero;
+--------+--------+---------+
| number | name   | country |
+--------+--------+---------+
|      1 | 刘备   | 蜀      |
+--------+--------+---------+
1 row in set (0.07 sec)
```

假设插入该记录的事务 id 为 80，那么此刻该条记录的示意图如图 21-2 所示。

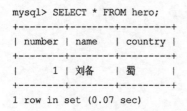

图 21-2　插入该记录的事务 id 为 80

小贴士

> 实际上 insert undo 日志只在事务回滚时发生作用。当事务提交后，该类型的 undo 日志就没用了，它占用的 Undo Log Segment 也会被系统回收（也就是该 undo 日志占用的 Undo 页面链表要么被重用，要么被释放）。虽然真正的 insert undo 日志占用的存储空间被回收了，但是 roll_pointer 的值并不会被清除。roll_pointer 属性占用 7 字节，第一个比特就标记着它指向的 undo 日志的类型。如果该比特的值为 1，就表示它指向的 undo 日志属于 TRX_UNDO_INSERT 大类，也就是该 undo 日志为 insert undo 日志。
>
> 下面的内容是为了展示 undo 日志在 MVCC 中的应用，而不是在事务回滚中的应用，所以后文的图中都会把 insert undo 日志去掉，大家需要留意。

假设之后两个事务 id 分别为 100、200 的事务对这条记录进行 UPDATE 操作，操作流程如图 21-3 所示。

发生时间编号	trx 100	trx 200
①	BEGIN;	
②		BEGIN;
③	UPDATE hero SET name='关羽' WHERE number = 1;	
④	UPDATE hero SET name='张飞' WHERE number = 1;	
⑤	COMMIT;	
⑥		UPDATE hero SET name='赵云' WHERE number = 1;
⑦		UPDATE hero SET name='诸葛亮' WHERE number = 1;
⑧		COMMIT;

图 21-3　UPDATE 操作流程

小贴士

　　　　是否可以在两个事务中交叉更新同一条记录呢？不可以！这不就是一个事务修改了另一个未提交事务修改过的数据，沦为脏写了么。InnoDB 使用锁来保证不会出现脏写现象。也就是在第一个事务更新某条记录前，就会给这条记录加锁；另一个事务再次更新该记录时，就需要等待第一个事务提交，把锁释放之后才可以继续更新。关于锁的更多细节，会在第 22 章再唠叨。

　　每对记录进行一次改动，都会记录一条 undo 日志。每条 undo 日志也都有一个 roll_pointer 属性（INSERT 操作对应的 undo 日志没有该属性，因为 INSERT 操作的记录并没有更早的版本），通过这个属性可以将这些 undo 日志串成一个链表，所以现在的情况如图 21-4 所示。

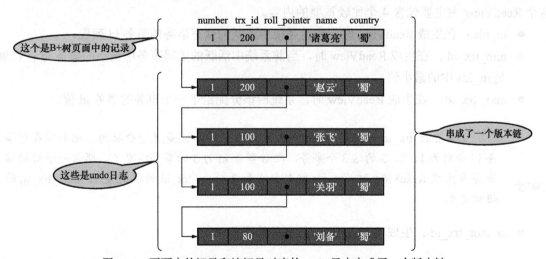

图 21-4　页面中的记录和该记录对应的 undo 日志串成了一个版本链

　　在每次更新该记录后，都会将旧值放到一条 undo 日志中（就算是该记录的一个旧版本）。随着更新次数的增多，所有的版本都会被 roll_pointer 属性连接成一个链表，这个链表称为版本链。版本链的头节点就是当前记录的最新值。另外，每个版本中还包含生成该版本时对应的事务 id。这个信息很重要，我们稍后就会用到。我们之后会利用这个记录的版本链来控制并发事务访问相同记录时的行为，我们把这种机制称之为多版本并发控制（Multi-Version

Concurrency Control，MVCC）。

> 　　我们知道，在 UPDATE 操作产生的 undo 日志中，只会记录一些索引列以及被更新的列的信息，并不会记录所有列的信息，我们在图 21-4 中展示的 undo 日志中，之所以将一条记录的全部列的信息都画出来是为了方便理解（因为这样很直观地显示了该版本中各个列的值都是什么）。比方说对于 trx_id 为 80 的那条 undo 日志来说，本身是没有记录 country 列的信息的，那么我们怎么知道该版本中的 country 列的值是多少呢？没有更新该列说明该列和上一个版本中的值相同。如果上一个版本的 undo 日志也没有记录该列的值，那么就和上上个版本中该列的值相同。当然，如果各个版本的 undo 日志都没有记录该列的值，说明该列从未被更新过，那么 trx_id 为 80 的那个版本的 country 列的值就和数据页中的聚簇索引记录的 country 列的值相同。

21.3.2　ReadView

　　对于使用 READ UNCOMMITTED 隔离级别的事务来说，由于可以读到未提交事务修改过的记录，所以直接读取记录的最新版本就好了；对于使用 SERIALIZABLE 隔离级别的事务来说，设计 InnoDB 的大叔规定使用加锁的方式来访问记录（加锁会在第 22 章介绍）；对于使用 READ COMMITTED 和 REPEATABLE READ 隔离级别的事务来说，都必须保证读到已经提交的事务修改过的记录。也就是说假如另一个事务已经修改了记录但是尚未提交，则不能直接读取最新版本的记录。核心问题就是：需要判断版本链中的哪个版本是当前事务可见的。为此，设计 InnoDB 的大叔提出了 ReadView（有的地方翻译成"一致性视图"）的概念。这个 ReadView 中主要包含 4 个比较重要的内容。

- m_ids：在生成 ReadView 时，当前系统中活跃的读写事务的事务 id 列表。
- min_trx_id：在生成 ReadView 时，当前系统中活跃的读写事务中最小的事务 id；也就是 m_ids 中的最小值。
- max_trx_id：在生成 ReadView 时，系统应该分配给下一个事务的事务 id 值。

> 　　注意 max_trx_id 并不是 m_ids 中的最大值。事务 id 是递增分配的。比如现在有事务 id 分别为 1、2、3 的这 3 个事务，之后事务 id 为 3 的事务提交了，那么一个新的读事务在生成 ReadView 时，m_ids 就包括 1 和 2，min_trx_id 的值就是 1，max_trx_id 的值就是 4。

- creator_trx_id：生成该 ReadView 的事务的事务 id。

> 　　前文说过，只有在对表中的记录进行改动时（执行 INSERT、DELETE、UPDATE 这些语句时）才会为事务分配唯一的事务 id，否则一个事务的事务 id 值都默认为 0。

　　有了这个 ReadView 后，在访问某条记录时，只需要按照下面的步骤来判断记录的某个版本是否可见。

- 如果被访问版本的 trx_id 属性值与 ReadView 中的 creator_trx_id 值相同，意味着当前事务在访问它自己修改过的记录，所以该版本可以被当前事务访问。

- 如果被访问版本的 trx_id 属性值小于 ReadView 中的 min_trx_id 值，表明生成该版本的事务在当前事务生成 ReadView 前已经提交，所以该版本可以被当前事务访问。
- 如果被访问版本的 trx_id 属性值大于或等于 ReadView 中的 max_trx_id 值，表明生成该版本的事务在当前事务生成 ReadView 后才开启，所以该版本不可以被当前事务访问。
- 如果被访问版本的 trx_id 属性值在 ReadView 的 min_trx_id 和 max_trx_id 之间，则需要判断 trx_id 属性值是否在 m_ids 列表中。如果在，说明创建 ReadView 时生成该版本的事务还是活跃的，该版本不可以被访问；如果不在，说明创建 ReadView 时生成该版本的事务已经被提交，该版本可以被访问。

如果某个版本的数据对当前事务不可见，那就顺着版本链找到下一个版本的数据，并继续执行上面的步骤来判断记录的可见性；依此类推，直到版本链中的最后一个版本。如果记录的最后一个版本也不可见，就意味着该条记录对当前事务完全不可见，查询结果就不包含该记录。

在 MySQL 中，READ COMMITTED 与 REPEATABLE READ 隔离级别之间一个非常大的区别就是它们生成 ReadView 的时机不同。我们还是以表 hero 为例来说明。假设现在表 hero 中只有一条由事务 id 为 80 的事务插入的记录：

```
mysql> SELECT * FROM hero;
+--------+--------+---------+
| number | name   | country |
+--------+--------+---------+
|      1 | 刘备   | 蜀      |
+--------+--------+---------+
1 row in set (0.07 sec)
```

接下来看一下在 READ COMMITTED 和 REPEATABLE READ 隔离级别下，所谓的生成 ReadView 的时机不同到底是在哪里不同。

1. READ COMMITTED ——每次读取数据前都生成一个 ReadView

比如，现在系统中有两个事务 id 分别为 100、200 的事务正在执行：

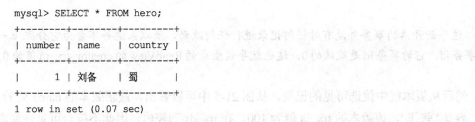

```
# Transaction 100                              # Transaction 200
BEGIN;                                         BEGIN;

UPDATE hero SET name = '关羽' WHERE number = 1;   # 更新了一些别的表的记录
                                               ...
UPDATE hero SET name = '张飞' WHERE number = 1;
```

> 再次强调，在事务执行过程中，只有在第一次真正修改记录时（比如使用 INSERT、DELETE、UPDATE 语句），才会分配一个唯一的事务 id，而且这个事务 id 是递增的。所以我们刚才在 Transaction 200 中更新一些别的表的记录，目的是为它分配事务 id。

小贴士

此时，表 hero 中 number 为 1 的记录对应的版本链表如图 21-5 所示。

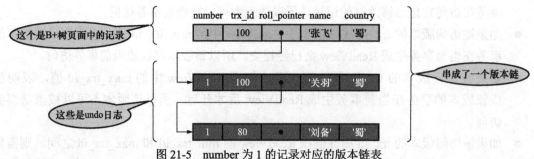

图 21-5   number 为 1 的记录对应的版本链表

假设现在有一个使用 READ COMMITTED 隔离级别的新事务开始执行（注意是新事务，不是事务 id 为 100、200 的那两个事务）：

```
# 使用READ COMMITTED隔离级别的事务
BEGIN;

# SELECT1：Transaction 100、200未提交
SELECT * FROM hero WHERE number = 1; # 得到的列name的值为'刘备'
```

这个 SELECT1 的执行过程如下。

步骤 1. 在执行 SELECT 语句时先生成一个 ReadView。ReadView 的 m_ids 列表的内容就是 [100, 200]，min_trx_id 为 100，max_trx_id 为 201，creator_trx_id 为 0。

　　这个新开启的事务并没有对任何记录进行任何改动，所以系统并不会为它分配唯一的事务id，它的事务id是默认的 0。这也就导致生成的ReadView 的 creator_trx_id 值为 0。

步骤 2. 然后从版本链中挑选可见的记录。从图 21-5 中可以看出，最新版本的 name 列的内容是 '张飞'，该版本的 trx_id 值为 100，在 m_ids 列表内，因此不符合可见性要求；根据 roll_pointer 跳到下一个版本。

步骤 3. 下一个版本的 name 列的内容是 '关羽'，该版本的 trx_id 值也为 100，也在 m_ids 列表内，因此也不符合要求；继续跳到下一个版本。

步骤 4. 下一个版本的 name 列的内容是 '刘备'，该版本的 trx_id 值为 80，小于 ReadView 中的 min_trx_id 值 100，所以这个版本是符合要求的；最后返回给用户的版本就是这条 name 列为 '刘备' 的记录。

之后，我们把事务 id 为 100 的事务进行提交，如下所示：

```
# Transaction 100
BEGIN;

UPDATE hero SET name = '关羽' WHERE number = 1;

UPDATE hero SET name = '张飞' WHERE number = 1;

COMMIT;
```

然后再到事务 id 为 200 的事务中更新表 hero 中 number 为 1 的记录：

```
# Transaction 200
BEGIN;

# 更新了一些别的表的记录
...

UPDATE hero SET name = '赵云' WHERE number = 1;

UPDATE hero SET name = '诸葛亮' WHERE number = 1;
```

此时，表 hero 中 number 为 1 的记录的版本链如图 21-6 所示。

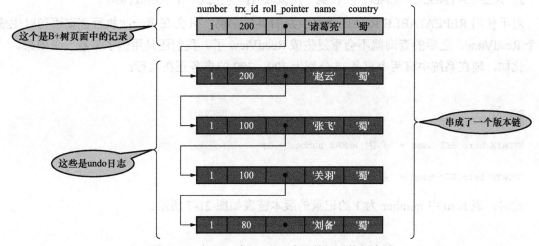

图 21-6　表 hero 中 number 为 1 的记录的版本链

然后再到刚才使用 READ COMMITTED 隔离级别的事务中执行 SELECT2，继续查找这个 number 为 1 的记录，如下：

```
# 使用READ COMMITTED隔离级别的事务
BEGIN;

# SELECT1：Transaction 100、200均未提交
SELECT * FROM hero WHERE number = 1; # 得到的列name的值为'刘备'

# SELECT2：Transaction 100提交，Transaction 200未提交
SELECT * FROM hero WHERE number = 1; # 得到的列name的值为'张飞'
```

这个 SELECT2 的执行过程如下。

步骤 1. 在执行 SELECT 语句时又会单独生成一个 ReadView。该 ReadView 的 m_ids 列表的内容就是 [200]（事务 id 为 100 的那个事务已经提交了，所以再次生成 READVIEW 时就没有它了），min_trx_id 为 200，max_trx_id 为 201，creator_trx_id 为 0。

步骤 2. 从版本链中挑选可见的记录。从图 21-6 中可以看出，最新版本的 name 列的内容是 '诸葛亮'，该版本的 trx_id 值为 200，在 m_ids 列表内，因此不符合可见性要求；根据 roll_pointer 跳到下一个版本。

步骤 3. 下一个版本的 name 列的内容是 '赵云'，该版本的 trx_id 值为 200，也在 m_ids 列

表内，因此也不符合要求；继续跳到下一个版本。

步骤 4. 下一个版本的 name 列的内容是'张飞'，该版本的 trx_id 值为 100，小于 ReadView 中的 min_trx_id 值 200，所以这个版本是符合要求的；最后返回给用户的版本就是这条 name 列为'张飞'的记录。

依此类推，如果之后事务 id 为 200 的记录也提交了，再次在使用 READ COMMITTED 隔离级别的事务中查询表 hero 中 number 值为 1 的记录时，得到的结果就是'诸葛亮'了。具体流程这里就不分析了。总结一下就是：使用 READ COMMITTED 隔离级别的事务在每次查询开始时都会生成一个独立的 ReadView。

2. REPEATABLE READ ——在第一次读取数据时生成一个 ReadView

对于使用 REPEATABLE READ 隔离级别的事务来说，只会在第一次执行查询语句时生成一个 ReadView，之后的查询就不会重复生成 ReadView 了。我们还是用例子来看一下效果。

比如，现在系统中有两个事务 id 分别为 100、200 的事务正在执行：

```
# Transaction 100                              # Transaction 200
BEGIN;                                         BEGIN;

UPDATE hero SET name = '关羽' WHERE number = 1;  # 更新了一些别的表的记录
                                                 ...
UPDATE hero SET name = '张飞' WHERE number = 1;
```

此时，表 hero 中 number 为 1 的记录的版本链表如图 21-7 所示。

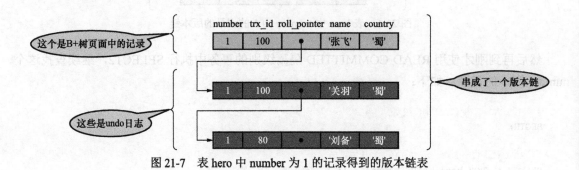

图 21-7　表 hero 中 number 为 1 的记录得到的版本链表

假设现在有一个使用 REPEATABLE READ 隔离级别的新事务开始执行：

```
# 使用REPEATABLE READ隔离级别的事务
BEGIN;

# SELECT1：Transaction 100、200未提交
SELECT * FROM hero WHERE number = 1; # 得到的列name的值为'刘备'
```

这个 SELECT1 的执行过程如下。

步骤 1. 在执行 SELECT 语句时会先生成一个 ReadView。ReadView 的 m_ids 列表的内容就是 [100, 200]，min_trx_id 为 100，max_trx_id 为 201，creator_trx_id 为 0。

步骤 2. 然后从版本链中挑选可见的记录。从图 21-7 中可以看出，最新版本的 name 列的内

容是'张飞'，该版本的 trx_id 值为 100，在 m_ids 列表内，因此不符合可见性要求；根据 roll_pointer 跳到下一个版本。

步骤 3. 下一个版本的 name 列的内容是'关羽'，该版本的 trx_id 值也为 100，也在 m_ids 列表内，因此也不符合要求；继续跳到下一个版本。

步骤 4. 下一个版本的 name 列的内容是'刘备'，该版本的 trx_id 值为 80，小于 ReadView 中的 min_trx_id 值 100，所以这个版本是符合要求的；最后返回给用户的版本就是这条 name 列为'刘备'的记录。

之后，我们把事务 id 为 100 的事务进行提交，如下所示：

```
# Transaction 100
BEGIN;

UPDATE hero SET name = '关羽' WHERE number = 1;

UPDATE hero SET name = '张飞' WHERE number = 1;

COMMIT;
```

然后再到事务 id 为 200 的事务中更新表 hero 中 number 为 1 的记录：

```
# Transaction 200
BEGIN;

# 更新了一些别的表的记录
...

UPDATE hero SET name = '赵云' WHERE number = 1;

UPDATE hero SET name = '诸葛亮' WHERE number = 1;
```

此时，表 hero 中 number 为 1 的记录的版本链如图 21-8 所示。

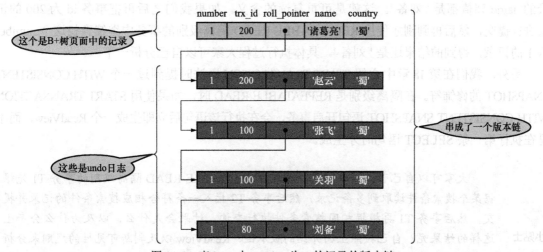

图 21-8　表 hero 中 number 为 1 的记录的版本链

然后再到刚才使用 REPEATABLE READ 隔离级别的事务中继续查找这个 number 为 1 的记录，如下：

```
# 使用REPEATABLE READ隔离级别的事务
BEGIN;

# SELECT1：Transaction 100、200均未提交
SELECT * FROM hero WHERE number = 1; # 得到的列name的值为'刘备'

# SELECT2：Transaction 100提交，Transaction 200未提交
SELECT * FROM hero WHERE number = 1; # 得到的列name的值仍为'刘备'
```

这个 SELECT2 的执行过程如下。

步骤 1. 因为当前事务的隔离级别为 REPEATABLE READ，而之前在执行 SELECT1 时已经生成过 ReadView 了，所以此时直接复用之前的 ReadView。之前的 ReadView 的 m_ids 列表的内容就是 [100, 200]，min_trx_id 为 100，max_trx_id 为 201，creator_trx_id 为 0。

步骤 2. 然后从版本链中挑选可见的记录。从图 21-8 中可以看出，最新版本的 name 列的内容是'诸葛亮'，该版本的 trx_id 值为 200，在 m_ids 列表内，因此不符合可见性要求；根据 roll_pointer 跳到下一个版本。

步骤 3. 下一个版本的 name 列的内容是'赵云'，该版本的 trx_id 值为 200，也在 m_ids 列表内，因此也不符合要求；继续跳到下一个版本。

步骤 4. 下一个版本的 name 列的内容是'张飞'，该版本的 trx_id 值为 100，而 m_ids 列表中是包含值为 100 的事务 id 的，因此该版本也不符合要求。同理，下一个 name 列的内容是'关羽'的版本也不符合要求；继续跳到下一个版本。

步骤 5. 下一个版本的 name 列的内容是'刘备'，该版本的 trx_id 值为 80，小于 ReadView 中的 min_trx_id 值 100，所以这个版本是符合要求的；最后返回给用户的版本就是这条 name 列为'刘备'的记录。

也就是说在 REPEATABLE READ 隔离级别下，事务的两次查询得到的结果是一样的，记录的 name 列值都是'刘备'。这就是可重复读的含义。如果我们之后再把事务 id 为 200 的记录进行提交，然后再到刚才使用 REPEATABLE READ 隔离级别的事务中继续查找这个 number 为 1 的记录，得到的结果还是'刘备'。具体执行过程大家可以自己分析一下。

另外，我们在第 18 章中介绍 START TRANSACTION 语法时提到过一个 WITH CONSISTENT SNAPSHOT 的修饰符。在隔离级别是 REPEATABLE READ 时，如果使用 START TRANSACTION WITH CONSISTENT SNAPSHOT 语句开启事务，会在执行该语句后立即生成一个 ReadView，而不是在执行第一条 SELECT 语句时才生成。

小贴士　　大家可以自己营造一个场景，使用 REPEATABLE READ 隔离级别的事务 T1 先根据某个搜索条件读取到多条记录，然后事务 T2 插入一条符合相应搜索条件的记录并提交，然后事务 T1 再根据相同搜索条件执行查询。结果会是什么，以及为什么会产生这样的结果呢？自己按照上面介绍的版本链、ReadView 以及判断可见性的规则来分析一下。

21.3.3 二级索引与 MVCC

我们知道，只有在聚簇索引记录中才有 trx_id 和 roll_pointer 隐藏列。如果某个查询语句是使用二级索引来执行查询的，该如何判断可见性呢？比如下面这个事务：

```
BEGIN;

SELECT name FROM hero WHERE name = '刘备';
```

假设查询优化器决定先到二级索引 idx_name 中定位 name 值为 '刘备' 的二级索引记录，那么怎么知道这条二级索引记录对这个查询事务是否可见呢？判断可见性的过程大致分为下面两步。

步骤 1. 二级索引页面的 Page Header 部分有一个名为 PAGE_MAX_TRX_ID 的属性，每当对该页面中的记录执行增删改操作时，如果执行该操作的事务的事务 id 大于 PAGE_MAX_TRX_ID 属性值，就会把 PAGE_MAX_TRX_ID 属性设置为执行该操作的事务的事务 id。这也就意味着 PAGE_MAX_TRX_ID 属性值代表着修改该二级索引页面的最大事务 id 是什么。当 SELECT 语句访问某个二级索引记录时，首先会看一下对应的 ReadView 的 min_trx_id 是否大于该页面的 PAGE_MAX_TRX_ID 属性值。如果是，说明该页面中的所有记录都对该 ReadView 可见；否则就得执行步骤 2，在回表之后再判断可见性。

步骤 2. 利用二级索引记录中的主键值进行回表操作，得到对应的聚簇索引记录后再按照前面讲过的方式找到对该 ReadView 可见的第一个版本，然后判断该版本中相应的二级索引列的值是否与利用该二级索引查询时的值相同。本例中就是判断找到的第一个可见版本的 name 值是不是 '刘备'。如果是，就把这条记录发送给客户端（如果 WHERE 子句中还有其他搜索条件的话还需继续判断），否则就跳过该记录。

21.3.4 MVCC 小结

从前文可以看出，所谓的 MVCC 指的就是在使用 READ COMMITTD、REPEATABLE READ 这两种隔离级别的事务执行普通的 SELECT 操作时，访问记录的版本链的过程。这样可以使不同事务的读 - 写、写 - 读操作并发执行，从而提升系统性能。READ COMMITTD、REPEATABLE READ 这两个隔离级别有一个很大的不同，就是生成 ReadView 的时机不同：READ COMMITTD 在每一次进行普通 SELECT 操作前都会生成一个 ReadView；而 REPEATABLE READ 只在第一次进行普通 SELECT 操作前生成一个 ReadView，之后的查询操作都重复使用这个 ReadView。

小贴士

第 20 章曾经讲到，在执行 DELETE 语句或者更新键值的 UPDATE 语句时，并不会立即把对应的记录（包括聚簇索引记录和二级索引记录）完全从页面中删除，而是执行一个 delete mark 操作。这相当于只是给记录打上一个删除标志位。这主要就是为 MVCC 服务的。比方说事务 T1 和事务 T2 并发执行，事务 T1 的隔离级别为 REPEATABLE READ。T1 根据某些搜索条件读取到一条记录，然后 T2 将其删除，然后 T1 又根据同样的搜索条件读取记录。如果 T2 执行的删除操作是将该记录彻底删除的话，T1 就再也读不到该记录了，所以 T2 只是执行一个 delete mark 操作，在记录的头信息中打一个删除标记而已。

另外，只有我们进行普通的 SELECT 查询时，MVCC 才生效。截至目前，我们所见的所有 SELECT 语句都算是普通的查询，至于不普通的查询是个啥样，我们下一章再说。

21.4　关于 purge

大家有没有发现下面两件事。

- insert undo 日志在事务提交之后就可以释放掉了，而 update undo 日志由于还需要支持 MVCC，因此不能立即删除掉。

前文说过，一个事务写的一组 undo 日志中都有一个 Undo Log Header 部分，这个 Undo Log Header 中有一个名为 TRX_UNDO_HISTORY_NODE 的属性，表示一个名为 History 链表的节点。当一个事务提交之后，就会把这个事务执行过程中产生的这一组 update undo 日志插入到 History 链表的头部。

前文还说过，每个回滚段都对应一个名为 Rollback Segment Header 的页面。这个页面中有下面两个属性。

- TRX_RSEG_HISTORY：表示 History 链表的基节点。
- TRX_RSEG_HISTORY_SIZE：表示 History 链表占用的页面数量。

也就是说每个回滚段都有一个 History 链表，一个事务在某个回滚段中写入的一组 update undo 日志在该事务提交之后，就会加入到这个回滚段的 History 链表中。系统中可能存在很多回滚段，这也就意味着可能存在很多个 History 链表。

不过这些加入到 History 链表的 update undo 日志所占用的存储空间也没有被释放，它们总不能一直存在吧？那得用多大的存储空间来存放这些 undo 日志呀。

- 为了支持 MVCC，delete mark 操作仅仅是在记录上打一个删除标记，并没有真正将记录删除。

大家应该还记得，在一组 undo 日志中的 Undo Log Header 部分有一个名为 TRX_UNDO_DEL_MARKS 的属性，用来标记本组 undo 日志中是否包含因 delete mark 操作而产生的 undo 日志。

这些打了删除标记的记录也不能一直存在吧？那得多浪费存储空间呀。

为了节约存储空间，我们应该在合适的时候把 update undo 日志以及仅仅被标记为删除的记录彻底删除掉，这个删除操作就称为 purge。不过问题的关键在于：这个合适的时候到底是什么时候？

update undo 日志和被标记为删除的记录只是为了支持 MVCC 而存在的，只要系统中最早产生的那个 ReadView 不再访问它们，它们的使命就结束了，就可以丢进历史的垃圾堆里了。一个 ReadView 在什么时候才肯定不会访问某个事务执行过程中产生的 undo 日志呢？其实，只要我们能保证生成 ReadView 时某个事务已经提交，那么该 ReadView 肯定就不需要访问该事务运行过程中产生的 undo 日志了（因为该事务所改动的记录的最新版本均对该 ReadView 可见）。

设计 InnoDB 的大叔为此做了两件事。

- 在一个事务提交时，会为这个事务生成一个名为事务 no 的值，该值用来表示事务提交的顺序，先提交的事务的事务 no 值小，后提交的事务的事务 no 值大。

别忘了在一组 undo 日志中对应的 Undo Log Header 部分有一个名为 TRX_UNDO_TRX_NO 的属性。当事务提交时，就把该事务对应的事务 no 值填到这个属性中。因为事务 no 代表着各个事务提交的顺序，而 History 链表又是按照事务提交的顺序来排列各组 undo 日志的，所以 History 链表中的各组 undo 日志也是按照对应的事务 no 来排序的。

- 一个 ReadView 结构除了包含前面唠叨过的几个属性之外，还会包含一个事务 no 的属性。在生成一个 ReadView 时，会把比当前系统中最大的事务 no 值还大 1 的值赋给这个属性。

设计 InnoDB 的大叔还把当前系统中所有的 ReadView 按照创建时间连成了一个链表。当执行 purge 操作时（这个 purge 操作是在专门的后台线程中执行的），就把系统中最早生成的 ReadView 给取出来。如果当前系统中不存在 ReadView，就现场创建一个（新创建的这个 ReadView 的事务 no 值肯定比当前已经提交的事务的事务 no 值大）。然后从各个回滚段的 History 链表中取出事务 no 值较小的各组 undo 日志。如果一组 undo 日志的事务 no 值小于当前系统最早生成的 ReadView 的事务 no 属性值，就意味着该组 undo 日志没有用了，就会从 History 链表中移除，并且释放掉它们占用的存储空间。如果该组 undo 日志包含因 delete mark 操作而产生的 undo 日志（TRX_UNDO_DEL_MARKS 属性值为 1），那么也需要将对应的标记为删除的记录给彻底删除。

这里有一点需要注意，当前系统中最早生成的 ReadView 决定了 purge 操作中可以清理哪些 update undo 日志以及打了删除标记的记录。如果某个事务使用 REPEATABLE READ 隔离级别，那么该事务会一直复用最初产生的 ReadView。假如这个事务运行了很久，一直没有提交，那么最早生成的 ReadView 会一直不释放，系统中的 update undo 日志和打了删除标记的记录就会越来越多，表空间对应的文件也会越来越大，一条记录的版本链将会越来越长，从而影响系统性能。

21.5 总结

并发的事务在运行过程中会出现一些可能引发一致性问题的现象，具体如下（由于 SQL 标准中对脏写、脏读、不可重复读以及幻读的定义比较模糊，本书采用论文 *A Critique of ANSI SQL Isolation Levels* 中对于脏写、脏读、不可重复读以及幻读现象的定义）。

- 脏写：一个事务修改了另一个未提交事务修改过的数据。
- 脏读：广义解释是一个事务读到了另一个未提交事务修改过的数据。它也有对应的严格解释，请到本章前文参考详情。
- 不可重复读：广义解释是一个事务修改了另一个未提交事务读取的数据。它也有对应的严格解释，请到本章前文参考详情。
- 幻读：一个事务先根据某些搜索条件查询出一些记录，在该事务未提交时，另一个事务写入了一些符合那些搜索条件的记录。它也有对应的严格解释，请到本章前文参考详情。

SQL 标准中的 4 种隔离级别如下所示。

- **READ UNCOMMITTED**：可能发生脏读、不可重复读和幻读现象。

- READ COMMITTED：可能发生不可重复读和幻读现象，但是不可能发生脏读现象。
- REPEATABLE READ：可能发生幻读现象，但是不可能发生脏读和不可重复读的现象。
- SERIALIZABLE：各种现象都不可以发生。

实际上，MySQL 在 REPEATABLE READ 隔离级别下是可以在很大程度上禁止出现幻读现象的。

下面的语句用来设置事务的隔离级别：

```
SET [GLOBAL|SESSION] TRANSACTION ISOLATION LEVEL level;
```

聚簇索引记录和 undo 日志中的 roll_pointer 属性可以串连成一个记录的版本链。

通过生成 ReadView 来判断记录的某个版本的可见性，其中 READ COMMITTD 在每一次进行普通 SELECT 操作前都会生成一个 ReadView，而 REPEATABLE READ 只在第一次进行普通 SELECT 操作前生成一个 ReadView，之后的查询操作都重复使用这个 ReadView。

当前系统中，如果最早生成的 ReadView 不再访问 undo 日志以及打了删除标记的记录，则可以通过 purge 操作将它们清除。

第22章　工作面试老大难——锁

22.1　解决并发事务带来问题的两种基本方式

第 21 章唠叨了事务在并发执行时可能引发一致性问题的各种现象。并发事务访问相同记录的情况大致可以划分为 3 种。

- 读－读情况：并发事务相继读取相同的记录。读取操作本身不会对记录有任何影响，不会引起什么问题，所以允许这种情况的发生。
- 写－写情况：并发事务相继对相同的记录进行改动。
- 读－写或写－读情况：也就是一个事务进行读取操作，另一个事务进行改动操作。

22.1.1　写－写情况

首先来看写－写情况。

前面章节说过，在写－写情况下会发生脏写的现象，任何一种隔离级别都不允许这种现象的发生。所以在多个未提交事务相继对一条记录进行改动时，需要让它们排队执行。这个排队的过程其实是通过为该记录加锁来实现的。这个"锁"本质上是一个内存中的结构，在事务执行之前本来是没有锁的，也就是说一开始是没有锁结构与记录进行关联的，如图 22-1 所示。

当一个事务想对这条记录进行改动时，首先会看看内存中有没有与这条记录关联的锁结构；如果没有，就会在内存中生成一个锁结构与之关联。比如，事务 T1 要对这条记录进行改动，就需要生成一个锁结构与之关联，如图 22-2 所示。

图 22-1　事务执行之前没有　　　　　　　　图 22-2　锁结构与记录关联
锁结构与记录进行关联

其实锁结构中有很多信息，不过为了方便理解，我们现在只把两个比较重要的属性拿了出来。

- trx 信息：表示这个锁结构是与哪个事务关联的。
- is_waiting：表示当前事务是否在等待。

如图 22-2 所示，在事务 T1 改动这条记录前，就生成了一个锁结构与该记录关联。因为之前没有别的事务为这条记录加锁，所以 is_waiting 属性就是 false。我们把这个场景称为获取锁成功，或者加锁成功，然后就可以继续执行操作了。

　　在事务 T1 提交之前，另一个事务 T2 也想对该记录进行改动，那么 T2 先去看看有没有锁结构与这条记录关联。在发现有一个锁结构与之关联后，T2 也生成了一个锁结构与这条记录关联，不过锁结构的 is_waiting 属性值为 true，表示需要等待。我们把这个场景称为获取锁失败，或者加锁失败，或者没有成功地获取到锁，如图 22-3 所示。

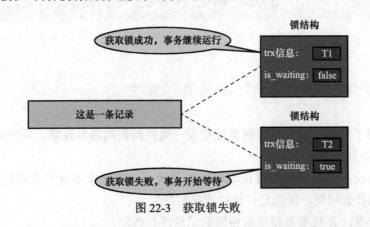

图 22-3　获取锁失败

　　事务 T1 提交之后，就会把它生成的锁结构释放掉，然后检测一下还有没有与该记录关联的锁结构。结果发现了事务 T2 还在等待获取锁，所以把事务 T2 对应的锁结构的 is_waiting 属性设置为 false，然后把该事务对应的线程唤醒，让 T2 继续执行。此时事务 T2 就算获取到锁了，效果图如图 22-4 所示。

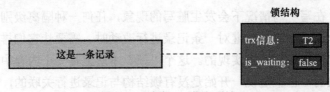

图 22-4　事务 T2 获取到锁

我们总结一下后续内容中可能会用到的几种说法，以免大家混淆。

● 获取锁成功，或者加锁成功：在内存中生成了对应的锁结构，而且锁结构的 is_waiting 属性为 false，也就是事务可以继续执行操作。当然并不是所有的加锁操作都需要生成对应的锁结构，有时候会有一种"加隐式锁"的说法。隐式锁并不会生成实际的锁结构，但是仍然可以起到保护记录的作用。我们把为记录添加隐式锁的情况也认为是获取锁成功（后文会详细唠叨隐式锁）。

● 获取锁失败，或者加锁失败，或者没有获取到锁：在内存中生成了对应的锁结构，不过锁结构的 is_waiting 属性为 true，也就是事务需要等待，不可以继续执行操作。

● 不加锁：不需要在内存中生成对应的锁结构，可以直接执行操作。不包括为记录加隐式锁的情况。

小贴士

　　　　这里只是对锁结构做了一个非常简单的描述，后面会详细唠叨锁结构的，少安毋躁。

22.1.2　读－写或写－读情况

前文说过，在读－写或写－读情况下会出现脏读、不可重复读、幻读的现象。

SQL 92 标准规定，不同隔离级别有如下特点：

- 在 READ UNCOMMITTED 隔离级别下，脏读、不可重复读、幻读都可能发生；
- 在 READ COMMITTED 隔离级别下，不可重复读、幻读可能发生，脏读不可能发生；
- 在 REPEATABLE READ 隔离级别下，幻读可能发生，脏读和不可重复读不可能发生；
- 在 SERIALIZABLE 隔离级别下，上述现象都不可能发生。

不过，各个数据库厂商对 SQL 标准的支持可能不一样。MySQL 与 SQL 标准不同的一点就是，MySQL 在 REPEATABLE READ 隔离级别下很大程度地避免了幻读现象（很大程度是个啥意思？意思是在某些情况下其实还是可能出现幻读现象的，我们稍后会唠叨）。

怎么避免脏读、不可重复读、幻读这些现象呢？其实有两种可选的解决方案。

- 方案 1：读操作使用多版本并发控制（MVCC），写操作进行加锁。

MVCC 在第 21 章有详细的描述，就是通过生成一个 ReadView，然后通过 ReadView 找到符合条件的记录版本（历史版本是由 undo 日志构建的）。其实就像是在生成 ReadView 的那个时刻，时间静止了（就像用相机拍了一个快照），查询语句只能读到在生成 ReadView 之前已提交事务所做的更改，在生成 ReadView 之前未提交的事务或者之后才开启的事务所做的更改则是看不到的。写操作肯定针对的是最新版本的记录，读记录的历史版本和改动记录的最新版本这两者并不冲突，也就是采用 MVCC 时，读－写操作并不冲突。

我们说过，普通的 SELECT 语句在 READ COMMITTED 和 REPEATABLE READ 隔离级别下会使用到 MVCC 读取记录。在 READ COMMITTED 隔离级别下，一个事务在执行过程中每次执行 SELECT 操作时，都会生成一个 ReadView。ReadView 的存在本身就保证了事务不可以读取到未提交的事务所做的更改，也就是避免了脏读现象。在 REPEATABLE READ 隔离级别下，一个事务在执行过程中只有第一次执行 SELECT 操作才会生成一个 ReadView，之后的 SELECT 操作都复用这个 ReadView，这样也就避免了不可重复读和幻读的现象。

- 方案 2：读、写操作都采用加锁的方式。

如果我们的一些业务场景不允许读取记录的旧版本，而是每次都必须去读取记录的最新版本。比如在银行存款的事务中，我们需要先把账户的余额读出来，然后将其加上本次存款的数额，最后再写到数据库中。在将账户余额读取出来后，就不想让别的事务再访问该余额，直到本次存款事务执行完成后，其他事务才可以访问账户的余额。这样在读取记录的时候也就需要对其进行加锁操作，这也就意味着读操作和写操作也得像写－写操作那样排队执行。

脏读现象的产生是因为当前事务读取了另一个未提交事务写的一条记录。如果另一个事务在写记录的时候就给这条记录加锁，那么当前事务就无法在读取该记录时再获取到锁了，所以也就不会出现脏读现象了。

不可重复读现象的产生是因为当前事务先读取一条记录，另外一个事务对该记录进行了改动。如果在当前事务读取记录时就给该记录加锁，那么另一个事务就无法修改该记录，自然也就不会出现不可重复读现象了。

> 　　幻读现象的产生是因为某个事务读取了符合某些搜索条件的记录，之后别的事务又插入了符合相同搜索条件的新记录，导致该事务再次读取相同搜索条件的记录时，可以读到别的事务插入的新记录，这些新插入的记录就称为幻影记录。采用加锁的方式避免幻读现象就有那么一点点麻烦，因为当前事务在第一次读取记录时那些幻影记录并不存在，所以在读取的时候加锁就有点尴尬了——因为我们并不知道给谁加锁。没关系，这难不倒设计 InnoDB 的大叔的，我们稍后揭晓答案，少安毋躁。

　　很明显，如果采用 MVCC 方式，读 - 写操作彼此并不冲突，性能更高；如果采用加锁方式，读 - 写操作彼此需要排队执行，从而影响性能。一般情况下，我们当然愿意采用 MVCC 来解决读 - 写操作并发执行的问题，但是在某些特殊的业务场景中，要求必须采用加锁的方式执行，那也是没有办法的事。

22.1.3　一致性读

　　事务利用 MVCC 进行的读取操作称为一致性读（Consistent Read），或者一致性无锁读（有的资料也称之为快照读）。所有普通的 SELECT 语句（plain SELECT）在 READ COMMITTED、REPEATABLE READ 隔离级别下都算是一致性读，比如：

```
SELECT * FROM t;
SELECT * FROM t1 INNER JOIN t2 ON t1.col1 = t2.col2
```

　　一致性读并不会对表中的任何记录进行加锁操作，其他事务可以自由地对表中的记录进行改动。

22.1.4　锁定读

1. 共享锁和独占锁

　　前文说过，并发事务的读 - 读情况并不会引起什么问题，不过对于写 - 写、读 - 写或写 - 读这些情况，可能会引起一些问题，需要使用 MVCC 或者加锁的方式来解决它们。在使用加锁的方式来解决问题时，由于既要允许读 - 读情况不受影响，又要使写 - 写、读 - 写或写 - 读情况中的操作相互阻塞，所以设计 MySQL 的大叔给锁分了个类。

- 共享锁（Shared Lock）：简称 S 锁。在事务要读取一条记录时，需要先获取该记录的 S 锁。
- 独占锁（Exclusive Lock）：也常称为排他锁，简称 X 锁。在事务要改动一条记录时，需要先获取该记录的 X 锁。

假如事务 T1 首先获取了一条记录的 S 锁，之后事务 T2 接着也要访问这条记录：

- 如果事务 T2 想要再获取一个记录的 S 锁，那么事务 T2 也会获得该锁，这也就意味着事务 T1 和 T2 在该记录上同时持有 S 锁；
- 如果事务 T2 想要再获取一个记录的 X 锁，那么此操作会被阻塞，直到事务 T1 提交之后将 S 锁释放掉为止。

如果事务 T1 首先获取了一条记录的 X 锁，那么之后无论事务 T2 是想获取该记录的 S 锁还是 X 锁，都会被阻塞，直到事务 T1 提交之后将 X 锁释放掉为止。

所以 S 锁和 S 锁是兼容的，S 锁和 X 锁是不兼容的，X 锁和 X 锁也是不兼容的。我们通过表 22-1 来表示一下。

表 22-1　S 锁 X 锁的兼容关系

兼容性	X 锁	S 锁
X 锁	不兼容	不兼容
S 锁	不兼容	兼容

2. 锁定读的语句

我们前面说，为了采用加锁方式避免脏读、不可重复读、幻读这些现象，在读取一条记录时需要获取该记录的 S 锁。其实这是不严谨的，有时候我们想在读取记录时就获取记录的 X 锁，从而禁止别的事务读写该记录。我们把这种在读取记录前就为该记录加锁的读取方式称为锁定读（Locking Read）。设计 MySQL 的大叔提供了下面两种特殊的 SELECT 语句格式来支持锁定读。

● 对读取的记录加 S 锁：

```
SELECT ... LOCK IN SHARE MODE;
```

也就是在普通的 SELECT 语句后面加上 LOCK IN SHARE MODE。如果当前事务执行了该语句，那么它会为读取到的记录加 S 锁，这样可以允许别的事务继续获取这些记录的 S 锁（比如，别的事务也使用 SELECT ... LOCK IN SHARE MODE 语句来读取这些记录时），但是不能获取这些记录的 X 锁（比如使用 SELECT ... FOR UPDATE 语句来读取这些记录，或者直接改动这些记录时）。如果别的事务想要获取这些记录的 X 锁，那么它们会被阻塞，直到当前事务提交之后将这些记录上的 S 锁释放掉为止。

● 对读取的记录加 X 锁：

```
SELECT ... FOR UPDATE;
```

也就是在普通的 SELECT 语句后面加上 FOR UPDATE。如果当前事务执行了该语句，那么它会为读取到的记录加 X 锁，这样既不允许别的事务获取这些记录的 S 锁（比如别的事务使用 SELECT ... LOCK IN SHARE MODE 语句来读取这些记录时），也不允许获取这些记录的 X 锁（比如说使用 SELECT ... FOR UPDATE 语句来读取这些记录，或者直接改动这些记录时）。如果别的事务想要获取这些记录的 S 锁或者 X 锁，那么它们会被阻塞，直到当前事务提交之后将这些记录上的 X 锁释放掉为止。

关于锁定读的更多加锁细节，我们稍后会详细唠叨，少安毋躁。

22.1.5　写操作

平常所用到的写操作无非是 DELETE、UPDATE、INSERT 这 3 种。

● DELETE：对一条记录执行 DELETE 操作的过程其实是先在 B+ 树中定位到这条记录的位置，然后获取这条记录的 X 锁，最后再执行 delete mark 操作。我们也可以把这个"先定位待删除记录在 B+ 树中的位置，然后获取这条记录的 X 锁的过程"看成是一个获取 X 锁的锁定读。

- UPDATE：在对一条记录进行 UPDATE 操作时分为下面 3 种情况。
    - 如果未修改该记录的键值并且被更新的列所占用的存储空间在修改前后未发生变化，则先在 B+ 树中定位到这条记录的位置，然后再获取记录的 X 锁，最后在原记录的位置进行修改操作。其实也可以把这个"先定位待修改记录在 B+ 树中的位置，然后再获取记录的 X 锁的过程"看成是一个获取 X 锁的锁定读。
    - 如果未修改该记录的键值并且至少有一个被更新的列占用的存储空间在修改前后发生变化，则先在 B+ 树中定位到这条记录的位置，然后获取记录的 X 锁，之后将该记录彻底删除掉（就是把记录彻底移入垃圾链表），最后再插入一条新记录。可以把这个"先定位待修改记录在 B+ 树中的位置，然后再获取记录的 X 锁的过程"看成是一个获取 X 锁的锁定读，与被彻底删除的记录关联的锁也会被转移到这条新插入的记录上来。
    - 如果修改了该记录的键值，则相当于在原记录上执行 DELETE 操作之后再来一次 INSERT 操作，加锁操作就需要按照 DELETE 和 INSERT 的规则进行了。
- INSERT：一般情况下，新插入的一条记录受隐式锁保护，不需要在内存中为其生成对应的锁结构。更多关于隐式锁的细节我们稍后再看。

小贴士
　　当然，在一些特殊情况下 INSERT 操作也会在内存中生成锁结构。具体情况我们后面唠叨。

在一个事务中加的锁一般在事务提交或中止时才会释放。当然也有特殊情况，遇到时我们会强调的。

22.2 多粒度锁

前面提到的锁都是针对记录的，可以将其称为行级锁或者行锁。对一条记录加行锁，影响的也只是这条记录而已，我们就说这个行锁的粒度比较细。其实一个事务也可以在表级别进行加锁，自然就将其称为表级锁或者表锁。对一个表加锁，会影响表中的所有记录，我们就说这个锁的粒度比较粗。给表加的锁也可以分为共享锁（S 锁）和独占锁（X 锁）。

- 给表加 S 锁

如果一个事务给表加了 S 锁，那么：

　　■ 别的事务可以继续获得该表的 S 锁；
　　■ 别的事务可以继续获得该表中某些记录的 S 锁；
　　■ 别的事务不可以继续获得该表的 X 锁；
　　■ 别的事务不可以继续获得该表中某些记录的 X 锁。

- 给表加 X 锁

如果一个事务给表加了 X 锁（意味着该事务要独占这个表），那么：

　　■ 别的事务不可以继续获得该表的 S 锁；
　　■ 别的事务不可以继续获得该表中某些记录的 S 锁；

- 别的事务不可以继续获得该表的 X 锁；
- 别的事务不可以继续获得该表中某些记录的 X 锁。

上面的文字看着有点啰嗦。为了更好地理解这个表级别的 S 锁和 X 锁，我们以大学教学楼中的教室为例来分析加锁的情况。

- 教室一般都是公用的，我们可以随便选一间教室进去上自习。当然，教室不是自家的，一间教室可以容纳很多同学同时上自习。每当一个同学进去上自习，就相当于在教室门口挂了一把 S 锁，如果很多同学都进去上自习，就相当于教室门口挂了很多把 S 锁（类似行级别的 S 锁）。
- 有时教室会进行检修，比如换地板、换天花板、换灯管啥的，这些维修项目并不能同时开展。如果教室针对某个项目进行检修，就不允许同学来上自习，也不允许其他维修项目进行，此时相当于教室门口挂了一把 X 锁（类似行级别的 X 锁）。

上边提到的这两种锁都是针对教室而言的，不过我们有时会有一些特殊的需求。

- 有上级领导要来参观教学楼的环境。校领导不想影响同学们上自习，但是此时不能有教室处于维修状态，于是可以在教学楼门口放置一把 S 锁（类似表级别的 S 锁）。此时：
  - 来上自习的学生看到教学楼门口有 S 锁，可以继续进入教学楼上自习；
  - 修理工看到教学楼门口有 S 锁，则先在教学楼门口等着，啥时候上级领导走了，把教学楼的 S 锁撤掉后，再进入教学楼维修。
- 学校要占用教学楼进行考试。此时不允许教学楼中有正在上自习的教室，也不允许对教室进行维修，于是可以在教学楼门口放置一把 X 锁（类似表级别的 X 锁）。此时：
  - 来上自习的学生看到教学楼门口有 X 锁，则需要在教学楼门口等着，啥时候考试结束，把教学楼的 X 锁撤掉后，再进入教学楼上自习。
  - 修理工看到教学楼门口有 X 锁，则先在教学楼门口等着，啥时候考试结束，把教学楼的 X 锁撤掉后，再进入教学楼维修。

但是这里存在下面两个问题：

- 如果想对教学楼整体上 S 锁，首先需要确保教学楼中没有正在维修的教室，如果有正在维修的教室，则需要等到维修结束才可以对教学楼整体上 S 锁；
- 如果想对教学楼整体上 X 锁，首先需要确保教学楼中没有上自习的教室以及正在维修的教室，如果有上自习的教室或者正在维修的教室，则需要等到上自习的所有同学都上完自习离开，以及维修工维修完教室离开后才可以对教学楼整体上 X 锁。

我们在对教学楼整体上锁（表锁）时，怎么知道教学楼中有没有教室已经被上锁（行锁）了呢？依次检查每一间教室门口有没有上锁？这效率也太慢了吧！遍历是不可能遍历的，这辈子都不可能遍历的。于是设计 InnoDB 的大叔提出了一种称为意向锁（Intention Lock）的东西。

- 意向共享锁（Intention Shared Lock）：简称 IS 锁，当事务准备在某条记录上加 S 锁时，需要先在表级别加一个 IS 锁。
- 意向独占锁（Intention Exclusive Lock）：简称 IX 锁，当事务准备在某条记录上加 X 锁时，需要先在表级别加一个 IX 锁。

视角回到教学楼和教室上来：

- 如果有学生到教室中上自习，那么他先在整栋教学楼门口放一把 IS 锁（表级锁），然后再到教室门口放一把 S 锁（行锁）；
- 如果有维修工到教室进行维修，那么他先在整栋教学楼门口放一把 IX 锁（表级锁），然后再到教室门口放一把 X 锁（行锁）。

之后：
- 如果有上级领导要参观教学楼，也就是想在教学楼门口前放 S 锁（表锁）时，首先要看一下教学楼门口有没有 IX 锁；如果有，则意味着有教室在维修，需要等到维修结束把 IX 锁撤掉后，才可以在整栋教学楼上加 S 锁；
- 如果有考试要占用教学楼，也就是想在教学楼门口前放 X 锁（表锁）时，首先要看一下教学楼门口有没有 IS 锁或 IX 锁；如果有，则意味着有教室在上自习或者在维修，需要等到学生们上完自习或者维修结束把 IS 锁和 IX 锁撤掉后，才可以在整栋教学楼上加 X 锁。

小贴士
　　学生在教学楼门口加 IS 锁时，是不关心教学楼门口是否有 IX 锁的；维修工在教学楼门口加 IX 锁时，是不关心教学楼门口是否有 IS 锁或者其他 IX 锁的。IS 锁和 IX 锁只是用来判断当前时间教学楼里有没有被占用的教室，也就是只有在对教学楼加 S 锁或者 X 锁后才会用到。

　　总结一下：IS 锁、IX 锁是表级锁，它们的提出仅仅为了在之后加表级别的 S 锁和 X 锁时可以快速判断表中的记录是否被上锁，以避免用遍历的方式来查看表中有没有上锁的记录；也就是说其实 IS 锁和 IX 锁是兼容的，IX 锁和 IX 锁是兼容的。

　　我们画个表来看一下表级别的各种锁的兼容性（见表 22-2）。

表 22-2　表级别的锁的兼容性

兼容性	X	IX	S	IS
X	不兼容	不兼容	不兼容	不兼容
IX	不兼容	兼容	不兼容	兼容
S	不兼容	不兼容	兼容	兼容
IS	不兼容	兼容	兼容	兼容

22.3　MySQL 中的行锁和表锁

　　前面说的都算是理论知识，其实 MySQL 支持多种存储引擎，不同存储引擎对锁的支持也是不一样的。当然，我们还是重点讨论 InnoDB 存储引擎中的锁，其他的存储引擎只是稍微提一下。

22.3.1　其他存储引擎中的锁

　　对于 MyISAM、MEMORY、MERGE 这些存储引擎来说，它们只支持表级锁，而且这些存储引擎并不支持事务，所以当我们为使用这些存储引擎的表加锁时，一般都是针对当前会话来说的。

比如在 Session 1 中对一个表执行 SELECT 操作，就相当于为这个表加了一个表级别的 S 锁。如果在 SELECT 操作未完成时，在 Session 2 中对这个表执行 UPDATE 操作，相当于要获取表的 X 锁，此操作将会被阻塞。直到 Session 1 中的 SELECT 操作完成，释放掉表级别的 S 锁后，在 Session 2 中对这个表执行 UPDATE 操作才能继续获取 X 锁，然后执行具体的更新语句。

因为使用 MyISAM、MEMORY、MERGE 这些存储引擎的表在同一时刻只允许一个会话对表进行写操作，所以这些存储引擎实际上最好用在只读场景下，或者用在大部分都是读操作或者单用户的情景下。

另外，在 MyISAM 存储引擎中有一个称为并发插入（Concurrent Insert）的特性，它支持在读取 MyISAM 表的同时插入记录，这样可以提升插入速度。关于并发插入的更多细节，我们就不唠叨了，大家可以参考 MySQL 文档。

22.3.2　InnoDB 存储引擎中的锁

InnoDB 存储引擎既支持表级锁，也支持行级锁。表级锁粒度粗，占用资源较少。不过有时我们仅仅需要锁住几条记录，如果使用表级锁，效果上相当于为表中的所有记录都加锁，所以性能比较差。行级锁粒度细，可以实现更精准的并发控制，但是占用资源较多。下边我们详细看一下。

1. InnoDB 中的表级锁

● 表级别的 S 锁、X 锁

在对某个表执行 SELECT、INSERT、DELETE、UPDATE 语句时，InnoDB 存储引擎是不会为这个表添加表级别的 S 锁或者 X 锁的。

另外，在对某个表执行一些诸如 ALTER TABLE、DROP TABLE 的 DDL 语句时，其他事务在对这个表并发执行诸如 SELECT、INSERT、DELETE、UPDATE 等语句，会发生阻塞。同理，某个事务在对某个表执行 SELECT、INSERT、DELETE、UPDATE 语句时，在其他会话中对这个表执行 DDL 语句也会发生阻塞。这个过程其实是通过在 server 层使用一种称为元数据锁（Metadata Lock，MDL）的东西来实现的，一般情况下也不会使用 InnoDB 存储引擎自己提供的表级别的 S 锁和 X 锁。

在第 18 章中说过，DDL 语句在执行时会隐式提交当前会话中的事务，原因是 DDL 语句的执行一般都会在若干个特殊事务中完成。在开启这些特殊事务前，需要将当前会话中的事务提交掉。另外，MDL 锁并不是我们本章要讨论的内容，大家可以自行参阅文档。

其实，InnoDB 存储引擎提供的表级 S 锁或者 X 锁相当"鸡肋"，只会在一些特殊情况下（比如在系统崩溃恢复时）用到。不过我们还是可以手动获取一下，比如在系统变量 autocommit = 0、innodb_table_locks = 1 时，要手动获取 InnoDB 存储引擎提供的表 t 的 S 锁或者 X 锁，可以按照下面这样来写语句。

● LOCK TABLES t READ：InnoDB 存储引擎会对表 t 加表级别的 S 锁。
● LOCK TABLES t WRITE：InnoDB 存储引擎会对表 t 加表级别的 X 锁。

不过请尽量避免在使用 InnoDB 存储引擎的表上使用 LOCK TABLES 这样的手动锁表语句，

它们并不会提供什么额外的保护，只是会降低并发能力而已。InnoDB 的厉害之处是实现了更细粒度的行级锁，关于表级别的 S 锁和 X 锁大家了解一下就罢了。

● 表级别的 IS 锁、IX 锁

当对使用 InnoDB 存储引擎的表的某些记录加 S 锁之前，需要先在表级别加一个 IS 锁；当对使用 InnoDB 存储引擎的表的某些记录加 X 锁之前，需要先在表级别加一个 IX 锁。IS 锁和 IX 锁的使命只是为了后续在加表级别的 S 锁和 X 锁时，判断表中是否有已经被加锁的记录，以避免用遍历的方式来查看表中有没有上锁的记录。更多关于 IS 锁和 IX 锁的解释已经在前文都唠叨过了，这里就不赘述了。

● 表级别的 AUTO-INC 锁

在使用 MySQL 的过程中，我们可以为表的某个列添加 AUTO_INCREMENT 属性，之后在插入记录时，可以不指定该列的值，系统会自动为它赋予递增的值。比如我们创建一个表：

```
CREATE TABLE t (
    id INT NOT NULL AUTO_INCREMENT,
    c VARCHAR(100),
    PRIMARY KEY (id)
) Engine=InnoDB CHARSET=utf8;
```

由于这个表的 id 字段声明了 AUTO_INCREMENT，也就意味着在书写插入语句时不需要为其赋值。比如下面这样：

```
INSERT INTO t(c) VALUES('aa'), ('bb');
```

上面这条插入语句并没有为 id 列显式赋值，系统会自动为它赋予递增的值，效果如下：

```
mysql> SELECT * FROM t;
+----+------+
| id | c    |
+----+------+
|  1 | aa   |
|  2 | bb   |
+----+------+
2  rows in set (0.00 sec)
```

系统自动给 AUTO_INCREMENT 修饰的列进行递增赋值的实现方式主要有下面两个。

■ 采用 AUTO-INC 锁，也就是在执行插入语句时就加一个表级别的 AUTO-INC 锁，然后为每条待插入记录的 AUTO_INCREMENT 修饰的列分配递增的值。在该语句执行结束后，再把 AUTO-INC 锁释放掉。这样一来，一个事务在持有 AUTO-INC 锁的过程中，其他事务的插入语句都要被阻塞，从而保证一个语句中分配的递增值是连续的。

如果我们的插入语句在执行前并不确定具体要插入多少条记录（无法预计即将插入记录的数量），比如使用 INSERT ... SELECT、REPLACE ... SELECT 或者 LOAD DATA 这种插入语句，一般是使用 AUTO-INC 锁为 AUTO_INCREMENT 修饰的列生成对应的值。

小贴士
　　　需要注意的是，这个 AUTO-INC 锁的作用范围只是单个插入语句，在插入语句执行完成后，这个锁就被释放了。这与我们前面介绍的锁在事务结束时释放是不一样的。

- 采用一个轻量级的锁，在为插入语句生成 AUTO_INCREMENT 修饰的列的值时获取这个轻量级锁，然后在生成本次插入语句需要用到的 AUTO_INCREMENT 修饰的列的值之后，就把该轻量级锁释放掉，而不需要等到整个插入语句执行完后才释放锁。

如果我们的插入语句在执行前就可以确定具体要插入多少条记录，比如前文关于表 t 的例子中，在语句执行前就可以确定要插入 2 条记录，那么一般采用轻量级锁的方式对 AUTO_INCREMENT 修饰的列进行赋值。这种方式可以避免锁定表，可以提升插入性能。

　　设计 InnoDB 的大叔提供了一个名为 innodb_autoinc_lock_mode 的系统变量，用来控制到底使用上述两种方式中的哪一种来为 AUTO_INCREMENT 修饰的列进行赋值。当 innodb_autoinc_lock_mode 的值为 0 时，一律采用 AUTO-INC 锁；当 innodb_autoinc_lock_mode 的值为 2 时，一律采用轻量级锁；当 innodb_autoinc_lock_mode 的值为 1 时，两种方式混着来（也就是在插入记录的数量确定时采用轻量级锁，不确定时使用 AUTO-INC 锁）。不过，当 innodb_autoinc_lock_mode 的值为 2 时，可能会造成不同事务中的插入语句为 AUTO_INCREMENT 修饰的列生成的值是交叉的，这在有主从复制的场景中是不安全的。

2. InnoDB 中的行级锁

告诉大家一个不好的消息：本章前文讲的内容都是铺垫，本章真正的重点才刚刚开始。

行级锁，也称为记录锁，顾名思义就是在记录上加的锁。不过设计 InnoDB 的大叔很有才，一个行锁玩出了多种"花样"，也就是把行锁分成了各种类型。换句话说，即使对同一条记录加行锁，如果记录的类型不同，起到的功效也是不同的。

为了故事的顺利发展，我们还是先将之前唠叨 MVCC 时用到的表抄一遍：

```
CREATE TABLE hero (
    number INT,
    name VARCHAR(100),
    country varchar(100),
    PRIMARY KEY (number)
) Engine=InnoDB CHARSET=utf8;
```

我们主要是想用这个表存储三国时期的英雄人物。向这个表中插入几条记录：

```
INSERT INTO hero VALUES
    (1, 'l刘备', '蜀'),
    (3, 'z诸葛亮', '蜀'),
    (8, 'c曹操', '魏'),
    (15, 'x荀彧', '魏'),
    (20, 's孙权', '吴');
```

现在表中的数据就是这样的：

```
mysql> SELECT * FROM hero;
+--------+-----------+---------+
| number | name      | country |
+--------+-----------+---------+
|      1 | l刘备     | 蜀      |
|      3 | z诸葛亮   | 蜀      |
```

```
|      8 | c曹操      | 魏      |
|     15 | x荀彧      | 魏      |
|     20 | s孙权      | 吴      |
+--------+------------+---------+
5 rows in set (0.01 sec)
```

小贴士

不是说好存储三国时期的英雄人物么？为啥要在“刘备”“曹操”“孙权”前边加上 l、c、s 这几个字母呀？这个主要是因为我们采用的是 utf8 字符集，该字符集并没有按照汉语拼音进行排序的比较规则。也就是说“刘备”“曹操”“孙权”这几个字符串的大小并不是按照它们的汉语拼音进行排序的。为了避免大家发懵，所以在汉字前面加上了姓氏对应的拼音的第一个字母，这样在比较大小时就可以按照汉语拼音进行排序了。

另外，我们故意把各条记录的 number 列的值搞得很分散。后面会用到，少安毋躁。

hero 表中的聚簇索引的示意图如图 22-5 所示。

number列：	1	3	8	15	20
name列：	l刘备	z诸葛亮	c曹操	x荀彧	s孙权
country列：	蜀	蜀	魏	魏	吴

图 22-5　聚簇索引示意图

当然，我们把 B+ 树的索引结构进行了超级简化，只把聚簇索引叶子节点中的记录给拿了出来，目的是想强调聚簇索引中的记录是按照主键大小排序的。这里还省略掉了聚簇索引中的隐藏列，大家心里明白就好（不理解索引结构的读者，可以返回头去看第 6 章）。

现在准备工作做完了，下面来看看都有哪些常用的行级锁类型。

- Record Lock

前面提到的记录锁就是这种类型，也就是仅仅把一条记录锁上。我决定给这种类型的锁起一个比较“不正经”的名字：正经记录锁（请允许我皮一下，实在不知道该叫啥名好）。这种锁类型的官方名称为 LOCK_REC_NOT_GAP。比如我们为 number 值为 8 的那条记录加一个正经记录锁，示意图如图 22-6 所示。

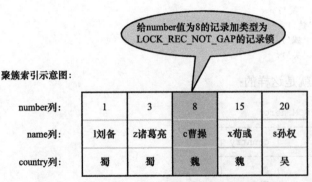

图 22-6　为 number 值为 8 的记录加正经记录锁

正经记录锁是有 S 锁和 X 锁之分的，我们分别称为 S 型正经记录锁和 X 型正经记录锁（听起来有点怪怪的）。当一个事务获取了一条记录的 S 型正经记录锁后，其他事务也可以继续获取该记录的 S 型正经记录锁，但不可以继续获取 X 型正经记录锁。当一个事务获取了一条记录的 X 型正经记录锁后，其他事务既不可以继续获取该记录的 S 型正经记录锁，也不可以继续获取 X 型正经记录锁。

- Gap Lock

前面讲到，MySQL 在 REPEATABLE READ 隔离级别下是可以在很大程度上解决幻读现象的。解决方案有两种：使用 MVCC 方案解决；使用加锁方案解决。但是在使用加锁方案解决时有个大问题，就是事务在第一次执行读取操作时，那些幻影记录尚不存在，我们无法给这些幻影记录加上正经记录锁。不过这难不倒设计 InnoDB 的大叔，他们提出了一种称为 Gap Lock 的锁。这种锁类型的官方名称为 LOCK_GAP，也可以简称为 gap 锁。比如我们为 number 值为 8 的那条记录加一个 gap 锁，示意图如图 22-7 所示。

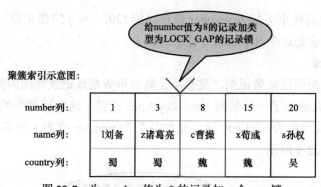

图 22-7　为 number 值为 8 的记录加一个 gap 锁

在图 22-7 中，为 number 值为 8 的记录加了 gap 锁，这意味着不允许别的事务在 number 值为 8 的记录前面的间隙插入新记录，其实就是 number 列的值在区间 (3, 8) 的新记录是不允许立即插入的。比如有另外一个事务想插入一条 number 值为 4 的新记录，首先要定位到该条新记录的下一条记录，也就是 number 值为 8 的记录，而这条记录上又有一个 gap 锁，所以就会阻塞插入操作；直到拥有这个 gap 锁的事务提交了之后将该 gap 锁释放掉，其他事务才可以插入 number 列的值在区间 (3, 8) 中的新记录。

这个 gap 锁的提出仅仅是为了防止插入幻影记录而提出的。虽然 gap 锁有共享 gap 锁和独占 gap 锁这样的说法，但是它们起到的作用都是相同的。而且如果对一条记录加了 gap 锁（无论是共享 gap 锁还是独占 gap 锁），并不会限制其他事务对这条记录加正经记录锁或者继续加 gap 锁。再强调一遍，gap 锁的作用仅仅是为了防止插入幻影记录而已。

不知道大家是否发现了一个问题：给一条记录加 gap 锁只是不允许其他事务向这条记录前面的间隙插入新记录；那对于最后一条记录之后的间隙，也就是 hero 表中 number 值为 20 的记录之后的间隙该咋办呢？也就是说，给哪条记录加 gap 锁才能阻止其他事务插入 number 值在区间 (20, + ∞) 的新记录呢？这时候应该想起我们在前面唠叨数据页时介绍的两条伪记录了。

- **Infimum** 记录：表示该页面中最小的记录。
- **Supremum** 记录：表示该页面中最大的记录。

为了阻止其他事务插入 number 值在区间 (20, + ∞) 的新记录，我们可以给索引中最后一条记录（也就是 number 值为 20 的那条记录）所在页面的 Supremum 记录加上一个 gap 锁，如图 22-8 所示。

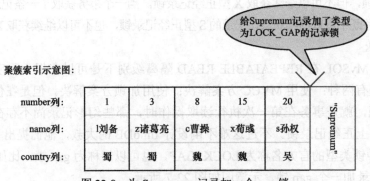

图 22-8　为 Supremum 记录加一个 gap 锁

这样就可以阻止其他事务插入 number 值在区间 (20, +∞) 的新记录。为了方便理解，之后的索引示意图中都会把这个 Supremum 记录画出来。

● Next-Key Lock

有时候，我们既想锁住某条记录，又想阻止其他事务在该记录前面的间隙插入新记录。设计 InnoDB 的大叔为此提出了一种名为 Next-Key Lock 的锁。这种锁类型的官方名称为 LOCK_ORDINARY，也可以简称为 next-key 锁。比如我们为 number 值为 8 的那条记录加一个 next-key 锁，示意图如图 22-9 所示。

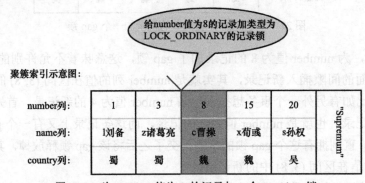

图 22-9　为 number 值为 8 的记录加一个 next-key 锁

next-key 锁的本质就是一个正经记录锁和一个 gap 锁的合体。它既能保护该条记录，又能阻止别的事务将新记录插入到被保护记录前面的间隙中。

● Insert Intention Lock

一个事务在插入一条记录时，需要判断插入位置是否已被别的事务加了 gap 锁（next-key 锁也包含 gap 锁，后面就不强调了）。如果有的话，插入操作需要等待，直到拥有 gap 锁的那个事务提交为止。但是设计 InnoDB 的大叔规定，事务在等待时也需要在内存中生成一个锁结构，表明有事务想在某个间隙中插入新记录，但是现在处于等待状态。设计 InnoDB 的大叔把这种类型的锁命名为 Insert Intention Lock，这种锁类型的官方名称为 LOCK_INSERT_INTENTION，也可以称为插入意向锁。

比如我们为 number 值为 8 的那条记录加一个插入意向锁，示意图如图 22-10 所示。

图 22-10　为 number 值为 8 的记录加一个插入意向锁

为了让大家彻底理解插入意向锁的功能，我们还是举个例子然后画个图表示一下。

比如现在 T1 为 number 值为 8 的记录加了一个 gap 锁，然后 T2 和 T3 分别想向 hero 表中插入 number 值分别为 4、5 的两条记录，现在为 number 值为 8 的记录加的锁的示意图如图 22-11 所示。

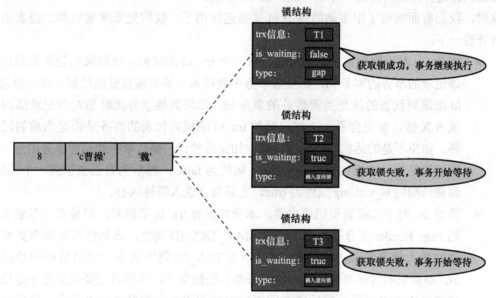

图 22-11　number 值为 8 的记录加的锁的示意图

　我们在锁结构中又新添了一个 type 属性，用来表明该锁的类型。稍后会详细介绍 InnoDB 存储引擎中的一个锁结构到底长什么样。

从图 22-11 可以看到，由于 T1 持有 gap 锁，所以 T2 和 T3 需要生成一个插入意向锁的锁结构并且处于等待状态。当 T1 提交后会把它获取到的锁都释放掉，这样 T2 和 T3 就能获取到对应的插入意向锁了（本质上就是把插入意向锁对应锁结构的 is_waiting 属性改为 false）。T2 和 T3 之间也并不会相互阻塞，它们可以同时获取到 number 值为 8 的插入意向锁，然后执行插入操作。

事实上插入意向锁并不会阻止别的事务继续获取该记录上任何类型的锁（插入意向锁就是这么"鸡肋"）。

　　● 隐式锁

　　在内存中生成锁结构并且维护它们并不是一件零成本的事情，设计 InnoDB 的大叔出于勤俭节约的精神，提出了一个隐式锁的概念。比如一般情况下执行 INSERT 语句是不需要在内存中生成锁结构的（当然，如果即将插入的间隙已经被其他事务加了 gap 锁，那么本次 INSERT 操作会阻塞，并且当前事务会在该间隙上加一个插入意向锁），但是这可能导致一些问题。比方说一个事务首先插入了一条记录（此时并没有与该记录关联的锁结构），然后另一个事务执行如下操作。

　　　　■ 立即使用 SELECT ... LOCK IN SHARE MODE 语句读取这条记录（也就是要获取这条记录的 S 锁），或者使用 SELECT ... FOR UPDATE 语句读取这条记录（也就是要获取这条记录的 X 锁），该咋办？

　　如果允许这种情况的发生，那么可能出现脏读现象。

　　　　■ 立即修改这条记录（也就是要获取这条记录的 X 锁），该咋办？

　　如果允许这种情况的发生，那么可能出现脏写现象。

　　这时，我们前面唠叨了很多遍的事务 id 又要起作用了。我们把聚簇索引和二级索引中的记录分开看一下。

　　　　■ 情景 1：对于聚簇索引记录来说，有一个 trx_id 隐藏列，该隐藏列记录着最后改动该记录的事务的事务 id。在当前事务中新插入一条聚簇索引记录后，该记录的 trx_id 隐藏列代表的就是当前事务的事务 id。如果其他事务此时想对该记录添加 S 锁或者 X 锁，首先会看一下该记录的 trx_id 隐藏列代表的事务是否是当前的活跃事务。如果不是的话就可以正常读取；如果是的话，那么就帮助当前事务创建一个 X 锁的锁结构，该锁结构的 is_waiting 属性为 false；然后为自己也创建一个锁结构，该锁结构的 is_waiting 属性为 true，之后自己进入等待状态。

　　　　■ 情景 2：对于二级索引记录来说，本身并没有 trx_id 隐藏列，但是在二级索引页面的 Page Header 部分有一个 PAGE_MAX_TRX_ID 属性，该属性代表对该页面做改动的最大的事务 id。如果 PAGE_MAX_TRX_ID 属性值小于当前最小的活跃事务 id，那就说明对该页面做修改的事务都已经提交了，否则就需要在页面中定位到对应的二级索引记录，然后通过回表操作找到它对应的聚簇索引记录，然后再重复情景 1 的做法。

　　通过上文得知，一个事务对新插入的记录可以不显式地加锁（生成一个锁结构），但是由于事务 id 这个"厉害角色"的存在，相当于加了一个隐式锁。别的事务在对这条记录加 S 锁或者 X 锁时，由于隐式锁的存在，会先帮助当前事务生成一个锁结构，然后自己再生成一个锁结构，最后进入等待状态。

　　通过上面的描述可以看出，隐式锁起到了延迟生成锁结构的用处。如果别的事务在执行过程中不需要获取与该隐式锁相冲突的锁，就可以避免在内存中生成锁结构。这只是锁在实现上的一个"投机取巧"的方案，对用户来说是透明的。也就是说，无论使用隐式锁保护记录，还是通过在内存中显式生成锁结构来保护记录，起到的作用是一样的。

小贴士

除了插入意向锁，在一些特殊情况下 INSERT 语句还会在内存中创建一些锁结构。我们会在后面的语句加锁分析中唠叨。

22.3.3　InnoDB 锁的内存结构

前文说过，对一条记录加锁的本质就是在内存中创建一个锁结构与之关联（隐式锁除外）。那么，一个事务对多条记录加锁时，是不是就要创建多个锁结构呢？比如事务 T1 要执行下面这个语句：

```
# 事务T1
SELECT * FROM hero LOCK IN SHARE MODE;
```

很显然，这条语句需要为 hero 表中的所有记录进行加锁。那么，是不是需要为每条记录都生成一个锁结构呢？其实理论上创建多个锁结构没有问题，反而更容易理解，但是谁知道你在一个事务中想对多少记录加锁呢。如果一个事务要获取 10,000 条记录的锁，要生成 10,000 个这样的结构就太亏了吧！所以设计 InnoDB 的大叔本着勤俭节约的美德，决定在对不同记录加锁时，如果符合下面这些条件，这些记录的锁就可以放到一个锁结构中：

- 在同一个事务中进行加锁操作；
- 被加锁的记录在同一个页面中；
- 加锁的类型是一样的；
- 等待状态是一样的。

当然，这么"空口白牙"地说有点儿抽象，我们还是画个图来看看 InnoDB 存储引擎中的锁结构（见图 22-12）。

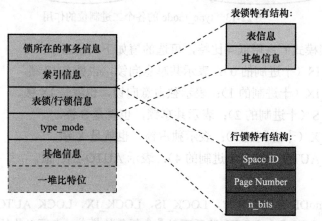

图 22-12　InnoDB 存储引擎事务锁结构

我们来看看这个结构中的各种信息都是干嘛的。

- 锁所在的事务信息：无论是表级锁还是行级锁，一个锁属于一个事务，这里记载着该锁对应的事务信息。

小贴士　　　实际上，这个"锁所在的事务信息"在内存结构中只是一个指针，所以不会占用多大内存空间。通过指针可以找到内存中关于该事务的更多信息，比如事务 id 是什么。下面介绍的"索引信息"其实也是一个指针。

● 索引信息：对于行级锁来说，需要记录一下加锁的记录属于哪个索引。
● 表锁 / 行锁信息：表级锁结构和行级锁结构在这个位置的内容是不同的，具体表现为表级锁记载着这是对哪个表加的锁，还有其他的一些信息；而行级锁记载了下面 3 个重要的信息。
　■ Space ID：记录所在的表空间。
　■ Page Number：记录所在的页号。
　■ n_bits：对于行级锁来说，一条记录对应着一个比特；一个页面中包含很多条记录，用不同的比特来区分到底是为哪一条记录加了锁。为此在行级锁结构的末尾放置了一堆比特，这个 n_bits 属性表示使用了多少比特。

小贴士　　　并不是该页面中有多少记录，n_bits 属性的值就是多少。为了之后在页面中插入新记录时也不至于重新分配锁结构，n_bits 的值一般都比页面中的记录条数多一些。

● type_mode：这是一个 32 比特的数，被分成 lock_mode、lock_type 和 rec_lock_type 这 3 个部分，如图 22-13 所示。

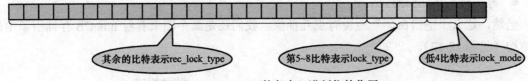

其余的比特表示 rec_lock_type　　　第 5~8 比特表示 lock_type　　　低 4 比特表示 lock_mode

图 22-13　type_mode 的各个二进制位的作用

lock_mode（锁模式）占用低 4 比特，可选的值如下所示。
　■ LOCK_IS（十进制的 0）：表示共享意向锁，也就是 IS 锁。
　■ LOCK_IX（十进制的 1）：表示独占意向锁，也就是 IX 锁。
　■ LOCK_S（十进制的 2）：表示共享锁，也就是 S 锁。
　■ LOCK_X（十进制的 3）：表示独占锁，也就是 X 锁。
　■ LOCK_AUTO_INC（十进制的 4）：表示 AUTO-INC 锁。

小贴士　　　在 InnoDB 存储引擎中，LOCK_IS、LOCK_IX、LOCK_AUTO_INC 都算是表级锁的模式；LOCK_S 和 LOCK_X 既可以是表级锁的模式，也可以是行级锁的模式。

lock_type（锁类型）占用第 5 ~ 8 位，不过现阶段只用到了第 5 比特和第 6 比特。
　■ LOCK_TABLE（十进制的 16）：也就是当第 5 比特设置为 1 时，表示表级锁。
　■ LOCK_REC（十进制的 32）：也就是当第 6 比特设置为 1 时，表示行级锁。

rec_lock_type（行锁的具体类型）使用其余的位来表示。只有在 lock_type 的值为 LOCK_REC 时，也就是只有在该锁为行级锁时，才会细分出更多的类型。

- LOCK_ORDINARY（十进制的 0）：表示 next-key 锁。
- LOCK_GAP（十进制的 512）：也就是当第 10 比特设置为 1 时，表示 gap 锁。
- LOCK_REC_NOT_GAP（十进制的 1024）：也就是当第 11 比特设置为 1 时，表示正经记录锁。
- LOCK_INSERT_INTENTION（十进制的 2048）：也就是当第 12 比特设置为 1 时，表示插入意向锁。
- 其他的类型：还有一些不常用的类型，这里就不多说了。

怎么还没看见 is_waiting 属性呢？这主要还是因为设计 InnoDB 的大叔太"抠门"了，一个比特也不想浪费，他们把 is_waiting 属性也放到了 type_mode 这个 32 位的字段中。

- LOCK_WAIT（十进制的 256）：也就是当第 9 比特设置为 1 时，表示 is_waiting 为 true，即当前事务尚未获取到锁，处在等待状态；当这个比特为 0 时，表示 is_waiting 为 false，即当前事务获取锁成功。

- 其他信息：为了更好地管理系统运行过程中生成的各种锁结构，而设计了各种哈希表和链表。为了简化讨论，我们忽略这部分信息。
- 一堆比特位：如果是行级锁结构的话，在该锁结构末尾还放置了一堆比特位。比特位的数量使用前面提到的 n_bits 属性来表示。前文在唠叨 InnoDB 记录结构时说过，页面中的每条记录在记录头信息中都包含一个 heap_no 属性：Infimum 记录的 heap_no 值为 0，Supremum 记录的 heap_no 值为 1；之后每申请一条新记录占用的存储空间，heap_no 值就增 1。锁结构最后的一堆比特位对应着一个页面中的记录，一个比特位映射一个 heap_no，不过为了编码方便，映射方式有点怪，如图 22-14 所示。

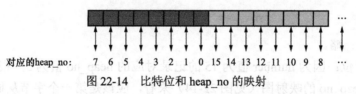

对应的 heap_no:　7　6　5　4　3　2　1　0　15　14　13　12　11　10　9　8　…

图 22-14　比特位和 heap_no 的映射

小贴士　这么奇怪的映射方式纯粹是为了敲代码方便，大家不要大惊小怪，只需要知道一个比特位映射到页内的一条记录就好了。

可能大家觉得上面的描述有些抽象，我们还是举个例子说明一下。比如，现在有 T1 和 T2 这两个事务想对 hero 表中的记录进行加锁。hero 表中的记录比较少，假设这些记录都存储在表空间号为 67、页号为 3 的页面上。如果 T1 想为 number 值为 15 的这条记录加 S 型正经记录锁，则在对记录加行级锁之前，需要先加表级别的 IS 锁，也就是会生成一个表级锁的内存结构。不过我们这里不关心表级锁，所以直接忽略掉。接下来分析一下生成行级锁结构的过程。

1. 事务 T1 要进行加锁，所以锁结构的"锁所在的事务信息"指的就是 T1。
2. 直接对聚簇索引进行加锁，所以索引信息指的其实就是 PRIMARY 索引。

3. 由于是行级锁，所以接下来需要记录的是 3 个重要的信息。

- Space ID：表空间号为 67。
- Page Number：页号为 3。
- n_bits：hero 表中现在只插入了 5 条用户记录，但是在初始分配比特时会多分配一些，这主要是为了在之后新增记录时不用频繁分配比特。

  其实 n_bits 有一个计算公式：

$$n\_bits = (1 + ((n\_recs + LOCK\_PAGE\_BITMAP\_MARGIN) \div 8)) \times 8$$

其中，n_recs 指的是当前页面中一共有多少条记录（包含伪记录以及在垃圾链表中的记录）。比如现在 hero 表一共有 7 条记录（5 条用户记录和 2 条伪记录），所以 n_recs 的值就是 7。LOCK_PAGE_BITMAP_MARGIN 是一个固定的值 64，所以本次加锁生成的锁结构的 n_bits 值就是：

$$n\_bits = (1 + ((7 + 64) \div 8)) \times 8 = 72$$

type_mode 是由 3 部分组成的。

- lock_mode：这是对记录加 S 锁，它的值为 LOCK_S。
- lock_type：这是对记录进行加锁，也就是行级锁，所以它的值为 LOCK_REC。
- rec_lock_type：这是对记录加正经记录锁，也就是类型为 LOCK_REC_NOT_GAP 的锁。另外，由于当前没有其他事务对该记录加锁，所以应当获取到锁，也就是 LOCK_WAIT 代表的二进制位应该是 0。

综上所述，此次加锁的 type_mode 的值应该如下所示：

$$type\_mode = LOCK\_S \mid LOCK\_REC \mid LOCK\_REC\_NOT\_GAP$$

即

$$type\_mode = 2 \mid 32 \mid 1024 = 1058$$

- 其他信息：略。
- 一堆比特位：因为 number 值为 15 的记录对应的 heap_no 值为 5，根据前文列举的比特位和 heap_no 的映射图（见图 22-14）来看，应该是第一个字节从低位往高位数第 6 比特被置为 1，如图 22-15 所示。

图 22-15　第一个字节从低位往高位数第 6 比特被置为 1

综上所述，事务 T1 为 number 值为 15 的记录加锁时，生成的锁结构如图 22-16 所示。

如果 T2 想对 number 值为 3、8、15 的这 3 条记录加 X 型的 next-key 锁，在对记录加行级锁之前，需要先加表级别的 IX 锁，也就是会生成一个表级锁的内存结构。不过我们不关心表级锁，所以就直接忽略掉了。

现在 T2 要为这 3 条记录加锁，number 为 3、8 的两条记录由于没有其他事务加锁，所以 T2 可以成功获取到相应记录的 X 型 next-key 锁，也就是生成的锁结构的 is_waiting 属性为 false；但是 number 为 15 的记录已经被 T1 加了 S 型正经记录锁，T2 不能获取到该记录的 X

型 next-key 锁，也就是生成的锁结构的 is_waiting 属性为 true。因为等待状态不相同，所以这时会生成两个锁结构。这两个锁结构中相同的属性如下。

- 事务 T2 要进行加锁，所以锁结构的"锁所在的事务信息"指的就是 T2。
- 直接对聚簇索引进行加锁，所以索引信息指的其实就是 PRIMARY 索引。
- 由于是行级锁，所以接下来需要记录 3 个重要的信息。
  - Space ID ：表空间号为 67。
  - Page Number ：页号为 3。
  - n_bits ：该属性的生成策略与 T1 中一样（这里该属性的值为 72）。

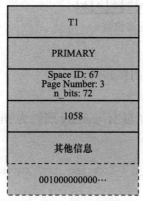

图 22-16　事务 T1 为 number 值为 15 的记录加锁时生成的锁结构

type_mode 是由 3 部分组成的：

- lock_mode ：这是对记录加 X 锁，它的值为 LOCK_X。
- lock_type ：这是对记录进行加锁，也就是行级锁，所以它的值为 LOCK_REC。
- rec_lock_type ：这是对记录加 next-key 锁，也就是类型为 LOCK_ORDINARY 的锁。

其他信息略。

两个锁结构不同的属性如下。

- 为 number 为 3、8 的记录生成的锁结构。
  - type_mode 值。

    由于可以获取到锁，所以 is_waiting 属性为 false，也就是 LOCK_WAIT 代表的二进制位被置 0。所以，

    ```
    type_mode = LOCK_X | LOCK_REC |LOCK_ORDINARY,
    ```

    也就是

    ```
    type_mode = 3 | 32 | 0 = 35
    ```

  - 一堆比特。

    因为 number 值为 3、8 的记录对应的 heap_no 值分别为 3、4，根据前面列举的比特和 heap_no 的映射图（见图 22-14）来看，应该是第一个字节从低位往高位数第 4、5 比特被置为 1，如图 22-17 所示。

综上所述，事务 T2 为 number 值为 3、8 两条记录加锁时，生成的锁结构如图 22-18 所示。

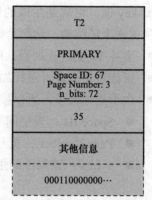

图 22-18　事务 T2 为 number 值为 3、
8 两条记录加锁生成的锁结构

图 22-17　第一个字节从低位往高位数
第 4、5 比特被置为 1

- 为 number 为 15 的记录生成的锁结构。

  - type_mode 值。

    由于不可以获取到锁，所以 is_waiting 属性为 true，也就是 LOCK_WAIT 代表的二
    进制位被置 1。所以，

    ```
    type_mode = LOCK_X | LOCK_REC |LOCK_ORDINARY | LOCK_WAIT
    ```

    也就是

    ```
    type_mode = 3 | 32 | 0 | 256 = 291
    ```

  - 一堆比特。

    因为 number 值为 15 的记录对应的 heap_no 值为 5，根据前面列举的比特和 heap_no 的
    映射图（见图 22-14）来看，应该是第一个字节从低位往高位数第 6 比特被置为 1，如
    图 22-19 所示。

综上所述，事务 T2 为 number 值为 15 的记录加锁时，生成的锁结构如图 22-20 所示。

综上所述，事务 T1 先获取 number 值为 15 的 S 型正经记录锁，然后事务 T2 获取 number
值为 3、8、15 的 X 型 next-key 锁，整个过程共需要生成 3 个行锁结构。

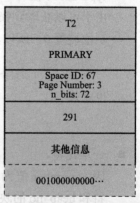

图 22-20　事务 T2 为 number 值为 15 的
记录加锁时生成的锁结构

图 22-19　第一个字节从低位往高位数
第 6 比特被置为 1

小贴士

事务 T2 在对 number 值分别为 3、8、15 的这 3 条记录加锁的场景中，是先对 number 值为 3 的记录加锁，再对 number 值为 8 的记录加锁，最后对 number 值为 15 的记录加锁。如果一开始就对 number 值为 15 的记录加锁，那么该事务在为 number 值为 15 的记录生成一个锁结构后，直接进入等待状态，就不再为 number 值为 3、8 的两条记录生成锁结构了。在事务 T1 提交后会把在 number 值为 15 的记录上获取的锁释放掉，然后事务 T2 就可以获取该记录上的锁，这时再对 number 值为 3、8 的两条记录加锁时，就可以复用之前为 number 值为 15 的记录加锁时生成的锁结构了。

22.4 语句加锁分析

说了这么多，还是没有说一条具体的语句该加什么锁（心里是不是有点着急了）。不过在进一步分析之前，我们先给 hero 表的 name 列建一个索引：

```
ALTER TABLE hero ADD INDEX idx_name (name);
```

现在，hero 表就有了两个索引（一个二级索引和一个聚簇索引），如图 22-21 所示。

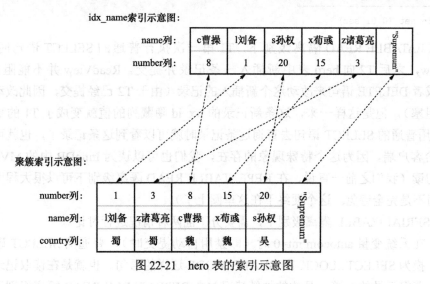

图 22-21　hero 表的索引示意图

方便起见，这里把语句分为 4 大类：普通的 SELECT 语句、锁定读的语句、半一致性读的语句以及 INSERT 语句。下面分别详细讨论。

22.4.1 普通的 SELECT 语句

在不同的隔离级别下，普通的 SELECT 语句具有不同的表现，具体如下。

- 在 READ UNCOMMITTED 隔离级别下，不加锁，直接读取记录的最新版本；可能出现脏读、不可重复读和幻读现象。
- 在 READ COMMITTED 隔离级别下，不加锁；在每次执行普通的 SELECT 语句时都会生成一个 ReadView，这样避免了脏读现象，但没有避免不可重复读和幻读现象。

- 在 REPEATABLE READ 隔离级别下，不加锁；只在第一次执行普通的 SELECT 语句时生成一个 ReadView，这样就把脏读、不可重复读和幻读现象都避免了。

不过这里有一个小插曲：

```
# 事务T1, REPEATABLE READ隔离级别下
mysql> BEGIN;
Query OK, 0 rows affected (0.00 sec)

mysql> SELECT * FROM hero WHERE number = 30;
Empty set (0.01 sec)

# 此时事务T2执行了：INSERT INTO hero VALUES(30, 'g关羽', '魏'); 语句并提交

mysql> UPDATE hero SET country = '蜀' WHERE number = 30;
Query OK, 1 row affected (0.01 sec)
Rows matched: 1  Changed: 1  Warnings: 0

mysql> SELECT * FROM hero WHERE number = 30;
+--------+---------+---------+
| number | name    | country |
+--------+---------+---------+
|     30 | g关羽   | 蜀      |
+--------+---------+---------+
1 row in set (0.01 sec)
```

在 REPEATABLE READ 隔离级别下，T1 第一次执行普通的 SELECT 语句时生成了一个 ReadView，之后 T2 向 hero 表中新插入一条记录并提交。ReadView 并不能阻止 T1 执行 UPDATE 或者 DELETE 语句来改动这个新插入的记录（由于 T2 已经提交，因此改动该记录并不会造成阻塞），但是这样一来，这条新记录的 trx_id 隐藏列的值就变成了 T1 的事务 id。之后 T1 再使用普通的 SELECT 语句去查询这条记录时就可以看到这条记录了，也就可以把这条记录返回给客户端。因为这个特殊现象的存在，我们也可以认为 InnoDB 中的 MVCC 并不能完全禁止幻读（我们之前一直说，在 REPEATABLE READ 隔离级别下可以很大程度地避免幻读现象，而不是完全避免。这个梗终于在这里圆上了）。

- 在 SERIALIZABLE 隔离级别下，需要分下面两种情况进行讨论。
  - 在系统变量 autocommit=0 时（即禁用自动提交时），普通的 SELECT 语句会被转换为 SELECT...LOCK IN SHARE MODE 这样的语句。也就是在读取记录前需要先获得记录的 S 锁。具体的加锁情况与在 REPEATABLE READ 隔离级别下一样，我们后面再分析。
  - 在系统变量 autocommit=1 时（即启用自动提交时），普通的 SELECT 语句并不会加锁，只是利用 MVCC 生成一个 ReadView 来读取记录。为啥不加锁呢？因为启用自动提交意味着一个事务中只包含一条语句，而只执行一条语句也就不会出现不可重复读、幻读这样的现象了。

22.4.2 锁定读的语句

我们把下面 4 种语句放到一起讨论。

- 语句 1：SELECT ... LOCK IN SHARE MODE;
- 语句 2：SELECT ... FOR UPDATE;
- 语句 3：UPDATE ...
- 语句 4：DELETE ...

语句 1 和语句 2 是 MySQL 中规定的两种锁定读的语法格式，而语句 3 和语句 4 由于在执行过程中需要首先定位到被改动的记录并给记录加锁，因此也可以认为是一种锁定读。在正式介绍锁定读的语句如何给记录加锁之前，需要先引入两个概念：匹配模式和唯一性搜索。

- 匹配模式（match mode）

我们知道，在使用索引执行查询时，查询优化器首先会生成若干个扫描区间。针对每一个扫描区间，我们都可以在该扫描区间中快速地定位到第一条记录，然后沿着这条记录所在的单向链表就可以访问到该扫描区间内的其他记录，直到某条记录不在该扫描区间中为止。如果被扫描的区间是一个单点扫描区间，我们就可以说此时的匹配模式为精确匹配。比如，我们为某个表的 a、b 这两个列建立了一个联合索引 idx_a_b(a,b)，我们举几种不同的查询情况。

- 如果形成扫描区间的边界条件是 a=1，那么它对应的扫描区间就是 [1, 1]。设计 InnoDB 的大叔认为这是一个单点扫描区间。如果查询优化器决定通过访问这个扫描区间中的记录来执行查询，那么此时的匹配模式就是精确匹配。
- 如果形成扫描区间的搜索条件是 a=1 AND b=1，那么它对应的扫描区间就是 [(1, 1), (1, 1)]。设计 InnoDB 的大叔也认为这是一个单点扫描区间。如果查询优化器决定通过访问这个扫描区间中的记录来执行查询，那么此时的匹配模式就是精确匹配。
- 如果形成扫描区间的搜索条件是 a=1 AND b>=1，对应的扫描区间就是 [(1, 1), (1, + ∞))。设计 InnoDB 的大叔认为这个扫描区间不算是一个单点扫描区间。如果查询优化器决定通过访问这个扫描区间中的记录来执行查询，那么此时的匹配模式就不是精确匹配。

- 唯一性搜索（unique search）

如果在扫描某个扫描区间的记录前，就能事先确定该扫描区间内最多只包含一条记录的话，那么就把这种情况称作唯一性搜索。那么，怎么确定某个扫描区间最多只包含一条记录呢？其实查询只要符合下面这些条件，就可以确定最多只包含一条记录了：

- 匹配模式为精确匹配；
- 使用的索引是主键或者唯一二级索引；
- 如果使用的索引是唯一二级索引，那么搜索条件不能为"索引列 IS NULL"的形式（这是因为对于唯一二级索引列来说，可以存储多个值为 NULL 的记录）；
- 如果索引中包含多个列，那么在生成扫描区间时，每一个列都得被用到。

比如，我们为某个表的 a、b 这两个列建立了一个唯一联合索引 uk_a_b(a,b)，那么对于搜索条件 a=1 形成的扫描区间来说，不能保证该扫描区间中最多只包含一条记录；对于搜索条件 a=1 AND b=1 形成的扫描区间来说，则可以保证该扫描区间内最多只包含一条记录。

在了解了匹配模式和唯一性搜索的概念之后，我们就要着手分析语句加锁的过程了。其实，"XXX 语句该为哪些记录加什么锁"本身就是个伪命题。语句在执行过程中可能需要访问多个扫描区间中的记录，在为这些记录加锁时也会受到好多条件制约，比如下面这些制约：

- 事务的隔离级别；
- 语句执行时使用的索引类型（比如聚簇索引、唯一二级索引、普通二级索引）；
- 是否是精确匹配；
- 是否是唯一性搜索；
- 具体执行的语句类型（SELECT、INSERT、UPDATE、DELETE）。

由于在语句的执行过程中，对记录进行加锁的影响因素太多了，所以我们决定先分析在一般情况下，在语句执行过程中该如何对记录进行加锁，然后再列举一些比较特殊的情况进行分析。

另外需要注意的一点是，事务在执行过程中所获取的锁一般在事务提交或者回滚时才会释放，但是在隔离级别不大于 READ COMMITTED 时，在某些情况下也会提前将一些不符合搜索条件的记录上的锁释放掉（这主要是考虑在较低的隔离级别中，可以允许事务更大程度地并发执行）。这一点会在稍后会强调，请大家留意。

我们把锁定读的执行看成是依次读取若干个扫描区间中的记录（如果是全表扫描，就把它看成是扫描扫描区间（−∞，＋∞）中的聚簇索引记录）。在一般情况下，读取某个扫描区间中记录的过程如下所示。

步骤 1. 首先快速地在 B+ 树叶子节点中定位到该扫描区间中的第一条记录，把该记录作为当前记录。

步骤 2. 为当前记录加锁。

一般情况下，对于锁定读的语句，在隔离级别不大于 READ COMMITTED（指的就是 READ UNCOMMITEED、READ COMMITTED）时，会为当前记录加正经记录锁。在隔离级别不小于 REPEATABLE READ（指的就是 REPEATABLE READ、SERIALIZABLE）时，会为当前记录加 next-key 锁。

步骤 3. 判断索引条件下推的条件是否成立。

前文介绍过一个名为索引条件下推（Index Condition Pushdown，ICP）的功能，用来把查询中与被使用索引有关的搜索条件下推到存储引擎中判断，而不是返回到 server 层再判断。不过需要注意的是，索引条件下推只是为了减少回表次数，也就是减少读取完整的聚簇索引记录的次数，从而减少 I/O 操作。所以它只适用于二级索引，不适用于聚簇索引。另外，索引条件下推仅适用于 SELECT 语句，不适用于 UPDATE、DELETE 这些需要改动记录的语句。

在存在索引条件下推的条件时，如果当前记录符合索引条件下推的条件，则跳到步骤 4 继续执行；如果不符合，则直接获取到当前记录所在单向链表的下一条记录，将该记录作为新的当前记录，并跳回步骤 2。另外，步骤 3 还会判断当前记录是否符合形成扫描区间的边界条件，如果不符合，则跳过步骤 4 和步骤 5，直接向 server 层返回一个"查询完毕"的信息。这里需要注意的是，步骤 3 不会释放锁。

步骤 4. 执行回表操作。

如果读取的是二级索引记录，则需要进行回表操作，获取到对应的聚簇索引记录并给该聚簇索引记录加正经记录锁（有一个例外场景：在使用覆盖索引的场景中，对二级索引记录加 S 锁是不需要回表并给对应的聚簇索引记录加锁的）。

步骤 5. 判断边界条件是否成立。

如果该记录符合边界条件，则跳到步骤 6 继续执行，否则在隔离级别不大于 READ

COMMITTED 时，就要释放掉加在该记录上的锁（在隔离级别不小于 REPEATABLE READ 时，不释放加在该记录上的锁），并且向 server 层返回一个"查询完毕"的信息。

步骤 6. server 层判断其余搜索条件是否成立。

除了索引条件下推中的条件以外，server 层还需要判断其他搜索条件是否成立。如果成立，则将该记录发送到客户端，否则在隔离级别不大于 READ COMMITTED 时，就要释放掉加在该记录上的锁（在隔离级别不小于 REPEATABLE READ 时，不释放加在该记录上的锁）。

步骤 7. 获取当前记录所在单向链表的下一条记录，并将其作为新的当前记录，并跳回步骤 2。

考虑到上面这些步骤都是干巴巴的文字，比较晦涩难懂，下面结合几个实例来演示一下。

● 实例 1：

```
SELECT * FROM hero WHERE number > 1 AND number <= 15 AND country = '魏' LOCK IN SHARE MODE;
```

在给定了一个语句后，我们并不清楚查询优化器将以什么方式来执行它，所以可以通过 EXPLAIN 语句查看该语句的执行计划：

```
mysql> EXPLAIN SELECT * FROM hero WHERE number > 1 AND number <= 15 AND country = '魏' LOCK IN SHARE MODE;
+----+-------------+-------+------------+-------+---------------+---------+---------+------+------+----------+-------------+
| id | select_type | table | partitions | type  | possible_keys | key     | key_len | ref  | rows | filtered | Extra       |
+----+-------------+-------+------------+-------+---------------+---------+---------+------+------+----------+-------------+
|  1 | SIMPLE      | hero  | NULL       | range | PRIMARY       | PRIMARY | 4       | NULL |    3 |    20.00 | Using where |
+----+-------------+-------+------------+-------+---------------+---------+---------+------+------+----------+-------------+
1 row in set, 1 warning (0.02 sec)
```

从执行计划可以看出，查询优化器将通过 range 访问方法来读取聚簇索引记录中的一些记录。很显然，我们可以通过搜索条件 number > 1 AND number <= 15 来生成扫描区间 (1, 15]，也就是需要扫描 number 值在 (1, 15] 区间中的所有聚簇索引记录。

我们先来分析该语句在隔离级别不大于 READ COMMITTED 时的加锁过程。

小贴士　　注意，下面提到的具体步骤与上文中的步骤是逐一对应的。有些分析过程是直接从步骤 2 起步的，至于原因，请各位同学好好看一下前面步骤 7 的说法，就明白了。

■ 对 number 值为 3 的聚簇索引记录的加锁过程进行分析

步骤 1. 读取在 (1, 15] 扫描区间的第一条聚簇索引记录，也就是 number 值为 3 的聚簇索引记录。

步骤 2. 为 number 值为 3 的聚簇索引记录加 S 型正经记录锁。

步骤 3. 由于读取的是聚簇索引记录，所以没有索引条件下推的条件。

步骤 4. 由于读取的本身就是聚簇索引记录，所以不需要执行回表操作。

步骤 5. 形成扫描区间 (1, 15] 的边界条件是 number > 1 AND number <= 15，很显然 number 值为 3 的聚簇索引记录符合该边界条件。

步骤 6. server 层继续判断 number 值为 3 的聚簇索引记录是否符合条件 number > 1 AND number <= 15 AND country = '魏'。很显然不符合，所以释放掉加在该记录上的锁。

步骤 7. 获取 number 值为 3 的聚簇索引记录所在单向链表的下一条记录，也就是 number 值为 8 的聚簇索引记录。

■ 对 number 值为 8 的聚簇索引记录的加锁过程进行分析

步骤 2. 为 number 值为 8 的聚簇索引记录加 S 型正经记录锁。

步骤 3. 由于读取的是聚簇索引记录，所以没有索引条件下推的条件。

步骤 4. 由于读取的本身就是聚簇索引记录，所以不需要执行回表操作。

步骤 5. 形成扫描区间 (1, 15] 的边界条件是 number > 1 AND number <= 15，很显然 number 值为 8 的聚簇索引记录符合该边界条件。

步骤 6. server 层继续判断 number 值为 8 的聚簇索引记录是否符合条件 number > 1 AND number <= 15 AND country = ' 魏 '。很显然符合，所以将其发送到客户端，并且不释放加在该记录上的锁。

步骤 7. 获取 number 值为 8 的聚簇索引记录所在单向链表的下一条记录，也就是 number 值为 15 的聚簇索引记录。

- 对 number 值为 15 的聚簇索引记录的加锁过程进行分析

步骤 2. 为 number 值为 15 的聚簇索引记录加 S 型正经记录锁。

步骤 3. 由于读取的是聚簇索引记录，所以没有索引条件下推的条件。

步骤 4. 由于读取的本身就是聚簇索引记录，所以不需要执行回表操作。

步骤 5. 形成扫描区间 (1, 15] 的边界条件是 number > 1 AND number <= 15，很显然 number 值为 15 的聚簇索引记录符合该边界条件。

步骤 6. server 层继续判断 number 值为 15 的聚簇索引记录是否符合条件 number > 1 AND number <= 15 AND country = ' 魏 '。很显然符合，所以将其发送到客户端，并且不释放加在该记录上的锁。

步骤 7. 获取 number 值为 15 的聚簇索引记录所在单向链表的下一条记录，也就是 number 值为 20 的聚簇索引记录。

- 对 number 值为 20 的聚簇索引记录的加锁过程进行分析

步骤 2. 为 number 值为 20 的聚簇索引记录加 S 型正经记录锁。

步骤 3. 由于读取的是聚簇索引记录，所以没有索引条件下推的条件。

步骤 4. 由于读取的本身就是聚簇索引记录，所以不需要执行回表操作。

步骤 5. 形成扫描区间 (1, 15] 的边界条件是 number > 1 AND number <= 15，很显然 number 值为 20 的聚簇索引记录不符合该边界条件。释放掉加在该记录上的锁，并给 server 层返回一个"查询完毕"的信息。

步骤 6. server 层收到存储引擎返回的"查询完毕"信息，结束查询。

综上所述，在隔离级别不大于 READ COMMITTED 的情况下，该语句在执行过程中的加锁效果如图 22-22 所示。

在图 22-22 中，我们使用带圆圈的数字对各个记录的加锁顺序进行了标记。需要注意的是，对于 number 值为 3、20 的聚簇索引记录来说，都是先加锁，后释放锁。

下面再分析该语句在隔离级别不小于 REPEATABLE READ 时的加锁过程。

- 对 number 值为 3 的聚簇索引记录的加锁过程进行分析

步骤 1. 读取在 (1, 15] 扫描区间的第一条聚簇索引记录，也就是 number 值为 3 的聚簇索引记录。

步骤 2. 为 number 值为 3 的聚簇索引记录加 S 型 next-key 锁。

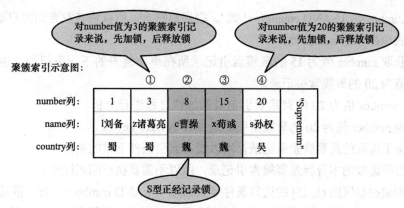

图 22-22　隔离级别不大于 READ COMMITTED 时的加锁效果示意图

步骤 3. 由于读取的是聚簇索引记录，所以没有索引条件下推的条件。

步骤 4. 由于读取的本身就是聚簇索引记录，所以不需要执行回表操作。

步骤 5. 形成扫描区间 (1, 15] 的边界条件是 number > 1 AND number <= 15，很显然 number 值为 3 的聚簇索引记录符合该边界条件。

步骤 6. server 层继续判断 number 值为 3 的聚簇索引记录是否符合条件 number > 1 AND number <= 15 AND country = ' 魏 '。很显然不符合，但是由于现在的隔离级别不小于 REPEATABLE READ，所以不会释放掉加在该记录上的锁。

步骤 7. 获取 number 值为 3 的聚簇索引记录所在单向链表的下一条记录，也就是 number 值为 8 的聚簇索引记录。

- 对 number 值为 8 的聚簇索引记录的加锁过程进行分析

步骤 2. 为 number 值为 8 的聚簇索引记录加 S 型 next-key 锁。

步骤 3. 由于读取的是聚簇索引记录，所以没有索引条件下推的条件。

步骤 4. 由于读取的本身就是聚簇索引记录，所以不需要执行回表操作。

步骤 5. 形成扫描区间 (1, 15] 的边界条件是 number > 1 AND number <= 15，很显然 number 值为 8 的聚簇索引记录符合该边界条件。

步骤 6. server 层继续判断 number 值为 8 的聚簇索引记录是否符合条件 number > 1 AND number <= 15 AND country = ' 魏 '。很显然符合，所以将其发送到客户端，并且不释放加在该记录上的锁。

步骤 7. 获取 number 值为 8 的聚簇索引记录所在单向链表的下一条记录，也就是 number 值为 15 的聚簇索引记录。

- 对 number 值为 15 的聚簇索引记录的加锁过程进行分析

步骤 2. 为 number 值为 15 的聚簇索引记录加 S 型 next_key 锁。

步骤 3. 由于读取的是聚簇索引记录，所以没有索引条件下推的条件。

步骤 4. 由于读取的本身就是聚簇索引记录，所以不需要执行回表操作。

步骤 5. 形成扫描区间 (1, 15] 的边界条件是 number > 1 AND number <= 15，很显然 number 值为 15 的聚簇索引记录符合该边界条件。

步骤 6. server 层继续判断 number 值为 15 的聚簇索引记录是否符合条件 number > 1 AND number <= 15 AND country = ' 魏 '。很显然符合，所以将其发送到客户端，并且不释放加在该记录上的锁。

步骤 7. 获取 number 值为 15 的聚簇索引记录所在单向链表的下一条记录，也就是 number 值为 20 的聚簇索引记录。

■ 对 number 值为 20 的聚簇索引记录的加锁过程进行分析

步骤 2. 为 number 值为 20 的聚簇索引记录加 S 型 next_key 锁。

步骤 3. 由于读取的是聚簇索引记录，所以没有索引条件下推的条件。

步骤 4. 由于读取的本身就是聚簇索引记录，所以不需要执行回表操作。

步骤 5. 形成扫描区间 (1, 15] 的边界条件是 number > 1 AND number <= 15，很显然 number 值为 20 的聚簇索引记录不符合该边界条件。由于现在的隔离级别不小于 REPEATABLE READ，所以不会释放加在该记录上的锁，之后给 server 层返回一个"查询完毕"的信息。

步骤 6. server 层收到存储引擎返回的"查询完毕"信息，结束查询。

综上所述，在隔离级别不小于 REPEATABLE READ 的情况下，该语句在执行过程中的加锁效果就如图 22-23 所示。

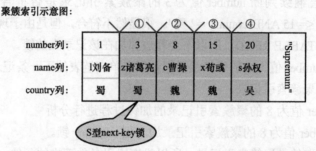

图 22-23 隔离级别不小于 REPEATABLE READ 时的加锁效果示意图

在图 22-23 中，我们最终为 number 值为 3、8、15、20 这几条记录都加了 S 型 next-key 锁，并且在语句执行过程中并没有释放某个记录上的锁。这一点与在隔离级别不大于 READ COMMITTED 的加锁情况是很不一样的，需要大家注意。

● 实例 2

```
SELECT * FROM hero FORCE INDEX(idx_name) WHERE name > 'c曹操' AND name <= 'x荀彧'
AND country != '吴' LOCK IN SHARE MODE;
```

我们需要先通过 EXPLAIN 语句确定该语句的执行计划：

```
mysql> EXPLAIN SELECT * FROM hero FORCE INDEX(idx_name) WHERE name > 'c曹操' AND name <= 'x荀彧' AND country != '吴' LOCK IN SHARE MODE;
+----+-------------+-------+------------+-------+---------------+----------+---------+------+------+----------+------------------------------------+
| id | select_type | table | partitions | type  | possible_keys | key      | key_len | ref  | rows | filtered | Extra                              |
+----+-------------+-------+------------+-------+---------------+----------+---------+------+------+----------+------------------------------------+
|  1 | SIMPLE      | hero  | NULL       | range | idx_name      | idx_name | 303     | NULL |    3 |    80.00 | Using index condition; Using where |
+----+-------------+-------+------------+-------+---------------+----------+---------+------+------+----------+------------------------------------+
1 row in set, 1 warning (0.02 sec)
```

从执行计划可以看出，查询优化器将通过 range 访问方法来读取二级索引 idx_name 中的一些记录。很显然，我们可以通过搜索条件 name > 'c 曹操 ' AND name <= 'x 荀彧 ' 来生成扫描区间 ('c 曹操 ', 'x 荀彧 ']，也就是需要扫描 name 值在 ('c 曹操 ', 'x 荀彧 '] 区间中的所有二级索引记录。另外，在执行计划的 Extra 列提示了额外信息 Using index condition，这意味着执行该查

询时将使用到索引条件下推的条件。

小贴士

> 　　因为查询优化器会计算使用二级索引执行查询的成本，在成本较大时可能会选择以全表扫描的方式来执行查询，所以这里使用 FORCE INDEX(idx_name) 语句，强制使用二级索引 idx_name 执行查询。

我们先分析该语句在隔离级别不大于 READ COMMITTED 时的加锁过程。

- 对 name 值为 'l 刘备 ' 的二级索引记录的加锁过程进行分析

步骤 1. 读取在 ('c 曹操 ','x 荀彧 '] 扫描区间的第一条二级索引记录，也就是 name 值为 'l 刘备 ' 的二级索引记录。

步骤 2. 为 name 值为 'l 刘备 ' 的二级索引记录加 S 型正经记录锁。

步骤 3. 本语句的索引条件下推的条件为 name > 'c 曹操 ' AND name <= 'x 荀彧 '，很显然 name 值为 'l 刘备 ' 的二级索引记录符合索引条件下推的条件。

步骤 4. 我们读取的是二级索引记录，所以需要对该记录执行回表操作，找到相应的聚簇索引记录，也就是 number 值为 1 的聚簇索引记录，然后为该聚簇索引记录加一个 S 型正经记录锁。

步骤 5. 形成扫描区间 ('c 曹操 ','x 荀彧 '] 的边界条件是 name > 'c 曹操 ' AND name <= 'x 荀彧 '，很显然 name 值为 'l 刘备 ' 的二级索引记录符合该边界条件。

步骤 6. server 层继续判断 name 值为 'l 刘备 ' 的二级索引记录对应的聚簇索引记录是否符合条件 country != ' 吴 '。很显然符合，所以将其发送到客户端，并且不释放加在该记录上的锁。

步骤 7. 获取 name 值为 'l 刘备 ' 的二级索引记录所在单向链表的下一条记录，也就是 name 值为 's 孙权 ' 的二级索引记录。

- 对 name 值为 's 孙权 ' 的二级索引记录的加锁过程进行分析

步骤 2. 为 name 值为 's 孙权 ' 的二级索引记录加 S 型正经记录锁。

步骤 3. 本语句的索引条件下推的条件为 name > 'c 曹操 ' AND name <= 'x 荀彧 '，很显然 name 值为 's 孙权 ' 的二级索引记录符合索引条件下推的条件。

步骤 4. 我们读取的是二级索引记录，所以需要对该记录执行回表操作，找到相应的聚簇索引记录，也就是 number 值为 20 的聚簇索引记录，然后为该聚簇索引记录加一个 S 型正经记录锁。

步骤 5. 形成扫描区间 ('c 曹操 ','x 荀彧 '] 的边界条件是 name > 'c 曹操 ' AND name <= 'x 荀彧 '，很显然 name 值为 's 孙权 ' 的二级索引记录符合该边界条件。

步骤 6. server 层继续判断 name 值为 's 孙权 ' 的二级索引记录对应的聚簇索引记录是否符合条件 country != ' 吴 '。很显然不符合，所以释放掉加在该二级索引记录以及对应的聚簇索引记录上的锁。

步骤 7. 获取 name 值为 's 孙权 ' 的二级索引记录所在单向链表的下一条记录，也就是 name 值为 'x 荀彧 ' 的二级索引记录。

- 对 name 值为 'x 荀彧 ' 的二级索引记录的加锁过程进行分析

步骤 2. 为 name 值为 'x 荀彧 ' 的二级索引记录加 S 型正经记录锁。

步骤 3. 本语句的索引条件下推的条件为 name > 'c 曹操' AND name <= 'x 荀彧',很显然 name 值为 'x 荀彧' 的二级索引记录符合索引条件下推的条件。

步骤 4. 我们读取的是二级索引记录,所以需要对该记录执行回表操作,找到相应的聚簇索引记录,也就是 number 值为 15 的聚簇索引记录,然后为该聚簇索引记录加一个 S 型正经记录锁。

步骤 5. 形成扫描区间('c 曹操','x 荀彧'] 的边界条件是 name > 'c 曹操' AND name <= 'x 荀彧',很显然 name 值为 'x 荀彧' 的二级索引记录符合该边界条件。

步骤 6. server 层继续判断 name 值为 'x 荀彧' 的二级索引记录对应的聚簇索引记录是否符合条件 country != '吴'。很显然符合,所以将其发送到客户端,并且不释放加在该记录上的锁。

步骤 7. 获取 name 值为 'x 荀彧' 的二级索引记录所在单向链表的下一条记录,也就是 name 值为 'z 诸葛亮' 的二级索引记录。

■ 对 name 值为 'z 诸葛亮' 的二级索引记录的加锁过程进行分析

步骤 2. 为 name 值为 'z 诸葛亮' 的二级索引记录加 S 型正经记录锁。

步骤 3. 本语句的索引条件下推的条件为 name > 'c 曹操' AND name <= 'x 荀彧',很显然 name 值为 'z 诸葛亮' 的二级索引记录不符合索引条件下推的条件。由于它还不符合边界条件,所以就不再去找当前记录的下一条记录了。因此跳过步骤 4 和步骤 5,直接向 server 层报告"查询完毕"信息。

步骤 4. 本步骤被跳过。

步骤 5. 本步骤被跳过。

步骤 6. server 层收到存储引擎层报告的"查询完毕"信息,结束查询。

综上所述,在隔离级别不大于 READ COMMITTED 的情况下,该语句在执行过程中的加锁效果如图 22-24 所示。

需要注意的是,对于 name 值为 's 孙权' 的二级索引记录,以及 number 值为 20 的聚簇索引记录来说,都是先加锁,后释放锁。另外,name 值为 'z 诸葛亮' 的二级索引记录在步骤 3 中被判断为不符合边界条件,而且该步骤并不会释放加在该记录上的锁,而是直接向 server 层报告"查询完毕"信息,因此导致整个语句在执行结束后也不会释放加在 name 值为 'z 诸葛亮' 的二级索引记录上的锁。

我们再来分析该语句在隔离级别不小于 REPEATABLE READ 时的加锁过程。

■ 对 name 值为 'l 刘备' 的二级索引记录的加锁过程进行分析

步骤 1. 读取在('c 曹操','x 荀彧'] 扫描区间的第一条二级索引记录,也就是 name 值为 'l 刘备' 的二级索引记录。

步骤 2. 为 name 值为 'l 刘备' 的二级索引记录加 S 型 next-key 锁。

步骤 3. 本语句的索引条件下推的条件为 name > 'c 曹操' AND name <= 'x 荀彧',很显然 name 值为 'l 刘备' 的二级索引记录符合索引条件下推的条件。

步骤 4. 由于读取的是二级索引记录,所以需要对该记录执行回表操作,找到相应的聚簇索引记录,也就是 number 值为 1 的聚簇索引记录,然后为该聚簇索引记录加一个 S 型正经记录锁。

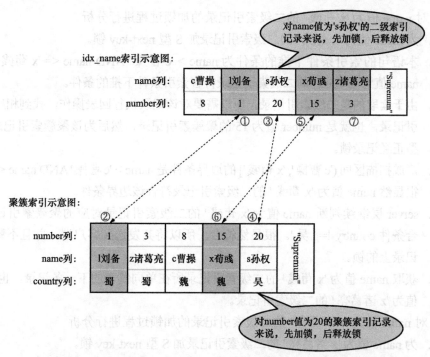

图 22-24　隔离级别不大于 READ COMMITTED 时的加锁效果示意图

步骤 5. 形成扫描区间 ('c 曹操 ', 'x 荀彧 '] 的边界条件是 name > 'c 曹操 ' AND name <= 'x 荀彧 ', 很显然 name 值为 'l 刘备 ' 的二级索引记录符合该边界条件。

步骤 6. server 层继续判断 name 值为 'l 刘备 ' 的二级索引记录对应的聚簇索引记录是否符合条件 country != ' 吴 '。很显然符合，所以将其发送到客户端，并且不释放加在该记录上的锁。

步骤 7. 获取 name 值为 'l 刘备 ' 的二级索引记录所在单向链表的下一条记录，也就是 name 值为 's 孙权 ' 的二级索引记录。

■ 对 name 值为 's 孙权 ' 的二级索引记录的加锁过程进行分析

步骤 2. 为 name 值为 's 孙权 ' 的二级索引记录加 S 型 next-key 锁。

步骤 3. 本语句的索引条件下推的条件为 name > 'c 曹操 ' AND name <= 'x 荀彧 '，很显然 name 值为 's 孙权 ' 的二级索引记录符合索引条件下推的条件。

步骤 4. 由于读取的是二级索引记录，所以需要对该记录执行回表操作，找到相应的聚簇索引记录，也就是 number 值为 20 的聚簇索引记录，然后为该聚簇索引记录加一个 S 型正经记录锁。

步骤 5. 形成扫描区间 ('c 曹操 ', 'x 荀彧 '] 的边界条件是 name > 'c 曹操 ' AND name <= 'x 荀彧 ', 很显然 name 值为 's 孙权 ' 的二级索引记录符合该边界条件。

步骤 6. server 层继续判断 name 值为 's 孙权 ' 的二级索引记录对应的聚簇索引记录是否符合条件 country != ' 吴 '。很显然不符合，但是由于现在的隔离级别不小于 REPEATABLE READ，所以不会释放掉加在该记录上的锁。

步骤 7. 获取 name 值为 's 孙权 ' 的二级索引记录所在单向链表的下一条记录，也就是 name 值为 'x 荀彧 ' 的二级索引记录。

　　■　对 name 值为 'x 荀彧 ' 的二级索引记录的加锁过程进行分析

步骤 2.　为 name 值为 'x 荀彧 ' 的二级索引记录加 S 型 next-key 锁。

步骤 3.　本语句的索引条件下推的条件为 name > 'c 曹操 ' AND name <= 'x 荀彧 '，很显然 name 值为 'x 荀彧 ' 的二级索引记录符合索引条件下推的条件。

步骤 4.　由于读取的是二级索引记录，所以需要对该记录执行回表操作，找到相应的聚簇索引记录，也就是 number 值为 15 的聚簇索引记录，然后为该聚簇索引记录加一个 S 型正经记录锁。

步骤 5.　形成扫描区间('c 曹操', 'x 荀彧'] 的边界条件是 name > 'c 曹操 ' AND name <= 'x 荀彧 '，很显然 name 值为 'x 荀彧 ' 的二级索引记录符合该边界条件。

步骤 6.　server 层继续判断 name 值为 'x 荀彧 ' 的二级索引记录对应的聚簇索引记录是否符合条件 country != ' 吴 '。很显然符合，所以将其发送到客户端，并且不释放加在该记录上的锁。

步骤 7.　获取 name 值为 'x 荀彧 ' 的二级索引记录所在单向链表的下一条记录，也就是 name 值为 'z 诸葛亮 ' 的二级索引记录。

　　■　对 name 值为 'z 诸葛亮 ' 的二级索引记录的加锁过程进行分析

步骤 2.　为 name 值为 'z 诸葛亮 ' 的二级索引记录加 S 型 next-key 锁。

步骤 3.　本语句的索引条件下推的条件为 name > 'c 曹操 ' AND name <= 'x 荀彧 '，很显然 name 值为 'z 诸葛亮 ' 的二级索引记录不符合索引条件下推的条件。由于它还不符合边界条件，所以就不再去找当前记录的下一条记录了。因此直接跳过步骤 4 和 5，直接向 server 层报告 "查询完毕" 信息。

步骤 4.　本步骤被跳过。

步骤 5.　本步骤被跳过。

步骤 6.　server 层收到存储引擎层报告的 "查询完毕" 信息，结束查询。

综上所述，在隔离级别不小于 REPEATABLE READ 的情况下，该语句在执行过程中的加锁效果如图 22-25 所示。

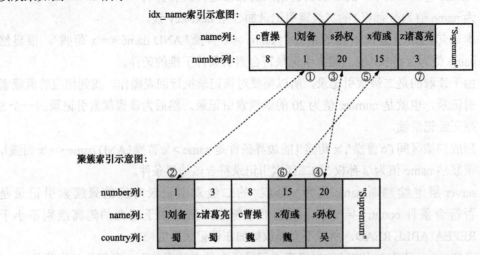

图 22-25　隔离级别不小于 REPEATABLE READ 时的加锁效果示意图

在图 22-25 中，在隔离级别不小于 REPEATABLE READ 的情况下，该语句对 name 值为 'l

刘备'、's孙权'、'x荀彧'、'z诸葛亮'的二级索引记录都加了 S 型 next-key 锁，对 number 值为 1、15、20 的聚簇索引记录加了 S 型正经记录锁。

不知道大家是否注意到，对于锁定读的语句来说，如果一条二级索引记录不符合索引条件下推中的条件，即使当前事务的隔离级别不大于 READ COMMITTED，也不会释放掉该加在该记录上的锁。我觉得这是因为设计 InnoDB 的大叔认为存储引擎不配拥有释放锁的权利，因此只能在 server 层进行释放。另外，索引条件下推这个特性是在 MySQL 5.6 中引入的，可以通过 SET optimizer_switch='index_condition_pushdown=off' 语句来手动停用这个特性，然后大家可以再思考一下上述实例中应该怎样对记录加锁。

上文的两个实例都是以 SELECT ... LOCK IN SHARE MODE 语句为例来介绍如何为记录加锁的。SELECT ... FOR UPDATE 语句的加锁过程与 SELECT ... LOCK IN SHARE MODE 语句类似，只不过为记录加的是 X 锁。

对于 UPDATE 语句来说，加锁方式与 SELECT ... FOR UPDATE 语句类似。不过，如果更新了二级索引列，那么所有被更新的二级索引记录在更新之前都需要加 X 型正经记录锁。比如下面这个语句：

```
UPDATE hero SET name = 'cao曹操' where number > 1 AND number <= 15 AND country = '魏';
```

首先看一下这个语句的执行计划：

```
mysql> explain UPDATE hero SET name = 'cao曹操' where number > 1 AND number <= 15 AND country = '魏';
+----+-------------+-------+------------+-------+---------------+---------+---------+-------+------+----------+-------------+
| id | select_type | table | partitions | type  | possible_keys | key     | key_len | ref   | rows | filtered | Extra       |
+----+-------------+-------+------------+-------+---------------+---------+---------+-------+------+----------+-------------+
|  1 | UPDATE      | hero  | NULL       | range | PRIMARY       | PRIMARY | 4       | const |    3 |   100.00 | Using where |
+----+-------------+-------+------------+-------+---------------+---------+---------+-------+------+----------+-------------+
1 row in set (0.02 sec)
```

执行计划显示，这个查询语句在执行时，会扫描聚簇索引中 (1, 15] 扫描区间中的记录。但是由于更新了 name 列，而 name 列又是一个索引列，所以在更新前也需要为 idx_name 二级索引中对应的记录加锁。在隔离级别不大于 READ COMMITTED 时，该语句在执行时的加锁情况如图 22-26 所示。

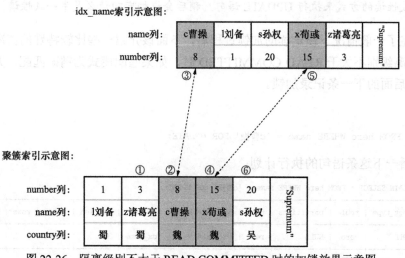

图 22-26 隔离级别不大于 READ COMMITTED 时的加锁效果示意图

在图 22-26 中，对于 number 值为 3 的聚簇索引记录来说，由于它不符合 country=' 魏 ' 这个条件，所以对该记录先加锁，后释放锁。对于 number 值为 20 的聚簇索引记录来说，由于它不符合边界条件，所以对该记录先加锁，后释放锁。另外需要特别注意的是，由于 name 值为 'c 曹操 '、'x 荀彧 ' 的二级索引记录也会被更新，所以也需要对它们加锁。

再看一下在隔离级别不小于 REPEATABLE READ 时，该语句执行时的加锁情况，如图 22-27 所示。大家可以自行分析一下为什么会有这样的加锁效果，这里就不展开介绍了。

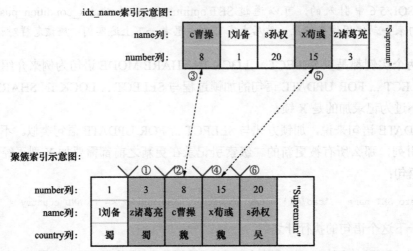

图 22-27　隔离级别不小于 REPEATABLE READ 时的加锁效果示意图

对于 DELETE 语句来说，加锁方式与 SELECT ... FOR UPDATE 语句类似，只不过如果表中包含二级索引，那么二级索引记录在被删除之前都需要加 X 型正经记录锁。具体例子就不再列举了，大家可以参照 UPDATE 语句的执行过程。

对于 UPDATE、DELETE 语句来说，在对被更新或者被删除的二级索引记录加锁时，实际上加的是隐式锁，效果与 X 型正经记录锁一样，前文列举的例子中并没有明确区分。另外，对于隔离级别不大于 READ COMMITTED 的情况，采用的是一种称为半一致性读的方式来执行 UPDATE 语句。稍后会详细唠叨什么是半一致性读。

在介绍完了一般情况下锁定读的加锁过程后，下面该介绍一些比较特殊的情况了。

- 当隔离级别不大于 READ COMMITTED 时，如果匹配模式为精确匹配，则不会为扫描区间后面的下一条记录加锁。

比如：

```
SELECT * FROM hero WHERE name = 'c曹操' FOR UPDATE;
```

接下来看一下这条语句的执行计划：

```
mysql> EXPLAIN SELECT * FROM hero WHERE name = 'c曹操' FOR UPDATE;
+----+-------------+-------+------------+------+---------------+----------+---------+-------+------+----------+-------+
| id | select_type | table | partitions | type | possible_keys | key      | key_len | ref   | rows | filtered | Extra |
+----+-------------+-------+------------+------+---------------+----------+---------+-------+------+----------+-------+
|  1 | SIMPLE      | hero  | NULL       | ref  | idx_name      | idx_name | 303     | const |    1 |   100.00 | NULL  |
+----+-------------+-------+------------+------+---------------+----------+---------+-------+------+----------+-------+
1 row in set, 1 warning (0.02 sec)
```

执行计划显示，查询优化器决定使用二级索引 idx_name，需要扫描单点扫描区间 ['c 曹操', 'c 曹操'] 中的二级索引记录。在读取完 name 值为 'c 曹操' 的二级索引记录后，获取到下一条二级索引记录，也就是 name 值为 'l 刘备' 的二级索引记录。由于这里的匹配模式为精确匹配，因此在存储引擎内部就判断出该记录不符合精确匹配的条件，所以直接向 server 层报告"查询完毕"的信息，而不再是先给该记录加锁，然后再交给 server 层判断是否要释放锁。

所以在隔离级别不大于 READ COMMITTED 时，该语句执行时的加锁情况如图 22-28 所示。

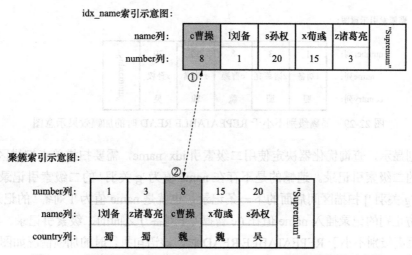

图 22-28　隔离级别不大于 READ COMMITTED 时的加锁效果示意图

● 当隔离级别不小于 REPEATABLE READ 时，如果匹配模式为精确匹配，则会为扫描
  区间后面的下一条记录加 gap 锁。

比如：

```
SELECT * FROM hero WHERE name = 'c曹操' FOR UPDATE;
```

这条语句的执行计划刚在前文出现过。执行计划显示，查询优化器决定使用二级索引 idx_name，需要扫描单点扫描区间 ['c 曹操', 'c 曹操'] 中的二级索引记录。在读取完 name 值为 'c 曹操' 的二级索引记录后，获取到下一条二级索引记录，也就是 name 值为 'l 刘备' 的二级索引记录。由于这里的匹配模式为精确匹配，因此在存储引擎内部就判断出该记录不符合精确匹配的条件，所以向该记录加一个 gap 锁，之后向 server 层报告"查询完毕"的信息。

所以在隔离级别不小于 REPEATABLE READ 时，该语句执行时的加锁情况如图 22-29 所示。

有时，扫描区间中没有记录，那么也要为扫描区间后面的下一条记录加一个 gap 锁。比如：

```
SELECT * FROM hero WHERE name = 'g关羽' FOR UPDATE;
```

接下来看一下这条语句的执行计划：

```
mysql> EXPLAIN SELECT * FROM hero WHERE name = 'g关羽' FOR UPDATE;
+----+-------------+-------+------------+------+---------------+----------+---------+-------+------+----------+-------+
| id | select_type | table | partitions | type | possible_keys | key      | key_len | ref   | rows | filtered | Extra |
+----+-------------+-------+------------+------+---------------+----------+---------+-------+------+----------+-------+
|  1 | SIMPLE      | hero  | NULL       | ref  | idx_name      | idx_name | 303     | const |    1 |   100.00 | NULL  |
+----+-------------+-------+------------+------+---------------+----------+---------+-------+------+----------+-------+
1 row in set, 1 warning (5.91 sec)
```

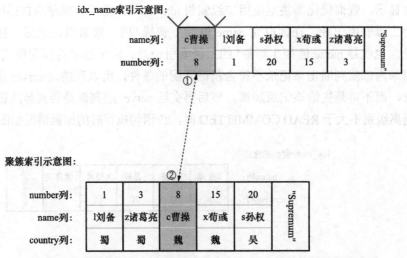

图 22-29 隔离级别不小于 REPEATABLE READ 时的加锁效果示意图

执行计划显示，查询优化器决定使用二级索引 idx_name，需要扫描单点扫描区间 ['g 关羽 ', 'g 关羽 '] 中的二级索引记录。遗憾的是不存在 name 值为 'g 关羽 ' 的二级索引记录，所以需要为 ['g 关羽 ', 'g 关羽 '] 扫描区间后面的下一条记录，也就是 name 值为 '1 刘备 ' 的记录加 gap 锁，目的是为了防止别的记录插入 name 值在 ('c 曹操 ', '1 刘备 ') 之间的二级索引记录。

所以在隔离级别不小于 REPEATABLE READ 时，该语句执行时的加锁情况如图 22-30 所示。

图 22-30 隔离级别不小于 REPEATABLE READ 时的加锁效果示意图

● 当隔离级别不小于 REPEATABLE READ 时，如果匹配模式不是精确匹配，并且没有找到匹配的记录，则会为该扫描区间后面的下一条记录加 next-key 锁。

比如：

```
SELECT * FROM hero WHERE name > 'd' AND name < 'l' FOR UPDATE;
```

接下来看一下这条语句的执行计划：

```
mysql> EXPLAIN SELECT * FROM hero WHERE name > 'd' AND name < 'l' FOR UPDATE;
+----+-------------+-------+------------+-------+---------------+----------+---------+------+------+----------+-----------------------+
| id | select_type | table | partitions | type  | possible_keys | key      | key_len | ref  | rows | filtered | Extra                 |
+----+-------------+-------+------------+-------+---------------+----------+---------+------+------+----------+-----------------------+
|  1 | SIMPLE      | hero  | NULL       | range | idx_name      | idx_name | 303     | NULL |    1 |   100.00 | Using index condition |
+----+-------------+-------+------------+-------+---------------+----------+---------+------+------+----------+-----------------------+
1 row in set, 1 warning (0.05 sec)
```

执行计划显示，查询优化器决定使用二级索引 idx_name，需要扫描扫描区间 ('d', 'l') 中的二级索引记录。遗憾的是不存在 name 值在 ('d', 'l') 中的二级索引记录，所以需要为 ('d', 'l') 扫描区间后面的下一条记录，也就是 name 值为 '1 刘备 ' 的记录加 next-key 锁。

所以在隔离级别不小于 REPEATABLE READ 时，该语句执行时的加锁情况如图 22-31 所示。

idx_name索引示意图：

图 22-31　隔离级别不小于 REPEATABLE READ 时的加锁效果示意图

- 当隔离级别不小于 REPEATABLE READ 时，如果使用的是聚簇索引，并且扫描的扫描区间是左闭区间，而且定位到的第一条聚簇索引记录的 number 值正好与扫描区间中最小的值相同，那么会为该聚簇索引记录加正经记录锁。

比如：

```
SELECT * FROM hero WHERE number >= 8 FOR UPDATE;
```

接下来看一下这条语句的执行计划：

```
mysql> EXPLAIN SELECT * FROM hero WHERE number >= 8 FOR UPDATE;
+----+-------------+-------+------------+-------+---------------+---------+---------+------+------+----------+-------------+
| id | select_type | table | partitions | type  | possible_keys | key     | key_len | ref  | rows | filtered | Extra       |
+----+-------------+-------+------------+-------+---------------+---------+---------+------+------+----------+-------------+
|  1 | SIMPLE      | hero  | NULL       | range | PRIMARY       | PRIMARY | 4       | NULL |    3 |   100.00 | Using where |
+----+-------------+-------+------------+-------+---------------+---------+---------+------+------+----------+-------------+
1 row in set, 1 warning (0.01 sec)
```

执行计划显示，查询优化器决定使用聚簇索引，需要扫描扫描区间 [8, + ∞) 中的聚簇索引记录。由于 [8, + ∞) 是左闭区间，而且我们的表中正好存在一条 number 值为 8 的聚簇索引记录，所以会对这条 number 值为 8 的聚簇索引记录只添加正经记录锁。

所以在隔离级别不小于 REPEATABLE READ 时，该语句执行时的加锁情况如图 22-32 所示。

聚簇索引示意图：

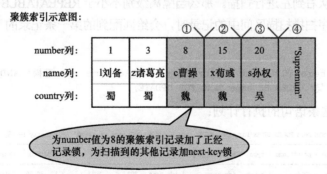

图 22-32　隔离级别不小于 REPEATABLE READ 时的加锁效果示意图

在图 22-32 中可以看到，为 number 值为 8 的聚簇索引记录加了正经记录锁，为扫描到的其他记录加了 next-key 锁。另外需要注意的一点是，该语句还为 Supremum 记录加了 next-key 锁，这样就可以阻止其他语句插入 number 值在 (20, + ∞) 间的记录了。

为什么会出现这种特殊情况呢？这主要是为了避免"误伤"。由于表中不可能出现主键值相同的记录，别的事务肯定不会再插入 number 值等于 8 的聚簇索引记录，所以我们仅仅需要在 number 值为 8 的聚簇索引记录上加一个正经记录锁就好，而不必要为其加一个 next-key 锁。如果在 number 值为 8 的聚簇索引记录上加了 next-key 锁，这就阻止了别的事务插入 number 值在 (3, 8) 中的聚簇索引记录，显然这是不必要的。

● 无论是哪个隔离级别，只要是唯一性搜索，并且读取的记录没有被标记为"已删除"（记录头信息中的 deleted_flag 为 1），就为读取到的记录加正经记录锁。

比如：

```
SELECT * FROM hero WHERE number = 8 FOR UPDATE;
```

接下来看一下这条语句的执行计划：

```
mysql> EXPLAIN SELECT * FROM hero WHERE number = 8 FOR UPDATE;
+----+-------------+-------+------------+-------+---------------+---------+---------+-------+------+----------+-------+
| id | select_type | table | partitions | type  | possible_keys | key     | key_len | ref   | rows | filtered | Extra |
+----+-------------+-------+------------+-------+---------------+---------+---------+-------+------+----------+-------+
|  1 | SIMPLE      | hero  | NULL       | const | PRIMARY       | PRIMARY | 4       | const |    1 |   100.00 | NULL  |
+----+-------------+-------+------------+-------+---------------+---------+---------+-------+------+----------+-------+
1 row in set, 1 warning (0.02 sec)
```

执行计划显示，查询优化器决定使用聚簇索引，需要扫描扫描区间 [8, 8] 中的聚簇索引记录。由于是唯一性搜索，所以只需要为 number 值为 8 的聚簇索引记录添加正经记录锁。在隔离级别不小于 REPEATABLE READ 时，该语句执行时的加锁情况如图 22-33 所示。

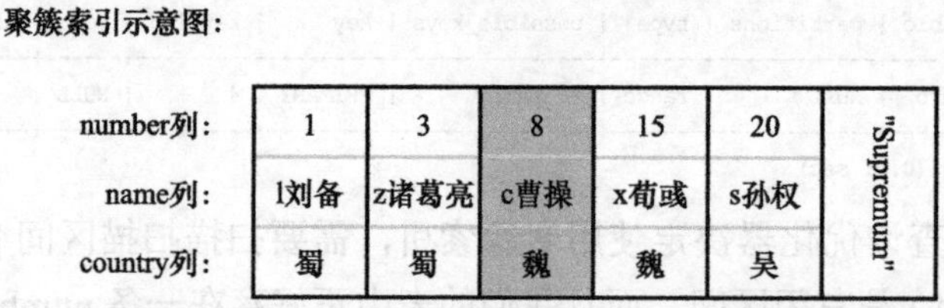

聚簇索引示意图：

number列：	1	3	8	15	20	"Supremum"
name列：	l刘备	z诸葛亮	c曹操	x荀彧	s孙权	
country列：	蜀	蜀	魏	魏	吴	

图 22-33　隔离级别不小于 REPEATABLE READ 时的加锁效果示意图

● 我们在扫描某个扫描区间中的记录时，一般都是按照从左到右的顺序进行扫描，但是有些情况下需要从右到左进行扫描。那么当隔离级别不小于 REPEATABLE READ，并且按照从右到左的顺序扫描扫描区间中的记录时，会给匹配到的第一条记录的下一条记录加 gap 锁。

比如：

```
SELECT * FROM hero FORCE INDEX(idx_name) WHERE name > 'c曹操' AND name <= 'x荀彧'
AND country != '吴' ORDER BY name DESC FOR UPDATE;
```

接下来看一下这条语句的执行计划：

```
mysql> EXPLAIN SELECT * FROM hero FORCE INDEX(idx_name) WHERE name > 'c曹操' AND name <= 'x荀彧' AND country != '吴' ORDER BY name DESC FOR UPDATE;
+----+-------------+-------+------------+-------+---------------+----------+---------+------+------+----------+-----------------------------------+
| id | select_type | table | partitions | type  | possible_keys | key      | key_len | ref  | rows | filtered | Extra                             |
+----+-------------+-------+------------+-------+---------------+----------+---------+------+------+----------+-----------------------------------+
|  1 | SIMPLE      | hero  | NULL       | range | idx_name      | idx_name | 303     | NULL |    3 |    80.00 | Using index condition; Using where |
+----+-------------+-------+------------+-------+---------------+----------+---------+------+------+----------+-----------------------------------+
1 row in set, 1 warning (0.02 sec)
```

执行计划显示，查询优化器决定使用二级索引 idx_name，需要扫描扫描区间 ('c 曹操 ', 'x 荀彧 '] 中的二级索引记录。由于语句中包含 ORDER BY name DESC，也就是需要按照从大到小的顺序对查询结果进行排序，那么我们可以在扫描扫描区间 ('c 曹操 ', 'x 荀彧 '] 中的二级索引记录时，直接定位到该扫描区间的最后一条记录，也就是 name 值为 'x 荀彧 ' 的二级索引记录，然后按照从右到左的顺序进行扫描即可。不过在定位到 name 值为 'x 荀彧 ' 的二级索引记录后，需要对该记录所在单向链表的下一条二级索引记录，也就是 name 值为 'z 诸葛亮 ' 的二级索引记录加一个 gap 锁（目的是防止其他事务插入 name 值等于 'x 荀彧 ' 的新记录）。

在隔离级别不小于 REPEATABLE READ 时，该语句执行时的加锁情况如图 22-34 所示。

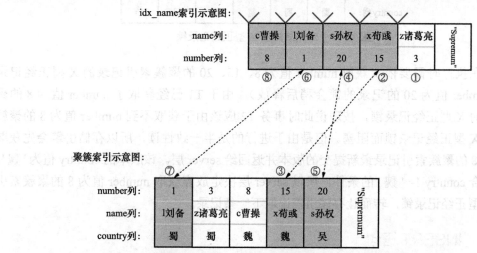

图 22-34　隔离级别不小于 REPEATABLE READ 时的加锁效果示意图

前文先分析了一般情况下在语句执行过程中如何对记录进行加锁，又分析了特殊情况下在语句执行过程中如何对记录进行加锁，希望大家不要被这些繁琐的细节搞晕了。其实加锁只是为了避免并发事务执行过程中可能出现的脏写、脏读、不可重复读、幻读等现象（MVCC 算是另一种解决脏读、不可重复读、幻读这些问题的方案）。因为不同情景下要避免的现象不一样，所以加的锁也不一样。前文介绍的一些加锁特殊情况要么是为了避免出现幻读现象，要么是根据 MySQL 的一些固有特点（比如记录的主键值不重复）将部分 next-key 锁替换为正经记录锁，从而尽量减少对其他事务的影响。

22.4.3　半一致性读的语句

半一致性读（Semi-Consistent Read）是一种夹在一致性读和锁定读之间的读取方式。当隔离级别不大于 READ COMMITTED 且执行 UPDATE 语句时将使用半一致性读。所谓半一致性读，就是当 UPDATE 语句读取到已经被其他事务加了 X 锁的记录时，InnoDB 会将该记录的最新提交版本读出来，然后判断该版本是否与 UPDATE 语句中的搜索条件相匹配。如果不匹配，则不对该记录加锁，从而跳到下一条记录；如果匹配，则再次读取该记录并对其进行加锁。这样处理只是为了让 UPDATE 语句尽量少被别的语句阻塞。

假如事务 T1 的隔离级别为 READ COMMITTED，T1 执行了下面这条语句：

```
SELECT * FROM hero WHERE number = 8 FOR UPDATE;
```

该语句在执行时对 number 值为 8 的聚簇索引记录加了 X 型正经记录锁，如图 22-35 所示。此时隔离级别也为 READ COMMITTED 的事务 T2 执行了如下语句：

```
UPDATE hero SET name = 'cao曹操' WHERE number >= 8 AND number < 20 AND country != '魏';
```

聚簇索引示意图：

number列：	1	3	8	15	20	"Supremum"
name列：	l刘备	z诸葛亮	c曹操	x荀彧	s孙权	
country列：	蜀	蜀	魏	魏	吴	

图 22-35　对记录添加 X 型正经记录锁

该语句在执行时需要依次获取 number 值为 8、15、20 的聚簇索引记录的 X 型正经记录锁（其中 number 值为 20 的记录的锁会稍后释放）。由于 T1 已经获取了 number 值为 8 的聚簇索引记录的 X 型正经记录锁，按理说此时事务 T2 应该由于获取不到 number 值为 8 的聚簇索引记录的 X 型正经记录锁而阻塞。但是由于进行的是半一致性读，所以存储引擎会先获取 number 值为 8 的聚簇索引记录最新提交的版本并返回给 server 层。该版本的 country 值为 ' 魏 '，很显然不符合 country != ' 魏 ' 的条件，所以 server 层决定放弃获取 number 值为 8 的聚簇索引记录上的 X 型正经记录锁，转而让存储引擎读取下一条记录。

22.4.4　INSERT 语句

前文说过，INSERT 语句在一般情况下不需要在内存中生成锁结构，并单纯依靠隐式锁保护插入的记录。不过当前事务在插入一条记录前，需要先定位到该记录在 B+ 树中的位置。如果该位置的下一条记录已经被加了 gap 锁（next-key 锁也包含 gap 锁），那么当前事务会为该记录加上一种类型为插入意向锁的锁，并且事务进入等待状态。关于插入意向锁已经在前面详细唠叨过了，这里就不多说了。

下面看一下在执行 INSERT 语句时，会在内存中生成锁结构的两种特殊情况。

1. 遇到重复键（duplicate key）

在插入一条新记录时，首先要做的其实是确定这条新记录应该插入到 B+ 树的哪个位置。如果在确定位置时发现现有记录的主键或者唯一二级索引列与待插入记录的主键或者唯一二级索引列相同（不过可以有多条记录的唯一二级索引列的值同时为 NULL，这里不考虑这种情况），此时会报错。比如我们插入一条新记录，而且该记录的主键值已经包含在 hero 表中：

```
mysql> BEGIN;
Query OK, 0 rows affected (0.01 sec)

mysql> INSERT INTO hero VALUES(20, 'g关羽', '蜀');

ERROR 1062 (23000): Duplicate entry '20' for key 'PRIMARY'
```

当然，在生成报错信息前，其实还需要做一件非常重要的事情——对聚簇索引中 number 值为 20 的记录加 S 锁。不过加的锁的具体类型在不同隔离级别下是不一样的：

- 当隔离级别不大于 READ COMMITTED 时，加的是 S 型正经记录锁；
- 当隔离级别不小于 REPEATABLE READ 时，加的是 S 型 next-key 锁。

如果是唯一二级索引列的值重复，比如我们再把普通二级索引 idx_name 改为唯一二级索引 uk_name：

```
ALTER TABLE hero DROP INDEX idx_name, ADD UNIQUE KEY uk_name (name);
```

然后执行：

```
mysql> BEGIN;
Query OK, 0 rows affected (0.01 sec)

mysql> INSERT INTO hero VALUES(30, 'c曹操', '魏');
ERROR 1062 (23000): Duplicate entry 'c曹操' for key 'uk_name'
```

很显然，hero 表之前就包含 name 值为 'c 曹操' 的记录。如果再插入一条 name 值为 'c 曹操' 的新记录，虽然插入聚簇索引记录没问题，但是在插入 uk_name 唯一二级索引记录时便会报错。不过在报错之前还是会为已经存在的那条 name 值为 'c 曹操' 的二级索引记录加一个 S 锁。需要注意的是，无论是哪个隔离级别，如果在插入新记录时遇到唯一二级索引列重复，都会对已经在 B+ 树中的那条唯一二级索引记录加 next-key 锁。

小贴士
　　按理说在 READ UNCOMMITTED/READ COMMITTED 隔离级别下，不应该出现 next-key 锁，这主要是考虑到如果只加正经记录锁的话，可能出现有多条记录的唯一二级索引列值都相同的情况。详情请见 https://bugs.mysql.com/bug.php?id=68021 以及 https://bugs.mysql.com/bug.php?id=73170。

另外，在使用 INSERT...ON DUPLICATE KEY... 这样的语法来插入记录时，如果遇到主键或者唯一二级索引列的值重复，会对 B+ 树中已存在的相同键值的记录加 X 锁，而不是 S 锁。

2. 外键检查

大家应该还记得，InnoDB 是一个支持外键的存储引擎。我们现在为三国英雄的战马建一个表 horse：

```
CREATE TABLE horse (
    number INT PRIMARY KEY,
    horse_name VARCHAR(100),
    FOREIGN KEY (number) REFERENCES hero(number)
)Engine=InnoDB CHARSET=utf8;
```

这样 hero 表就算是一个父表，新建的 horse 表就算一个子表，其中 horse 表的 number 列参照的是 hero 表的 number 列。当向子表 horse 中插入一条记录时，存在 number 值在 hero 表中找得到和找不到这两种情况。

● 待插入记录的 number 值在 hero 表中能找到

比如我们在 horse 表中新插入的记录的 number 值为 8，而在 hero 表中 number 值为 8 的记录代表曹操，他的马是绝影：

```
mysql> BEGIN;
Query OK, 0 rows affected (0.00 sec)

mysql> INSERT INTO horse VALUES(8, '绝影');
Query OK, 1 row affected (0.01 sec)
```

在插入成功之前，无论当前事务的隔离级别是什么，只需要直接给父表 hero 中 number 值为 8 的记录加一个 S 型正经记录锁即可。

- 待插入记录的 number 值在 hero 表中找不到

比如我们在 horse 表中新插入的记录的 number 值为 5，而在 hero 表中不存在 number 值为 5 的记录：

```
mysql> BEGIN;
Query OK, 0 rows affected (0.00 sec)

mysql> INSERT INTO horse VALUES(5, '绝影');
ERROR 1452 (23000): Cannot add or update a child row: a foreign key constraint fails
(xiaohaizi.horse, CONSTRAINT horse_ibfk_1 FOREIGN KEY (number) REFERENCES hero (number))
```

此时虽然插入失败，但是在这个过程中需要根据隔离级别对父表 hero 中 number 值为 8 的聚簇索引记录进行加锁（或者不加锁）：

- 当隔离级别不大于 READ COMMITTED 时，并不对记录加锁；
- 当隔离级别不小于 REPEATABLE READ 时，加的是 gap 锁。

22.5　查看事务加锁情况

22.5.1　使用 information_schema 数据库中的表获取锁信息

在 information_schema 数据库中，有几个与事务和锁紧密相关的表，具体如下。

- INNODB_TRX：该表存储了 InnoDB 存储引擎当前正在执行的事务信息，包括事务 id（如果没有为该事务分配唯一的事务 id，则会输出该事务对应的内存结构的指针）、事务状态（比如事务是正在运行还是在等待获取某个锁、事务正在执行的语句、事务是何时开启的）等。

比如我们可以在一个会话中执行事务 T1：

```
# 事务T1
mysql> BEGIN;
Query OK, 0 rows affected (0.00 sec)

mysql> SELECT * FROM hero WHERE number = 8 FOR UPDATE;
+--------+---------+---------+
| number | name    | country |
+--------+---------+---------+
|      8 | c曹操   | 魏      |
+--------+---------+---------+
1 row in set (0.01 sec)
```

然后再到另一个会话中查询 INNODB_TRX 表：

```
mysql> SELECT * FROM information_schema.INNODB_TRX\G
*************************** 1. row ***************************
                    trx_id: 46671
```

```
          trx_state: RUNNING
        trx_started: 2020-05-07 18:20:34
trx_requested_lock_id: NULL
    trx_wait_started: NULL
          trx_weight: 2
  trx_mysql_thread_id: 2
           trx_query: NULL
  trx_operation_state: NULL
   trx_tables_in_use: 0
  trx_tables_locked: 1
   trx_lock_structs: 2
trx_lock_memory_bytes: 1160
     trx_rows_locked: 1
    trx_rows_modified: 0
trx_concurrency_tickets: 0
  trx_isolation_level: REPEATABLE READ
   trx_unique_checks: 1
 trx_foreign_key_checks: 1
trx_last_foreign_key_error: NULL
trx_adaptive_hash_latched: 0
trx_adaptive_hash_timeout: 0
     trx_is_read_only: 0
trx_autocommit_non_locking: 0
1 row in set (0.02 sec)
```

从执行结果可以看到，当前系统中有一个事务id为46671的事务，它的状态为"正在运行"（RUNNING），隔离级别为 REPEATABLE READ。

当然还有非常多的属性，这里就不逐个分析了，我们重点关注一下 trx_tables_locked、trx_rows_locked 和 trx_lock_structs 属性。其中，trx_tables_locked 表示该事务目前加了多少个表级锁；trx_rows_locked 表示目前加了多少个行级锁（注意这里不包括隐式锁）；trx_lock_structs 表示该事务生成了多少个内存中的锁结构。

- INNODB_LOCKS：该表记录了一些锁信息，主要包括下面两个方面的锁信息：
    - 如果一个事务想要获取某个锁但未获取到，则记录该锁信息；
    - 如果一个事务获取到了某个锁，但是这个锁阻塞了别的事务，则记录该锁信息。

正好我们刚才在事务 T1 中执行了一个加锁语句，现在来查询一下 INNODB_LOCKS 表：

```
mysql> SELECT * FROM information_schema.INNODB_LOCKS;
Empty set, 1 warning (0.01 sec)
```

可以看到什么都没有！这里大家一定要注意，只有当系统中发生了某个事务因为获取不到锁而被阻塞的情况时，该表中才会有记录。

我们再到另一个会话中开启事务 T2，然后执行：

```
# 事务T2
mysql> BEGIN;
Query OK, 0 rows affected (0.00 sec)
mysql> SELECT * FROM hero WHERE number = 8 FOR UPDATE; # 进入阻塞状态
```

此时再查询一下 INNODB_LOCKS 表：

```
mysql> SELECT * FROM information_schema.INNODB_LOCKS;
+--------------+-------------+-----------+-----------+-------------------+------------+------------+-----------+----------+-----------+
| lock_id      | lock_trx_id | lock_mode | lock_type | lock_table        | lock_index | lock_space | lock_page | lock_rec | lock_data |
+--------------+-------------+-----------+-----------+-------------------+------------+------------+-----------+----------+-----------+
| 46672:202:3:4| 46672       | X         | RECORD    | 'xiaohaizi'.'hero'| PRIMARY    | 202        | 3         | 4        | 8         |
| 46671:202:3:4| 46671       | X         | RECORD    | 'xiaohaizi'.'hero'| PRIMARY    | 202        | 3         | 4        | 8         |
+--------------+-------------+-----------+-----------+-------------------+------------+------------+-----------+----------+-----------+
2 rows in set, 1 warning (0.02 sec)
```

可以看到，trx_id 为 46672 和 46671 的两个事务被显示了出来，但我们无法仅凭上述内容来区分到底是谁获取到了其他事务需要的锁，以及谁因为没有获取到锁而阻塞。我们可以到 INNODB_LOCK_WAITS 表中查看更多信息。

● INNODB_LOCK_WAITS：表明每个阻塞的事务是因为获取不到哪个事务持有的锁而阻塞。接着上面 T2 因为获取不到 T1 的锁而阻塞的例子。我们查询一下 INNODB_LOCK_WAITS 表：

```
mysql> SELECT * FROM information_schema.INNODB_LOCK_WAITS;
+-------------------+-------------------+-----------------+-------------------+
| requesting_trx_id | requested_lock_id | blocking_trx_id | blocking_lock_id  |
+-------------------+-------------------+-----------------+-------------------+
| 46672             | 46672:202:3:4     | 46671           | 46671:202:3:4     |
+-------------------+-------------------+-----------------+-------------------+
1 row in set, 1 warning (0.01 sec)
```

其中，requesting_trx_id 表示因为获取不到锁而被阻塞的事务的事务 id；blocking_trx_id 表示因为获取到别的事务需要的锁而导致其被阻塞的事务的事务 id。在本例中，requesting_trx_id 就表示事务 T2 的事务 id，blocking_trx_id 就表示事务 T1 的事务 id。

这里需要注意一下，我们在查询 INNODB_LOCKS 和 INNODB_LOCK_WAITS 这两个表时都得到了一个 Warning（警告）。我们看一下系统在警告什么：

```
mysql> SHOW WARNINGS\G
*************************** 1. row ***************************
  Level: Warning
   Code: 1681
Message: 'INFORMATION_SCHEMA.INNODB_LOCK_WAITS' is deprecated and will be removed in a future
release.
1 row in set (0.00 sec)
```

原因是 INNODB_LOCKS 和 INNODB_LOCK_WAITS 这两个表在我目前使用的版本（MySQL 5.7.22）中被标记为"已过时"，并且提示在未来的版本中可能被移除（实际上在 MySQL 8.0 中已被移除）。其实也就是不鼓励我们使用这两个表来获取相关的锁信息。

22.5.2 使用 SHOW ENGINE INNODB STATUS 获取锁信息

现在假设前文使用的 T1、T2 事务都提交了，我们再新开启几个事务：

```
# 事务T3, REPEATABLE READ隔离级别

mysql> BEGIN;
Query OK, 0 rows affected (0.00 sec)
mysql> SELECT * FROM hero FORCE INDEX(idx_name) WHERE name > 'c曹操' AND name <= 'x荀彧'
AND country != '吴' ORDER BY name DESC FOR UPDATE;
```

```
+--------+---------+---------+
| number | name    | country |
+--------+---------+---------+
|     15 | x荀彧   | 魏      |
|      1 | l刘备   | 蜀      |
+--------+---------+---------+
2 rows in set (0.02 sec)
```

这个语句的加锁流程在前面已经分析过了，我们再看一遍该语句在执行时的加锁示意图（见图22-36）。

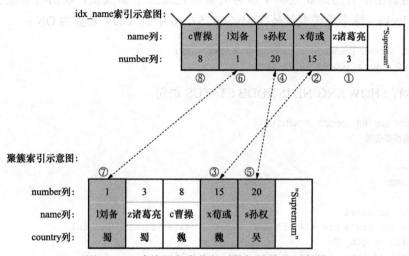

图 22-36 查询语句在执行时的加锁效果示意图

可以直接通过执行 SHOW ENINGE INNODB STATUS 语句来获取当前系统中各个事务的加锁情况。

```
mysql> SHOW ENGINE INNODB STATUS\G
...此处省略很多信息

# 下一个待分配的事务id信息
Trx id counter 46693

# 一些关于purge的信息
Purge done for trx's n:o < 46693 undo n:o < 0 state: running but idle

# 每个回滚段中都有一个History链表，这些链表的总长度为72
History list length 72

# 我们没介绍管理锁结构的哈希表，可以忽略这项
Total number of lock structs in row lock hash table 3

# 各个事务的具体信息
LIST OF TRANSACTIONS FOR EACH SESSION:

# 事务id为46688的事务信息 处在活跃状态273秒
---TRANSACTION 46688, ACTIVE 273 sec

# 该事务有4个锁结构，8个行锁 (heap size没介绍过，忽略)
```

```
4 lock struct(s), heap size 1160, 8 row lock(s)
```

执行该事务的线程在MySQL中的编号为2，操作系统中的线程号是123145426898944，本次查询的编号是763，客户端主机名是localhost，IP地址为127.0.0.1，用户名是root

```
MySQL thread id 2, OS thread handle 123145426898944, query id 763 localhost 127.0.0.1 root
starting
```

...此处省略很多信息

由于输出的内容太多，方便起见，这里只保留了 TRANSACTIONS 的相关信息。不过我们无法从上述输出中看出到底是哪个事务对哪些记录加了哪些锁。我们将系统变量 innodb_status_output_locks（这个系统变量是在 MySQL 5.6.16 中引入的）设置为 ON：

```
mysql> SET GLOBAL innodb_status_output_locks = ON;
Query OK, 0 rows affected (0.01 sec)
```

然后再运行 SHOW ENGINE INNODB STATUS 语句：

```
mysql> SHOW ENGINE INNODB STATUS\G
...此处省略很多信息


------------
TRANSACTIONS
------------
Trx id counter 46693
Purge done for trx's n:o < 46693 undo n:o < 0 state: running but idle
History list length 72
Total number of lock structs in row lock hash table 3
LIST OF TRANSACTIONS FOR EACH SESSION:
---TRANSACTION 46688, ACTIVE 145 sec
4 lock struct(s), heap size 1160, 8 row lock(s)
MySQL thread id 2, OS thread handle 123145426898944, query id 760 localhost 127.0.0.1 root
starting
SHOW ENGINE INNODB STATUS
TABLE LOCK table 'xiaohaizi'.'hero' trx id 46688 lock mode IX
RECORD LOCKS space id 203 page no 4 n bits 72 index idx_name of table 'xiaohaizi'.'hero' trx
id 46688 lock_mode X locks gap before rec
Record lock, heap no 3 PHYSICAL RECORD: n_fields 2; compact format; info bits 0
 0: len 10; hex 7ae8afb8e8919be4baae; asc z        ;; # 7ae8afb8e8919be4baae是'z诸葛亮'的utf8编码
 1: len 4; hex 80000003; asc     ;; # 80000003代表主键值为3

RECORD LOCKS space id 203 page no 4 n bits 72 index idx_name of table 'xiaohaizi'.'hero' trx
id 46688 lock_mode X
Record lock, heap no 2 PHYSICAL RECORD: n_fields 2; compact format; info bits 0
 0: len 7; hex 6ce58898e5a487; asc l      ;; # 6ce58898e5a487是'l刘备'的utf8编码
 1: len 4; hex 80000001; asc     ;; # 80000001代表主键值1

Record lock, heap no 4 PHYSICAL RECORD: n_fields 2; compact format; info bits 0
 0: len 7; hex 63e69bb9e6938d; asc c      ;; # 63e69bb9e6938d是'c曹操'的utf8编码
 1: len 4; hex 80000008; asc     ;; # 80000008代表主键值8

Record lock, heap no 5 PHYSICAL RECORD: n_fields 2; compact format; info bits 0
 0: len 7; hex 78e88d80e5bda7; asc x      ;; # 78e88d80e5bda7是'x荀彧'的utf8编码
 1: len 4; hex 8000000f; asc     ;; # 8000000f代表主键值15
```

```
Record lock, heap no 6 PHYSICAL RECORD: n_fields 2; compact format; info bits 0
 0: len 7; hex 73e5ad99e69d83; asc s        ;;  # 73e5ad99e69d83是's孙权'的utf8编码
 1: len 4; hex 80000014; asc     ;;  # 80000014代表主键值20

RECORD LOCKS space id 203 page no 3 n bits 72 index PRIMARY of table 'xiaohaizi'.'hero' trx
id 46688 lock_mode X locks rec but not gap
Record lock, heap no 2 PHYSICAL RECORD: n_fields 5; compact format; info bits 0
 0: len 4; hex 80000001; asc     ;;
 1: len 6; hex 00000000b65b; asc     [;;
 2: len 7; hex 80000001c10110; asc        ;;
 3: len 7; hex 6ce58898e5a487; asc l      ;;
 4: len 3; hex e89c80; asc    ;;

Record lock, heap no 5 PHYSICAL RECORD: n_fields 5; compact format; info bits 0
 0: len 4; hex 8000000f; asc     ;;
 1: len 6; hex 00000000b65b; asc     [;;
 2: len 7; hex 80000001c10137; asc        7;;
 3: len 7; hex 78e88d80e5bda7; asc x      ;;
 4: len 3; hex e9ad8f; asc    ;;

Record lock, heap no 6 PHYSICAL RECORD: n_fields 5; compact format; info bits 0
 0: len 4; hex 80000014; asc     ;;
 1: len 6; hex 00000000b65b; asc     [;;
 2: len 7; hex 80000001c10144; asc        D;;
 3: len 7; hex 73e5ad99e69d83; asc s      ;;
 4: len 3; hex e590b4; asc    ;;
```

...此处省略很多信息

这一次，每个事务都为哪些记录加了哪些锁，就显示得清清楚楚明明白白了。但是要注意下面几个地方。

- TABLE LOCK table 'xiaohaizi'.'hero' trx id 46688 lock mode IX

表示事务 id 为 46688 的事务对 xiaohaizi 数据库下的 hero 表加了表级别的意向独占锁。

- RECORD LOCKS space id 203 page no 4 n bits 72 index idx_name of table 'xiaohaizi'.'hero' trx id 46688 lock_mode X locks gap before rec

表示一个锁结构，这个锁结构的 Space ID 是 203，Page Number 是 4，n_bits 属性值为 72，对应的索引是 idx_name。这个锁结构中存放的锁的类型是 X 型 gap 锁（lock_mode X locks gap before rec 代表的就是 X 型 gap 锁）。

这条语句后跟随着加锁记录的详细信息（其实就是 name 值为 'z 诸葛亮' 的二级索引记录）。

- RECORD LOCKS space id 203 page no 4 n bits 72 index idx_name of table 'xiaohaizi'.'hero' trx id 46688 lock_mode X

也表示一个锁结构，这个锁结构的 Space ID 是 203，Page Number 是 4，n_bits 属性值为 72，对应的索引是 idx_name。这个锁结构中存放的锁的类型是 X 型 next-key 锁（lock_mode X 代表的就是 X 型 next-key 锁）。

这条语句后跟随着加锁记录的详细信息（其实就是 name 值为 'l 刘备'、'c 曹操'、'x 荀彧'、's 孙权' 的二级索引记录）。

- RECORD LOCKS space id 203 page no 3 n bits 72 index PRIMARY of table 'xiaohaizi'.'hero' trx id 46688 lock_mode X locks rec but not gap

也表示一个锁结构,这个锁结构的 Space ID 是 203,Page Number 是 3,n_bits 属性值为 72,对应的索引是 PRIMAY,也就是聚簇索引。这个锁结构中存放的锁的类型是 X 型正经记录锁(lock_mode X locks rec but not gap 代表的就是 X 型正经记录锁)。

　　这条语句后跟随着加锁记录的详细信息(其实就是number值为1、15、20的聚簇索引记录)。

小贴士

> 　　如果某个事务没有被分配唯一的事务 id,则执行 SHOW ENGINE INNODB STATUS 语句时并不会显示该事务在执行过程中持有的锁。比如,事务 T4 只执行了 SELECT * FROM hero WHERE number = 1 LOCK IN SHARE MODE 语句,那么事务 T4 所持有的锁是不显示的。另外,SHOW ENGINE INNODB STATUS 不显示隐式锁,这一点需要大家注意。
> 　　另外,我们在 SHOW ENGINE INNODB STATUS 的输出中可以看到,hero 表的 number 列的值都是"800000XX"的形式,这是因为 number 列是存储有符号数的(也就是既可以存储负数,也可以存储非负数),设计 InnoDB 的大叔规定在储存有符号数的时候需要将首位取反(原先数字是非负数,也就是首位是 0 的话,就把首位置为 1;原先数字是负数,也就是首位是 1 的话,就把首位置为 0)。

22.6　死锁

　　假设我们开启了两个事务 T1 和 T2,它们的具体执行流程如图 22-37 所示。

发生时间编号	T1	T2
①	BEGIN;	
②		BEGIN;
③	SELECT * FROM hero WHERE number=1 FOR UPDATE;	
④		SELECT * FROM hero WHERE number=3 FOR UPDATE;
⑤	SELECT * FROM hero WHERE number=3 FOR UPDATE; (此操作阻塞)	
⑥		SELECT * FROM hero WHERE number=1 FOR UPDATE; (死锁发生,记录日志,服务器回滚一个事务)

图 22-37　事务 T1 和 T2 的执行流程。

我们对图 22-37 进行分析。

● 从③中可以看出,T1 先对 number 值为 1 的聚簇索引记录加了一个 X 型正经记录锁。

● 从④中可以看出,T2 对 number 值为 3 的聚簇索引记录加了一个 X 型正经记录锁。

● 从⑤中可以看出,T1 接着也想对 number 值为 3 的记录加一个 X 型正经记录锁,但是与④中 T2 持有的锁冲突,所以 T1 进入阻塞状态,等待获取锁。

● 从⑥中可以看出,T2 也想对 number 值为 1 的记录加一个 X 型正经记录锁,但是与③中 T1 持有的锁冲突,所以 T2 进入阻塞状态,等待获取锁。

这就陷入了一个比较尴尬的局面。T1 说:"我不能继续执行了,我要等 T2 把在 number 值为 3 的聚簇索引记录上加的 X 型正经记录锁释放掉，之后才能继续执行。"T2 说："我也不能继续执行了，我要等 T1 把在 number 值为 1 的聚簇索引记录上加的 X 型正经记录锁释放掉，之后才能继续执行。"也就是说，由于 T1 和 T2 都在等待对方先释放掉与自己需要的锁相冲突的锁，因此导致 T1 和 T2 都不能继续执行，此时就称发生了死锁。

InnoDB 有一个死锁检测机制，当它检测到死锁发生时，会选择一个较小的事务进行回滚（所谓较小的事务，是指在事务执行过程中插入、更新或删除的记录条数较少的事务），并向客户端发送一条消息：

```
ERROR 1213 (40001): Deadlock found when trying to get lock; try restarting transaction
```

从上述例子中可以看出，当不同的事务以不同的顺序获取某些记录的锁时，可能会发生死锁。当死锁发生时，InnoDB 会回滚一个事务以释放掉该事务所获取的锁。

我们有必要找出那些发生死锁的语句，通过优化语句来改变加锁顺序，或者建立合适的索引以改变加锁过程，从而避免死锁问题。不过，在实际应用中我们可能压根儿不知道到底是哪些语句在执行时导致了死锁，因此需要根据死锁发生时产生的死锁日志来逆向定位产生死锁的语句，然后再优化我们的业务。

可以通过执行 SHOW ENGINE INNODB STATUS 语句来查看最近发生的一次死锁信息。

```
------------------------
LATEST DETECTED DEADLOCK
------------------------
# 死锁发生的时间是2020-05-07 20:06:31，0x7000076d1000是操作系统为当前会话分配的线程的线程编号
2020-05-07 20:06:31 0x7000076d1000

# 死锁发生时第一个事务的有关信息:
*** (1) TRANSACTION:

# 为事务分配的事务id为46719
# 事务处于ACTIVE状态已经10秒了
# 事务现在正在做的操作就是: "starting index read"
# 该事务的事务id为46719，比第二个事务的事务id大，说明是后执行的，这也就说明该事务为T2
TRANSACTION 46719, ACTIVE 10 sec starting index read

# 此事务当前执行的语句使用了1个表，为1个表上了锁
mysql tables in use 1, locked 1

# 此事务处于LOCK WAIT状态，拥有3个锁结构，2个行锁，heap size忽略
LOCK WAIT 3 lock struct(s), heap size 1160, 2 row lock(s)

# 执行此事务的线程信息
MySQL thread id 30, OS thread handle 123145427177472, query id 810 localhost 127.0.0.1 root
statistics

# 发生死锁时此事务正在执行的语句
SELECT * FROM hero WHERE number = 1 FOR UPDATE

# 此事务当前在等待获取的锁:
*** (1) WAITING FOR THIS LOCK TO BE GRANTED:
RECORD LOCKS space id 203 page no 3 n bits 72 index PRIMARY of table 'xiaohaizi'.'hero' trx
id 46719 lock_mode X locks rec but not gap waiting
```

```
Record lock, heap no 2 PHYSICAL RECORD: n_fields 5; compact format; info bits 0
 0: len 4; hex 80000001; asc     ;;
 1: len 6; hex 00000000b65b; asc        [;;
 2: len 7; hex 80000001c10110; asc          ;;
 3: len 7; hex 6ce58898e5a487; asc l        ;;
 4: len 3; hex e89c80; asc    ;;
```

```
# 死锁发生时第二个事务的有关信息：
*** (2) TRANSACTION:
```

```
# 为事务分配的事务id为46718
# 事务处于ACTIVE状态已经17秒了
# 事务现在正在做的操作就是："starting index read"
# 该事务的事务id为46718，比第一个事务的事务id小，说明是先执行的，这也就说明该事务为T1
TRANSACTION 46718, ACTIVE 17 sec starting index read
```

```
# 此事务当前执行的语句使用了1个表，为1个表上了锁
mysql tables in use 1, locked 1
```

```
# 此事务拥有3个锁结构，2个行锁，heap size忽略
3 lock struct(s), heap size 1160, 2 row lock(s)
```

```
# 执行此事务的线程信息
MySQL thread id 2, OS thread handle 123145426898944, query id 811 localhost 127.0.0.1 root
statistics
```

```
# 发生死锁时此事务正在执行的语句
SELECT * FROM hero WHERE number = 3 FOR UPDATE
```

```
# 此事务已经获取的锁：
*** (2) HOLDS THE LOCK(S):
RECORD LOCKS space id 203 page no 3 n bits 72 index PRIMARY of table 'xiaohaizi'.'hero' trx
id 46718 lock_mode X locks rec but not gap
    Record lock, heap no 2 PHYSICAL RECORD: n_fields 5; compact format; info bits 0
     0: len 4; hex 80000001; asc     ;;
     1: len 6; hex 00000000b65b; asc        [;;
     2: len 7; hex 80000001c10110; asc          ;;
     3: len 7; hex 6ce58898e5a487; asc l        ;;
     4: len 3; hex e89c80; asc    ;;
```

```
# 此事务等待获取的锁
*** (2) WAITING FOR THIS LOCK TO BE GRANTED:
RECORD LOCKS space id 203 page no 3 n bits 72 index PRIMARY of table 'xiaohaizi'.'hero'
trx id 46718 lock_mode X locks rec but not gap waiting
    Record lock, heap no 3 PHYSICAL RECORD: n_fields 5; compact format; info bits 0
     0: len 4; hex 80000003; asc     ;;
     1: len 6; hex 00000000b65b; asc        [;;
     2: len 7; hex 80000001c1011d; asc          ;;
     3: len 10; hex 7ae8afb8e8919be4baae; asc z        ;;
     4: len 3; hex e89c80; asc    ;;
```

```
# InnoDB决定回滚第二个事务，也就是T1
*** WE ROLL BACK TRANSACTION (2)
```

接下来，我们按照如下流程来分析死锁日志。

- 首先找出发生死锁时各个事务正在执行的语句。

很显然事务 T1 正在执行的语句是：

```
SELECT * FROM hero WHERE number = 3 FOR UPDATE;
```

事务 T2 正在执行的语句是：

```
SELECT * FROM hero WHERE number = 1 FOR UPDATE;
```

● 然后到自己的业务代码中找到这两条语句所在事务的其他语句。

我们可以找到事务 T1 之前执行了下面这条语句：

```
SELECT * FROM hero WHERE number = 1 FOR UPDATE;
```

事务 T2 之前执行了下面这条语句：

```
SELECT * FROM hero WHERE number = 3 FOR UPDATE;
```

● 最后对照着各个事务获取到的锁和正在等待的锁的信息来分析死锁发生过程。

事务 T1 已经获取到了 number 值为 1 的聚簇索引记录的 X 型正经记录锁，按照之前唠叨的语句加锁分析的知识可以知道，该锁其实是在 T1 执行下面这条语句时加的：

```
SELECT * FROM hero WHERE number = 1 FOR UPDATE;
```

事务 T2 已经获取到了 number 值为 3 的聚簇索引记录的 X 型正经记录锁，按照之前唠叨的语句加锁分析的知识可以知道，该锁其实是在 T2 执行下面这条语句时加的：

```
SELECT * FROM hero WHERE number = 3 FOR UPDATE;
```

然后看到事务 T1 正在等待获取 number 值为 3 的聚簇索引上的 X 型正经记录锁，这是由 T1 执行下面这条语句造成的：

```
SELECT * FROM hero WHERE number = 3 FOR UPDATE;
```

最后看到事务 T2 正在等待获取 number 值为 1 的聚簇索引上的 X 型正经记录锁，这是由 T2 执行下面这条语句造成的：

```
SELECT * FROM hero WHERE number = 1 FOR UPDATE;
```

这样，通过把每个事务因为执行哪些语句而对哪些记录进行加锁的情况分析出来，也就把死锁发生的整个过程还原了出来。

就这里的具体问题来说，我们最后发现，原来是两个事务对 number 值为 1、3 的两条聚簇索引记录的加锁顺序不同而导致发生了死锁。我们可以在业务代码中考虑是否通过更改事务对记录的加锁顺序来避免死锁。比如，将 T2 修改为先获取 number 值为 1 的聚簇索引记录的锁，再获取 number 值为 3 的聚簇索引记录的锁，这样两个事务在执行过程中就不会发生死锁了。

小贴士

SHOW ENGINE INNODB STATUS 只会显示最近一次发生的死锁信息。如果死锁频繁出现，可以将全局系统变量 innodb_print_all_deadlocks 设置为 ON，这样可以将每个死锁发生时的信息都记录在 MySQL 错误日志中，然后就可以通过查看错误日志来分析更多的死锁情况了。

22.7　总结

MVCC 和加锁是解决并发事务带来的一致性问题的两种方式。

共享锁简称为 S 锁，独占锁简称为 X 锁。S 锁与 S 锁兼容；X 锁与 S 锁不兼容，与 X 锁也不兼容。

事务利用 MVCC 进行的读取操作称为一致性读，在读取记录前加锁的读取操作称为锁定读。设计 InnoDB 的大叔提供了下面两种语法来进行锁定读：

- SELECT...LOCK IN SHARE MODE 语句为读取的记录加 S 锁；
- SELECT...FOR UPDATE 语句为读取的记录加 X 锁。

INSERT 语句一般情况下不需要在内存中生成锁结构，并单纯依靠隐式锁保护插入的记录。UPDATE 和 DELETE 语句在执行过程中，在 B+ 树中定位到待改动记录并给该记录加锁的过程也算是一个锁定读。

IS、IX 锁是表级锁，它们的提出仅仅为了在之后加表级别的 S 锁和 X 锁时，可以快速判断表中的记录是否被上锁，以避免用遍历的方式来查看表中有没有上锁的记录。

InnoDB 中的行级锁类型有下面这些。

- Record Lock：被我们戏称为正经记录锁，只对记录本身加锁。
- Gap Lock：锁住记录前的间隙，防止别的事务向该间隙插入新记录。
- Next-Key Lock：Record Lock 和 Gap Lock 的结合体，既保护记录本身，也防止别的事务向该间隙插入新记录。
- Insert Intention Lock：很"鸡肋"的锁，仅仅是为了解决"在当前事务插入记录时因碰到别的事务加的 gap 锁而进入等待状态时，也生成一个锁结构"而提出的。某个事务获取一条记录的该类型的锁后，不会阻止别的事务继续获取该记录上任何类型的锁。
- 隐式锁：依靠记录的 trx_id 属性来保护不被别的事务改动该记录。

InnoDB 存储引擎的锁都在内存中对应着一个锁结构。有时为了节省锁结构，会把符合下面条件的锁放到同一个锁结构中：

- 在同一个事务中进行加锁操作；
- 被加锁的记录在同一个页面中；
- 加锁的类型是一样的；
- 等待状态是一样的。

语句加锁的情况受到所在事务的隔离级别、语句执行时使用的索引类型、是否是精确匹配、是否是唯一性搜索、具体执行的语句类型等情况的制约，需要具体情况具体分析。

可以通过 information_schema 数据库下的 INNODB_TRX、INNODB_LOCKS、INNODB_LOCK_WAITS 表来查看事务和锁的相关信息，也可以通过 SHOW ENGINE INNODB STATUS 语句查看事务和锁的相关信息。

不同事务由于互相持有对方需要的锁而导致事务都无法继续执行的情况称为死锁。死锁发生时，InnoDB 会选择一个较小的事务进行回滚。可以通过查看死锁日志来分析死锁发生过程。

参考资料

在写作本书期间，为了搞清楚 MySQL 是怎样运行的，我除了直接阅读 MySQL 的源码之外，还查看了很多参考资料。考虑到本书只是 MySQL 初步进阶的读物，受限于篇幅，也无法做到面面俱到。如果大家想了解关于 MySQL 的更多知识，可以阅读下面列出的这些资料。

参考链接

出版社的编辑建议不要在纸质图书中放入链接，原因是纸质图书的销售周期很长，一些链接可能因为缺乏维护而失效，甚至跳转到一些非法网站。而将链接放到网上则可以做到实时更新。如果有读者想获取这些在我写作本书时给予了很大帮助的链接，可以到公众号"我们都是小青蛙"中输入"参考资料"来获取（公众号二维码见本书的"前言"）。

参考书籍

- 《数据库查询优化器的艺术：原理解析与 SQL 性能优化》：大家可以把这本书当作源码阅读指南。这本书讲的是 MySQL 5.6 的源码，虽然 MySQL 5.7 中对查询优化的部分代码进行了重构，不过大体的思路还是可以参考的。
- 《MySQL 运维内参：MySQL、Galera、Inception 核心原理与最佳实践》：本书中有许多代码细节，是一个比较好的源码阅读指南。
- 《Effective MySQL：Optimizing SQL Statements》：小册子，可以一口气看完，对了解 MySQL 查询优化的大概内容还是很有些好处的。
- 《高性能 MySQL》：经典图书。对于该书第 3 版来说，我觉得如果把第 2 章和第 3 章的内容放到最后就更好了。作者更愿意把 MySQL 当作一个黑盒去讲述，主要是为了说明如何更好地使用 MySQL 软件。这一点从第 2 版向第 3 版的转变上就可以看出来——第 2 版中涉及的许多底层细节都在第 3 版中移除了。总而言之，它是 MySQL 进阶的一个非常好的读物。
- 《MySQL 技术内幕（第 5 版）》：这本书对于 MySQL 使用层面进行了非常详细的介绍，也就是说它并不涉及 MySQL 的任何内核原理，甚至连索引结构都懒得讲。它像是一个老妈子在给你不停地唠叨"饭怎么吃""喝水怎么喝""厕所怎么去"等。这本书的整体风格比较像 MySQL 的官方文档，如果大家想从使用层面来了解 MySQL，可以看一下。
- 《数据库系统概念》：这本书对于入门数据库原理来说非常好，只不过看起来学术气味比较大一些。毕竟这是一本正经的教科书，里边有不少的公式。

- 《事务处理：概念与技术》：这是一本大厚书，我只认真地读过第 4 章和第 7 章，如果大家的基础知识掌握得不错，可以读这本书升华一下。
- 《数据库事务处理的艺术：事务管理与并发控制》：与《数据库查询优化器的艺术：原理解析与 SQL 性能优化》是同一作者，风格也类似，在阅读源码时可以参考。
- 《MySQL 技术内幕：InnoDB 存储引擎（第 2 版）》：这是我学习 MySQL 内核原理的第一本书。